キッズペディア

地球館

Knowledge is power

目次《もくじ》

この本《ほん》では、95項目《こうもく》（テーマ）をとりあげています。

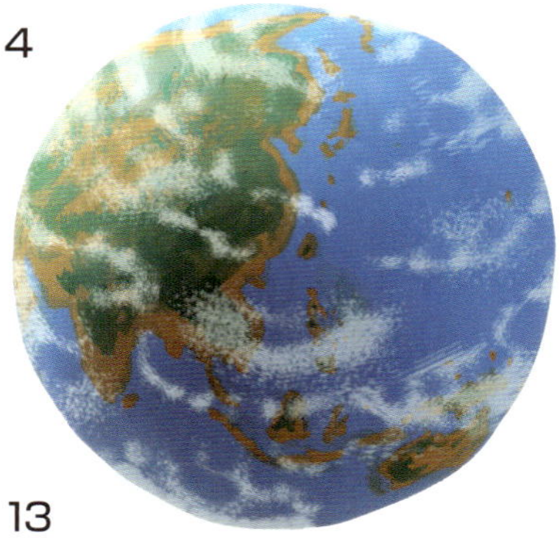

第《だい》1章《しょう》 地球《ちきゅう》の姿《すがた》 13

第《だい》2章《しょう》 いのちの歴史《れきし》 29

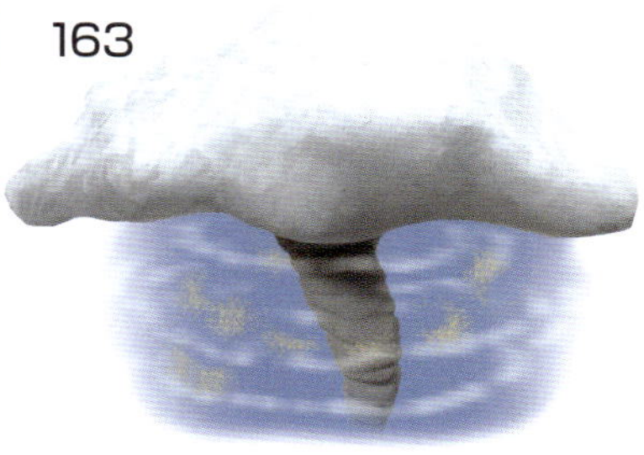

この本《ほん》の使《つか》い方《かた》

見開《みひら》きごとに、ひとつのテーマを紹介《しょうかい》しています。興味《きょうみ》をもったページ、あるいは時代《じだい》ごとなど、どこからでも読《よ》み始《はじ》められ、さまざまなおどろきに出会《であ》うことができます。

[95項目《こうもく》にわたる、地球《ちきゅう》の過去《かこ》・現在《げんざい》・未来《みらい》]

各見開《かくみひら》きのタイトルは、そのときに起《お》こったできごとや、地球《ちきゅう》の活動《かつどう》を知《し》るための手《て》がかりです。第《だい》1章《しょう》は地球《ちきゅう》のあらまし、第《だい》2章《しょう》では地球《ちきゅう》の歴史《れきし》、第《だい》3章《しょう》・第《だい》4章《しょう》では地球《ちきゅう》の構造《こうぞう》や活動《かつどう》、第《だい》5章《しょう》では地球《ちきゅう》の保全《ほぜん》について大事《だいじ》なテーマを解説《かいせつ》しています。

[この項目《こうもく》で学習《がくしゅう》すること]

[テーマごとに分《わ》かれた章立《しょうだ》て]

全部《ぜんぶ》で5章《しょう》あります。各《かく》ページの左右《さゆう》にある、章《しょう》ごとに色分《いろわ》けされたツメが目印《めじるし》です。また第《だい》1章《しょう》から第《だい》4章《しょう》の最後《さいご》に、章《しょう》の内容《ないよう》と関連《かんれん》する読《よ》みものがあります。

[もっと知《し》りたくなったときのガイド]

さらにくわしく学習《がくしゅう》するための参考図書《さんこうとしょ》です。

インターネットで調《しら》べるときに役立《やくだ》つホームページ。検索《けんさく》サイトで、ここに書《か》いてある名前《なまえ》を入力《にゅうりょく》すれば見《み》つかります。

実際《じっさい》に足《あし》を運《はこ》び見学《けんがく》できる資料館《しりょうかん》やビジターセンターなどの施設《しせつ》です。

[時代《じだい》スケール]

第《だい》2章《しょう》の上段《じょうだん》に書《か》かれています。立体的《りったいてき》になっている部分《ぶぶん》は、そのページのできごとが起《お》きた時代《じだい》を示《しめ》していて、地球《ちきゅう》の歴史《れきし》のなかでどのぐらいの時期《じき》にあたるのかを知《し》ることができます。1、2、3部《ぶ》でスケールは異《こと》なります。

※ 年代値《ねんだいち》は国際地質科学連合《こくさいちしつかがくれんごう》2015年版《ねんばん》データに準《じゅん》じています。

[関連《かんれん》した項目《こうもく》]

読《よ》んでいる見開《みひら》きに関連《かんれん》する項目《こうもく》や情報《じょうほう》が別《べつ》のページにある場合《ばあい》、ここにそのページを示《しめ》しています。

新生代《しんせいだい》　260万年前《まんねんまえ》〜現代《げんだい》（新生代《しんせいだい》 第四紀《だいよんき》 更新世《こうしんせい》〜完新世《かんしんせい》）

人類の進化 114　脳の進化 118　旧人 12

古第三紀《こだいさんき》

暁新世《ぎょうしんせい》　始新世《ししんせい》

ヒトが世界中《せかいじゅう》に広《ひろ》がる

新人《しんじん》

約《やく》20万年前《まんねんまえ》のアフリカで、新人《しんじん》が現《あらわ》れました。旧人《きゅうじん》と比《くら》べて頭《あたま》が丸《まる》く、顔《かお》が小《ちい》さめの、わ したちヒト（ホモ・サピエンス）のことです。ヒトは約《やく》7万年前《まんねんまえ》にアフリカから世界中《せかいじゅう》に広《ひろ》がりまし

場所《ばしょ》ごとにさまざまな工夫《くふう》をした

更新世《こうしんせい》(260万《まん》〜1万年前《まんねんまえ》)に入《はい》ると地球《ちきゅう》は寒《さむ》くなり、氷河時代《ひょうがじだい》になった 約《やく》70万年前《まんねんまえ》からは、北極《ほっきょく》や南極《なんきょく》の周辺《しゅうへん》に氷河《ひょうが》が発達《はったつ》する氷期《ひょうき》と間氷期《かんぴょうき》（ 期と氷期《ひょうき》のあいだの温暖《おんだん》な時期《じき》）が、10万年《まんねん》ほどの周期《しゅうき》でくりかえすよ になった。アフリカを出《で》たヒトは、それまでとちがう環境《かんきょう》や変化《へんか》する気候 合《あ》わせて、食《た》べものや着《き》るものを工夫《くふう》し、便利《べんり》な新《あたら》しい道具《どうぐ》をつくった。

いのちの歴史〈人類〉

アフリカ中部《ちゅうぶ》

動物《どうぶつ》の骨《ほね》でつくられたもりとナマズの骨《ほね》が見《み》つかっている。もりは獲物《えもの》がぬけないように、先《さき》がぎざぎざになっている。成魚《せいぎょ》の頭《あたま》の骨《ほね》が多《おお》く見《み》つかることから、ナマズが産卵《さんらん》のため岸辺《きしべ》に集《あつ》まる時期《じき》をねらって漁《りょう》をし、胴体《どうたい》を切《き》り取《と》ったようだ。

コンゴ民主共和国《みんしゅきょうわこく》のカタンダ遺跡《いせき》から見《み》つかった骨製《ほねせい》のもり先《さき》（9万《まん》〜8万年前《まんねんまえ》）。長《なが》さは約《やく》14cm。

ヒトの移動《いどう》ルート

アジア

メジリチ遺跡《いせき》（ウクライナ）

マリタ遺跡《いせき》（ロシア）

ヨーロッパ

4万年前《まんねんまえ》？

4万5000年前《まんねんまえ》？

4万年前

10万年前《まんねんまえ》？

10万《まん》〜7万年前《まんねんまえ》？

1万8000

アフリカ

20万年前《まんねんまえ》？

4万

カタンダ遺跡《いせき》（コンゴ民主共和国《みんしゅきょうわこく》）

オーストラ

ブロンボス洞窟《どうくつ》（南《みなみ》アフリカ）

4万500

アフリカ南部《なんぶ》

模様《もよう》が刻《きざ》まれた赤《あか》い顔料《がんりょう》（天然《てんねん》の絵《え》の具《ぐ》）のかたまりが見《み》つかっている。模様《もよう》の意味《いみ》はわからないが、美術的《びじゅつてき》な表現《ひょうげん》のはじまりと考《かんが》えられている。

7万《まん》5000年前《ねんまえ》の顔料《がんりょう》

南《みなみ》アフリカのブロンボス洞窟《どうくつ》から見《み》つかった。

オーストラリア

ヒトが東南《とうなん》アジアからオーストラリア大陸《たいりく》にやってきたのは約《やく》4万《まん》5000年前《ねんまえ》。タケなどでつくったいかだで、海《うみ》をわたったのだろうと考《かんが》えられている。鳥《とり》を狩《か》るのに使《つか》うブーメランや、投槍器《とうそうき》などが使《つか》われていた。

ブーメラン（矢印《やじるし》）がえがかれた壁画《へきが》。

投槍器《とうそうき》の使《つか》い方《かた》

手《て》で投《な》げるよりも、遠《とお》くまで正確《せいかく》にやりを飛《と》ばすことができる。

オセアニアの島《しま》じま

3000〜2800年前《ねんまえ》、フィジー諸島《しょとう》やトンガ、サモアなどに、東南《とうなん》アジアからヒトがわたってきた。さらに1200〜900年前《ねんまえ》には、ツアモツ諸島《しょとう》やマルケサス諸島《しょとう》をへて、ハワイ諸島《しょとう》やラパ・ヌイ島《とう》（イースター島《とう》）にたどり着《つ》いた。

大型《おおがた》のカヌー

ハワイなどへの移住《いじゅう》に使《つか》われたと考《かんが》えられる（写真《しゃしん》は復元《ふくげん》模型《けい》）。当時《とうじ》のヒトたちは、太陽《たいよう》や星《ほし》の位置《いち》などを手《て》がかりに約 4000kmものきょりを航海《こうかい》する、すぐれた技術《ぎじゅつ》をもっていた

126

『グレートジャーニー探検記《たんけんき》』：徳間書店《とくましょてん》

※ 天文《てんもん》や気象《きしょう》などに関《かん》するデータは、『理科年表《りかねんぴょう》　平成《へいせい》28年《ねん》』（丸善出版《まるぜんしゅっぱん》）に準《じゅん》じています。

［本文中《ほんぶんちゅう》に使《つか》われているマーク］

その項目《こうもく》での重要《じゅうよう》なポイントであることを示《しめ》しています。

構造《こうぞう》やしくみの解説《かいせつ》

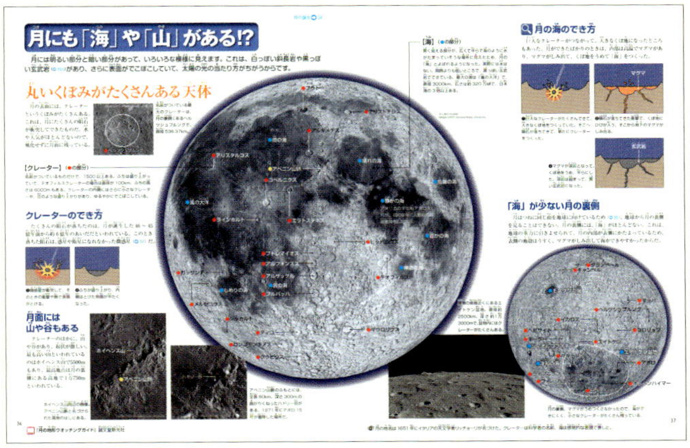

［特集《とくしゅう》ページ］

第《だい》2章《しょう》には、特定《とくてい》の時期《じき》ではなく、地球《ちきゅう》の歴史全体《れきしぜんたい》にかかわるテーマをあつかったページがあります。

記事《きじ》の内容《ないよう》に関連《かんれん》する用語《ようご》が別《べつ》のページにある場合《ばあい》は、このような形式《けいしき》でそのページを示《しめ》しています。

このページのできごとが起《お》きた時代《じだい》を立体的《りったいてき》に示《しめ》しています。

漸新世《ぜんしんせい》　新第三紀《しんだいさんき》　中新世《ちゅうしんせい》　鮮新世《せんしんせい》　第四紀《だいよんき》　更新世《こうしんせい》　完新世《かんしんせい》　現代《げんだい》

ヨーロッパ

人《じん》のうち、ヨーロッパに住《す》みついた集団《しゅうだん》
クロマニヨン人《じん》とよぶ。約《やく》4万《まん》5000年《ねん》
にヨーロッパにやってきて、ネアンデル
ール人《じん》（➡124）にとってかわった。
器《き》や壁画《へきが》などが見《み》つかっている。
た、ユーラシア大陸北部《たいりくほくぶ》は洞窟《どうくつ》が
ないため、ヒトはマンモスの骨《ほね》
家《いえ》をつくって住《す》んだ。

イツの遺跡《いせき》から出《で》た
製《せい》のフルート
4万年前《まんねんまえ》）。

●マンモスの骨《ほね》を使《つか》った家《いえ》

ウクライナのメジリチ遺跡《いせき》で見《み》つかった、約《やく》1万《まん》8000年前《ねんまえ》の住居《じゅうきょ》（復元模型《ふくげんもけい》）。直径《ちょっけい》は5mほど。木《き》の骨組《ほねぐ》みの上《うえ》に動物《どうぶつ》の毛皮《けがわ》をかぶせ、外側《そとがわ》にマンモスの骨《ほね》を置《お》いて固定《こてい》している。中《なか》で火《ひ》をたいて寒《さむ》さをしのいだのだろう。

ロシア

ロシアは現在《げんざい》でも、冬《ふゆ》の月平均気温《つきへいきんきおん》がマイナス20℃近《ちか》くに下《さ》がるところもあり、とても寒《さむ》い。バイカル湖《こ》近《ちか》くのマリタ遺跡《いせき》からは、骨《ほね》でつくったぬい針《ばり》などが発見《はっけん》されていて、体《からだ》にぴったりした暖《あたた》かい服《ふく》がつくられていたと考《かんが》えられている。

マリタ遺跡《いせき》からは、木《き》や骨《ほね》でつくったやりの先《さき》にみぞを掘《ほ》り、細石刃《さいせきじん》という小《ちい》さな刃《は》をつけた狩猟具《しゅりょうぐ》も出《で》ている。少《すこ》しの石材《せきざい》から多《おお》くの刃《は》をつくれるので、石器《せっき》づくりの効率《こうりつ》がさらによくなった。

細石刃《さいせきじん》

いのちの歴史〈人類〉

ベーリング海峡《かいきょう》
2万《まん》5000年前《ねんまえ》？
北《きた》アメリカ
1万《まん》4000～1万《まん》2000年前《ねんまえ》
ハワイ諸島《しょとう》
1200～1000年前《ねんまえ》
フィジー諸島《しょとう》
サモア
ツアモツ諸島《しょとう》
マルケサス諸島《しょとう》
1200～1100年前《ねんまえ》
南《みなみ》アメリカ
トンガ
3000～2800年前《ねんまえ》
ラパ・ヌイ島《とう》（チリ）
1000～900年前《ねんまえ》
1万《まん》2500年前《ねんまえ》
ニュージーランド
750年前《ねんまえ》
モンテ・ベルデ遺跡《いせき》（チリ）

人類《じんるい》としてはじめて南北《なんぼく》アメリカへ

2万《まん》7000～1万《まん》1000年前《ねんまえ》ごろ、ユーラシア大陸《たいりく》と北《きた》アメリカ大陸《たいりく》の間《あいだ》にあるベーリング海峡《かいきょう》は、氷期《ひょうき》で海水面《かいすいめん》が下《さ》がったために陸地《りくち》になっていた。ヒトは約《やく》2万《まん》5000年前《ねんまえ》にここまでやってきたが、北《きた》アメリカに発達《はったつ》していた氷河《ひょうが》に行《ゆ》く手《て》をさえぎられてしまった。しかし1万《まん》4000～1万《まん》2000年前《ねんまえ》に氷河《ひょうが》がとけ始《はじ》めると、どんどん南《みなみ》に進《すす》み、約《やく》1万《まん》2500年前《ねんまえ》には南《みなみ》アメリカのチリまで達《たっ》した。

●南《みなみ》アメリカの暮《く》らし

チリのモンテ・ベルデ遺跡《いせき》の想像図《そうぞうず》。遺跡《いせき》からは長《なが》さ20mほどの小屋《こや》のあとや、マストドン（ゾウのなかま）の骨《ほね》や海藻《かいそう》などが見《み》つかっている。

氷期《ひょうき》は海《うみ》をわたるチャンス

間氷期《かんぴょうき》には、陸上《りくじょう》に降《ふ》った雨《あめ》や雪《ゆき》は海《うみ》にもどり、海《うみ》から蒸発《じょうはつ》した水《みず》が雲《くも》をつくって雨《あめ》を降《ふ》らせる（➡174）。しかし氷期《ひょうき》には、水《みず》が氷河《ひょうが》になって陸《りく》にとどまるため、海《うみ》の水《みず》が少《すく》なくなり、海水面《かいすいめん》が下《さ》がる。ヒトや動物《どうぶつ》たちが海《うみ》をわたって分布《ぶんぷ》を広《ひろ》げる助《たす》けになることもあるのだ。

気温《きおん》と海水面《かいすいめん》の変化《へんか》

高《たか》い　氷期《ひょうき》　気温《きおん》　氷期《ひょうき》　高《たか》い
気温《きおん》　海水面《かいすいめん》　海水面《かいすいめん》
低《ひく》い　低《ひく》い
20万年前《まんねんまえ》　10万年前《まんねんまえ》　現在《げんざい》

日本列島《にほんれっとう》にヒトがやってきたのはいつ？

石器《せっき》が見《み》つかったことから、約《やく》4万《まん》年前《ねんまえ》には日本列島《にほんれっとう》にヒトが住《す》んでいたことがわかっている。今《いま》の日本人《にほんじん》の祖先《そせん》となったのは、約《やく》1万《まん》5000年前《ねんまえ》から日本《にほん》に住《す》んでいた縄文人《じょうもんじん》と、約《やく》2800年前《ねんまえ》にアジア大陸《たいりく》から来《き》た弥生人《やよいじん》だ。縄文人《じょうもんじん》については最近《さいきん》の研究《けんきゅう》で、シベリア方面《ほうめん》からわたってきた集団《しゅうだん》と、東南《とうなん》アジアや朝鮮半島《ちょうせんはんとう》からわたってきた集団《しゅうだん》がいることがわかった。

●沖縄《おきなわ》で発掘《はっくつ》された港川人《みなとがわじん》の復元模型《ふくげんもけい》

日本《にほん》で最《もっと》も古《ふる》いヒトの化石《かせき》は、沖縄県《おきなわけん》で発見《はっけん》された約《やく》1万《まん》8000年前《ねんまえ》の骨《ほね》で「港川人《みなとがわじん》」とよばれている。港川人《みなとがわじん》はオーストラリア先住民《せんじゅうみん》に顔立《かおだ》ちが似《に》ていて、この後《あと》、日本《にほん》にやってくる縄文人《じょうもんじん》とは別《べつ》の集団《しゅうだん》と考《かんが》えられている。

127

約《やく》6000年前《ねんまえ》の縄文時代《じょうもんじだい》は今《いま》より温暖《おんだん》だったため海水面《かいすいめん》が高《たか》く、内陸《ないりく》のほうまで海《うみ》だった。

［体《からだ》の大《おお》きさの測《はか》り方《かた》］

体長《たいちょう》：体《からだ》をまっすぐにのばしたときの、鼻先《はなさき》から尾《お》のつけ根《ね》までの長《なが》さ。
全長《ぜんちょう》：体長《たいちょう》と尾《お》の長《なが》さを足《た》した長《なが》さ。
肩高《けんこう》：地面《じめん》から肩《かた》までの高《たか》さ。
翼開長《よくかいちょう》：つばさを開《ひら》いたときの、はしからはしまでの長《なが》さ。

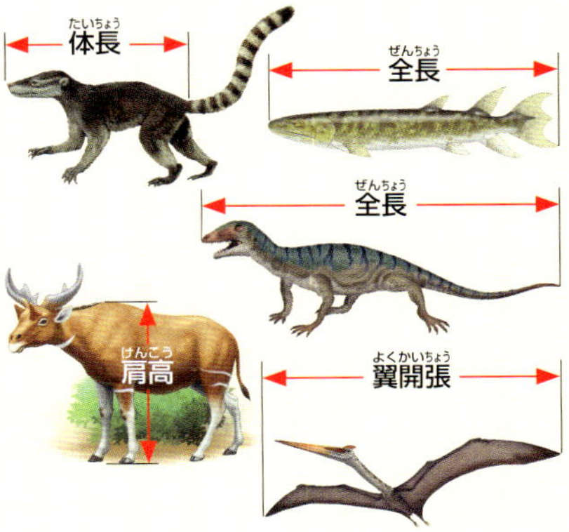

［なるほどコラム］

ピンク色《いろ》の地色《じいろ》の記事《きじ》は、その項目《こうもく》に関連《かんれん》することがらです。点線《てんせん》で囲《かこ》んである記事《きじ》は、直接《ちょくせつ》は関係《かんけい》していなくても、知《し》っておくと理解《りかい》が深《ふか》まる読《よ》みものです。

［豆知識《まめちしき》］

知《し》っていると役《やく》に立《た》つ、ちょっとした知識《ちしき》を紹介《しょうかい》しています。

［さくいん］218～221ページ

本書《ほんしょ》に出《で》てくるおもな用語《ようご》が、どこにのっているか探《さが》すことができます。また、いろいろなページに何度《なんど》も出《で》てくる用語《ようご》からは、それぞれの項目《こうもく》につながりがあることに気《き》づくかもしれません。

地《ち》球《きゅう》をうるおす豊《ゆた》かな水《みず》

宇宙《うちゅう》から見《み》た地球《ちきゅう》が青《あお》くかがやいているのは、
表面《ひょうめん》の10分《ぶん》の7が海《うみ》だからです。
そのため地球《ちきゅう》は「水《みず》の惑星《わくせい》」ともよばれています。
生命《せいめい》は40億年前《おくねんまえ》に海《うみ》で生《う》まれ、
わたしたちが生《い》きるのに欠《か》かせない酸素《さんそ》もまた、
海《うみ》の中《なか》で生《う》まれました。

約《やく》24億年前《おくねんまえ》、シアノバクテリアという原始的《げんしてき》な生物《せいぶつ》が、海《うみ》の中《なか》で酸素《さんそ》をつくり始《はじ》めた。

地《ち》球《きゅう》にねむる豊《ゆた》かな資《し》源《げん》

わたしたち人類《じんるい》は、
鉄《てつ》をはじめ、石油《せきゆ》や石炭《せきたん》など
豊《ゆた》かな資源《しげん》のおかげで発展《はってん》してきました。
それらは地球内部《ちきゅうないぶ》の活動《かつどう》でつくられたり、
大昔《おおむかし》の動植物《どうしょくぶつ》が形《かたち》を変《か》えたりしたものです。
すべて地球《ちきゅう》を構成《こうせい》する物質《ぶっしつ》で、
限《かぎ》りがあることを忘《わす》れてはいけません。

ブラジルのカラジャス鉱山《こうざん》は、世界最大級《せかいさいだいきゅう》の鉄鉱山《てっこうざん》。鉄《てつ》は原始《げんし》の海《うみ》にたくさんとけていたが、シアノバクテリアがつくった酸素《さんそ》と結《むす》びついて海底《かいてい》にしずんだ。地球《ちきゅう》のおもな鉄鉱山《てっこうざん》は、それが地上《ちじょう》に現《あらわ》れたものだ。

地《ち》球《きゅう》にあふれる豊《ゆた》かないのち

太陽《たいよう》の光《ひかり》エネルギーを植物《しょくぶつ》が栄養《えいよう》に変《か》え、
動物《どうぶつ》はそれを利用《りよう》しています。
地中《ちちゅう》の微生物《びせいぶつ》は落《お》ち葉《ば》や動物《どうぶつ》の死《し》がいを分解《ぶんかい》し、
植物《しょくぶつ》はそれを利用《りよう》します。
さまざまな生命《せいめい》がつながり、
循環《じゅんかん》することで、自然《しぜん》は成《な》り立《た》っているのです。

熱帯雨林《ねったいうりん》のさまざまな植物《しょくぶつ》の種子《しゅし》。パナマにあるバロ・コロラド島《とう》で採集《さいしゅう》されたものだ。

アメリカ・ニューヨーク市《し》のマンハッタン島《とう》は、
世界中《せかいじゅう》から人《ひと》が集《あつ》まる、経済《けいざい》や文化《ぶんか》の中心地《ちゅうしんち》。
このような都市《とし》も、地球《ちきゅう》の姿《すがた》のひとつだ。

第《だい》1章《しょう》

地《ち》球《きゅう》の姿《すがた》

太陽《たいよう》と、その引力《いんりょく》によって太陽《たいよう》のまわりを回《まわ》っている
天体《てんたい》の集《あつ》まりを太陽系《たいようけい》といいます。
太陽系《たいようけい》に8個《こ》ある惑星《わくせい》のうち、生命《せいめい》が確認《かくにん》されているのは地球《ちきゅう》だけです。
ほかの惑星《わくせい》とのちがいや、内部《ないぶ》の構造《こうぞう》を見《み》てみましょう。

わたしたちの地球《ちきゅう》は、こんな天体《てんたい》

地球《ちきゅう》の形《かたち》と大《おお》きさ

地球《ちきゅう》は半径《はんけい》約《やく》 6378km の、球形《きゅうけい》の惑星《わくせい》です。1 日《にち》で 1 回転《かいてん》（自転《じてん》）し、1 年《ねん》かけて太陽《たいよう》のまわりを 1 周《しゅう》（公転《こうてん》）しています。

宇宙《うちゅう》でただひとつ、生命《せいめい》が確認《かくにん》されている天体《てんたい》

人間《にんげん》をふくめ、さまざまな生《い》きものが地球《ちきゅう》で生《い》きられるのは、太陽《たいよう》からのきょり、大《おお》きさや形《かたち》、海《うみ》や大気《たいき》の存在《そんざい》など、生命《せいめい》を保《たも》つためのさまざまな条件《じょうけん》が、奇跡的《きせきてき》にそろっているからだ。

【地球《ちきゅう》の自転《じてん》】

天体《てんたい》が自分《じぶん》で回転《かいてん》することを自転《じてん》という。回転《かいてん》の中心《ちゅうしん》になる北極点《ほっきょくてん》と南極点《なんきょくてん》を結《むす》ぶ線《せん》は、自転軸《じてんじく》とよばれる。地球《ちきゅう》は約《やく》 23 時間《じかん》 56 分《ぷん》で 1 回自転《かいじてん》していて、太陽《たいよう》の光《ひかり》が当《あ》たる時間《じかん》が昼《ひる》で、当《あ》たらない時間《じかん》は夜《よる》になる。

【自転速度《じてんそくど》は緯度《いど》によってちがう】

日本付近《にほんふきん》の緯度《いど》では、自転《じてん》の速《はや》さは時速約《じそくやく》 1370km だが、赤道付近《せきどうふきん》では、時速約《じそくやく》 1670km になる。これは、地球《ちきゅう》が丸《まる》い形《かたち》をしていて、どこも約《やく》 23 時間《じかん》 56 分《ぷん》で 1 回転《かいてん》しているため、半径《はんけい》がいちばん大《おお》きい赤道《せきどう》が、最《もっと》も速《はや》く回《まわ》っているからだ。そのため遠心力《えんしんりょく》（回転《かいてん》している物体《ぶったい》が外《そと》に引《ひ》っぱられる力《ちから》）が強《つよ》くはたらき、地球《ちきゅう》は球《きゅう》ではなく、赤道付近《せきどうふきん》が少《すこ》しふくれた形《かたち》になっている。

地球《ちきゅう》はかたむいて回《まわ》っている

地球《ちきゅう》は自転軸《じてんじく》を約《やく》 23.4 度《ど》かたむけた状態《じょうたい》で回《まわ》っている。そのため、夏《なつ》に一日中太陽《いちにちじゅうたいよう》が出続《でつづ》け（白夜《びゃくや》）、冬《ふゆ》に一日中太陽《いちにちじゅうたいよう》が出《で》ない（極夜《きょくや》）ところがある。かたむいたのは、大《おお》きな天体《てんたい》がぶつかった「ジャイアント・インパクト（➡34）」の衝撃《しょうげき》が原因《げんいん》だと考《かんが》えられている。また、自転軸《じてんじく》のかたむきは惑星《わくせい》によってちがう（➡16）。

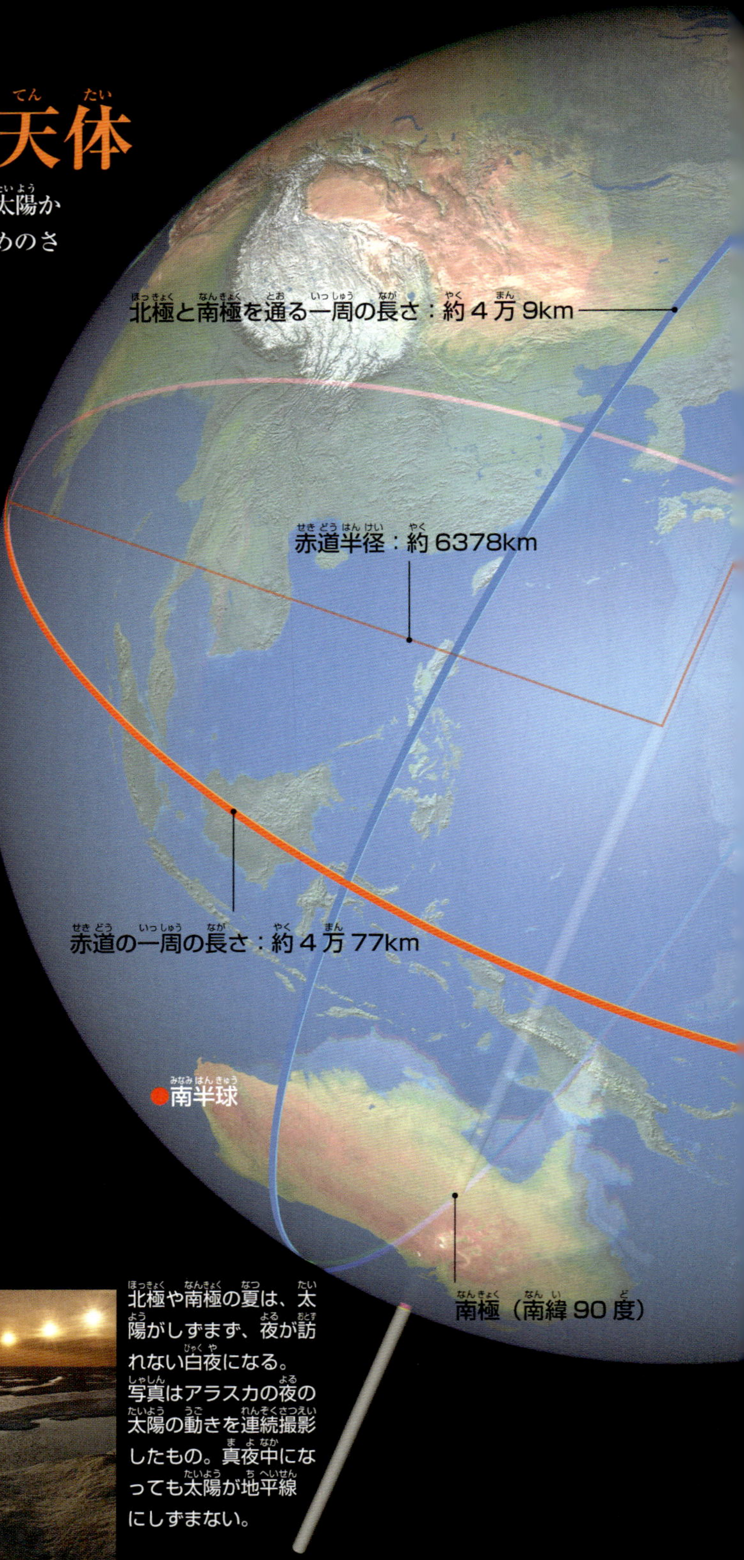
北極《ほっきょく》と南極《なんきょく》を通《とお》る一周《いっしゅう》の長《なが》さ：約《やく》 4 万《まん》 9km
赤道半径《せきどうはんけい》：約《やく》 6378km
赤道《せきどう》の一周《いっしゅう》の長《なが》さ：約《やく》 4 万《まん》 77km
南半球《みなみはんきゅう》
南極《なんきょく》（南緯《なんい》 90 度《ど》）

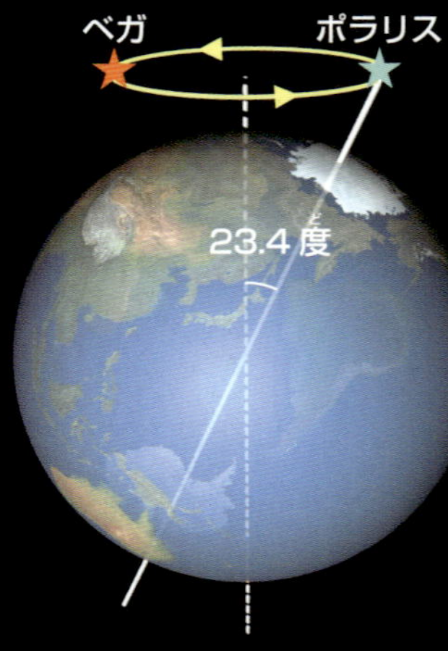
ベガ
ポラリス
23.4 度《ど》

自転軸《じてんじく》はこまが首《くび》をふるように動《うご》き、約《やく》2万《まん》6000年《ねん》で1周《しゅう》すると考《かんが》えられている。今《いま》はこぐま座《ざ》のポラリスが北極星《ほっきょくせい》だが、1 万《まん》 2000 年後《ねんご》くらいには、こと座《ざ》のベガが北極星《ほっきょくせい》になる。

北極《ほっきょく》や南極《なんきょく》の夏《なつ》は、太陽《たいよう》がしずまず、夜《よる》が訪《おとず》れない白夜《びゃくや》になる。写真《しゃしん》はアラスカの夜《よる》の太陽《たいよう》の動《うご》きを連続撮影《れんぞくさつえい》したもの。真夜中《まよなか》になっても太陽《たいよう》が地平線《ちへいせん》にしずまない。

『この宇宙《うちゅう》に地球《ちきゅう》と似《に》た星《ほし》はあるのだろうか』: サンマーク出版《しゅっぱん》

地球《ちきゅう》の公転《こうてん》

地球《ちきゅう》は太陽《たいよう》のまわりを約《やく》365.25日《にち》かけて1周《しゅう》していて、これを地球《ちきゅう》の公転《こうてん》という。自転軸《じてんじく》がかたむいているため、太陽《たいよう》と地球《ちきゅう》の位置《いち》によって、太陽《たいよう》の光《ひかり》を受《う》け取《と》る量《りょう》がちがう。このため、季節《きせつ》が生《う》まれる(➡178)。

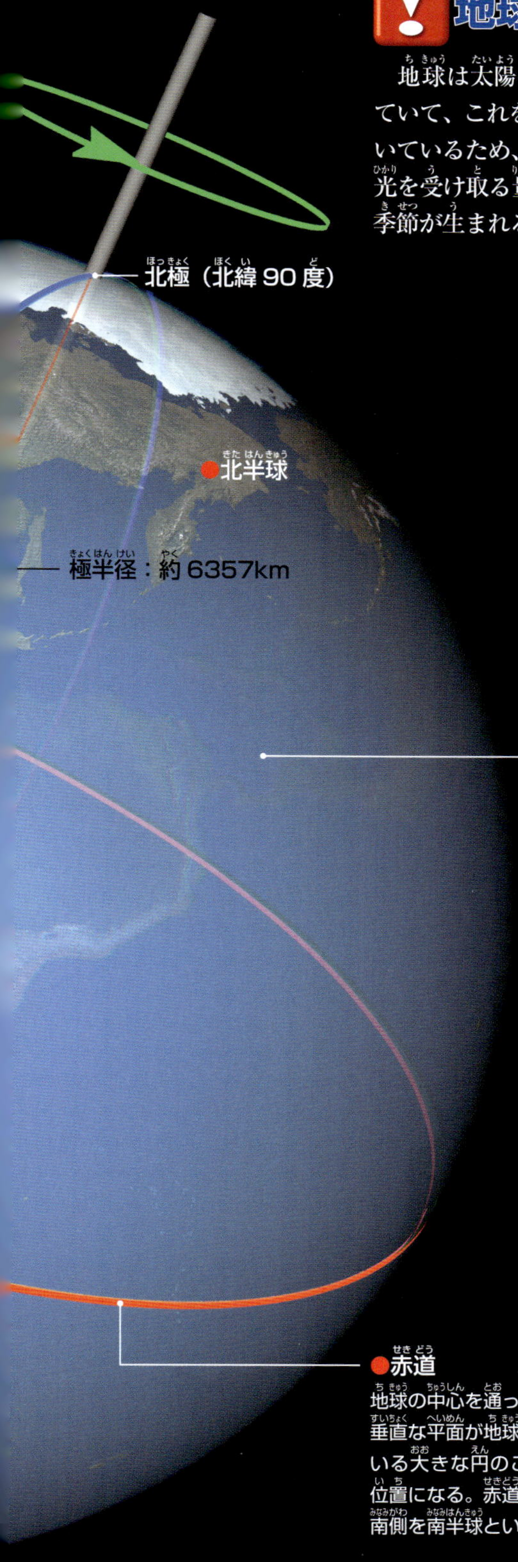
北極《ほっきょく》(北緯《ほくい》90度《ど》)
北半球《きたはんきゅう》
極半径《きょくはんけい》：約《やく》6357km

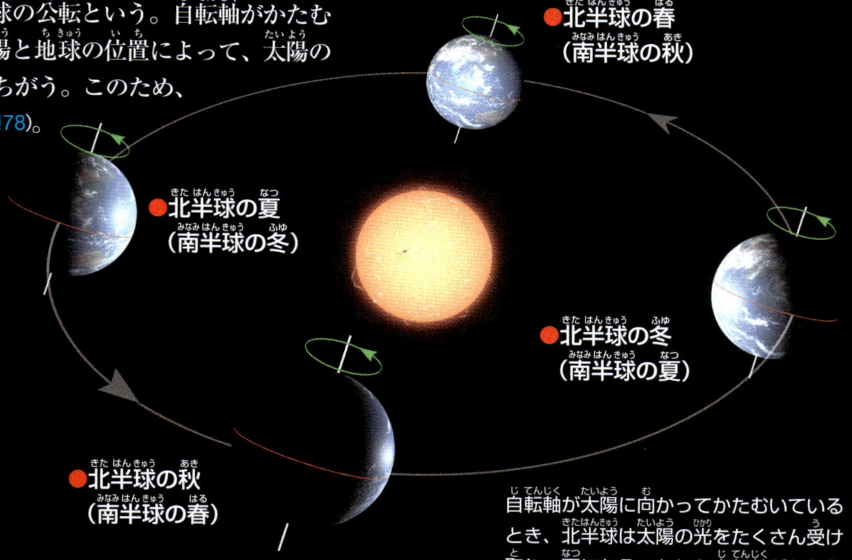
北半球《きたはんきゅう》の春《はる》
(南半球《みなみはんきゅう》の秋《あき》)
北半球《きたはんきゅう》の夏《なつ》
(南半球《みなみはんきゅう》の冬《ふゆ》)
北半球《きたはんきゅう》の冬《ふゆ》
(南半球《みなみはんきゅう》の夏《なつ》)
北半球《きたはんきゅう》の秋《あき》
(南半球《みなみはんきゅう》の春《はる》)

自転軸《じてんじく》が太陽《たいよう》に向《む》かってかたむいているとき、北半球《きたはんきゅう》は太陽《たいよう》の光《ひかり》をたくさん受《う》け取《と》り、夏《なつ》になる。もしも自転軸《じてんじく》がかたむいていなかったら、1年《ねん》を通《つう》じて、昼《ひる》と夜《よる》が12時間《じかん》ずつになり、四季《しき》の変化《へんか》はなかっただろう。

●海《うみ》が70%、陸《りく》が30%

わたしたちがふだん生活《せいかつ》している陸上《りくじょう》は、地球《ちきゅう》の表面《ひょうめん》の3割《わり》ほどで、7割《わり》が海《うみ》におおわれている。陸《りく》の高《たか》さの平均《へいきん》が約《やく》840m、海《うみ》の深《ふか》さの平均《へいきん》が約《やく》3800mであることから、海《うみ》の体積《たいせき》は陸地《りくち》の10倍《ばい》ほどになる。

【地球《ちきゅう》の衛星《えいせい》・月《つき》】

惑星《わくせい》のまわりを回《まわ》る天体《てんたい》を「衛星《えいせい》」といい、月《つき》は地球《ちきゅう》の衛星《えいせい》だ。27.3日《にち》かけて自転《じてん》し、同《おな》じ27.3日《にち》で地球《ちきゅう》のまわりを公転《こうてん》している。潮《しお》の満《み》ち干《ひ》をはじめ、地球《ちきゅう》にさまざまな影響《えいきょう》をあたえている。

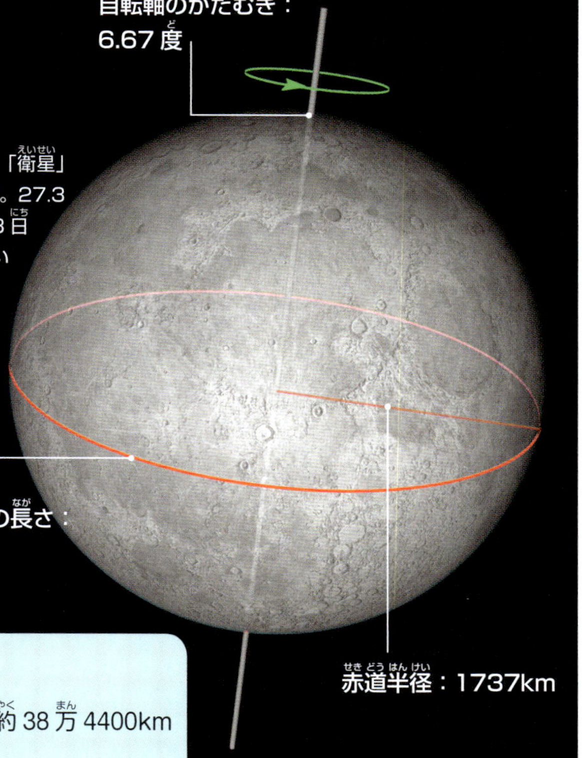
自転軸《じてんじく》のかたむき：6.67度《ど》
赤道《せきどう》の一周《いっしゅう》の長《なが》さ：3475km
赤道半径《せきどうはんけい》：1737km

●赤道《せきどう》

地球《ちきゅう》の中心《ちゅうしん》を通《とお》っていて、自転軸《じてんじく》と垂直《すいちょく》な平面《へいめん》が地球《ちきゅう》の表面《ひょうめん》と交《まじ》わっている大《おお》きな円《えん》のこと。緯度《いど》0度《ど》の位置《いち》になる。赤道《せきどう》より北側《きたがわ》を北半球《きたはんきゅう》、南側《みなみがわ》を南半球《みなみはんきゅう》という。

地球《ちきゅう》のデータ

太陽《たいよう》からの平均《へいきん》きょり：約《やく》1億《おく》4960万《まん》km
自転周期《じてんしゅうき》：23時間《じかん》56分《ぷん》(0.9973日《にち》)
公転周期《こうてんしゅうき》：365.25日《にち》

月《つき》のデータ

地球《ちきゅう》からの平均《へいきん》きょり：約《やく》38万《まん》4400km
自転周期《じてんしゅうき》：27.3日《にち》
公転周期《こうてんしゅうき》：27.3日《にち》

地球《ちきゅう》の昼《ひる》と夜《よる》は約《やく》12時間《じかん》ずつで、ほかの惑星《わくせい》に比《くら》べ気温《きおん》の変化《へんか》は少《すく》なめだ。たとえば水星《すいせい》だと、昼《ひる》と夜《よる》が88日《にち》ずつで、430℃から-160℃まで変化《へんか》する。

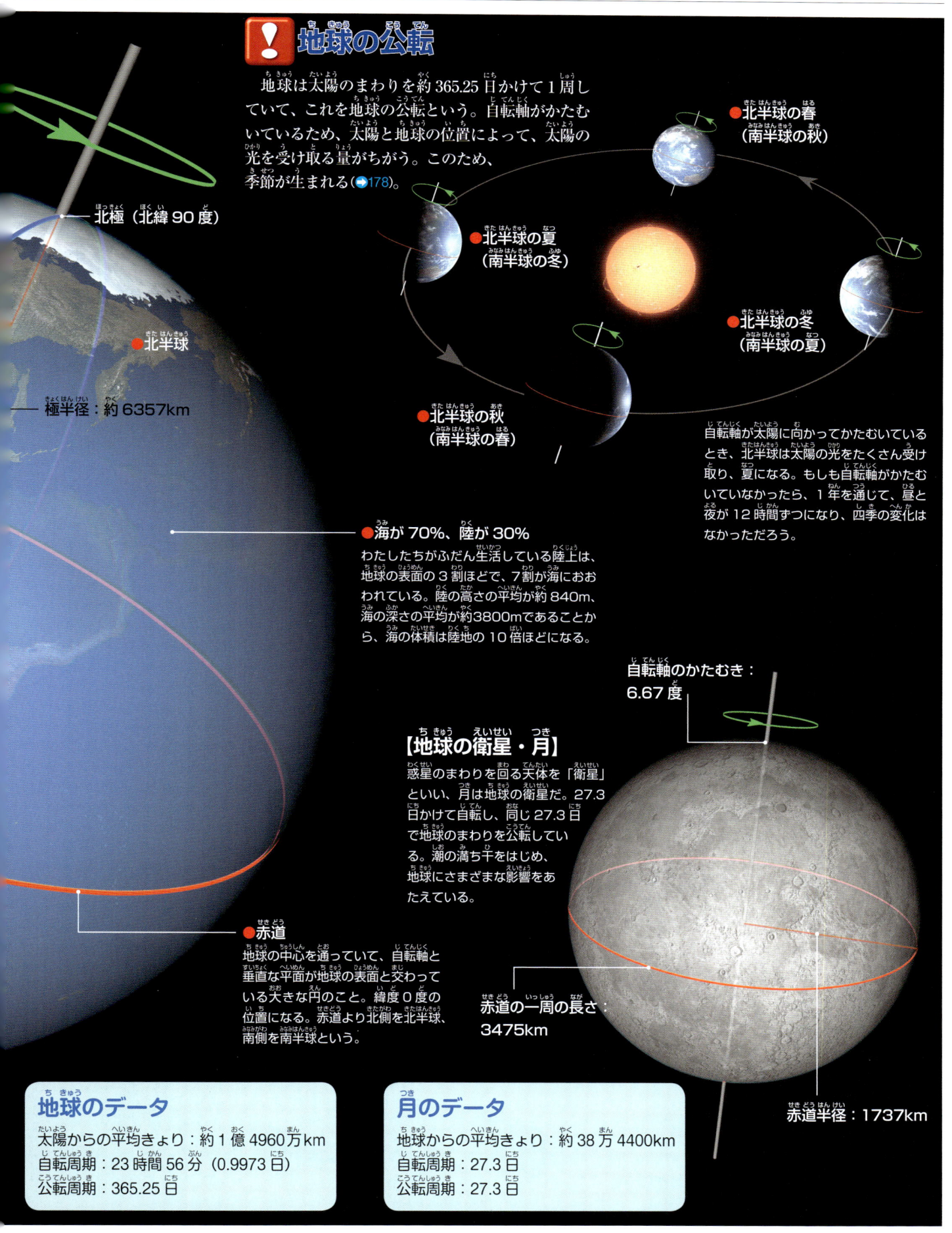

地球の形と大きさ➡14　太陽のしくみ➡18　地球の誕生➡32

太陽《たいよう》のまわりを回《まわ》る8つの惑星《わくせい》

太陽系《たいようけい》と地球《ちきゅう》

太陽系《たいようけい》には8つの惑星《わくせい》があり、地球《ちきゅう》もそのなかの1つです。恒星《こうせい》のまわりを回《まわ》る比《ひ》かく的大《てきおお》きな天体《てんたい》のことを惑星《わくせい》といいます。

いろいろな素材《そざい》でできている惑星《わくせい》

地球《ちきゅう》や水星《すいせい》、金星《きんせい》、火星《かせい》は、おもに岩石《がんせき》でできた固《かた》い地面《じめん》をもつ惑星《わくせい》だ。これを岩石惑星《がんせきわくせい》という。木星《もくせい》や土星《どせい》はおもにガスでできていて、ガス惑星《わくせい》とよばれている。天王星《てんのうせい》や海王星《かいおうせい》は太陽《たいよう》から遠《とお》いところにあるため、氷《こおり》でおおわれていて、氷惑星《こおりわくせい》という（➡33）。

●水星《すいせい》

太陽《たいよう》にいちばん近《ちか》く、いちばん小《ちい》さい惑星《わくせい》で、大気《たいき》はほとんどない。半径《はんけい》：2440km（地球《ちきゅう》の3分《ぶん》の1）、質量《しつりょう》：地球《ちきゅう》の18分《ぶん》の1、自転周期《じてんしゅうき》：58.65日《にち》、公転周期《こうてんしゅうき》：88日《にち》、自転軸《じてんじく》のかたむき：0.04度《ど》

●金星《きんせい》

地球《ちきゅう》と同《おな》じくらいの大《おお》きさだが、大気《たいき》の97%が二酸化炭素《にさんかたんそ》で、生命《せいめい》はいない。気温《きおん》が460℃にもなる。半径《はんけい》：6052km（地球《ちきゅう》の20分《ぶん》の19）、質量《しつりょう》：地球《ちきゅう》の5分《ぶん》の4、自転周期《じてんしゅうき》：243日《にち》、公転周期《こうてんしゅうき》：225日《にち》、自転軸《じてんじく》のかたむき：177.4度《ど》（地球《ちきゅう》とほぼ逆回《ぎゃくまわ》り）

●太陽《たいよう》

太陽系《たいようけい》の中心《ちゅうしん》にある恒星《こうせい》（➡18）。半径《はんけい》：69万《まん》6000km（地球《ちきゅう》の109倍《ばい》）、質量《しつりょう》：地球《ちきゅう》の33万倍《まんばい》、自転周期《じてんしゅうき》：25.4日《にち》、自転軸《じてんじく》のかたむき：7.3度《ど》

●地球《ちきゅう》

太陽系《たいようけい》で生命《せいめい》が確認《かくにん》されている、ただ1つの惑星《わくせい》。質量《しつりょう》：6×10の24乗《じょう》（6のあとに0が24個《こ》つく）kg

●火星《かせい》

水《みず》が流《なが》れたような地形《ちけい》が見《み》つかっていて、かつては水《みず》があったのではないかと考《かんが》えられている。しかし大気《たいき》の95%が二酸化炭素《にさんかたんそ》で、気圧《きあつ》は地球《ちきゅう》の1%以下《いか》しかない。半径《はんけい》：3396km（地球《ちきゅう》の約半分《やくはんぶん》）、質量《しつりょう》：地球《ちきゅう》の10分《ぶん》の1、自転周期《じてんしゅうき》：1.03日《にち》、公転周期《こうてんしゅうき》：687日《にち》、自転軸《じてんじく》のかたむき：25.2度《ど》

●木星《もくせい》

太陽系《たいようけい》で最《もっと》も大《おお》きな惑星《わくせい》。今《いま》の質量《しつりょう》よりも80倍《ばい》ほど大《おお》きければ、太陽《たいよう》のような恒星《こうせい》になっていたともいわれる。半径《はんけい》：7万《まん》1492km（地球《ちきゅう》の11倍《ばい》）、質量《しつりょう》：地球《ちきゅう》の318倍《ばい》、自転周期《じてんしゅうき》：10時間《じかん》、公転周期《こうてんしゅうき》：12年《ねん》、自転軸《じてんじく》のかたむき：3.1度《ど》

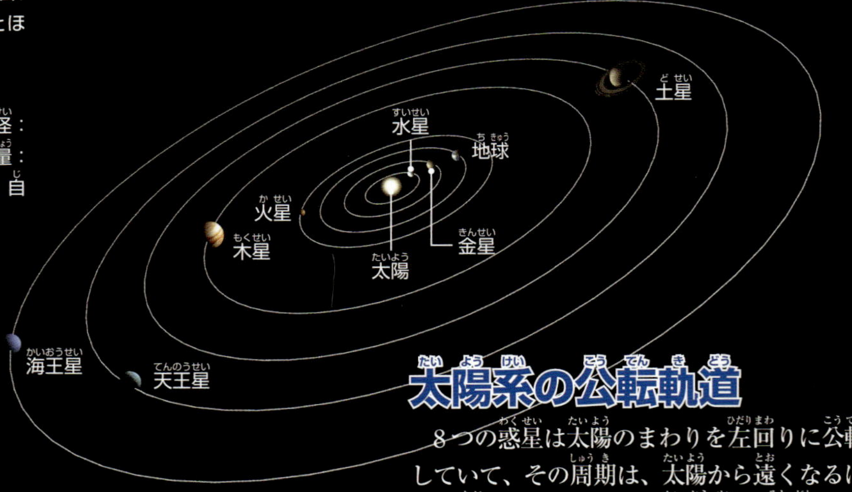

土星《どせい》
水星《すいせい》
地球《ちきゅう》
火星《かせい》
木星《もくせい》
太陽《たいよう》
金星《きんせい》
海王星《かいおうせい》
天王星《てんのうせい》

太陽系《たいようけい》の公転軌道《こうてんきどう》

8つの惑星《わくせい》は太陽《たいよう》のまわりを左回《ひだりまわ》りに公転《こうてん》していて、その周期《しゅうき》は、太陽《たいよう》から遠《とお》くなるほど、長《なが》くなる。また、海王星《かいおうせい》の外側《そとがわ》には1000個《こ》以上《いじょう》の小《ちい》さな天体《てんたい》が分布《ぶんぷ》するところがあり、「カイパーベルト」とよばれている。

【太陽《たいよう》からの平均《へいきん》きょり】

水星《すいせい》：5791万《まん》km
金星《きんせい》：1億《おく》820万《まん》km
火星《かせい》：2億《おく》2794万《まん》km
太陽《たいよう》
地球《ちきゅう》：1億《おく》4960万《まん》km
木星《もくせい》：7億《おく》7830万《まん》km
土星《どせい》：14億《おく》2949万《まん》km

📖『子供《こども》の科学《かがく》★サイエンスブックス　ここまでわかった！太陽系《たいようけい》のなぞ』：誠文堂新光社《せいぶんどうしんこうしゃ》

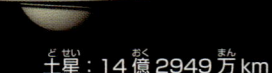

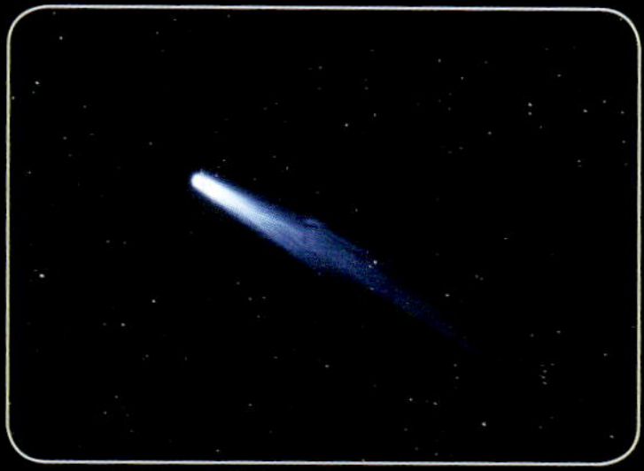

ハレー彗星《すいせい》は公転周期《こうてんしゅうき》が75.3年《ねん》で、次《つぎ》に見《み》られるのは2061年《ねん》だといわれている。太陽《たいよう》のそばを通《とお》るとき、彗星《すいせい》の成分《せいぶん》が熱《ねっ》せられて、ふき出《だ》すため、明《あか》るくかがやいて見《み》える。

【小惑星《しょうわくせい》と彗星《すいせい》】

太陽系《たいようけい》には8つの惑星以外《わくせいいがい》に、火星《かせい》と木星《もくせい》の間《あいだ》に、多《おお》くの小惑星《しょうわくせい》(➡32)がある。大《おお》きさは数《すう》kmから数十《すうじっ》kmしかないが、ほかの惑星《わくせい》と同《おな》じように、太陽《たいよう》のまわりを公転《こうてん》している。また彗星《すいせい》は、惑星系《わくせいけい》の外《そと》からやってきて、太陽《たいよう》のそばを回《まわ》って、また惑星系《わくせいけい》の外《そと》へ出《で》ていく天体《てんたい》だ。公転軌道《こうてんきどう》はだ円形《えんけい》で方向《ほうこう》もばらばらだ。

●土星《どせい》

大《おお》きな環《わ》は、たくさんの氷《こおり》やちりの集《あつ》まりで、厚《あつ》さは100mほど。大《おお》きい惑星《わくせい》だが、密度《みつど》が最《もっと》も小《ちい》さいと考《かんが》えられている。半径《はんけい》：6万《まん》268km（地球《ちきゅう》の9.4倍《ばい》）、質量《しつりょう》：地球《ちきゅう》の95倍《ばい》、自転周期《じてんしゅうき》：10.6時間《じかん》、公転周期《こうてんしゅうき》：29年半《ねんはん》、自転軸《じてんじく》のかたむき：26.7度《ど》

●天王星《てんのうせい》

ガスと氷《こおり》におおわれている。青色《あおいろ》に見《み》えるのは、大気《たいき》の中《なか》のメタンが赤色《あかいろ》を吸収《きゅうしゅう》するため。半径《はんけい》：2万《まん》5559km（地球《ちきゅう》の4倍《ばい》）、質量《しつりょう》：地球《ちきゅう》の15倍《ばい》、自転周期《じてんしゅうき》：17時間《じかん》、公転周期《こうてんしゅうき》：84年《ねん》、自転軸《じてんじく》のかたむき：97.8度《ど》（ほぼま横《よこ》にたおれた状態《じょうたい》）

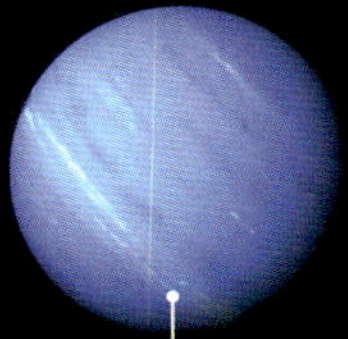

●海王星《かいおうせい》

太陽系《たいようけい》で最《もっと》も外側《そとがわ》にある惑星《わくせい》。天王星《てんのうせい》と同《おな》じく、大気《たいき》の中《なか》のメタンで青色《あおいろ》に見《み》える。天王《てんのう》星《せい》と海王星《かいおうせい》は細《ほそ》い環《わ》がある。半径《はんけい》：2万《まん》4764km（地球《ちきゅう》の3.8倍《ばい》）、質量《しつりょう》：地球《ちきゅう》の17倍《ばい》、自転周期《じてんしゅうき》：16時間《じかん》、公転周期《こうてんしゅうき》：165年《ねん》、自転軸《じてんじく》のかたむき：27.9度《ど》

【惑星《わくせい》ではなくなった天体《てんたい》】

冥王星《めいおうせい》は2006年《ねん》に惑星《わくせい》から準惑星《じゅんわくせい》になった。発見《はっけん》されたときは、地球《ちきゅう》と同《おな》じくらいの大《おお》きさだと考《かんが》えられていたが、観測《かんそく》が進《すす》むと、月《つき》よりも小《ちい》さいことがわかった。また、「公転軌道《こうてんきどう》の上《うえ》に衛星以外《えいせいいがい》の星《ほし》がない」という惑星《わくせい》の条件《じょうけん》を満《み》たさず、近《ちか》くにより大《おお》きな天体《てんたい》が見《み》つかったため、はずされることになった。

NASA

岩石《がんせき》と氷《こおり》でできていて、表面《ひょうめん》には窒素《ちっそ》やメタン、一酸化炭素《いっさんかたんそ》などでできた、うすい大気《たいき》があると考《かんが》えられている。

太陽系《たいようけい》は銀河系《ぎんがけい》の中《なか》にある

宇宙《うちゅう》には太陽《たいよう》のような恒星《こうせい》がたくさんあり、それぞれ太《たい》陽系《ようけい》のようなまとまりをつくっている。それがさらに集《あつ》まって数千億個《すうせんおくこ》の大集団《だいしゅうだん》となったものを銀河《ぎんが》といい、太陽系《たいようけい》は「銀河系《ぎんがけい》」という銀河《ぎんが》の中《なか》にある。

夏《なつ》の天《あま》の川《がわ》は、地球《ちきゅう》から銀《ぎん》河系《がけい》の中心方向《ちゅうしんほうこう》を見《み》た姿《すがた》だ。恒星《こうせい》が無数《むすう》にあることで、光《ひかり》の帯《おび》のように見《み》える。

太陽系《たいようけい》

銀河系《ぎんがけい》は、光《ひかり》の速《はや》さ（秒速約《びょうそくやく》30万《まん》km）で10万年《まんねん》かかる（10万《まん》光年《こうねん》）ほどの直径《ちょっけい》だ。太陽系《たいようけい》の位置《いち》は、その中心《ちゅうしん》から2万《まん》6100光年《こうねん》はなれたところにある。

天王星《てんのうせい》：28億《おく》7503万《まん》km
海王星《かいおうせい》：45億《おく》440万《まん》km

冬《ふゆ》の空《そら》にも天《あま》の川《がわ》はあるが、銀河系《ぎんがけい》の中心《ちゅうしん》と反対側《はんたいがわ》を見《み》ているため、恒星《こうせい》が少《すく》なくて、うっすらとしか見《み》えない。

太陽のエネルギー➡20　地磁気➡26　地球の大気➡164

太陽《たいよう》はあらゆる生命《せいめい》の源《みなもと》

太陽《たいよう》のしくみ

太陽《たいよう》の内部《ないぶ》では、つねに巨大《きょだい》なエネルギーがつくられています。地球《ちきゅう》はそのまわりを回《まわ》りながら、光《ひかり》や熱《ねつ》などを浴《あ》びていて、それこそが生命《せいめい》のエネルギーになっています。

太陽《たいよう》はエネルギーを放《はな》つ星《ほし》

太陽《たいよう》は自分《じぶん》で光《ひかり》や熱《ねつ》をつくり出《だ》している星《ほし》で、このような星《ほし》を恒星《こうせい》という。中心核《ちゅうしんかく》で核融合《かくゆうごう》という反応《はんのう》が起《お》こり、巨大《きょだい》なエネルギーが生《う》み出《だ》されている。

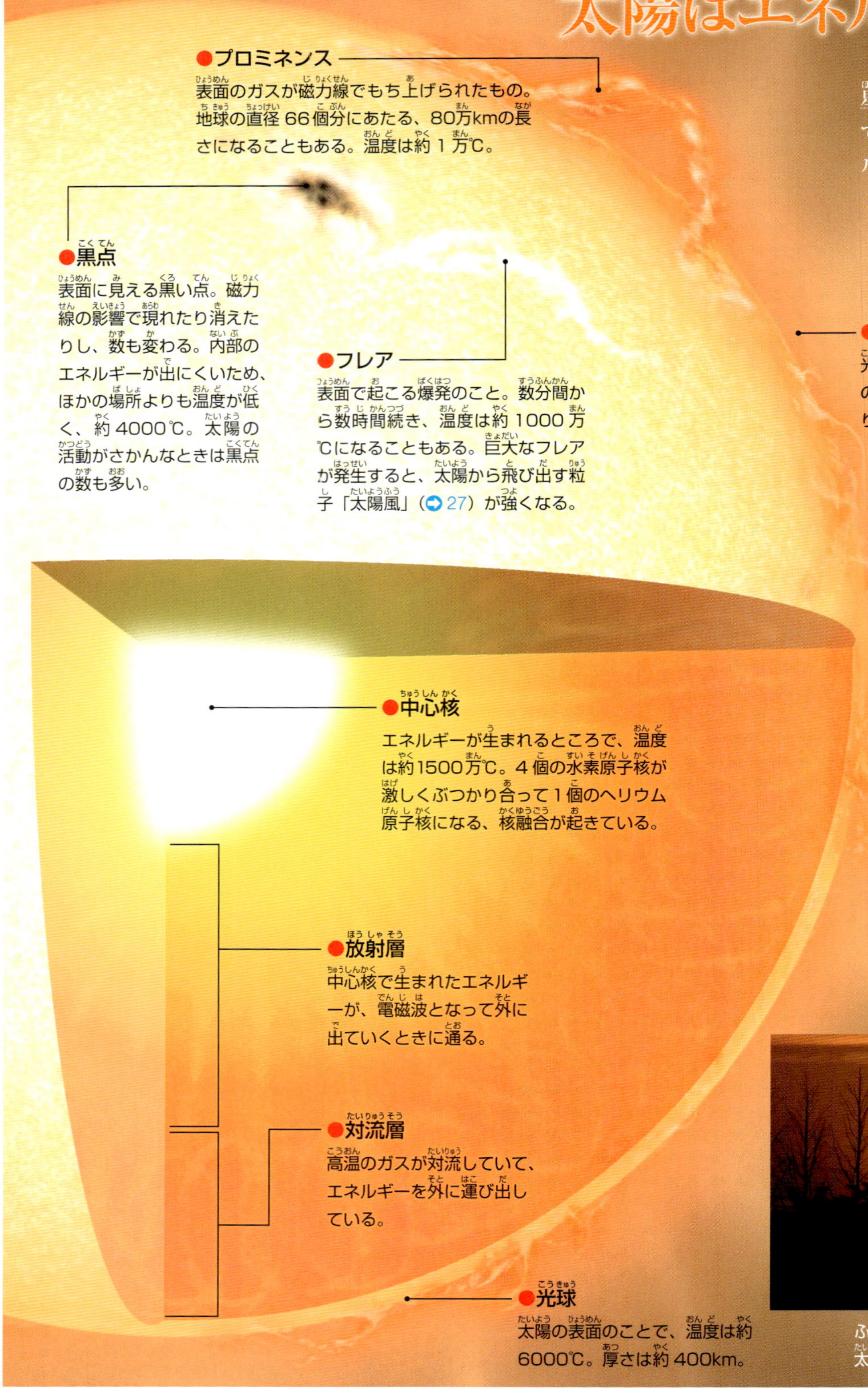

●プロミネンス
表面《ひょうめん》のガスが磁力線《じりょくせん》でもち上《あ》げられたもの。地球《ちきゅう》の直径《ちょっけい》66個分《こぶん》にあたる、80万《まん》kmの長《なが》さになることもある。温度《おんど》は約《やく》1万《まん》℃。

●黒点《こくてん》
表面《ひょうめん》に見《み》える黒《くろ》い点《てん》。磁力《じりょく》線《せん》の影響《えいきょう》で現《あらわ》れたり消《き》えたりし、数《かず》も変《か》わる。内部《ないぶ》のエネルギーが出《で》にくいため、ほかの場所《ばしょ》よりも温度《おんど》が低《ひく》く、約《やく》4000℃。太陽《たいよう》の活動《かつどう》がさかんなときは黒点《こくてん》の数《かず》も多《おお》い。

●フレア
表面《ひょうめん》で起《お》こる爆発《ばくはつ》のこと。数分間《すうふんかん》から数時間《すうじかん》続《つづ》き、温度《おんど》は約《やく》1000万《まん》℃になることもある。巨大《きょだい》なフレアが発生《はっせい》すると、太陽《たいよう》から飛《と》び出《だ》す粒《りゅう》子《し》「太陽風《たいようふう》」（➡27）が強《つよ》くなる。

●彩層《さいそう》
光球《こうきゅう》の外側《そとがわ》にあるうすいガスの層《そう》。厚《あつ》さは約《やく》2000kmあり、温度《おんど》は約《やく》6000℃。

●コロナ
太陽《たいよう》のまわりを包《つつ》む、うすいガスの層《そう》。太陽《たいよう》の表面《ひょうめん》より温《おん》度《ど》が高《たか》く、約《やく》100万《まん》℃もある。

●中心核《ちゅうしんかく》
エネルギーが生《う》まれるところで、温度《おんど》は約《やく》1500万《まん》℃。4個《こ》の水素原子核《すいそげんしかく》が激《はげ》しくぶつかり合《あ》って1個《こ》のヘリウム原子核《げんしかく》になる、核融合《かくゆうごう》が起《お》きている。

●放射層《ほうしゃそう》
中心核《ちゅうしんかく》で生《う》まれたエネルギーが、電磁波《でんじは》となって外《そと》に出《で》ていくときに通《とお》る。

●対流層《たいりゅうそう》
高温《こうおん》のガスが対流《たいりゅう》していて、エネルギーを外《そと》に運《はこ》び出《だ》している。

●光球《こうきゅう》
太陽《たいよう》の表面《ひょうめん》のことで、温度《おんど》は約《やく》6000℃。厚《あつ》さは約《やく》400km。

ふつうコロナは目《め》には見《み》えない。しかし、皆既日食《かいきにっしょく》で太陽《たいよう》が完全《かんぜん》にかくれたときなどに、太陽《たいよう》のまわりにあわく光《ひか》るコロナが、よく見《み》える。

ふだんわたしたちが見《み》ている太陽《たいよう》の姿《すがた》は、光球《こうきゅう》の部分《ぶぶん》だ。

※太陽《たいよう》を観察《かんさつ》するときは、必《かなら》ず専用《せんよう》のフィルターなどを使用《しよう》してください。

『子供《こども》の科学《かがく》★サイエンスブック　月《つき》と太陽《たいよう》ってどんな星《ほし》？　もっとも身近《みぢか》で不思議《ふしぎ》な星《ほし》を観察《かんさつ》しよう』: 誠文堂新光社《せいぶんどうしんこうしゃ》

太陽《たいよう》が放《はな》つ電磁波《でんじは》

わたしたちがふだん見《み》ている太陽《たいよう》の光《ひかり》のことを、可視光《かしこう》という。太陽《たいよう》は人間《にんげん》の目《め》に見《み》える可視光線《かしこうせん》のほかに、赤外線《せきがいせん》や紫外線《しがいせん》、X線《エックスせん》など、さまざまな光《ひかり》や電《でん》波《ぱ》を出《だ》している。それらの光《ひかり》や電波《でんぱ》をまとめて、電磁波《でんじは》という。

●赤外線《せきがいせん》

目《め》に見《み》えない光《ひかり》で、ものに熱《ねつ》をあたえる力《ちから》をもっている。太陽《たいよう》からの赤外線《せきがいせん》によって地表《ちひょう》や生《い》きものが温《あたた》められている。また暖房器具《だんぼうきぐ》や調理器具《ちょうりきぐ》は、赤外線《せきがいせん》の力《ちから》を応用《おうよう》している。

●紫外線《しがいせん》

有害《ゆうがい》なものの多《おお》くはオゾン層《そう》に吸収《きゅうしゅう》される。皮《ひ》ふや細胞《さいぼう》のはたらきを活発《かっぱつ》にするビタミンD《ディー》をつくるのに必要《ひつよう》な光《ひかり》だが、日焼《ひや》けの原因《げんいん》でもあり、大量《たいりょう》に浴《あ》びると皮《ひ》ふ病《びょう》にかかる危険《きけん》がある。紫外線《しがいせん》は雲《くも》を通《とお》りぬけるため、くもりの日《ひ》でも地表《ちひょう》まで届《とど》く。

● X線《エックスせん》

X線《エックスせん》は大気《たいき》にほとんど吸収《きゅうしゅう》されてしまうが、太陽風《たいようふう》の活動《かつどう》を知《し》るのに役立《やくだ》つため、人工衛星《じんこうえいせい》やロケットを使《つか》って宇宙空間《うちゅうくうかん》から観測《かんそく》されている。太陽風《たいようふう》は人工《じんこう》衛星《えいせい》や地上《ちじょう》の電子機器《でんしきき》をこわすことがあるため、その活動《かつどう》を観《かん》測《そく》しておく必要《ひつよう》がある。

【地球《ちきゅう》に届《とど》く太陽《たいよう》のエネルギー】

地球《ちきゅう》に届《とど》くエネルギーを100としたとき、そのうちの半分《はんぶん》が地表《ちひょう》まで届《とど》いている。残《のこ》りの30は、雲《くも》などに反射《はんしゃ》して大気圏《たいきけん》（➡164）の外《そと》へと出《で》ていってしまい、20は大気《たいき》に吸収《きゅうしゅう》されてしまう。

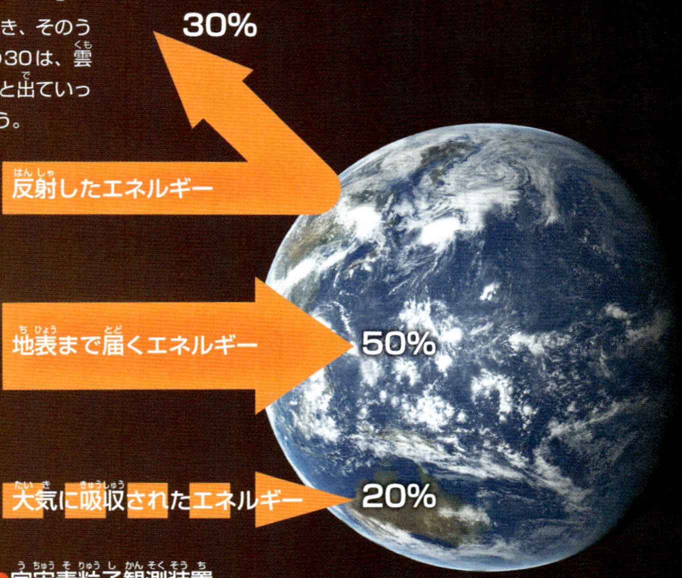

太陽《たいよう》の光《ひかり》は100万年前《まんねんまえ》のもの

太陽《たいよう》の光《ひかり》は、太陽《たいよう》の表面《ひょうめん》を出発《しゅっぱつ》して8分《ふん》19秒《びょう》で地表《ちひょう》に届《とど》く。しかし、この光《ひかり》は中心核《ちゅうしんかく》で生《う》み出《だ》されたあと、放射層《ほうしゃそう》と対流層《たいりゅうそう》をぬけるまでに100万年《まんねん》かかっていると考《かんが》えられている。100万年前《まんねんまえ》につくられたエネルギーを、わたしたちは受《う》け取《と》っているのだ。

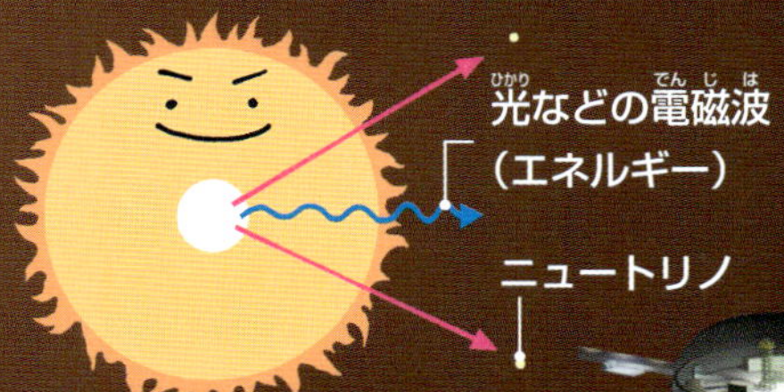

光《ひかり》などの電磁波《でんじは》は、100万年前《まんねんまえ》の太陽《たいよう》が生《う》み出《だ》したもの。一方《いっぽう》で、核融合《かくゆうごう》でつくられる粒子《りゅうし》「ニュートリノ」を観測《かんそく》すると、たった今《いま》の太陽《たいよう》を知《し》ることができると考《かんが》えられている。物質《ぶっしつ》を通《とお》りぬけることができるため、太陽《たいよう》の表面《ひょうめん》に出《で》てくるまでに時間《じかん》がかからないからだ。

●宇宙素粒子観測装置《うちゅうそりゅうしかんそくそうち》
スーパーカミオカンデ

画像提供：東京大学宇宙線研究所

画像提供：
東京大学
宇宙線研究所

上《うえ》の写真《しゃしん》はニュートリノを感知《かんち》する光《ひかり》センサー。左《ひだり》のような巨大《きょだい》なタンクに混《ま》じり気《け》のない純水《じゅんすい》をため、ニュートリノの動《うご》きを観測《かんそく》する。

太陽《たいよう》の活動《かつどう》が終《お》わるとき

核融合《かくゆうごう》に使《つか》う水素《すいそ》が使《つか》いはたされたとき、太陽《たいよう》は死《し》をむかえる。だんだん表面温度《ひょうめんおんど》が低《ひく》くなり、10～100倍《ばい》にふくらんで「赤色巨星《せきしょくきょせい》」になり、炭素《たんそ》や酸素《さんそ》が集《あつ》まって核《かく》をつくる。それが縮《ちぢ》んでかたいしんになり、まわりにガスが散《ち》る。また、太陽《たいよう》の8倍以上《ばいいじょう》の大《おお》きさの恒星《こうせい》は、赤色巨《せきしょくきょ》星《せい》になったあと、「超新星爆発《ちょうしんせいばくはつ》」を起《お》こすと考《かんが》えられている。

赤色巨星《せきしょくきょせい》のあとには「惑《わく》星状星雲《せいじょうせいうん》」というガスと、「白色《はくしょく》わい星《せい》」というしんができる。

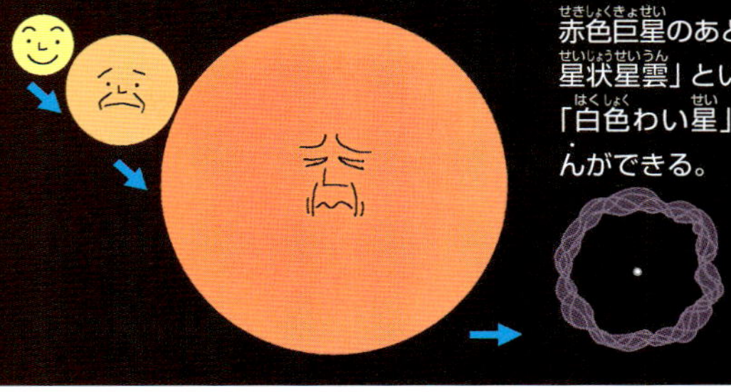

太陽《たいよう》の寿命《じゅみょう》は約《やく》100億年《おくねん》といわれている。現在《げんざい》の太陽《たいよう》は46億年前《おくねんまえ》に誕生《たんじょう》して、あと50億年《おくねん》ほどは活動《かつどう》し続《つづ》けると考《かんが》えられる。

地球の大気➡164

太陽《たいよう》からもらう、生《い》きるための力《ちから》

太陽《たいよう》のエネルギー

地球上《ちきゅうじょう》に降《ふ》り注《そそ》ぐ太陽《たいよう》の光《ひかり》は、生《い》きものに欠《か》かせないものです。そのエネルギーを植物《しょくぶつ》が栄養《えいよう》に変《か》えて、動物《どうぶつ》はそれを食《た》べることで、栄養《えいよう》を得《え》ています。

●太陽《たいよう》

太陽《たいよう》のエネルギーのほとんどが、光《ひかり》エネルギーとして地表《ちひょう》に届《とど》く。光《ひかり》エネルギーは、光合成《こうごうせい》に使《つか》われるだけでなく、赤外線《せきがいせん》（➡19）として熱《ねつ》を伝《つた》えている。

植物《しょくぶつ》から動物《どうぶつ》へとわたっていく

植物《しょくぶつ》は、太陽《たいよう》の光《ひかり》エネルギーを使《つか》って光合成《こうごうせい》を行《おこな》い、炭水化物《たんすいかぶつ》（でんぷんなど。糖質《とうしつ》ともいう）をつくる。動物《どうぶつ》は炭水化物《たんすいかぶつ》を食《た》べることで、エネルギーを得《え》ている。こうして、太陽《たいよう》のエネルギーは植物《しょくぶつ》から動物《どうぶつ》へとわたり、生《い》きものの体《からだ》をめぐっているのだ。

生《い》きものの体《からだ》をつくるもと

生《い》きものの体《からだ》はタンパク質《しつ》や炭水化物《たんすいかぶつ》、脂質《ししつ》でできていて、どれも元素《げんそ》のひとつである炭素《たんそ》をふくんでいる。生《い》きものの体《からだ》をつくるような、炭素《たんそ》をふくむ物質《ぶっしつ》のことを有機物《ゆうきぶつ》という。それ以外《いがい》の、水《みず》や金属《きんぞく》、酸素《さんそ》や二酸化炭素《にさんかたんそ》などの気体《きたい》は無機物《むきぶつ》という。

光合成《こうごうせい》のしくみ

光合成《こうごうせい》は植物《しょくぶつ》の細胞《さいぼう》の中《なか》にある、葉緑体《ようりょくたい》という部分《ぶぶん》で行《おこな》われる。根《ね》から吸《す》い上《あ》げた水《みず》と空気中《くうきちゅう》の二酸化炭素《にさんかたんそ》から、光《ひかり》エネルギーの力《ちから》によって、炭水化物《たんすいかぶつ》をつくる。そのときに酸素《さんそ》ができる。

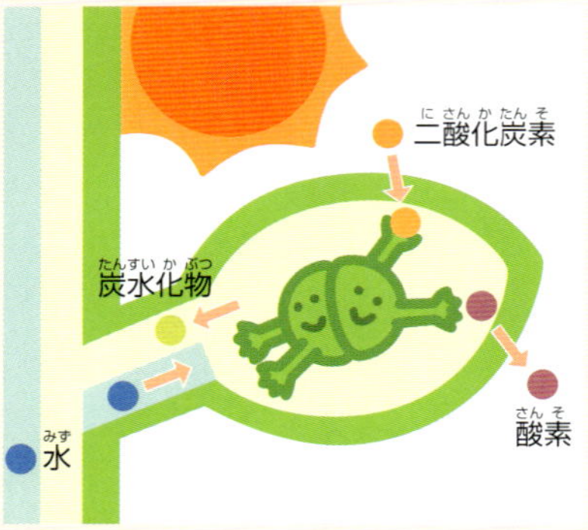

【光合成《こうごうせい》】

木《き》や草花《くさばな》などの植物《しょくぶつ》が光《ひかり》エネルギーを使《つか》って、炭水化物《たんすいかぶつ》をつくり出《だ》すはたらき。

サツマイモは光合成《こうごうせい》でつくった炭水化物《たんすいかぶつ》を根《ね》にためる。

【呼吸《こきゅう》】

酸素《さんそ》を吸《す》って、二酸化炭素《にさんかたんそ》をはき出《だ》す。酸素《さんそ》は炭水化物《たんすいかぶつ》や脂肪《しぼう》からエネルギーを得《え》るときに使《つか》われ、そのときに二酸《にさん》化炭素《かたんそ》ができる。

植物《しょくぶつ》も呼吸《こきゅう》する

動物《どうぶつ》だけでなく、植物《しょくぶつ》もつねに呼吸《こきゅう》をしている。しかし、太陽《たいよう》の光《ひかり》がある日中《にっちゅう》は光合成《こうごうせい》が活発《かっぱつ》に行《おこな》われているので、二酸化炭素《にさんかたんそ》をとりこむ量《りょう》や酸素《さんそ》をはき出《だ》す量《りょう》のほうが多《おお》い。そのため、呼吸《こきゅう》をしていないように見《み》える。

●昼《ひる》

植物《しょくぶつ》が光合成《こうごうせい》でとりこむ二酸化炭素《にさんかたんそ》や、はき出《だ》す酸素《さんそ》のほうが、呼吸《こきゅう》ではき出《だ》す二酸化炭素《にさんかたんそ》や、とりこむ酸素《さんそ》よりも多《おお》い。動物《どうぶつ》は呼吸《こきゅう》だけをしている。

●夜《よる》

太陽《たいよう》の光《ひかり》がないので、植物《しょくぶつ》は光合成《こうごうせい》を行《おこな》っていない。植物《しょくぶつ》も動物《どうぶつ》も呼吸《こきゅう》だけをしている。

『食物連鎖《しょくもつれんさ》の大研究《だいけんきゅう》』：ＰＨＰ《ピーエイチピー》研究所《けんきゅうしょ》

食物連鎖《しょくもつれんさ》によって エネルギーや物質《ぶっしつ》が循環《じゅんかん》する

植物《しょくぶつ》の体《からだ》は、光《ひかり》エネルギーを使《つか》ってつくった炭水化物《たんすいかぶつ》をもとにした物質《ぶっしつ》でできている。これを動物《どうぶつ》が食《た》べ、その動物《どうぶつ》をほかの動物《どうぶつ》が食《た》べて、それぞれエネルギーを得《え》ている。この流《なが》れを、ひとつながりのくさりにたとえて「食物連鎖《しょくもつれんさ》」という。食物連鎖《しょくもつれんさ》を通《つう》じて、エネルギーや物質《ぶっしつ》が生《い》きものたちの間《あいだ》でめぐりめぐっているのだ。

リスのように植物《しょくぶつ》の実《み》や種《たね》を食《た》べる動物《どうぶつ》もいる。

植物《しょくぶつ》などの生産者《せいさんしゃ》を食《た》べる植物食動物《しょくぶつしょくどうぶつ》。栄養《えいよう》を自分《じぶん》でつくり出《だ》せず、食《た》べることで得《え》るため、「消費者《しょうひしゃ》」とよばれる。

動植物《どうしょくぶつ》の死《し》がい、落《お》ち葉《ば》やふんなどを分解《ぶんかい》して、栄養《えいよう》を得《え》る生《い》きもので、「分解者《ぶんかいしゃ》」とよばれる。土《つち》の中《なか》の生《い》きものや、微生物《びせいぶつ》など。

【生態系《せいたいけい》のピラミッド】

食物連鎖《しょくもつれんさ》をピラミッドの形《かたち》で表《あらわ》したもの。微生物《びせいぶつ》や植物《しょくぶつ》などの数《かず》がいちばん多《おお》い。植物《しょくぶつ》を食《た》べる動物《どうぶつ》、動物《どうぶつ》を食《た》べる動物《どうぶつ》と、ピラミッドの上《うえ》へ向《む》かうにつれて、数《かず》が減《へ》っていくようすを表《あらわ》している。また、植物《しょくぶつ》の下《した》には、土《つち》の中《なか》の生《い》きものや、微生物《びせいぶつ》などがいる。これらは、落《お》ち葉《ば》や動物《どうぶつ》の死《し》がいから栄養《えいよう》を得《え》るときに、水《みず》や二酸化炭素《にさんかたんそ》などの無機物《むきぶつ》を生《う》み出《だ》している。これらを植物《しょくぶつ》が利用《りよう》していることから、生態系《せいたいけい》を支《ささ》える重要《じゅうよう》な役割《やくわり》を果《は》たしている。

動物《どうぶつ》を食《た》べる肉食動物《にくしょくどうぶつ》。消費者《しょうひしゃ》を食《た》べる動物《どうぶつ》なので、「第二次消費者《だいにじしょうひしゃ》」や「高次消費者《こうじしょうひしゃ》」とよばれる。

光合成《こうごうせい》などを行《おこな》って、炭水化物《たんすいかぶつ》（栄養《えいよう》）を生産《せいさん》できるという意味《いみ》で「生産者《せいさんしゃ》」とよばれる。植物《しょくぶつ》など。

【植物《しょくぶつ》】

光合成《こうごうせい》を行《おこな》い、炭水《たんすい》化物《かぶつ》をつくり出《だ》す。

【動物《どうぶつ》を食《た》べる動物《どうぶつ》】

動物《どうぶつ》を食《た》べることで栄養《えいよう》を得《え》て、体《からだ》の細胞《さいぼう》などを構成《こうせい》するタンパク質《しつ》をつくったり、活動《かつどう》するエネルギーを生《う》み出《だ》したりする。

【海《うみ》の中《なか》も陸《りく》と同《おな》じように循環《じゅんかん》している】

食物連鎖《しょくもつれんさ》や生態系《せいたいけい》のピラミッドは、海《うみ》の中《なか》でも見《み》られる。たとえば、植物《しょくぶつ》プランクトンを動物《どうぶつ》プランクトンが食《た》べ、それを魚《さかな》やクジラなどが食《た》べる。そして、海底《かいてい》にすむ分解者《ぶんかいしゃ》が、魚《さかな》などの死《し》がいを分解《ぶんかい》し、無機物《むきぶつ》を生《う》み出《だ》している。

【有機物《ゆうきぶつ》を分解《ぶんかい》する生《い》きもの】

土《つち》の中《なか》にいるミミズやダンゴムシ、微生物《びせいぶつ》などは、動植物《どうしょくぶつ》の死《し》がいやふん、落《お》ち葉《ば》といった、炭素《たんそ》をふくむ有機物《ゆうきぶつ》を分解《ぶんかい》して栄養《えいよう》を得《え》ている。有機物《ゆうきぶつ》を分解《ぶんかい》するとき、無機物《むきぶつ》を生《う》み出《だ》している。

【植物《しょくぶつ》を食《た》べる動物《どうぶつ》】

自分《じぶん》で炭水化物《たんすいかぶつ》（栄養《えいよう》）をつくることができないので、植物《しょくぶつ》を食《た》べる。植物《しょくぶつ》から得《え》た栄養《えいよう》で、体《からだ》の細胞《さいぼう》などを構成《こうせい》するタンパク質《しつ》をつくっている。

日本《にほん》の各地《かくち》で温暖化《おんだんか》などの理由《りゆう》でシカが増《ふ》えすぎて、食物連鎖《しょくもつれんさ》のバランスがくずれ、植物《しょくぶつ》を食《た》べつくしてしまって問題《もんだい》となっている。

プレート➡24　海溝型地震➡140　災害監視➡144　地震と火山活動➡146

地球《ちきゅう》の中心《ちゅうしん》は6000℃の高温《こうおん》

地球《ちきゅう》の内部《ないぶ》　地球《ちきゅう》の中《なか》には核《かく》とマントルがあります。核《かく》はおもに鉄《てつ》で、マントルは岩石《がんせき》でできています。どちらも固《かた》まっているのではなく、少《すこ》しずつ動《うご》いています。

高《たか》い熱《ねつ》が地球《ちきゅう》を動《うご》かす

地表《ちひょう》から核《かく》の中心《ちゅうしん》までは約《やく》6400km ある。中心《ちゅうしん》にいくほど高温《こうおん》になっていて、上部《じょうぶ》マントルは1500℃、内核《ないかく》の温度《おんど》は6000℃もある。この熱《ねつ》が、マントルの対流《たいりゅう》や、プレートの移動《いどう》（➡24）、火山《かざん》活動《かつどう》（➡146）などに影響《えいきょう》をあたえている。

エチオピアのエルタ・アレ火山《かざん》。上部《じょうぶ》マントルのとけたものがマグマとなり、火山《かざん》の噴火《ふんか》によって地表《ちひょう》にふき出《だ》している。

マントルは上下《じょうげ》に動《うご》いている

液体《えきたい》や気体《きたい》は、温《あたた》かくなると軽《かる》く、冷《つめ》たくなると重《おも》くなる性質《せいしつ》がある。下部《かぶ》マントルは固体《こたい》だが、液体《えきたい》のような性質《せいしつ》があって、外核《がいかく》によって温《あたた》められると、上部《じょうぶ》マントルのほうへと上《のぼ》っていく。上部《じょうぶ》マントルによって冷《ひ》やされると、今度《こんど》は下《した》へ行《い》く。このような温度《おんど》の差《さ》で生《う》まれる動《うご》きを「対流《たいりゅう》」という。

ビーカーの水《みず》を熱《ねっ》すると対流《たいりゅう》が起《お》きる。水《みず》の動《うご》きがわかりやすいように、熱《ねっ》するところの水《みず》に赤色《あかいろ》をつけている。温《あたた》められた赤《あか》い水《みず》は上《うえ》にあがり、空気《くうき》にふれて冷《ひ》えると、下《した》へしずんでいく。

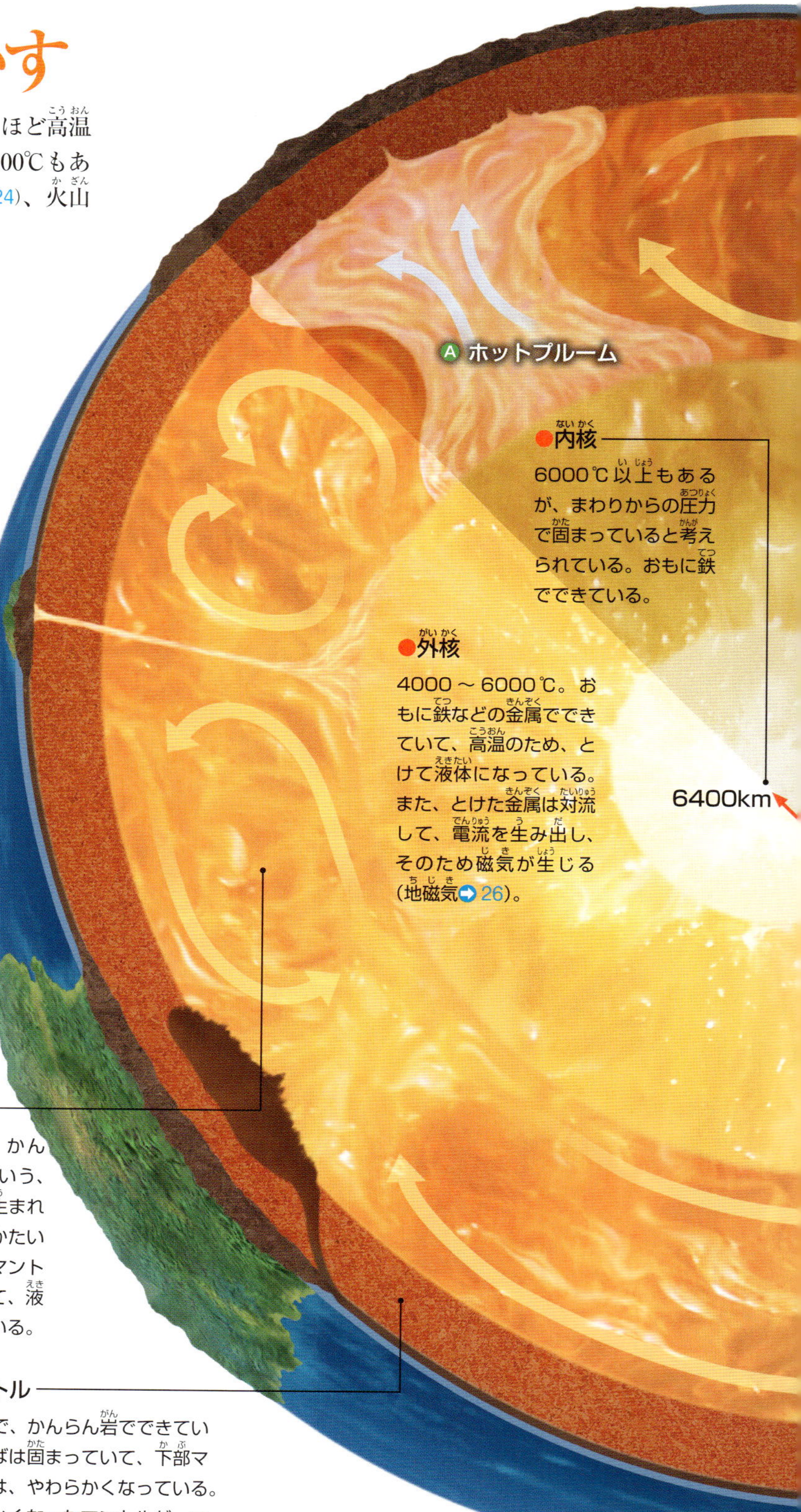
Ⓐ ホットプルーム
●内核《ないかく》
6000℃以上《いじょう》もあるが、まわりからの圧力《あつりょく》で固《かた》まっていると考《かんが》えられている。おもに鉄《てつ》でできている。
6400km
●外核《がいかく》
4000～6000℃。おもに鉄《てつ》などの金属《きんぞく》でできていて、高温《こうおん》のため、とけて液体《えきたい》になっている。また、とけた金属《きんぞく》は対流《たいりゅう》して、電流《でんりゅう》を生《う》み出《だ》し、そのため磁気《じき》が生《しょう》じる（地磁気《ちじき》➡26）。
●下部《かぶ》マントル
1500～4000℃。かんらん岩《がん》（➡155）という、圧力《あつりょく》と熱《ねつ》が加《くわ》わって生《う》まれた岩《いわ》でできている。かたい岩《いわ》だが、外核《がいかく》と上部《じょうぶ》マントルの温度《おんど》の差《さ》によって、液体《えきたい》のように対流《たいりゅう》している。
●上部《じょうぶ》マントル
1500℃以下《いか》で、かんらん岩《がん》でできている。地殻《ちかく》のそばは固《かた》まっていて、下部《かぶ》マントルのそばは、やわらかくなっている。とけてやわらかくなったマントルが、マグマになる。

『深《ふか》く、深《ふか》く掘《ほ》りすすめ！〈ちきゅう〉世界《せかい》にほこる地球深部探査船《ちきゅうしんぶたんさせん》の秘密《ひみつ》』：くもん出版《しゅっぱん》

【マントルの動《うご》きがプレートを動《うご》かす】

外核《がいかく》で温《あたた》められた下部《かぶ》マントルが上《のぼ》っていくところを「ホットプルーム」という（下《した》の図《ず》のⒶ）。プルームは「けむり」という意味《いみ》で、けむりがわき出《で》ているように見《み》えることから、この名《な》がついた。また、プレートが外核《がいかく》へ向《む》かって落《お》ちていくところ（下《した》の図《ず》のⒷ）は、「コールドプルーム」という。外核《がいかく》へ落《お》ちたプレートはとけて、マントルの一部《いちぶ》となる。このようなマントルの上下運《じょうげうん》動《どう》や対流《たいりゅう》によって、プレートは 1 年《ねん》に数《すう》 mm から十数《じゅうすう》 cm の速度《そくど》で動《うご》いている。

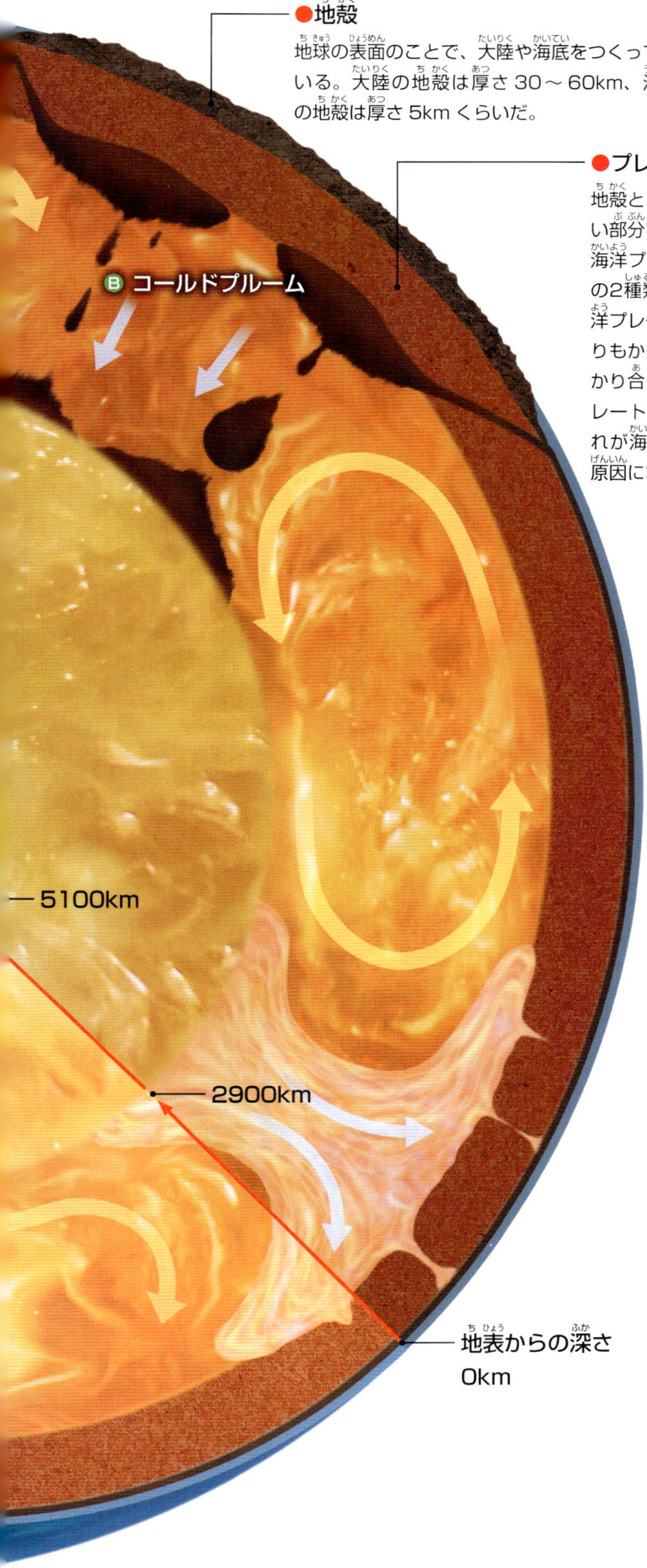
Ⓑ コールドプルーム
5100km
2900km
地表《ちひょう》からの深《ふか》さ
0km

●地殻《ちかく》

地球《ちきゅう》の表面《ひょうめん》のことで、大陸《たいりく》や海底《かいてい》をつくっている。大陸《たいりく》の地殻《ちかく》は厚《あつ》さ 30～60km、海《うみ》の地殻《ちかく》は厚《あつ》さ 5km くらいだ。

●プレート

地殻《ちかく》と、上部《じょうぶ》マントルのかたい部分《ぶぶん》でできている岩石《がんせき》の板《いた》。海洋《かいよう》プレートと大陸《たいりく》プレートの2種類《しゅるい》がある（➡25）。海《かい》洋《よう》プレートは大陸《たいりく》プレートよりもかたくて重《おも》いため、ぶつかり合《あ》ったところでは大陸《たいりく》プレートの下《した》にしずみこむ。これが海溝型地震《かいこうがたじしん》（➡140）の原因《げんいん》になることがある。

地震《じしん》を使《つか》って内部《ないぶ》を調《しら》べた

地球内部《ちきゅうないぶ》がこのようになっているということは、地震《じしん》のゆれを観測《かんそく》することで調《しら》べた。地震《じしん》のゆれは地表《ちひょう》だけでなく、地下《ちか》にも伝《つた》わる。その伝《つた》わり方《かた》を観測《かんそく》することで、地球内部《ちきゅうないぶ》の素材《そざい》を調査《ちょうさ》したのだ。地震《じしん》のゆれには、P 波《ピーは》（縦波《たては》）とS 波《エスは》（横波《よこは》）（➡140）があり、P 波《ピーは》は固体《こたい》の中《なか》も液体《えきたい》の中《なか》も伝《つた》わるが、S 波《エスは》は固体《こたい》の中《なか》しか伝《つた》わらない。この 2 種類《しゅるい》のゆれを震源地《しんげんち》から遠《とお》いところで観測《かんそく》したところ、S 波《エスは》が観測《かんそく》できない地点《ちてん》があったため、地《ち》球内部《きゅうないぶ》に固体以外《こたいいがい》のもの、つまり液体《えきたい》があるとわかった。

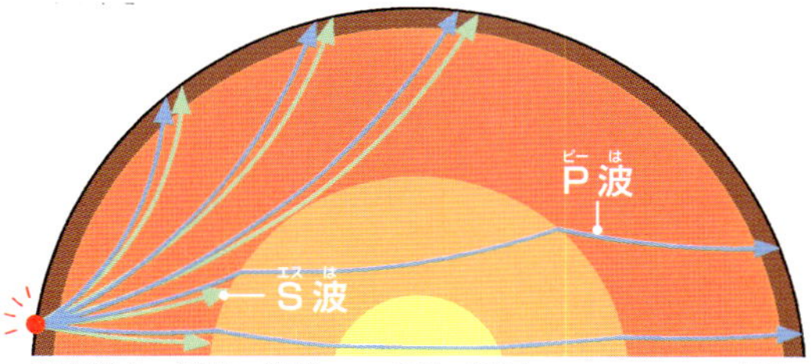
P 波《ピーは》
S 波《エスは》

地球内部《ちきゅうないぶ》の液体《えきたい》（外核《がいかく》）と固体《こたい》（内核《ないかく》やマントル）の境目《さかいめ》では、P 波《ピーは》が進《すす》む方向《ほうこう》が折《お》れ曲《ま》がってしまう。これを観測《かんそく》することで、どのくらいの深《ふか》さのところに液体《えきたい》や固体《こたい》があるのか、くわしく予測《よそく》した。

画像提供：JAMSTEC

地下深《ちかふか》くマントルまで穴《あな》を掘《ほ》って、地質《ちしつ》を調《しら》べるという方法《ほうほう》も進《すす》められている。写真《しゃしん》は地球深部探査船《ちきゅうしんぶたんさせん》「ちきゅう」。海《うみ》の地殻《ちかく》に穴《あな》を掘《ほ》るための最新《さいしん》のドリルやパイプを積《つ》んでいて、海底下《かいていか》 7000m まで掘《ほ》ることができる。

地球内部《ちきゅうないぶ》が高温《こうおん》になった理由《りゆう》

地球《ちきゅう》の中《なか》の熱《ねつ》は、地球《ちきゅう》が誕生《たんじょう》したときに、たくわえられたものだといわれている。できたばかりの地球《ちきゅう》にはたくさんの隕石《いんせき》がふりそそいでいて（➡38）、そのエネルギーが熱《ねつ》に変《か》わり、地中深《ちちゅうふか》くにためこまれたと考《かんが》えられている。

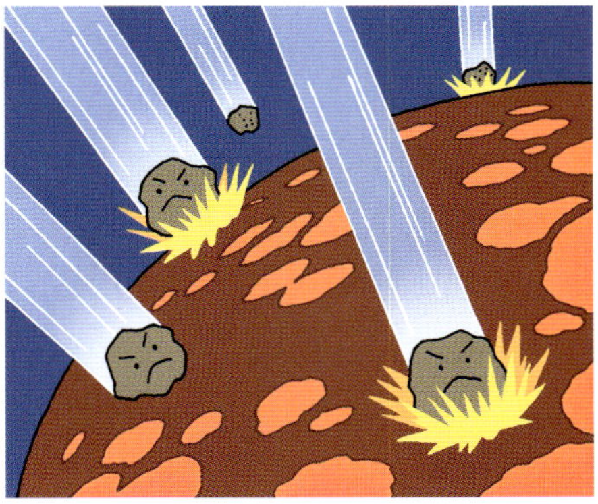

隕石《いんせき》がふりそそいで衝突《しょうとつ》するエネルギーや、隕石《いんせき》の中《なか》の重《おも》い鉄《てつ》などが地中深《ちちゅうふか》くに落《お》ちていくときのエネルギーが、大《たい》量《りょう》の熱《ねつ》エネルギーに変《か》わって、地中《ちちゅう》にとじこめられた。

👁地球内部《ちきゅうないぶ》にたくわえられた熱以外《ねついがい》に、地球内部《ちきゅうないぶ》で放射性元素《ほうしゃせいげんそ》が崩壊《ほうかい》していて、エネルギーを生《う》み出《だ》すしくみがあるとも考《かんが》えられている。

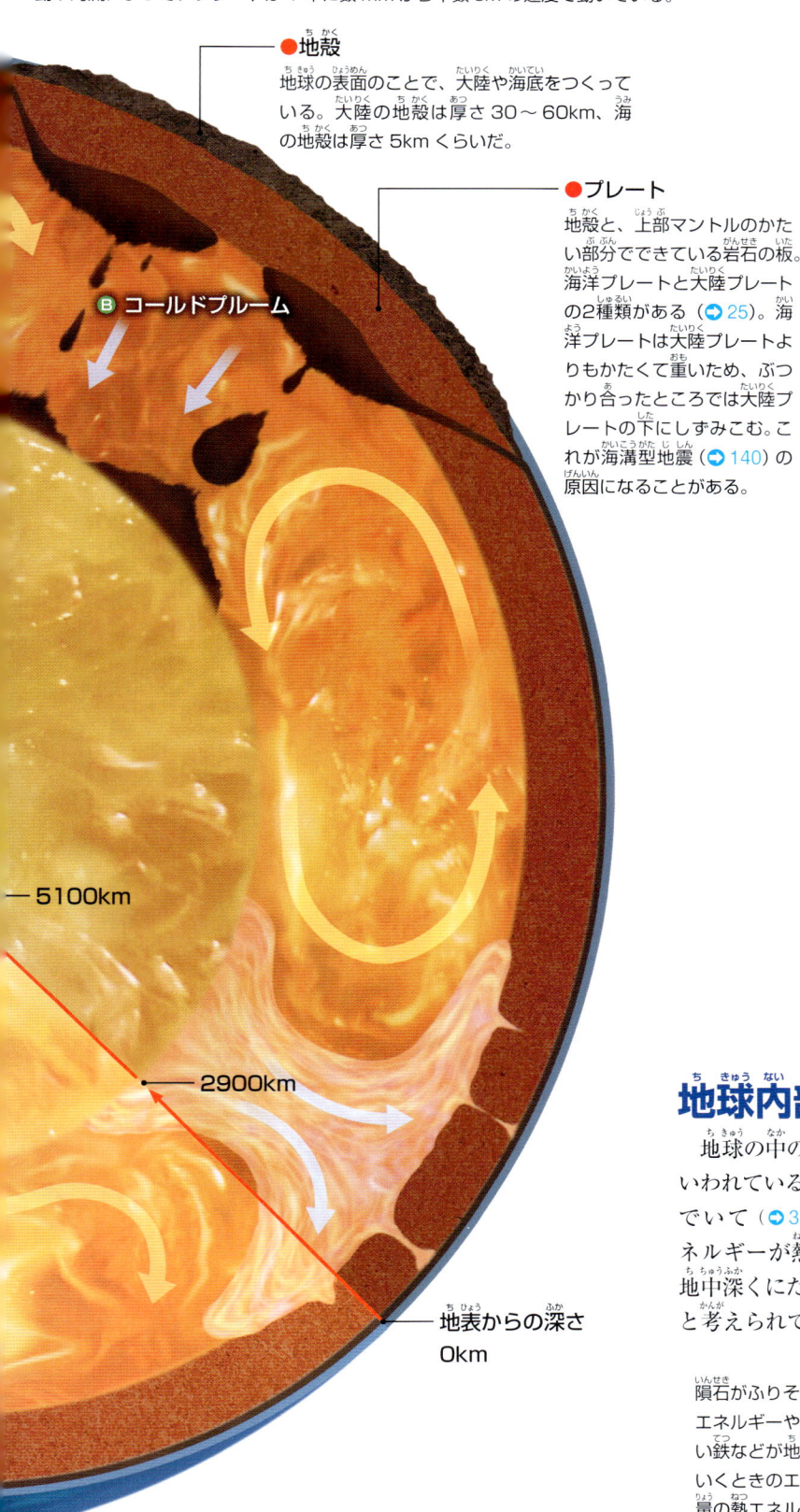

地球《ちきゅう》の表面《ひょうめん》は動《うご》き続《つづ》けている

プレート　プレートは、地球《ちきゅう》の表面《ひょうめん》をおおう岩石《がんせき》の板《いた》で、地球《ちきゅう》の表面《ひょうめん》をゆっくり動《うご》いています。この動《うご》きが大陸《たいりく》を移動《いどう》させ、地震《じしん》や火山活動《かざんかつどう》などの原因《げんいん》となります。

プレートの動《うご》きが地形《ちけい》をつくる

プレートは、地球《ちきゅう》の内部《ないぶ》で対流《たいりゅう》しているマントル（➡22）の上《うえ》にのっている。そのため、マントルの動《うご》きにともなってプレートも少《すこ》しずつ動《うご》いていると考《かんが》えられている。プレートどうしがぶつかったり、広《ひろ》がったり、しずみこんだりすることで、さまざまな地形《ちけい》がつくりだされる。プレートの動《うご》きによって、地形《ちけい》がつくられたり、地震《じしん》や火山活動《かざんかつどう》が引《ひ》き起《お》こされたりするという考《かんが》え方《かた》を「プレートテクトニクス」という。

ヒマラヤ山脈《さんみゃく》（ネパール、中国《ちゅうごく》など）。インド・オーストラリアプレートが、ユーラシアプレートにぶつかってせり上《あ》がった。

ギャオ（アイスランド）。大西洋中央海嶺《たいせいようちゅうおうかいれい》の一部《いちぶ》が地上に現《あらわ》れている。

【プレートが生《う》まれる場所《ばしょ》】

プレートどうしがはなれていく境界《きょうかい》は、ほとんどが海《うみ》にある。両側《りょうがわ》に広《ひろ》がるプレートのすき間《ま》には、マントルがとけてできたマグマが下《した》からふき出《だ》して、冷《ひ》えて固《かた》まると新《あたら》しいプレートの一部《いちぶ》になる。こういう場所《ばしょ》を「中央海嶺《ちゅうおうかいれい》（➡135）」といい、陸上《りくじょう》にある場合《ばあい》は「地溝帯《ちこうたい》」という。

プレートが左右《さゆう》に広《ひろ》がっていく。

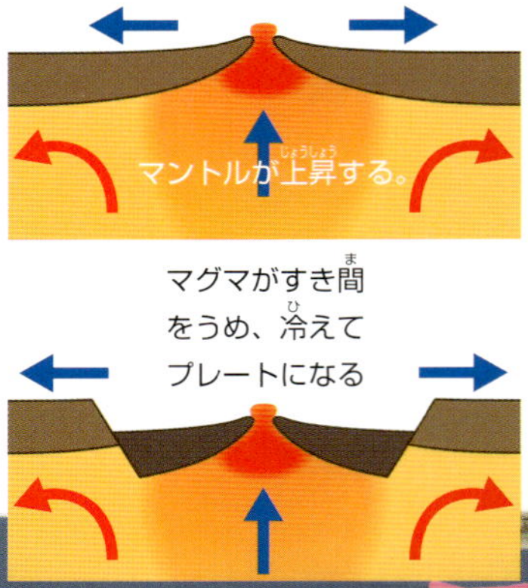
マントルが上昇《じょうしょう》する。
マグマがすき間《ま》をうめ、冷《ひ》えてプレートになる

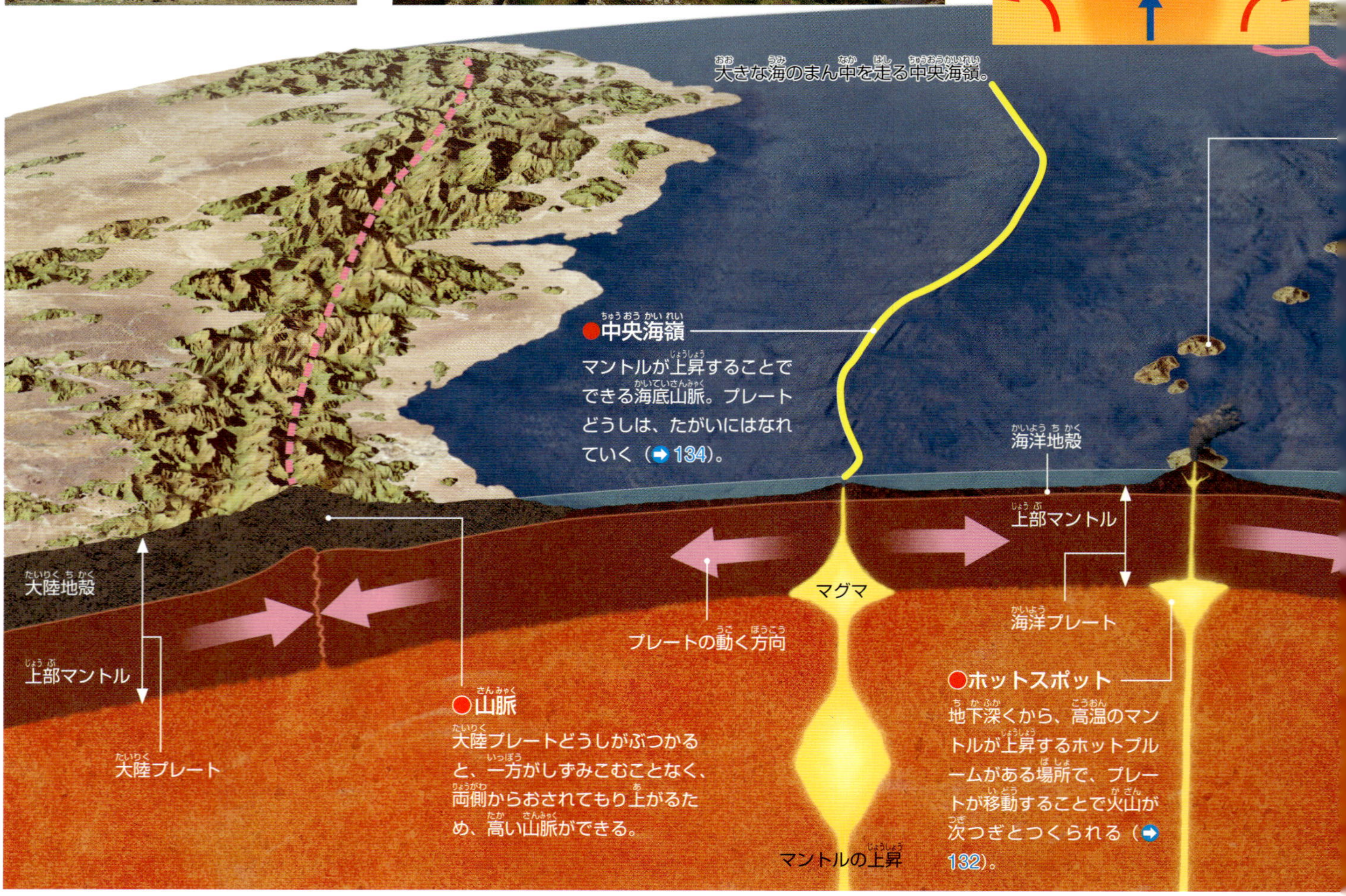
大《おお》きな海《うみ》のまん中《なか》を走《はし》る中央海嶺《ちゅうおうかいれい》。
●中央海嶺《ちゅうおうかいれい》
マントルが上昇《じょうしょう》することでできる海底山脈《かいていさんみゃく》。プレートどうしは、たがいにはなれていく（➡134）。
海洋地殻《かいようちかく》
上部《じょうぶ》マントル
海洋《かいよう》プレート
大陸地殻《たいりくちかく》
上部《じょうぶ》マントル
大陸《たいりく》プレート
マグマ
プレートの動《うご》く方向《ほうこう》
●山脈《さんみゃく》
大陸《たいりく》プレートどうしがぶつかると、一方《いっぽう》がしずみこむことなく、両側《りょうがわ》からおされてもり上《あ》がるため、高《たか》い山脈《さんみゃく》ができる。
●ホットスポット
地下深《ちかふか》くから、高温《こうおん》のマントルが上昇《じょうしょう》するホットプルームがある場所《ばしょ》で、プレートが移動《いどう》することで火山《かざん》が次《つぎ》つぎとつくられる（➡132）。
マントルの上昇《じょうしょう》

『細密《さいみつ》イラストで学《まな》ぶ　地球《ちきゅう》の図鑑《ずかん》』: 創元社《そうげんしゃ》

プレートの構造《こうぞう》

地球《ちきゅう》の表面《ひょうめん》をおおう地殻《ちかく》には、陸側《りくがわ》の大陸《たいりく》地殻《ちかく》と、海側《うみがわ》の海洋《かいよう》地殻《ちかく》がある。地殻《ちかく》に近《ちか》い上部《じょうぶ》マントルはかたい板状《いたじょう》の岩盤《がんばん》となっていて、この部分《ぶぶん》と地殻《ちかく》を合《あ》わせてプレートとよぶ。プレートの厚《あつ》さは約《やく》100kmで、いちばん厚《あつ》いところで約《やく》160kmある。

●大陸地殻《たいりくちかく》
おもに花《か》こう岩《がん》（➡155）でできている。

●海洋地殻《かいようちかく》
おもに玄武岩《げんぶがん》でできている。

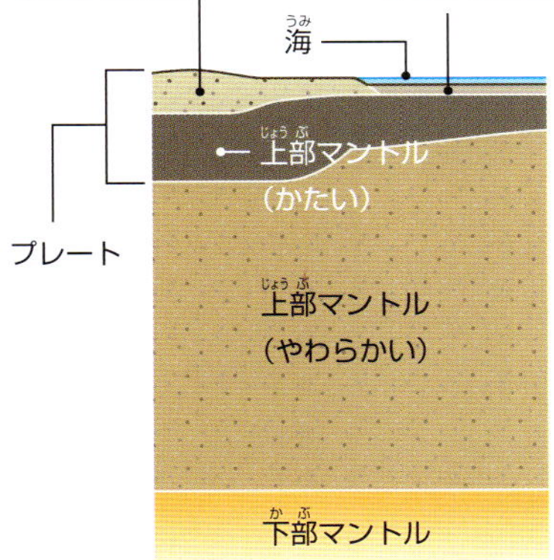

海《うみ》
上部《じょうぶ》マントル（かたい）
プレート
上部《じょうぶ》マントル（やわらかい）
下部《かぶ》マントル

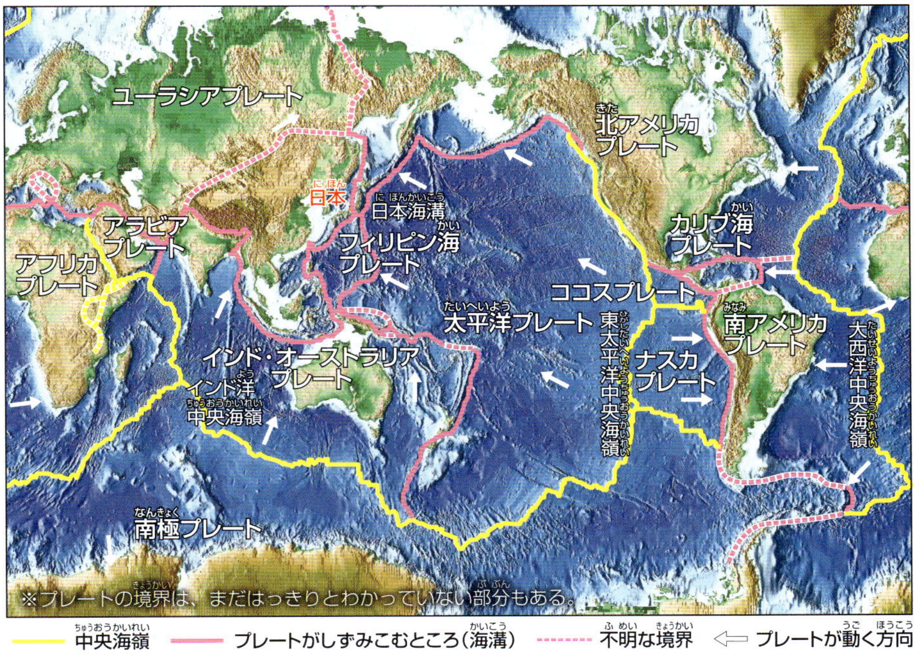

ユーラシアプレート
北《きた》アメリカプレート
日本《にほん》
日本海溝《にほんかいこう》
アラビアプレート
アフリカプレート
フィリピン海《かい》プレート
カリブ海《かい》プレート
ココスプレート
太平洋《たいへいよう》プレート
南《みなみ》アメリカプレート
インド・オーストラリアプレート
東太平洋中央海嶺《ひがしたいへいようちゅうおうかいれい》
ナスカプレート
大西洋中央海嶺《たいせいようちゅうおうかいれい》
インド洋《よう》中央海嶺《ちゅうおうかいれい》
南極《なんきょく》プレート
※プレートの境界《きょうかい》は、まだはっきりとわかっていない部分《ぶぶん》もある。
中央海嶺《ちゅうおうかいれい》
プレートがしずみこむところ（海溝《かいこう》）
不明《ふめい》な境界《きょうかい》
プレートが動《うご》く方向《ほうこう》

地球《ちきゅう》をおおう十数枚《じゅうすうまい》のプレート

現在《げんざい》、地球上《ちきゅうじょう》には十数枚《じゅうすうまい》のプレートがあり、卵《たまご》の殻《から》のように地球《ちきゅう》の表面《ひょうめん》をおおっている。それぞれが、さまざまな方向《ほうこう》に1年《ねん》に数《すう》mmから十数《じゅうすう》cmずつ移動《いどう》している。

キラウエア山《さん》（アメリカ）。ハワイ島《とう》にある火山《かざん》で、ホットスポットによってできた。

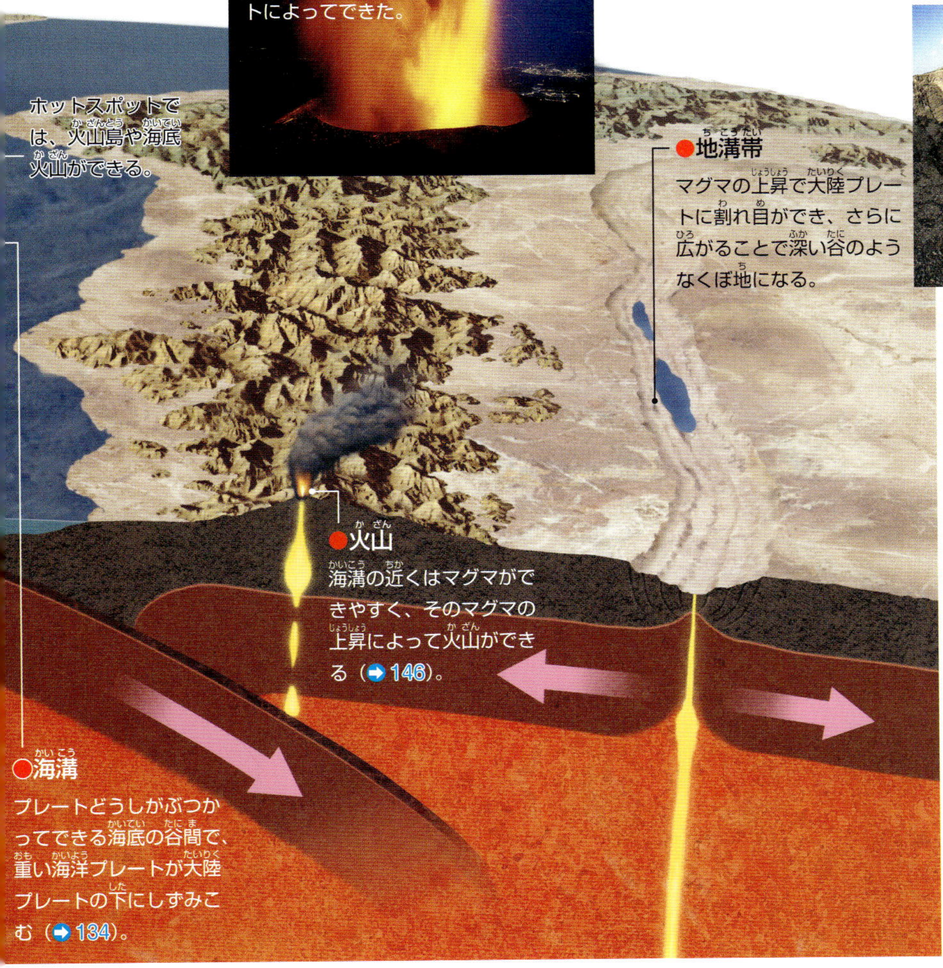

ホットスポットでは、火山島《かざんとう》や海底《かいてい》火山《かざん》ができる。
●地溝帯《ちこうたい》
マグマの上昇《じょうしょう》で大陸《たいりく》プレートに割《わ》れ目《め》ができ、さらに広《ひろ》がることで深《ふか》い谷《たに》のようなくぼ地《ち》になる。
●火山《かざん》
海溝《かいこう》の近《ちか》くはマグマができやすく、そのマグマの上昇《じょうしょう》によって火山《かざん》ができる（➡146）。
●海溝《かいこう》
プレートどうしがぶつかってできる海底《かいてい》の谷間《たにま》で、重《おも》い海洋《かいよう》プレートが大陸《たいりく》プレートの下《した》にしずみこむ（➡134）。

●東《ひがし》アフリカ大地溝帯《だいちこうたい》（ジブチ）
アフリカの東部《とうぶ》にある大規模《だいきぼ》な地溝帯《ちこうたい》で、年間《かんやく》約2cmの速《はや》さで割《わ》れ目《め》が広《ひろ》がっている。

地溝帯《ちこうたい》はやがて海《うみ》になる!?

アフリカとアラビア半島《はんとう》は、3000万《まん》年前《ねんまえ》まではひと続《つづ》きの大陸《たいりく》だったが、東《ひがし》アフリカ大地溝帯《だいちこうたい》が広《ひろ》がってくぼ地《ち》に海《かい》水《すい》が流《なが》れこみ、紅海《こうかい》ができた。地溝帯《ちこうたい》がこのまま広《ひろ》がり続《つづ》ければ、1億年後《おくねんご》には点線《てんせん》の部分《ぶぶん》で海《うみ》になり、大《たい》陸《りく》が切《き》りはなされると考《かんが》えられている。

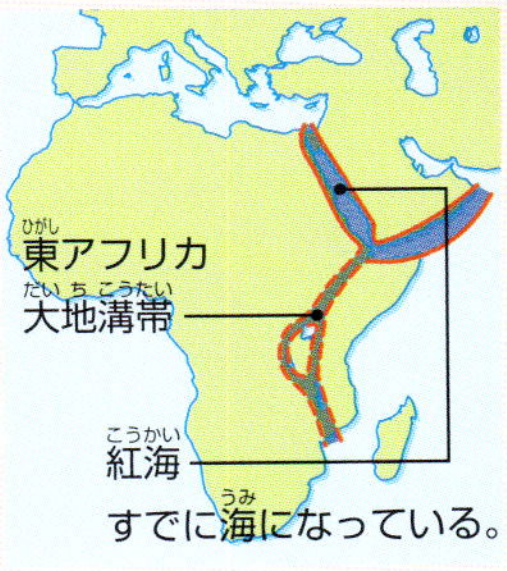

東《ひがし》アフリカ大地溝帯《だいちこうたい》
紅海《こうかい》
すでに海《うみ》になっている。

地殻《ちかく》と上部《じょうぶ》マントルのかたい部分《ぶぶん》を合《あ》わせたプレートを「リソスフェア（岩石圏《がんせきけん》）」、その下《した》のやわらかいマントルを「アセノスフェア（岩流圏《がんりゅうけん》）」ともよぶ。

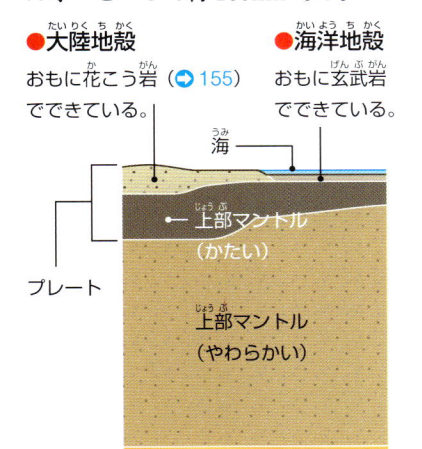

太陽のしくみ➡18　地球の内部➡22　地球の大気➡164

地球《ちきゅう》は大《おお》きな磁石《じしゃく》

地磁気《ちじき》　地球《ちきゅう》には磁力《じりょく》があって、地球全体《ちきゅうぜんたい》が大《おお》きな磁石《じしゃく》のように、S極《エスきょく》とN極《エヌきょく》をもっています。磁力《じりょく》は地球《ちきゅう》の中《なか》の外核《がいかく》の鉄《てつ》の流《なが》れで生《しょう》じる、電流《でんりゅう》によって生《う》み出《だ》されています。

磁気《じき》に包《つつ》まれた地球《ちきゅう》

磁気《じき》とは磁石《じしゃく》の性質《せいしつ》のことだ。地球《ちきゅう》は強力《きょうりょく》な磁気《じき》を生《う》み出《だ》し、それに包《つつ》まれることで、地球《ちきゅう》の生命《せいめい》は有害《ゆうがい》な太陽風《たいようふう》（➡27）から守《まも》られている。

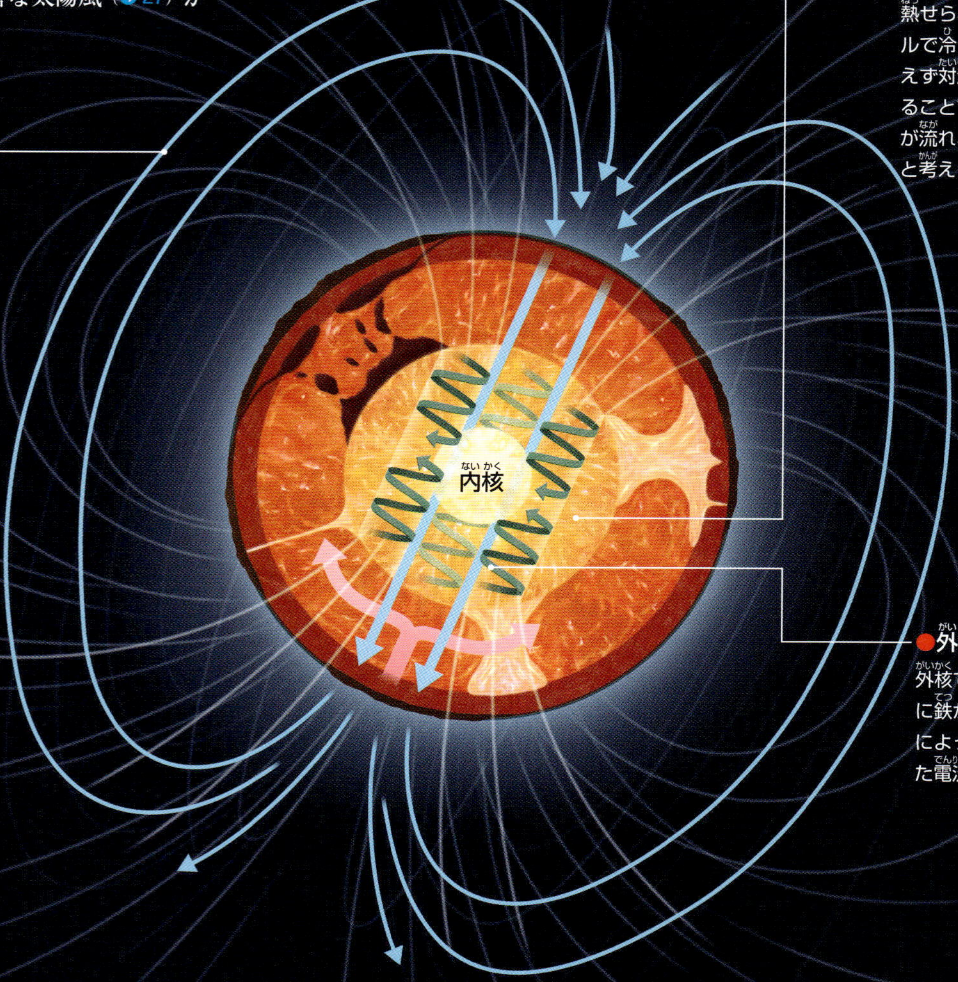

●地球《ちきゅう》がもつ磁気《じき》

青《あお》い矢印《やじるし》は「磁力線《じりょくせん》」といって、磁気《じき》の流《なが》れを表《あらわ》したもの。磁気《じき》は地球《ちきゅう》の内部《ないぶ》を北《きた》から南《みなみ》へ流《なが》れ、地球《ちきゅう》の外側《そとがわ》を回《まわ》って北《きた》へと戻《もど》るように流《なが》れている。これを地磁気《ちじき》という。地磁気《ちじき》は、外核《がいかく》の電流《でんりゅう》によって生《う》み出《だ》されると考《かんが》えられている。

●とけた鉄《てつ》でできた外核《がいかく》

地球《ちきゅう》の外核《がいかく》（➡22）はとけた鉄《てつ》でできている。鉄《てつ》は内核《ないかく》で熱《ねっ》せられると上昇《じょうしょう》し、マントルで冷《ひ》やされると下降《かこう》し、たえず対流《たいりゅう》している。流《なが》れていることで、地球《ちきゅう》の内部《ないぶ》に電流《でんりゅう》が流《なが》れ、磁気《じき》が発生《はっせい》するのだと考《かんが》えられている。

●外核《がいかく》に電流《でんりゅう》が流《なが》れる

外核《がいかく》では緑色《みどりいろ》の矢印《やじるし》のように鉄《てつ》が対流《たいりゅう》していて、それによって赤《あか》い矢印《やじるし》で示《しめ》された電流《でんりゅう》が生《う》まれる。

！ 電磁石《でんじしゃく》と同《おな》じようなしくみ

鉄《てつ》など、電気《でんき》を通《とお》す物質《ぶっしつ》のまわりにコイルを巻《ま》いて電気《でんき》を通《とお》すと、一時的《いちじてき》に鉄《てつ》が磁石《じしゃく》の性質《せいしつ》をもつ。これを電磁石《でんじしゃく》という。地球《ちきゅう》も電磁石《でんじしゃく》と同《おな》じように、電流《でんりゅう》が流《なが》れているので、磁石《じしゃく》のような性質《せいしつ》をもつことになった。

【電気《でんき》を流《なが》すと磁石《じしゃく》になる】

乾電池《かんでんち》につないでコイルに電気《でんき》を通《とお》すと、コイルの中《なか》にある鉄《てつ》が磁石《じしゃく》になり、磁場《じば》（磁気《じき》がある場所《ばしょ》）が生《う》まれる。電気《でんき》が流《なが》れる向《む》きで、S極《エスきょく》とN極《エヌきょく》が決《き》まる。

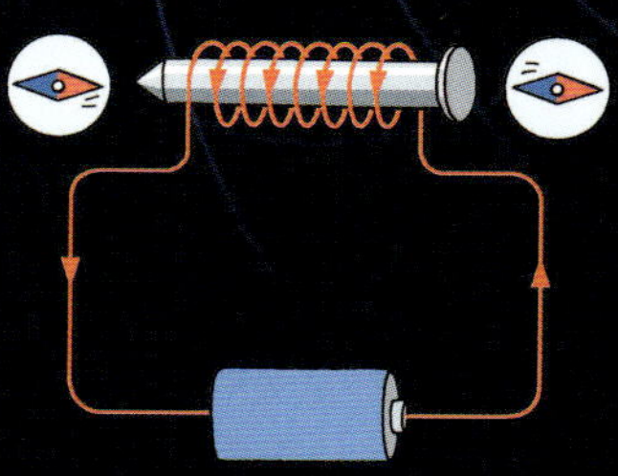

【地球《ちきゅう》の北《きた》がS極《エスきょく》、南《みなみ》がN極《エヌきょく》】

地球《ちきゅう》の外核《がいかく》に電流《でんりゅう》が流《なが》れているため、地球全体《ちきゅうぜんたい》がS極《エスきょく》とN極《エヌきょく》をもつ棒磁石《ぼうじしゃく》のようになり、磁場《じば》がある。この性質《せいしつ》を利用《りよう》したのが方位磁石《ほういじしゃく》だ。方位磁石《ほういじしゃく》のN極《エヌきょく》が北《きた》をさすのは、地球《ちきゅう》の北《きた》のS極《エスきょく》と引《ひ》き合《あ》っているからだ。

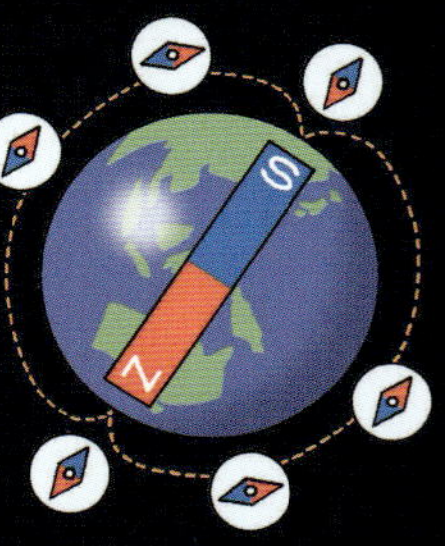

『ドラえもん科学《かがく》ワールド　地球《ちきゅう》の不思議《ふしぎ》』：小学館《しょうがくかん》

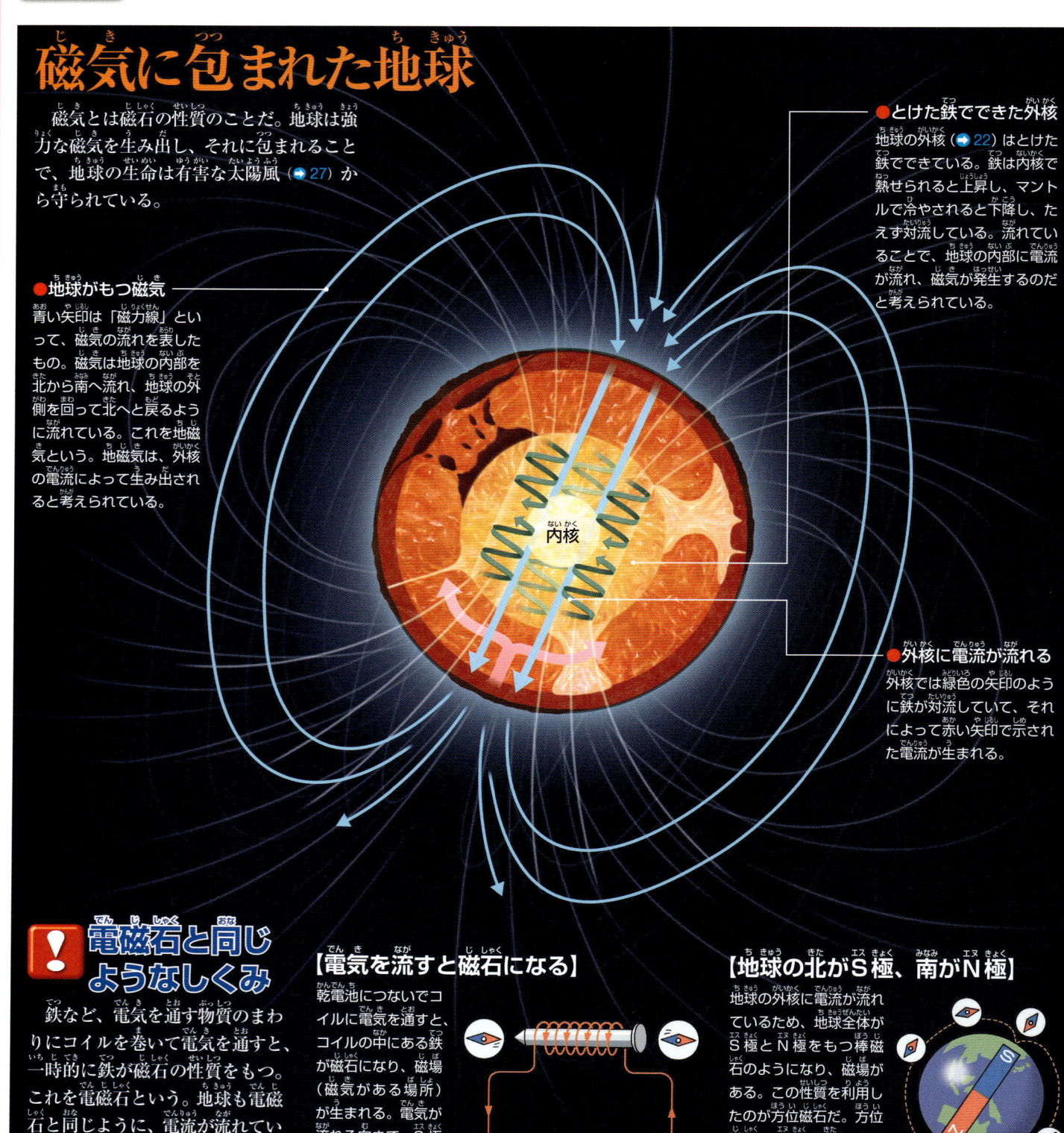

地磁気《ちじき》が地球《ちきゅう》を守《まも》る

太陽《たいよう》は光《ひかり》や熱《ねつ》エネルギー（➡17）のほかに、太陽風《たいようふう》という電気《でんき》を帯《お》びた粒子《りゅうし》も放《はな》っている。光《ひかり》や熱《ねつ》エネルギーは生きものにとって必要《ひつよう》なものだが、太陽風《たいようふう》は有害《ゆうがい》で、地表《ちひょう》まで届《とど》くと生《い》きものは死《し》んでしまう。この太陽風《たいようふう》を防《ふせ》いでくれているのが地磁気《ちじき》だ。地磁気《ちじき》は宇宙空間《うちゅうくうかん》にまで広《ひろ》がっていて、太陽《たいよう》風《ふう》の電子《でんし》を帯《お》びた粒子《りゅうし》から地球《ちきゅう》を守《まも》っている。

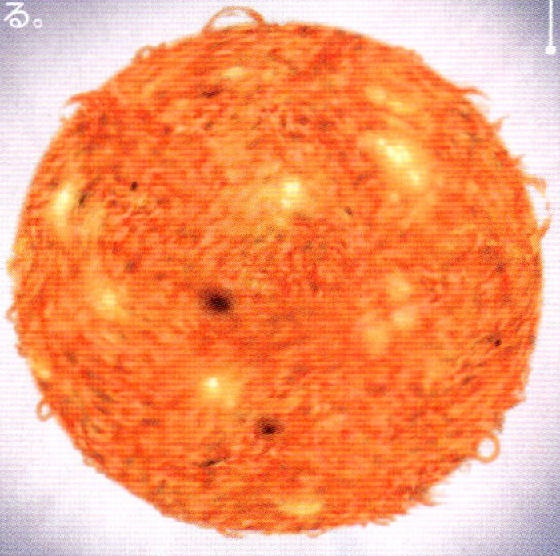

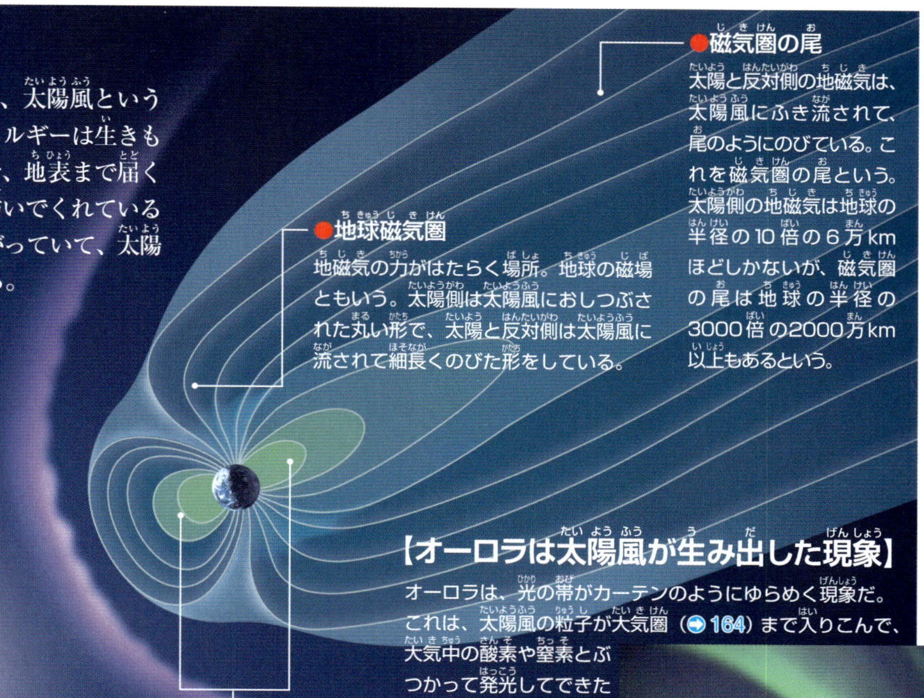

●太陽風《たいようふう》

太陽《たいよう》からふき出《だ》す、電気《でんき》を帯《お》びた高温《こうおん》の粒子《りゅうし》のことで、秒速《びょうそく》300～900kmで飛《と》んでいる。太陽《たいよう》が活発《かっぱつ》になると太《たい》陽風《ようふう》が大量《たいりょう》にふき出《で》て、地磁気《ちじき》で防《ふせ》ぎきれなかったものが地表《ちひょう》に届《とど》くと、電《でん》力網《りょくもう》や通信網《つうしんもう》を破壊《はかい》してしまうこともある。

●地球磁気圏《ちきゅうじきけん》

地磁気《ちじき》の力《ちから》がはたらく場所《ばしょ》。地球《ちきゅう》の磁場《じば》ともいう。太陽側《たいようがわ》は太陽風《たいようふう》におしつぶされた丸《まる》い形《かたち》で、太陽《たいよう》と反対側《はんたいがわ》は太陽風《たいようふう》に流《なが》されて細長《ほそなが》くのびた形《かたち》をしている。

●磁気圏《じきけん》の尾《お》

太陽《たいよう》と反対側《はんたいがわ》の地磁気《ちじき》は、太陽風《たいようふう》にふき流《なが》されて、尾《お》のようにのびている。これを磁気圏《じきけん》の尾《お》という。太陽側《たいようがわ》の地磁気《ちじき》は地球《ちきゅう》の半径《はんけい》の10倍《ばい》の6万《まん》kmほどしかないが、磁気圏《じきけん》の尾《お》は地球《ちきゅう》の半径《はんけい》の3000倍《ばい》の2000万《まん》km以上《いじょう》もあるという。

●バンアレン帯《たい》

地磁気《ちじき》が太陽風《たいようふう》や宇宙線《うちゅうせん》の粒子《りゅうし》をとらえた場所《ばしょ》のこと。赤道《せきどう》を中心《ちゅうしん》に二重《にじゅう》のドーナツのような形《かたち》で地球《ちきゅう》を囲《かこ》んでいる。

【オーロラは太陽風《たいようふう》が生《う》み出《だ》した現象《げんしょう》】

オーロラは、光《ひかり》の帯《おび》がカーテンのようにゆらめく現象《げんしょう》だ。これは、太陽風《たいようふう》の粒子《りゅうし》が大気圏《たいきけん》（➡164）まで入《はい》りこんで、大気中《たいきちゅう》の酸素《さんそ》や窒素《ちっそ》とぶつかって発光《はっこう》してできたもの。オーロラが見《み》られるのは、北極圏《ほっきょくけん》と南極圏《なんきょくけん》の周辺《しゅうへん》だ。ここは磁力線《じりょくせん》にそって、太陽風《たいようふう》が大気《たいき》圏《けん》へ入《はい》りこみやすい場所《ばしょ》だと考《かんが》えられている。

地磁気《ちじき》を使《つか》って鉱脈《こうみゃく》を探《さが》す

鉄鉱石《てっこうせき》や石油《せきゆ》などの地下資源《ちかしげん》がまとまっているところを鉱脈《こうみゃく》や鉱床《こうしょう》という。鉱脈《こうみゃく》は磁気《じき》を帯《お》びているため、鉱脈《こうみゃく》がある場所《ばしょ》は方位磁石《ほういじしゃく》が正《ただ》しく南北《なんぼく》を向《む》かず、地磁気《ちじき》が乱《みだ》れている。これを観測《かんそく》して鉱脈《こうみゃく》を探《さが》し当《あ》てる。

地磁気《ちじき》の乱《みだ》れを調《しら》べて、鉱脈《こうみゃく》の大《おお》きさや深《ふか》さ、分布《ぶんぷ》などを推測《すいそく》する。

北《きた》と南《みなみ》が入《い》れかわる!?

地球《ちきゅう》は棒磁石《ぼうじしゃく》のようにＳ極《エスきょく》とＮ極《エヌきょく》をもっていて、これが過去《かこ》360万年《まんねん》のあいだに11回《かい》は逆転《ぎゃくてん》したと考《かんが》えられている。溶岩《ようがん》が固《かた》まった岩《いわ》や海底《かいてい》で積《つ》もったものもほんの少《すこ》し磁気《じき》を帯《お》びていて、これを調《しら》べて当時《とうじ》の地磁気《ちじき》の向《む》きを知《し》ることができ、年代《ねんだい》によってＳ極《エスきょく》とＮ極《エヌきょく》が入《い》れかわっていることがわかったのだ。今後《こんご》も逆転《ぎゃくてん》する可能性《かのうせい》がある。

いちばん最近《さいきん》では、約《やく》77万年前《まんねんまえ》にS極《エスきょく》とN極《エヌきょく》が逆転《ぎゃくてん》したと考《かんが》えられている。

千葉県市原市《ちばけんいちはらし》の養老渓谷《ようろうけいこく》で、約《やく》77万年前《まんねんまえ》の火山灰《かざんばい》がふくまれる地層《ちそう》が発見《はっけん》された。この境目《さかいめ》より古《ふる》い地層《ちそう》と新《あたら》しい地層《ちそう》とでは、磁気《じき》を帯《お》びた鉱物《こうぶつ》の粒子《りゅうし》が、逆《ぎゃく》の方向《ほうこう》を向《む》いて積《つ》もっている。地《ち》磁気《じき》が逆転《ぎゃくてん》した年代《ねんだい》を証明《しょうめい》していることから、この年代《ねんだい》が「千葉《ちば》の時代《じだい》」を意味《いみ》する「チバニアン」と名《な》づけられる可能性《かのうせい》がある。

磁場《じば》がない惑星《わくせい》

金星《きんせい》や火星《かせい》は磁場《じば》をもたないため、太《たい》陽風《ようふう》をまともに受《う》けてしまう。そのため、生《い》きものが暮《く》らすには難《むずか》しい環境《かんきょう》だと考《かんが》えられている。一方《いっぽう》、木星《もくせい》は約《やく》10時間《じかん》に1回転《かいてん》という速《はや》さで自転《じてん》しているため、大《おお》きな電流《でんりゅう》が発生《はっせい》して、強力《きょうりょく》な磁場《じば》をもつと考《かんが》えられている。だが、水素《すいそ》とヘリウムでできたガス惑星《わくせい》（➡33）なので、生《い》きものがいる可能性《かのうせい》は低《ひく》い。

●金星《きんせい》

自転周期《じてんしゅうき》が約《やく》243日《にち》で、とてもゆっくり自転《じてん》しているために電流《でんりゅう》が生《う》まれず、磁場《じば》をもてなかった。

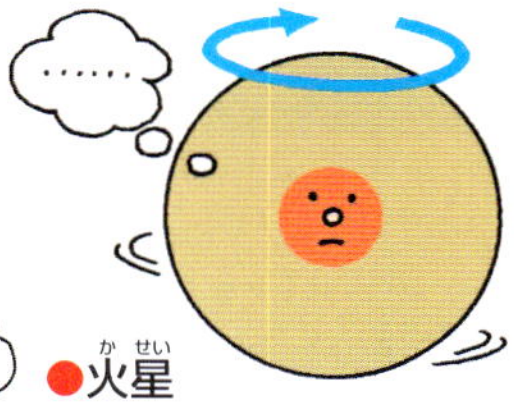

●火星《かせい》

自転周期《じてんしゅうき》は地球《ちきゅう》とほぼ同《おな》じだが、核《かく》が小《ち》さくて早《はや》く冷《ひ》えてしまったため、電流《でんりゅう》を生《う》み出《だ》せない。火星《かせい》の岩石《がんせき》に磁場《じば》のあとが見《み》つかっていて、核《かく》が冷《ひ》える前《まえ》は磁《じ》場《ば》があった可能性《かのうせい》もある。

木星《もくせい》や土星《どせい》など、磁場《じば》をもつ惑星《わくせい》は、地球《ちきゅう》と同《おな》じようにオーロラが見《み》られる。

地球《ちきゅう》のいま

生命《せいめい》の誕生《たんじょう》に必要《ひつよう》なこと

現在《げんざい》、生命《せいめい》の存在《そんざい》が確認《かくにん》されている天体《てんたい》は地球《ちきゅう》だけです。観測技術《かんそくぎじゅつ》が発展《はってん》して、太陽系《たいようけい》のほかの天体《てんたい》や、太陽系《たいようけい》の外側《そとがわ》にある天体《てんたい》にも、生命《せいめい》が存在《そんざい》する可能性《かのうせい》が見《み》えてきました。

水《みず》が液体《えきたい》で存在《そんざい》できる場所《ばしょ》

生命《せいめい》にとって必要《ひつよう》な水《みず》は、水蒸気《すいじょうき》のような気体《きたい》でも、氷《こおり》のような固体《こたい》でもなく、液体《えきたい》で存在《そんざい》しなくてはならない。液体《えきたい》の水《みず》はいろいろなものをとかしこむことができ、そこから生命《せいめい》が生《う》まれると考《かんが》えられているからだ。水《みず》が液体《えきたい》で存在《そんざい》できる場所《ばしょ》は、太陽《たいよう》のような恒星《こうせい》からちょうどよいきょりにあり、生命《せいめい》が生《い》きていられる場所《ばしょ》という意味《いみ》で「ハビタブルゾーン」という。

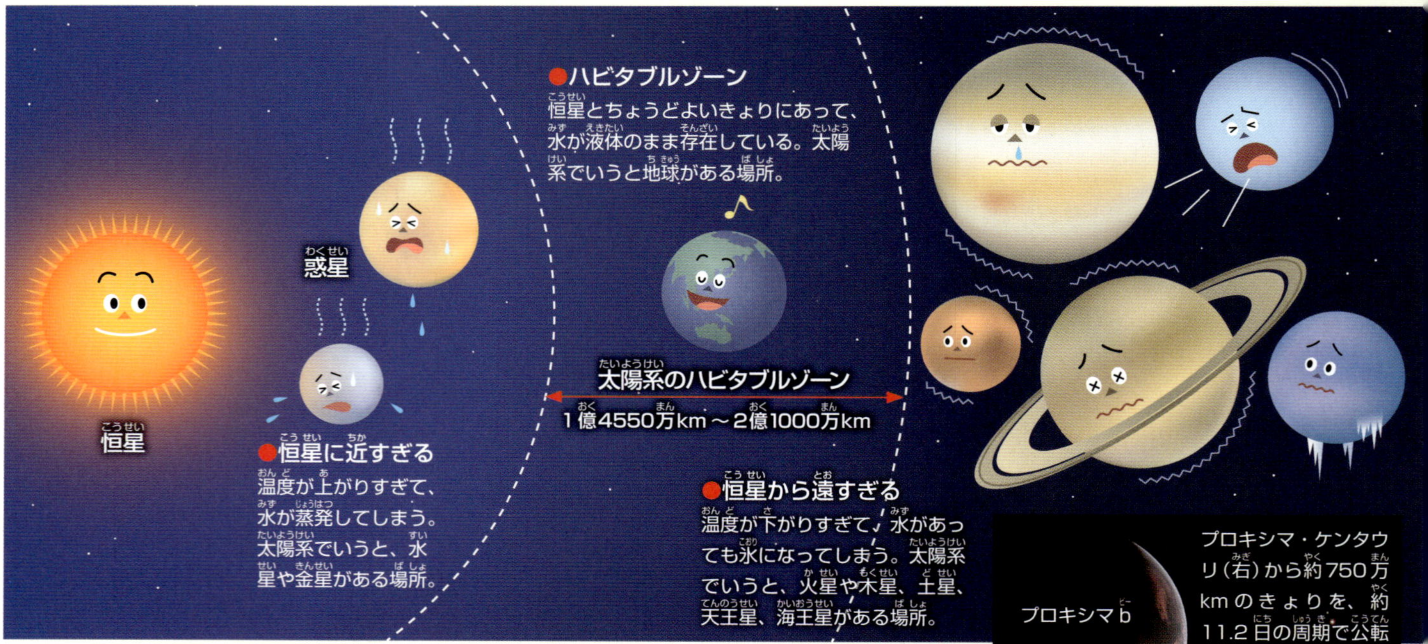
●ハビタブルゾーン
恒星《こうせい》とちょうどよいきょりにあって、水《みず》が液体《えきたい》のまま存在《そんざい》している。太陽系《たいようけい》でいうと地球《ちきゅう》がある場所《ばしょ》。
惑星《わくせい》
恒星《こうせい》
太陽系《たいようけい》のハビタブルゾーン
1億《おく》4550万《まん》km～2億《おく》1000万《まん》km
●恒星《こうせい》に近《ちか》すぎる
温度《おんど》が上《あ》がりすぎて、水《みず》が蒸発《じょうはつ》してしまう。太陽系《たいようけい》でいうと、水星《すいせい》や金星《きんせい》がある場所《ばしょ》。
●恒星《こうせい》から遠《とお》すぎる
温度《おんど》が下《さ》がりすぎて、水《みず》があっても氷《こおり》になってしまう。太陽系《たいようけい》でいうと、火星《かせい》や木星《もくせい》、土星《どせい》、天王星《てんのうせい》、海王星《かいおうせい》がある場所《ばしょ》。

プロキシマb《ビー》
プロキシマ・ケンタウリ（右《みぎ》）から約《やく》750万《まん》kmのきょりを、約《やく》11.2日《にち》の周期《しゅうき》で公転《こうてん》していて、水《みず》が存在《そんざい》する可能性《かのうせい》があるという。

生命《せいめい》がいるかも!?
系外惑星《けいがいわくせい》を発見《はっけん》！

太陽系《たいようけい》の外《そと》にある惑星《わくせい》のことを、系外《けいがい》惑星《わくせい》といい、今《いま》までに3200ほど見《み》つかっている。そのなかでもいちばん近《ちか》くにあるのが、プロキシマb《ビー》で、地球《ちきゅう》からのきょりが4.2光年《こうねん》ほどだ。プロキシマb《ビー》はハビタブルゾーンに位置《いち》しているため、生命《せいめい》が存在《そんざい》する系外惑星《けいがいわくせい》かもしれないといわれている。

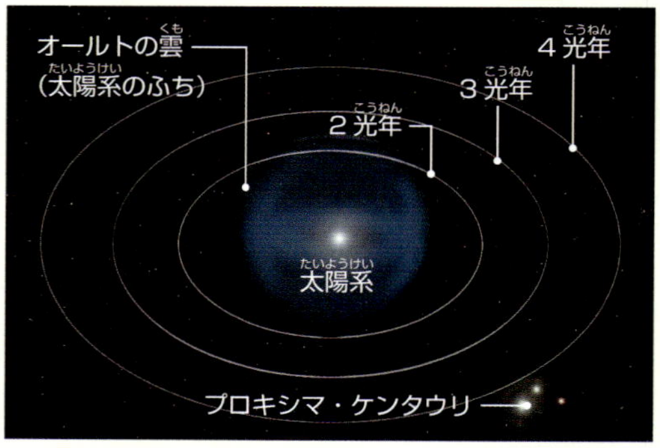
オールトの雲《くも》
（太陽系《たいようけい》のふち）
4光年《こうねん》
3光年《こうねん》
2光年《こうねん》
太陽系《たいようけい》
プロキシマ・ケンタウリ

プロキシマb《ビー》は、地球《ちきゅう》が太陽《たいよう》のまわりを回《まわ》るように、恒星《こうせい》プロキシマ・ケンタウリのまわりを回《まわ》る惑星《わくせい》だ。地球《ちきゅう》から4.2光年《こうねん》はなれていて、超小型《ちょうこがた》の探査機《たんさき》を送《おく》って観測《かんそく》する「ブレイクスルー・スターショット計画《けいかく》」が進《すす》められている。探査機《たんさき》は光速《こうそく》の5分《ぶん》の1の速度《そくど》で、21年《ねん》かけて飛《と》ぶ。

プロキシマb《ビー》の想像図《そうぞうず》。岩石《がんせき》でできた惑星《わくせい》で、水《みず》が存在《そんざい》すれば、地球《ちきゅう》のような海《うみ》があり、生命《せいめい》が存在《そんざい》している可能性《かのうせい》がある。

ハビタブルゾーン以外《いがい》にも生命《せいめい》が存在《そんざい》する!?

地球《ちきゅう》をのぞく太陽系《たいようけい》の惑星《わくせい》には、液体《えきたい》の水《みず》はないといわれていた。しかし、木星《もくせい》や土星《どせい》の衛星《えいせい》で、水蒸気《すいじょうき》と考《かんが》えられる気体《きたい》が観測《かんそく》されている。表面《ひょうめん》こそ氷《こおり》におおわれているが、その下《した》に液体《えきたい》の水《みず》があると考《かんが》えられており、微生物《びせいぶつ》などの生命《せいめい》が存在《そんざい》する可能性《かのうせい》もある。

NASA

木星《もくせい》の衛星《えいせい》エウロパの表面《ひょうめん》は、数《すう》kmの分厚《ぶあつ》い氷《こおり》におおわれている。木星《もくせい》の重力《じゅうりょく》に引《ひ》っぱられて地殻《ちかく》が動《うご》くことで内部《ないぶ》に熱《ねつ》が発生《はっせい》し、氷《こおり》の下《した》のほうがとけて液体《えきたい》の水《みず》となり、塩類《えんるい》をふくむ海《うみ》になっていると考《かんが》えられている。

『なぜ？どうして？宇宙《うちゅう》のお話《はなし》』: 学研《がっけん》マーケティング

第《だい》2章《しょう》
いのちの歴史《れきし》

最古《さいこ》の鳥類《ちょうるい》とされ、「始祖鳥《しそちょう》」ともよばれるアーケオプテリクスの化石《かせき》。ジュラ紀後期《きこうき》（約《やく》1億《おく》6400万《まん》～1億《おく》4500万年前《まんねんまえ》）。

地球《ちきゅう》が誕生《たんじょう》した46億年《おくねん》前《まえ》から現在《げんざい》までの歴史《れきし》をたどっていきます。
第《だい》1部《ぶ》〈生命《せいめい》〉は、海《うみ》や陸地《りくち》ができて原始的《げんしてき》な生物《せいぶつ》が誕生《たんじょう》する20億年前《おくねんまえ》まで。
第《だい》2部《ぶ》〈生物《せいぶつ》〉は、植物《しょくぶつ》や動物《どうぶつ》がさまざまに進化《しんか》していく6600万年前《まんねんまえ》まで。
第《だい》3部《ぶ》〈人類《じんるい》〉は、ほ乳類《にゅうるい》の発展《はってん》と、サルから進化《しんか》した猿人《えんじん》が現代人《げんだいじん》になるまで。
さまざまな生命《せいめい》が繁栄《はんえい》と絶滅《ぜつめつ》をくりかえし、今《いま》の姿《すがた》になっているのです。

第《だい》2章《しょう》 第《だい》1部《ぶ》 地球《ちきゅう》カレンダー〈地球誕生《ちきゅうたんじょう》〉

先《せん》カンブリア時代《じだい》

冥王代《めいおうだい》　始生代《しせいだい》

1月

1	2	3	4	5	6	7
8	9	10	11	12	13	14
15	16	17	18	19	20	21
22	23	24	25	26	27	28
29	30	31				

2月

			1	2	3	4
5	6	7	8	9	10	11
12	13	14	15	16	17	18
19	20	21	22	23	24	25
26	27	28				

3月

			1	2	3	4
5	6	7	8	9	10	11
12	13	14	15	16	17	18
19	20	21	22	23	24	25
26	27	28	29	30	31	

4月

						1
2	3	4	5	6	7	8
9	10	11	12	13	14	15
16	17	18	19	20	21	22
23	24	25	26	27	28	29
30						

5月

	1	2	3	4	5	6
7	8	9	10	11	12	13
14	15	16	17	18	19	20
21	22	23	24	25	26	27
28	29	30	31			

6月

				1	2
4	5	6	7	8	9
11	12	13	14	15	16
18	19	20	21	22	23
25	26	27	28	29	30

1月《がつ》 1日《ついたち》 〈46億年前《おくねんまえ》〉

太陽《たいよう》と地球《ちきゅう》が誕生《たんじょう》➡32

1日《ついたち》〜8日《か》 〈46〜45億年前《おくねんまえ》〉

月《つき》ができる➡34

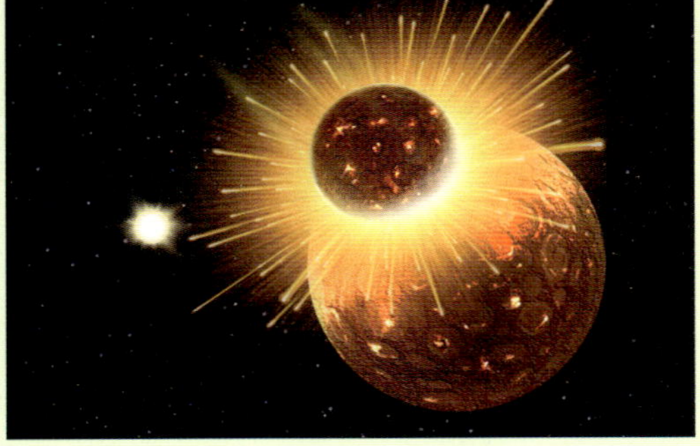

16日《にち》 〈44億年前《おくねんまえ》〉

マグマの海《うみ》に雨《あめ》が降《ふ》る➡39

2月《がつ》 17日《にち》 〈40億年前《おくねんまえ》〉

最初《さいしょ》の生命《せいめい》が現《あらわ》れる➡40

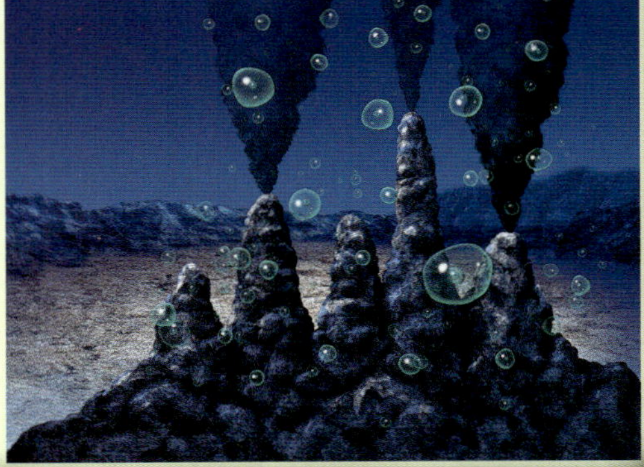

6月《がつ》 24日《か》 〈24億年前《おくねんまえ》〉

酸素《さんそ》ができる➡42

地球《ちきゅう》が誕生《たんじょう》した46億年前《おくねんまえ》から現在《げんざい》までを1年間《ねんかん》(365日《にち》)におきかえたカレンダーです。
1月《がつ》1日《ついたち》に誕生《たんじょう》した地球《ちきゅう》に、最初《さいしょ》の生命《せいめい》が現《あらわ》れたのは、2月《がつ》17日《にち》のことでした。

※1日《にち》が約《やく》1260万年《まんねん》、1分《ぷん》が約《やく》1万《まん》7500年《ねん》にあたります。

原生代《げんせいだい》　古生代《こせいだい》　中生代《ちゅうせいだい》　新生代《しんせいだい》　現在《げんざい》

7月

						1
	3	4	5	6	7	8
10	11	12	13	14	15	
17	18	19	20	21	22	
24	25	26	27	28	29	
31						

8月

		1	2	3	4	5
6	7	8	9	10	11	12
13	14	15	16	17	18	19
20	21	22	23	24	25	26
27	28	29	30	31		

9月

					1	2
3	4	5	6	7	8	9
10	11	12	13	14	15	16
17	18	19	20	21	22	23
24	25	26	27	28	29	30

10月

1	2	3	4	5	6	7
8	9	10	11	12	13	14
15	16	17	18	19	20	21
22	23	24	25	26	27	28
29	30	31				

11月

			1	2	3	4
5	6	7	8	9	10	11
12	13	14	15	16	17	18
19	20	21	22	23	24	25
26	27	28	29	30		

12月

					1	2
3	4	5	6	7	8	9
10	11	12	13	14	15	16
17	18	19	20	21	22	23
24	25	26	27	28	29	30
31						

7月《がつ》

10日《か》 〈22億年前《おくねんまえ》〉

全球凍結《ぜんきゅうとうけつ》 ➡48

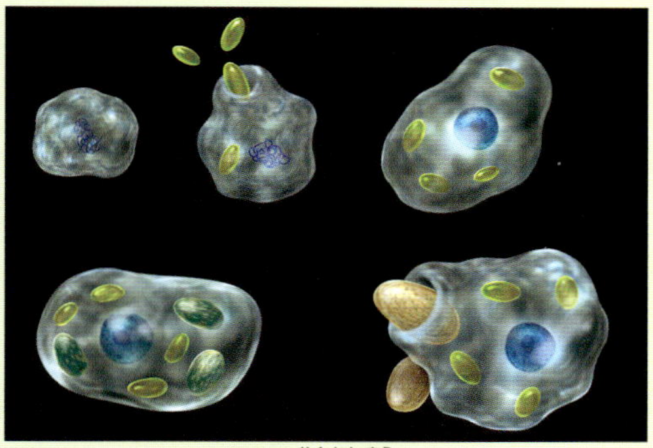

26日《にち》 〈20億年前《おくねんまえ》〉

真核生物《しんかくせいぶつ》が現《あらわ》れる ➡51

11月《がつ》

6日《か》・10日《か》 〈7億年前《おくねんまえ》、6億《おく》5000万年前《まんねんまえ》〉

再《ふたた》び全球凍結《ぜんきゅうとうけつ》

地球《ちきゅう》は宇宙《うちゅう》のちりが集《あつ》まってできた

地球《ちきゅう》の誕生《たんじょう》

今《いま》から46億年前《おくねんまえ》、ガスやちりが集《あつ》まって、太陽系《たいようけい》のもととなる円盤《えんばん》が生《う》まれました。その中心《ちゅうしん》で太陽《たいよう》が生《う》まれ、そのまわりで惑星《わくせい》が形《かたち》づくられていきました。

衝突《しょうとつ》と合体《がったい》で惑星《わくせい》が形《かたち》づくられる

宇宙空間《うちゅうくうかん》には、ガスやちりがただよっている。それがこいところは、ガスやちりが自分《じぶん》の重《おも》さによって集《あつ》まって、その動《うご》きから回転運動《かいてんうんどう》が始《はじ》まる。回転《かいてん》の中心《ちゅうしん》からはジェット（熱《あつ》いガス）がふき出《だ》し、ここから太陽《たいよう》のような恒星《こうせい》（➡18）が生《う》まれる。生《う》まれたての太陽《たいよう》を中心《ちゅうしん》に回転《かいてん》し続《つづ》けているうちに、ガスやちりは合体《がったい》して数《すう》kmほどの大《おお》きさの「微惑星《びわくせい》」になった。ガスやちりがうすくなるにつれて、微惑星《びわくせい》どうしでも衝突《しょうとつ》・合体《がったい》が始《はじ》まった。そうして大《おお》きくなったものが、地球《ちきゅう》のような惑星《わくせい》のもととなった。

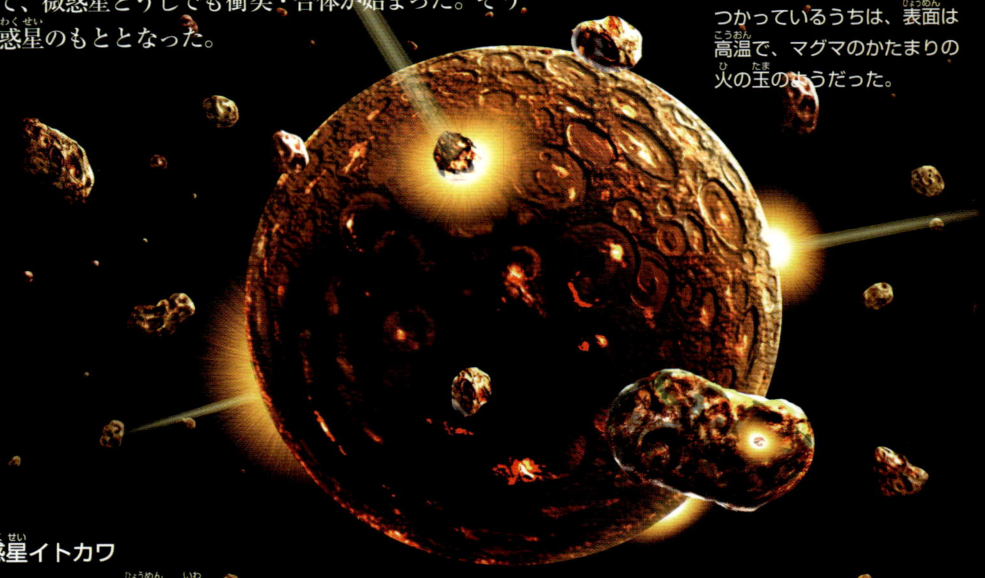

【高温《こうおん》の地球《ちきゅう》】

微惑星《びわくせい》が大《おお》きく成長《せいちょう》して地球《ちきゅう》のもとになった。微惑星《びわくせい》がぶつかっているうちは、表面《ひょうめん》は高温《こうおん》で、マグマのかたまりの火《ひ》の玉《たま》のようだった。

【微惑星《びわくせい》のなごり】

太陽《たいよう》の近《ちか》くでは微惑星《びわくせい》が同《おな》じような向《む》きで回《まわ》っていたので、はげしい衝突《しょうとつ》にはならず、おたがいにくっついて、水星《すいせい》から火星《かせい》までの惑星《わくせい》になった。一方《いっぽう》、火星《かせい》の外側《そとがわ》では、木星《もくせい》が先《さき》に成長《せいちょう》して巨大《きょだい》になった。その重力《じゅうりょく》のため、微惑星《びわくせい》がはげしくぶつかり合《あ》い、こわれて、多《おお》くの「小惑星《しょうわくせい》」ができた。そのため、火星《かせい》と木星《もくせい》のあいだには「小惑星帯《しょうわくせいたい》（アステロイドベルト）」がある。

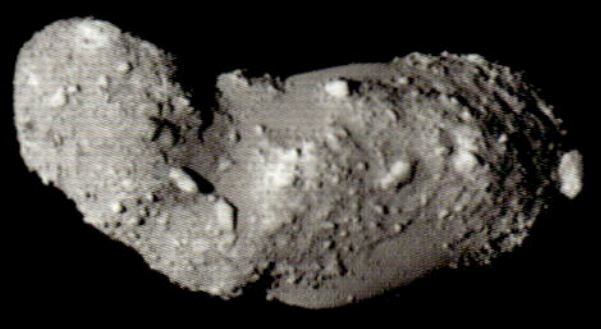

●小惑星《しょうわくせい》イトカワ

直径《ちょっけい》500mほどで、表面《ひょうめん》に岩《いわ》のかたまりがたくさんある。太陽《たいよう》が誕生《たんじょう》したころのことを知《し》るために、探査機《たんさき》「はやぶさ」が2005年《ねん》に観《かん》測《そく》を行《おこな》い、2010年《ねん》に表面《ひょうめん》の物質《ぶっしつ》を持《も》ち帰《かえ》った。

太陽系《たいようけい》の誕生《たんじょう》

太陽系《たいようけい》のほかの惑星《わくせい》も、地球《ちきゅう》と同《おな》じように、宇宙空間《うちゅうくうかん》のちりやガスが集《あつ》まってできあがった。太陽《たいよう》に近《ちか》いところから、だんだんと太陽系《たいようけい》ができあがっていったと考《かんが》えられている。しかし、この説《せつ》のとおりに太陽系《たいようけい》ができたとすると、木星《もくせい》が完成《かんせい》するには時間《じかん》が足《た》りないなどの問題《もんだい》が残《のこ》されていて、くわしい研究《けんきゅう》が進《すす》められている。

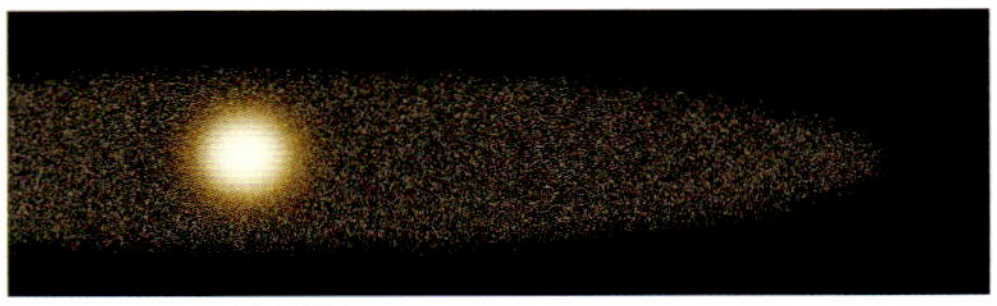

❶ちりから微惑星《びわくせい》ができる

原始太陽《げんしたいよう》が生《う》まれてから100万《まん》～10万年後《まんねんご》、ちりがくっつき合《あ》って、たくさんの微惑星《びわくせい》が生《う》まれた。

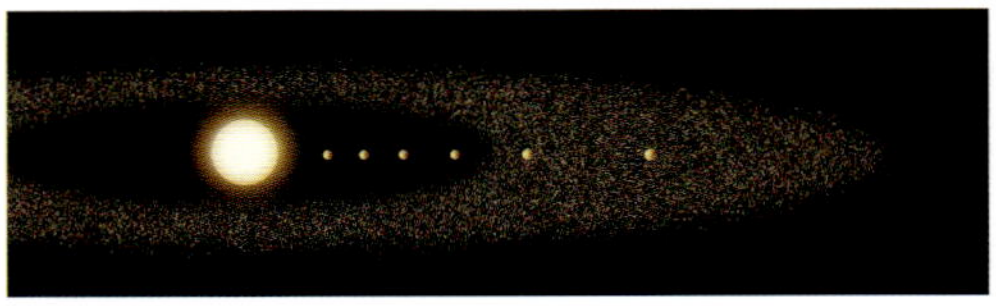

❷地球型惑星《ちきゅうがたわくせい》ができる

太陽《たいよう》に近《ちか》いところで、微惑星《びわくせい》の衝突《しょうとつ》・合体《がったい》が進《すす》み、岩石《がんせき》や金属《きんぞく》でできている、水星《すいせい》や金星《きんせい》、地球《ちきゅう》、火星《かせい》ができあがった。

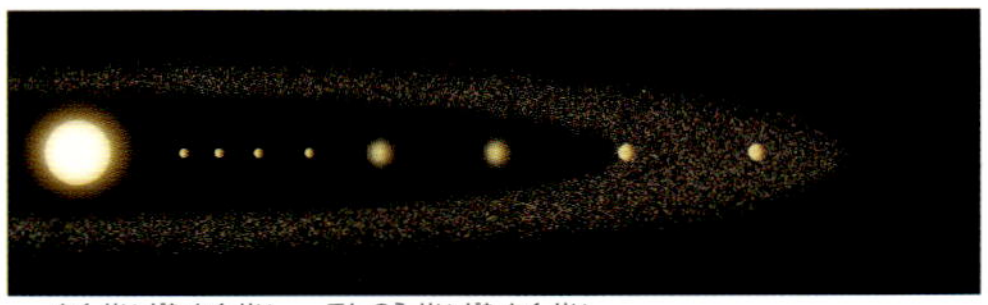

❸木星型惑星《もくせいがたわくせい》と天王星型惑星《てんのうせいがたわくせい》ができる

木星《もくせい》と土星《どせい》は、ガスを引《ひ》きよせてとりこんだ。天王星《てんのうせい》や海《かい》王星《おうせい》はまわりの氷《こおり》のつぶをとりこんだ。

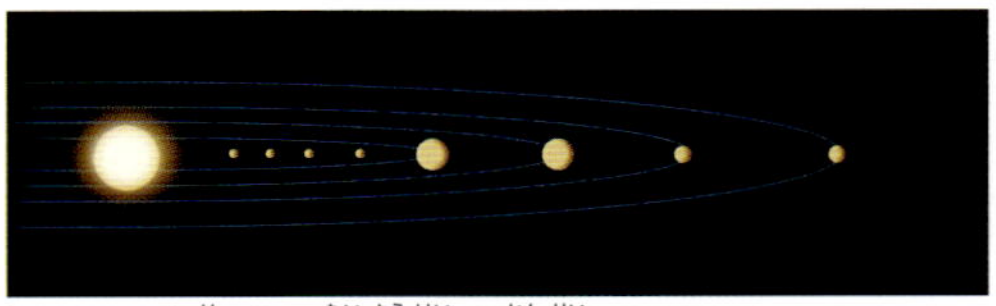

❹ガスが晴《は》れて太陽系《たいようけい》が完成《かんせい》

原始太陽《げんしたいよう》が生《う》まれてから数千万《すうせんまん》～1億年後《おくねんご》、ガスがなくなり、今《いま》の太陽系《たいようけい》の形《かたち》が完成《かんせい》した。

📖『子供《こども》の科学《かがく》★サイエンスブックス　ここまでわかった！太陽系《たいようけい》のなぞ』：誠文堂新光社《せいぶんどうしんこうしゃ》

【太陽《たいよう》の昔《むかし》の姿《すがた》】

回転《かいてん》の中心《ちゅうしん》にガスやちりが集《あつ》まって密度《みつど》が高《たか》くなり、高温《こうおん》になっていくと、核融合《かくゆうごう》が起《お》こって、自《みずか》ら光《ひか》りかがやく恒星《こうせい》が生《う》まれた。今《いま》の太陽《たいよう》になる前《まえ》の姿《すがた》なので、「原始太陽《げんしたいよう》」とよばれる。

【水星《すいせい》の表面《ひょうめん》に残《のこ》った衝突《しょうとつ》のあと】

水星《すいせい》や月《つき》などの表面《ひょうめん》にある、噴火口《ふんかこう》のような形《かたち》をしたクレーター（➡36）は、微惑星《びわくせい》の衝突《しょうとつ》のあとだ。水星《すいせい》や月《つき》には大気《たいき》がほとんどないために、クレーターが風化《ふうか》せずに残《のこ》っている。

NASA

水星《すいせい》の表面《ひょうめん》に色《いろ》をつけて、クレーターの形《かたち》を見《み》やすくした写真《しゃしん》。大小《だいしょう》のくぼみがたくさんある。

【成長《せいちょう》していく微惑星《びわくせい》】

微惑星《びわくせい》がぶつかり合《あ》って、大《おお》きくなっていくと、重力《じゅうりょく》（引《ひ》きつける力《ちから》）が発生《はっせい》して、まわりの微惑星《びわくせい》やちりを引《ひ》きよせながら、ますます大《おお》きくなっていく。

46億年《おくねん》の歴史《れきし》を裏《うら》づける隕石《いんせき》

1969年《ねん》、メキシコのチワワ州《しゅう》に総重量《そうじゅうりょう》が推定《すいてい》5トンの隕石群《いんせきぐん》が落下《らっか》した。その地《ち》の名前《なまえ》をとって、アエンデ隕石《いんせき》とよばれている。隕石《いんせき》の成分《せいぶん》を調《しら》べると、46億年前《おくねんまえ》にできたCAI《シーエーアイ》（カルシウムやアルミニウムなどを多《おお》くふくむもの）という物質《ぶっしつ》をふくみ、これが現在《げんざい》、太陽系《たいようけい》で発見《はっけん》されている物質《ぶっしつ》のなかで最《もっと》も古《ふる》いとされている。

3トンのアエンデ隕石《いんせき》が回収《かいしゅう》されて、研究《けんきゅう》に利用《りよう》されている。その中《なか》から、これまで地球《ちきゅう》で確認《かくにん》されていなかった9種類《しゅるい》もの鉱物《こうぶつ》が見《み》つかっている。

惑星《わくせい》の種類《しゅるい》

太陽系《たいようけい》の惑星《わくせい》は、おもな成分《せいぶん》によって3種類《しゅるい》に分《わ》けられる。

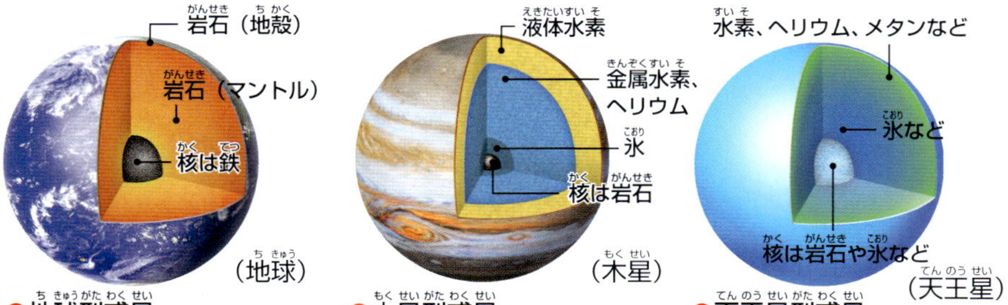
岩石《がんせき》（地殻《ちかく》）
岩石《がんせき》（マントル）
核《かく》は鉄《てつ》
（地球《ちきゅう》）
液体水素《えきたいすいそ》
金属水素《きんぞくすいそ》、ヘリウム
氷《こおり》
核《かく》は岩石《がんせき》
（木星《もくせい》）
水素《すいそ》、ヘリウム、メタンなど
氷《こおり》など
核《かく》は岩石《がんせき》や氷《こおり》など
（天王星《てんのうせい》）

●地球型惑星《ちきゅうがたわくせい》

岩石惑星《がんせきわくせい》ともいう。岩石《がんせき》や金属《きんぞく》でできていて、大《おお》きさに比《くら》べて密度《みつど》が高《たか》くて重《おも》い。太陽《たいよう》から近《ちか》い、水星《すいせい》と金星《きんせい》、地球《ちきゅう》、火星《かせい》がこのグループに入《はい》る。

●木星型惑星《もくせいがたわくせい》

木星《もくせい》と土星《どせい》がこのグループで、水素《すいそ》やヘリウムでできているため、ガス惑星《わくせい》ともいう。中心核《ちゅうしんかく》は岩石《がんせき》や金属《きんぞく》、氷《こおり》などでできていると考《かんが》えられている。

●天王星型惑星《てんのうせいがたわくせい》

氷惑星《ひょうわくせい》ともいう。天王星《てんのうせい》と海王星《かいおうせい》がこのグループで、岩石《がんせき》や氷《こおり》でできた中心核《ちゅうしんかく》のまわりに、氷《こおり》などの固体《こたい》や、水素《すいそ》やメタンなどの気体《きたい》をまとっている。

小惑星《しょうわくせい》は、軌道《きどう》がわかっているもので40万個以上《まんこいじょう》ある。丸《まる》い形《かたち》のものは少《すく》なく、ほとんどが「イトカワ」のようにいびつな形《かたち》をしている。

月➡36　潮の満ち干➡172

地球《ちきゅう》のただひとつの衛星《えいせい》

月《つき》の誕生《たんじょう》　月《つき》は地球《ちきゅう》のまわりを回《まわ》る衛星《えいせい》で、いちばん近《ちか》くにある天体《てんたい》です。人工衛星《じんこうえいせい》や探査機《たんさき》によって、成分《せいぶん》や内部《ないぶ》の構造《こうぞう》、どうやって生《う》まれたかなど、研究《けんきゅう》が進《すす》められています。

月《つき》は地球《ちきゅう》に小天体《しょうてんたい》がぶつかって生《う》まれた

最《もっと》も有力《ゆうりょく》だと考《かんが》えられているのは、火星《かせい》くらいの大《おお》きさの天体《てんたい》が誕生直後《たんじょうちょくご》の地球《ちきゅう》にぶつかって、そのかけらが集《あつ》まってできたという説《せつ》だ。これを「ジャイアント・インパクト説《せつ》」という。ぶつかった衝撃《しょうげき》でできたかけらは、1か月《げつ》ほどかけて合体《がったい》して、今《いま》のような丸《まる》い形《かたち》になったと考《かんが》えられている。

❶表面《ひょうめん》がマグマのように熱《あつ》かった地球《ちきゅう》に、火星《かせい》くらいの大《おお》きさの天体《てんたい》がぶつかると、地球《ちきゅう》の一部《いちぶ》はけずられて、ぶつかってきた天体《てんたい》も大《おお》きくくだけた。

❷かけらの一部《いちぶ》は地球《ちきゅう》のまわりに、円盤状《えんばんじょう》に集《あつ》まった。地球《ちきゅう》のまわりを回《まわ》りながら、かけらは衝突《しょうとつ》と合体《がったい》をくりかえして、大《おお》きくまとまっていった。

❸今《いま》の月《つき》のような、丸《まる》い形《かたち》になったとき、地球《ちきゅう》からのきょりは約《やく》2万《まん》kmだったと考《かんが》えられている。地球《ちきゅう》とのあいだにはたらく重力《じゅうりょく》の関係《かんけい》（潮汐作用《ちょうせきさよう》）で少《すこ》しずつ遠《とお》ざかり、現在《げんざい》のきょりは約《やく》38万《まん》kmだ。

📖『月《つき》の満《み》ちかけ絵本《えほん》』: あすなろ書房《しょぼう》

いろいろな誕生説《たんじょうせつ》

ジャイアント・インパクト説《せつ》がとなえられるまで、3つの説《せつ》が有力《ゆうりょく》とされていた。

【分裂《ぶんれつ》した！（分裂説《ぶんれつせつ》）】

原始地球《げんしちきゅう》は高温《こうおん》で、やわらかかったため、赤道《せきどう》付近《ふきん》の一部《いちぶ》がちぎれてしまった。それが丸《まる》くまとまって、月《つき》になったという説《せつ》。地球《ちきゅう》から生《う》まれたという意味《いみ》で、「親子説《おやこせつ》」ともよばれている。

【同時《どうじ》に生《う》まれた！（集積説《しゅうせきせつ》）】

地球《ちきゅう》が生《う》まれるとき、そのそばで別《べつ》の微惑星《びわくせい》が衝突《しょうとつ》・合体《がったい》をくりかえして成長《せいちょう》したという説《せつ》。地球《ちきゅう》のほうが大《おお》きくなったため、月《つき》は地球《ちきゅう》の衛星《えいせい》となってしまった。「兄弟説《きょうだいせつ》」ともいう。

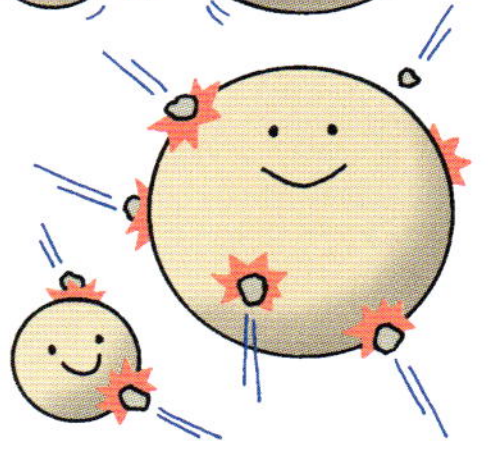

【つかまえた！（捕獲説《ほかくせつ》）】

地球《ちきゅう》から遠《とお》いところでできた月《つき》が、地球《ちきゅう》のそばを通《とお》る軌道《きどう》で、近《ちか》くを通《とお》りかかったときに、地球《ちきゅう》の引力《いんりょく》によせられて、衛星《えいせい》となったという説《せつ》。地球《ちきゅう》の誕生《たんじょう》とは関係《かんけい》ないので、「他人説《たにんせつ》」ともよばれる。

どうやって誕生《たんじょう》のひみつを調《しら》べた？

月《つき》と地球《ちきゅう》の岩石《がんせき》の成分《せいぶん》を比《くら》べてみたところ、非常《ひじょう》に似《に》ているため、同《おな》じ時期《じき》に同《おな》じ場所《ばしょ》でできたと考《かんが》えられている。また、月《つき》の表面全体《ひょうめんぜんたい》が高温《こうおん》でとけていたということもわかり、ジャイアント・インパクト説《せつ》が有力《ゆうりょく》になったのだ。

NASA

アメリカが1969年《ねん》に打《う》ち上《あ》げた宇宙船《うちゅうせん》アポロ11号《ごう》が、はじめて月《つき》の岩石《がんせき》を地球《ちきゅう》へ持《も》ち帰《かえ》った。

月《つき》の岩石《がんせき》は場所《ばしょ》によって成分《せいぶん》がちがう。高地《こうち》は斜長岩《しゃちょうがん》、海《うみ》などのくぼ地《ち》は玄武岩《げんぶがん》などが多《おお》い。

2007～2009年《ねん》に月《つき》を観測《かんそく》した日本《にほん》の月周回衛星《つきしゅうかいえいせい》「かぐや」のあとをつぐ無人探査機《むじんたんさき》の開発《かいはつ》が進《すす》められている。月《つき》の表面《ひょうめん》に着陸《ちゃくりく》して観測《かんそく》を行《おこな》うため、月《つき》の成分《せいぶん》や内部《ないぶ》の構造《こうぞう》の研究《けんきゅう》が進《すす》むと期待《きたい》されている。

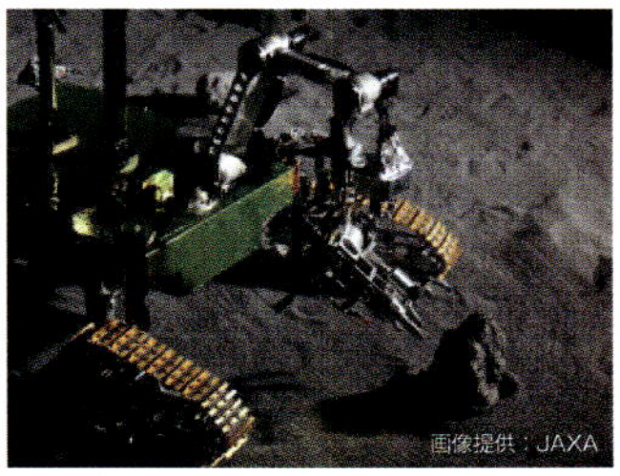
画像提供：JAXA

大《おお》きすぎる衛星《えいせい》

月《つき》の直径《ちょっけい》は地球《ちきゅう》の4分《ぶん》の1くらいだ。ほかの惑星《わくせい》の衛星《えいせい》は小《ちい》さく、たとえば太陽系《たいようけい》の衛星《えいせい》で最《もっと》も大《おお》きい木星《もくせい》の衛星《えいせい》ガニメデは27分《ぶん》の1、火星《かせい》の衛星《えいせい》フォボスは310分《ぶん》の1くらいの大《おお》きさしかない。月《つき》は衛星《えいせい》としては大《おお》きすぎるサイズなのだ。その理由《りゆう》は、まだはっきりしていない。

ふつうの衛星《えいせい》は、惑星《わくせい》よりもずいぶん小《ちい》さいサイズだ。土星《どせい》の衛星《えいせい》タイタンは月《つき》より大《おお》きいが、土星《どせい》の23分《ぶん》の1の大《おお》きさしかない。

月《つき》にも熱《ねつ》と水《みず》がある

月《つき》の内部《ないぶ》は冷《ひ》えきって、固《かた》まっていると考《かんが》えられてきたが、2014年《ねん》に月《つき》の中《なか》にも熱《ねつ》があることがわかった。また、地球《ちきゅう》が月《つき》を引《ひ》きよせる引力《いんりょく》によって、月《つき》の中《なか》のやわらかい部分《ぶぶん》が変形《へんけい》して熱《ねつ》を出《だ》すこともわかった。さらに、月《つき》の表面《ひょうめん》の一部《いちぶ》には、水《みず》がふくまれていることも発見《はっけん》され、月全体《つきぜんたい》で6億《おく》トンの氷《こおり》があるともいわれている。

下《した》のイラストの赤《あか》い部分《ぶぶん》が、やわらかいマントルで、熱《ねつ》をもっていると考《かんが》えられている。また、月《つき》の表面《ひょうめん》の岩石《がんせき》は水《みず》を多《おお》くふくんでいると考《かんが》えられている。

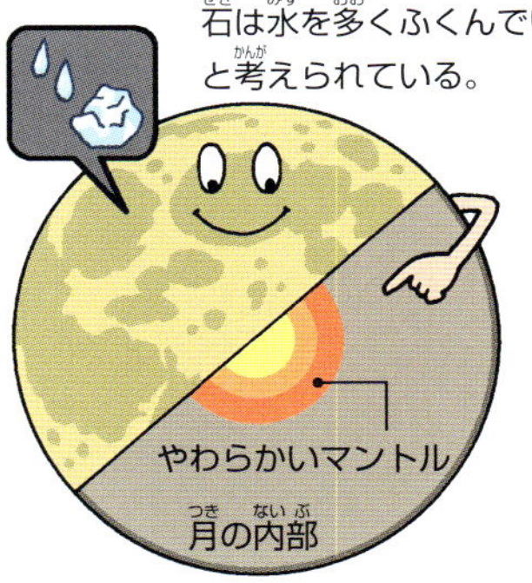
やわらかいマントル
月《つき》の内部《ないぶ》

地球《ちきゅう》のまわりを回《まわ》る月《つき》

地球《ちきゅう》が太陽《たいよう》のまわりを回《まわ》っている（公転《こうてん》）ように、月《つき》は地球《ちきゅう》のまわりを27.3日《にち》の周期《しゅうき》で公転《こうてん》している。太陽《たいよう》に向《む》いた面《めん》が太陽《たいよう》の光《ひかり》を反射《はんしゃ》して、光《ひか》っているように見《み》える。

【月《つき》の公転《こうてん》】

月《つき》は太陽《たいよう》に照《て》らされて、いつも半分《はんぶん》だけ明《あか》るくなっている。その状態《じょうたい》で地球《ちきゅう》のまわりを公転《こうてん》しているため、地球《ちきゅう》から見《み》える明《あか》るい部分《ぶぶん》の大《おお》きさが変《か》わる。そのため、月《つき》が満《み》ちかけしているように見《み》える。

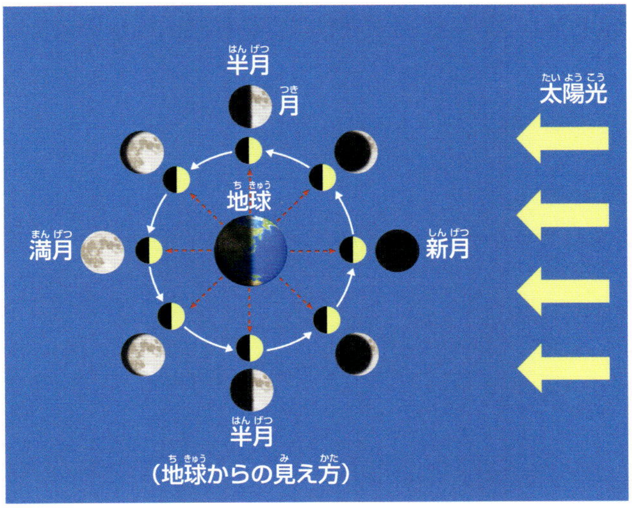
半月《はんげつ》
月《つき》
太陽光《たいようこう》
地球《ちきゅう》
満月《まんげつ》
新月《しんげつ》
半月《はんげつ》
（地球《ちきゅう》からの見《み》え方《かた》）

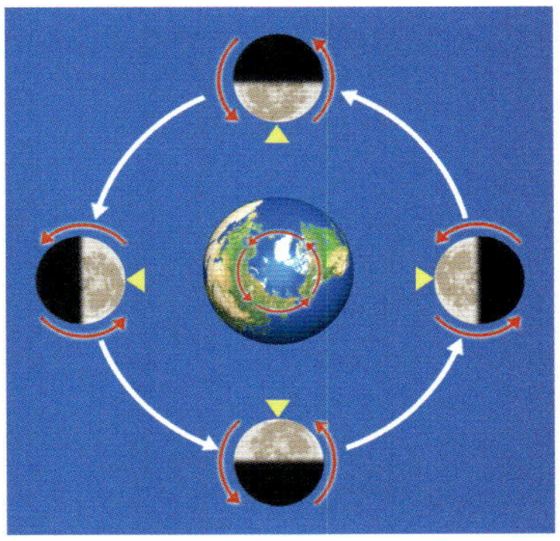

【月《つき》の自転《じてん》】

公転《こうてん》と同《おな》じ27.3日《にち》の周期《しゅうき》で自転《じてん》しているので、つねに同《おな》じ面《めん》を地球《ちきゅう》に向《む》けている。地球《ちきゅう》から、月《つき》の裏側《うらがわ》を見《み》ることはできない。

月《つき》に水《みず》があることがわかったのは、ロケットを月《つき》に衝突《しょうとつ》させて、まい上《あ》がったちりを調《しら》べたところ、水分《すいぶん》がふくまれていたからだ。

月《つき》にも「海《うみ》」や「山《やま》」がある!?

月《つき》には明《あか》るい部分《ぶぶん》と暗《くら》い部分《ぶぶん》があって、いろいろな模様《もよう》に見《み》えます。これは、白《しろ》っぽい斜長岩《しゃちょうがん》や黒《くろ》っぽい玄武岩《げんぶがん》(➡155)があり、さらに表面《ひょうめん》がでこぼこしていて、太陽《たいよう》の光《ひかり》の当《あ》たり方《かた》がちがうからです。

丸《まる》いくぼみがたくさんある天体《てんたい》

月《つき》の表面《ひょうめん》には、クレーターというくぼみがたくさんある。これは、月《つき》にたくさんの隕石《いんせき》が衝突《しょうとつ》してできたものだ。水《みず》や大気《たいき》がほとんどないので、風化《ふうか》せずに月面《げつめん》に残《のこ》っている。

NASA/GSFC/Arizona State University
●ヘルツシュプルング

名前《なまえ》がついている最《さい》大《だい》のクレーターは、月《つき》の裏側《うらがわ》にあるヘルツシュプルングで、直径《ちょっけい》536.37km。

【クレーター】(●の部分《ぶぶん》)

名前《なまえ》がついているものだけで、1500以上《いじょう》ある。ふちは盛《も》り上《あ》がっていて、テオフィルスクレーターの場合《ばあい》は直径《ちょっけい》が100km、ふちの高《たか》さは6000mもある。クレーターの内側《うちがわ》にはさらに小《ち》さなクレーターや、丘《おか》のような盛《も》り上《あ》がりがあり、ゆるやかにでこぼこしている。

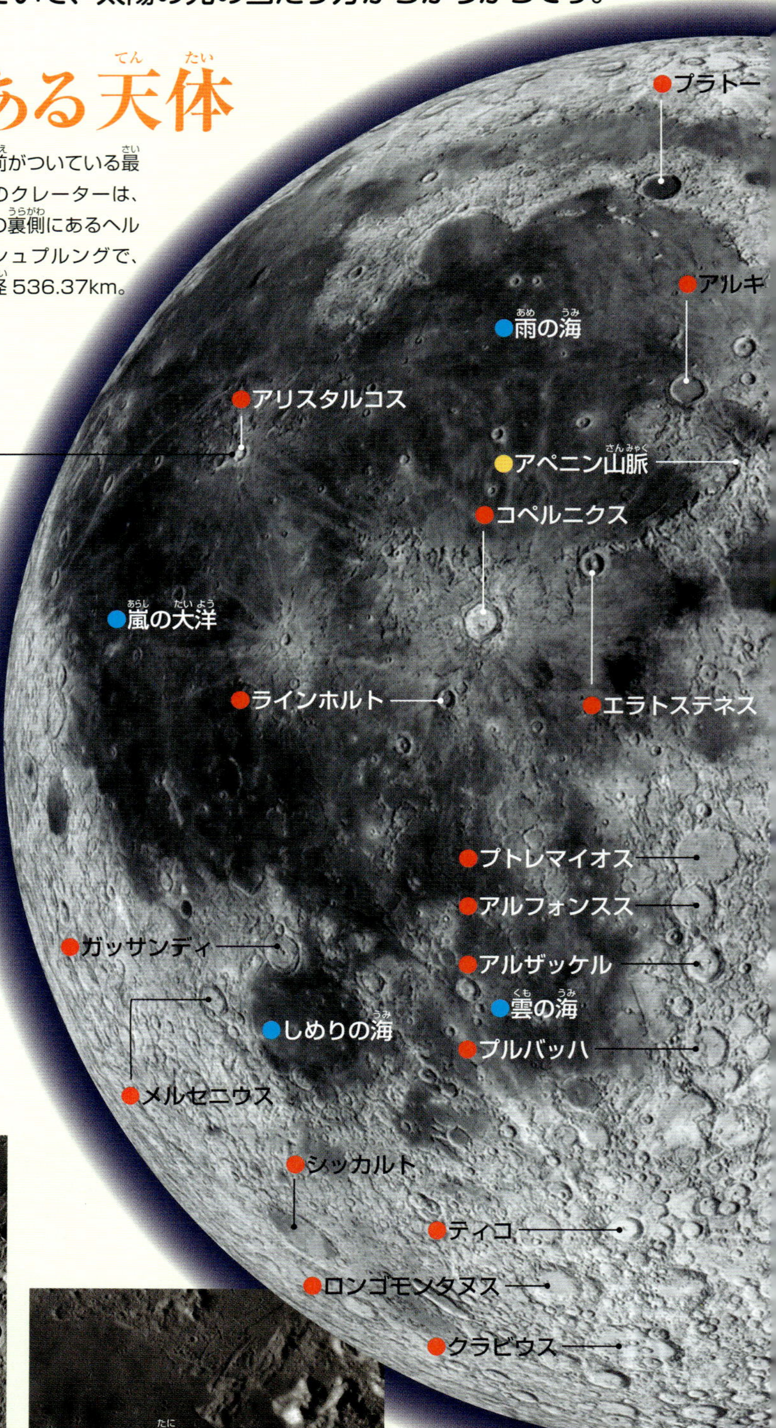
●プラトー
●アルキ
●雨《あめ》の海《うみ》
●アリスタルコス
●アペニン山脈《さんみゃく》
●コペルニクス
●嵐《あらし》の大洋《たいよう》
●ラインホルト
●エラトステネス
●プトレマイオス
●アルフォンスス
●ガッサンディ
●アルザッケル
●雲《くも》の海《うみ》
●しめりの海《うみ》
●プルバッハ
●メルセニウス
●シッカルト
●ティコ
●ロンゴモンタヌス
●クラビウス

クレーターのでき方《かた》

たくさんの隕石《いんせき》が落《お》ちたのは、月《つき》が誕生《たんじょう》した46～45億年前《おくねんまえ》から約《やく》6億年《おくねん》のあいだだといわれている。このとき落《お》ちた隕石《いんせき》は、惑星《わくせい》や衛星《えいせい》になれなかった微惑星《びわくせい》(➡32)だ。

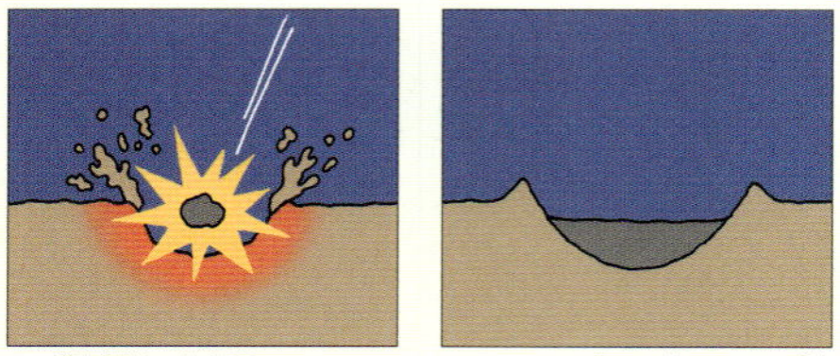

❶微惑星《びわくせい》が衝突《しょうとつ》して、そのときの衝撃《しょうげき》や熱《ねつ》で表面《ひょうめん》がとける。

❷ふちが盛《も》り上《あ》がり、内《うち》側《がわ》はとけた地面《じめん》が平《ひら》たくなった。

月面《げつめん》には山《やま》や谷《たに》もある

クレーターのほかに、山《やま》や谷《たに》があり、起伏《きふく》が激《はげ》しい。最《もっと》も高《たか》い山《やま》といわれているのはホイヘンス山《さん》で5500mもあり、最高地点《さいこうちてん》は月《つき》の裏《うら》側《がわ》にある高地《こうち》で1万《まん》750mといわれている。

ホイヘンス山《さん》
●アペニン山脈《さんみゃく》
NASA/GSFC/Arizona State University

ホイヘンス山周辺《さんしゅうへん》の画像《がぞう》。アペニン山脈《さんみゃく》と名《な》づけられた高地《こうち》のはしにある。

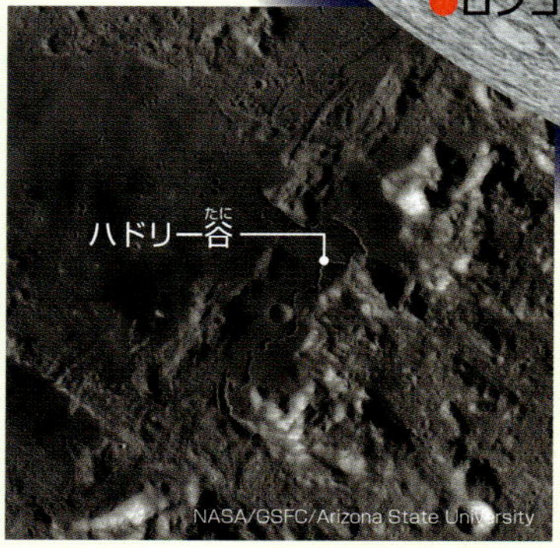
ハドリー谷《たに》
NASA/GSFC/Arizona State University

アペニン山脈《さんみゃく》のふもとには、全長《ぜんちょう》80km、深《ふか》さ300mの曲《ま》がりくねったハドリー谷《たに》がある。1971年《ねん》にアポロ15号《ごう》が着陸《ちゃくりく》した場所《ばしょ》だ。

📖『月《つき》の地形《ちけい》ウオッチングガイド』: 誠文堂新光社《せいぶんどうしんこうしゃ》

【海《うみ》】（●の部分《ぶぶん》）

黒《くろ》く見《み》える部分《ぶぶん》が、広《ひろ》くて平《たい》らで海《うみ》のように水《みず》がたまっていそうな場所《ばしょ》に見《み》えたため、月《つき》の「海《うみ》」とよばれるようになった。実際《じっさい》には水《みず》はない。周囲《しゅうい》よりも低《ひく》いところで、黒《くろ》っぽい玄武岩《げんぶがん》でできている。最大《さいだい》の海《うみ》は「嵐《あらし》の大洋《たいよう》」で、直径《ちょっけい》3000km、広《ひろ》さは約《やく》320万《まん》㎢で、日本海《にほんかい》の3倍以上《ばいいじょう》ある。

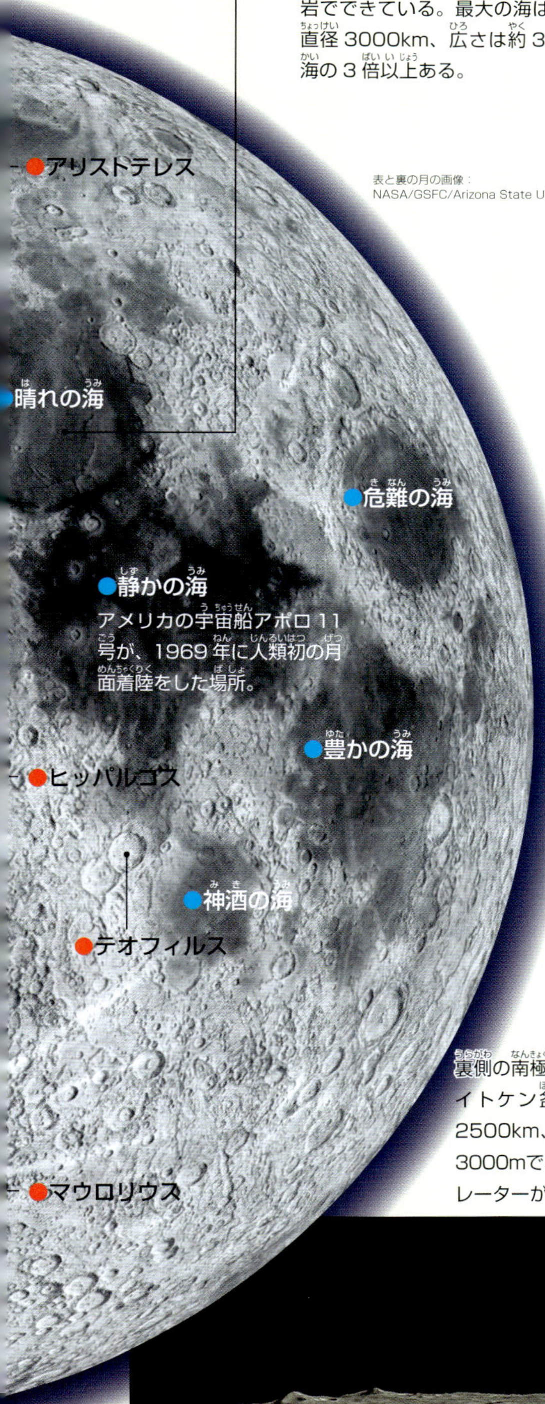

表と裏の月の画像：
NASA/GSFC/Arizona State University
●アリストテレス
●晴《は》れの海《うみ》
●危難《きなん》の海《うみ》
●静《しず》かの海《うみ》
アメリカの宇宙船《うちゅうせん》アポロ11号《ごう》が、1969年《ねん》に人類初《じんるいはつ》の月面着陸《げつめんちゃくりく》をした場所《ばしょ》。
●豊《ゆた》かの海《うみ》
●ヒッパルコス
●神酒《みき》の海《うみ》
●テオフィルス
●マウロリクス

裏側《うらがわ》の南極近《なんきょくちか》くにあるエイトケン盆地《ぼんち》。直径約《ちょっけいやく》2500km、深《ふか》さ約《やく》1万《まん》3000mで、盆地内《ぼんちない》にはクレーターがたくさんある。

画像提供：JAXA/NHK

月《つき》の海《うみ》のでき方《かた》

巨大《きょだい》なクレーターがつながって、大《おお》きなくぼ地《ち》になったところもあった。月《つき》ができたばかりのときは、内部《ないぶ》は高温《こうおん》でマグマがあり、マグマがしみ出《で》て、くぼ地《ち》をうめて「海《うみ》」をつくった。

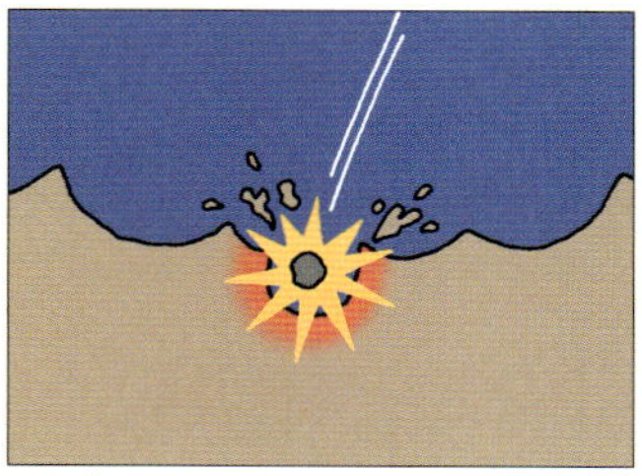

❶巨大《きょだい》なクレーターがたくさんできて、大《おお》きなくぼ地《ち》をつくっていた。そこへ隕石《いんせき》が落《お》ちてきて、新《あら》たにクレーターをつくった。

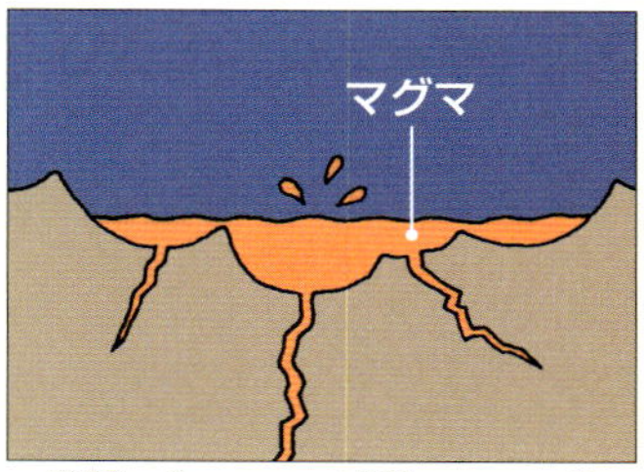

マグマ

❷隕石《いんせき》が落《お》ちてきた衝撃《しょうげき》で、くぼ地《ち》にひびが入《はい》り、そこから地下《ちか》のマグマがしみ出《で》る。

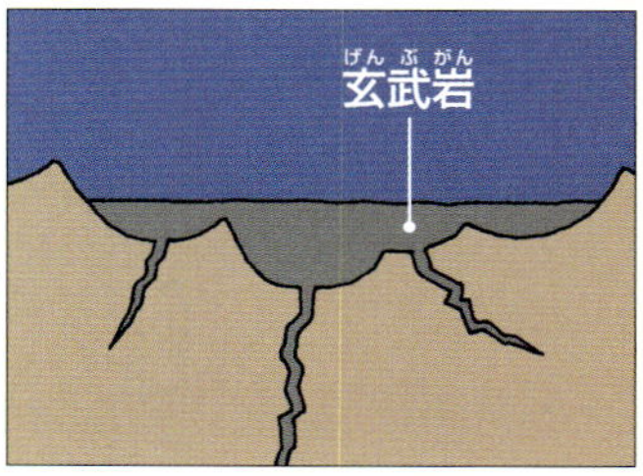

玄武岩《げんぶがん》

❸マグマが溶岩《ようがん》となって、くぼ地《ち》をうめ、平《たい》らにした。溶岩《ようがん》は固《かた》まって、黒《くろ》い玄武岩《げんぶがん》になった。

「海《うみ》」が少《すく》ない月《つき》の裏側《うらがわ》

月《つき》はつねに同《おな》じ面《めん》を地球《ちきゅう》に向《む》けているため（➡35）、地球《ちきゅう》から月《つき》の裏側《うらがわ》を見《み》ることはできない。月《つき》の裏側《うらがわ》には、「海《うみ》」がほとんどない。これは、地球《ちきゅう》の重力《じゅうりょく》に引《ひ》きよせられて、月《つき》の内部《ないぶ》が表側《おもてがわ》にかたよっているため、表側《おもてがわ》の地殻《ちかく》はうすく、マグマがしみ出《だ》して海《うみ》ができやすかったからだ。

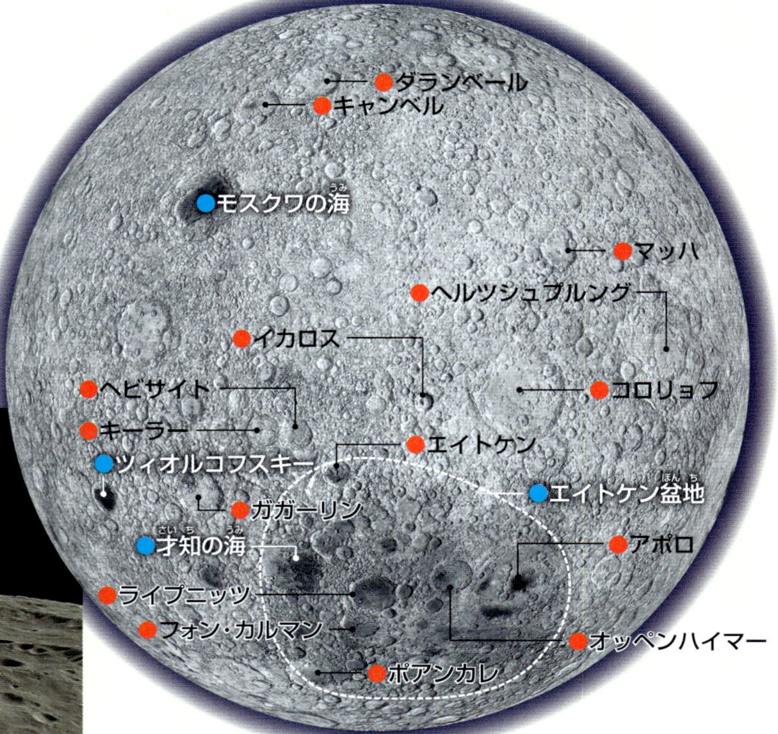

●ダランベール
●キャンベル
●モスクワの海《うみ》
●マッハ
●ヘルツシュプルング
●イカロス
●コロリョフ
●ヘビサイト
●キーラー
●エイトケン
●ツィオルコフスキー
●エイトケン盆地《ぼんち》
●ガガーリン
●才知《さいち》の海《うみ》
●アポロ
●ライプニッツ
●フォン・カルマン
●オッペンハイマー
●ポアンカレ

月《つき》の裏側《うらがわ》。マグマがうめつくさなかったので、海《うみ》ができにくく、小《ちい》さなクレーターがたくさん残《のこ》っている。

月《つき》の地名《ちめい》は1651年《ねん》にイタリアの天文学者《てんもんがくしゃ》リッチョーリが名《な》づけた。クレーターは科学者《かがくしゃ》の名前《なまえ》、海《うみ》は感覚的《かんかくてき》な表現《ひょうげん》で表《あらわ》した。

太陽系と地球➡16　地球の内部➡22

煮《に》えたぎる海《うみ》と、どしゃぶりの雨《あめ》

マグマの海《うみ》　地球《ちきゅう》ができあがったばかりのころ、表面《ひょうめん》はマグマにおおわれていました。マグマから出《で》たガスが大気《たいき》になり、水蒸気《すいじょうき》が冷《ひ》えて海《うみ》になりました。

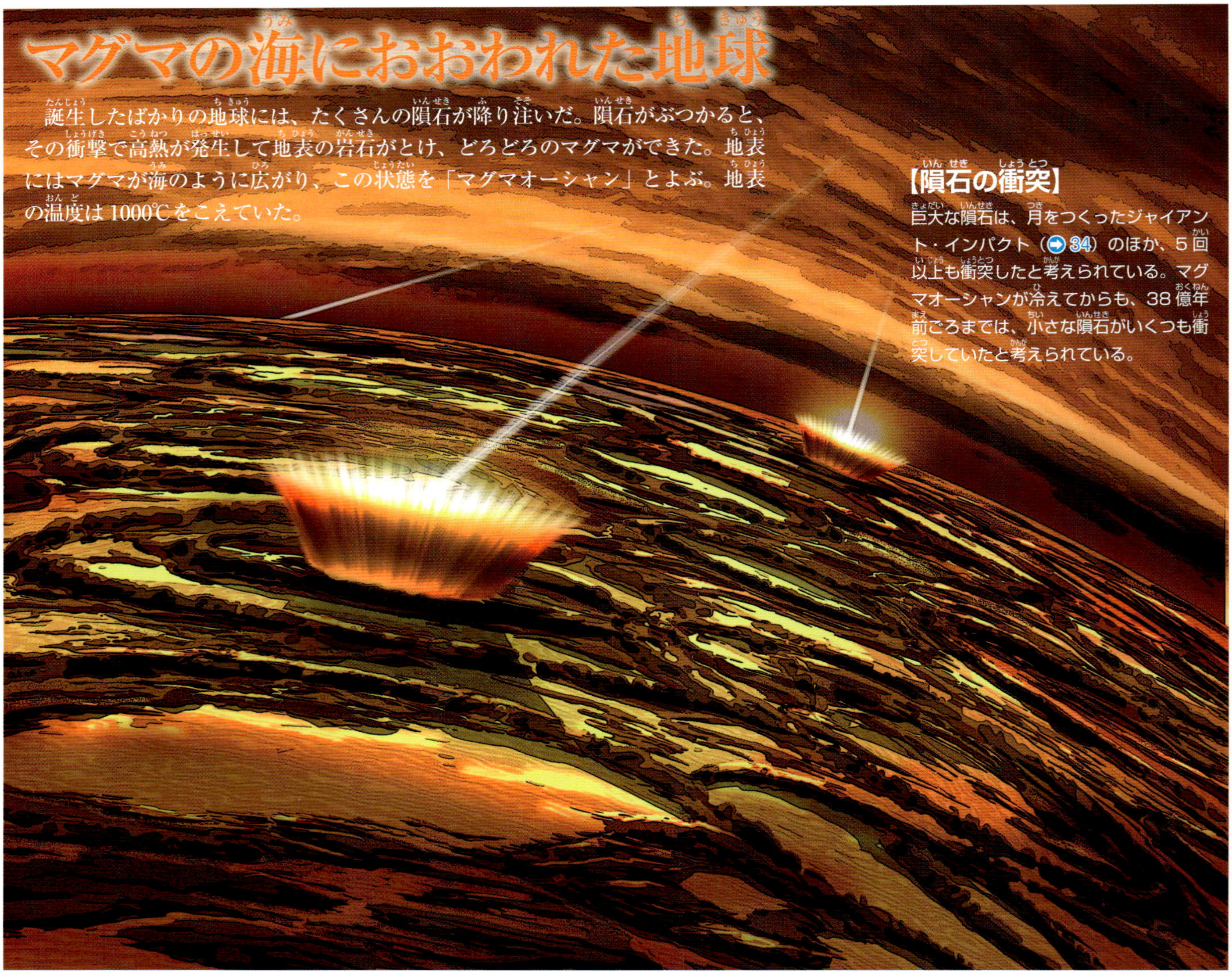

マグマの海《うみ》におおわれた地球《ちきゅう》

誕生《たんじょう》したばかりの地球《ちきゅう》には、たくさんの隕石《いんせき》が降《ふ》り注《そそ》いだ。隕石《いんせき》がぶつかると、その衝撃《しょうげき》で高熱《こうねつ》が発生《はっせい》して地表《ちひょう》の岩石《がんせき》がとけ、どろどろのマグマができた。地表《ちひょう》にはマグマが海《うみ》のように広《ひろ》がり、この状態《じょうたい》を「マグマオーシャン」とよぶ。地表《ちひょう》の温度《おんど》は1000℃をこえていた。

【隕石《いんせき》の衝突《しょうとつ》】
巨大《きょだい》な隕石《いんせき》は、月《つき》をつくったジャイアント・インパクト（➡34）のほか、5回《かい》以上《いじょう》も衝突《しょうとつ》したと考《かんが》えられている。マグマオーシャンが冷《ひ》えてからも、38億年《おくねん》前《まえ》ごろまでは、小《ちい》さな隕石《いんせき》がいくつも衝《しょう》突《とつ》していたと考《かんが》えられている。

！地球《ちきゅう》の核《かく》がつくられた

マグマオーシャンのころの地球《ちきゅう》は、内部《ないぶ》もどろどろにとけていて、1万《まん》℃をこえていたと考《かんが》えられている。岩石《がんせき》にふくまれていた重《おも》い鉄《てつ》などの金《きん》属《ぞく》は地下《ちか》へとしずみ、中《ちゅう》心《しん》に集《あつ》まって核《かく》となった。

このとき、核《かく》やマントル（➡22）のもととなるものが固《かた》まっていき、地球内部《ちきゅうないぶ》のおおよその構造《こうぞう》が決《き》まっていったようだ。

隕石《いんせき》が水《みず》を運《はこ》んだ

地球《ちきゅう》にはほとんど水分《すいぶん》がなかったが、隕石《いんせき》に氷《こおり》や水《みず》がふくまれていて、それが水《みず》のもととなったと考《かんが》えられている。隕石《いんせき》が運《はこ》んだ水《みず》は、マグマオーシャンで蒸発《じょうはつ》したり、マグマにとけて地中《ちちゅう》に入《はい》っていったりした。

地球《ちきゅう》に降《ふ》り注《そそ》いだたくさんの隕石《いんせき》は、火星《かせい》と木星《もくせい》の間《あいだ》にある小惑星帯《しょうわくせいたい》にあったもので、多《おお》くの氷《こおり》をふくんでいたとされている。

『なぜ？どうして？うちゅうのお話《はなし》』: 学研《がっけん》マーケティング

【雲《くも》ができて雨《あめ》が降《ふ》る】

マグマオーシャンで蒸発《じょうはつ》した水《みず》は水《すい》蒸気《じょうき》になり、大気中《たいきちゅう》にあった。隕石《いんせき》の衝突《しょうとつ》が少《すく》なくなって地表《ちひょう》の温度《おんど》が低《ひく》くなると、水蒸気《すいじょうき》によって雲《くも》ができ、雨《あめ》が降《ふ》った。雨《あめ》が降《ふ》り始《はじ》めると地表《ちひょう》はますます冷《ひ》え、雲《くも》が増《ふ》えて大雨《おおあめ》が続《つづ》くようになった。この大雨《おおあめ》によって地表《ちひょう》の岩石《がんせき》が固《かた》まり、陸《りく》と海《うみ》ができあがった。

【月《つき》もマグマオーシャンだった】

マグマオーシャン説《せつ》は、もともと月《つき》から始《はじ》まったものだ。月《つき》の表面《ひょうめん》は、マグマによってできる斜長岩《しゃちょうがん》でおおわれているため、月《つき》ができたてのころは、マグマの海《うみ》だったという説《せつ》が出《で》てきた。その原因《げんいん》となったジャイアント・インパクトが、月《つき》だけでなく、地球《ちきゅう》もマグマの海《うみ》にしたと考《かんが》えられるようになったのだ。

NASA

アポロ15号《ごう》が持《も》ち帰《かえ》った「ジェネシス・ロック」とよばれる斜長岩《しゃちょうがん》。ほとんど針長石《しんちょうせき》でできている。

大量《たいりょう》の水《みず》は地下《ちか》にねむる

地球《ちきゅう》の水《みず》は海《うみ》だけでなく、マントルや核《かく》にもたくさんふくまれていると考《かんが》えられている。たとえば、マントルにはリングウッダイトという水《みず》を多《おお》くふくんでいる鉱物《こうぶつ》があり、地上《ちじょう》の海《うみ》をぜんぶ合《あ》わせたくらいの水《みず》があるといわれている。

Richard Siemnens, University of Alberta/PPS 通信

かんらん石《せき》が高圧《こうあつ》で固《かた》められたリングウッダイト。下部《かぶ》マントルと上部《じょうぶ》マントルの間《あいだ》にあるとされる。

金星《きんせい》は太陽《たいよう》に近《ちか》くて水《みず》を失《うしな》った

金星《きんせい》にも地球《ちきゅう》と同《おな》じようにたくさんの隕石《いんせき》が降《ふ》りそそいだと考《かんが》えられている。現在《げんざい》の金星《きんせい》に水《みず》がほとんど残《のこ》っていないのは、太陽《たいよう》に近《ちか》すぎたため、隕石《いんせき》が降《ふ》らなくなってからも、マグマオーシャンが冷《ひ》えにくかったからだ。そのあいだに水蒸気《すいじょうき》が宇宙空間《うちゅうくうかん》に飛《と》び散《ち》って、水《みず》を失《うしな》ってしまった。

地球《ちきゅう》は太陽《たいよう》とのきょりがちょうどよかった（➡28）ため、マグマオーシャンが冷《ひ》えて、水蒸気《すいじょうき》が水《みず》となり、海《うみ》をつくった。

マグマの中《なか》の二酸化炭素《にさんかたんそ》も大気《たいき》に放出《ほうしゅつ》され雨《あめ》にとけこんだため、できたての大気《たいき》や海《うみ》は二酸化炭素《にさんかたんそ》を多《おお》くふくんでいた。海《うみ》は強《つよ》い酸性《さんせい》だったという。

海底地形➡134　潮の満ち干➡172

地球《ちきゅう》に最初《さいしょ》の「生命《せいめい》」が生《う》まれた

生命《せいめい》の誕生《たんじょう》　地球上《ちきゅうじょう》に海《うみ》ができたため、生命《せいめい》が生存《せいぞん》できる環境《かんきょう》が整《ととの》ってきました。水《みず》やエネルギー、有機物《ゆうきぶつ》など、必要《ひつよう》なものもそろっていたと考《かんが》えられています。

生命《せいめい》は海底《かいてい》で生《う》まれた

生命《せいめい》は、さまざまな有機物《ゆうきぶつ》などが化学反応《かがくはんのう》を起《お》こして誕生《たんじょう》した。そのためには、強《つよ》いエネルギーが必要《ひつよう》になる。その場所《ばしょ》として最《もっと》も有力《ゆうりょく》だとされているのが、海底《かいてい》にある熱水噴出孔《ねっすいふんしゅつこう》だ。メタンや硫化水素《りゅうかすいそ》、アンモニアなどの生命《せいめい》のもととなるものがたくさんあり、高温《こうおん》であるため、化学反応《かがくはんのう》が起《お》こりやすいのではないかと考《かんが》えられている。

有機物《ゆうきぶつ》が、熱水噴出孔《ねっすいふんしゅつこう》の熱《ねつ》で化学反応《かがくはんのう》を起《お》こし、「生命《せいめい》」が生《う》まれた。
画像提供：JAMSTEC

【熱水噴出孔《ねっすいふんしゅつこう》】

マグマで熱《ねっ》せられた水《みず》がふき出《だ》している場所《ばしょ》にある。現在《げんざい》の地球《ちきゅう》にもあり、生命誕生《せいめいたんじょう》のかぎをにぎる場所《ばしょ》として、研究《けんきゅう》が進《すす》められている。熱水《ねっすい》は400℃以上《いじょう》もあり、このエネルギーが、生命《せいめい》を生《う》み出《だ》したと考《かんが》えられている。

海底《かいてい》で見《み》られる熱水噴出孔《ねっすいふんしゅつこう》。黒《くろ》いけむりは、硫化物《りゅうかぶつ》などをふくんでいる。また、熱水《ねっすい》にふくまれる金属《きんぞく》などが、固《かた》まってつつのようになっているので、えんとつという意味《いみ》の「チムニー」ともよばれる。

まだわからないことが多《おお》い 生命誕生《せいめいたんじょう》の瞬間《しゅんかん》

生命《せいめい》が生《う》まれた場所《ばしょ》は、熱水噴出《ねっすいふんしゅつ》孔説《こうせつ》のほか、深《ふか》い谷間《たにま》や、地下《ちか》という説《せつ》もある。正確《せいかく》に知《し》るのがとても難《むずか》しい理由《りゆう》は、当時《とうじ》の地表《ちひょう》がプレートの移動《いどう》（➡24）によって地中《ちちゅう》にもぐってしまい、そのときのようすを表《あらわ》すものがほとんど見《み》つかっていないからだ。

谷間《たにま》で生《う》まれた？

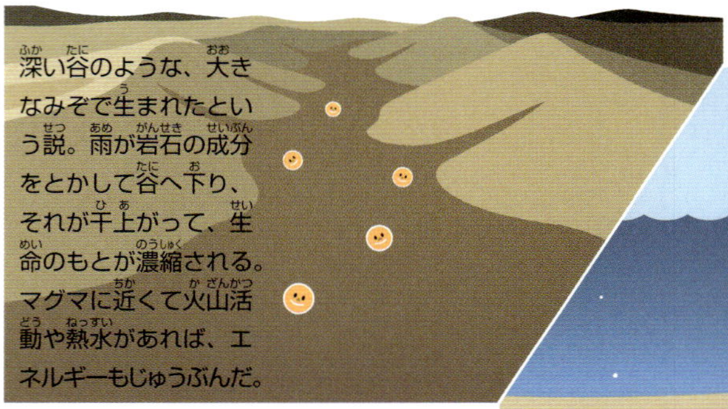

深《ふか》い谷《たに》のような、大《おお》きなみぞで生《う》まれたという説《せつ》。雨《あめ》が岩石《がんせき》の成分《せいぶん》をとかして谷《たに》へ下《お》り、それが干上《ひあ》がって、生命《せいめい》のもとが濃縮《のうしゅく》される。マグマに近《ちか》くて火山活動《かざんかつどう》や熱水《ねっすい》があれば、エネルギーもじゅうぶんだ。

どろの中《なか》で生《う》まれた？

海底《かいてい》のどろの中《なか》で生《う》まれたという説《せつ》。海《うみ》の中《なか》にある生命《せいめい》のもとがどろとなってまとまり、積《つ》み重《かさ》なって濃縮《のうしゅく》される。そして、海底《かいてい》はまだ熱《あつ》く、積《つ》み重《かさ》なることでさらに高温《こうおん》になり、エネルギーも得《え》られる。

『宇宙《うちゅう》と生命《せいめい》の起源《きげん》—ビッグバンから人類誕生《じんるいたんじょう》まで』: 岩波《いわなみ》ジュニア新書《しんしょ》

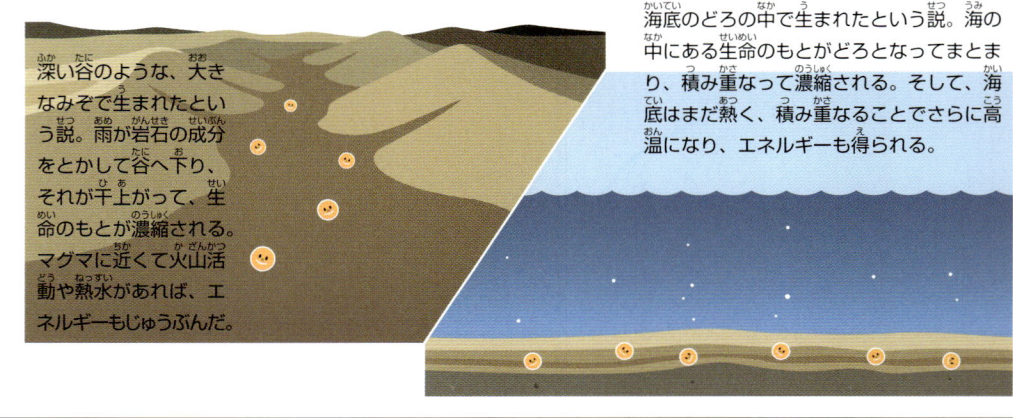

浅《あさ》い海《うみ》が生命《せいめい》をはぐくんだ？

海水《かいすい》がたえずかきまぜられている潮《しお》だまりのようなところで、生命《せいめい》が生《う》まれたという説《せつ》もある。海水《かいすい》の蒸発《じょうはつ》や、あわの作用《さよう》によって、生命《せいめい》のもとが濃縮《のうしゅく》されやすかったため、生命《せいめい》が生《う》まれ、発達《はったつ》しやすい環境《かんきょう》であったと考《かんが》えられている。

【潮《しお》の満《み》ち干《ひ》によって生命《せいめい》が生《う》まれた？】

当時《とうじ》、地球《ちきゅう》と月《つき》のきょりは近《ちか》く、現在《げんざい》の 360 倍《ばい》の大《おお》きさで月《つき》が見《み》えていたともいわれる。その引力《いんりょく》のため、火山活動《かざんかつどう》が活発《かっぱつ》になり潮《しお》の満《み》ち干《ひ》（➡172）も大《おお》きく、海《うみ》をかきまぜる力《ちから》も大《おお》きかったと考《かんが》えられている。

浅《あさ》い海《うみ》では、干潟《ひがた》のようになった部分《ぶぶん》もあり、生命《せいめい》のもとが濃縮《のうしゅく》されやすかった。

生命《せいめい》のもとはどこにあった？

生命《せいめい》のもととなるアミノ酸《さん》などの有機物《ゆうきぶつ》は、原始地球《げんしちきゅう》にはなかったと考《かんが》えられている。そのため、地球《ちきゅう》の大気《たいき》の中《なか》や地上《ちじょう》でつくられたという説《せつ》や、宇宙《うちゅう》からやってきたという説《せつ》など、どうやって地上《ちじょう》にもたらされたのか、研究《けんきゅう》が進《すす》められている。

宇宙《うちゅう》からきた？

隕石《いんせき》などによって、宇宙《うちゅう》から地球《ちきゅう》へと運《はこ》ばれたという説《せつ》。隕石《いんせき》などには有機物《ゆうきぶつ》がふくまれているので、これが生命《せいめい》のもとになったという考《かんが》えだ。

地球《ちきゅう》でできた？

地球《ちきゅう》にもともとあった無機物《むきぶつ》（➡20）が、熱《ねつ》などのエネルギーによって、化学反応《かがくはんのう》をくりかえして、かんたんなアミノ酸《さん》などの有機物《ゆうきぶつ》をつくったという考《かんが》え。

現在見《げんざいみ》つかっている地球最古《ちきゅうさいこ》の生命《せいめい》は 38 億年前《おくねんまえ》のもの。バクテリア（細菌《さいきん》）の活動《かつどう》のあとと考《かんが》えられる炭素《たんそ》が、38 億年前《おくねんまえ》の岩石《がんせき》から発見《はっけん》された。

太陽のエネルギー➡20　地磁気➡26

地球《ちきゅう》の大気《たいき》に酸素《さんそ》ができた

シアノバクテリア

磁場《じば》が有害《ゆうがい》な太陽風《たいようふう》をさえぎると、生物《せいぶつ》は浅《あさ》い海《うみ》で暮《く》らし始《はじ》めます。すると、そのなかに光《ひかり》のエネルギーを利用《りよう》して酸素《さんそ》を生《う》み出《だ》す生物《せいぶつ》が誕生《たんじょう》しました。

海《うみ》の中《なか》で酸素《さんそ》がつくられる

写真《しゃしん》の岩《いわ》のようなものはストロマトライトという石《いし》で、シアノバクテリアというかんたんなしくみの生物《せいぶつ》（原核生物《げんかくせいぶつ》➡44）がつくったものだ。シアノバクテリアは24億年前《おくねんまえ》に誕生《たんじょう》したといわれ、はじめて地球上《ちきゅうじょう》に酸素《さんそ》をつくった生物《せいぶつ》だと考《かんが》えられている。今《いま》でも生《い》き残《のこ》っていて、どうやって誕《たん》生《じょう》したのかなど、24億年前《おくねんまえ》の生物《せいぶつ》につながるかぎとして、研究《けんきゅう》が進《すす》められている。

●シャーク湾《わん》（オーストラリア）のストロマトライト
水深《すいしん》が1mほどの波《なみ》がおだやかな海岸《かいがん》に、丸《まる》い石《いし》のようなストロマトライトが数多《かずおお》く並《なら》ぶ。シャーク湾《わん》は世界遺産《せかいいさん》（自然遺《しぜんい》産《さん》）にも登録《とうろく》されている。

【今《いま》もストロマトライトが成長《せいちょう》している場所《ばしょ》】

ストロマトライトをつくっているシアノバクテリアは、原《げん》生代《せいだい》の後期《こうき》に誕生《たんじょう》した生物《せいぶつ》に食《た》べられるようになり、次第《しだい》に数《かず》を減《へ》らしていった。現在《げんざい》でも成長《せいちょう》している姿《すがた》が多《おお》く見《み》られる場所《ばしょ》は、世界《せかい》でも５か所《しょ》だけだ。シャーク湾《わん》の場合《ばあい》は、塩分《えんぶん》が２倍《ばい》のこさの海水《かいすい》で、ほかの生物《せいぶつ》が少《すく》ないため、生存《せいぞん》しやすかったといわれている。

アメリカのグリーン湖《こ》
メキシコのクアトロ・シエネガス
バハマのリーストッキング島《とう》
オーストラリアのシャーク湾周辺《わんしゅうへん》
オーストラリアのクローン・ラグーン

化石《かせき》になったストロマトライトは、各地《かくち》で発見《はっけん》されている。写真《しゃしん》はカナダで発見《はっけん》されたもので、24億年前《おくねんまえ》には世界中《せかいじゅう》の浅《あさ》い海《うみ》に存在《そんざい》していたと考《かんが》えられている。

『ずかん細菌《さいきん》　見《み》ながら学習調《がくしゅうしら》べてなっとく』: 技術評論社《ぎじゅつひょうろんしゃ》

ストロマトライトができるしくみ

シアノバクテリアは、ねばねばした液《えき》を出《だ》していて、それに砂《すな》やどろがくっついて積《つ》もっていく。しかし、シアノバクテリアは光合成《こうごうせい》（➡20）をする生物《せいぶつ》なので、光《ひかり》を求《もと》めて、砂《すな》やどろの上《うえ》に体《からだ》をのばしていく。こうしてできた砂《すな》やどろの層《そう》は、1年《ねん》に0.4mmほどの厚《あつ》さにしか成長《せいちょう》しないが、長《なが》い年月《ねんげつ》をかけて、岩《いわ》のように大《おお》きくなったのだ。

酸素《さんそ》
シアノバクテリア
砂《すな》やどろの層《そう》
（ストロマトライト）
❶昼《ひる》、シアノバクテリアは光《ひかり》に向《む》かって成長《せいちょう》する。光《ひかり》のエネルギーと二酸化炭素《にさんかたんそ》を使《つか》って、光合成《こうごうせい》で酸素《さんそ》をつくる。

❷夜《よる》は活動《かつどう》しない。シアノバクテリアのねばねばした体《からだ》には、砂《すな》やどろがついていく。

新《あたら》しくできた層《そう》
古《ふる》い層《そう》
❸次《つぎ》の日《ひ》の昼《ひる》、固《かた》まった砂《すな》やどろの上《うえ》で、光《ひかり》に向《む》かって成長《せいちょう》する。こうして少《すこ》しずつ、年輪《ねんりん》のような砂《すな》やどろの層《そう》ができる。

❹砂《すな》やどろの層《そう》と、シアノバクテリアの死《し》がいが何重《なんじゅう》にもなって、高《たか》さ30cm、直径《ちょっけい》20cmのかたまりをつくるのに、1000～2000年《ねん》かかると考《かんが》えられている。

浅《あさ》い海《うみ》に進出《しんしゅつ》する生物《せいぶつ》

それまで生物《せいぶつ》は深《ふか》い海《うみ》の中《なか》などで暮《く》らしていたが、磁場《じば》が有害《ゆうがい》な太陽風《たいようふう》を防《ふせ》ぐようになると、浅《あさ》い海《うみ》でも生《い》きられるようになった。こうして光《ひかり》が届《とど》く浅《あさ》い海《うみ》へ生物《せいぶつ》が進出《しんしゅつ》していった結果《けっか》、光合成《こうごうせい》をするシアノバクテリアが誕生《たんじょう》したと考《かんが》えられている。

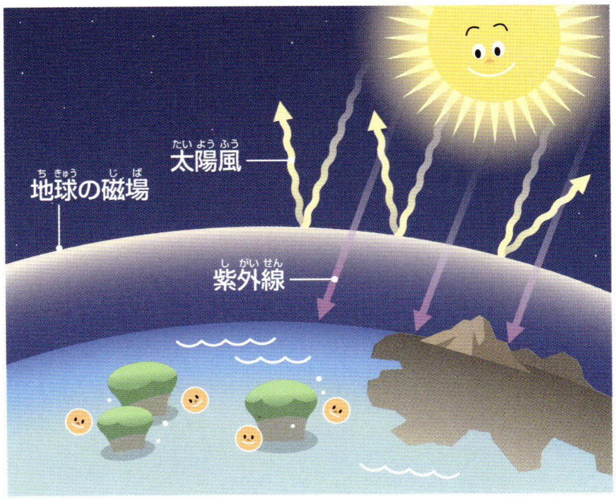
太陽風《たいようふう》
地球《ちきゅう》の磁場《じば》
紫外線《しがいせん》

太陽風《たいようふう》のほかに、生物《せいぶつ》にとって有害《ゆうがい》な紫外線《しがいせん》は、まだ地上《ちじょう》まで届《とど》いていた。紫外線《しがいせん》を防《ふせ》いでくれるオゾン層《そう》（➡62、164）ができるまでは、浅《あさ》い海《うみ》の底《そこ》で暮《く》らしていたと考《かんが》えられている。オゾン層《そう》は、シアノバクテリアがつくる酸素《さんそ》によって、だんだんとつくられていった。

【はじめて光合成《こうごうせい》をしたシアノバクテリア】

シアノバクテリアは、光合成《こうごうせい》をする生物《せいぶつ》のなかで、最《もっと》もかんたんなつくりをしているため、はじめて光合成《こうごうせい》をした生物《せいぶつ》だったと考《かんが》えられている。また、24億年前《おくねんまえ》の岩《いわ》からシアノバクテリアが見《み》つかり、さらに酸素《さんそ》が急増《きゅうぞう》した証拠《しょうこ》となる23億年前《おくねんまえ》の地層《ちそう》が発見《はっけん》されている。

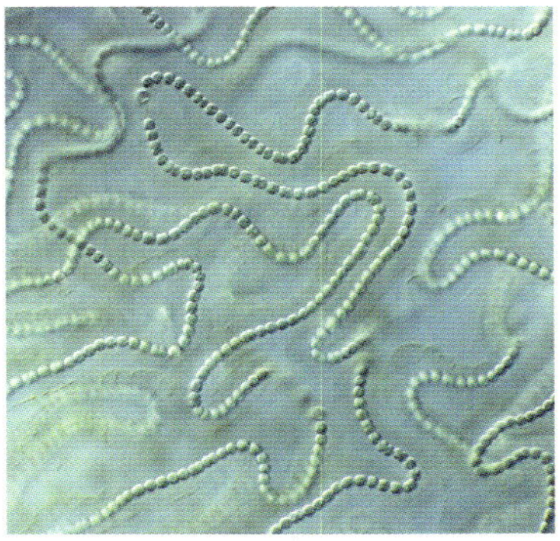
シアノバクテリアの一種《いっしゅ》。じゅずのように細《ほそ》くつながった形《かたち》をしているが、ほかにも細長《ほそなが》い形《かたち》をしたものや、丸《まる》いものなど、いろいろな種類《しゅるい》がある。

昔《むかし》の地球《ちきゅう》は1年《ねん》が435日《にち》だった?

シアノバクテリアは昼《ひる》に光合成《こうごうせい》をして、夜《よる》は砂《すな》やどろを固《かた》める。そのため、砂《すな》やどろの1つの層《そう》は1日《にち》を表《あらわ》している。また、太陽《たいよう》の角度《かくど》は季節《きせつ》によって変《か》わるため、夏《なつ》と冬《ふゆ》とでは、ストロマトライトの成長《せいちょう》する部分《ぶぶん》が異《こと》なる。

ストロマトライトの化石《かせき》の断面《だんめん》のしま模様《もよう》を調《しら》べて、1年《ねん》の周期《しゅうき》を計算《けいさん》してみた。すると、8億《おく》5000万年前《まんねんまえ》のストロマトライトの化石《かせき》から、1年《ねん》が435日《にち》だったことがわかった。

ストロマトライトの化石《かせき》の断面《だんめん》。砂《すな》やどろでできた、しま模様《もよう》がたくさんある。

ストロマトライトは、その成分《せいぶん》から石灰岩《せっかいがん》の一種《いっしゅ》に分類《ぶんるい》されている。

オスとメス➡46　真核生物➡50

最《もっと》も小《ちい》さな命《いのち》「細《さい》胞《ぼう》」が生《せい》物《ぶつ》をつくる

生物《せいぶつ》の基本《きほん》になる単位《たんい》が細胞《さいぼう》です。最初《さいしょ》の生命《せいめい》は１個《こ》のかんたんな細胞《さいぼう》だけでできていましたが、複雑《ふくざつ》な構造《こうぞう》になり、多《おお》くの細胞《さいぼう》が集《あつ》まって、ひとつの生物《せいぶつ》がつくられるようになります。

生《せい》物《ぶつ》によって細《さい》胞《ぼう》の数《かず》はちがう

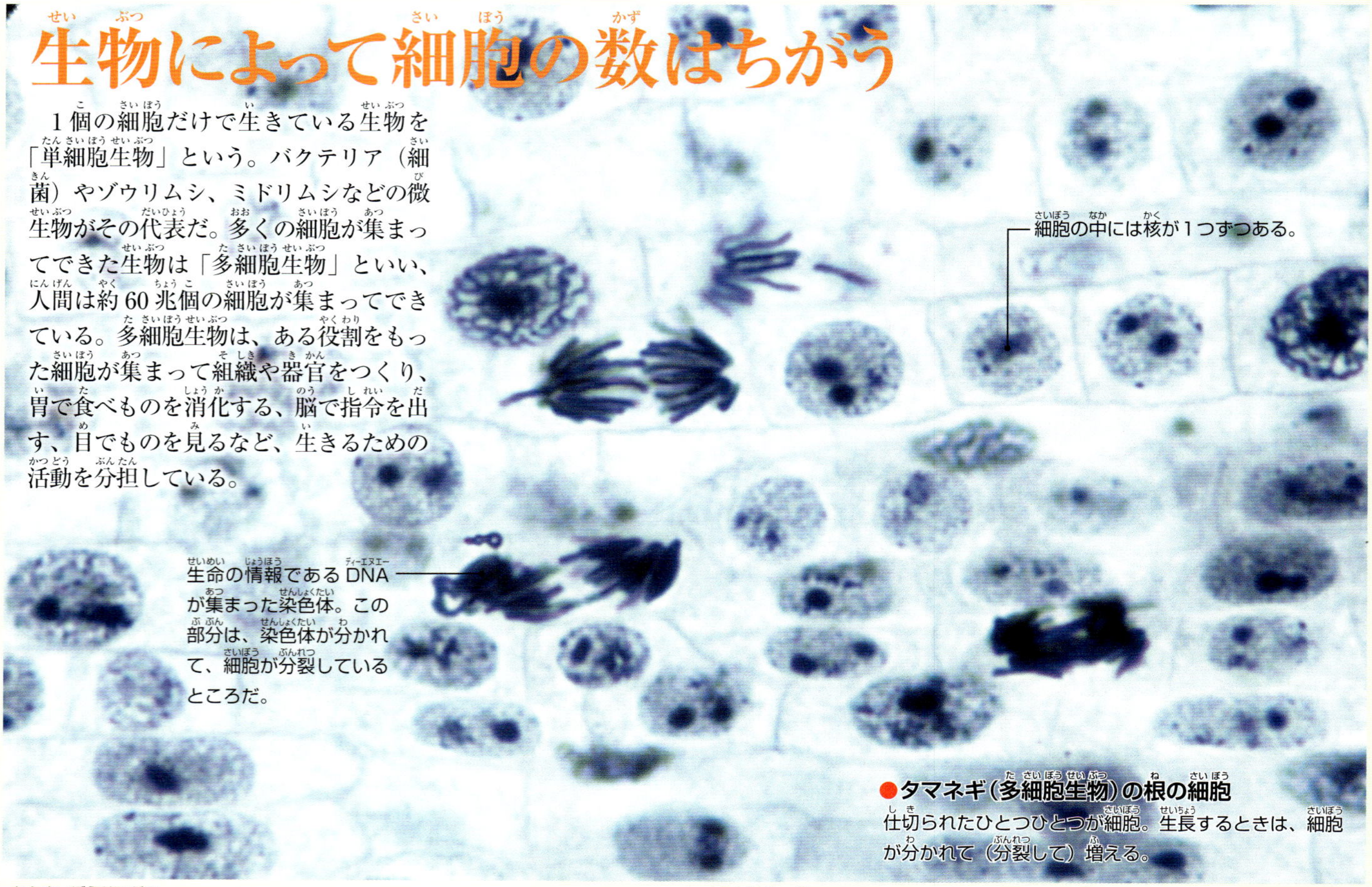

細胞《さいぼう》の中《なか》には核《かく》が１つずつある。
生命《せいめい》の情報《じょうほう》であるDNA《ディーエヌエー》が集《あつ》まった染色体《せんしょくたい》。この部分《ぶぶん》は、染色体《せんしょくたい》が分《わ》かれて、細胞《さいぼう》が分裂《ぶんれつ》しているところだ。

１個《こ》の細胞《さいぼう》だけで生《い》きている生物《せいぶつ》を「単細胞生物《たんさいぼうせいぶつ》」という。バクテリア（細《さい》菌《きん》）やゾウリムシ、ミドリムシなどの微《び》生物《せいぶつ》がその代表《だいひょう》だ。多《おお》くの細胞《さいぼう》が集《あつ》まってできた生物《せいぶつ》は「多細胞生物《たさいぼうせいぶつ》」といい、人間《にんげん》は約《やく》60兆個《ちょうこ》の細胞《さいぼう》が集《あつ》まってできている。多細胞生物《たさいぼうせいぶつ》は、ある役割《やくわり》をもった細胞《さいぼう》が集《あつ》まって組織《そしき》や器官《きかん》をつくり、胃《い》で食《た》べものを消化《しょうか》する、脳《のう》で指令《しれい》を出《だ》す、目《め》でものを見《み》るなど、生《い》きるための活動《かつどう》を分担《ぶんたん》している。

●タマネギ（多細胞生物《たさいぼうせいぶつ》）の根《ね》の細胞《さいぼう》
仕切《しき》られたひとつひとつが細胞《さいぼう》。生長《せいちょう》するときは、細胞《さいぼう》が分《わ》かれて（分裂《ぶんれつ》して）増《ふ》える。

【単細胞生物《たんさいぼうせいぶつ》】

非常《ひじょう》に小《ちい》さく、原始的《げんしてき》な生物《せいぶつ》が多《おお》い。エネルギーをつくったり、食《た》べものを消化《しょうか》したりするなど、生《い》きるためのすべての活動《かつどう》を１個《こ》の細胞《さいぼう》で行《おこな》っている。

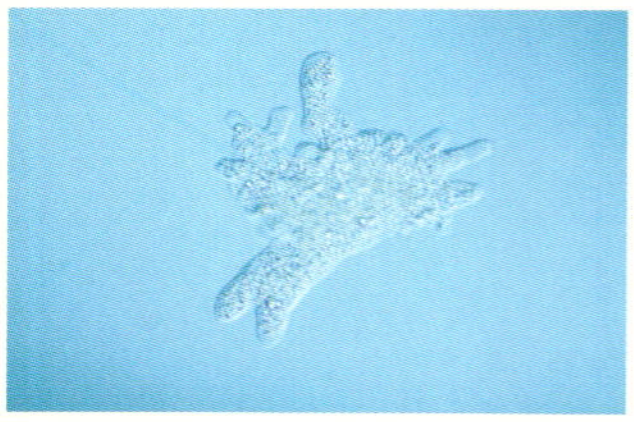

●アメーバ
外側《そとがわ》の膜《まく》（細胞膜《さいぼうまく》）をのばしたり縮《ちぢ》めたりして移動《いどう》する動物《どうぶつ》。0.01～0.1mmの大《おお》きさ。

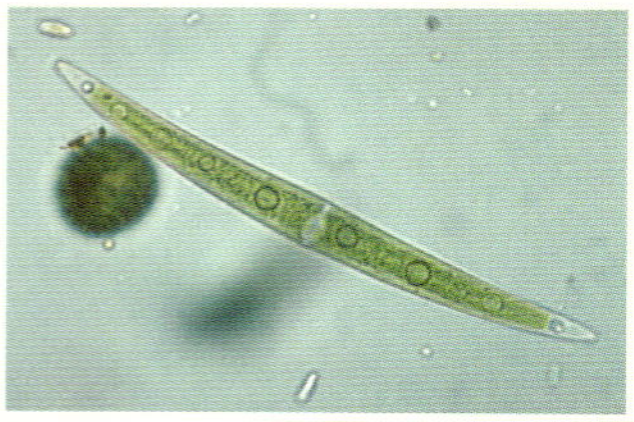

●ミカヅキモ
0.01～0.1mmの大《おお》きさの植物《しょくぶつ》。

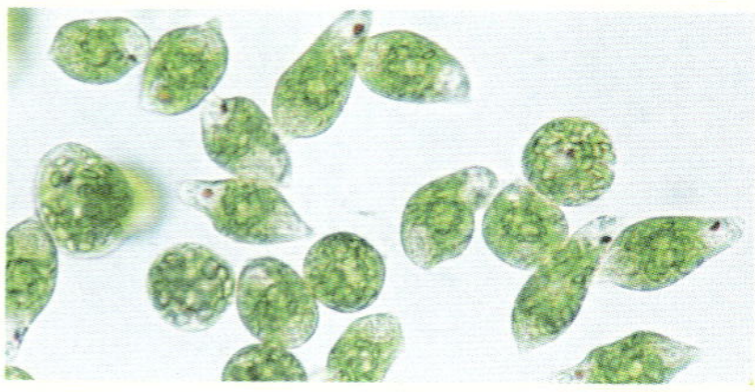

●ミドリムシ
光合成《こうごうせい》（➡20）をし、べん毛《もう》という毛《け》で、泳《およ》ぎ回《まわ》ることもできる。0.1mmくらいの大《おお》きさ。

【多細胞生物《たさいぼうせいぶつ》】

多細胞生物《たさいぼうせいぶつ》の体《からだ》を顕微鏡《けんびきょう》などで拡大《かくだい》してみると、小《ちい》さな細胞《さいぼう》が集《あつ》まってできていることがよくわかる。たくさんの細胞《さいぼう》でできているので、単細胞生物《たんさいぼうせいぶつ》より体《からだ》を大《おお》きくすることができた。

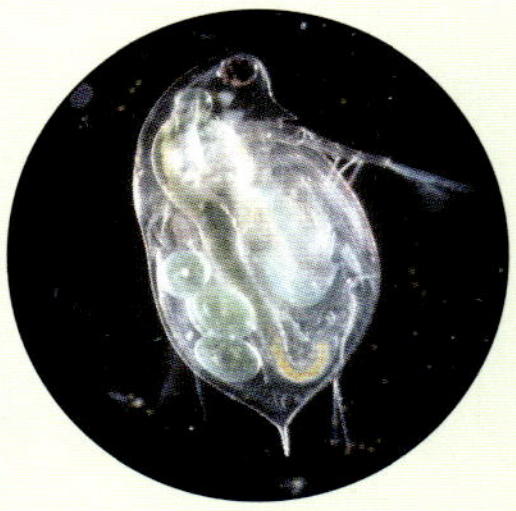

●ミジンコ
1～3mmくらいの大《おお》きさだが、100万個以上《まんこいじょう》の細《さい》胞《ぼう》でできていて、うでや触角《しょっかく》、口《くち》などがある。カニやエビなどのなかま。

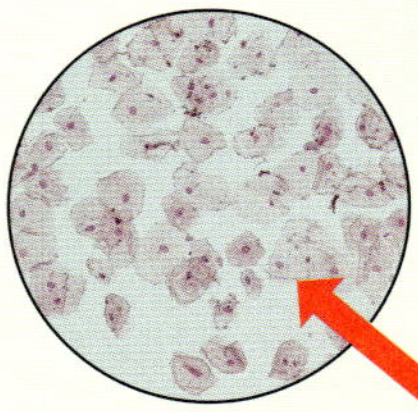

●ヒトのほお
ほおの内側《うちがわ》（口《くち》の中《なか》）の粘膜《ねんまく》を、顕微鏡《けんびきょう》で拡大《かくだい》したもの。赤《あか》い色《いろ》がついているものは、細胞《さいぼう》に１つずつある「核《かく》」だ。

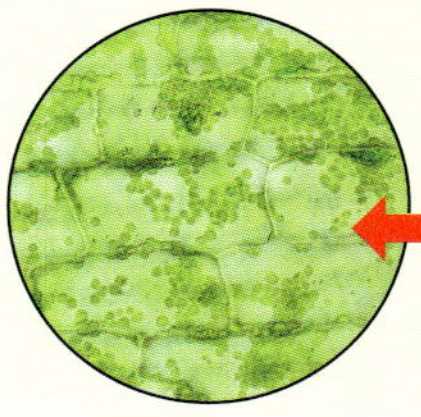

●オオカナダモの葉《は》
最大《さいだい》1mくらいになる水草《みずくさ》。葉《は》を顕微鏡《けんびきょう》で拡大《かくだい》してみると、葉緑体《ようりょくたい》という小《ちい》さいつぶがたくさんあるのがわかる。

『子供《こども》の科学《かがく》★サイエンスブックス　からだの不思議《ふしぎ》　～ヒトのからだを探検《たんけん》しよう～』: 誠文堂新光社《せいぶんどうしんこうしゃ》

細胞《さいぼう》のつくりもちがう

細胞《さいぼう》は、DNA《ディーエヌエー》（生命《せいめい》の情報《じょうほう》が記録《きろく》されている物質《ぶっしつ》）がむき出《だ》しで入《はい》っている「原核細胞《げんかくさいぼう》」と、DNA《ディーエヌエー》が核《かく》の中《なか》に収《おさ》められた「真核細胞《しんかくさいぼう》」に分《わ》けられる。

【原核細胞《げんかくさいぼう》】

細胞《さいぼう》の中《なか》にDNA《ディーエヌエー》がひとかたまりで入《はい》っている、最《もっと》も原始的《げんしてき》な細胞《さいぼう》。シアノバクテリアや大腸菌《だいちょうきん》、乳酸菌《にゅうさんきん》などは原核細胞《げんかくさいぼう》でできていて、「原核生物《げんかくせいぶつ》」ともいう。大《おお》きさは1000分《ぶん》の1mmくらいしかない。

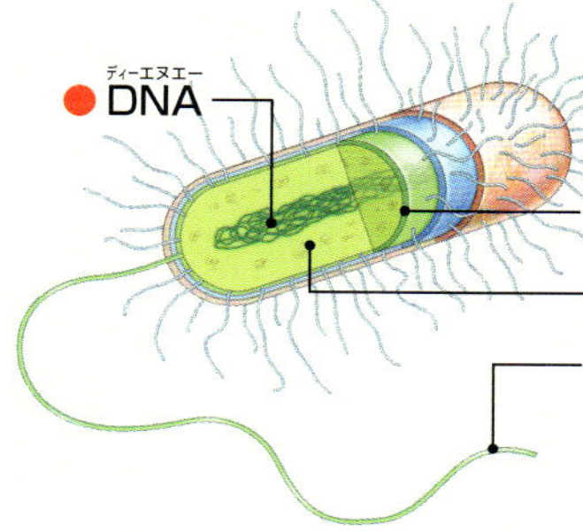
●DNA《ディーエヌエー》
●細胞膜《さいぼうまく》
●細胞質《さいぼうしつ》
●べん毛《もう》
これを使《つか》って動《うご》く。

【真核細胞《しんかくさいぼう》】

DNA《ディーエヌエー》が核膜《かくまく》の中《なか》に入《はい》っていて、ミトコンドリアや葉緑体《ようりょくたい》などもある。複雑《ふくざつ》なつくりになっている。大《おお》きさは100分の1mmくらいで、原核細胞《げんかくさいぼう》よりも大《おお》きい。ほとんどの動物《どうぶつ》や植物《しょくぶつ》が、真核細胞《しんかくさいぼう》でできていて、「真核生物《しんかくせいぶつ》」ともいう。

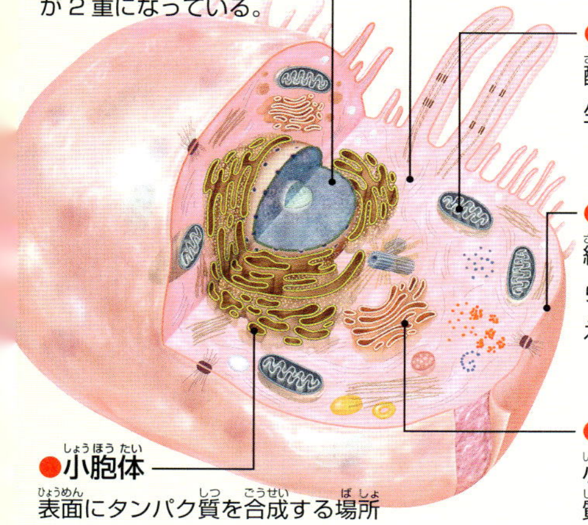
●核《かく》
細胞《さいぼう》の中《なか》に1つずつあり、DNA《ディーエヌエー》が入《はい》っている。膜《まく》が2重《じゅう》になっている。
●細胞質基質《さいぼうしつきしつ》
細胞《さいぼう》の中《なか》を満《み》たしている液体《えきたい》。
●ミトコンドリア
酸素《さんそ》を使《つか》ってエネルギーを生《う》み出《だ》している。
●細胞膜《さいぼうまく》
細胞《さいぼう》を包《つつ》むうすい膜《まく》。やわらかいので、自由《じゆう》に形《かたち》を変《か》えることができる。
●小胞体《しょうほうたい》
表面《ひょうめん》にタンパク質《しつ》を合成《ごうせい》する場所《ばしょ》であるリボソームがついている。
●ゴルジ体《たい》
小胞体《しょうほうたい》で合成《ごうせい》したタンパク質《しつ》を加工《かこう》したり、送《おく》り先《さき》を決《き》めたりする。

〈動物《どうぶつ》の体《からだ》をつくる細胞《さいぼう》（動物細胞《どうぶつさいぼう》）〉

光合成《こうごうせい》を行《おこな》うための葉緑体《ようりょくたい》がなく、自分《じぶん》で炭水化物《たんすいかぶつ》をつくることができない。外側《そとがわ》に、かたい細胞壁《さいぼうへき》もない。

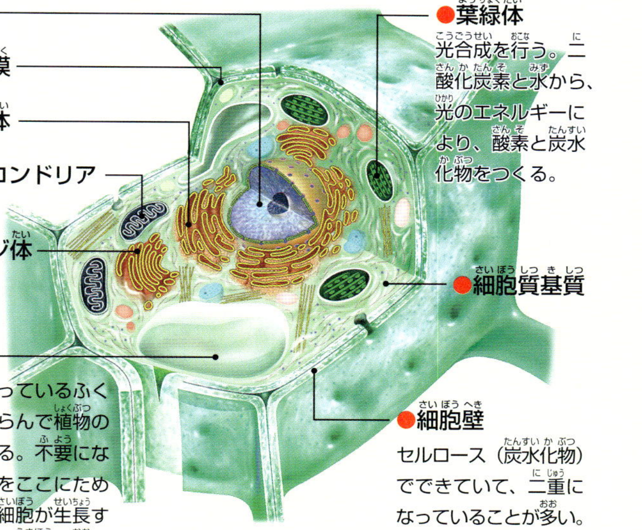
●核《かく》
●細胞膜《さいぼうまく》
●小胞体《しょうほうたい》
●ミトコンドリア
●ゴルジ体《たい》
●液胞《えきほう》
液体《えきたい》が入《はい》っているふくろ。ふくらんで植物《しょくぶつ》の体《からだ》を支《ささ》える。不要《ふよう》になったものをここにためるため、細胞《さいぼう》が生長《せいちょう》するにつれ、液胞《えきほう》は大《おお》きくふくらむ。
●葉緑体《ようりょくたい》
光合成《こうごうせい》を行《おこな》う。二《に》酸化炭素《さんかたんそ》と水《みず》から、光《ひかり》のエネルギーにより、酸素《さんそ》と炭水《たんすい》化物《かぶつ》をつくる。
●細胞質基質《さいぼうしつきしつ》
●細胞壁《さいぼうへき》
セルロース（炭水化物《たんすいかぶつ》）でできていて、二重《にじゅう》になっていることが多《おお》い。かたくてじょうぶなので、植物《しょくぶつ》の体《からだ》を支《ささ》える。

〈植物《しょくぶつ》の体《からだ》をつくる細胞《さいぼう》（植物細胞《しょくぶつさいぼう》）〉

植物《しょくぶつ》には骨《ほね》がないため、細胞壁《さいぼうへき》や液胞《えきほう》で体《からだ》を支《ささ》えている。葉緑体《ようりょくたい》で光《こう》合成《ごうせい》を行《おこな》うため、光《ひかり》がよく当《あ》たるように、細胞《さいぼう》1個《こ》ずつが大《おお》きい。

生命《せいめい》の情報《じょうほう》の源《みなもと》 DNA《ディー エヌ エー》

DNA《ディーエヌエー》はデオキシリボ核酸《かくさん》の英語表記《えいごひょうき》の頭《かしら》文字《もじ》で、生物《せいぶつ》の遺伝情報《いでんじょうほう》が記録《きろく》されている物質《ぶっしつ》のことだ。植物《しょくぶつ》の場合《ばあい》だと、葉《は》の形《かたち》や色《いろ》、大《おお》きさなどの情報《じょうほう》が書《か》きこまれた設計図《せっけいず》のようなものだ。この設計図《せっけいず》がないと、生物《せいぶつ》の体《からだ》を形《かたち》づくることができないので、核《かく》の中《なか》で大事《だいじ》に守《まも》られている。核《かく》の中《なか》には染色体《せんしょくたい》があり、その折《お》りたたまれている部分《ぶぶん》をのばすと、細長《ほそなが》い糸《いと》のようなDNA《ディーエヌエー》が現《あらわ》れる。

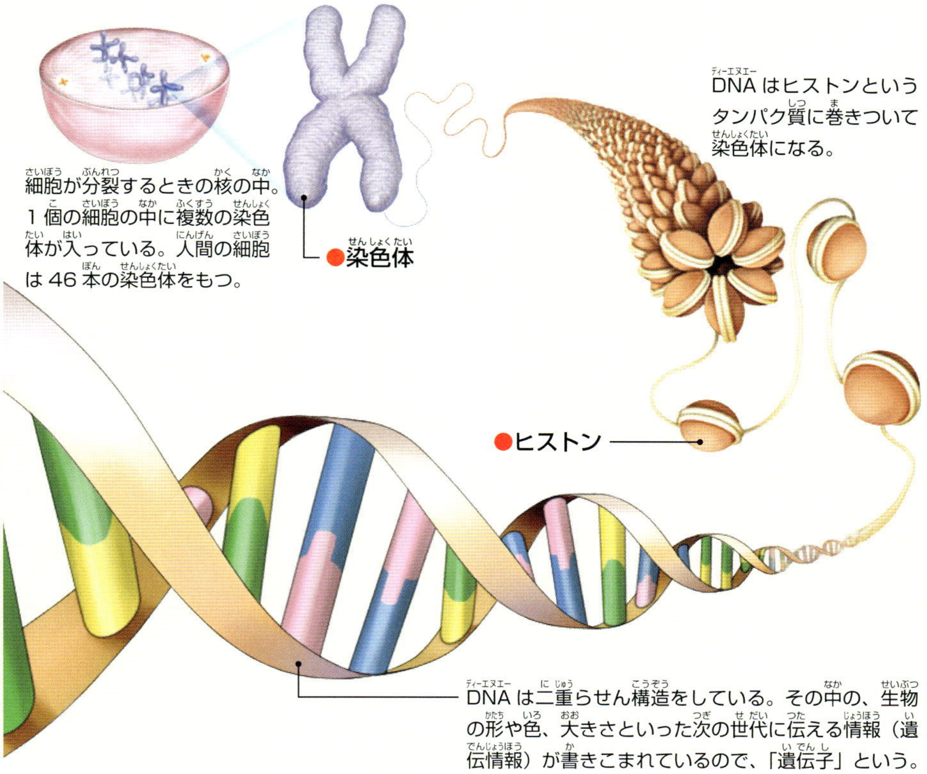
細胞《さいぼう》が分裂《ぶんれつ》するときの核《かく》の中《なか》。1個《こ》の細胞《さいぼう》の中《なか》に複数《ふくすう》の染色《せんしょく》体《たい》が入《はい》っている。人間《にんげん》の細胞《さいぼう》は46本《ぼん》の染色体《せんしょくたい》をもつ。
●染色体《せんしょくたい》
DNA《ディーエヌエー》はヒストンというタンパク質《しつ》に巻《ま》きついて染色体《せんしょくたい》になる。
●ヒストン
DNA《ディーエヌエー》は二重《にじゅう》らせん構造《こうぞう》をしている。その中《なか》の、生物《せいぶつ》の形《かたち》や色《いろ》、大《おお》きさといった次《つぎ》の世代《せだい》に伝《つた》える情報《じょうほう》（遺伝情報《いでんじょうほう》）が書《か》きこまれているので、「遺伝子《いでんし》」という。

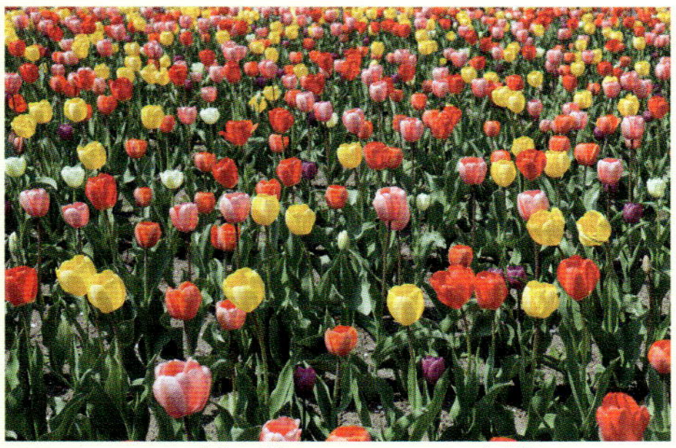
チューリップの花《はな》の色《いろ》がちがうのは、DNA《ディーエヌエー》に書《か》きこまれた「花《はな》の色《いろ》」の情報《じょうほう》が異《こと》なるからだ。

ミドリムシは単細胞生物《たんさいぼうせいぶつ》だが真核生物《しんかくせいぶつ》。葉緑体《ようりょくたい》をもつ植物《しょくぶつ》であり、食《た》べものからエネルギーを得《え》られる動物《どうぶつ》でもある。どちらなのか、まだ決《き》められていない。

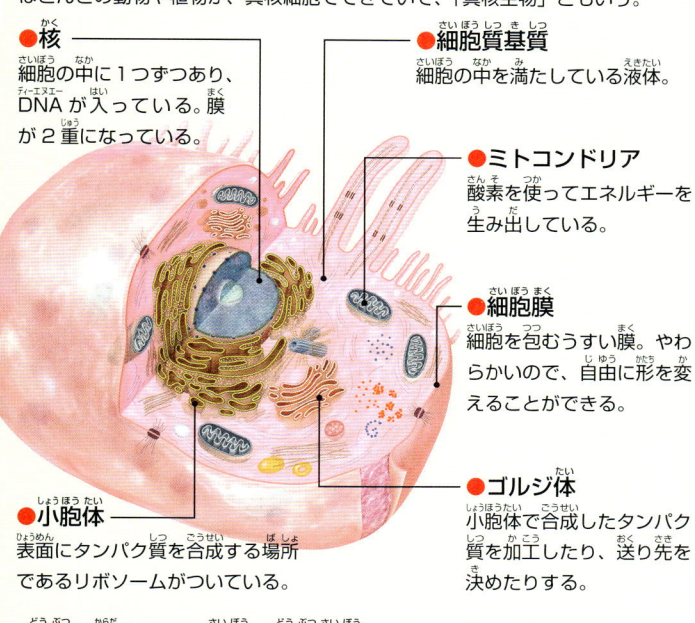

オスとメスで子孫《しそん》を残《のこ》すしくみ

単細胞生物《たんさいぼうせいぶつ》は、自分《じぶん》と同《おな》じものをつくって数《かず》を増《ふ》やしていきます。複雑《ふくざつ》な体《からだ》をもつようになった多細胞生物《たさいぼうせいぶつ》は、オスとメスという組《く》み合《あ》わせで子孫《しそん》を残《のこ》すようになりました。

さまざまに進化《しんか》していく方法《ほうほう》

動物《どうぶつ》のオスとメス、植物《しょくぶつ》のお花《ばな》とめ花《ばな》といった２種類《しゅるい》の性質《せいしつ》は「性《せい》」とよばれる。生物《せいぶつ》は性《せい》ができてから、自分《じぶん》とは少《すこ》しずつちがう形《かたち》や性質《せいしつ》の子孫《しそん》をつくり出《だ》せるようになった。

子《こ》ども
メス
オス

●ほ乳類《にゅうるい》
ライオンの親子《おやこ》。ほ乳類《にゅうるい》はメスが子《こ》を産《う》み、母乳《ぼにゅう》で育《そだ》てる。

メス
オス

●昆虫《こんちゅう》
カブトムシ。メスが卵《たまご》を産《う》み、ふ化《か》した幼虫《ようちゅう》がさなぎを経《へ》て、成虫《せいちゅう》になる。

メス
オス

●鳥類《ちょうるい》
オシドリ。メスが卵《たまご》を産《う》み、ひなが生《う》まれて、成鳥《せいちょう》になる。

めしべ
おしべ

●植物《しょくぶつ》
チューリップ。おしべに花粉《かふん》があり、めしべが受粉《じゅふん》することで、種子《しゅし》ができる。

精子《せいし》と卵子《らんし》が合体《がったい》して子《こ》が生《う》まれる

オスの精子《せいし》とメスの卵子《らんし》が合《あ》わさることで子《こ》ができる。これを受精《じゅせい》という。子《こ》はオスとメス両方《りょうほう》の親《おや》の性質《せいしつ》を受《う》けついでいるので、どちらかの親《おや》の完全《かんぜん》なコピーになることはないし、さまざまな性質《せいしつ》の子《こ》どもが生《う》まれる可能性《かのうせい》がある。

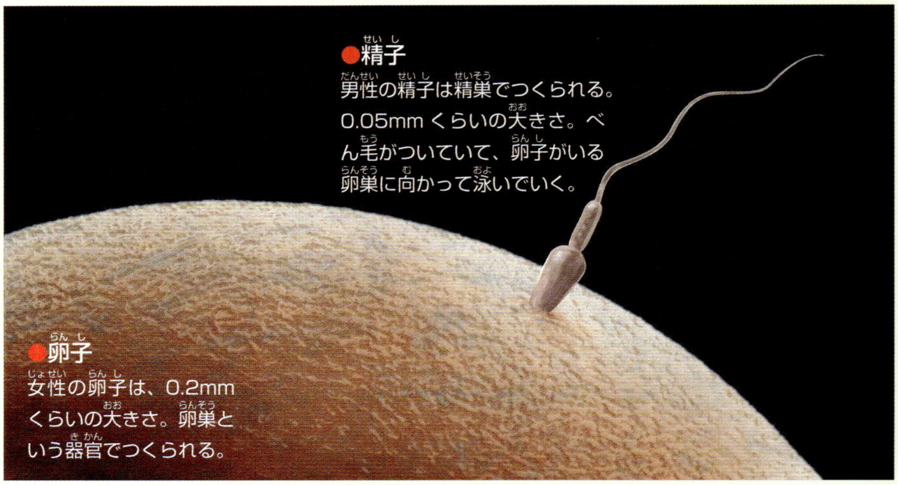

●精子《せいし》
男性《だんせい》の精子《せいし》は精巣《せいそう》でつくられる。0.05mm くらいの大《おお》きさ。べん毛《もう》がついていて、卵子《らんし》がいる卵巣《らんそう》に向《む》かって泳《およ》いでいく。

●卵子《らんし》
女性《じょせい》の卵子《らんし》は、0.2mm くらいの大《おお》きさ。卵巣《らんそう》という器官《きかん》でつくられる。

ヒトの受精《じゅせい》のイメージ図《ず》。卵子《らんし》１個《こ》に対《たい》して、受精《じゅせい》できる精子《せいし》は数億個《すうおくこ》のうち、基本的《きほんてき》に１つだけ。

『オスメスずかん　どっちがオス？どっちがメス？』: 学習研究社《がくしゅうけんきゅうしゃ》

精子《せいし》と卵子《らんし》の大《おお》きさがちがう理由《りゆう》

もし精子《せいし》と卵子《らんし》が両方《りょうほう》とも精子《せいし》のような形《かたち》だったら、ともに活発《かっぱつ》に動《うご》けるので、出会《であ》って受精《じゅせい》する確率《かくりつ》は高《たか》くなる。しかし、両方《りょうほう》とも小《ちい》さいと、栄養《えいよう》が少《すく》ないために成長《せいちょう》しづらい。逆《ぎゃく》に両方《りょうほう》とも卵子《らんし》のような形《かたち》だったら、栄養《えいよう》が豊富《ほうふ》なのでしっかり成長《せいちょう》できるが、出会《であ》う確率《かくりつ》が低《ひく》くなってしまう。精子《せいし》と卵子《らんし》の形《かたち》がちがっていると、それぞれの長所《ちょうしょ》を生《い》かし、短所《たんしょ》を補《おぎな》い合《あ》うことができるのだ。

ほとんどの生物《せいぶつ》で、精子《せいし》は活発《かっぱつ》に動《うご》ける姿《すがた》、卵子《らんし》は大《おお》きくてたくさん栄養《えいよう》をもった形《かたち》であることが多《おお》い。

オスとメスがあるから生《い》き残《のこ》れる

性《せい》がなく、親《おや》とまったく同《おな》じ性質《せいしつ》を受《う》けついで増《ふ》えた生物《せいぶつ》は、病気《びょうき》や環境《かんきょう》の変化《へんか》が体《からだ》に合《あ》わなくなったとき、一気《いっき》にほろびてしまう可能性《かのうせい》がある。一方《いっぽう》、2種類《しゅるい》の性《せい》の組《く》み合《あ》わせなら、さまざまな性質《せいしつ》の子《こ》ができる。同《おな》じ性質《せいしつ》の子《こ》がほとんど存在《そんざい》しないため、生《い》き残《のこ》る確率《かくりつ》が高《たか》くなる。

【無性生殖《むせいせいしょく》】

オスとメスの区別《くべつ》がなく、分裂《ぶんれつ》したりコピーをつくったりして、自分《じぶん》だけで子《こ》を増《ふ》やす方法《ほうほう》。同《おな》じ性質《せいしつ》の子《こ》ができる。

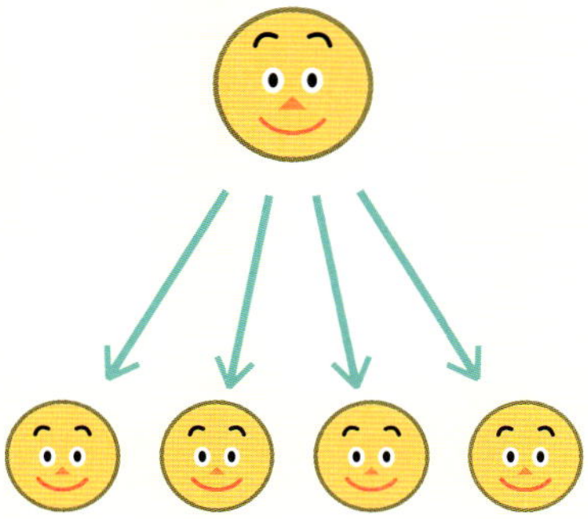

【有性生殖《ゆうせいせいしょく》】

オスとメスの区別《くべつ》があると、親《おや》から半分《はんぶん》ずつ性質《せいしつ》を受《う》けついだ子《こ》が生《う》まれるため、少《すこ》しずつちがった性質《せいしつ》の子《こ》ができる。

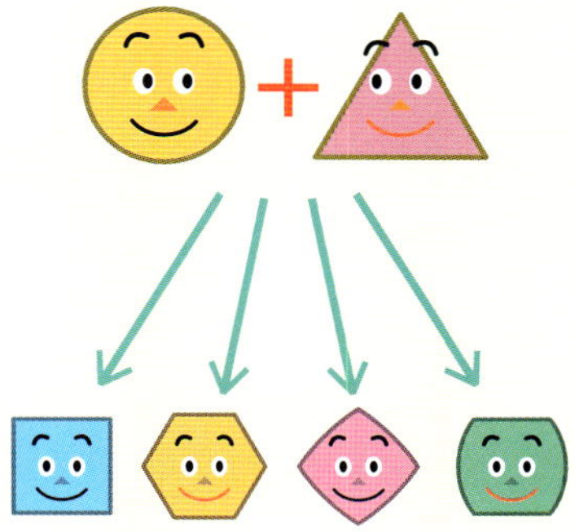

無《む》性《せい》生《せい》殖《しょく》の増《ふ》え方《かた》

最《もっと》も簡単《かんたん》に子《こ》をつくる方法《ほうほう》が、自分《じぶん》が2つに分《わ》かれる（分裂《ぶんれつ》する）方法《ほうほう》だ。相手《あいて》がいなくても子《こ》をつくることができる。分裂《ぶんれつ》と同《おな》じように、自分《じぶん》のコピーをつくって切《き》り出《だ》す方法《ほうほう》を出芽《しゅつが》という。有性生殖《ゆうせいせいしょく》とちがって、卵子《らんし》や精子《せいし》など、新《あら》たな細胞《さいぼう》をつくる必要《ひつよう》がないので、エネルギーをあまり使《つか》わないで、子孫《しそん》を増《ふ》やすことができる。

●分裂《ぶんれつ》

ゾウリムシやミドリムシ、アメーバなど、単細胞生物《たんさいぼうせいぶつ》でよく見《み》られる方法《ほうほう》。自分《じぶん》が2つに分裂《ぶんれつ》して、まったく同《おな》じ性質《せいしつ》の個体《こたい》がもう1つできる。

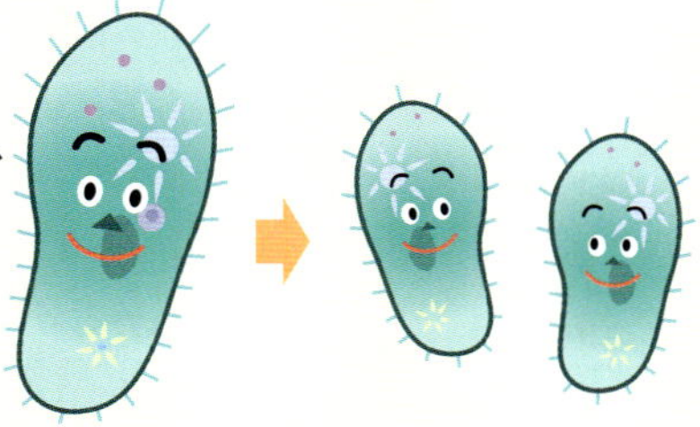

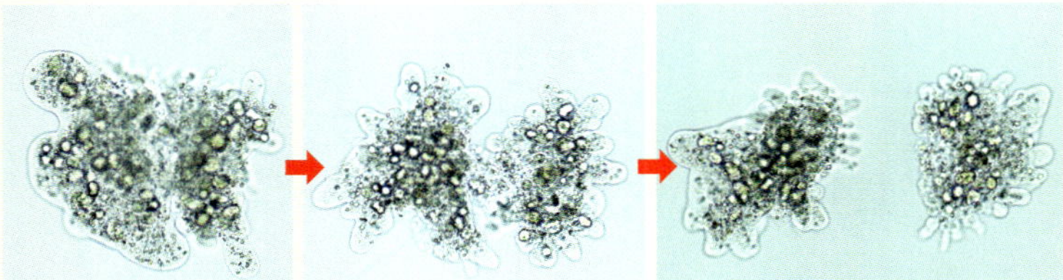

ちょうど真《ま》ん中《なか》あたりで分裂《ぶんれつ》していくアメーバ。

●出芽《しゅつが》

体《からだ》の一部《いちぶ》がふくらんで、自分《じぶん》の小《ちい》さなコピーをつくるため、まったく同《おな》じ性質《せいしつ》の子《こ》ができる。

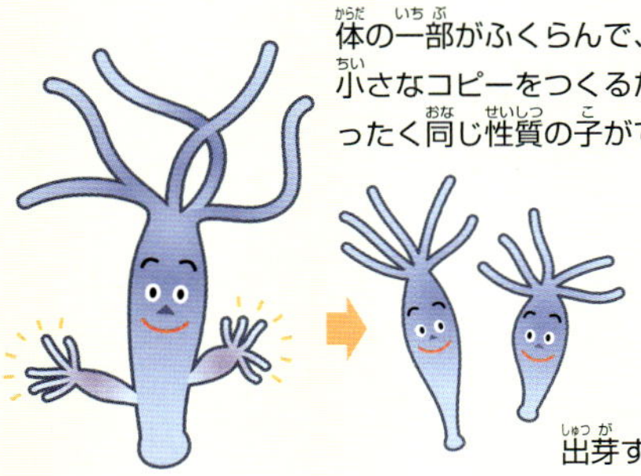

出芽《しゅつが》するヒドラ。

変《か》わった性《せい》をもつ生《い》きもの

環境《かんきょう》によってオスがメスになってしまったり、オスとメスの両方《りょうほう》の性質《せいしつ》をもつ生《い》きものもいる。変《か》わった性《せい》をもっているのは、より多《おお》くの子《こ》を残《のこ》すための工夫《くふう》だ。

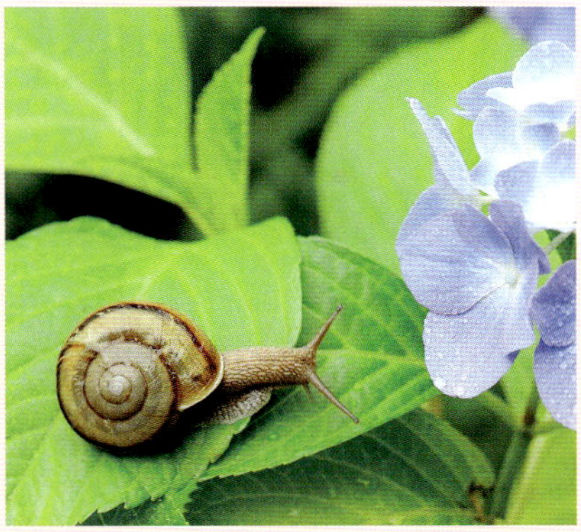

●カタツムリ

オスとメスの両方《りょうほう》の器官《きかん》をもち、卵子《らんし》も精子《せいし》もつくる。出会《であ》った相手《あいて》と精子《せいし》を交換《こうかん》する。

●コブダイ

子《こ》のときはすべてメスで、体《からだ》が大《おお》きくなると、コブが出《で》てきてオスになる。

●ミツバチ

受精卵《じゅせいらん》からメスが生《う》まれ、受精《じゅせい》しなかった卵《たまご》からオスが生《う》まれる。オスは親《おや》の女王《じょおう》バチの性質《せいしつ》だけ受《う》けつぐ。

トビナナフシやアブラムシは、メスだけでも子《こ》を産《う》むことができる。単為生殖《たんいせいしょく》といい、無性生殖《むせいせいしょく》にふくまれることがある。

海底地形➡134　地球温暖化➡196

地球《ちきゅう》が真《ま》っ白《しろ》にこおりついた

全球凍結《ぜんきゅうとうけつ》

今《いま》から22億年前《おくねんまえ》に、地球全体《ちきゅうぜんたい》が氷《こおり》におおわれたことがありました。これを「全球凍結《ぜんきゅうとうけつ》」といい、ほとんどの生《い》きものが死《し》んでしまうような、厳《きび》しい環境《かんきょう》になりました。

スノーボールアース

地球《ちきゅう》は気温《きおん》が下《さ》がって極地《きょくち》の氷《こおり》が大《おお》きくなる、「氷河時代《ひょうがじだい》」という時代《じだい》を何度《なんど》も乗《の》りこえてきた。近年《きんねん》の研究《けんきゅう》では、地球全体《ちきゅうぜんたい》が氷《こおり》におおわれてしまうような、厳《きび》しい時代《じだい》があったこともわかってきた。真《ま》っ白《しろ》になった地球《ちきゅう》の姿《すがた》は、「スノーボールアース（雪玉《ゆきだま》の地球《ちきゅう》）」とよばれている。

【だんだん白《しろ》くなっていく】

北極《ほっきょく》と南極《なんきょく》から、だんだんとこおりつき、ついにいちばん暖《あたた》かい赤道《せきどう》まで氷《こおり》におおわれてしまう。陸《りく》は厚《あつ》さ3000m、海《うみ》は深《ふか》さ1000mまでこおったと考《かんが》えられている。白《しろ》い雪《ゆき》や氷《こおり》は太陽《たいよう》の熱《ねつ》や光《ひかり》をはね返《かえ》してしまうので、ひとたびこおり始《はじ》めると、地球《ちきゅう》はどんどん冷《ひ》えて急速《きゅうそく》に氷《こおり》が広《ひろ》がっていった。

氷《こおり》におおわれた理由《りゆう》

地球《ちきゅう》の上空《じょうくう》では、二酸化炭素《にさんかたんそ》やメタン、雲《くも》などが、地表《ちひょう》に届《とど》いた熱《ねつ》（➡18）が宇宙空間《うちゅうくうかん》に出《で》ていかないように吸収《きゅうしゅう》し、再《ふたた》び地表《ちひょう》へともどす「温室効果《おんしつこうか》（➡196）」のはたらきをしている。地球《ちきゅう》が氷《こおり》におおわれてしまったのは、二酸化炭素《にさんかたんそ》やメタンが減《へ》って、温室効果《おんしつこうか》が小《ち》さくなったからだと考《かんが》えられている。その原因《げんいん》は、火山活動《かざんかつどう》がおとろえて二酸化炭素《にさんかたんそ》が減《へ》ったことや、シアノバクテリア（➡42）が酸素《さんそ》をたくさんつくりメタンが酸化《さんか》したことなどがあげられているが、まだ明《あき》らかになっていない。

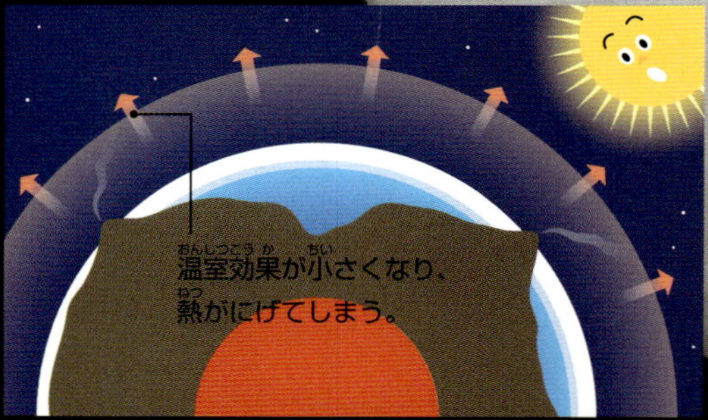

火山《かざん》がふき出《だ》すガスの成分《せいぶん》は、おもに水蒸気《すいじょうき》と二酸化炭素《にさんかたんそ》だ。これが減《へ》って、温室効果《おんしつこうか》も小《ち》さくなったという説《せつ》がある。

『面白《おもしろ》くて眠《ねむ》れなくなる地学《ちがく》』：PHP《ピーエイチピー》研究所《けんきゅうしょ》

生《い》きものは深海《しんかい》や海底火山《かいていかざん》で生《い》き残《のこ》った

海《うみ》は厚《あつ》さ 1000m の氷《こおり》でおおわれたが、深海《しんかい》はこおらずにすんだ。また、海底火山《かいていかざん》があるところは、熱《ねつ》によってこおらなかった。7 億年前《おくねんまえ》のスノーボールアースでは、バクテリアなどの微生物《びせいぶつ》は、光《ひかり》が届《とど》かない深海《しんかい》や硫化水素《りゅうかすいそ》などの火山《かざん》ガスがこい場所《ばしょ》など、厳《きび》しい環境《かんきょう》で細《ほそ》ぼそと生活《せいかつ》するしかなく、太陽《たいよう》の光《ひかり》を必要《ひつよう》とする真核生物《しんかくせいぶつ》（➡50）はほとんど死《し》んでしまったと考《かんが》えられている。

深海《しんかい》がこおらなかったのは、地熱《ちねつ》（➡153）があったからだと考《かんが》えられている。海底火山《かいていかざん》や深海《しんかい》には、光合成《こうごうせい》をしないで有機物《ゆうきぶつ》をつくることができる微生物《びせいぶつ》が生《い》き残《のこ》った。

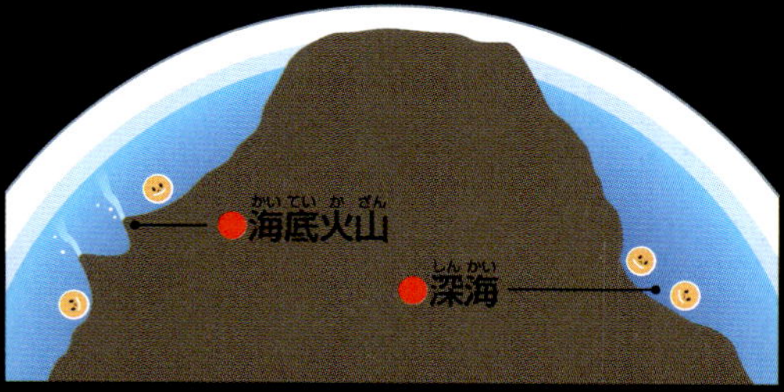
海底火山《かいていかざん》
深海《しんかい》

アイスランドのバトナ氷河《ひょうが》の下《した》では、火山《かざん》が活動《かつどう》している。このように、スノーボールアースになったときでも、火山《かざん》はこおらないでけむりを出《だ》し続《つづ》けた。

氷《こおり》のおかげで氷《こおり》がとけた！

スノーボールアースになったあとも、海底火山《かいていかざん》は二酸化炭素《にさんかたんそ》を生《う》み出《だ》し続《つづ》けていた。一方《いっぽう》、地球《ちきゅう》をおおっていた氷《こおり》は二酸化炭素《にさんかたんそ》を吸収《きゅうしゅう》できないために、だんだんと大気中《たいきちゅう》に二酸化炭素《にさんかたんそ》が増《ふ》え、温室効果《おんしつこうか》が復活《ふっかつ》するようになったと考《かんが》えられている。氷《こおり》が地球《ちきゅう》をおおっていたせいで、二酸化炭素《にさんかたんそ》が海《うみ》や陸《りく》に吸収《きゅうしゅう》されず、温室効果《おんしつこうか》が得《え》られやすかったようだ。

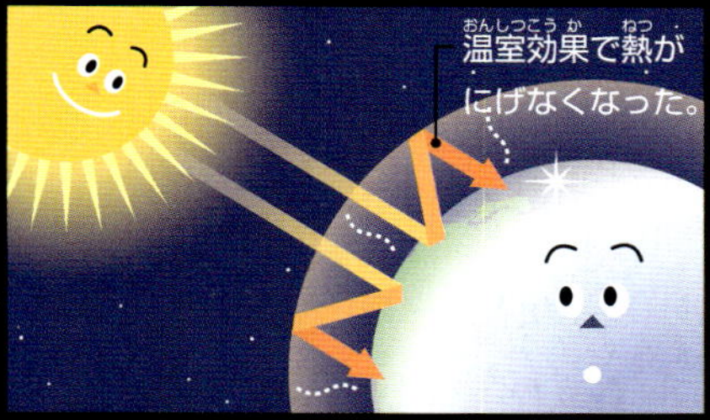
温室効果《おんしつこうか》で熱《ねつ》がにげなくなった。

温室効果《おんしつこうか》が復活《ふっかつ》すると、地球《ちきゅう》をおおっていた氷《こおり》がとけ始《はじ》めた。

地球《ちきゅう》は最低《さいてい》3 回《かい》こおりついた

スノーボールアースとよばれる状態《じょうたい》は、22 億年前《おくねんまえ》と 7 億年前《おくねんまえ》、6 億《おく》5000 万年前《まんねんまえ》の 3 回《かい》あったと考《かんが》えられている。また、この 3 回以外《かいいがい》にも、地球全体《ちきゅうぜんたい》がこおりつくようなことが起《お》こっていたと予測《よそく》されている。

現在《げんざい》のカナダで氷河時代《ひょうがじだい》の地層《ちそう》が見《み》つかった。この地層《ちそう》は、7 億年前《おくねんまえ》には赤道近《せきどうちか》くにあったものだった。つまり、7 億年前《おくねんまえ》、赤道近《せきどうちか》くがこおっていたと考《かんが》えられるため、スノーボールアースを裏《うら》づける証拠《しょうこ》といわれる。

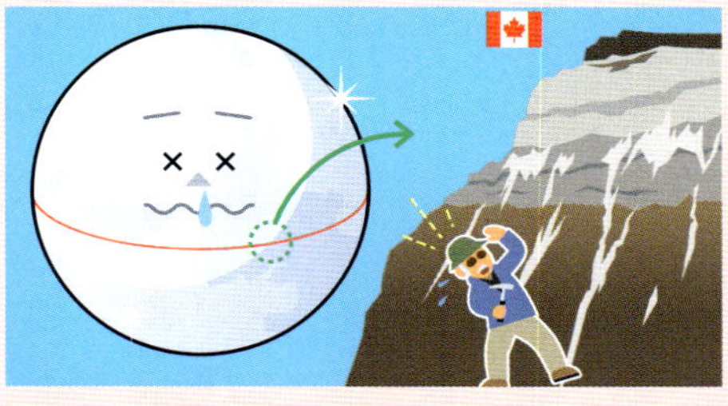

スノーボールアースを「どろだんご」という科学者《かがくしゃ》もいる。海底火山《かいていかざん》は灰《はい》をふき出《だ》していたため、氷《こおり》がうすよごれていたという説《せつ》もあるからだ。

酸素《さんそ》からエネルギーをつくる

真核生物《しんかくせいぶつ》

生命《せいめい》の誕生後《たんじょうご》13億年《おくねん》ほどたつと、海中《かいちゅう》の酸素《さんそ》が増《ふ》え始《はじ》めます。環境《かんきょう》の変化《へんか》に対応《たいおう》できない生物《せいぶつ》がほろんでいくなかで、「真核生物《しんかくせいぶつ》」という新《あたら》しい生物《せいぶつ》が誕生《たんじょう》しました。

酸素《さんそ》は猛毒《もうどく》だった

シアノバクテリア（➡42）は、光合成《こうごうせい》によって、海中《かいちゅう》にたくさんの酸素《さんそ》を生《う》み出《だ》した。そのとき、多《おお》くの生物《せいぶつ》が酸素《さんそ》を利用《りよう》できるしくみをもっていなかったため、酸素中毒《さんそちゅうどく》になって死《し》んでいった。なんとか生《い》き残《のこ》った生物《せいぶつ》は、酸素《さんそ》を利用《りよう》できるしくみを身《み》につけた。

●好気性生物《こうきせいせいぶつ》

酸素《さんそ》を使《つか》って、エネルギーを生《う》み出《だ》すことができる生物《せいぶつ》。酸素《さんそ》はエネルギーをたくさんつくれる性質《せいしつ》をもっていて、嫌気性生物《けんきせいせいぶつ》が生《う》み出《だ》すエネルギーの18倍以上《ばいいじょう》のエネルギーを得《え》られるようになり、好気性生物《こうきせいせいぶつ》が栄《さか》えていった。

●嫌気性生物《けんきせいせいぶつ》

メタンや硫化水素《りゅうかすいそ》などを使《つか》って、エネルギーを生《う》み出《だ》す生物《せいぶつ》。酸素《さんそ》を解毒《げどく》する力《ちから》がなく、また、海中《かいちゅう》の硫化水素《りゅうかすいそ》などが酸化《さんか》して利用《りよう》できなくなり、数《かず》を減《へ》らした。

●ストロマトライト

【酸素中毒《さんそちゅうどく》とは？】

酸素《さんそ》は、人間《にんげん》をふくむ生物《せいぶつ》が呼吸《こきゅう》をし、エネルギーを得《え》るために必要《ひつよう》なものだ。酸素分子《さんそぶんし》は24億年前《おくねんまえ》に発生《はっせい》するまでは、存在《そんざい》していなかった。ほとんどの生物《せいぶつ》はとりこむ力《ちから》がなく、細胞《さいぼう》をこわされてしまった。

酸素《さんそ》からのがれた生物《せいぶつ》

嫌気性生物《けんきせいせいぶつ》のなかには、酸素中《さんそちゅう》毒《どく》をさけるため、酸素《さんそ》が入《はい》りこめない場所《ばしょ》へとのがれたものがいた。高《たか》い塩分《えんぶん》や高温《こうおん》など、厳《きび》しい環境《かんきょう》で細《ほそ》ぼそと生《い》き残《のこ》った。

アメリカのイエローストーン国立《こくりつ》公園《こうえん》のモーニンググローリープール。中心《ちゅうしん》は高温《こうおん》の温泉《おんせん》で、周囲《しゅうい》にはバクテリアがすんでいる。

海底《かいてい》や熱水噴出孔《ねっすいふんしゅつこう》（➡40）の近《ちか》くなど。メタンや硫《りゅう》化水素《かすいそ》などがあって、嫌《けん》気性生物《きせいせいぶつ》が生《い》き残《のこ》りやすい場所《ばしょ》だった。
塩分《えんぶん》が高《たか》い、岩塩《がんえん》の中《なか》など。酸《さん》素《そ》が入《はい》りこめないすき間《ま》で生《い》き残《のこ》った。海水《かいすい》の4倍以上《ばいいじょう》もこい塩分《えんぶん》の中《なか》は、ほかのバクテリアも入《はい》れない。
高温《こうおん》の温泉《おんせん》の中《なか》など。高温《こうおん》の熱水《ねっすい》の中《なか》には酸《さん》素《そ》がほとんどとけこめない。

『子供《こども》の科学《かがく》★サイエンスブックス　極限《きょくげん》の世界《せかい》にすむ生《い》き物《もの》たち』：誠文堂新光社《せいぶんどうしんこうしゃ》

真核生物《しんかくせいぶつ》への進化《しんか》

もともと嫌気性生物《けんきせいせいぶつ》（嫌気性《けんきせい》のバクテリア）は酸素《さんそ》を利用《りよう》できる体《からだ》ではなかった。細胞《さいぼう》の内部《ないぶ》に「核《かく》」がなく、DNA《ティーエヌエー》（生命《せいめい》の情報図《じょうほうず》）がむき出《だ》しの「原核生物《げんかくせいぶつ》」でもあった。

嫌気性生物《けんきせいせいぶつ》の一部《いちぶ》は、好気性生物《こうきせいせいぶつ》をとりこんで、いっしょに生活《せいかつ》するようになった。好気性生物《こうきせいせいぶつ》が酸素《さんそ》を使《つか》ってつくり出《だ》したエネルギーをもらい、その代《か》わりに栄養分《えいようぶん》をあたえるのだ。そして、酸素《さんそ》から DNA《ティーエヌエー》 を守《まも》るために核《かく》ができた。このような「真核細胞《しんかくさいぼう》」をもつ生物《せいぶつ》のことを「真核生物《しんかくせいぶつ》」という。エネルギーを大量《たいりょう》に生《う》み出《だ》せる酸素《さんそ》を使《つか》えるようになった真核生物《しんかくせいぶつ》は、爆発的《ばくはつてき》に進化《しんか》し始《はじ》めた。

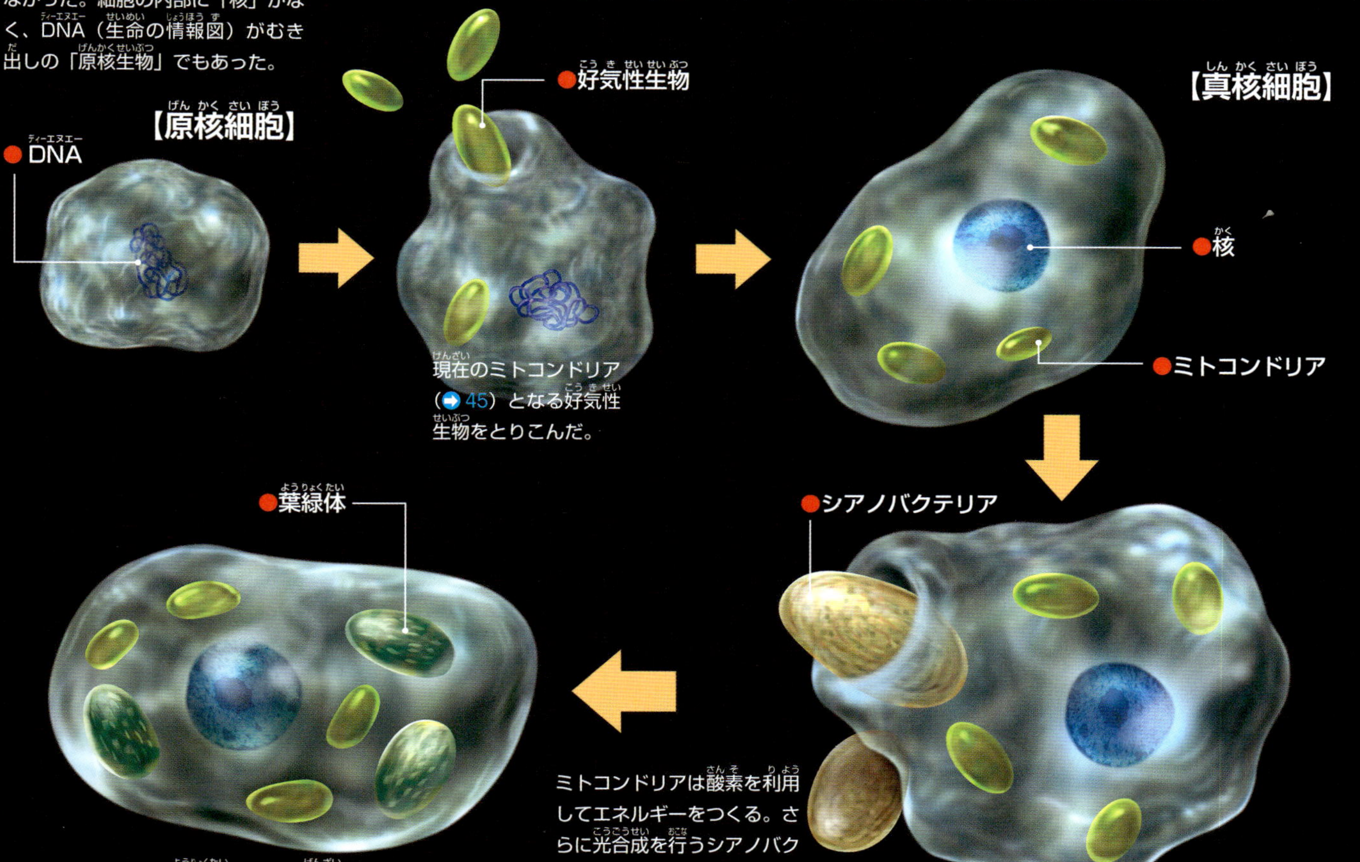
【原核細胞《げんかくさいぼう》】
DNA《ティーエヌエー》
好気性生物《こうきせいせいぶつ》
【真核細胞《しんかくさいぼう》】
核《かく》
ミトコンドリア
シアノバクテリア
葉緑体《ようりょくたい》

現在《げんざい》のミトコンドリア（➡45）となる好気性《こうきせい》生物《せいぶつ》をとりこんだ。

ミトコンドリアは酸素《さんそ》を利用《りよう》してエネルギーをつくる。さらに光合成《こうごうせい》を行《おこな》うシアノバクテリアをとりこむ。

シアノバクテリアは葉緑体《ようりょくたい》となり、現在《げんざい》の植物細胞《しょくぶつさいぼう》と同《おな》じようなしくみが完成《かんせい》した。

地球《ちきゅう》がさびついた !?

シアノバクテリアがつくった酸素《さんそ》は、海中《かいちゅう》のあらゆるものを酸化《さんか》させたという。このとき、海中《かいちゅう》の鉄《てつ》の一部《いちぶ》は酸化《さんか》したのではないかといわれている。酸化《さんか》するものがなくなると、大気中《たいきちゅう》にも酸素《さんそ》があふれ出《だ》し、酸素濃度《さんそのうど》が高《たか》くなった。

オーストラリア北西部《ほくせいぶ》のハマスレー地区《ちく》で見《み》られる縞状鉄鉱層《しまじょうてっこうそう》。30億《おく》〜19億年前《おくねんまえ》の地層《ちそう》で、海中《かいちゅう》にとけこんでいた鉄分《てつぶん》が、酸化《さんか》して積《つ》もった。これが鉄鉱石《てっこうせき》として大量《たいりょう》に採掘《さいくつ》されている。

赤《あか》くなった地球《ちきゅう》（想像図《そうぞうず》）

酸化《さんか》して（さびついて）地球《ちきゅう》が赤《あか》くなったともいわれる。

シアノバクテリアも酸素《さんそ》を解毒《げどく》する酵素《こうそ》をもっていなかったが、進化《しんか》の過程《かてい》でそのしくみを身《み》につけたといわれている。

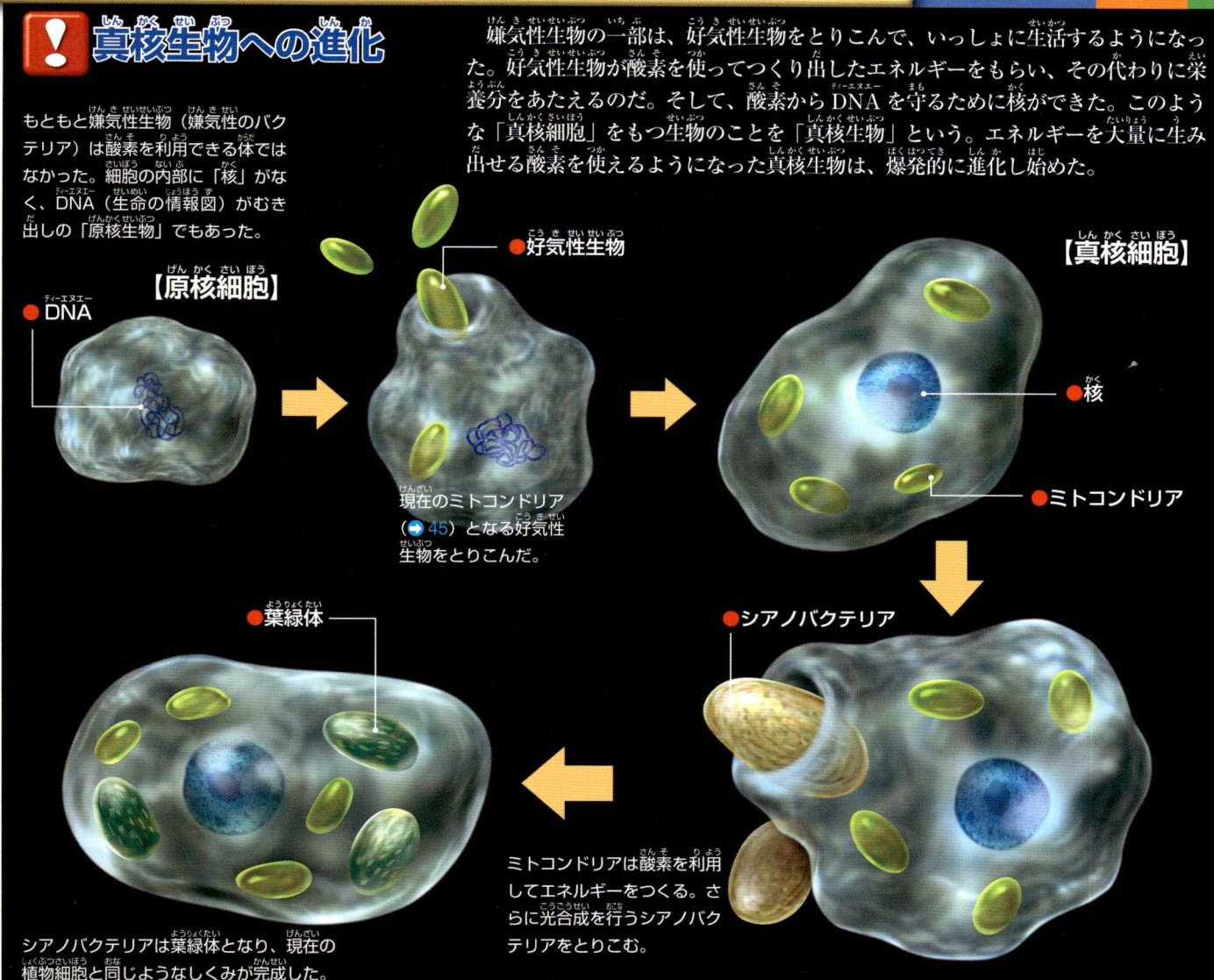

第《だい》2章《しょう》 第《だい》2部《ぶ》 地球《ちきゅう》カレンダー〈生物《せいぶつ》の登場《とうじょう》と進《しん》化《か》

先《せん》カンブリア時代《じだい》

冥王代《めいおうだい》　始生代《しせいだい》

1月

1	2	3	4	5	6	7
8	9	10	11	12	13	14
15	16	17	18	19	20	21
22	23	24	25	26	27	28
29	30	31				

2月

			1	2	3	4
5	6	7	8	9	10	11
12	13	14	15	16	17	18
19	20	21	22	23	24	25
26	27	28				

3月

			1	2	3	4
5	6	7	8	9	10	11
12	13	14	15	16	17	18
19	20	21	22	23	24	25
26	27	28	29	30	31	

4月

						1
2	3	4	5	6	7	8
9	10	11	12	13	14	15
16	17	18	19	20	21	22
23	24	25	26	27	28	29
30						

5月

	1	2	3	4	5	6
7	8	9	10	11	12	13
14	15	16	17	18	19	20
21	22	23	24	25	26	27
28	29	30	31			

6月

				1	2
4	5	6	7	8	9
11	12	13	14	15	16
18	19	20	21	22	23
25	26	27	28	29	30

11月《がつ》

11日《にち》〈6億《おく》3500万年前《まんねんまえ》〉

エディアカラ生物群《せいぶつぐん》が登場《とうじょう》 ➡54

19日《にち》〈5億《おく》4100万年前《まんねんまえ》〉

目《め》をもつ生《い》きものが登場《とうじょう》 ➡56

26日《にち》〈4億《おく》4300万年前《まんねんまえ》〉

オルドビス紀末《きまつ》の大量絶滅《たいりょうぜつめつ》 ➡61

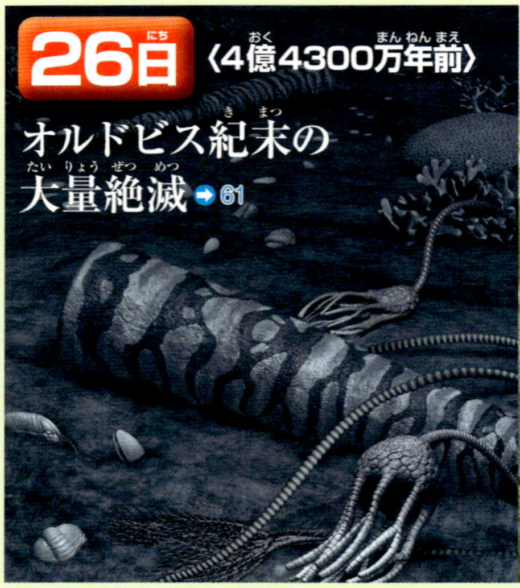

植物《しょくぶつ》が上陸《じょうりく》 ➡62

28日《にち》〈4億《おく》1900万年前《まんねんまえ》〉

両生類《りょうせいるい》が上陸《じょうりく》 ➡66

地球《ちきゅう》が誕生《たんじょう》した46億年前《おくねんまえ》から現在《げんざい》までを1年間《ねんかん》（365日《にち》）におきかえたカレンダーです。
目《め》に見《み》える大《おお》きさの生物《せいぶつ》が現《あらわ》れたのは11月《がつ》11日《にち》。恐竜《きょうりゅう》が栄《さか》えたのは12月後半《がつこうはん》です。
※1日《にち》が約《やく》1260万年《まんねん》、1分《ぷん》が約《やく》1万《まん》7500年《ねん》にあたります。

現在《げんざい》

原生代《げんせいだい》　古生代《こせいだい》　中生代《ちゅうせいだい》　新生代《しんせいだい》

7月

					1
3	4	5	6	7	8
10	11	12	13	14	15
17	18	19	20	21	22
24	25	26	27	28	29
31					

8月

		1	2	3	4	5
6	7	8	9	10	11	12
13	14	15	16	17	18	19
20	21	22	23	24	25	26
27	28	29	30	31		

9月

					1	2
3	4	5	6	7	8	9
10	11	12	13	14	15	16
17	18	19	20	21	22	23
24	25	26	27	28	29	30

10月

1	2	3	4	5	6	7
8	9	10	11	12	13	14
15	16	17	18	19	20	21
22	23	24	25	26	27	28
29	30	31				

11月

			1	2	3	4
5	6	7	8	9	10	11
12	13	14	15	16	17	18
19	20	21	22	23	24	25
26	27	28	29	30		

12月

					1	2
3	4	5	6	7	8	9
10	11	12	13	14	15	16
17	18	19	20	21	22	23
24	25	26	27	28	29	30
31						

12月《がつ》

2日《か》〈3億《おく》7200万年前《まんねんまえ》〉

デボン紀後期《きこうき》の大量絶滅《たいりょうぜつめつ》 ➡65

3日《か》〈3億《おく》5900万年前《まんねんまえ》〉

はねをもつ昆虫《こんちゅう》が登場《とうじょう》 ➡72

8日《か》〈2億《おく》9900万年前《まんねんまえ》〉

単弓類《たんきゅうるい》が繁栄《はんえい》 ➡76

12日《にち》〈2億《おく》5200万年前《まんねんまえ》〉

ペルム紀末《きまつ》の大量絶滅《たいりょうぜつめつ》 ➡78

16日《にち》〈2億年前《おくねんまえ》〉

三畳紀末《さんじょうきまつ》の大量絶滅《たいりょうぜつめつ》 ➡81

16日《にち》～26日《にち》〈2億《おく》～6600万年前《まんねんまえ》〉

恐竜《きょうりゅう》が繁栄《はんえい》 ➡82～95

26日《にち》〈6600万年前《まんねんまえ》〉

白亜紀末《はくあきまつ》の大量絶滅《たいりょうぜつめつ》 ➡96

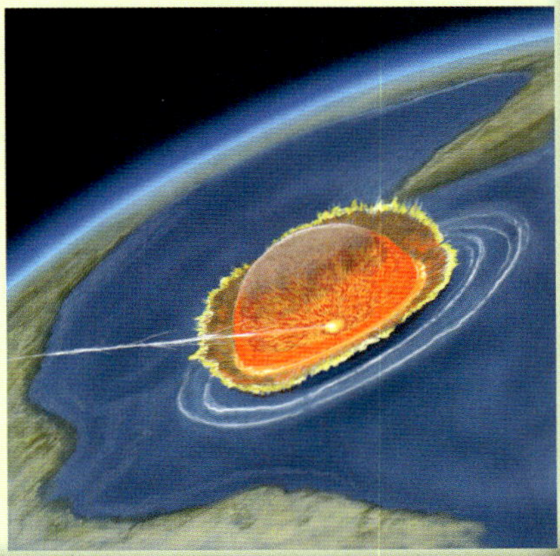

ふしぎな姿《すがた》の生《い》きものが現《あらわ》れる

エディアカラ生物群《せいぶつぐん》

海《うみ》の中《なか》で、とつぜんさまざまな形《かたち》の生物《せいぶつ》が出現《しゅつげん》しました。体《からだ》は、ほとんどがやわらかく、目《め》やあし、背骨《せぼね》はなく、獲物《えもの》をおそうこともありませんでした。

大《おお》きくなった生《い》きものたち

地球全体《ちきゅうぜんたい》がこおりつくスノーボールアース（➡48）とよばれる状態《じょうたい》のあと、氷《こおり》がとけた海《うみ》の中《なか》に、生《い》きものが再《ふたた》び現《あらわ》れました。それまでの生《い》きものは、とても小《ちい》さくて、肉眼《にくがん》ではほとんど見《み》えないようなものばかりでしたが、エディアカラ紀《き》には全長《ぜんちょう》が1mにもなる大《おお》きなものもいました。しかし、体《からだ》のしくみや、今《いま》の生《い》きものとの関係《かんけい》は、よくわかっていません。

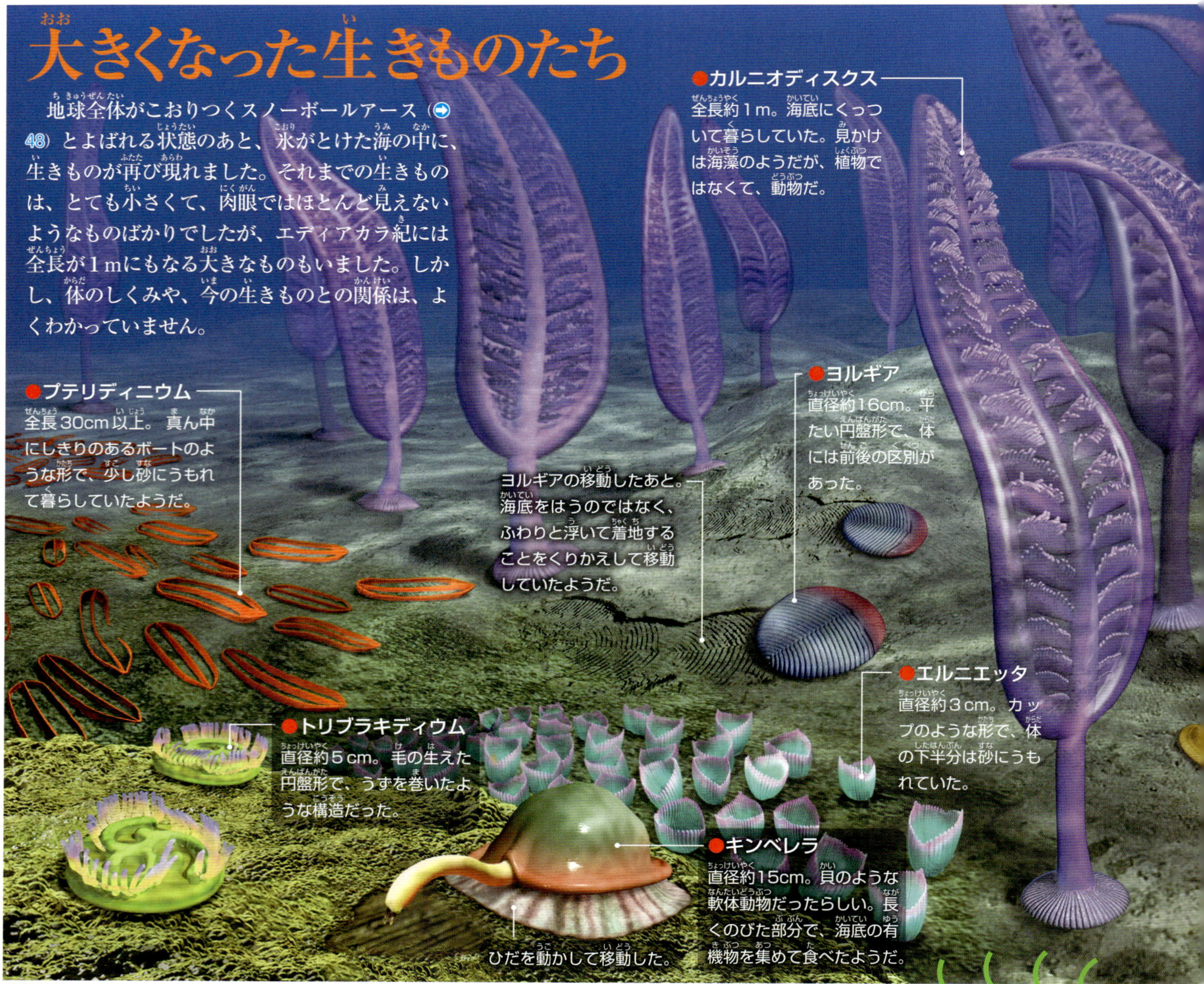
●カルニオディスクス
全長約《ぜんちょうやく》1m。海底《かいてい》にくっついて暮《く》らしていた。見《み》かけは海藻《かいそう》のようだが、植物《しょくぶつ》ではなくて、動物《どうぶつ》だ。
●プテリディニウム
全長《ぜんちょう》30cm以上《いじょう》。真《ま》ん中《なか》にしきりのあるボートのような形《かたち》で、少《すこ》し砂《すな》にうもれて暮《く》らしていたようだ。
●ヨルギア
直径約《ちょっけいやく》16cm。平《ひら》たい円盤形《えんばんがた》で、体《からだ》には前後《ぜんご》の区別《くべつ》があった。
ヨルギアの移動《いどう》したあと。海底《かいてい》をはうのではなく、ふわりと浮《う》いて着地《ちゃくち》することをくりかえして移動《いどう》していたようだ。
●エルニエッタ
直径約《ちょっけいやく》3cm。カップのような形《かたち》で、体《からだ》の下半分《したはんぶん》は砂《すな》にうもれていた。
●トリブラキディウム
直径約《ちょっけいやく》5cm。毛《け》の生《は》えた円盤形《えんばんがた》で、うずを巻《ま》いたような構造《こうぞう》だった。
●キンベレラ
直径約《ちょっけいやく》15cm。貝《かい》のような軟体動物《なんたいどうぶつ》だったらしい。長《なが》くのびた部分《ぶぶん》で、海底《かいてい》の有機物《ゆうきぶつ》を集《あつ》めて食《た》べたようだ。
ひだを動《うご》かして移動《いどう》した。

左右《さゆう》でずれている体《からだ》

ディッキンソニアの体《からだ》にはたくさんの節《せつ》（つぎめ）がある。しかし、左右《さゆう》の節《せつ》は対称《たいしょう》ではなく、少《すこ》しずつずれていた。現在《げんざい》は、このような生《い》きものは、まったくいないことから、今《いま》の生物《せいぶつ》とはなんのつながりもないのではないかと考《かんが》えられている。

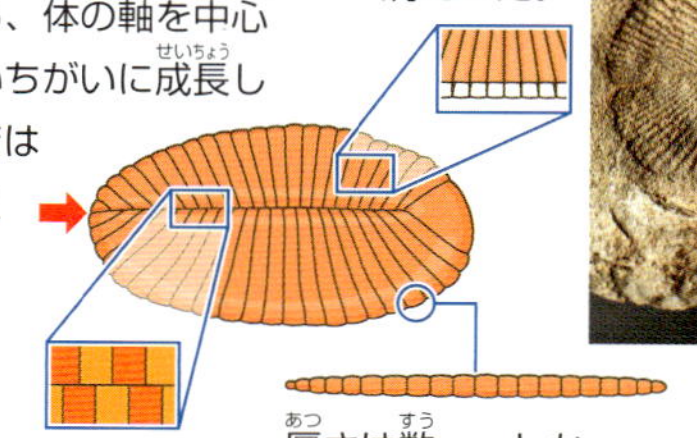
節《せつ》の中《なか》は空洞《くうどう》だった。
こちら側《がわ》から、体《からだ》の軸《じく》を中心《ちゅうしん》に節《せつ》がたがいちがいに成長《せいちょう》していったのではないかと考《かんが》えられている。
体《からだ》の節《せつ》は、左右《さゆう》で半分《はんぶん》ずつずれていた。
厚《あつ》さは数《すう》mmしかなかった。

ディッキンソニアの化石《かせき》。

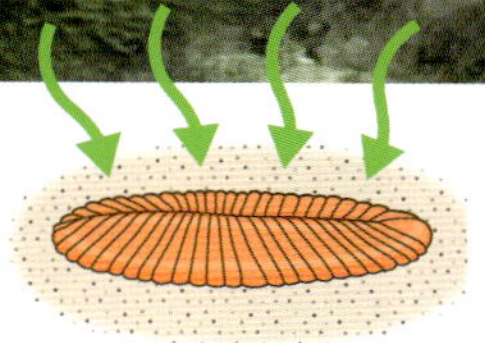

【体《からだ》がうすい理由《りゆう》】

エディアカラ紀《き》の生《い》きものは、栄養《えいよう》は体全体《からだぜんたい》で吸収《きゅうしゅう》していたと考《かんが》えられる。体《からだ》が厚《あつ》いと内部《ないぶ》まで栄養《えいよう》が行《い》きわたりにくいので、うすいものが多《おお》かったようだ。ディッキンソニアなどは、栄養《えいよう》をたくさん吸収《きゅうしゅう》するために表面積《ひょうめんせき》が大《おお》きくなったともいわれている。

蒲郡市生命《がまごおりしいのち》の海科学館《うみかがくかん》：愛知県蒲郡市港町《あいちけんがまごおりしみなとまち》17-17

もぐって暮《く》らすものがいなかった

体《からだ》が多少《たしょう》うもれているものもいたが、この時代《じだい》の生《い》きものは、海底《かいてい》に穴《あな》を掘《ほ》って暮《く》らすことはなかった。海底《かいてい》はかき回《まわ》されることがなく、死《し》がいでできた有機物《ゆうきぶつ》の層《そう》が広《ひろ》がっていた。

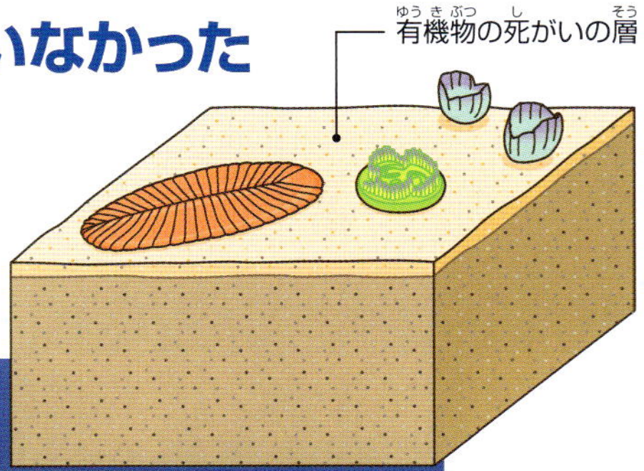
有機物《ゆうきぶつ》の死《し》がいの層《そう》

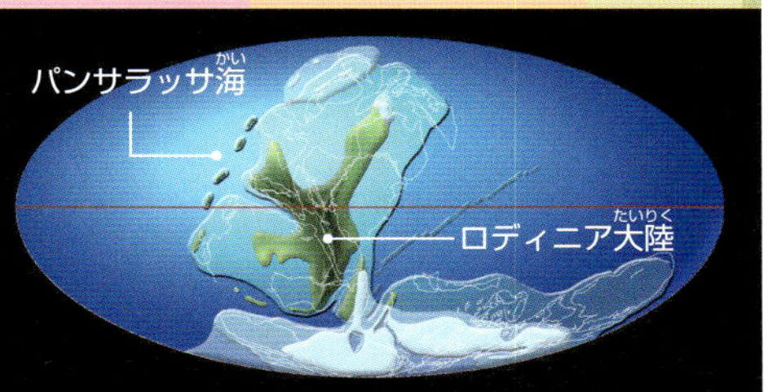
パンサラッサ海《かい》
ロディニア大陸《たいりく》

エディアカラ紀《き》の陸地《りくち》の形《かたち》

ロディニアとよばれる大陸《たいりく》があった（➡75）。南半球《みなみはんきゅう》は氷《こおり》でおおわれていた。

【砂《すな》に残《のこ》ったあとが化石《かせき》になった】

エディアカラ紀《き》の化石《かせき》は、海底《かいてい》の砂《すな》の上《うえ》についた生《い》きものの形《かたち》が化石《かせき》になったものばかりだ。体《からだ》そのものが化石《かせき》になっていないので、ほんとうはどんな生《い》きものだったのかわかりにくく、研究《けんきゅう》を難《むずか》しくしている。

カルニオディスクスの化石《かせき》。

●スプリッギナ

全長約《ぜんちょうやく》4.5cm。体《からだ》には前後《ぜんご》の区別《くべつ》があった。目《め》や口《くち》はないが、カンブリア紀《き》に登場《とうじょう》する三葉虫《さんようちゅう》（➡56）のような節足動物《せっそくどうぶつ》（昆《こん》虫《ちゅう》やカニのように、体《からだ》やあしが多《おお》くの節《せつ》でできている）ではないかと考《かんが》えられている。

●ディッキンソニア

全長約《ぜんちょうやく》1m。だ円形《えんけい》のマットのような形《かたち》で、厚《あつ》みは数《すう》mmしかなかったという。

●パルバンコリナ

全長約《ぜんちょうやく》2.5cm。平《ひら》たい円盤形《えんばんがた》で、矢印《やじるし》のように見《み》える部分《ぶぶん》はもり上《あ》がっていた。左右《さゆう》の節《せつ》は対称《たいしょう》だったように見《み》えることから、節足動物《せっそくどうぶつ》ではないかとも考《かんが》えられている。

世界中《せかいじゅう》で化石発見《かせきはっけん》

エディアカラ紀《き》の生《い》きものは、南極以外《なんきょくいがい》のどの大陸《たいりく》でも発見《はっけん》されていて、今《いま》までに270種以上《しゅいじょう》が確認《かくにん》されている。どうやら全地球的《ぜんちきゅうてき》に栄《さか》えていたようだ。

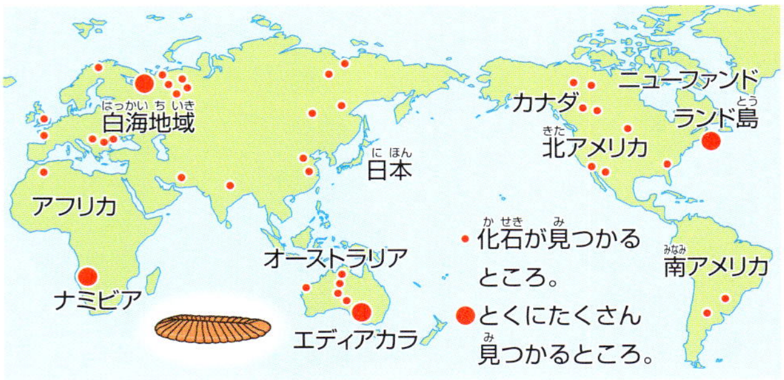
白海地域《はっかいちいき》
アフリカ
ナミビア
日本《にほん》
オーストラリア
エディアカラ
カナダ
ニューファンドランド島《とう》
北《きた》アメリカ
南《みなみ》アメリカ
• 化石《かせき》が見《み》つかるところ。
● とくにたくさん見《み》つかるところ。

【エディアカラはオーストラリアの地名《ちめい》】

化石《かせき》は、オーストラリア南部《なんぶ》のエディアカラ丘陵《きゅうりょう》という場所《ばしょ》で最初《さいしょ》に発見《はっけん》された。そのためエディアカラ生物《せいぶつ》とよばれるようになった。

エディアカラ丘陵《きゅうりょう》。手前《てまえ》に見《み》えているのはディッキンソニアの化石《かせき》（➡のところ）。

【食《た》べられてほろんだ？】

エディアカラ生物群《せいぶつぐん》の生《い》きものどうしでは、食《た》べたり食《た》べられたりする関係《かんけい》はなかったと考《かんが》えられている。ところがその後《ご》、歯《は》でかじったり、狩《か》りをしたりする生《い》きものが現《あらわ》れ、エディアカラ紀《き》の生《い》きものは体《からだ》を守《まも》るためのとげや殻《から》をもっていなかったので、ほろびたという。

【ほんとうはどんな形《かたち》？】

大昔《おおむかし》の生《い》きものが、ほんとうはどんな姿《すがた》をしていたのかを正確《せいかく》に知《し》ることは難《むずか》しい。別《べつ》の生《い》きものとされているスプリッギナやトリブラキディウムも、もしかすると同《おな》じ生《い》きものが、いくつか集《あつ》まっているのかもしれないという説《せつ》がある。

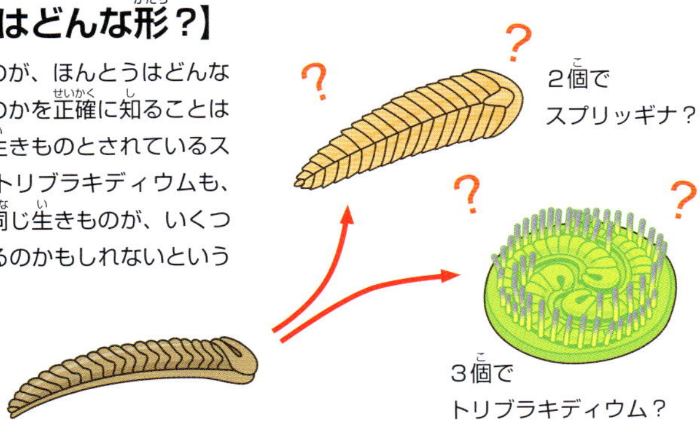
2個《こ》でスプリッギナ？
3個《こ》でトリブラキディウム？

ディッキンソニアは、平《ひら》たい生《い》きものではないと考《かんが》える人《ひと》もいる。

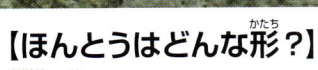

海の中の生存競争➡60

生《い》きものに「目《め》」ができた

目《め》 カンブリア紀《き》に入《はい》ると、まわりが見《み》えるようになった生《い》きものが現《あらわ》れました。はなれたところにいる生《い》きものを見《み》つけてとらえたり、敵《てき》を見《み》つけてにげたりする関係《かんけい》が生《う》まれました。

動《うご》き回《まわ》る生《い》きものがいっぱい

生《い》きものは、目《め》ができただけではなく、体《からだ》が立体的《りったいてき》になった。そして、海《うみ》の底《そこ》をはうだけの暮《く》らしから、泳《およ》いだり、もぐったりして動《うご》き回《まわ》るようになる。それと同時《どうじ》に、食《た》べたり食《た》べられたりするようになっていく。

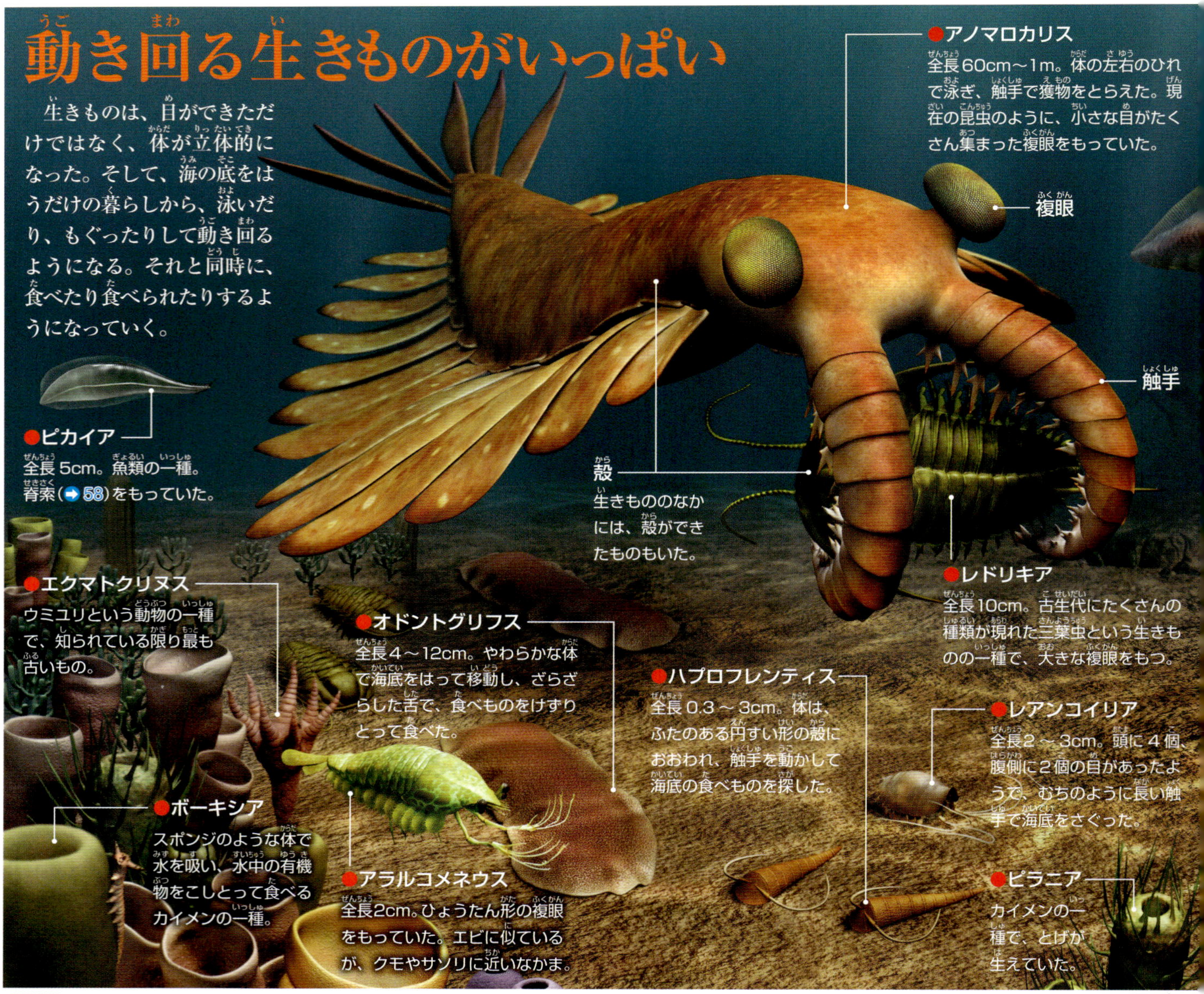
●アノマロカリス
全長《ぜんちょう》60cm～1m。体《からだ》の左右《さゆう》のひれで泳《およ》ぎ、触手《しょくしゅ》で獲物《えもの》をとらえた。現在《げんざい》の昆虫《こんちゅう》のように、小《ちい》さな目《め》がたくさん集《あつ》まった複眼《ふくがん》をもっていた。
複眼《ふくがん》
触手《しょくしゅ》
殻《から》
生《い》きもののなかには、殻《から》ができたものもいた。
●ピカイア
全長《ぜんちょう》5cm。魚類《ぎょるい》の一種《いっしゅ》。脊索《せきさく》(➡58)をもっていた。
●エクマトクリヌス
ウミユリという動物《どうぶつ》の一種《いっしゅ》で、知《し》られている限《かぎ》り最《もっと》も古《ふる》いもの。
●オドントグリフス
全長《ぜんちょう》4～12cm。やわらかな体《からだ》で海底《かいてい》をはって移動《いどう》し、ざらざらした舌《した》で、食《た》べものをけずりとって食《た》べた。
●レドリキア
全長《ぜんちょう》10cm。古生代《こせいだい》にたくさんの種類《しゅるい》が現《あらわ》れた三葉虫《さんようちゅう》という生《い》きものの一種《いっしゅ》で、大《おお》きな複眼《ふくがん》をもつ。
●ハプロフレンティス
全長《ぜんちょう》0.3～3cm。体《からだ》は、ふたのある円《えん》すい形《けい》の殻《から》におおわれ、触手《しょくしゅ》を動《うご》かして海底《かいてい》の食《た》べものを探《さが》した。
●レアンコイリア
全長《ぜんちょう》2～3cm。頭《あたま》に4個《こ》、腹側《はらがわ》に2個《こ》の目《め》があったようで、むちのように長《なが》い触手《しょくしゅ》で海底《かいてい》をさぐった。
●ボーキシア
スポンジのような体《からだ》で水《みず》を吸《す》い、水中《すいちゅう》の有機物《ゆうきぶつ》をこしとって食《た》べるカイメンの一種《いっしゅ》。
●アラルコメネウス
全長《ぜんちょう》2cm。ひょうたん形《がた》の複眼《ふくがん》をもっていた。エビに似《に》ているが、クモやサソリに近《ちか》いなかま。
●ピラニア
カイメンの一種《いっしゅ》で、とげが生《は》えていた。

目《め》ができて、脳《のう》ができた

目《め》は、神経《しんけい》で脳《のう》につながっている。目《め》があるということは、脳《のう》や神経《しんけい》もあるということだ。カンブリア紀《き》の生《い》きものは脳《のう》で判断《はんだん》して動《うご》き回《まわ》り、その暮《く》らしぶりに合《あ》わせてさまざまな体《からだ》の形《かたち》になっていったと考《かんが》えられている。

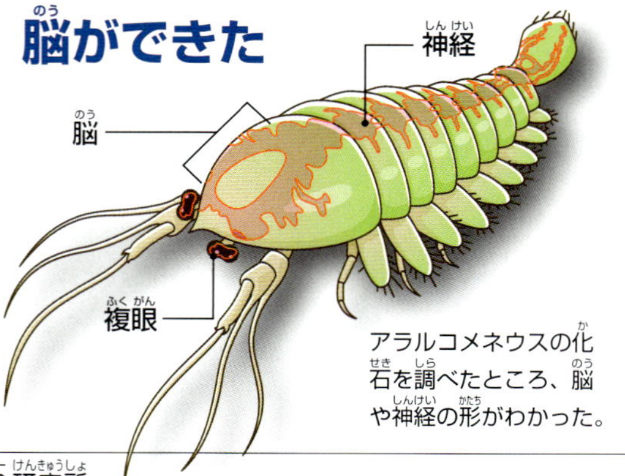
神経《しんけい》
脳《のう》
複眼《ふくがん》
アラルコメネウスの化《か》石《せき》を調《しら》べたところ、脳《のう》や神経《しんけい》の形《かたち》がわかった。

【光《ひかり》を感《かん》じる細胞《さいぼう》は藻類《そうるい》からもらった?】

光合成《こうごうせい》をする藻類《そうるい》は、光《ひかり》を感《かん》じる細胞《さいぼう》をもっている。動物《どうぶつ》が藻類《そうるい》を食《た》べたとき、光《ひかり》を感《かん》じる細胞《さいぼう》のDNA《ディーエヌエー》が、なにかのきっかけで動物《どうぶつ》のDNA《ディーエヌエー》に組《く》みこまれたことが、目《め》ができたことにつながったと考《かんが》えられている。

渦《うず》べん毛藻《もうそう》という藻類《そうるい》には、「眼点《がんてん》」という光《ひかり》を感《かん》じる組織《そしき》がある。その構造《こうぞう》は、クラゲの目《め》とそっくりだった。

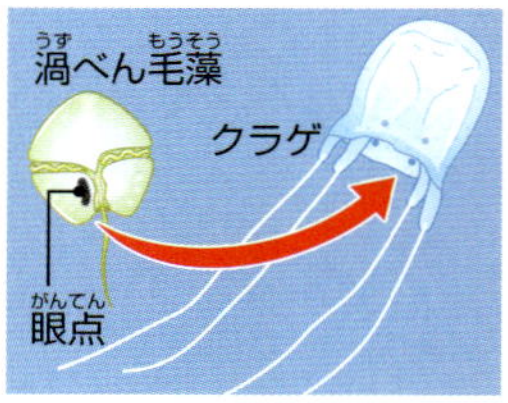
渦《うず》べん毛藻《もうそう》
クラゲ
眼点《がんてん》

『生命《せいめい》38億年大図鑑《おくねんだいずかん》』: PHP《ピーエイチピー》研究所《けんきゅうしょ》

もぐって暮《く》らすものも現《あらわ》れた

エディアカラ紀《き》の生《い》きものは海底《かいてい》の表面《ひょうめん》だけで暮《く》らしていたが、カンブリア紀《き》になると海底《かいてい》に穴《あな》を掘《ほ》るものも現《あらわ》れ、すむ場所《ばしょ》や、獲物《えもの》をとる場所《ばしょ》などが広《ひろ》がった。

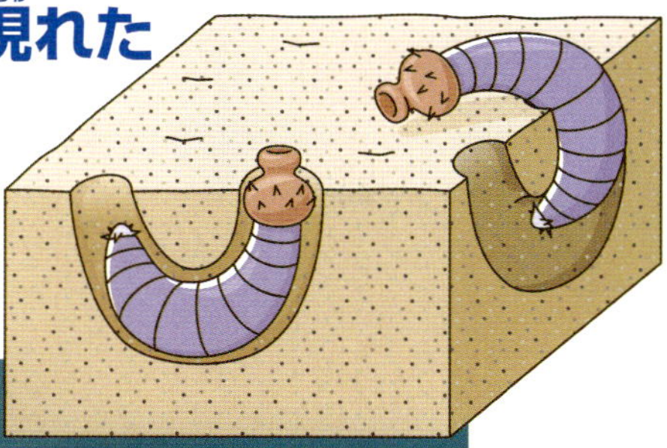

パンサラッサ海《かい》
バージェス
雲南省澄江県《うんなんしょうチェンジャンけん》
ゴンドワナ大陸《たいりく》

カンブリア紀《き》の陸地《りくち》の形《かたち》

パンサラッサという海《うみ》が広《ひろ》がっていた。南半球《みなみはんきゅう》にゴンドワナ大陸《たいりく》ができていた。

●ミロクンミンギア
全長《ぜんちょう》3.5cm。最《もっと》も古《ふる》い魚類《ぎょるい》のひとつといわれる。
●オダライア
全長《ぜんちょう》15cm。エビやカニなどのなかまで、うすい甲《こう》らで体《からだ》がおおわれていた。
●マルレラ
全長《ぜんちょう》2cm。体《からだ》にあるの細《こま》かいみぞにひっかかる有機物《ゆうきぶつ》を食《た》べた。
●オパビニア
全長《ぜんちょう》7cm。複眼《ふくがん》が5つあり、長《なが》い1本《ぽん》の触手《しょくしゅ》は先《さき》がはさみのようになっていて、獲物《えもの》をとらえた。
●ウィワクシア
全長《ぜんちょう》5.5cm。うろこでおおわれ、長《なが》いとげがあった。とげに細《こま》かいみぞがあり、光《ひかり》を反射《はんしゃ》してかがやいていたようだ。
●オレノイデス
全長《ぜんちょう》5～9cm。三葉虫《さんようちゅう》の一種《いっしゅ》。
●シファッソークタム
水《みず》を吸《す》って、水中《すいちゅう》の有機物《ゆうきぶつ》をこしとって食《た》べていた。
ハルキゲニア
長2.5cm。背中《せなか》に長《なが》
とげが生《は》えていて、長《なが》
あしで歩《ある》いた。死がい
どを食《た》べていたらしい。
●オットイア
全長《ぜんちょう》15cm。海底《かいてい》にU字形《ユーじがた》の穴《あな》を掘《ほ》って暮《く》らしていた。
●アイシェアイア
全長《ぜんちょう》4cm。たくさんある足《あし》のつま先《さき》のつめをひっかけて動《うご》いた。

難《むずか》しい復元《ふくげん》

化石《かせき》はばらばらの状態《じょうたい》で出《で》てくることが多《おお》く、生《い》きているときの形《かたち》が、よくわからないこともある。正《ただ》しい形《かたち》に復元《ふくげん》するためには、何度《なんど》も組《く》み合《あ》わせを試《ため》す。

【エビかクラゲか?】

アノマロカリスは、触手《しょくしゅ》だけが見《み》つかったときはエビ、口《くち》だけが見《み》つかったときはクラゲだと考《かんが》えられた。触手《しょくしゅ》と口《くち》がくっついている化石《かせき》が見《み》つかって、1種《しゅ》の生《い》きものだとわかった。

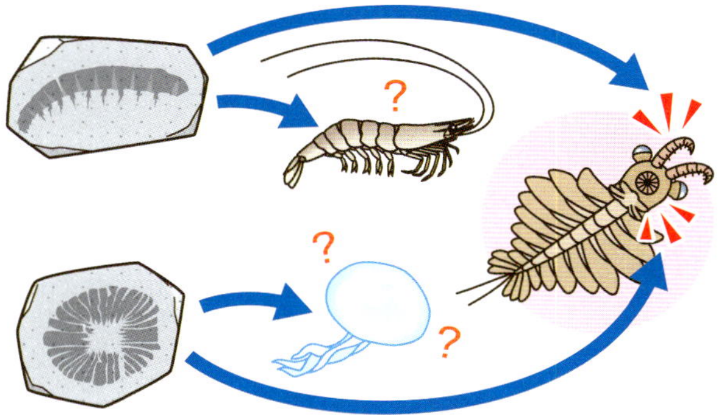

【上下《じょうげ》さかさま!】

ハルキゲニアは最初《さいしょ》、とがったとげのようなあしで歩《ある》いていると考《かんが》えられていた。しかし、その後《ご》の化石《かせき》の発見《はっけん》で、背中《せなか》のとげであることがわかった。

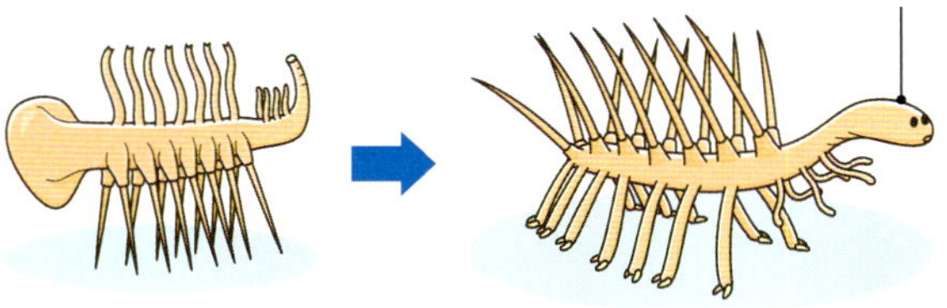
頭《あたま》の向《む》きも変《か》わった。

鉄道工事《てつどうこうじ》で発見《はっけん》された

カンブリア紀《き》の生《い》きものの化石《かせき》は、カナダのバージェスからたくさん見《み》つかっている。1909年《ねん》、ここに鉄道《てつどう》を通《とお》すための調査《ちょうさ》をしていたところ、さまざまな化石《かせき》が発見《はっけん》された。

中国《ちゅうごく》
日本《にほん》
カナダ
バージェス
アメリカ
雲南省《うんなんしょう》
澄江県《チェンジャンけん》

カンブリア紀《き》の化石《かせき》は、バージェスのほか、中国《ちゅうごく》の雲南省澄江県《うんなんしょうチェンジャンけん》からも見《み》つかっている。

バージェスの発掘現場《はっくつげんば》。頁岩《けつがん》とよばれるうすくはがれる地層《ちそう》が特《とく》ちょうだ。

頁岩《けつがん》の「頁《けつ》」とは本《ほん》の「ページ」のことだ。この岩《いわ》がうすくはがれて本《ほん》のページを思《おも》わせることから名前《なまえ》がついた。

2014年《ねん》にアメリカで、海藻《かいそう》のDNA《ディーエヌエー》をもち光合成《こうごうせい》をするウミウシが発見《はっけん》された。この発見《はっけん》で、植物《しょくぶつ》のDNA《ディーエヌエー》が動物《どうぶつ》に移《うつ》ることもあることがわかった。

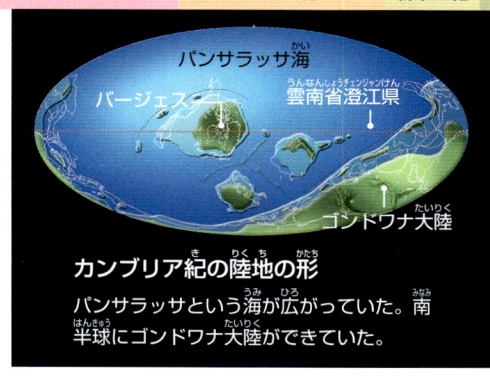

背骨《せぼね》は強《つよ》くじょうぶな体《からだ》の軸《じく》

わたしたちヒトもふくめて、背骨《せぼね》をもつ動物《どうぶつ》のことを「脊椎動物《せきついどうぶつ》」とよびます。背骨《せぼね》は体《からだ》を支《ささ》え、脳《のう》から出《で》ている神経《しんけい》の束《たば》を守《まも》る役目《やくめ》もしています。

カンブリア紀《き》に現《あらわ》れた背骨《せぼね》をもつ動物《どうぶつ》

かたい骨《ほね》でできた背骨《せぼね》をもつ動物《どうぶつ》には、現在《げんざい》、魚類《ぎょるい》、両生類《りょうせいるい》、は虫類《ちゅうるい》、鳥類《ちょうるい》、ほ乳類《にゅうるい》がいる。その祖先《そせん》は、カンブリア紀《き》に現《あらわ》れていた。

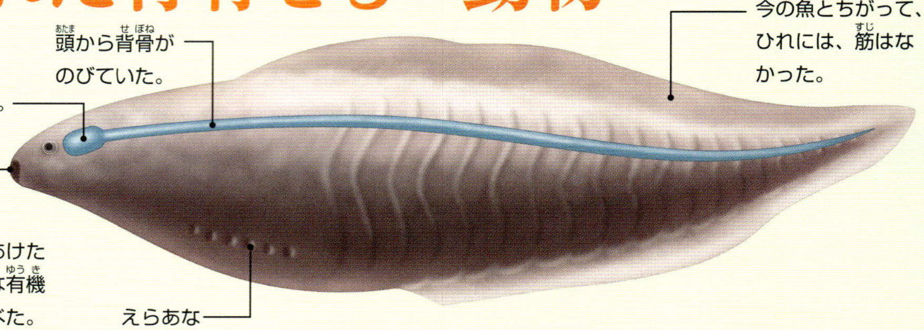
頭《あたま》から背骨《せぼね》がのびていた。
脳《のう》があった。
今《いま》の魚《さかな》とちがって、ひれには、筋《すじ》はなかった。
あごがなく、口《くち》をあけたまま泳《およ》いで、小《ちい》さな有機物《ゆうきぶつ》を吸《す》いこんで食《た》べた。
えらあな

●ミロクンミンギア（➡57）
全長《ぜんちょう》3.5cm。カンブリア紀《き》に現《あらわ》れた、最《もっと》も古《ふる》い魚類《ぎょるい》とされ、あごのない「無顎魚類《むがくぎょるい》（➡65）」にあたる。

やわらかい脊索《せきさく》からかたい背骨《せぼね》へ

●ナメクジウオ
全長《ぜんちょう》 5cm。海《うみ》の砂地《すなち》にすむ。
一生《いっしょう》のあいだ脊索《せきさく》をもつ脊索動物《せきさくどうぶつ》で、脊椎動物《せきついどうぶつ》の研究《けんきゅう》に使《つか》われている。

背骨《せぼね》は脊椎《せきつい》というかたい骨《ほね》でできているが、その原形《げんけい》となる脊索《せきさく》は、やわらかい棒《ぼう》のような器官《きかん》だ。背骨《せぼね》をもつ脊椎動物《せきついどうぶつ》も、受精《じゅせい》（➡46）して、赤《あか》ちゃんのもととなる胚《はい》が育《そだ》ち始《はじ》めてまもないころは脊索《せきさく》をもっている。それが成長《せいちょう》とともに背骨《せぼね》に変《か》わるが、ナメクジウオのように、一生《いっしょう》のあいだ、脊索《せきさく》をもち続《つづ》ける生《い》きものもいる。

ナメクジウオの体《からだ》

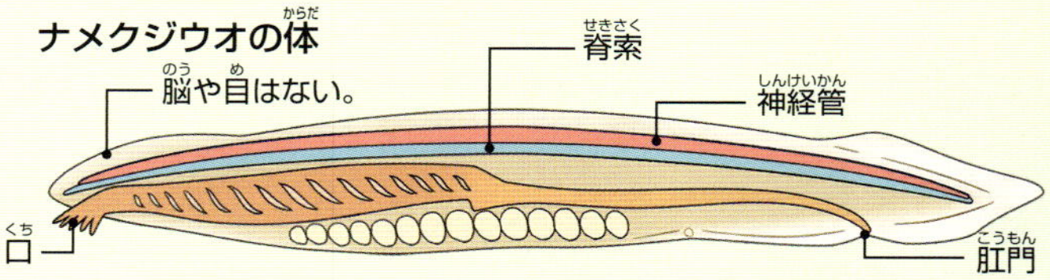
脳《のう》や目《め》はない。
脊索《せきさく》
神経管《しんけいかん》
口《くち》
肛門《こうもん》

背骨《せぼね》があると、なにがいい？

生《い》きものは、体《からだ》の中《なか》にある背骨《せぼね》が体《からだ》を支《ささ》える脊椎動物《せきついどうぶつ》と、背骨《せぼね》をもたない無脊椎動物《むせきついどうぶつ》の２つに大《おお》きく分《わ》けることができる。わたしたちヒトも属《ぞく》している脊椎動物《せきついどうぶつ》の長所《ちょうしょ》を見《み》ていこう。

【陸《りく》でも体《からだ》を立《た》てられる】

水中《すいちゅう》では水《みず》が体《からだ》を支《ささ》えてくれるが、陸《りく》では自分《じぶん》で体《からだ》を支《ささ》えなくてはならない（➡68）。背骨《せぼね》のない無脊椎動物《むせきついどうぶつ》は、陸《りく》では体《からだ》を立《た》てておくことが難《むずか》しい。

【すばやく動《うご》ける】

カンブリア紀《き》は、獲物《えもの》をとらえて食《た》べる動物《どうぶつ》が現《あらわ》れた時代《じだい》だ。ミロクンミンギアには体《からだ》を守《まも》るかたい殻《から》はなかったが、脳《のう》からの指令《しれい》を神経《しんけい》がすぐに全身《ぜんしん》に伝《つた》え、背骨《せぼね》があることで速《はや》く動《うご》けたので、敵《てき》からすぐににげることができただろう。

背骨《せぼね》は体《からだ》を支《ささ》える軸《じく》の役割《やくわり》を果《は》たす。軸《じく》があるほうが、安定《あんてい》して速《はや》く動《うご》ける。

陸上《りくじょう》で最《もっと》も速《はや》いチーターは、背骨《せぼね》のある動物《どうぶつ》だ。

【体《からだ》を大《おお》きくしやすい】

無脊椎動物《むせきついどうぶつ》は、体《からだ》の外側《そとがわ》に殻《から》をもつものが多《おお》い。殻《から》の大《おお》きさ以上《いじょう》には大《おお》きくなれないので、成長《せいちょう》するときは脱皮《だっぴ》が必要《ひつよう》だ。しかし脊椎動物《せきついどうぶつ》は、骨《ほね》のまわりに肉《にく》をつけ足《た》して大《おお》きくなれる。

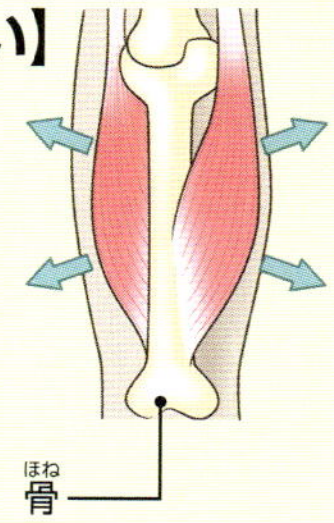
骨《ほね》

●脊椎動物《せきついどうぶつ》の足《あし》（ヒト）
かたい骨《ほね》のまわりに、やわらかい筋肉《きんにく》を足《た》していける。

●殻《から》のある無脊椎動物《むせきついどうぶつ》のあし（カニ）
殻《から》で体《からだ》を守《まも》っているが、脱皮《だっぴ》しないと殻《から》の大《おお》きさ以上《いじょう》には大《おお》きくなれない。

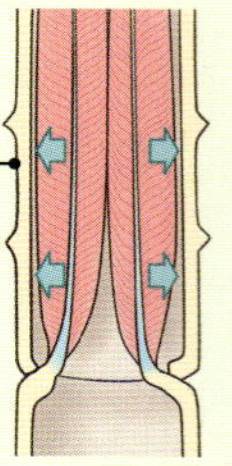
殻《から》

無脊椎動物《むせきついどうぶつ》の大《おお》きさの限界《げんかい》

陸《りく》では、体《からだ》の内側《うちがわ》に支《ささ》えのない無脊椎動物《むせきついどうぶつ》はあまり大《おお》きくなれない。水中《すいちゅう》でも脊椎動物《せきついどうぶつ》にはかなわない。

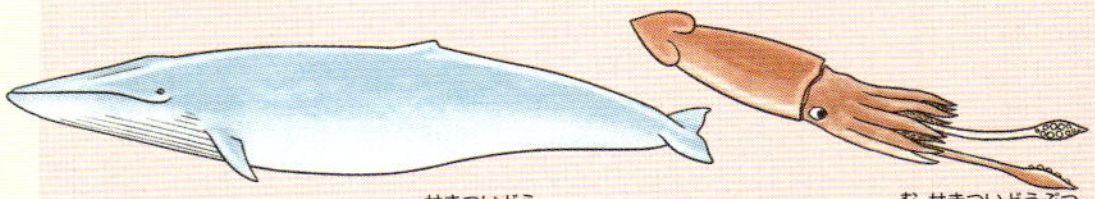

シロナガスクジラ。脊椎動《せきついどう》物《ぶつ》で、地球《ちきゅう》で最大《さいだい》の動物《どうぶつ》だ。全長《ぜんちょう》 23 ～ 27m。

ダイオウイカ。無脊椎動物《むせきついどうぶつ》では最大《さいだい》で、とくに大《おお》きなもので全長《ぜんちょう》 18m。

ヤシガニは現在《げんざい》、陸《りく》で最大《さいだい》の無脊椎動物《むせきついどうぶつ》だが、はさみと体《からだ》をのばしても 1m 程《てい》度《ど》だ。

『これならわかる！ 科学《かがく》の基礎《きそ》のキソ 生物《せいぶつ》』: 丸善出版《まるぜんしゅっぱん》

5億《おく》年《ねん》以上《いじょう》も前《まえ》にそろっていた現在《げんざい》の動物《どうぶつ》の祖先《そせん》

※ 実際《じっさい》には30以上《いじょう》の動物《どうぶつ》のグループがあるが、ここでは代表的《だいひょうてき》なものを示《しめ》す。

カンブリア紀《き》には、背骨《せほね》をもつ動物以《どうぶつい》外《がい》にも、さまざまな体《からだ》のしくみの生《い》きものが現《あらわ》れた。ふしぎな姿《すがた》をしていても、それらの多《おお》くは、現在《げんざい》の動物《どうぶつ》となんらかの関係《かんけい》があるという。

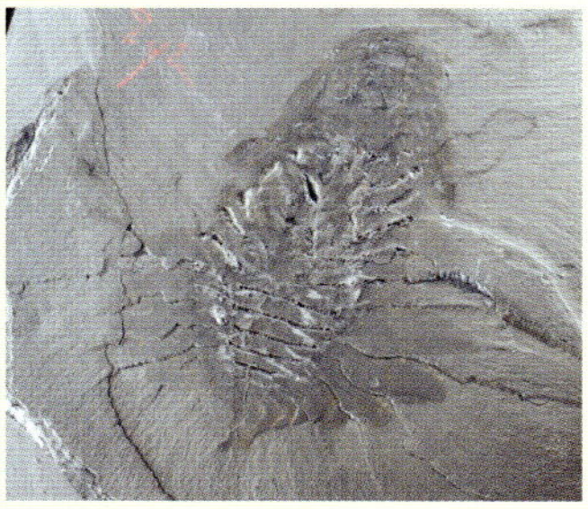

節足動物《せっそくどうぶつ》のアノマロカリスの胴体《どうたい》の化《か》石《せき》。体《からだ》のわきのひれが見《み》えている。

アノマロカリスの触手《しょくしゅ》の化石《かせき》。エビとまちがえられた。

節足動物《せっそくどうぶつ》のマルレラ（➡57）の化石《かせき》。体《からだ》の形《かたち》がよくわかる。

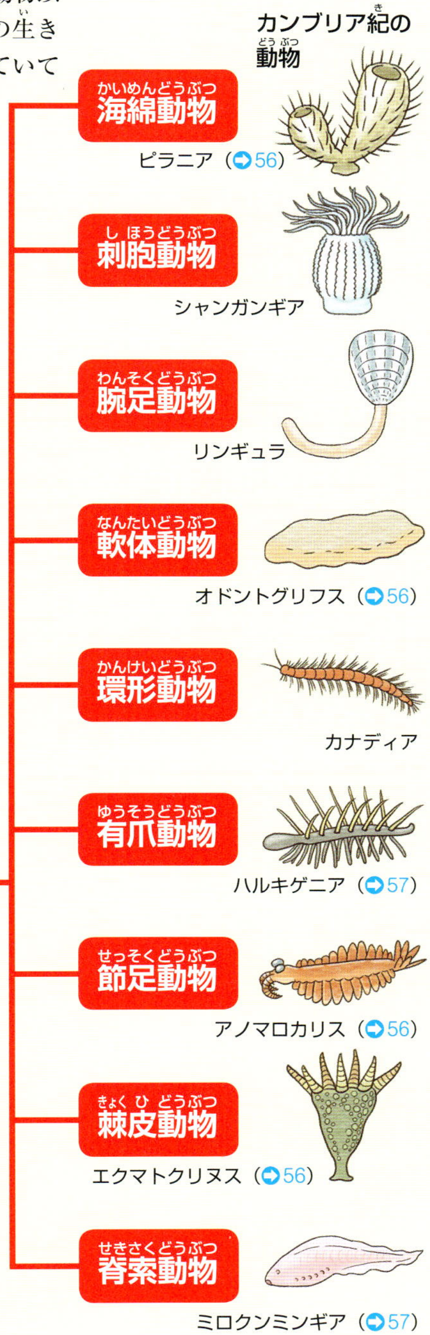

カンブリア紀《き》の動物《どうぶつ》
共通《きょうつう》の祖先《そせん》
海綿動物《かいめんどうぶつ》
ピラニア（➡56）
刺胞動物《しほうどうぶつ》
シャンガンギア
腕足動物《わんそくどうぶつ》
リンギュラ
軟体動物《なんたいどうぶつ》
オドントグリフス（➡56）
環形動物《かんけいどうぶつ》
カナディア
有爪動物《ゆうそうどうぶつ》
ハルキゲニア（➡57）
節足動物《せっそくどうぶつ》
アノマロカリス（➡56）
棘皮動物《きょくひどうぶつ》
エクマトクリヌス（➡56）
脊索動物《せきさくどうぶつ》
ミロクンミンギア（➡57）

現在《げんざい》の動物《どうぶつ》

内臓《ないぞう》や神経《しんけい》がなく、体中《からだじゅう》にあいているたくさんの小《ちい》さなあなから水《みず》を吸《す》い、栄養分《えいようぶん》をこしとる。カイメンなど。

スリバチカイメン

ふくろのようなつくりの体《からだ》で、刺胞《しほう》という毒針《どくばり》をもつ。クラゲ、イソギンチャク、サンゴなど。

ウメボシイソギンチャク

殻《から》で体《からだ》をおおっているが、やわらかい体《からだ》の一部《いちぶ》を砂《すな》の中《なか》にのばして、体《からだ》を固定《こてい》している。シャミセンガイなど。

ミドリシャミセンガイ

やわらかい体《からだ》を殻《から》で守《まも》っているが、殻《から》がなくなったものもいる。貝《かい》、イカ、タコなど。

マダコ

体《からだ》は細長《ほそなが》く、輪《わ》のような形《かたち》の節《せつ》が連《つら》なっている。ミミズ、ゴカイ、ヒルなど。

ドバミミズ

節《せつ》のある体《からだ》に、たくさんの突起《とっき》がある。あしには、つめもある。熱帯地方《ねったいちほう》のしめった土地《とち》にすむカギムシなど。

エクアドルカギムシ

体《からだ》は節《せつ》に分《わ》かれていて、表面《ひょうめん》はかたい殻《から》でおおわれている。エビ、昆虫《こんちゅう》、クモなど。

アメリカザリガニ

体《からだ》が五角形《ごかくけい》で、石灰質《せっかいしつ》の骨片《こっぺん》や殻《から》で体《からだ》を守《まも》っている。ウミユリ、ウニ、ヒトデ、ナマコなど。

イトマキヒトデ

体《からだ》の中《なか》に脊索《せきさく》という棒状《ぼうじょう》の器官《きかん》があり、体《からだ》を支《ささ》えている。ナメクジウオなど。脊椎動物《せきついどうぶつ》は脊索《せきさく》が脊椎《せきつい》に代《か》わっているが、ここにふくまれる。

ヒトとイヌ

動物以外《どうぶついがい》の生《い》きものもいる

地球上《ちきゅうじょう》には、動物《どうぶつ》ではない生《い》きものがたくさんいる。生《い》きものすべてが活動《かつどう》することで、複雑《ふくざつ》な生態系《せいたいけい》ができている。目《め》に見《み》えない小《ちい》さなものも多《おお》い。

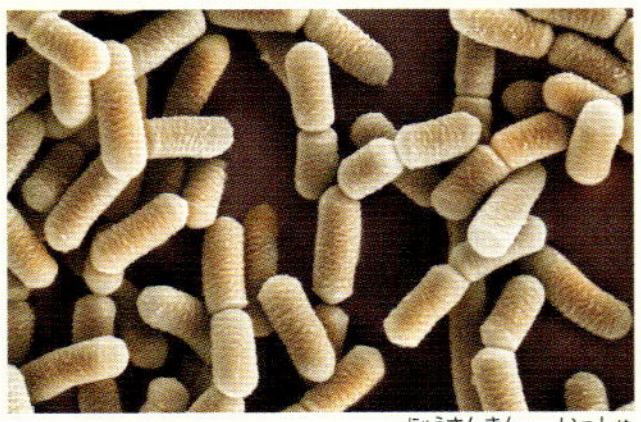

乳酸菌《にゅうさんきん》の一種《いっしゅ》

●細菌《さいきん》（バクテリア）

DNA《ディーエヌエー》が膜《まく》に包《つつ》まれず、むき出《だ》しの状態《じょうたい》で細胞《さいぼう》の中《なか》にある原核生物《げんかくせいぶつ》（➡45）。シアノバクテリア（➡42）、大腸菌《だいちょうきん》、乳酸菌《にゅうさんきん》など。

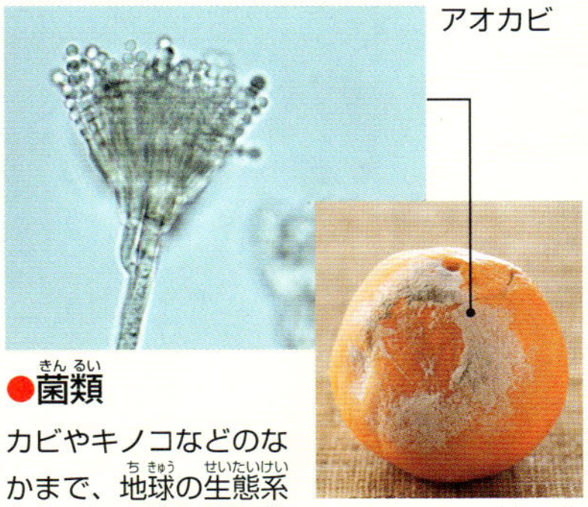

アオカビ

ミカンの皮《かわ》に生《は》えたアオカビ

●菌類《きんるい》

カビやキノコなどのなかまで、地球《ちきゅう》の生態系《せいたいけい》のなかでは分解者《ぶんかいしゃ》の役《やく》割《わり》がある。

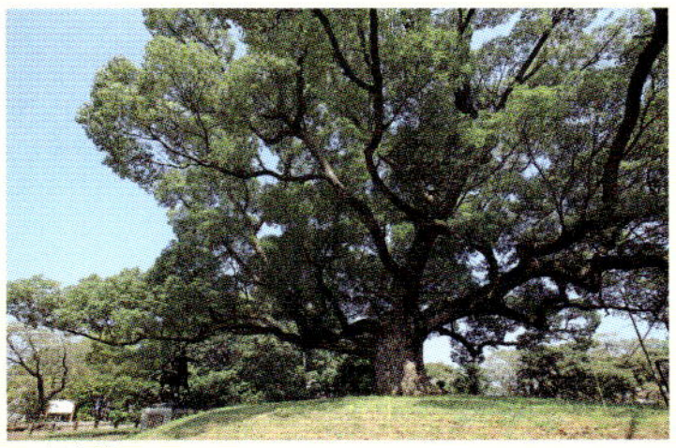

クスノキ

●植物《しょくぶつ》

光合成《こうごうせい》をして自分《じぶん》で栄養《えいよう》をつくり出《だ》し、地《ち》球《きゅう》の生態系《せいたいけい》のなかでは生産者《せいさんしゃ》の役割《やくわり》がある。

👁ナメクジウオは日本《にほん》に3種《しゅ》いる。愛知県蒲郡市大島《あいちけんがまごおりしおおしま》と広島県三原市有竜島《ひろしまけんみはらしうりゅうとう》の2か所《しょ》は、生息場所《せいそくばしょ》として、国《くに》の天然記念物《てんねんきねんぶつ》に指定《してい》されている。

原生代《げんせいだい》	古生代《こせいだい》				
エディアカラ紀《き》	カンブリア紀《き》	オルドビス紀《き》	シルル紀《き》	デボン紀《き》	石

さまざまな進化《しんか》を競《きそ》う生《い》きもの

海《うみ》の中《なか》の生存競争《せいぞんきょうそう》

オルドビス紀《き》やシルル紀《き》になると、カンブリア紀《き》よりも泳《およ》ぎのうまい生《い》きものが現《あらわ》れました。食《た》べる・食《た》べられるの生存競争《せいぞんきょうそう》は、ますます激《はげ》しくなりました。

無脊椎動物《むせきついどうぶつ》が魚《さかな》より活躍《かつやく》した

オルドビス紀《き》の海《うみ》では、魚《さかな》はまだあまり多《おお》くなく、三葉虫《さんようちゅう》や、イカやタコのなかまで殻《から》をもつオウムガイなどが栄《さか》えた。魚《さかな》の種類《しゅるい》は次第《しだい》に増《ふ》えたが、シルル紀《き》の海《うみ》では、節足動物《せっそくどうぶつ》のウミサソリが強《つよ》さをほこった。

【今《いま》のオウムガイ】
殻《から》の形《かたち》は丸《まる》くなったが、現在《げんざい》もオウムガイはいる。

殻《から》の内部《ないぶ》のつくりは、昔《むかし》のものとほとんど変《か》わらない。

●コノドント
全長《ぜんちょう》3～30cm。あごはないが、するどい歯《は》が生《は》えていた魚類《ぎょるい》。体《からだ》をくねらせて泳《およ》いだ。

●エンドセラス
全長《ぜんちょう》10m。長《なが》い円錐形《えんすいけい》の殻《から》をもつオウムガイのなかまで、触手《しょくしゅ》で獲物《えもの》をとらえた。

殻《から》の中《なか》は空洞《くうどう》で小《ちい》さな部屋《へや》にしきられていた。それぞれの部屋《へや》のガスなどの量《りょう》を変《か》えることで浮《う》いたりしずんだりした。

●サゲノクリニテス
がく（触手《しょくしゅ》の根《ね》もとの部分《ぶぶん》）の直径《ちょっけい》2.5cm。ウミユリという棘皮動物《きょくひどうぶつ》の一種《いっしゅ》で、触手《しょくしゅ》で水中《すいちゅう》の有機物《ゆうきぶつ》をとらえた。

触手《しょくしゅ》

●サンゴ
浅《あさ》い海《うみ》では、サンゴも栄《さか》えた。

アサフスの化石《かせき》。目《め》は飛《と》び出《だ》したままで、しまうことはできなかった。

●アサフス
全長《ぜんちょう》7cm。三葉虫《さんようちゅう》のなかま。長《なが》くのびた柄《え》の先《さき》に目《め》がついていた。

●フレキシカリメネ
全長《ぜんちょう》1.6cm。体《からだ》を丸《まる》めることができた三葉虫《さんようちゅう》のなかま。

3億年《おくねん》も繁栄《はんえい》した三葉虫《さんようちゅう》

カンブリア紀《き》に現《あらわ》れた三葉虫《さんようちゅう》は、ペルム紀末《きまつ》に絶滅《ぜつめつ》するまで、3億年《おくねん》もの長《なが》いあいだ、存在《そんざい》した節足動物《せっそくどうぶつ》だ。大《おお》きさや形《かたち》はさまざまなものがいるが、かたい殻《から》で体《からだ》を守《まも》りながら、海底《かいてい》をはったりもぐったりして、底《そこ》にたまっている細《こま》かな有機物《ゆうきぶつ》をこしとって食《た》べていた。かたい殻《から》のおかげで、化石《かせき》（➡158）が数多《かずおお》く残《のこ》っている。

【三葉虫《さんようちゅう》の体《からだ》】
三葉虫《さんようちゅう》という名《な》は、左右《さゆう》の「側葉《そくよう》」と真《ま》ん中《なか》の「中葉《ちゅうよう》」の３つに体《からだ》が分《わ》けられることからつけられた。頭《あたま》、胸《むね》、尾《お》という３つの部分《ぶぶん》に分《わ》けることもできる。

複眼《ふくがん》の化石《かせき》。

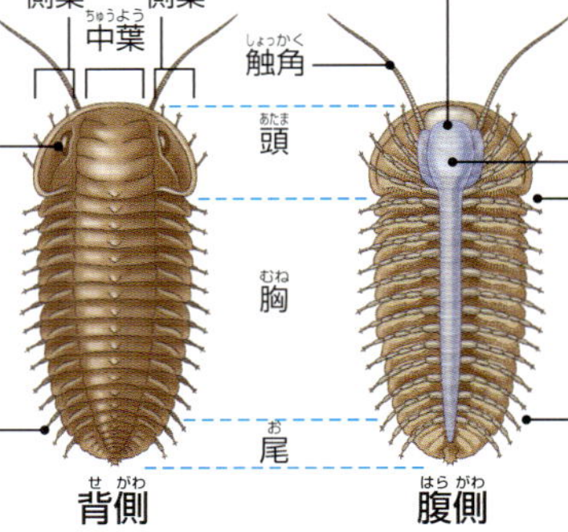
口《くち》は海底《かいてい》のほうを向《む》いている。
胃《い》と口《くち》は重《かさ》なっていて、消化管《しょうかかん》が尾《お》のほうに続《つづ》いていた。
側葉《そくよう》
中葉《ちゅうよう》
側葉《そくよう》
触角《しょっかく》
呼吸器官《こきゅうきかん》であるえらは、各体節《かくたいせつ》にあった。
目《め》は複眼《ふくがん》だった。
頭《あたま》
胸《むね》
あし
尾《お》
背側《せがわ》
腹側《はらがわ》

体《からだ》を丸《まる》めた三葉虫《さんようちゅう》の化石《かせき》。殻《から》はかたくても、節《せつ》で体《からだ》を曲《ま》げることができた。

『子供《こども》の科学《かがく》★サイエンスブックス アンモナイトと三葉虫《さんようちゅう》』：誠文堂新光社《せいぶんどうしんこうしゃ》

尾《お》の先《さき》が広《ひろ》がっていて、泳《およ》ぐのがうまかった。
●プテリゴトゥス
全長《ぜんちょう》2m。大《おお》きなはさみをもつウミサソリのなかま。肉食《にくしょく》で、はさみで魚《さかな》をとらえた。
泳《およ》ぐのに使《つか》ったオールのようなあし。
海底《かいてい》を歩《ある》くときに使《つか》ったあし。
●アンドレオレピス
全長《ぜんちょう》15～20cm。あごのある魚《さかな》で、ひれの中《なか》に支《ささ》えがある条鰭魚類《じょうきぎょるい》（➡65）の最《もっと》も古《ふる》いものの一種《いっしゅ》。
尾《お》びれの先《さき》が、さらにのびていた。
●サカバンバスピス
全長《ぜんちょう》25cm。あごのない魚《さかな》で、頭《あたま》から腹《はら》のほうまで甲《こう》らでおおわれていた。
●イソテルス
全長《ぜんちょう》30cm。大《おお》きな三葉虫《さんようちゅう》で、頭《あたま》と尾《お》は大《おお》きくて、なめらかだった。

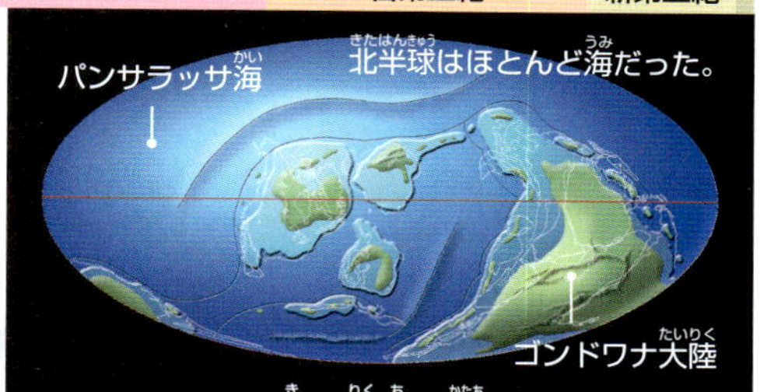
パンサラッサ海《かい》
北半球《きたはんきゅう》はほとんど海《うみ》だった。
ゴンドワナ大陸《たいりく》

オルドビス紀《き》の陸地《りくち》の形《かたち》
ゴンドワナ大陸以外《たいりくいがい》の大陸《たいりく》は小《ちい》さく、各大陸《かくたいりく》のまわりに浅《あさ》い海《うみ》が広《ひろ》がっていた。

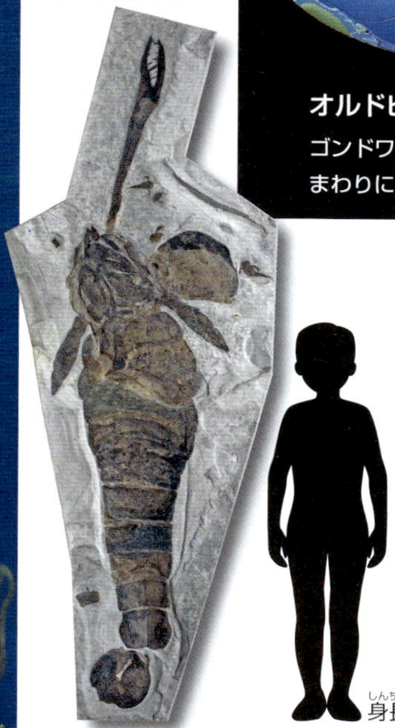
身長《しんちょう》150cmの人《ひと》

全長《ぜんちょう》2.5mにもなったウミサソリのなかまの化石《かせき》。

巨大《きょだい》なウミサソリ

ウミサソリはオルドビス紀《き》に現《あらわ》れた節足動物《せっそくどうぶつ》の一種《いっしゅ》だ。全長《ぜんちょう》数《すう》cmの小《ちい》さなものから、2mをこす大《おお》きさのものまでいた。はさみをもつものと、もたないものがいたが、どれも泳《およ》ぎがうまく、デボン紀《き》まで生《い》きのびた。

甲《こう》らからうろこへ

初期《しょき》の魚《さかな》は、ぶ厚《あつ》い甲《こう》らで体《からだ》を守《まも》るものが多《おお》かった。時代《じだい》とともに甲《こう》らは失《うしな》われ、うろこに変《か》わっていき、よりすばやく動《うご》けるように進化《しんか》した。

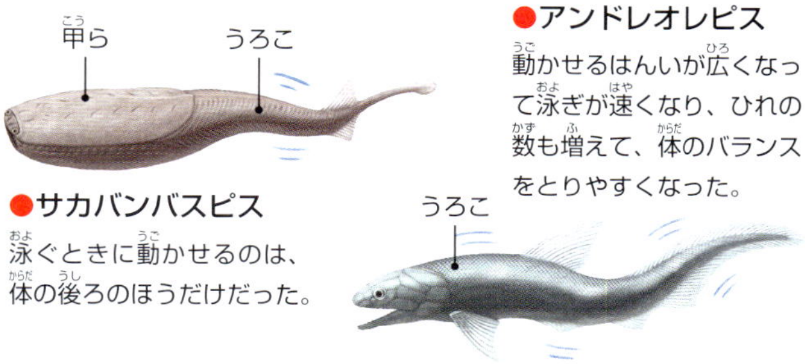
甲《こう》ら
うろこ
うろこ

●サカバンバスピス
泳《およ》ぐときに動《うご》かせるのは、体《からだ》の後《うし》ろのほうだけだった。

●アンドレオレピス
動《うご》かせるはんいが広《ひろ》くなって泳《およ》ぎが速《はや》くなり、ひれの数《かず》も増《ふ》えて、体《からだ》のバランスをとりやすくなった。

オルドビス紀末《きまつ》の大量絶滅《たいりょうぜつめつ》

オルドビス紀末《きまつ》、ビッグファイブ（➡98）とよばれている最初《さいしょ》の大量絶滅《たいりょうぜつめつ》が起《お》こった。原因《げんいん》は2度《ど》にわたる急激《きゅうげき》な気候《きこう》の変化《へんか》だ。まず、最初《さいしょ》に寒冷化《かんれいか》が起《お》こった。南極《なんきょく》や北極《ほっきょく》の近《ちか》くの海水《かいすい》がこおりついて海面《かいめん》が下《さ》がり、浅《あさ》い海《うみ》の生《い》きものはすむ場所《ばしょ》を失《うしな》った。それからまもなく、温暖化《おんだんか》が起《お》こった。温《あたた》かくなった海《うみ》で大発生《だいはっせい》した植物《しょくぶつ》プランクトンが呼吸《こきゅう》を行《おこな》ったことで、水中《すいちゅう》の酸素《さんそ》がとても少《すく》なくなり、再《ふたた》び多《おお》くの生《い》きものが死《し》んだ。絶滅《ぜつめつ》の規模《きぼ》はペルム紀末《きまつ》の大量絶滅《たいりょうぜつめつ》（➡78）の次《つぎ》に大《おお》きなものだった。

この大量絶滅《たいりょうぜつめつ》では、90%の三《さん》葉虫《ようちゅう》が絶滅《ぜつめつ》した。コノドントやウミユリなども数《かず》を減《へ》らした。

三葉虫《さんようちゅう》の殻《から》は貝《かい》の殻《から》と同《おな》じ成分《せいぶん》でできていて、エビやカニなどの殻《から》よりもずっとかたかった。

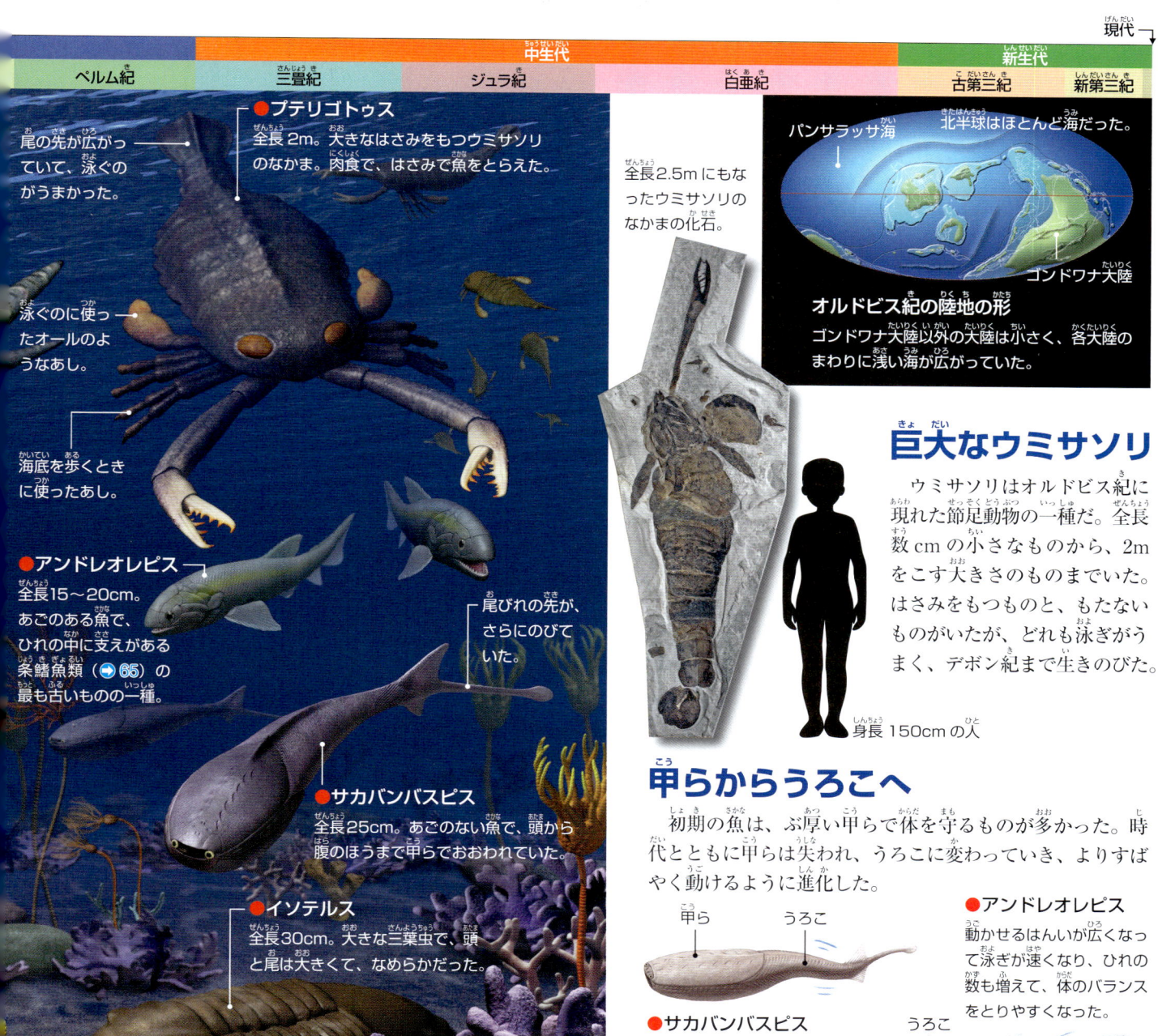

巨大シダの森林➡70

植物《しょくぶつ》が陸地《りくち》に現《あらわ》れた

植物《しょくぶつ》の上陸《じょうりく》

生命《せいめい》が誕生《たんじょう》して以来《いらい》、生《い》きものは水中《すいちゅう》で暮《く》らし、陸上《りくじょう》には岩石《がんせき》の大地《だいち》が広《ひろ》がっているだけでした。しかし、シルル紀《き》に植物《しょくぶつ》が上陸《じょうりく》を始《はじ》めます。それは上空《じょうくう》のオゾン層《そう》のおかげです

オゾンが紫外線《しがいせん》を弱《よわ》くした

太陽《たいよう》から降《ふ》り注《そそ》ぐ紫外線《しがいせん》のほとんどは、生《い》きものには有害《ゆうがい》だ。それまでの陸上《りくじょう》は、紫外線《しがいせん》が強《つよ》すぎてとても暮《く》らすことはできなかった。しかし、水中《すいちゅう》のシアノバクテリアや藻類《そうるい》などが酸素《さんそ》をつくり、さらにそれが変化《へんか》してできたオゾンが層《そう》になって有害《ゆうがい》な紫外線《しがいせん》をさえぎるようになったおかげで、生《い》きものは陸上《りくじょう》でも暮《く》らせるようになった。

【淡水《たんすい》の水辺《みずべ》で進化《しんか》した】

水中《すいちゅう》の植物《しょくぶつ》は、単細胞生物《たんさいぼうせいぶつ》のミカヅキモ（➡44）のような、とても小《ちい》さな藻類《そうるい》が多《おお》かった。最初《さいしょ》に上陸《じょうりく》した植物《しょくぶつ》は、そのうちの緑藻《りょくそう》に近《ちか》いなかまだった。最《もっと》も近《ちか》いと考《かんが》えられるシャジクモが、現在《げんざい》も淡水《たんすい》で暮《く》らしていることから、植物《しょくぶつ》の上陸《じょうりく》は淡水《たんすい》の水辺《みずべ》で起《お》こったと考《かんが》えられている。淡水《たんすい》の水辺《みずべ》は海《うみ》より干上《ひあ》がりやすい。長《なが》いあいだ、水《みず》びたしになったり干上《ひあ》がったりしているうちに、植物《しょくぶつ》は陸上生活《りくじょうせいかつ》にたえられる体《からだ》になったようだ。

●ゾステロフィルム

高《たか》さ 25cm。デボン紀《き》に現《あらわ》れた陸上植《りくじょうしょく》物《ぶつ》。根《ね》や茎《くき》の一部《いちぶ》は水中《すいちゅう》にあり、子孫《しそん》を残《のこ》すための胞子《ほうし》は水面《すいめん》より上《うえ》につけた。

【水辺《みずべ》で暮《く》らす】

陸上植物《りくじょうしょくぶつ》の最《もっと》も古《ふる》い化石《かせき》はオルドビス紀前《きぜん》期《き》から見《み》つかっているが、本格的《ほんかくてき》な上陸《じょうりく》はシルル紀《き》になってからだ。はじめのころは水《みず》を吸《す》い上《あ》げる根《ね》や、体《からだ》のすみずみに水分《すいぶん》を運《はこ》ぶ管《くだ》がなかったため、水辺《みずべ》で暮《く》らした。

●シャジクモのなかま

全長《ぜんちょう》10〜30cm。茎《くき》や葉《は》のような部分《ぶぶん》をもち、藻類《そうるい》のなかでは、陸上《りくじょう》植物《しょくぶつ》に最《もっと》も近《ちか》いと考《かんが》えられている。

●リニア

高《たか》さ 40〜50cm。デボン紀《き》に現《あらわ》れた陸上植物《りくじょうしょくぶつ》。水《みず》を運《はこ》ぶ維管束《いかんそく》ができていて、背《せ》が高《たか》くなった。

●クモのなかま

クモは、昆虫《こんちゅう》とともに最《もっと》も早《はや》くから上陸《じょうりく》した。今《いま》のクモとちがって、糸《いと》を出《だ》すことはできず、腹部《ふくぶ》に節《せつ》があった。

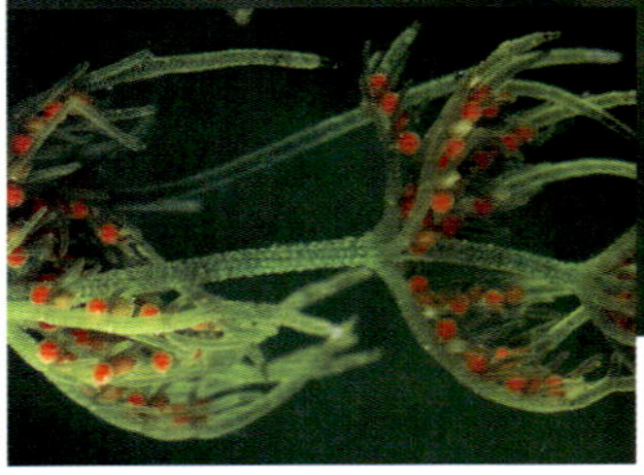

シャジクモは、現在《げんざい》も池《いけ》や沼《ぬま》、湖《みずうみ》などの淡水《たんすい》に見《み》られる。茶色《ちゃいろ》のものは、次《つぎ》の世代《せだい》になっていく部分《ぶぶん》。

植物《しょくぶつ》の上陸対策《じょうりくたいさく》

水中《すいちゅう》と陸上《りくじょう》では、まったく環境《かんきょう》が異《こと》なる。植物《しょくぶつ》が上陸《じょうりく》するためには、紫外線《しがいせん》や乾燥《かんそう》にたえるための工《く》夫《ふう》が必要《ひつよう》だった。

バリアをつくった

オゾン層《そう》ができても、陸上《りくじょう》の紫外《しがい》線《せん》は水中《すいちゅう》よりも強《つよ》い。そこで体《からだ》の表面《ひょうめん》をじょうぶな膜《まく》でおおい、紫《し》外線《がいせん》を防《ふせ》ぐとともに乾燥《かんそう》からも体《からだ》を守《まも》った。

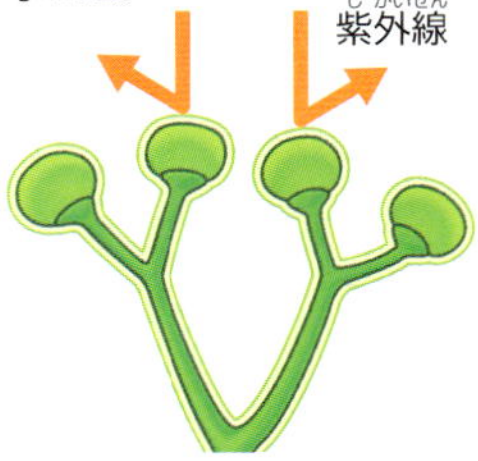

あなをつくった

開《あ》けたり閉《と》じたりできる気孔《きこう》というあなをつくり、二酸化炭素《にさんかたんそ》や酸素《さんそ》の出《だ》し入《い》れをしたり、体《たい》内《ない》の水分《すいぶん》の調整《ちょうせい》をしたりするようになった。

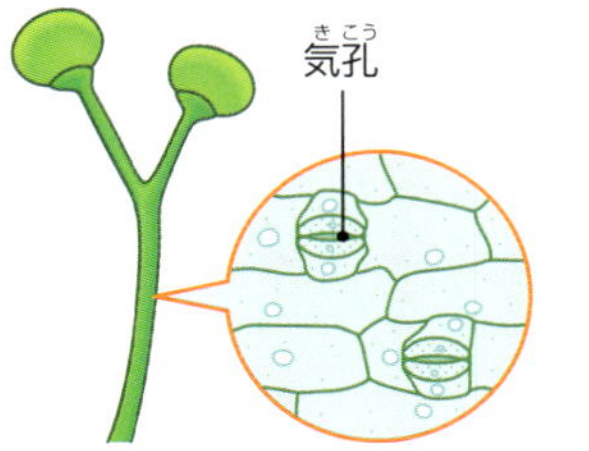

水《みず》や養分《ようぶん》を運《はこ》ぶ管《くだ》をつくった

水中《すいちゅう》では全身《ぜんしん》で水《みず》や養分《ようぶん》を吸収《きゅうしゅう》していた。陸《りく》上《じょう》では体《からだ》の中《なか》に管《くだ》をつくり、根《ね》から吸《す》った水《みず》や養分《ようぶん》を運《はこ》んだ。管《くだ》は集《あつ》まって維管束《いかんそく》という束《たば》になった。陸上《りくじょう》で体《からだ》を支《ささ》えるのにも役立《やくだ》ち、やがて巨大《きょだい》なシダも現《あらわ》れた（➡70）。

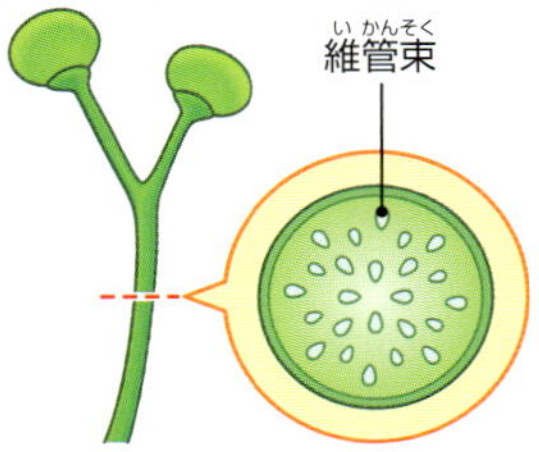

『ポプラディア情報館《じょうほうかん》 植物《しょくぶつ》のふしぎ』: ポプラ社《しゃ》

酸素《さんそ》がこわれてオゾンになる

オゾンのもとは酸素《さんそ》だ。酸素《さんそ》分子《ぶんし》が紫外線《しがいせん》によってこわされ、酸素原子《さんそげんし》3個《こ》が結《むす》びついた気体《きたい》をオゾンという。オゾンがとくに集《あつ》まっている層《そう》をオゾン層《そう》（➡165）という。

紫外線《しがいせん》
オゾン層《そう》
弱《よわ》くなった紫外線《しがいせん》

【オゾンのでき方《かた》】

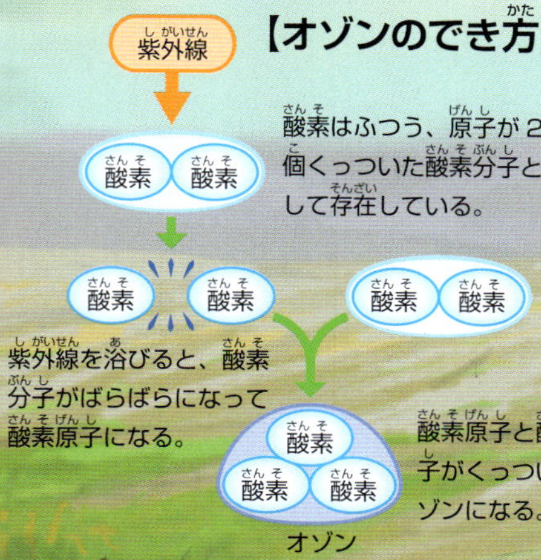

紫外線《しがいせん》
酸素《さんそ》
酸素《さんそ》
酸素《さんそ》はふつう、原子《げんし》が2個《こ》くっついた酸素分子《さんそぶんし》として存在《そんざい》している。
酸素《さんそ》
酸素《さんそ》
酸素《さんそ》
酸素《さんそ》
紫外線《しがいせん》を浴《あ》びると、酸素《さんそ》分子《ぶんし》がばらばらになって酸素原子《さんそげんし》になる。
酸素《さんそ》
酸素《さんそ》
酸素《さんそ》
酸素原子《さんそげんし》と酸素分《さんそぶん》子《し》がくっついてオゾンになる。
オゾン

●ホルネオフィトン
高《たか》さ20cm。デボン紀《き》に現《あらわ》れた陸《りく》上植物《じょうしょくぶつ》。体《からだ》を支《ささ》える組織《そしき》はまだ強《つよ》くないが、少《すこ》し水辺《みずべ》をはなれられた。

●プロトレピドデンドロン
高《たか》さ30cm。デボン紀《き》に現《あらわ》れた陸上植物《りくじょうしょくぶつ》でシダのなかま。茎《くき》の上《うえ》に突起《とっき》のような小《ちい》さな葉《は》ができた。

【昆虫《こんちゅう》も上陸《じょうりく》する】

植物《しょくぶつ》のあとを追《お》うように、昆虫《こんちゅう》やクモなどの節足《せっそく》動物《どうぶつ》も上陸《じょうりく》した。もともと体《からだ》が殻《から》でおおわれているため、環境《かんきょう》の変化《へんか》に強《つよ》かったようだ。しかし、まだ、はねはなかった（➡72）。

●シミのなかま
はねのない昆虫《こんちゅう》で、地《じ》面《めん》を歩《ある》きまわって食《た》べものを探《さが》した。

●サソリのなかま
デボン紀《き》になるとサソリも現れた。

●コケのなかま
体《からだ》を支《ささ》え、水《みず》を運《はこ》ぶ組織《そしき》がなく、地面《じめん》からほとんど立《た》ち上《あ》がれなかった。根《ね》は、体《からだ》を固《こ》定《てい》するためだけにあり、水分《すいぶん》は体全体《からだぜんたい》で吸収《きゅうしゅう》する。

●クックソニア
高《たか》さ7.5cm。シルル紀《き》に現《あらわ》れた陸《りく》上植物《じょうしょくぶつ》。体《からだ》を支《ささ》える組織《そしき》は、まだそれほど強《つよ》くなく、背《せ》が低《ひく》かった。

胞子《ほうし》の入《はい》ったふくろ

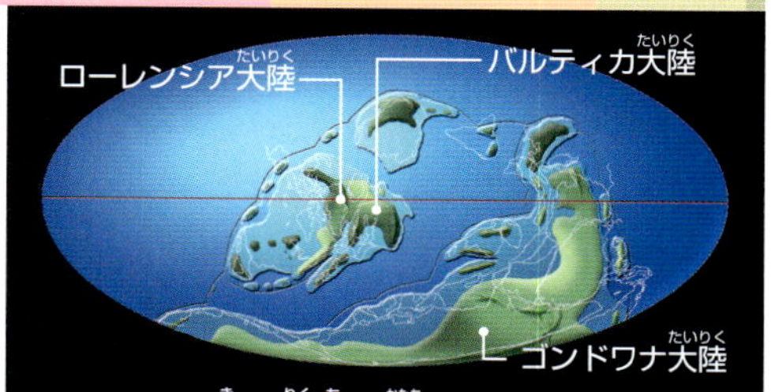

ローレンシア大陸《たいりく》
バルティカ大陸《たいりく》
ゴンドワナ大陸《たいりく》

シルル紀《き》の陸地《りくち》の形《かたち》
ローレンシア大陸《たいりく》とバルティカ大陸《たいりく》が衝突《しょうとつ》して、1つの大陸《たいりく》になった。

植物《しょくぶつ》のなかま分《わ》け

植物《しょくぶつ》も、ほかの生《い》きものと同《おな》じように水中《すいちゅう》で暮《く》らしていた。しかし、まっ先《さき》に上陸《じょうりく》すると地上《ちじょう》の環境《かんきょう》に合《あ》わせて体《からだ》をつくりかえながら、現在《げんざい》も見《み》られるグループに分《わ》かれていった。

植物《しょくぶつ》の祖先《そせん》

27億年前《おくねんまえ》
ワカメ

藻類《そうるい》
水中《すいちゅう》で暮《く》らし、茎《くき》、葉《は》、根《ね》の区別《くべつ》はなく、体全体《からだぜんたい》で水分《すいぶん》を吸収《きゅうしゅう》する。単細胞《たんさいぼう》のものは分裂《ぶんれつ》して、多細《たさい》胞《ぼう》のものは胞子《ほうし》で増《ふ》える。

4億《おく》4000万年前《まんねんまえ》
ゼニゴケ

コケ
茎《くき》、葉《は》、根《ね》の区別《くべつ》はなく、体全体《からだぜんたい》で水分《すいぶん》を吸収《きゅうしゅう》する。胞子《ほうし》を飛《と》ばして増《ふ》えるが、胞子《ほうし》は乾燥《かんそう》に弱《よわ》い。

4億《おく》4000万年前《まんねんまえ》
ワラビ

シダ
維管束《いかんそく》をもち、進化《しんか》したものでは茎《くき》、葉《は》、根《ね》の区《く》別《べつ》がある。コケと同《おな》じように胞子《ほうし》で増《ふ》える。

3億《おく》5000万年前《まんねんまえ》
マツ

裸子植物《らししょくぶつ》
乾燥《かんそう》に強《つよ》い種子《しゅし》で増《ふ》える。種子《しゅし》になる胚珠《はいしゅ》という部《ぶ》分《ぶん》がむき出《だ》しで、花《はな》びらのない花《はな》をさかせる。

1億《おく》4000万年前《まんねんまえ》
タンポポ

被子植物《ひししょくぶつ》（➡90）
裸子植物《らししょくぶつ》と同《おな》じように種《しゅ》子《し》で増《ふ》える。胚珠《はいしゅ》は子房《しぼう》で包《つつ》まれ、花《はな》びらのある花《はな》をさかせる。

※数字《すうじ》は、その植物《しょくぶつ》が現《あらわ》れた年代《ねんだい》。

コケが土《つち》をつくった

植物《しょくぶつ》が上陸《じょうりく》を始《はじ》めたころ、陸《りく》には土《つち》はなく、岩《がん》石《せき》の大地《だいち》が広《ひろ》がっていた。コケは、生長《せいちょう》に必要《ひつよう》な養分《ようぶん》を得《え》るために、体《からだ》から酸性《さんせい》の物質《ぶっしつ》を出《だ》して岩《いわ》をとかす。それが、コケが上陸《じょうりく》した約《やく》5億年前《おくねんまえ》からくりかえされ、地球《ちきゅう》に土《つち》の層《そう》がつくられた。

溶岩《ようがん》の大地《だいち》に生《は》えた植物《しょくぶつ》。植物《しょくぶつ》が根《ね》を張《は》って成長《せいちょう》していくことでも、岩石《がんせき》はくだかれて、細《こま》かくなっていく。

ラセイタソウ

昆虫《こんちゅう》の祖先《そせん》はだれ？

遺伝子《いでんし》を調《しら》べたところ、昆虫《こんちゅう》に最《もっと》も近《ちか》い関係《かんけい》にある生《い》きものは甲殻類《こうかくるい》だった。ミジンコなどのなかまが近《ちか》かったという。

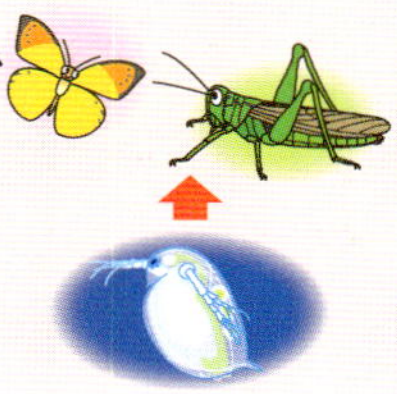

淡水《たんすい》にすむ緑藻《りょくそう》のボツリオコッカスからは、石油《せきゆ》と同《おな》じような成分《せいぶん》の油《あぶら》がとれるため、将来《しょうらい》のエネルギーとして期待《きたい》されている。

海の中の生存競争➡60 両生類➡66

あごができた魚《さかな》たちが栄《さか》える

あご 初期《しょき》の魚《さかな》の口《くち》には、歯《は》はあっても、あごはありませんでした。シルル紀後期《きこうき》になると、あごをもつ魚《さかな》が現《あらわ》れます。上下《じょうげ》のあごで獲物《えもの》をとれるようになった魚《さかな》は、デボン紀《き》に大繁栄《だいはんえい》します。

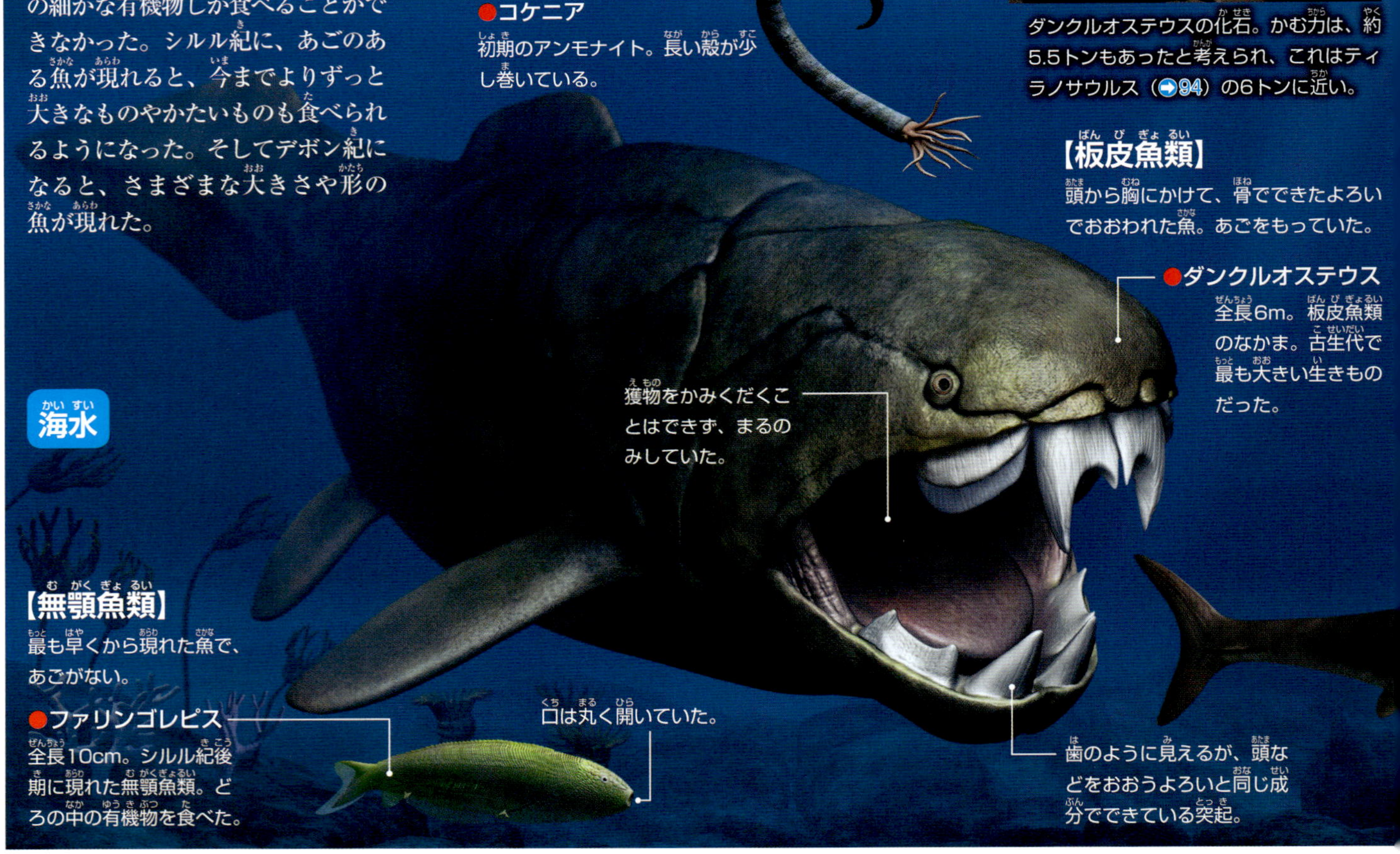

大《おお》きく開《ひら》く口《くち》で獲物《えもの》をとる

誕生《たんじょう》したばかりの魚《さかな》にはあごがなく、口《くち》は開《ひら》いたまま動《うご》かせなかった。そのような口《くち》では、水中《すいちゅう》やどろの中《なか》の細《こま》かな有機物《ゆうきぶつ》しか食《た》べることができなかった。シルル紀《き》に、あごのある魚《さかな》が現《あらわ》れると、今《いま》までよりずっと大《おお》きなものやかたいものも食《た》べられるようになった。そしてデボン紀《き》になると、さまざまな大《おお》きさや形《かたち》の魚《さかな》が現《あらわ》れた。

海水《かいすい》

【アンモナイト】
オウムガイ（➡60）から分《わ》かれて現《あらわ》れたイカやタコのなかま。

●コケニア
初期《しょき》のアンモナイト。長《なが》い殻《から》が少《すこ》し巻《ま》いている。

ダンクルオステウスの化石《かせき》。かむ力《ちから》は、約《やく》5.5トンもあったと考《かんが》えられ、これはティラノサウルス（➡94）の6トンに近《ちか》い。

【板皮魚類《ばんぴぎょるい》】
頭《あたま》から胸《むね》にかけて、骨《ほね》でできたよろいでおおわれた魚《さかな》。あごをもっていた。

●ダンクルオステウス
全長《ぜんちょう》6m。板皮魚類《ばんぴぎょるい》のなかま。古生代《こせいだい》で最《もっと》も大《おお》きい生《い》きものだった。

獲物《えもの》をかみくだくことはできず、まるのみしていた。

歯《は》のように見《み》えるが、頭《あたま》などをおおうよろいと同《おな》じ成分《せいぶん》でできている突起《とっき》。

【無顎魚類《むがくぎょるい》】
最《もっと》も早《はや》くから現《あらわ》れた魚《さかな》で、あごがない。

●ファリンゴレピス
全長《ぜんちょう》10cm。シルル紀後期《きこうき》に現《あらわ》れた無顎魚類《むがくぎょるい》。どろの中《なか》の有機物《ゆうきぶつ》を食《た》べた。

口《くち》は丸《まる》く開《ひら》いていた。

あごができた

あごをもつ魚《さかな》は、魚《さかな》が誕生《たんじょう》してから1億年《おくねん》くらいたってから登場《とうじょう》した。あごは、その後《ご》、現《あらわ》れたは虫類《ちゅうるい》やほ乳類《にゅうるい》などにひきつがれたが、どのようにできたかは、まだ、はっきりとはわかっていない。

【あごのでき方《かた》】 現在《げんざい》、2つの説《せつ》がある。

えらが変化《へんか》してできた？

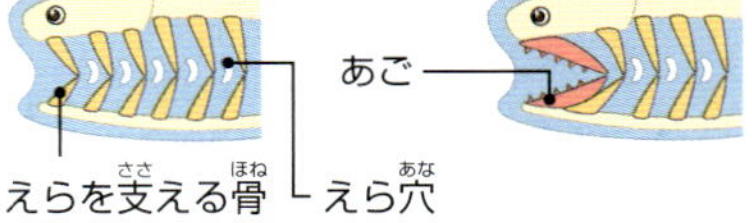
あご
えらを支《ささ》える骨《ほね》
えら穴《あな》

骨《ほね》が変化《へんか》してできた？

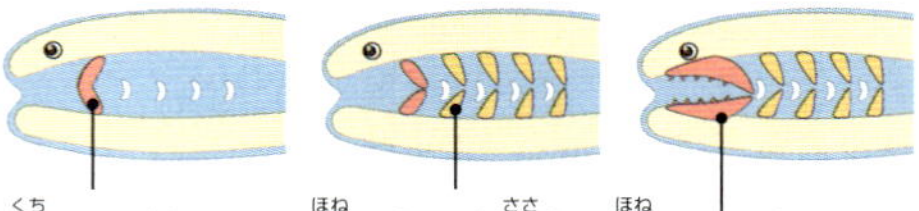
口《くち》とのどをしきる骨《ほね》
えらを支《ささ》える骨《ほね》
あご

【あごのない魚《さかな》の食《た》べ方《かた》】
海水《かいすい》やどろを飲《の》みこみ、そこにふくまれている有機物《ゆうきぶつ》をえらでこしとっていた。

ヤツメウナギの口《くち》。あごのない吸盤《きゅうばん》のような口《くち》に、歯《は》が円形《えんけい》に並《なら》んでいる。獲物《えもの》に吸《す》いついて、歯《は》で肉《にく》をはぎとって食《た》べる。

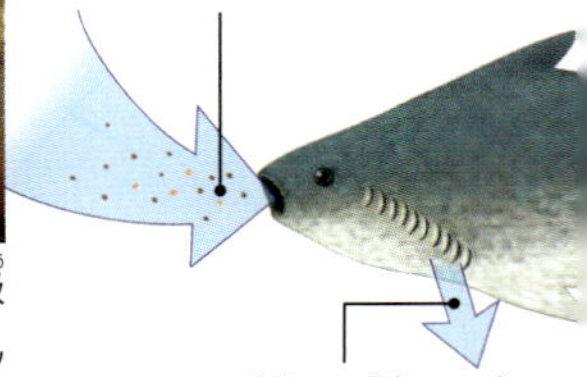
有機物《ゆうきぶつ》を水《みず》といっしょに吸《す》いこむ。
えらの穴《あな》から水《みず》だけ捨《す》てて、有機物《ゆうきぶつ》をこしとる。

『魚《さかな》の分類《ぶんるい》の図鑑《ずかん》』: 東海大学出版会《とうかいだいがくしゅっぱんかい》

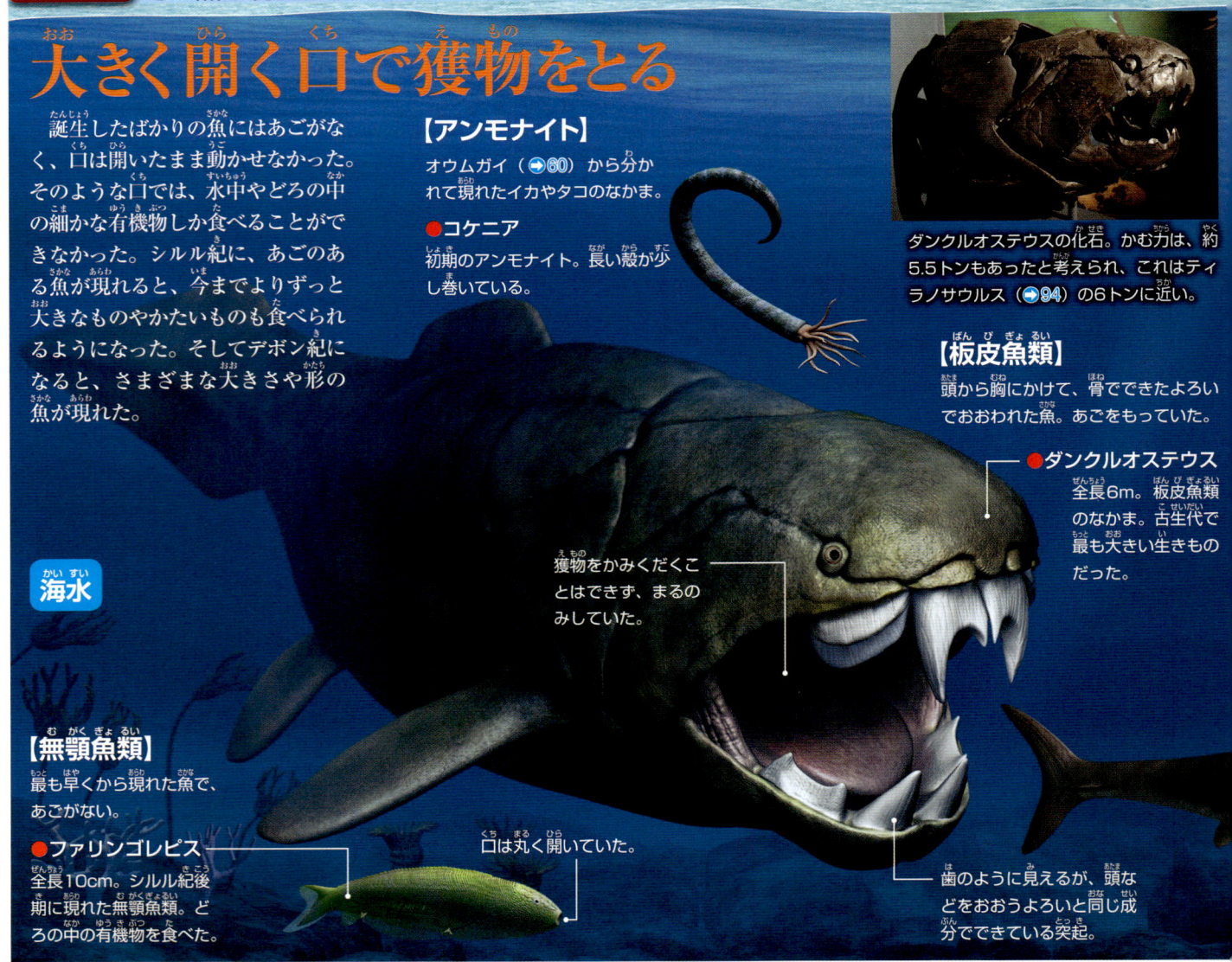

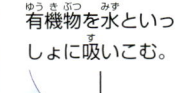

このころコケやシダのなかまが上陸《じょうりく》し、
水辺《みずべ》を中心《ちゅうしん》に緑《みどり》が広《ひろ》がっていた（➡62）。
【棘魚類《きょくぎょるい》】
尾《お》びれ以外《いがい》のひれに、とげがある魚《さかな》。
●クリマティウス
全長《ぜんちょう》15cm。シルル紀《き》に現《あらわ》れていた棘魚類《きょくぎょるい》のなかま。胸《むな》びれと尻《しり》びれの間《あいだ》に5対《つい》のとげがある。淡水《たんすい》魚《ぎょ》とも海水魚《かいすいぎょ》ともいわれている。
淡水《たんすい》
●ミグアシャイア
全長《ぜんちょう》45cm。シーラカンス（➡67）と同《おな》じ肉鰭類《にくきるい》のなかま。
【肉鰭類《にくきるい》】
ひれに筋肉《きんにく》がある魚《さかな》。4本《ほん》の足《あし》をもった両生類《りょうせいるい》に進化《しんか》していった。あごがあり、骨《ほね》はかたい（硬骨《こうこつ》）。
【条鰭魚類《じょうきぎょるい》】
ひれの中《なか》に細《ほそ》い骨《ほね》があって、すばやく広《ひろ》げたりたたんだりできる。あごがあり、骨《ほね》はかたい（硬骨《こうこつ》）。
●ケイロレピス
全長《ぜんちょう》55cm。条鰭魚類《じょうきぎょるい》のなかま。体《からだ》は、かたくて細《こま》かいうろこでおおわれていた。
●プテラスピス
全長《ぜんちょう》20cm。頭《あたま》が、突《とっ》起《き》のあるよろいでおおわれていた無顎魚類《むがくぎょるい》。淡水魚《たんすいぎょ》とも海水魚《かいすいぎょ》ともいわれている。
【軟骨魚類《なんこつぎょるい》】
骨《ほね》はやわらかい（軟骨《なんこつ》）。あごには歯《は》があり、歯《は》の化石《かせき》が見《み》つかっている。
背《せ》びれの前《まえ》にとげがあった。
●クラドセラケ
全長《ぜんちょう》1.2m。サメのなかまの軟骨魚《なんこつぎょ》類《るい》。今《いま》のサメよりも、口《くち》が前《まえ》のほうについていた。
●ケファラスピス
全長《ぜんちょう》20cm。頭《あたま》がよろいでおおわれていた無《む》顎魚類《がくぎょるい》。水底《すいてい》で、どろの中《なか》の有機物《ゆうきぶつ》を食《た》べた。

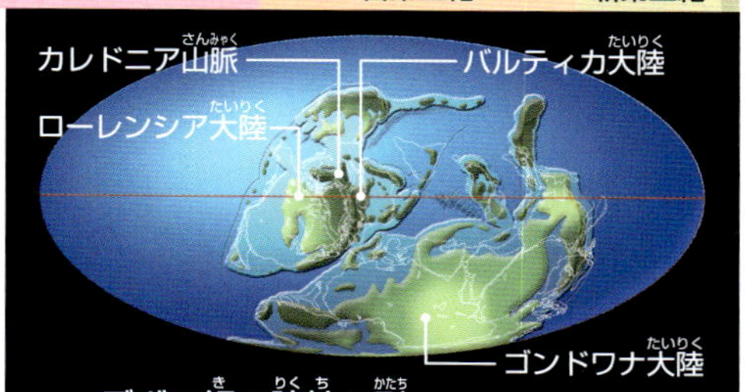
カレドニア山脈《さんみゃく》
バルティカ大陸《たいりく》
ローレンシア大陸《たいりく》
ゴンドワナ大陸《たいりく》

デボン紀《き》の陸地《りくち》の形《かたち》

ローレンシア大陸《たいりく》の東《ひがし》に、バルティカ大陸《たいりく》との衝突《しょうとつ》によって山脈《さんみゃく》ができた。

魚《さかな》のなかま分《わ》け

大昔《おおむかし》のものから今《いま》のものまでふくめて、魚《さかな》のグループは大《おお》きく6つに分《わ》けられる。6つのグループが全部《ぜんぶ》そろっていたのはデボン紀《き》だけだ。現在《げんざい》は4つのグループが存在《そんざい》している。

魚類《ぎょるい》の祖先《そせん》

無顎魚類《むがくぎょるい》

カンブリア紀《き》に現《あらわ》れ、現在《げんざい》もヤツメウナギなどがいる。

ヤツメウナギ

板皮魚類《ばんぴぎょるい》

シルル紀《き》に現《あらわ》れ、デボン紀《き》に繁栄《はんえい》したがデボン紀後期《きこうき》に絶滅《ぜつめつ》した。

軟骨魚類《なんこつぎょるい》

オルドビス紀《き》に現《あらわ》れ、現在《げんざい》もサメやエイなどがいる。

ホホジロザメ

棘魚類《きょくぎょるい》

最《もっと》も初期《しょき》に現《あらわ》れたあごをもつ魚《さかな》。オルドビス紀《き》に現《あらわ》れ、ペルム紀《き》に絶滅《ぜつめつ》した。

条鰭魚類《じょうきぎょるい》

シルル紀《き》に現《あらわ》れた。スズキ、サケ、ナマズなど、現在《げんざい》の魚《さかな》のほとんどがこのグループのものだ。

スズキ

肉鰭類《にくきるい》

シルル紀《き》に現《あらわ》れ、現在《げんざい》もハイギョ（➡67）やシーラカンスがいる。

アンモナイトの体《からだ》の変化《へんか》

アンモナイトはシルル紀《き》に現《あらわ》れた。最初《さいしょ》は、殻《から》はまっすぐにのびていたが、次第《しだい》に巻《ま》いて丸《まる》くなっていった。

巻《ま》きかけのアンモナイトの化石《かせき》。

まっすぐな殻《から》では、殻《から》がのびている方向《ほうこう》以外《いがい》は動《うご》きにくい。
殻《から》が巻《ま》き始《はじ》めた。
完全《かんぜん》に丸《まる》くなり、どの方向《ほうこう》にも動《うご》きやすくなった。

デボン紀後期《きこうき》の大量絶滅《たいりょうぜつめつ》

デボン紀後期《きこうき》、ビッグファイブ（➡98）とよばれる大量《たいりょう》絶滅《ぜつめつ》のうち、2回目《かいめ》の絶滅《ぜつめつ》が起《お》こった。原因《げんいん》はよくわかっていないが、気温《きおん》が低《ひく》くなったこと、海中《かいちゅう》の酸素《さんそ》が減《へ》ったことなどが考《かんが》えられている。

ダンクルオステウスの胴体《どうたい》の骨《ほね》は軟骨《なんこつ》で、頭部以外《とうぶいがい》の化石《かせき》は、まだ見《み》つかっていない。

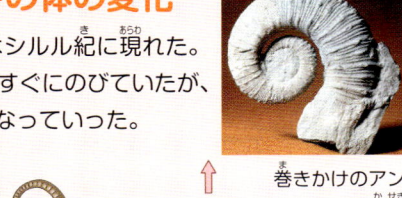

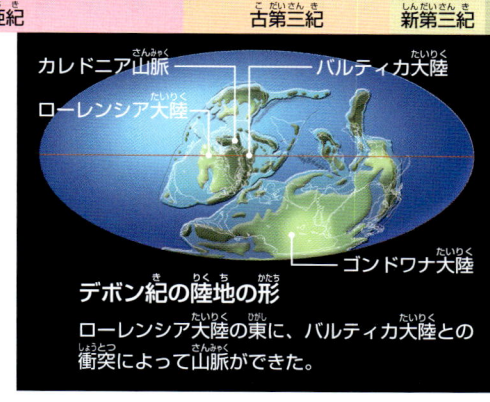

海の中の生存競争➡60　植物の上陸➡62　あご➡64

背骨《せぼね》のある生《い》きものも陸《りく》に上《あ》がった

両生類《りょうせいるい》

デボン紀《き》の海《うみ》では泳《およ》ぐ能力《のうりょく》が高《たか》くなった肉食《にくしょく》の魚《さかな》によって、激《はげ》しい生存競争《せいぞんきょうそう》が繰《く》り広《ひろ》げられました。その競争《きょうそう》からのがれて、淡水《たんすい》にすみついた魚《さかな》のなかから両生類《りょうせいるい》が現《あらわ》れます。

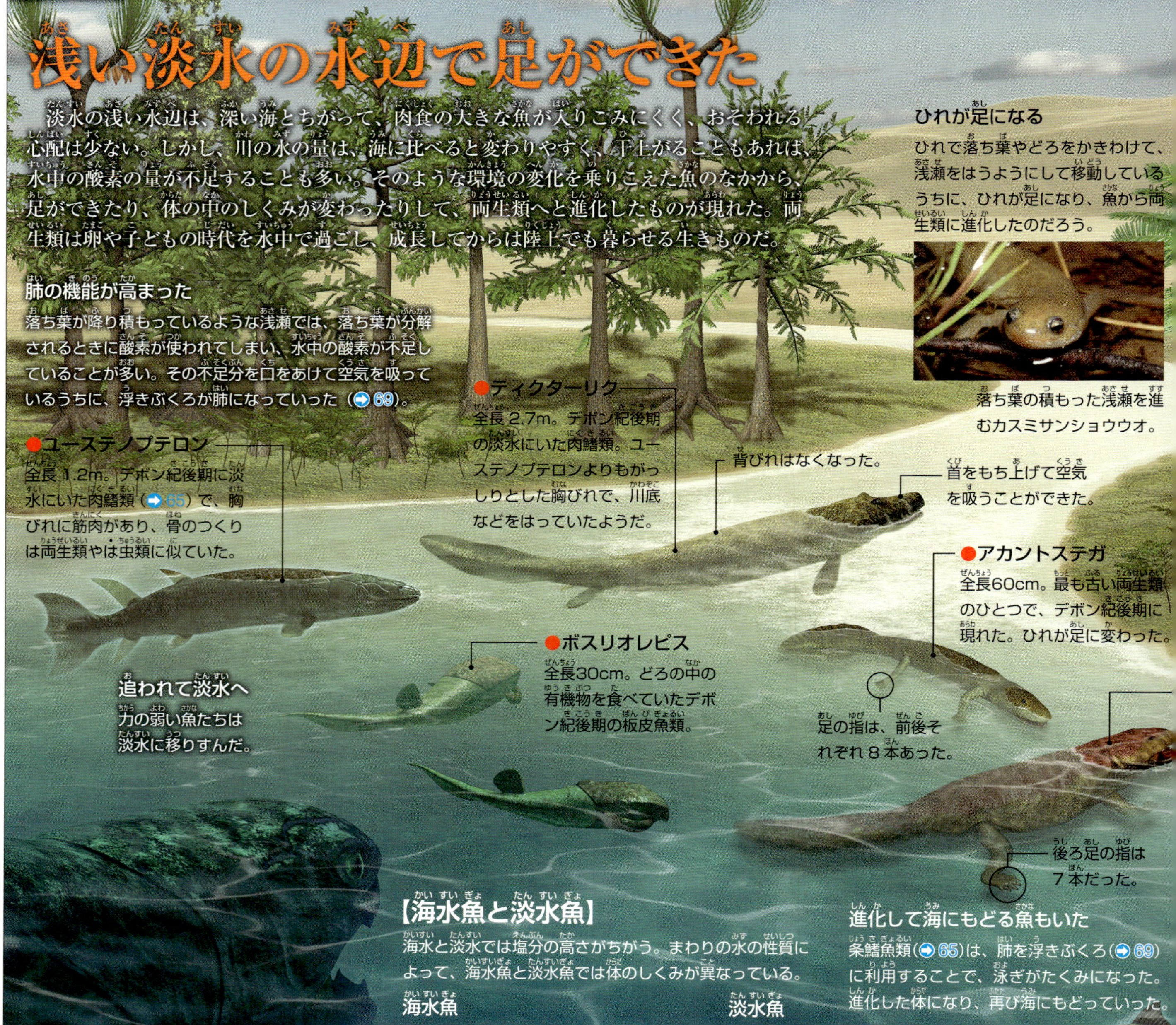

浅《あさ》い淡水《たんすい》の水辺《みずべ》で足《あし》ができた

淡水《たんすい》の浅《あさ》い水辺《みずべ》は、深《ふか》い海《うみ》とちがって、肉食《にくしょく》の大《おお》きな魚《さかな》が入《はい》りこみにくく、おそわれる心配《しんぱい》は少《すく》ない。しかし、川《かわ》の水《みず》の量《りょう》は、海《うみ》に比《くら》べると変《か》わりやすく、干上《ひあ》がることもあれば、水中《すいちゅう》の酸素《さんそ》の量《りょう》が不足《ふそく》することも多《おお》い。そのような環境《かんきょう》の変化《へんか》を乗《の》りこえた魚《さかな》のなかから、足《あし》ができたり、体《からだ》の中《なか》のしくみが変《か》わったりして、両生類《りょうせいるい》へと進化《しんか》したものが現《あらわ》れた。両生類《りょうせいるい》は卵《たまご》や子《こ》どもの時代《じだい》を水中《すいちゅう》で過《す》ごし、成長《せいちょう》してからは陸上《りくじょう》でも暮《く》らせる生《い》きものだ。

肺《はい》の機能《きのう》が高《たか》まった

落《お》ち葉《ば》が降《ふ》り積《つ》もっているような浅瀬《あさせ》では、落《お》ち葉《ば》が分解《ぶんかい》されるときに酸素《さんそ》が使《つか》われてしまい、水中《すいちゅう》の酸素《さんそ》が不足《ふそく》していることが多《おお》い。その不足分《ふそくぶん》を口《くち》をあけて空気《くうき》を吸《す》っているうちに、浮《う》きぶくろが肺《はい》になっていった（➡69）。

ひれが足《あし》になる

ひれで落《お》ち葉《ば》やどろをかきわけて、浅瀬《あさせ》をはうようにして移動《いどう》しているうちに、ひれが足《あし》になり、魚《さかな》から両生類《りょうせいるい》に進化《しんか》したのだろう。

落《お》ち葉《ば》の積《つ》もった浅瀬《あさせ》を進《すす》むカスミサンショウウオ。

●ユーステノプテロン

全長《ぜんちょう》1.2m。デボン紀後期《きこうき》に淡水《たんすい》にいた肉鰭類《にくきるい》（➡65）で、胸《むな》びれに筋肉《きんにく》があり、骨《ほね》のつくりは両生類《りょうせいるい》やは虫類《ちゅうるい》に似《に》ていた。

●ティクターリク

全長《ぜんちょう》2.7m。デボン紀後期《きこうき》の淡水《たんすい》にいた肉鰭類《にくきるい》。ユーステノプテロンよりもがっしりとした胸《むな》びれで、川底《かわぞこ》などをはっていたようだ。

背《せ》びれはなくなった。

首《くび》をもち上《あ》げて空気《くうき》を吸《す》うことができた。

●アカントステガ

全長《ぜんちょう》60cm。最《もっと》も古《ふる》い両生類《りょうせいるい》のひとつで、デボン紀後期《きこうき》に現《あらわ》れた。ひれが足《あし》に変《か》わった。

足《あし》の指《ゆび》は、前後《ぜんご》それぞれ８本《ほん》あった。

後《うし》ろ足《あし》の指《ゆび》は７本《ほん》だった。

●ボスリオレピス

全長《ぜんちょう》30cm。どろの中《なか》の有機物《ゆうきぶつ》を食《た》べていたデボン紀後期《きこうき》の板皮魚類《ばんぴぎょるい》。

追《お》われて淡水《たんすい》へ

力《ちから》の弱《よわ》い魚《さかな》たちは淡水《たんすい》に移《うつ》りすんだ。

【海水魚《かいすいぎょ》と淡水魚《たんすいぎょ》】

海水《かいすい》と淡水《たんすい》では塩分《えんぶん》の高《たか》さがちがう。まわりの水《みず》の性質《せいしつ》によって、海水魚《かいすいぎょ》と淡水魚《たんすいぎょ》では体《からだ》のしくみが異《こと》なっている。

海水魚《かいすいぎょ》　淡水魚《たんすいぎょ》

塩《しお》
体《からだ》の水分《すいぶん》は外《そと》に出《で》ていってしまう。
たくさんの海水《かいすい》を飲《の》む。
えらから塩類《えんるい》を出《だ》す。
塩分《えんぶん》のこい尿《にょう》を出《だ》す。
体《からだ》の中《なか》に水《みず》が入《はい》ってきてしまう。
塩《しお》
水《みず》はほとんど飲《の》まない。
えらから体《からだ》に必要《ひつよう》な塩類《えんるい》を取《と》り入《い》れる。
うすい尿《にょう》をたくさん出《だ》す。

進化《しんか》して海《うみ》にもどる魚《さかな》もいた

条鰭魚類《じょうきぎょるい》（➡65）は、肺《はい》を浮《う》きぶくろ（➡69）に利用《りよう》することで、泳《およ》ぎがたくみになった。進化《しんか》した体《からだ》になり、再《ふたた》び海《うみ》にもどっていった。

●ユーリノトゥス

全長《ぜんちょう》20cm。石炭紀《せきたんき》の条鰭魚類《じょうきぎょるい》で、背《せ》びれが大《おお》きく、じょうぶなうろこをもっていた。

●ダンクルオステウス（➡64）

全長《ぜんちょう》6m。デボン紀後期《きこうき》の肉食《にくしょく》の板皮《ばんぴ》魚類《ぎょるい》（➡64）。デボン紀末《きまつ》に絶滅《ぜつめつ》した。

『きみの体《からだ》が進化論《しんかろん》１　むかし、わたしはサカナだった』: 農山漁村文化協会《のうさんぎょそんぶんかきょうかい》

水《みず》と陸《りく》の両方《りょうほう》で暮《く》らす両生類《りょうせいるい》

サンショウウオやカエルなどの両生類《りょうせいるい》は、足《あし》はあるが、皮《ひ》ふは乾燥《かんそう》に弱《よわ》い。卵《たまご》も乾燥《かんそう》に弱《よわ》いので、水中《すいちゅう》に産《う》む。ふ化《か》した子《こ》どもは、えら呼吸《こきゅう》をして水中《すいちゅう》で暮《く》らし、おとなになると肺《はい》で呼吸《こきゅう》して、陸《りく》でも生活《せいかつ》できるようになる。

水辺《みずべ》で行《おこな》われるトノサマガエルの産卵《さんらん》。

地上《ちじょう》には両生類《りょうせいるい》の天敵《てんてき》はいなかった。食《た》べ物《もの》となる昆虫《こんちゅう》やクモなどもひとりじめできた。
●エリオプス
全長《ぜんちょう》2m。デボン紀後期《きこうき》に現《あらわ》れた大型《おおがた》の両生類《りょうせいるい》で、4本《ほん》の足《あし》は、どれもがっしりとしていた。
●ペデルペス
全長《ぜんちょう》60cm。石炭紀初期《せきたんきしょき》の両生類《りょうせいるい》で、現在《げんざい》の陸《りく》を歩《ある》く4本足《ほんあし》の動物《どうぶつ》と同《おな》じように、後《うし》ろ足《あし》の指《ゆび》が、前《まえ》を向《む》いていた。
●イクチオステガ
全長《ぜんちょう》1m。デボン紀後期《きこうき》の両生類《りょうせいるい》で、陸《りく》に上《あ》がった最《もっと》も古《ふる》い脊椎動物《せきついどうぶつ》だと考《かんが》えられている。肋骨《ろっこつ》がしっかりしているが、尾《お》にひれがあり、後《うし》ろ足《あし》の力《ちから》も弱《よわ》く、水中《すいちゅう》での活動《かつどう》も多《おお》かったようだ。
がんじょうな歯《は》が生《は》えていた。
●コベロドゥス
全長《ぜんちょう》2m。石炭紀前期《せきたんきぜんき》のサメ。胸《むな》びれの一部《いちぶ》が長《なが》くのびていた。
●ファルカトゥス
全長《ぜんちょう》20cm。石炭紀前期《せきたんきぜんき》の小型《こがた》のサメで、オスは頭《あたま》の上《うえ》に突起《とっき》があった。
●イニオプテリックス
全長《ぜんちょう》25cm。石炭紀後期《せきたんきこうき》のサメで、長《なが》い胸《むな》びれを動《うご》かして泳《およ》いでいた。
●タラシウス
全長《ぜんちょう》10cm。石炭紀前期《せきたんきぜんき》の条鰭魚類《じょうきぎょるい》で、現在《げんざい》のウナギのように背《せ》びれと尾《お》びれ、しりびれがつながっていて、海底《かいてい》の穴《あな》で暮《く》らしていた。

【生《い》きていた肉鰭類《にくきるい》】

シーラカンスは、デボン紀《き》に出現《しゅつげん》し、約《やく》6600万《まん》年前《ねんまえ》の白亜紀《はくあき》に絶滅《ぜつめつ》したと考《かんが》えられていた肉鰭類《にくきるい》だ。しかし、1938年《ねん》に南《みなみ》アフリカの沖《おき》で生《い》きたまま見《み》つかって、絶滅《ぜつめつ》していないことがわかった。

シーラカンスは、水深《すいしん》200m以上《いじょう》の深海《しんかい》にすんでいる。今《いま》では2種《しゅ》が生《い》き残《のこ》っていることがわかった。

イギリスで発見《はっけん》された約《やく》3億《おく》4000万《まん》年前《ねんまえ》の両生類《りょうせいるい》の足《あし》あとの化石《かせき》。どの種《しゅ》の足《あし》あとかは、わかっていない。足《あし》の大《おお》きさは約《やく》5cmある。

陸《りく》と水《みず》を行《い》き来《き》する魚《さかな》

魚《さかな》のなかにも、水《みず》から出《で》るものもいる。完全《かんぜん》にかわいていると死《し》んでしまうが、まわりがしめっていれば、えらや皮《ひ》ふから酸素《さんそ》をとりこめるのだ。

ハイギョ

シーラカンスと同《おな》じ肉鰭類《にくきるい》の魚《さかな》で、オーストラリア、南《みなみ》アメリカ、アフリカなどで見《み》られる。水中《すいちゅう》も泳《およ》ぐが、乾季《かんき》は写真《しゃしん》のように水気《みずけ》のある泥《どろ》の中《なか》で休眠《きゅうみん》をし、肺《はい》で空気呼吸《くうきこきゅう》をする。

タマカエルウオ

全長《ぜんちょう》12cm。小笠原諸島《おがさわらしょとう》にすみ、海岸《かいがん》の岩場《いわば》の藻類《そうるい》を食《た》べる。ほとんど皮《ひ》ふ呼吸《こきゅう》で、波《なみ》がくると、飛《と》びはねてにげるほど水中《すいちゅう》は苦手《にがて》だが、しめり気《け》は必要《ひつよう》。

肉鰭類《にくきるい》のシーラカンスは、もともと浅《あさ》い海《うみ》で暮《く》らしていたが、生存競争《せいぞんきょうそう》に敗《やぶ》れて深海《しんかい》にのがれていたので、長《なが》いあいだ発見《はっけん》されなかった。

植物の上陸➡62　両生類➡66　体に残る進化の歴史➡130

陸上《りくじょう》の環境《かんきょう》に合《あ》わせて変化《へんか》していく体《からだ》

水中《すいちゅう》と陸上《りくじょう》では環境《かんきょう》がちがいます。それまで水中《すいちゅう》で進化《しんか》してきた脊椎動物《せきついどうぶつ》も、陸上《りくじょう》で暮《く》らすためには体《からだ》の変化《へんか》が必要《ひつよう》でした。その変化《へんか》は、子孫《しそん》であるわたしたち人間《にんげん》にも受《う》けつがれています。

体《からだ》の重《おも》さや乾燥《かんそう》と戦《たたか》う

水《みず》の中《なか》では水《みず》が体《からだ》を支《ささ》えてくれる。しかし、陸《りく》の上《うえ》では、自分《じぶん》の体《からだ》は自分《じぶん》で支《ささ》えなくてはならない。また、体《からだ》は空気《くうき》に包《つつ》まれるため、水中《すいちゅう》の動物《どうぶつ》のように水《みず》を通《とお》しやすい皮《ひ》ふでは、水分《すいぶん》がどんどんうばわれていく。重《おも》さにたえ、乾燥《かんそう》を乗《の》りこえられる体《からだ》になったものが、陸《りく》の暮《く》らしをするようになった。

【水中《すいちゅう》と陸上《りくじょう》のちがい】

水中《すいちゅう》では水《みず》が体《からだ》を支《ささ》え、乾燥《かんそう》することもない。水《みず》のない陸上《りくじょう》では体《からだ》は自分《じぶん》で支《ささ》えなければならず、乾燥《かんそう》もしやすい。

水中《すいちゅう》
体《からだ》の上下左右《じょうげさゆう》に水《みず》がある。

陸上《りくじょう》
体《からだ》は空気《くうき》にさらされ、地面《じめん》からはなれられない。

【水《みず》の中《なか》で暮《く》らす体《からだ》】

水中《すいちゅう》では、水《みず》の中《なか》にとけこんでいる酸素《さんそ》を、えらから取《と》り入《い》れて呼吸《こきゅう》する。自分《じぶん》で体《からだ》を支《ささ》えることもなく、胴体《どうたい》やひれを動《うご》かすだけで移動《いどう》ができたので、足《あし》は必要《ひつよう》なかった。

●ユーステノプテロン（➡66）
デボン紀後期《きこうき》に現《あらわ》れた、胸《むな》びれに筋肉《きんにく》がある肉鰭類《にくきるい》の魚《さかな》。

体《からだ》
胴体《どうたい》はなめらかな流線形《りゅうせんけい》で、水《みず》の中《なか》を進《すす》みやすい。

えら
口《くち》から入《はい》った水《みず》が流《なが》れやすいように、顔《かお》の近《ちか》くにある。

ひれ
どのひれも、水《みず》をかきやすく、流線形《りゅうせんけい》なので水《みず》の抵抗《ていこう》が小《ちい》さい。

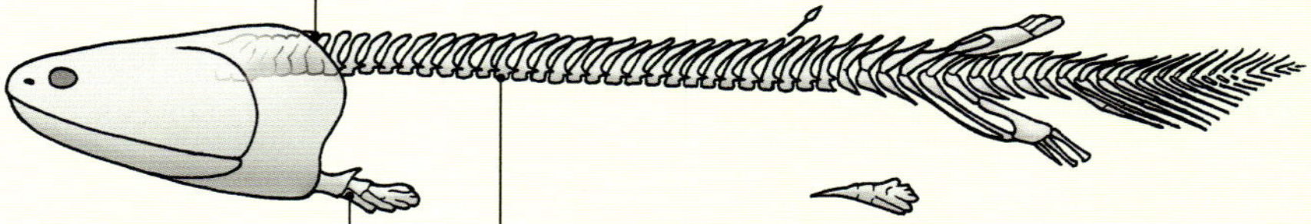

背骨《せぼね》だけで首《くび》の骨《ほね》がないので、頭《あたま》だけを上《うえ》に向《む》けることはできない。

ひれの中《なか》の骨《ほね》
ひれの中《なか》にも骨《ほね》はあるが、体《からだ》を支《ささ》えないので小《ちい》さい。

肋骨《ろっこつ》
自分《じぶん》の重《おも》みで体《からだ》がつぶれないので、内臓《ないぞう》を守《まも》る肋骨《ろっこつ》はほとんどない。

ひれから足《あし》へ

陸上動物《りくじょうどうぶつ》の足《あし》は、魚《さかな》のひれが変化《へんか》してできた。形《かたち》や大《おお》きさはちがっているが、基本的《きほんてき》な構造《こうぞう》は変《か》わっていない。

【足《あし》の骨《ほね》の変化《へんか》】

足《あし》の骨《ほね》は、胴体《どうたい》に近《ちか》いほうに骨《ほね》が１個《こ》あり、その下《した》に２個《こ》の骨《ほね》がある。人間《にんげん》の骨《ほね》は、魚《さかな》のものよりものびているが、構造《こうぞう》はまったく同《おな》じだ。

●魚《さかな》（ユーステノプテロン）　●両生類《りょうせいるい》（イクチオステガ➡67）　●人間《にんげん》（左足《ひだりあし》）

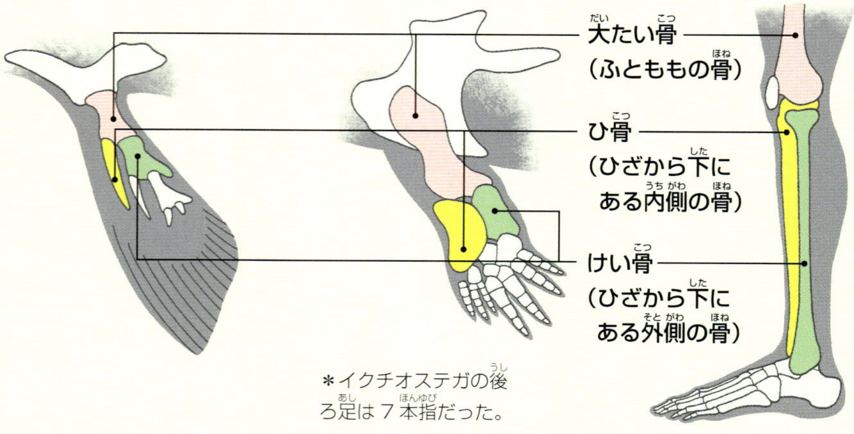
大《だい》たい骨《こつ》
（ふとももの骨《ほね》）
ひ骨《こつ》
（ひざから下《した》にある内側《うちがわ》の骨《ほね》）
けい骨《こつ》
（ひざから下《した》にある外側《そとがわ》の骨《ほね》）

＊イクチオステガの後《うし》ろ足《あし》は７本指《ほんゆび》だった。

ひれにある細《こま》かい骨《ほね》が指《ゆび》になった

指《ゆび》の骨《ほね》も、もともと魚《さかな》の体《からだ》にあったものからつくりかえられた。指《ゆび》のもとになったのは、ひれにある細《こま》かい骨《ほね》だ。陸上《りくじょう》の動物《どうぶつ》の指《ゆび》は５本《ほん》のものが多《おお》いが、ひれの骨《ほね》の数《かず》はそれ以上《いじょう》あったため、初期《しょき》の両生類《りょうせいるい》は、指《ゆび》が８本《ほん》や７本《ほん》のものも見《み》られる。

魚《さかな》のひれの写真《しゃしん》。筋《すじ》のように見《み》えるのが骨《ほね》。

『地球《ちきゅう》にいた生《い》き物《もの》たち 生命《せいめい》38億年大図鑑《おくねんだいずかん》』: PHP《ピーエイチピー》研究所《けんきゅうしょ》

【陸《りく》の上《うえ》で暮《く》らす体《からだ》】

陸上《りくじょう》では、重力《じゅうりょく》にたえて、自分《じぶん》の体《からだ》を支《ささ》えなくてはならない。その役割《やくわり》を果《は》たしているのが、ひれが変化《へんか》してできた足《あし》だ。また、骨《ほね》もじょうぶになり、体《からだ》ががっしりとした。

肺《はい》
鼻《はな》や口《くち》から空気《くうき》を吸《す》って、肺《はい》で酸素《さんそ》をとりこむ。

体《からだ》
皮《ひ》ふは強《つよ》く、内部《ないぶ》をしっかり守《まも》る。水中《すいちゅう》よりも空気中《くうきちゅう》のほうが動《うご》きやすいので、足《あし》が体《からだ》の外《そと》にとび出《だ》していても移動《いどう》のさまたげにならない。

●ヒロノムス（➡70）
石炭紀後期《せきたんきこうき》に現《あらわ》れたは虫類《ちゅうるい》。

足《あし》
体《からだ》を支《ささ》えて、引《ひ》きずらずに移動《いどう》できる。

首《くび》
首《くび》ができて、頭《あたま》だけを動《うご》かすことができる。

肩《かた》
背骨《せぼね》と前足《まえあし》の骨《ほね》が肩《かた》でつながり、体重《たいじゅう》を支《ささ》えやすくなった。

肋骨《ろっこつ》
内臓《ないぞう》を守《まも》るために、じょうぶな肋骨《ろっこつ》ができた。

腰《こし》
背骨《せぼね》と後《うし》ろ足《あし》の骨《ほね》が腰《こし》でつながり、体重《たいじゅう》を支《ささ》えやすくなった。

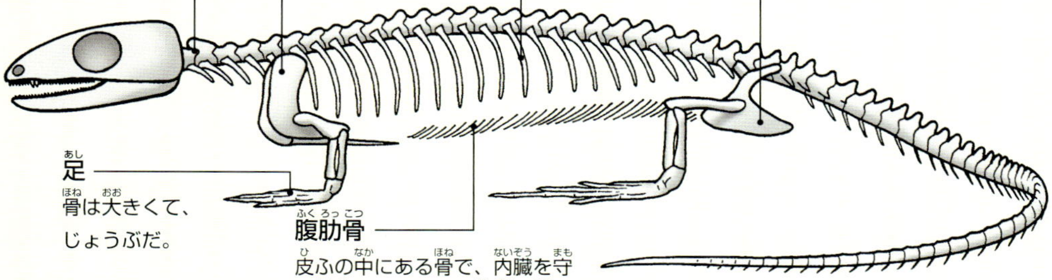

足《あし》
骨《ほね》は大《おお》きくて、じょうぶだ。

腹肋骨《ふくろっこつ》
皮《ひ》ふの中《なか》にある骨《ほね》で、内臓《ないぞう》を守《まも》る役目《やくめ》があったが、現在《げんざい》の多《おお》くのは虫類《ちゅうるい》ではなくなっている。

【皮《ひ》ふが変化《へんか》していく】

魚類《ぎょるい》から両生類《りょうせいるい》になっても、陸《りく》の暮《く》らしに適《てき》した体《からだ》になるための変化《へんか》は続《つづ》いた。

●両生類《りょうせいるい》
皮《ひ》ふは水《みず》を通《とお》し、やわらかい。皮《ひ》ふ呼吸《こきゅう》もできるが、空気中《くうきちゅう》では乾燥《かんそう》しやすい。

●は虫類《ちゅうるい》
皮《ひ》ふはじょうぶになり、水《みず》を通《とお》しにくくなって、乾燥《かんそう》しにくくなった。

●ほ乳類《にゅうるい》
うろこが変化《へんか》した毛《け》が体《からだ》をおおい、寒《さむ》さからも身《み》を守《まも》れるようになった。

肺《はい》の変化《へんか》

魚《さかな》は、えらで呼吸《こきゅう》をする。しかし、えらだけではじゅうぶんに酸素《さんそ》をとりこめないときは、のどの奥《おく》に備《そな》わっているふくろを使《つか》って呼吸《こきゅう》を助《たす》けていた。浅瀬《あさせ》で暮《く》らしているうちに、そのふくろが肺《はい》としてはたらくようになり、上陸《じょうりく》した動物《どうぶつ》にも受《う》けつがれた。上陸《じょうりく》しないで海《うみ》にもどった魚《さかな》は、肺《はい》を浮《う》きぶくろとして使《つか》うようになり、泳《およ》ぎがもっとうまくなった。

●原始的《げんしてき》な魚《さかな》

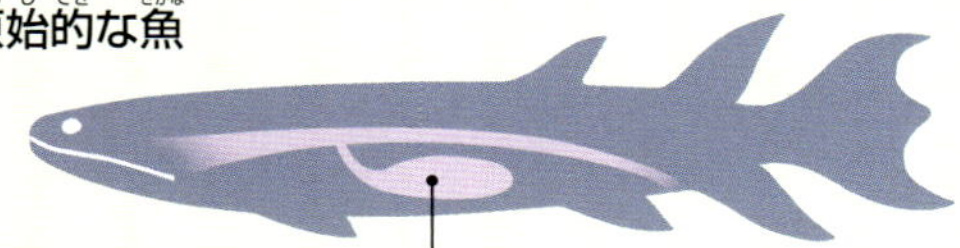
呼吸《こきゅう》を助《たす》けるふくろ

●進化《しんか》した魚《さかな》

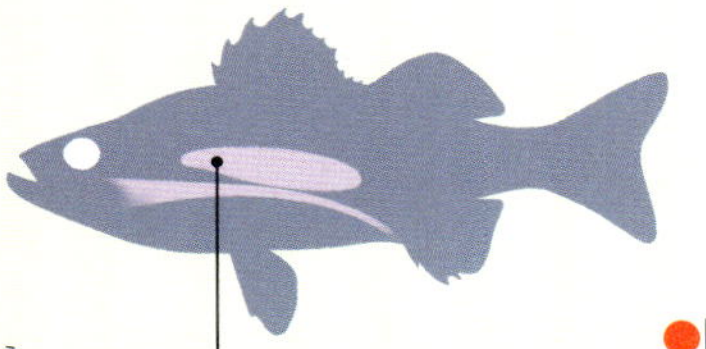
浮《う》きぶくろ

●陸上《りくじょう》の脊椎動物《せきついどうぶつ》

肺《はい》

卵《たまご》の変化《へんか》

魚《さかな》の卵《たまご》はやわらかく、陸《りく》ではかわいてしまう。両生類《りょうせいるい》の卵《たまご》もやわらかく、水中《すいちゅう》に卵《たまご》を産《う》んでいた。は虫類《ちゅうるい》になって、卵《たまご》に殻《から》ができたため、陸《りく》に産卵《さんらん》できるようになった。

●魚《さかな》の卵《たまご》
殻《から》がなく、やわらかい。胚《はい》が出《だ》す体《からだ》に不要《ふよう》なものは、膜《まく》を通《とお》して外《そと》に捨《す》てられる。

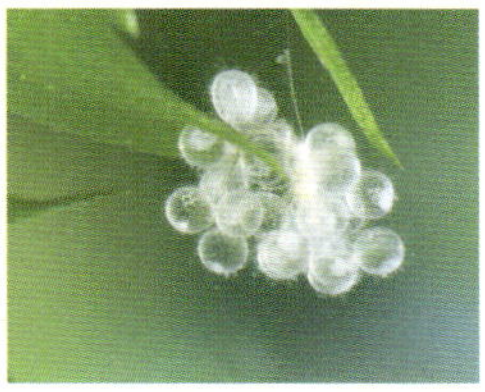

●は虫類《ちゅうるい》の卵《たまご》
殻《から》があり、乾燥《かんそう》しないが、体《からだ》に不要《ふよう》なものを外《そと》に捨《す》てられないので、専用《せんよう》のふくろにためるようになった。赤《あか》ちゃんになるところは、羊膜《ようまく》という膜《まく》で守《まも》るようになった。

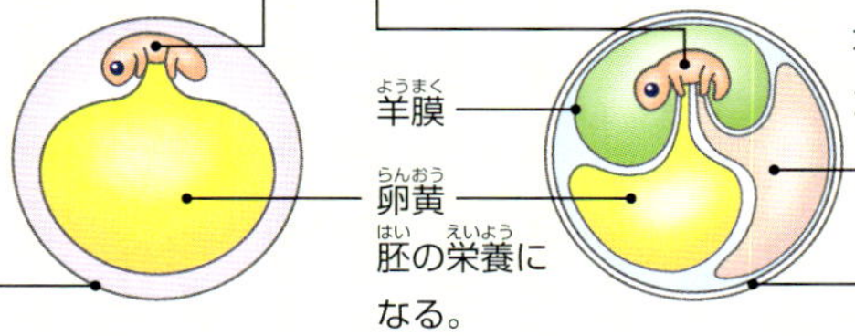
胚《はい》。将来《しょうらい》、赤《あか》ちゃんになるところ。
羊膜《ようまく》
不要《ふよう》なものをためるふくろ。
卵黄《らんおう》
胚《はい》の栄養《えいよう》になる。
卵膜《らんまく》
殻《から》

卵《たまご》の中《なか》の胚《はい》が成長《せいちょう》して、赤《あか》ちゃんになるには酸素《さんそ》が必要《ひつよう》だ。は虫類《ちゅうるい》や鳥《とり》の卵《たまご》の殻《から》は水《みず》は通《とお》さないが、とても小《ちい》さな穴《あな》があいていて、空気《くうき》は通《とお》す。

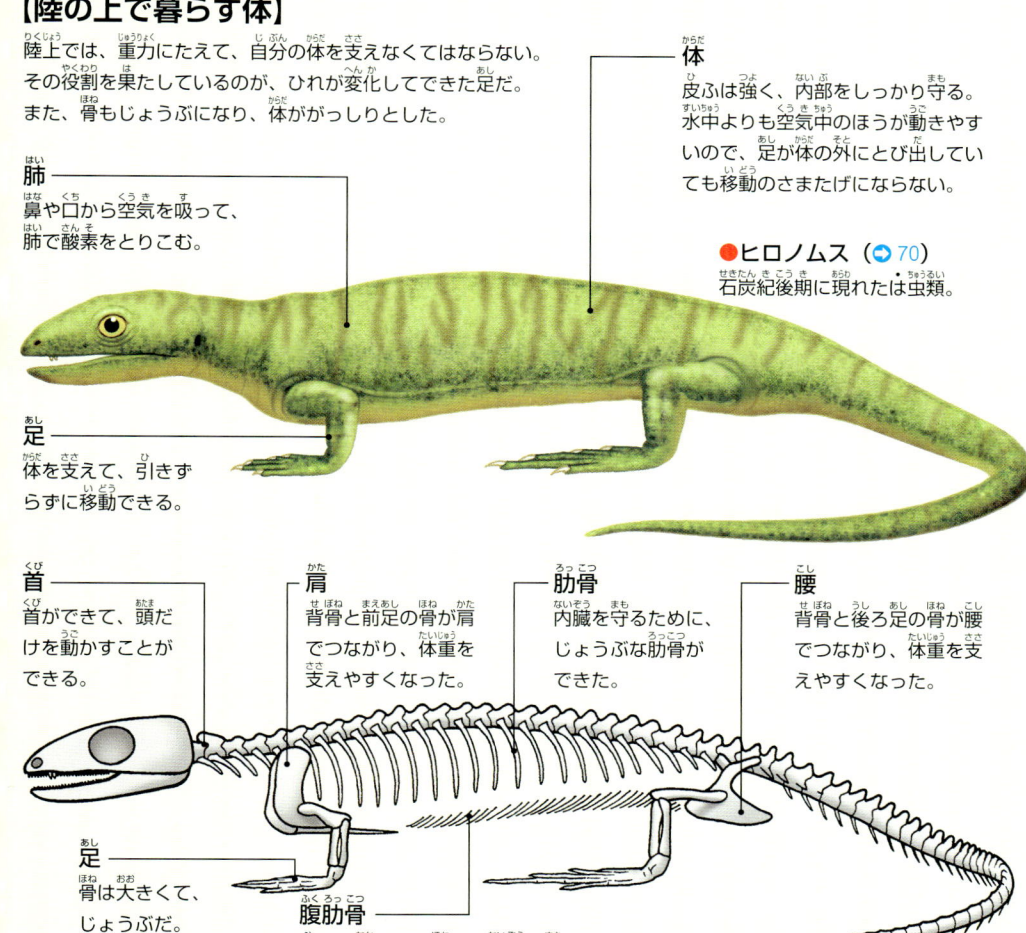

植物の上陸➡62

高《たか》さ40mのシダの森《もり》が広《ひろ》がる

巨大《きょだい》シダの森林《しんりん》

上陸《じょうりく》した植物《しょくぶつ》のなかには、大《おお》きく生長《せいちょう》するものがありました。それらの植物《しょくぶつ》はシダで、胞子《ほうし》で増《ふ》えました。やがて、種子《しゅし》で増《ふ》えるものが現《あらわ》れました。

大量《たいりょう》の酸素《さんそ》が大気中《たいきちゅう》に満《み》ちあふれた

シダ植物《しょくぶつ》は、湿地《しっち》を中心《ちゅうしん》に内陸《ないりく》にも生《は》えるようになる。高《たか》く生長《せいちょう》するまで枝分《えだわ》かれしないので、密集《みっしゅう》した森林《しんりん》になった。胞子《ほうし》は高《たか》いところから舞《ま》い、さらに分布《ぶんぷ》を広《ひろ》げた。木《き》の間《あいだ》を昆虫《こんちゅう》が飛《と》び、それを追《お》って、は虫類《ちゅうるい》や両生類《りょうせいるい》が活動《かつどう》した。

イギリスのスコットランドに残《のこ》る、石炭紀《せきたんき》のシダ植物《しょくぶつ》の化石《かせき》。現代《げんだい》の森《もり》に比《くら》べると木《き》と木《き》の間隔《かんかく》が近《ちか》く、密生《みっせい》していたことがわかる。

●レピドデンドロン
高《たか》さ40m。シダ植物《しょくぶつ》。枝《えだ》も根《ね》も、2つに分《わ》かれているのが特《とく》ちょう。

幹《みき》の直径《ちょっけい》は約《やく》2m。

【レピドデンドロンの樹皮《じゅひ》】

葉《は》の落《お》ちたあとが、うろこのような模様《もよう》となって樹皮《じゅひ》に残《のこ》った。そのためレピドデンドロンのことを「鱗木《りんぼく》」ともいう。

レピドデンドロンの幹《みき》の化石《かせき》

幹《みき》から生《は》えていた葉《は》が落《お》ちると、かたい皮《かわ》でおおわれていく。

●ムカシアミバネムシ
3対《つい》6枚《まい》のはねをもち、広《ひろ》げると17cm。

●メドゥロサ
高《たか》さ3～8m。シダ植物《しょくぶつ》だが、胞子《ほうし》ではなく、種子《しゅし》をつける。

レピドデンドロンなどは、身長《しんちょう》150cmの人《ひと》の25倍《ばい》以上《いじょう》の高《たか》さだった。

●エキセティテス
高《たか》さ50cm。シダ植物《しょくぶつ》で、現在《げんざい》のトクサによく似《に》ている。水辺《みずべ》に多《おお》かった。

●ヒロノムス
全長《ぜんちょう》20cm。知《し》られているかぎり、もっとも古《ふる》いは虫類《ちゅうるい》。羊膜《ようまく》(➡69) のある卵《たまご》を産《う》んだ。

❗植物《しょくぶつ》が大《おお》きくなるしくみ

上陸《じょうりく》して大《おお》きくなった植物《しょくぶつ》は、体《からだ》をいろいろなしくみで支《ささ》えた。

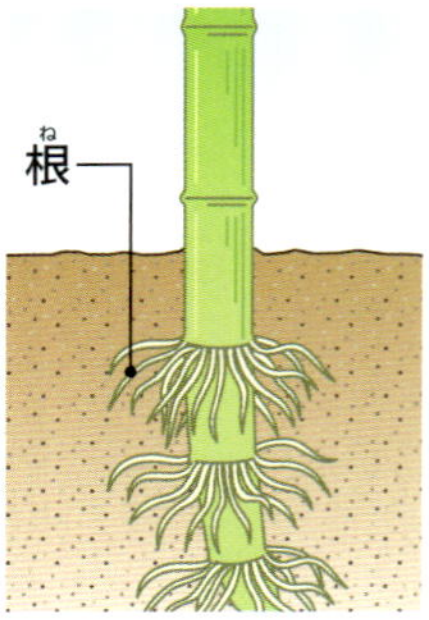

たくさんの根《ね》
節《ふし》から細《こま》かい根《ね》をたくさん出《だ》す。カラミテスなどに見《み》られる。

ふたまたの根《ね》
先《さき》が2つに分《わ》かれた根《ね》で支《ささ》える。レピドデンドロンなどに見《み》られる。

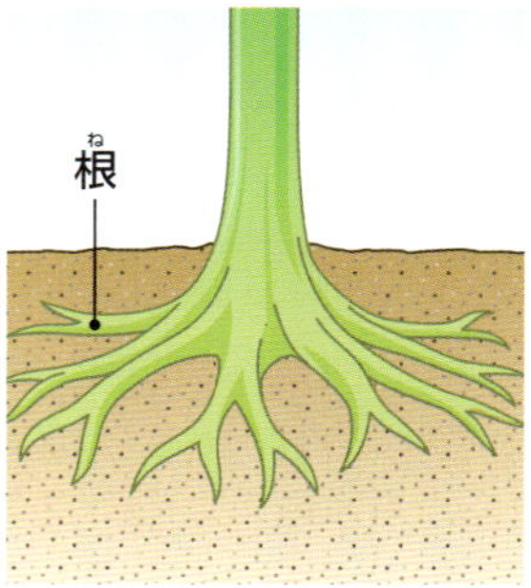

皮層《ひそう》
木部《もくぶ》と樹皮《じゅひ》の間《あいだ》の厚《あつ》みでも支《ささ》えた。

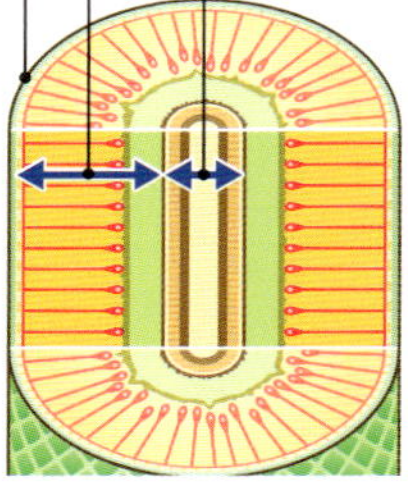

内部《ないぶ》のしくみ
幹《みき》の中《なか》に、かたい成分《せいぶん》でできている「木部《もくぶ》」ができた。レピドデンドロンなどに見《み》られる。

【さらにじょうぶになった樹木《じゅもく》】

シダ植物《しょくぶつ》の後《あと》に現《あらわ》れた裸子植物《らししょくぶつ》や被子植物《ひししょくぶつ》(➡90) の樹木《じゅもく》は、木部《もくぶ》の割合《わりあい》が大《おお》きく、はるかにじょうぶでたおれにくい。

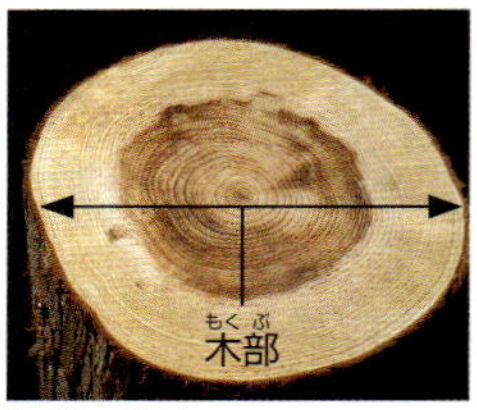

樹木《じゅもく》の断面《だんめん》。ほとんどが木部《もくぶ》だ。

📖『植物《しょくぶつ》の生態図鑑《せいたいずかん》』: 学研教育出版《がっけんきょういくしゅっぱん》

枝《えだ》の先《さき》に胞子《ほうし》のふくろが
ぶら下《さ》がった。
●シギラリア
高《たか》さ 20m。シダ植物《しょくぶつ》で、
幹《みき》の先《さき》が 2 つに分《わ》かれた。
●メガネウラ（➡72）
古《ふる》いタイプのトンボのな
かまで、はねを広《ひろ》げると
60cmにもなる。
●コルダイテス
高《たか》さ 30m にまでなった。
裸子植物《らししょくぶつ》で、細長《ほそなが》い葉《は》を
しげらせた。
山火事《やまかじ》がよく起《お》こった。
植物《しょくぶつ》がさかんに光合成《こうごうせい》
をして、酸素濃度《さんそのうど》が高《たか》
かったからだ。
●カラミテス
高《たか》さ 30m にまでな
った。シダ植物《しょくぶつ》で、
地下茎《ちかけい》をのばして増《ふ》
えた。
●スフェノプテリス
高《たか》さ 3 ~ 8m。種子《しゅし》をつ
けるシダ植物《しょくぶつ》の一種《いっしゅ》。
●エリオプス（➡67）
全長《ぜんちょう》 2m。両生類《りょうせいるい》。
水辺《みずべ》にひそんで魚《さかな》
などをおそった。

現在《げんざい》も、亜熱帯《あねったい》や熱帯《ねったい》には、木《き》のように背《せ》の高《たか》くなるシダ植物《しょくぶつ》が生《は》えている。しかし、高《たか》くても 7 ~ 8m だ。写真《しゃしん》は日本《にほん》(沖縄島《おきなわじま》)のヘゴで、高《たか》さ約《やく》 4m。

【植物《しょくぶつ》や昆虫《こんちゅう》が大《おお》きい理由《りゆう》】

現在《げんざい》の地球《ちきゅう》の酸素濃度《さんそのうど》は約《やく》 21%だ。石炭紀《せきたんき》は酸素濃度《さんそのうど》が 35%もあったので、植物《しょくぶつ》や昆虫《こんちゅう》が巨大化《きょだいか》したと考《かんが》えられている。

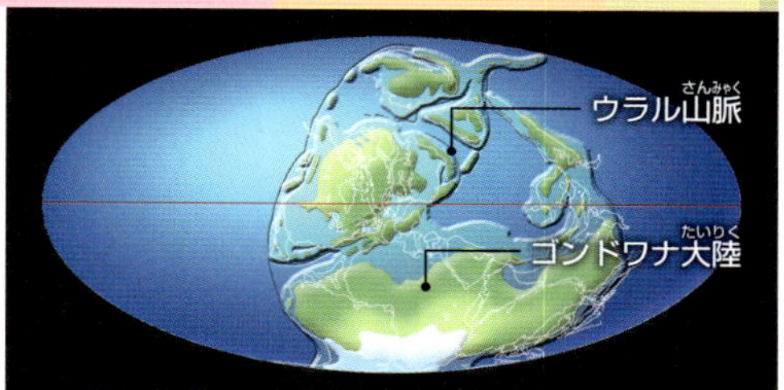
ウラル山脈《さんみゃく》
ゴンドワナ大陸《たいりく》

石炭紀前期《せきたんきぜんき》の地球《ちきゅう》

大陸《たいりく》が集《あつ》まり始《はじ》めて衝突《しょうとつ》すると、あちこちに山脈《さんみゃく》ができた。ロシアのウラル山脈《さんみゃく》はその 1 つだ。

胞子《ほうし》から種子《しゅし》へ

胞子《ほうし》は軽《かる》くて遠《とお》くまで飛《と》ぶが、まず前葉体《ぜんようたい》という状態《じょうたい》になり、水《みず》を利用《りよう》して受精《じゅせい》しなくてはならない。種子《しゅし》は乾燥《かんそう》に強《つよ》く、芽《め》が出《で》ればそのまま成長《せいちょう》できる。石炭紀《せきたんき》の終《お》わりごろ、種子《しゅし》をつける裸子植物《らししょくぶつ》が現《あらわ》れ、シダ植物《しょくぶつ》より優勢《ゆうせい》になった。

【シダ植物《しょくぶつ》と裸子植物《らししょくぶつ》のちがい】

●シダ植物《しょくぶつ》

種子《しゅし》をつくらず胞子《ほうし》で増《ふ》える。ワラビ、スギナ（つくし）などがある。

スギナが胞子《ほうし》を出《だ》しているところ。

●裸子植物《らししょくぶつ》

花粉《かふん》がつくと種子《しゅし》になる胚珠《はいしゅ》という部分《ぶぶん》がむき出《だ》しなので、裸子植物《らししょくぶつ》という。花《はな》びらのない花《はな》をさかせる。イチョウやマツ、スギなどがある。

裸子植物《らししょくぶつ》のイチョウの種子《しゅし》。種子《しゅし》はぎんなんとよばれている。

二酸化炭素《にさんかたんそ》を閉《と》じこめる植物《しょくぶつ》

光合成《こうごうせい》は二酸化炭素《にさんかたんそ》を使《つか》って酸素《さんそ》をはき出《だ》す。巨大《きょだい》なシダ植物《しょくぶつ》がさかんに光合成《こうごうせい》をして、たくさんの酸素《さんそ》をはき出《だ》したため、石炭紀初期《せきたんきしょき》に 20%未満《みまん》だった酸素濃度《さんそのうど》は、石炭紀末《せきたんきまつ》に約《やく》 35%に上昇《じょうしょう》した。一方《いっぽう》、温室効果《おんしつこうか》ガス（➡196）である二酸化炭素《にさんかたんそ》は植物《しょくぶつ》の中《なか》に閉《と》じこめられ、空気中《くうきちゅう》から減《へ》ったため、石炭紀末《せきたんきまつ》に気候《きこう》は寒冷化《かんれいか》し、寒《さむ》さに弱《よわ》い巨大《きょだい》シダは姿《すがた》を消《け》していった。

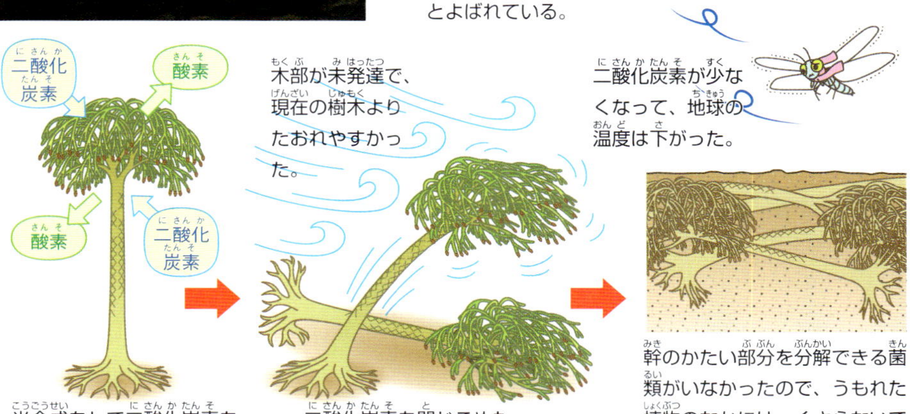
二酸化《にさんか》炭素《たんそ》
酸素《さんそ》
酸素《さんそ》
二酸化《にさんか》炭素《たんそ》

光合成《こうごうせい》をして二酸化炭素《にさんかたんそ》をとりこみ、酸素《さんそ》を出《だ》した。

木部《もくぶ》が未発達《みはったつ》で、現在《げんざい》の樹木《じゅもく》よりたおれやすかった。

二酸化炭素《にさんかたんそ》を閉《と》じこめたままたおれた。

二酸化炭素《にさんかたんそ》が少《すく》なくなって、地球《ちきゅう》の温度《おんど》は下《さ》がった。

幹《みき》のかたい部分《ぶぶん》を分解《ぶんかい》できる菌類《きんるい》がいなかったので、うもれた植物《しょくぶつ》のなかには、くさらないで石炭《せきたん》に変《か》わったものもあった。

イチョウは「生《い》きた化石《かせき》」とよばれることもある起源《きげん》の古《ふる》い植物《しょくぶつ》で、祖先《そせん》の植物《しょくぶつ》はペルム紀《き》（➡78）前期《ぜんき》に現《あらわ》れている。

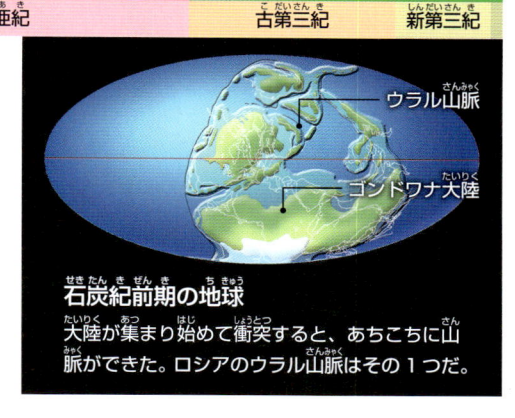

空《そら》を飛《と》ぶ昆虫《こんちゅう》が現《あらわ》れる

はね 初期《しょき》の昆虫《こんちゅう》には、はねはありませんでした。石炭紀《せきたんき》にはねをもつ昆虫《こんちゅう》が現《あらわ》れます。飛《と》べるようになって、生活《せいかつ》する空間《くうかん》が広《ひろ》がった昆虫《こんちゅう》は、大《おお》いに栄《さか》えました。

空《そら》を利《り》用《よう》する最《さい》初《しょ》の生《い》きもの

昆虫《こんちゅう》の祖先《そせん》は、水中《すいちゅう》で暮《く》らす1～3mmほどの大《おお》きさのミジンコ(➡44)のような生物《せいぶつ》だったと考《かんが》えられている。そこから現在《げんざい》のシミのような、はねのないものが上陸《じょうりく》し、植物《しょくぶつ》のしげみをはいまわって生活《せいかつ》していた。しかし、はねをもつことで、植物《しょくぶつ》の間《あいだ》を飛《と》びまわれるようになり、食《た》べものを得《え》たり、異性《いせい》と出会《であ》ったりする機会《きかい》が増《ふ》えた。空《そら》を飛《と》ぶ生《い》きものは、まだ現《あらわ》れていなかったので、昆虫《こんちゅう》は広《ひろ》い空間《くうかん》をひとりじめした。

尾《お》の先《さき》の突起《とっき》は、交《こう》
尾《び》に使《つか》ったらしい。

●ブロディア
はねを広《ひろ》げると20cm。
肉食《にくしょく》のカゲロウのなかま。

●メガネウラ
はねを広《ひろ》げると60cm。ほかの昆虫《こんちゅう》をおそって食《た》べていた。現在《げんざい》のトンボほどは、じょうずにはねを動《うご》かせなかったようだ。

●ムカシアミバネムシ(➡70)
はねを広《ひろ》げると17cm。はねをもつ最古《さいこ》の昆虫《こんちゅう》で、カゲロウのなかま。3対《つい》6まいのはねをもっていた。

長《なが》い口《くち》で、植物《しょくぶつ》の汁《しる》を吸《す》ったようだ。

長《なが》いはね2対《つい》のほかに、短《みじか》いはねが1対《つい》ある。

●アースロプレウラ
全長《ぜんちょう》2m。最《もっと》も大《おお》きいムカデのなかまで、植《しょく》物《ぶつ》を食《た》べていたようだ。

【巨大《きょだい》になった昆虫《こんちゅう》】
シルル紀《き》に上陸《じょうりく》したころは、昆虫《こんちゅう》の全長《ぜんちょう》は数《すう》mmていどだった。しかし、石炭紀《せきたんき》には、巨大《きょだい》なものが現《あらわ》れた。この時代《じだい》の空気《くうき》は酸素濃度《さんそのうど》が高《たか》く(➡71)、たくさんの酸《さん》素《そ》を利用《りよう》できたことが巨大化《きょだいか》の理由《りゆう》だと考《かんが》えられている。

●リソマルスツ
全長《ぜんちょう》6cm。クモのような節足動物《せっそくどうぶつ》で、肉食《にくしょく》だった。

えらが、はねになった?

はねの起源《きげん》にはいくつか説《せつ》があるが、最初《さいしょ》にはねをもった昆虫《こんちゅう》は、トンボやカゲロウなどのなかまだ。どちらの幼虫《ようちゅう》も水《すい》中《ちゅう》でえら呼吸《こきゅう》をする。そのえらが変化《へんか》したという説《せつ》が有力《ゆうりょく》だ。

チラカゲロウの幼虫《ようちゅう》。体《からだ》の左右《さゆう》に、はねのようなえらがある。

水中《すいちゅう》を動《うご》きまわっているうちに、えらが大《おお》きくなり、飛《と》ぶようになったようだ。

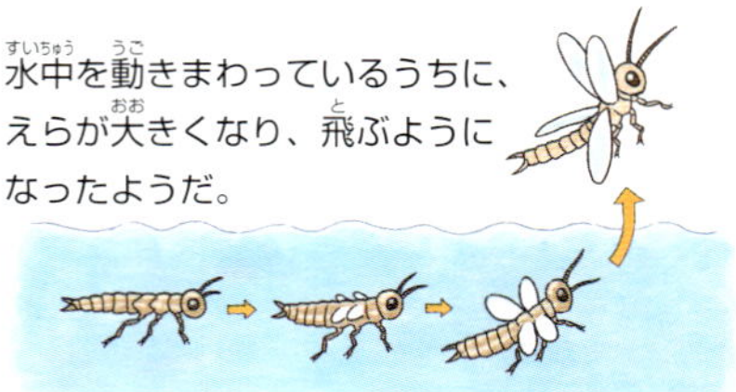

はねの進化《しんか》

カゲロウやトンボのように初期《しょき》にはねをもった昆虫《こんちゅう》は、はねをばらばらに動《うご》かして飛《と》ぶが、その後《ご》に現《あらわ》れたチョウやセミでは、前《まえ》ばねと後《うし》ろばねを左右同時《さゆうどうじ》に動《うご》かせるようになった。カブトムシなどの甲虫《こうちゅう》は、大《おお》きな後《うし》ろばねだけで飛《と》び、使《つか》わないときは後《うし》ろばねをたたんで、前《まえ》ばねの下《した》にしまうことができる。

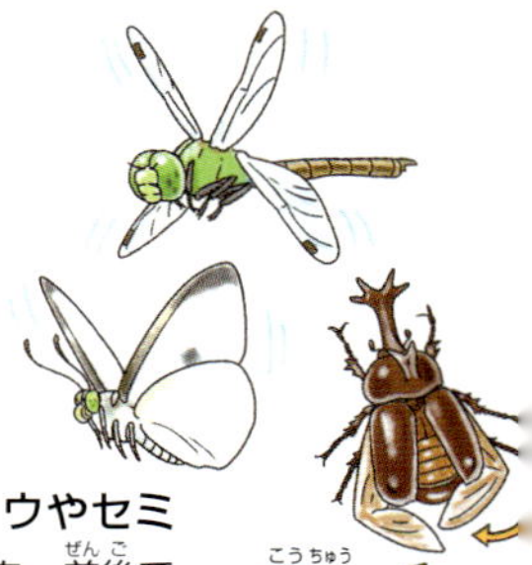

トンボやカゲロウ
はねを、ばらばらに動《うご》かす。

チョウやセミ
はねを、前後《ぜんご》でそろえて動《うご》かす。

甲虫《こうちゅう》
はねをたためる

『ずかん さなぎ』:技術評論社《ぎじゅつひょうろんしゃ》

体節《たいせつ》は30個《こ》あった。
●プロトファスマ
全長《ぜんちょう》12cm。ゴキブリやナナフシの共通《きょうつう》の祖先《そせん》で、小《ち》さな昆虫《こんちゅう》を食《た》べていたと考《かんが》えられている。

●オニヤンマ

現在《げんざい》の日本《にほん》でいちばん大《おお》きなトンボ。はねを広《ひろ》げると12cmになる。

昆虫《こんちゅう》の化石《かせき》は炭鉱《たんこう》から出《で》た

巨大《きょだい》な昆虫《こんちゅう》が栄《さか》えた石炭紀《せきたんき》は、巨《きょ》大《だい》なシダの森林《しんりん》が広《ひろ》がっていた。このころは木《き》を分解《ぶんかい》する菌類《きんるい》がいなかったので、たおれた木《き》が石炭《せきたん》になり(➡71)、森林《しんりん》は現在《げんざい》、炭鉱《たんこう》になっている場所《ばしょ》も多《おお》い。石炭紀《せきたんき》の炭鉱《たんこう》からは、当時《とうじ》の化石《かせき》が発見《はっけん》されることもあり、メガネウラの化石《かせき》が最初《さいしょ》に発《はっ》見《けん》されたのもフランスの炭鉱《たんこう》だ。

メガネウラの化石《かせき》。はねの筋《すじ》の状態《じょうたい》もよくわかる。

姿《すがた》をつくりかえる昆虫《こんちゅう》

昆虫《こんちゅう》が幼虫《ようちゅう》から成虫《せいちゅう》になるときの体《からだ》の変化《へんか》を変態《へんたい》という。変態《へんたい》には無変態《むへんたい》、不完全変態《ふかんぜんへんたい》、完全変態《かんぜんへんたい》の3つがある。完全変態《かんぜんへんたい》をする昆《こん》虫《ちゅう》は、幼虫《ようちゅう》と成虫《せいちゅう》とで体《からだ》のしくみががらりと変《か》わることで、それぞれの時期《じき》につごうのよい体《からだ》でいることができる。

●無変態《むへんたい》

シミのような、はねのない昆《こん》虫《ちゅう》で見《み》られる。幼虫《ようちゅう》と成虫《せいちゅう》の姿《すがた》はほとんど同《おな》じで、大《おお》きさだけが変《か》わる。食《た》べものも変《か》わらない。

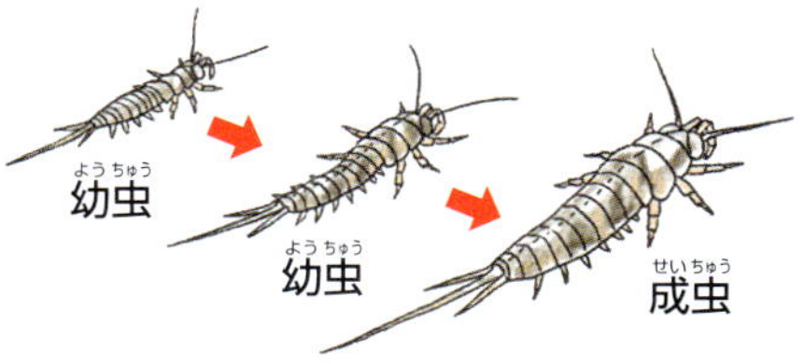
幼虫《ようちゅう》
幼虫《ようちゅう》
成虫《せいちゅう》

●不完全変態《ふかんぜんへんたい》

バッタやトンボに見《み》られる。大《おお》きくなりながらはねができ、幼虫《ようちゅう》と成虫《せいちゅう》の体《からだ》のしくみは似《に》ていて、食《た》べものもほとんど同《おな》じ（トンボは幼虫《ようちゅう》も肉食《にくしょく》だが、水中《すいちゅう》のものを食《た》べる)。

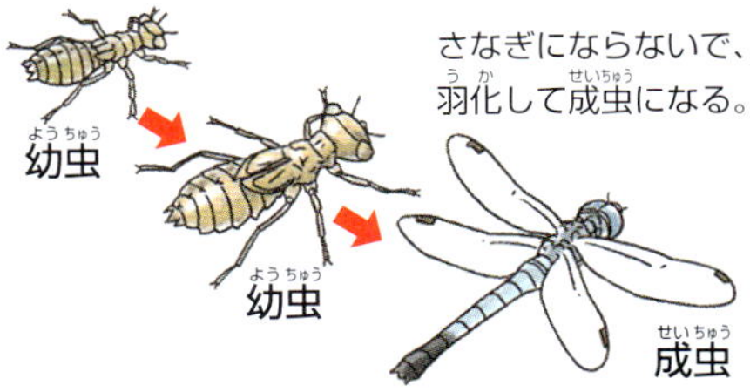
幼虫《ようちゅう》
幼虫《ようちゅう》
成虫《せいちゅう》

さなぎにならないで、羽化《うか》して成虫《せいちゅう》になる。

●完全変態《かんぜんへんたい》

チョウや甲虫《こうちゅう》に見《み》られる。さなぎになることで幼虫《ようちゅう》と成虫《せいちゅう》の体《からだ》のしくみを大《おお》きく変《か》えることができる。幼虫《ようちゅう》と成虫《せいちゅう》の食《た》べものもまったくちがう。

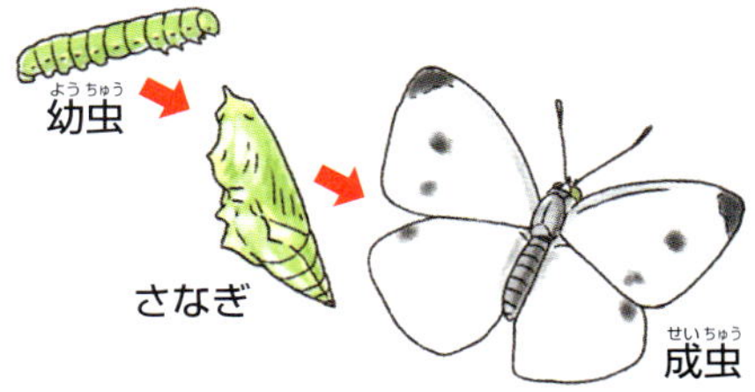
幼虫《ようちゅう》
さなぎ
成虫《せいちゅう》

飛《と》べることの利点《りてん》

この時代《じだい》、飛《と》ぶことのできる生《い》きものは昆虫《こんちゅう》だけだった。そのため、ほかの生《い》きものよりも有利《ゆうり》なことがあった。

巨大《きょだい》シダの胞子《ほうし》のような高《たか》いところにある食《た》べものが食《た》べやすい。
敵《てき》からにげやすい。
繁殖相手《はんしょくあいて》と出会《であ》いやすい。

完全変態《かんぜんへんたい》をする昆虫《こんちゅう》は、石炭紀《せきたんき》の後《あと》のペルム紀《き》に現《あらわ》れた。現在《げんざい》では85%の昆虫《こんちゅう》が完全変態《かんぜんへんたい》をする。

地球《ちきゅう》史上《しじょう》、最大《さいだい》の大陸《たいりく》「パンゲア」

地球《ちきゅう》の表面《ひょうめん》をおおっているプレート（➡24）は動《うご》き続《つづ》けています。陸地《りくち》はプレートの上《うえ》にのっているので、時間《じかん》とともに陸《りく》の形《かたち》も変化《へんか》し、ときには巨大《きょだい》な大陸《たいりく》が出現《しゅつげん》します。

ほとんどの陸地《りくち》が集《あつ》まった超大陸《ちょうたいりく》

地球上《ちきゅうじょう》の多《おお》くの陸地《りくち》が集《あつ》まってできた巨大《きょだい》な大陸《たいりく》を「超大陸《ちょうたいりく》」という。超大陸《ちょうたいりく》は地球《ちきゅう》が誕生《たんじょう》して以来《いらい》、何度《なんど》か現《あらわ》れた。なかでも古生代石炭紀後期《こせいだいせきたんきこうき》（約《やく》３億年前《おくねんまえ》）から中生代三畳紀《ちゅうせいだいさんじょうき》（約《やく》２億年前《おくねんまえ》）にかけて存在《そんざい》したパンゲアは、歴史上《れきしじょう》、最大《さいだい》の超大陸《ちょうたいりく》だった。「パンゲア」とは「すべての陸地《りくち》」という意味《いみ》のギリシャ語《ご》だ。

【現在《げんざい》の地球《ちきゅう》】

陸地《りくち》は全体《ぜんたい》の28.9%。完全《かんぜん》に独立《どくりつ》している大陸《たいりく》は、オーストラリアと南極《なんきょく》だ。北半球《きたはんきゅう》に大陸《たいりく》が多《おお》く集《あつ》まっている。

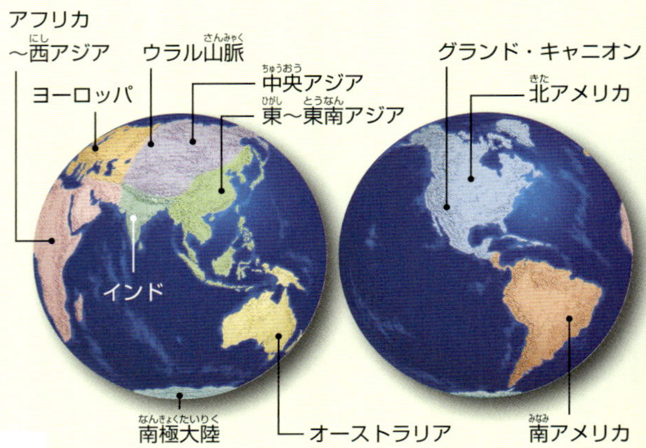
アフリカ
〜西《にし》アジア
ヨーロッパ
ウラル山脈《さんみゃく》
中央《ちゅうおう》アジア
東《ひがし》〜東南《とうなん》アジア
インド
南極大陸《なんきょくたいりく》
オーストラリア
グランド・キャニオン
北《きた》アメリカ
南《みなみ》アメリカ

●ウラル山脈《さんみゃく》（ロシア）

南北《なんぼく》2500km以上《いじょう》の山脈《さんみゃく》で、パンゲアがつくられるときにできた。現在《げんざい》、地球《ちきゅう》にある山脈《さんみゃく》のなかでは、最《もっと》も歴史《れきし》が古《ふる》い。

【3億年前《おくねんまえ》】パンゲア大陸《たいりく》

石炭紀《せきたんき》（➡70、72、74）後期《こうき》に、史上《しじょう》最大《さいだい》の超大陸《ちょうたいりく》パンゲアが生《う》まれ、約《やく》1億《おく》年続《ねんつづ》いた。この超大陸《ちょうたいりく》ができたことで、古生代《こせいだい》ペルム紀末《きまつ》の大噴火《だいふんか》や気候変動《きこうへんどう》が起《お》こったと考《かんが》えられる（➡78）。

パンサラッサ海《かい》
中央《ちゅうおう》アジア
東《ひがし》〜東南《とうなん》アジア
そのほかの
さまざまな陸地《りくち》。
北《きた》アメリカ
ヨーロッパ
テチス海《かい》
そのほかの
さまざまな陸地《りくち》。
パンゲア大陸《たいりく》
南《みなみ》アメリカ
アフリカ〜西《にし》アジア
オーストラリア
インド
南極大陸《なんきょくたいりく》

●グランド・キャニオン（➡158）
（北《きた》アメリカ）

長《なが》さ450kmもある世界最大《せかいさいだい》の渓谷《けいこく》。最《もっと》も上部《じょうぶ》にあるペルム紀《き》の地層《ちそう》のひとつに砂丘《さきゅう》の層《そう》が見《み》られることから、当時《とうじ》は砂漠《さばく》だったことがわかる。

中生代以降《ちゅうせいだいいこう》の地層《ちそう》は、雨《あめ》や風《かぜ》でけずられて、なくなっている。

【超大陸《ちょうたいりく》に砂漠《さばく》が広《ひろ》がる】

大陸《たいりく》があまりにも広《ひろ》いため、海水《かいすい》が蒸発《じょうはつ》してできるしめった空気《くうき》は届《とど》かず、内陸《ないりく》は乾燥《かんそう》した。その気候《きこう》に合《あ》わせるように、種《たね》をつける植物《しょくぶつ》が現《あらわ》れた。

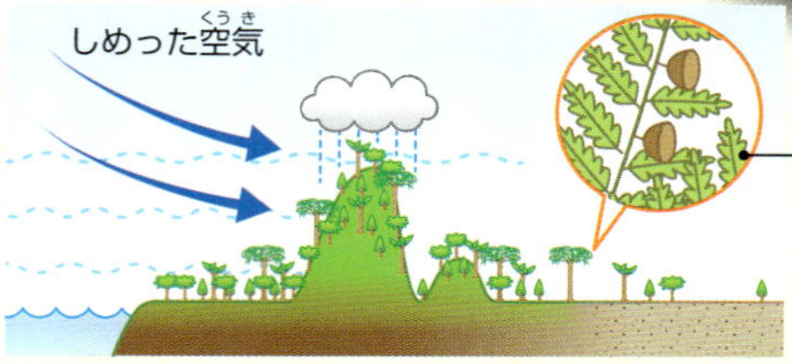
しめった空気《くうき》

●種子植物《しゅししょくぶつ》（➡71）

反対側《はんたいがわ》には、ほとんど大陸《たいりく》はなかった。

『これならわかる！ 科学《かがく》の基礎《きそ》のキソ 地球《ちきゅう》』: 丸善出版《まるぜんしゅっぱん》

パンゲアができるまで

約《やく》44億年前《おくねんまえ》にマグマオーシャン（➡38）が冷《ひ》えて固《かた》まってできた原始地球《げんしちきゅう》の陸地《りくち》は、プレートの移動《いどう》によってしずみこみ、現在《げんざい》は地表《ちひょう》にはない。現在《げんざい》の陸地《りくち》は、プレートがしずむときにできたマグマが、地上《ちじょう》にふき出《で》て固《かた》まったもので、プレートの活動《かつどう》とともに地表《ちひょう》に増《ふ》え、大陸《たいりく》のはじまりとなっていった。

大陸《たいりく》は、プレートが動《うご》くとき、陸地《りくち》と陸地《りくち》が衝突《しょうとつ》して大《おお》きくなることもあれば、反対《はんたい》に引《ひ》き裂《さ》かれて小《ちい》さくなることもある。今《いま》では、プレートの動《うご》きから、将来《しょうらい》の陸地《りくち》の姿《すがた》も予想《よそう》されている（➡132）。

【42億年前《おくねんまえ》の地球《ちきゅう》】

大陸《たいりく》ができ始《はじ》めたのは約《やく》42億年前《おくねんまえ》と考《かんが》えられている。このころの大陸《たいりく》は、今《いま》よりずっと小《ちい》さくて、島《しま》のような状態《じょうたい》だった。

【19億年前《おくねんまえ》】

現在《げんざい》の北《きた》アメリカ、グリーンランド、北《きた》ヨーロッパの一部《いちぶ》が集《あつ》まって、ヌーナ大陸《たいりく》ができた。そのほかは、小《ちい》さい陸地《りくち》がばらばらと存在《そんざい》していた。

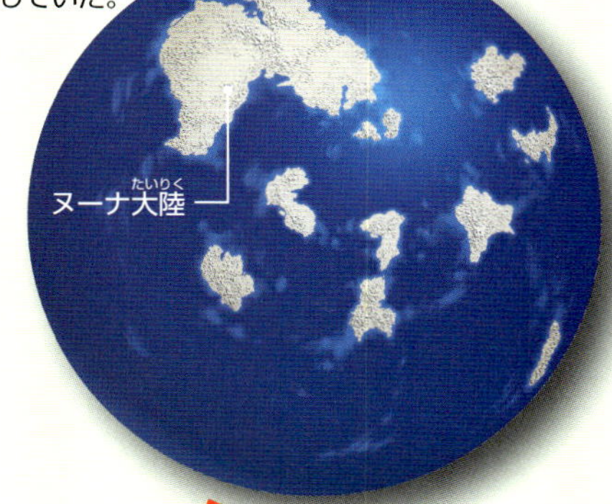

ヌーナ大陸《たいりく》

【9億年前《おくねんまえ》】ロディニア大陸《たいりく》

原生代《げんせいだい》エディアカラ紀《き》（➡54）のころのようすで、ほぼすべての陸地《りくち》が1つに集《あつ》まってロディニア大陸《たいりく》ができた。

南アメリカ
中央《ちゅうおう》アジア
パンサラッサ海《かい》
北アメリカ
ロディニア大陸《たいりく》
オーストラリア
南極大陸
アフリカ
インド

反対側《はんたいがわ》に大陸《たいりく》はなかった。

【5億年前《おくねんまえ》】ゴンドワナ大陸《たいりく》

古生代《こせいだい》カンブリア紀《き》（➡56）のころから見《み》られる超大陸《ちょうたいりく》で、南極《なんきょく》の近《ちか》くにあり、現在《げんざい》のアフリカ、南《みなみ》アメリカ、オーストラリア、南極《なんきょく》、インドなどをふくんでいた。

パンサラッサ海《かい》
中央アジア
中央《ちゅうおう》アジア
ローレンシア大陸《たいりく》
バルティカ大陸《たいりく》
ヨーロッパ
北《きた》アメリカ
インド
ゴンドワナ大陸
南《みなみ》アメリカ
アフリカ

オーストラリア
南《みなみ》アメリカ
南極大陸《なんきょくたいりく》

ゴンドワナ大陸《たいりく》は、地球《ちきゅう》の反対側《はんたいがわ》にも広《ひろ》がっていた。

【超大陸《ちょうたいりく》を証明《しょうめい》した生《い》きもの】

大陸《たいりく》が移動《いどう》することは、かつてはまったく信《しん》じられていなかった。しかし、パンゲアがあったペルム紀《き》や三畳紀《さんじょうき》の生《い》きものの化石《かせき》が、現在《げんざい》は海《うみ》でへだてられている別《べつ》の大陸《たいりく》から発掘《はっくつ》されたことが証拠《しょうこ》のひとつとなり、正《ただ》しいことが証明《しょうめい》された。

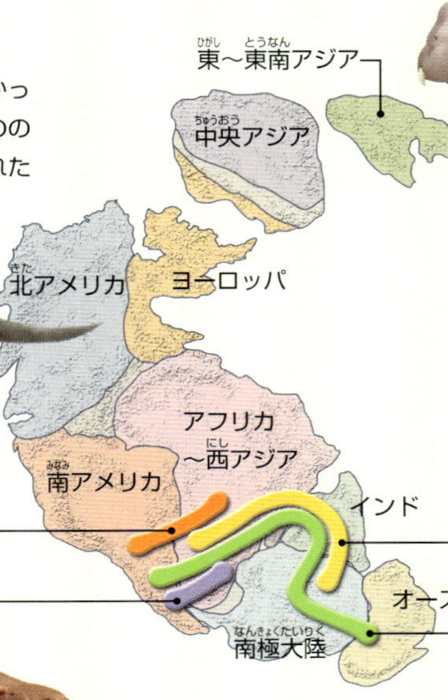

東《ひがし》〜東南《とうなん》アジア
中央《ちゅうおう》アジア
北《きた》アメリカ
ヨーロッパ
アフリカ
〜西《にし》アジア
南《みなみ》アメリカ
インド
オーストラリア
南極大陸《なんきょくたいりく》

＊色《いろ》つきの帯《おび》は、その生《い》きものの化石《かせき》が出《で》たところ。

●リストロサウルス

体長《たいちょう》1m。三畳紀《さんじょうき》の単弓類《たんきゅうるい》。水辺《みずべ》で暮《く》らし、きばで水草《みずくさ》を掘《ほ》り起《お》こして食《た》べた。現在《げんざい》のアフリカ、インド、南極大陸《なんきょくたいりく》などで化石《かせき》が発見《はっけん》されている。

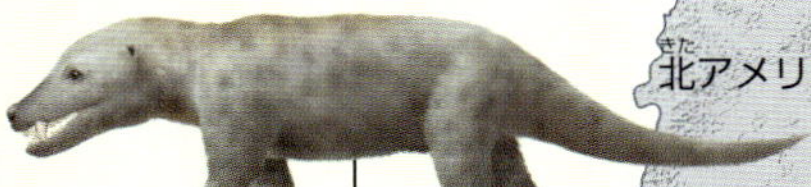

●キノグナトゥス

体長《たいちょう》60cm。三畳紀《さんじょうき》の単弓類《たんきゅうるい》（➡76）。肉食《にくしょく》で獲物《えもの》をおそって食《た》べた。現在《げんざい》のアフリカと南《みなみ》アメリカで化石《かせき》が発見《はっけん》されている。

●グロッソプテリス（➡78）

高《たか》さ8m。ペルム紀《き》から三畳紀《さんじょうき》の植物《しょくぶつ》で、30cmもある長《なが》い葉《は》をつけた。南《みなみ》アメリカ、アフリカ、インド、南極《なんきょく》、オーストラリアで化石《かせき》が発見《はっけん》されている。

●メソサウルス

全長《ぜんちょう》1m。ペルム紀《き》のは虫類《ちゅうるい》で、水中《すいちゅう》で魚《さかな》をとって暮《く》らしていた。現在《げんざい》の南《みなみ》アメリカとアフリカで化石《かせき》が発見《はっけん》されている。

アフリカの西側《にしがわ》と南《みなみ》アメリカの東側《ひがしがわ》の海岸線《かいがんせん》は、同《おな》じ形《かたち》をしている。今《いま》は海《うみ》でへだてられているが、かつてはひとつの大陸《たいりく》だった証拠《しょうこ》だ。

両生類➡66　陸上生活の体のしくみ➡68

ほ乳類《にゅうるい》の遠《とお》い祖先《そせん》が現《あらわ》れた

単弓類《たんきゅうるい》・は虫類《ちゅうるい》

両生類《りょうせいるい》が上陸《じょうりく》したあと、地上《ちじょう》にはは虫類《ちゅうるい》と単弓類《たんきゅうるい》が現《あらわ》れました。4本《ほん》の足《あし》で歩《ある》きまわるようすはよく似《に》ていますが、単弓類《たんきゅうるい》は、ほ乳類《にゅうるい》の祖先《そせん》です。

同《おな》じ時代《じだい》に現《あらわ》れた ほ乳類《にゅうるい》の祖先《そせん》と、は虫類《ちゅうるい》

石炭紀後期《せきたんきこうき》に超大陸《ちょうたいりく》パンゲア（➡74）ができると、海《うみ》からのしめった風《かぜ》が届《とど》かない内陸《ないりく》では乾燥化《かんそうか》が進《すす》み、砂漠《さばく》が広《ひろ》がった。そんなときに、ほぼ同時《どうじ》に現《あらわ》れたのが、乾燥《かんそう》にたえられる体《からだ》をもち卵《たまご》を産《う》む、単弓類《たんきゅうるい》とは虫類《ちゅうるい》だ。

●オフィアコドン
全長《ぜんちょう》3～3.5m。石炭紀《せきたんき》の盤竜類《ばんりゅうるい》のなかま。川《かわ》などで魚《さかな》をとっていたらしい。
●カセア
全長《ぜんちょう》1.2m。ペルム紀《き》の盤《ばん》竜類《りゅうるい》のなかま。食《た》べていたシダ植物《しょくぶつ》がかたかったので、それを消化《しょうか》するために腸《ちょう》が長《なが》くて腹《はら》が大《おお》きかった。
盤竜類《ばんりゅうるい》の歯《は》は、全部《ぜんぶ》、同《おな》じような形《かたち》をしていた。
ほを支《ささ》える骨《ほね》に突起《とっき》があった。
●ペトロラコサウルス
全長《ぜんちょう》40cm。は虫類《ちゅうるい》で、首《くび》や足《あし》が長《なが》く、ほっそりとしていた。
●ヒロノムス
全長《ぜんちょう》20cm。最《もっと》も古《ふる》いと考《かんが》えられているは虫類《ちゅうるい》で、今《いま》のトカゲのような姿《すがた》だった。
●エダフォサウルス
全長《ぜんちょう》2.4～3.2m。石炭紀《せきたんき》からペルム紀《き》にいた盤竜類《ばんりゅうるい》のなかまで、植物食《しょくぶつしょく》。背中《せなか》にほがあった。

4本《ほん》の足《あし》をもつ脊椎動物《せきついどうぶつ》のなかま分《わ》け

魚《さかな》から進化《しんか》した両生類《りょうせいるい》は、さらに単弓類《たんきゅうるい》とは虫類《ちゅうるい》の2つに分《わ》かれた。さまざまなものが現《あらわ》れたが、どれも4本《ほん》の足《あし》をもつ。

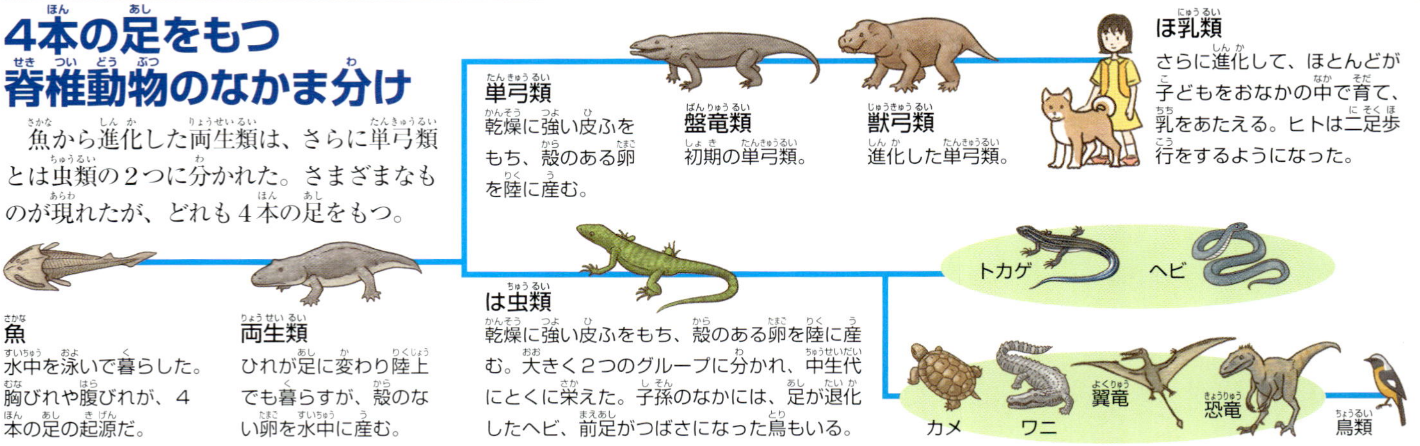
魚《さかな》
水中《すいちゅう》を泳《およ》いで暮《く》らした。胸《むな》びれや腹《はら》びれが、4本《ほん》の足《あし》の起源《きげん》だ。
両生類《りょうせいるい》
ひれが足《あし》に変《か》わり陸上《りくじょう》でも暮《く》らすが、殻《から》のない卵《たまご》を水中《すいちゅう》に産《う》む。
単弓類《たんきゅうるい》
乾燥《かんそう》に強《つよ》い皮《ひ》ふをもち、殻《から》のある卵《たまご》を陸《りく》に産《う》む。
盤竜類《ばんりゅうるい》
初期《しょき》の単弓類《たんきゅうるい》。
獣弓類《じゅうきゅうるい》
進化《しんか》した単弓類《たんきゅうるい》。
ほ乳類《にゅうるい》
さらに進化《しんか》して、ほとんどが子《こ》どもをおなかの中《なか》で育《そだ》て、乳《ちち》をあたえる。ヒトは二足歩《にそくほ》行《こう》をするようになった。
は虫類《ちゅうるい》
乾燥《かんそう》に強《つよ》い皮《ひ》ふをもち、殻《から》のある卵《たまご》を陸《りく》に産《う》む。大《おお》きく2つのグループに分《わ》かれ、中生代《ちゅうせいだい》にとくに栄《さか》えた。子孫《しそん》のなかには、足《あし》が退化《たいか》したヘビ、前足《まえあし》がつばさになった鳥《とり》もいる。
トカゲ
ヘビ
カメ
ワニ
翼竜《よくりゅう》
恐竜《きょうりゅう》
鳥類《ちょうるい》

📖『ジュニア版《ばん》NHK《エヌエイチケー》スペシャル地球大進化《ちきゅうだいしんか》4　大量絶滅《たいりょうぜつめつ》』：学研《がっけん》

【2つのグループがあった単弓類《たんきゅうるい》】

単弓類《たんきゅうるい》には2つのグループがあった。石炭紀後期《せきたんきこうき》に現《あらわ》れたのが盤竜類《ばんりゅうるい》で、ペルム紀《き》になって盤竜類《ばんりゅうるい》のなかから現《あらわ》れたのが獣弓類《じゅうきゅうるい》だ。盤竜類《ばんりゅうるい》はペルム紀末《きまつ》に滅《ほろ》んだが、獣弓類《じゅうきゅうるい》は大絶滅《だいぜつめつ》（➡78）を生《い》きのび、そこから、ほ乳類《にゅうるい》が現《あらわ》れた。

顔《かお》のまわりに突起《とっき》があった。

●エステメノスクス
全長《ぜんちょう》2.5～3m。ペルム紀《き》の獣弓類《じゅうきゅうるい》のなかま。おもに水草《みずくさ》を食《た》べていたという。

獣弓類《じゅうきゅうるい》は、食《た》べものをかみ切《き》る歯《は》、すりつぶす歯《は》など、役割《やくわり》に応《おう》じたいろいろな形《かたち》の歯《は》が生《は》えていた。

足《あし》は、体《からだ》の左右《さゆう》にあまり張《は》り出《だ》さなくなった。

●ビアルモスクス
全長《ぜんちょう》60～70cm。獣弓類《じゅうきゅうるい》のなかでは初期《しょき》のなかまで、ペルム紀《き》に現《あらわ》れた。肉食《にくしょく》。

ほを支《ささ》える骨《ほね》に突起《とっき》はない。

植物《しょくぶつ》を食《た》べるエダフォサウルスよりも、肉食《にくしょく》のディメトロドンのほうが、あごががっちりとしていた。

●ディメトロドン
全長《ぜんちょう》1.7～3.3m。ペルム紀《き》の盤竜類《ばんりゅうるい》のなかま。肉食《にくしょく》だった。

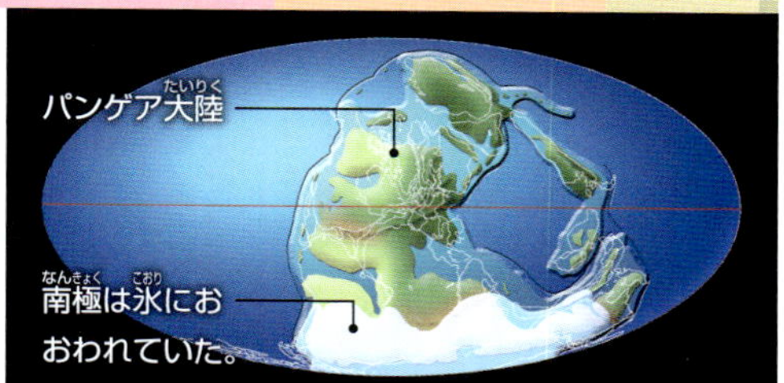
パンゲア大陸《たいりく》
南極《なんきょく》は氷《こおり》におおわれていた。

石炭紀前期《せきたんきぜんき》の地球《ちきゅう》
ユーラメリカ大陸《たいりく》とゴンドワナ大陸《たいりく》が衝突《しょうとつ》して、パンゲア大陸《たいりく》ができた。

【ほで体温《たいおん》を調節《ちょうせつ》した？】

エダフォサウルスもディメトロドンも、背中《せなか》に大《おお》きなほがある。このほの役割《やくわり》はよくわかっていないが、体温《たいおん》を調節《ちょうせつ》したという説《せつ》がある。

歯《は》が変化《へんか》して、体温《たいおん》が一定《いってい》に？

盤竜類《ばんりゅうるい》は、は虫類《ちゅうるい》と同《おな》じように体温《たいおん》を一定《いってい》に保《たも》てなかった。しかし、獣弓類《じゅうきゅうるい》では、ほ乳類《にゅうるい》と同《おな》じように、体温《たいおん》を保《たも》てるようになっていたようだ。ほ乳類《にゅうるい》は、役割《やくわり》に応《おう》じて形《かたち》のちがう歯《は》が生《は》えていて、食《た》べものを丸《まる》のみではなく、かみくだく（➡103）。そのため消化《しょうか》・吸収《きゅうしゅう》が速《はや》く、熱《ねつ》が次《つぎ》つぎにつくられて、体温《たいおん》が保《たも》たれる。獣弓類《じゅうきゅうるい》も形《かたち》のちがう歯《は》が生《は》えていたので、同《おな》じような体《からだ》のしくみを手《て》に入《い》れていたかもしれない。

丸《まる》くなってねむるネコ。この姿勢《しせい》なら、寒《さむ》くても体温《たいおん》をあまりにがさない。ペルム紀《き》の次《つぎ》の三畳紀《さんじょうき》にいたトリナクソドンという獣弓類《じゅうきゅうるい》は、体《からだ》を丸《まる》めた化石《かせき》が見《み》つかっている。このことから、獣弓類《じゅうきゅうるい》の体温《たいおん》は一定《いってい》だったのではないかと考《かんが》えられている。

頭《あたま》の骨《ほね》で見分《みわ》ける、は虫類《ちゅうるい》と単弓類《たんきゅうるい》

初期《しょき》の単弓類《たんきゅうるい》とは虫類《ちゅうるい》は、見《み》かけはよく似《に》ていて区別《くべつ》がつかない。ちがいは頭《あたま》の骨《ほね》の横《よこ》にあいているあなの数《かず》だ。このあなには、あごを閉《と》じる筋肉《きんにく》が収《おさ》まっていた。

●は虫類《ちゅうるい》
原始的《げんしてき》なは虫類《ちゅうるい》をのぞいて、あなが2つある。

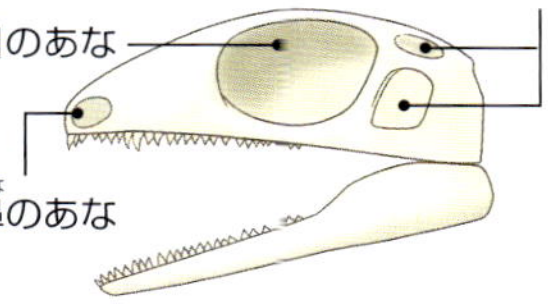
あなは2つ
目《め》のあな
鼻《はな》のあな

●単弓類《たんきゅうるい》
あなが1つだけある。

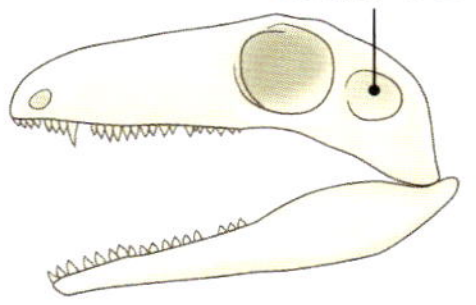
あなは1つ

【あごと動《うご》かす筋肉《きんにく》のつき方《かた》】

あなのふちの骨《ほね》には、あごを開《あ》け閉《し》めするのに使《つか》う筋肉《きんにく》の一方《いっぽう》のはしがついていた。

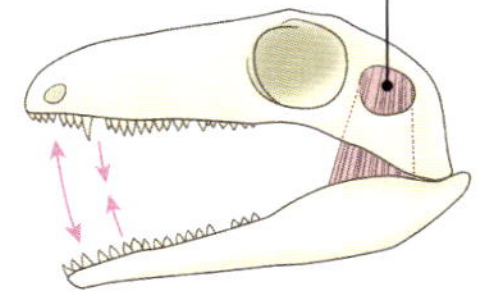
あごを動《うご》かす筋肉《きんにく》

人間《にんげん》の頭《あたま》のあなは「こめかみ」

単弓類《たんきゅうるい》の子孫《しそん》である人間《にんげん》の頭《あたま》の骨《ほね》にも、あなのなごりがある。目《め》のわきにあるところで、ごはん（米《こめ》）を食《た》べる(歯《は》でかむ)と動《うご》くため、「こめかみ」とよばれている。

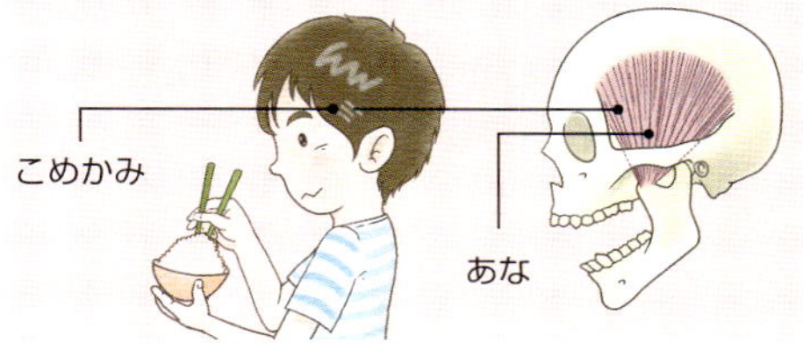
こめかみ
あな

頭《あたま》の骨《ほね》にあながあいていると、頭《あたま》が軽《かる》くなって動《うご》かしやすかったようだ。

5回の大量絶滅➡98

最《さい》大《だい》の絶《ぜつ》滅《めつ》が起《お》こる

ペルム紀大量絶滅《きたいりょうぜつめつ》

地球史上《ちきゅうしじょう》で最大規模《さいだいきぼ》といわれる絶滅《ぜつめつ》が起《お》こりました。陸《りく》では巨大噴火《きょだいふんか》が続《つづ》き、海《うみ》の中《なか》は酸素《さんそ》が極端《きょくたん》に減《へ》り、生《い》きものの種《しゅ》の90%以上《いじょう》は死《し》に絶《た》えました。

●ふき上《あ》がる溶岩《ようがん》
その高《たか》さは、2000mに達《たっ》することもあった。
●50km以上《いじょう》も続《つづ》くさけ目《め》
大地《だいち》のさけ目《め》はとてつもなく長《なが》かった。
●さらさら流《なが》れる溶岩《ようがん》
このときの溶岩《ようがん》は、ねばり気《け》があまりなかったため、あたり一面《いちめん》に広《ひろ》がっていった。

大《だい》地《ち》がさけて巨《きょ》大《だい》噴《ふん》火《か》が起《お》こった

大地《だいち》が帯状《おびじょう》に長《なが》くひび割《わ》れると、溶岩《ようがん》がふき出《だ》した。同《おな》じようなひび割《わ》れがあちこちにでき、大量《たいりょう》の溶岩《ようがん》が川《かわ》のように流《なが》れた。噴火《ふんか》は100万年以上《まんねんいじょう》も続《つづ》き、空気中《くうきちゅう》にあふれ出《で》た二酸化炭素《にさんかたんそ》などの影響《えいきょう》で激《はげ》しい温暖化《おんだんか》が進《すす》み、生《い》きものはとても生《い》きてはいけなかった。

絶《ぜつ》滅《めつ》前《まえ》の生《い》きもの

体《からだ》の大《おお》きな生《い》きものは酸素《さんそ》をたくさん使《つか》う。ペルム紀《き》は酸素濃度《さんそのうど》が低《ひく》くなってきた時代《じだい》で、巨大《きょだい》な昆虫《こんちゅう》は姿《すがた》を消《け》していった。地上《ちじょう》では両生類《りょうせいるい》、単《たん》弓類《きゅうるい》(➡76)、は虫類《ちゅうるい》が活動《かつどう》した。

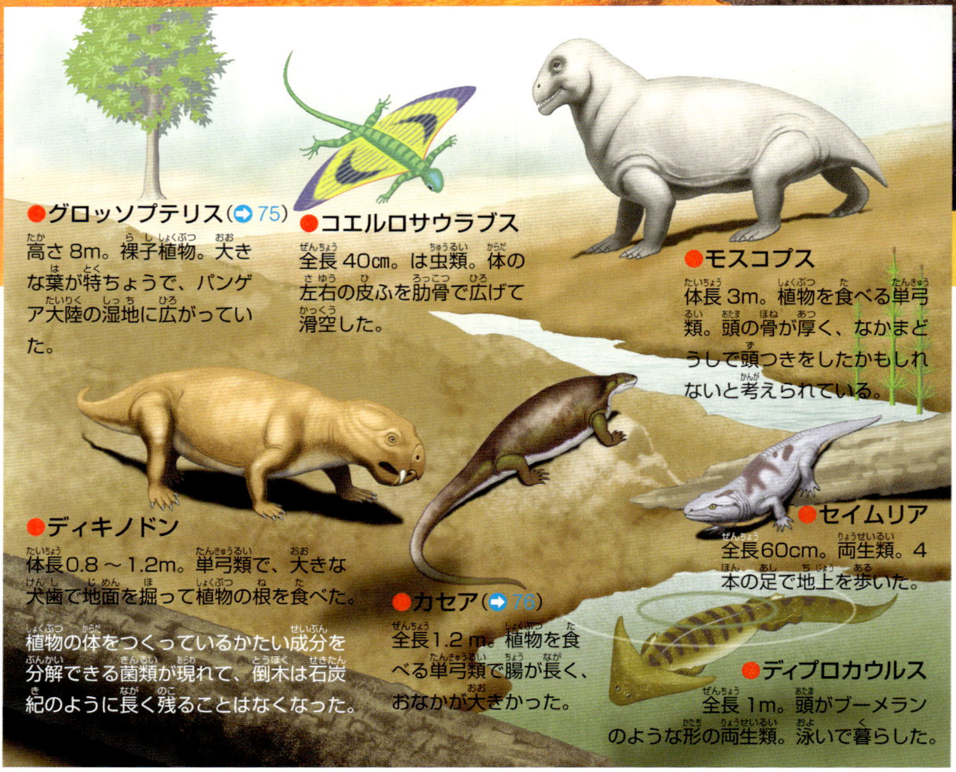
●グロッソプテリス(➡75)
高《たか》さ8m。裸子植物《らししょくぶつ》。大《おお》きな葉《は》が特《とく》ちょうで、パンゲア大陸《たいりく》の湿地《しっち》に広《ひろ》がっていた。
●コエルロサウラブス
全長《ぜんちょう》40㎝。は虫類《ちゅうるい》。体《からだ》の左右《さゆう》の皮《ひ》ふを肋骨《ろっこつ》で広《ひろ》げて滑空《かっくう》した。
●モスコプス
体長《たいちょう》3m。植物《しょくぶつ》を食《た》べる単弓《たんきゅう》類《るい》。頭《あたま》の骨《ほね》が厚《あつ》く、なかまどうしで頭《ず》つきをしたかもしれないと考《かんが》えられている。
●ディキノドン
体長《たいちょう》0.8～1.2m。単弓類《たんきゅうるい》で、大《おお》きな犬歯《けんし》で地面《じめん》を掘《ほ》って植物《しょくぶつ》の根《ね》を食《た》べた。
●カセア(➡76)
全長《ぜんちょう》1.2 m。植物《しょくぶつ》を食《た》べる単弓類《たんきゅうるい》で腸《ちょう》が長《なが》く、おなかが大《おお》きかった。
●セイムリア
全長《ぜんちょう》60cm。両生類《りょうせいるい》。4本《ほん》の足《あし》で地上《ちじょう》を歩《ある》いた。
●ディプロカウルス
全長《ぜんちょう》1m。頭《あたま》がブーメランのような形《かたち》の両生類《りょうせいるい》。泳《およ》いで暮《く》らした。
植物《しょくぶつ》の体《からだ》をつくっているかたい成分《せいぶん》を分解《ぶんかい》できる菌類《きんるい》が現《あらわ》れて、倒木《とうぼく》は石炭《せきたん》紀《き》のように長《なが》く残《のこ》ることはなくなった。

【ハチや甲虫《こうちゅう》が現《あらわ》れた】

ハチや甲虫《こうちゅう》、ハエの祖先《そせん》はペルム紀《き》に現《あらわ》れた。どれも完全変態《かんぜんへんたい》(➡73)をする昆虫《こんちゅう》で、絶滅《ぜつめつ》を生《い》きのびて現代《げんだい》も栄《さか》えている。

●泥岩《でいがん》(➡157)の中《なか》のハチの化石《かせき》

この化石《かせき》は、ペルム紀《き》の後《あと》の三畳紀《さんじょうき》のもの。ハチの祖先《そせん》が、絶滅《ぜつめつ》を生《い》きのびたことがわかる。

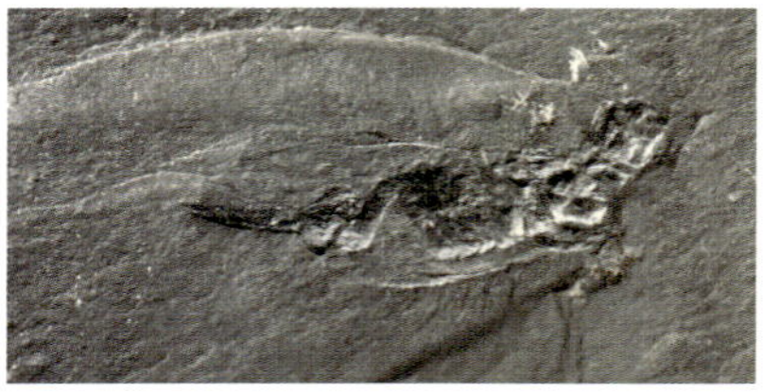

美祢市化石館《みねしかせきかん》：山口県美祢市大嶺町東分《やまぐちけんみねしおおみねちょうひがしぶん》315-12

●空《そら》をおおう火山灰《かざんばい》
火山灰《かざんばい》が太陽《たいよう》の光《ひかり》をさえぎった。
●酸性《さんせい》の雨《あめ》が降《ふ》る
空《そら》に散《ち》った火山灰《かざんばい》が核《かく》になり、大量《たいりょう》の酸性雨《さんせいう》（➡204）が降《ふ》り続《つづ》いた。そのため植物《しょくぶつ》はかれていった。
●地下《ちか》のマグマ
地球《ちきゅう》の奥深《おくふか》くから、溶《よう》岩《がん》になる大量《たいりょう》のマグマがわき上《あ》がってきた。

【ペルム紀《き》の噴火《ふんか》でできた山《やま》】

中国《ちゅうごく》の四川省《しせんしょう》は、巨大噴火《きょだいふんか》があった場所《ばしょ》のひとつだ。このときの溶《よう》岩《がん》が固《かた》まって峨眉山《がびさん》ができた。ロシアの中央《ちゅうおう》シベリア高原《こうげん》でも、巨《きょ》大《だい》な噴火《ふんか》があった。今《いま》でも、日本《にほん》の約《やく》４倍《ばい》の広《ひろ》さの、大《おお》きな溶岩《ようがん》が固《かた》まった玄武岩《げんぶがん》の地層《ちそう》が残《のこ》されている。

峨眉山《がびさん》は中国《ちゅうごく》の南西部《なんせいぶ》にあり、標《ひょう》高《こう》3099m。当時《とうじ》、ここでは富士《ふじ》山《さん》の体積《たいせき》の約《やく》900倍《ばい》の、約《やく》50万《まん》km^3 の溶岩《ようがん》がふき出《で》たという。

噴火《ふんか》が起《お》こった場所《ばしょ》(●)
噴火《ふんか》は、おもにパンゲアの東半分《ひがしはんぶん》で起《お》こった。
シベリア
北中国《きたちゅうごく》
南中国《みなみちゅうごく》
峨眉山《がびさん》
ノルウェー
北《きた》インド
オマーン
西《にし》オーストラリア

ペルム紀《き》の地球《ちきゅう》

すべての大陸《たいりく》が集合《しゅうごう》するパンゲア大陸《たいりく》ができていて、西《にし》には砂漠《さばく》が広《ひろ》がっていた。

地球《ちきゅう》の動《うご》きが絶滅《ぜつめつ》を招《まね》いた？

絶滅《ぜつめつ》の原因《げんいん》として考《かんが》えられているのは、パンゲアのある大陸《たいりく》プレートの下《した》に海洋《かいよう》プレートの一部《いちぶ》がしずみこんだことだ。温度《おんど》の低《ひく》い海洋《かいよう》プレート（コールドプルーム➡23）がしずんだことで外核《がいかく》の対流《たいりゅう》が乱《みだ》されて、地磁気《ちじき》（➡26）も乱《みだ》れたと考《かんが》えられている。その結果《けっか》、空気中《くうきちゅう》の分子《ぶんし》が電気《でんき》を帯《お》びて雲《くも》ができやすくなり、太陽《たいよう》の光《ひかり》が届《とど》きにくくなって寒冷化《かんれいか》した。その後《ご》、巨大噴火《きょだいふんか》が起《お》こった。

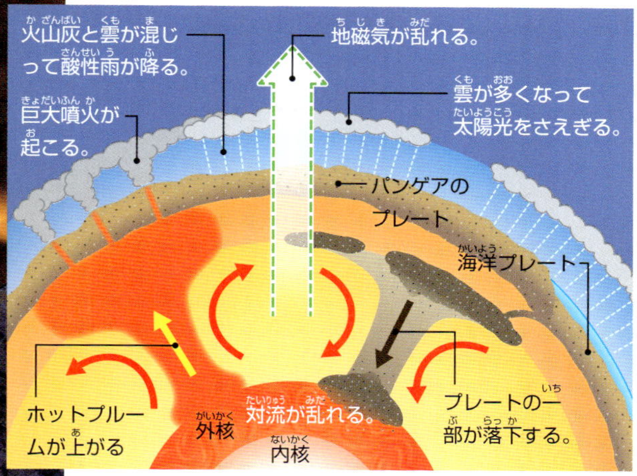
火山灰《かざんばい》と雲《くも》が混《ま》じって酸性雨《さんせいう》が降《ふ》る。
地磁気《ちじき》が乱《みだ》れる。
巨大噴火《きょだいふんか》が起《お》こる。
雲《くも》が多《おお》くなって太陽光《たいようこう》をさえぎる。
パンゲアのプレート
海洋《かいよう》プレート
ホットプルームが上《あ》がる
外核《がいかく》
対流《たいりゅう》が乱《みだ》れる。
内核《ないかく》
プレートの一《いち》部《ぶ》が落下《らっか》する。

【巨大噴火《きょだいふんか》のしくみ】

核《かく》が冷《ひ》えた反動《はんどう》でホットプルーム（➡22）という高温《こうおん》のマントルが地表《ちひょう》に上《あ》がり、一部《いちぶ》がマグマになって巨大《きょだい》な噴火《ふんか》が起《お》こったという。火山灰《かざんばい》は雲《くも》や雨《あめ》を引《ひ》き起《お》こし、寒冷化《かんれいか》が進《すす》んだ。

絶滅《ぜつめつ》は海《うみ》でも起《お》こった

空《そら》をおおう火山灰《かざんばい》で日光《にっこう》がさえぎられると、気温《きおん》は下《さ》がり、植物《しょくぶつ》の光《こう》合成《ごうせい》もできなくなった。海《うみ》はこおりついて海面《かいめん》が下《さ》がり、浅《あさ》い海《うみ》の生《い》きものはすむ場所《ばしょ》を失《うしな》った。また、海《うみ》の中《なか》の植物《しょくぶつ》プランクトンも光合成《こうごうせい》ができなくなり、その結果《けっか》、水中《すいちゅう》の酸素《さんそ》がかなり少《すく》なくなって、多《おお》くの生《い》きものが絶滅《ぜつめつ》した。

●プロコロフォン
全長《ぜんちょう》30㎝。は虫類《ちゅうるい》。絶滅《ぜつめつ》を生《い》きのびて、三畳紀末《さんじょうきまつ》までいた。
海面《かいめん》が下《さ》がって、水中《すいちゅう》の生《い》きものの多《おお》くは干上《ひあ》がってしまった。
●ウミユリ
ウニやヒトデのなかま。わずかなものだけが生《い》き残《のこ》った。
●アンモナイト
いくつかのアンモナイト類《るい》は絶滅《ぜつめつ》を生《い》きのびて中生代《ちゅうせいだい》に再《ふたた》び栄《さか》えた。
●三葉虫《さんようちゅう》
ペルム紀末《きまつ》にすべて絶滅《ぜつめつ》した。
●サンゴ
現代《げんだい》とはちがうサンゴのなかまが栄《さか》えていたが、絶滅《ぜつめつ》した。

ペルム紀《き》（Permian）と次《つぎ》の中生代三畳紀《ちゅうせいだいさんじょうき》（Triassic）の境目《さかいめ》の地層《ちそう》のことを、両方《りょうほう》の頭文字《かしらもじ》から「P/T 境界《ピーティーきょうかい》」という。

単弓類・は虫類➡76

最初《さいしょ》の恐竜《きょうりゅう》が登場《とうじょう》した

恐竜《きょうりゅう》・ほ乳類《にゅうるい》

は虫類《ちゅうるい》のなかから、２本足《ほんあし》で立《た》って歩《ある》くものが現《あらわ》れました。恐竜《きょうりゅう》です。体《からだ》はそれほど大《おお》きくありませんでしたが、身軽《みがる》に動《うご》ける動物《どうぶつ》でした。

●サウロスクス
全長約《ぜんちょうやく》５m。ワニに似《に》た肉食《にくしょく》の大型《おおがた》は虫類《ちゅうるい》。

●スカフォニクス
全長約《ぜんちょうやく》１〜３m。植《しょく》物食《ぶつしょく》のは虫類《ちゅうるい》。

●シロスクス
全長約《ぜんちょうやく》６m。植物食《しょくぶつしょく》。恐竜以外《きょうりゅういがい》のは虫類《ちゅうるい》としてはめずらしく、２足歩行《そくほこう》だった。

●イスチグアラスティア
全長約《ぜんちょうやく》２〜３m。植物食《しょくぶつしょく》。歯《は》がなく、現《げん》在《ざい》のカメにあるような大《おお》きなくちばしで、食《た》べものを切《き》って食《た》べていた獣弓類《しゅうきゅうるい》。

●メガゾストロドン
体長約《たいちょうやく》12cm。原始的《げんしてき》なほ乳類《にゅうるい》。夜行性《やこうせい》で、昆虫《こんちゅう》やミミズなどを食《た》べていたと考《かんが》えられている。

動《うご》きのすばやい恐竜《きょうりゅう》と、ほ乳類《にゅうるい》

ペルム紀《き》の大量絶滅《たいりょうぜつめつ》（➡78）の後《あと》、生《い》き残《のこ》ったは虫類《ちゅうるい》と獣弓類《じゅうきゅうるい》が再《ふたた》び栄《さか》え始《はじ》めた。三畳紀後《さんじょうきこう》期《き》（２億《おく》3700万《まん》〜２億年前《おくねんまえ》）に、は虫類《ちゅうるい》のなかから恐竜《きょうりゅう》、獣弓類《じゅうきゅうるい》のなかからほ乳類《にゅうるい》が現《あらわ》れる。どちらも体《からだ》は小《ちい》さかったが、ほかのは虫類《ちゅうるい》よりすばやく動《うご》いて、獲物《えもの》をおそったり、敵《てき》からすぐににげたりすることができた。

足《あし》のつきかたが恐竜《きょうりゅう》の特《とく》ちょう

恐竜《きょうりゅう》は、は虫類《ちゅうるい》のなかまだが、足《あし》が体《からだ》の下《した》にまっすぐのびていて、すばやく走《はし》ることができた。同《おな》じは虫類《ちゅうるい》のワニと比《くら》べてみよう。

ワニの骨盤《こつばん》
足《あし》がななめについているため、あまり速《はや》くは走《はし》れない。

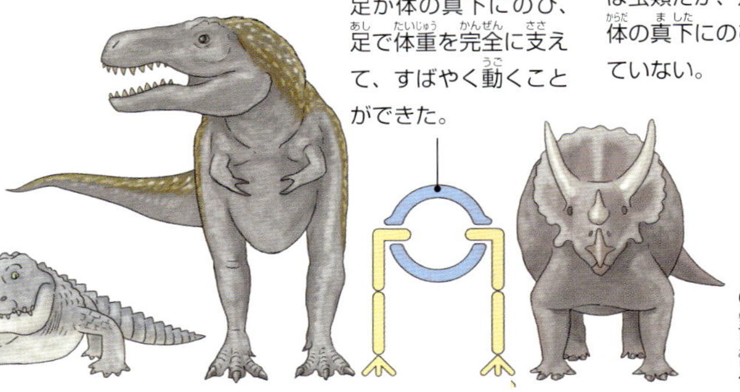

恐竜《きょうりゅう》の骨盤《こつばん》
足《あし》が体《からだ》の真下《ました》にのび、足《あし》で体重《たいじゅう》を完全《かんぜん》に支《ささ》えて、すばやく動《うご》くことができた。

のちに現《あらわ》れる４足歩行《そくほこう》の恐《きょう》竜《りゅう》は、走《はし》るのはおそいが、足《あし》は体《からだ》の真下《ました》にのびていた。

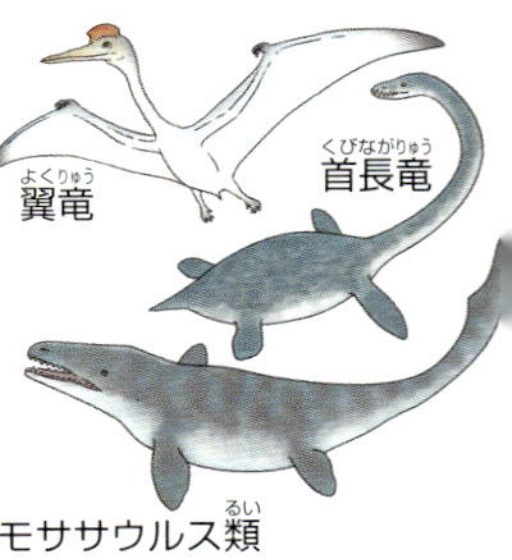

恐竜《きょうりゅう》と同《おな》じ時代《じだい》のは虫類《ちゅうるい》だが、足《あし》が体《からだ》の真下《ました》にのびていない。

『三畳紀《さんじょうき》の生物《せいぶつ》』：技術評論社《ぎじゅつひょうろんしゃ》

◎恐竜《きょうりゅう》をふくむは虫類《ちゅうるい》の体《からだ》の大《おお》きさは尾《お》をふくむ「全長《ぜんちょう》」で表《あらわ》し、ほ乳類《にゅうるい》は尾《お》をふくまない「体長《たいちょう》」で表《あらわ》す。

●ヘレラサウルス
全長約《ぜんちょうやく》4m。肉食《にくしょく》。この時代《じだい》では大型《おおがた》の恐竜《きょうりゅう》だった。
●エオドロマエウス
全長約《ぜんちょうやく》1.5m。原始的《げんしてき》な肉食恐竜《にくしょくきょうりゅう》。ひざから下《した》の骨《ほね》が長《なが》く、かなり速《はや》く走《はし》ることができたと考《かんが》えられている。
●エクサエレトドン
全長約《ぜんちょうやく》1.5～2m。雑食《ざっしょく》。植物《しょくぶつ》をかみ切《き》る切歯《せっし》、すりつぶす臼歯《きゅうし》、きばのような犬歯《けんし》があった獣弓類《じゅうきゅうるい》。
●ピサノサウルス
全長約1m。原始的《げんしてき》な植物食恐竜。歯《は》の形《かたち》から、かたい植物《しょくぶつ》をかんで食《た》べていたと考《かんが》えられている。

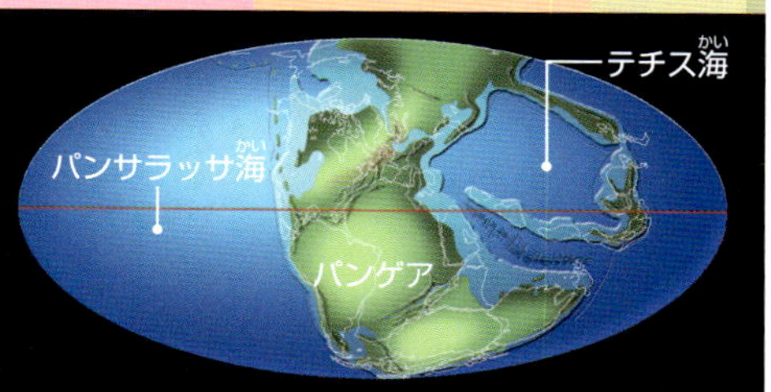
テチス海《かい》
パンサラッサ海《かい》
パンゲア

三畳紀《さんじょうき》はじめの地球《ちきゅう》の形《かたち》
陸地《りくち》は、巨大《きょだい》な大陸《たいりく》であるパンゲア（➡74）だけだった。パンサラッサ海《かい》という広《ひろ》い海《うみ》と、大部分《だいぶぶん》を陸地《りくち》に囲《かこ》まれたテチス海《かい》があった。

三畳紀末《さんじょうきまつ》にもあった大量絶滅《たいりょうぜつめつ》

ペルム紀末《きまつ》に続《つづ》いて、三畳紀末《さんじょうきまつ》にも大量絶滅《たいりょうぜつめつ》が起《お》きた（➡98）。陸上《りくじょう》にいた大型動物《おおがたどうぶつ》の多《おお》くがほろびたが、恐竜《きょうりゅう》や原始的《げんしてき》なほ乳類《にゅうるい》は生《い》き残《のこ》った。大量絶滅《たいりょうぜつめつ》の原因《げんいん》は、大規模《だいきぼ》な火山活動《かざんかつどう》、巨大《きょだい》な隕石《いんせき》の衝突《しょうとつ》、大気中《たいきちゅう》の酸素濃度《さんそのうど》の減少《げんしょう》などが考《かんが》えられているが、まだわかっていない。

あごの形《かたち》で見分《みわ》ける

は虫類《ちゅうるい》や盤竜類《ばんりゅうるい》・獣弓類《じゅうきゅうるい》は、下《した》あごが複《ふく》数《すう》の骨《ほね》からできていたことが特《とく》ちょうだ。ほ乳類《にゅうるい》の下《した》あごの骨《ほね》は1つで、進化《しんか》のなかで、余《あま》った骨《ほね》が耳《みみ》の中《なか》へ移《うつ》ったと考《かんが》えられている。

は虫類《ちゅうるい》や盤竜類《ばんりゅうるい》・獣弓類《じゅうきゅうるい》

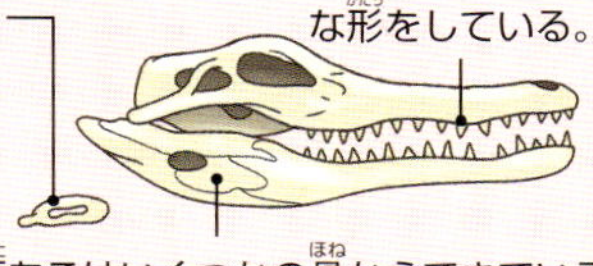
耳《みみ》の中《なか》にある小《ちい》さな骨《ほね》は、「あぶみ骨《こつ》」という1つだけ。
どの歯《は》も同《おな》じような形《かたち》をしている。
下《した》あごはいくつかの骨《ほね》からできている。

ほ乳類《にゅうるい》

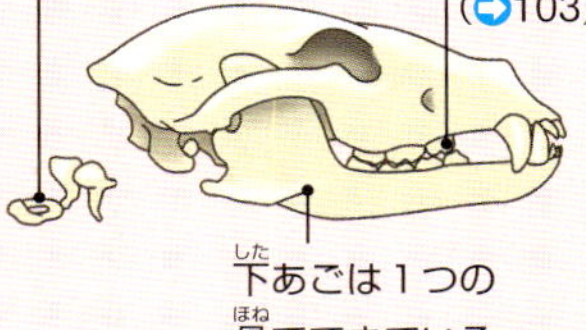
耳《みみ》の中《なか》に「あぶみ骨《こつ》」のほか、あごから移《うつ》ってきた「きぬた骨《こつ》」「つち骨《こつ》」がある。
形《かたち》がちがう歯《は》が生《は》えている。
（➡103）
下《した》あごは1つの骨《ほね》でできている。

ネズミほどの大《おお》きさだった最初《さいしょ》のほ乳類《にゅうるい》

三畳紀後期《さんじょうきこうき》に現《あらわ》れたほ乳《にゅう》類《るい》は、とても小《ちい》さく、わたしたちのようにおなかの中《なか》で子《こ》どもを育《そだ》てる胎盤《たいばん》（➡104）がなく、卵《たまご》を産《う》んでいたと考《かんが》えられている。多《おお》くの種《しゅ》は夜《よる》に活動《かつどう》し、昆《こん》虫《ちゅう》を食《た》べていたと考《かんが》えられている。

アデロバシレウスは、現在見《げんざいみ》つかっているなかで最古《さいこ》のほ乳《にゅう》類《るい》とされている。化石《かせき》の頭骨《とうこつ》の長《なが》さが約《やく》15mmなので、体全《からだぜん》体《たい》でも手《て》のひらにのるほどの大《おお》きさだったと考《かんが》えられている。

ワニも種類《しゅるい》によっては、時速《じそく》35kmほどで動《うご》くことができるものもいる。しかし、足《あし》のつけ根《ね》のくぼみが浅《あさ》いため、はずれる危険性《きけんせい》も高《たか》い。

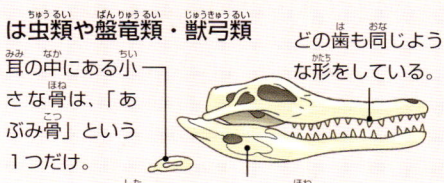

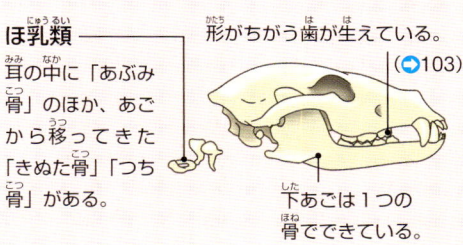

恐竜・ほ乳類➡80

全長《ぜんちょう》30mにもなる恐竜《きょうりゅう》が出現《しゅつげん》

恐竜《きょうりゅう》の巨大化《きょだいか》

三畳紀末《さんじょうきまつ》に大《おお》きなは虫類《ちゅうるい》などがほろんだあと、陸上《りくじょう》の大型動物《おおがたどうぶつ》は恐竜《きょうりゅう》だけになり、ほろんだ動物《どうぶつ》がいた環境《かんきょう》に進出《しんしゅつ》して暮《く》らすようになりました。

●ブラキオサウルス
全長約《ぜんちょうやく》26m。植物食《しょくぶつしょく》。前足《まえあし》が後《うし》ろ足《あし》より長《なが》く、首《くび》をもち上《あ》げた姿勢《しせい》で高《たか》い木《き》の葉《は》を食《た》べた。
ソテツ
●ガーゴイレオサウルス
全長約《ぜんちょうやく》3m。よろい竜《りゅう》とよばれる植物食《しょくぶつしょく》恐竜《きょうりゅう》のなかま。皮《ひ》ふの中《なか》にできた骨《ほね》が発達《はったつ》して、頭《あたま》から背中《せなか》までおおっていた。
●コエルルス
全長約《ぜんちょうやく》2m。二足歩行《にそくほこう》ですばやく動《うご》いた小型《こがた》肉食恐竜《にくしょくきょうりゅう》のなかま。

陸上《りくじょう》の支配者《しはいしゃ》になった恐竜《きょうりゅう》

現在《げんざい》の北《きた》アメリカにあたる大陸《たいりく》などでは、ジュラ紀《き》には針葉樹《しんようじゅ》の森《もり》が育《そだ》ち、地面《じめん》にはソテツやシダなどが豊富《ほうふ》に生《は》えていた。植物食恐竜《しょくぶつしょくきょうりゅう》に体《からだ》が大《おお》きい種類《しゅるい》が現《あらわ》れ、それを食《た》べる肉食恐竜《にくしょくきょうりゅう》も大《おお》きくなった。なかでも首《くび》の長《なが》い恐竜《きょうりゅう》は、ほかの恐竜《きょうりゅう》の口《くち》が届《とど》かない高《たか》い木《き》の葉《は》も食《た》べてさらに巨大化《きょだいか》し、全長《ぜんちょう》30m、体重《たいじゅう》が10トン以上《いじょう》もある史《し》上最大《じょうさいだい》の陸上動物《りくじょうどうぶつ》になったものもいた。

巨大植物食恐竜《きょだいしょくぶつしょくきょうりゅう》の消化方法《しょうかほうほう》

植物《しょくぶつ》は肉《にく》に比《くら》べて栄養《えいよう》分《ぶん》が少《すく》なく、かたくて消化《しょうか》しにくい。そのため、肉食恐竜《にくしょくきょうりゅう》より量《りょう》を多《おお》く食《た》べなければならないので、首《くび》と尾《お》が長《なが》い巨大植物食恐竜《きょだいしょくぶつしょくきょうりゅう》は、活動《かつどう》しているあいだはいつも植《しょく》物《ぶつ》を食《た》べていたと考《かんが》えられている。胃《い》の中《なか》にたくさん石《いし》を飲《の》みこんで(胃石《いせき》)、丸飲《まるの》みした植物《しょくぶつ》をすりつぶして消化《しょうか》に役立《やくだ》てた。

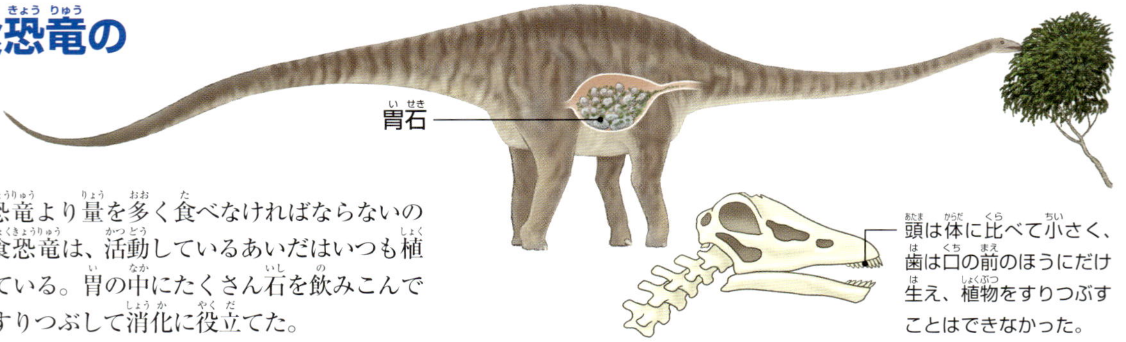
胃石《いせき》
頭《あたま》は体《からだ》に比《くら》べて小《ちい》さく、歯《は》は口《くち》の前《まえ》のほうにだけ生《は》え、植物《しょくぶつ》をすりつぶすことはできなかった。

『岩波《いわなみ》ジュニア新書《しんしょ》　恐竜時代《きょうりゅうじだい》1』: 岩波書店《いわなみしょてん》

●ディプロドクス
全長約《ぜんちょうやく》30m。植物食《しょくぶつしょく》。長《なが》い首《くび》を左右《さゆう》に動《うご》かして、あまり歩《ある》かなくても広《ひろ》いはんいの植物《しょくぶつ》を食《た》べることができた。

●カンプトサウルス
全長約《ぜんちょうやく》5～7m。縦《たて》に2本《ほん》積《つ》み重《かさ》なった歯《は》があごに並《なら》び、かたい植物《しょくぶつ》もかんですりつぶして食《た》べていた。

●アロサウルス
全長約《ぜんちょうやく》12m。頭骨《とうこつ》の長《なが》さが85cmもあり、ジュラ紀《き》で最強《さいきょう》の肉食恐竜《にくしょくきょうりゅう》だったと考《かんが》えられている。

●ステゴサウルス
全長約《ぜんちょうやく》9m。前足《まえあし》が後《うし》ろ足《あし》より短《みじか》く、頭《あたま》が低《ひく》い姿勢《しせい》だったので、地上近《ちじょうちか》くの低《ひく》い植物《しょくぶつ》を食《た》べていたと考《かんが》えられている。

●オスニエロサウルス
全長約《ぜんちょうやく》1.4m。二足歩行《にそくほこう》をする小型《こがた》の植物食恐竜《しょくぶつしょくきょうりゅう》で、すばやく動《うご》けたと考《かんが》えられている。

ジュラ紀《き》後期《こうき》の地球《ちきゅう》の形《かたち》

パンゲア大陸《たいりく》は、北《きた》のローラシア大陸《たいりく》と南《みなみ》のゴンドワナ大陸《たいりく》に分《わ》かれていった。

恐竜《きょうりゅう》のなかま分《わ》け

恐竜《きょうりゅう》には大《おお》きく「竜盤類《りゅうばんるい》」と「鳥盤類《ちょうばんるい》」があり、さらに5つのグループに分《わ》けられている。肉食恐竜《にくしょくきょうりゅう》はすべて獣脚類《じゅうきゃくるい》だ。※は左《ひだり》の絵《え》の恐竜《きょうりゅう》。

恐竜《きょうりゅう》

竜盤類《りゅうばんるい》

骨盤《こつばん》の骨《ほね》の付《つ》き方《かた》がトカゲやワニと似《に》ている。

獣脚類《じゅうきゃくるい》
〔ティラノサウルス（➡94）〕
多《おお》くの種《しゅ》は肉食《にくしょく》だったが、雑食《ざっしょく》や植物食《しょくぶつしょく》のものもいた。羽毛《うもう》がある種類《しゅるい》もいて、鳥《とり》は小型《こがた》の獣脚類《じゅうきゃくるい》から進化《しんか》した。
※アロサウルス、コエルルス

竜脚形類《りゅうきゃくけいるい》
〔※ディプロドクス〕
植物食恐竜《しょくぶつしょくきょうりゅう》。多《おお》くの種類《しゅるい》が首《くび》と尾《お》が長《なが》く、巨大《きょだい》だった。※ブラキオサウルス

鳥盤類《ちょうばんるい》

骨盤《こつばん》の骨《ほね》の付《つ》き方《かた》が鳥《とり》と似《に》ているが、鳥類《ちょうるい》の直接《ちょくせつ》の先祖《せんぞ》ではない。

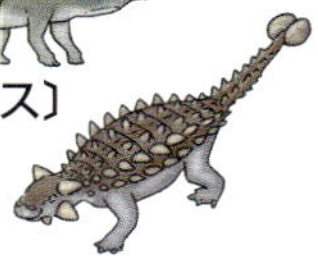

装盾類《そうじゅんるい》
〔※ステゴサウルス〕
〔アンキロサウルス（➡94）〕
植物食恐竜《しょくぶつしょくきょうりゅう》。背中《せなか》に骨《ほね》の板《いた》がある剣竜《けんりゅう》と、体《からだ》が骨《ほね》の板《いた》でおおわれたよろい竜《りゅう》がいた。　※ガーゴイレオサウルス

鳥脚類《ちょうきゃくるい》
〔パラサウロロフス〕
あごや歯《は》が発達《はったつ》した植物食恐竜《しょくぶつしょくきょうりゅう》。進化《しんか》した種《しゅ》の歯《は》は、びっしり並《なら》んで生《は》えていた（デンタルバッテリー➡91）。
※カンプトサウルス、オスニエロサウルス

周飾頭類《しゅうしょくとうるい》
〔トリケラトプス（➡94）〕
〔パキケファロサウルス〕
植物食恐竜《しょくぶつしょくきょうりゅう》。頭《あたま》の骨《ほね》が後《うし》ろにのびた角竜《つのりゅう》と、頭《あたま》の骨《ほね》が厚《あつ》い堅頭竜《けんとうりゅう》がいた。

子《こ》どもをおなかの中《なか》で育《そだ》てるジュラマイア

ジュラ紀《き》のほ乳類《にゅうるい》ジュラマイアは、三畳紀《さんじょうき》のほ乳類《にゅうるい》より体《からだ》が進化《しんか》している。おなかの中《なか》で子《こ》どもを育《そだ》てるための胎盤《たいばん》（➡104）があり、卵《たまご》ではなく、子《こ》どもを産《う》んだ最古《さいこ》の有胎盤類《ゆうたいばんるい》と考《かんが》えられている。

●ジュラマイア
体長約《たいちょうやく》10cm。夜行性《やこうせい》ですばやく木《き》に登《のぼ》り、昆虫《こんちゅう》を食《た》べていたと考《かんが》えられている。

現在《げんざい》の鳥《とり》も胃石《いせき》をもっている。砂《すな》を飲《の》みこんで砂《さ》のう（砂肝《すなぎも》）という器官《きかん》の中《なか》にためこみ、歯《は》の代《か》わりにしているのだ。

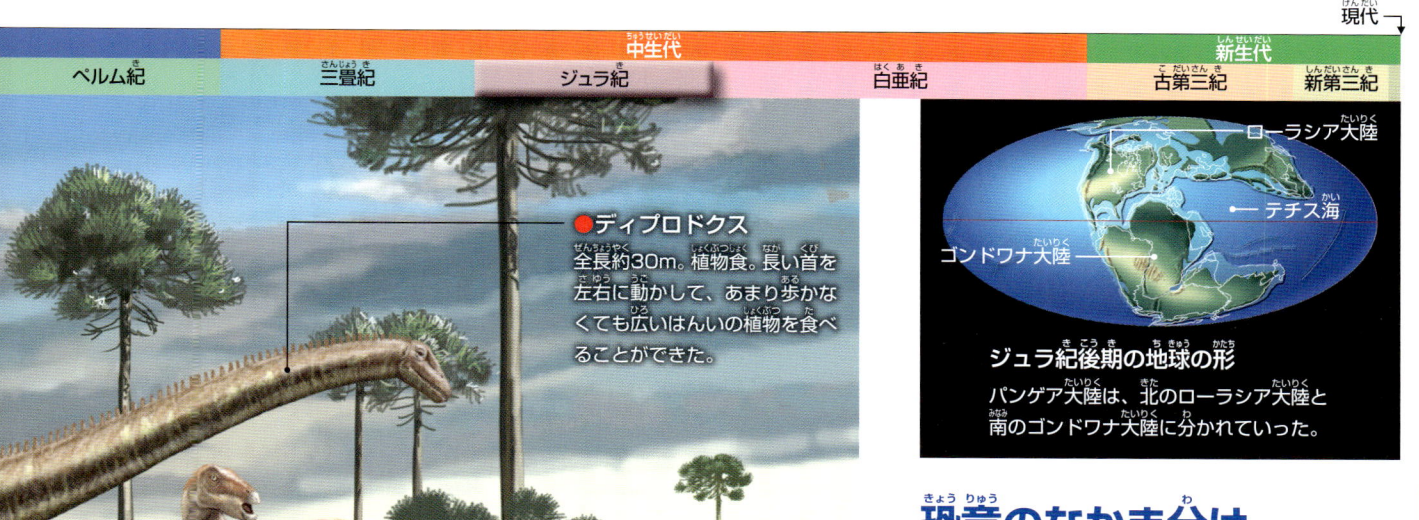

恐竜・ほ乳類➡80

原生代《げんせいだい》		古生代《こせいだい》			
エディアカラ紀《き》	カンブリア紀《き》	オルドビス紀《き》	シルル紀《き》	デボン紀《き》	石《せき》

現代《げんだい》まで生《い》き残《のこ》る恐竜《きょうりゅう》「鳥《とり》」

鳥類《ちょうるい》 長《なが》い地球《ちきゅう》の歴史《れきし》のなかで、羽毛《うもう》をもつ生物《せいぶつ》は一部《いちぶ》の恐竜《きょうりゅう》と鳥類《ちょうるい》だけです。現代《げんだい》の鳥類《ちょうるい》と恐竜《きょうりゅう》には共通点《きょうつうてん》も多《おお》いことから、鳥《とり》は恐竜《きょうりゅう》の子孫《しそん》であるといわれています。

羽毛《うもう》が進化《しんか》して飛《と》べるようになった

獣脚類《じゅうきゃくるい》の恐竜《きょうりゅう》のなかから、羽毛《うもう》が進化《しんか》してつばさをもつものが現《あらわ》れた。羽毛《うもう》はもともと飛《と》ぶためのものではなく、体温《たいおん》を保《たも》つため、求愛行動《きゅうあいこうどう》のために発達《はったつ》したと考《かんが》えられている。

【体《からだ》の熱《ねつ》をにがさないための羽毛《うもう》】

皮《ひ》ふの一部《いちぶ》がのびてとげのような形《かたち》になり、中《なか》が空洞《くうどう》の原始的《げんしてき》な羽毛《うもう》ができた。さらに先《さき》が分《わ》かれてふわふわした綿毛《わたげ》のように進化《しんか》した。すき間《ま》ができ空気《くうき》の層《そう》がつくられることで、体温《たいおん》を保《たも》つ効果《こうか》が生《しょう》じる。

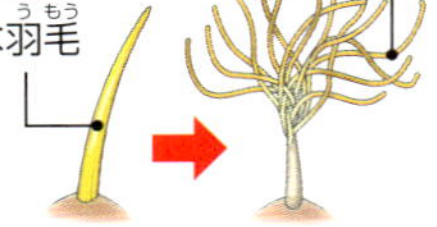

●シノサウロプテリクス

全長約《ぜんちょうやく》1.3 m。肉食《にくしょく》。頭《あたま》から尾《お》にかけて、短《みじか》くてかたい原始的《げんしてき》な羽毛《うもう》が生《は》えていた。前足《まえあし》は短《みじか》く、つばさはない。

【自分《じぶん》をアピールするための羽毛《うもう》】

1本《ぽん》の軸《じく》を中心《ちゅうしん》に、左右対称《さゆうたいしょう》の羽《はね》ができた。異性《いせい》の気《き》を引《ひ》くために、めだつ羽毛《うもう》に進化《しんか》したのかもしれない。卵《たまご》を温《あたた》めるときに、羽毛《うもう》が役《やく》に立《た》ったとも考《かんが》えられている。

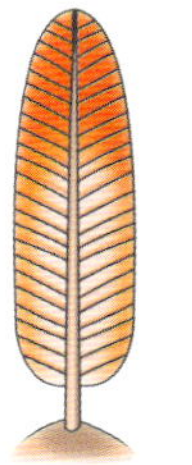

●シノルニトサウルス

全長約《ぜんちょうやく》 90cm。肉食《にくしょく》。体全体《からだぜんたい》に羽毛《うもう》が生《は》えていた。前足《まえあし》には長《なが》めの羽毛《うもう》があり、鳥《とり》の羽毛《うもう》に近《ちか》い形《かたち》をしていたが、飛《と》べるほどの大《おお》きさではなかった。

体《からだ》のつくりが似《に》ている

鳥《とり》が恐竜《きょうりゅう》の子孫《しそん》であるとする理由《りゆう》は、羽毛《うもう》の進化《しんか》だけではなく、体《からだ》のつくりに似《に》ている部分《ぶぶん》が多《おお》いからだ。獣脚類《じゅうきゃくるい》のデイノニクスと現代《げんだい》の鳥類《ちょうるい》(ハトのなかま)の骨格《こっかく》を比《くら》べてみよう(青《あお》い字《じ》は共通点《きょうつうてん》、赤《あか》い字《じ》は異《こと》なる特《とく》ちょうを表《あらわ》す)。

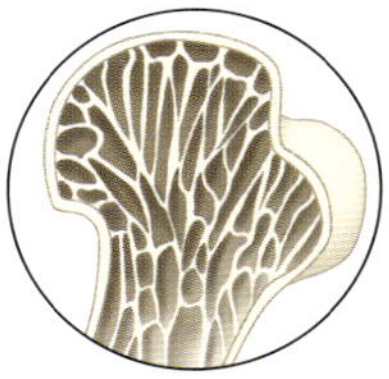

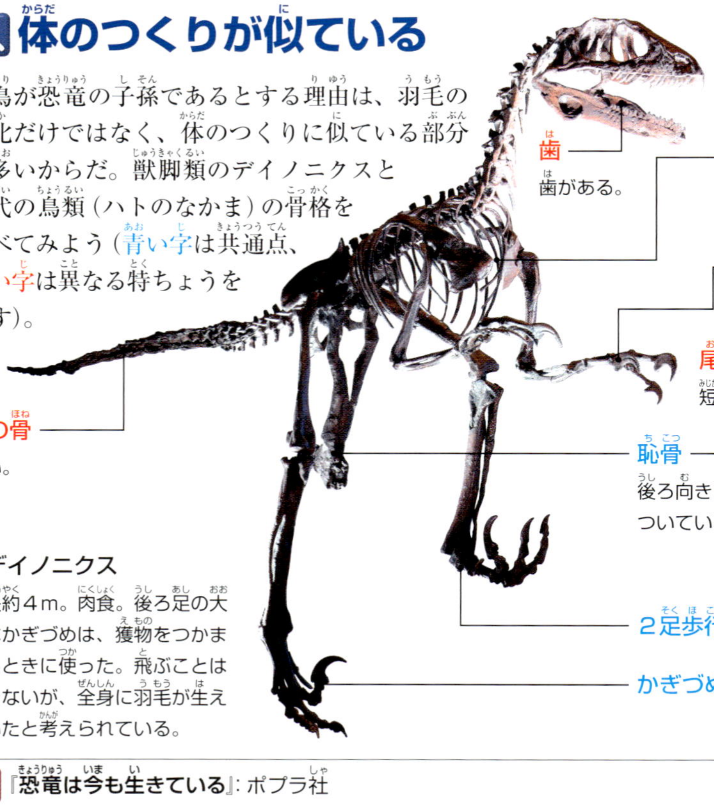

中《なか》にすき間《ま》がある骨《ほね》
軽《かる》くなり、飛《と》びやすくなる。

歯《は》
歯《は》がある。

くちばし
歯《は》はない。

さ骨《こつ》
左右《さゆう》の肩甲骨《けんこうこつ》をつなぐU《ユー》字形《じがた》の骨《ほね》。

手首《てくび》の骨《ほね》
半月《はんげつ》のような形《かたち》で、前後《ぜんご》だけでなく横《よこ》にも動《うご》かせる。

尾《お》の骨《ほね》
長《なが》い。

尾《お》の骨《ほね》
短《みじか》い。

恥骨《ちこつ》
後《うし》ろ向《む》きについている。

竜骨突起《りゅうこつとっき》

2足歩行《そくほこう》

かぎづめ

●デイノニクス

全長約《ぜんちょうやく》4m。肉食《にくしょく》。後《うし》ろ足《あし》の大《おお》きなかぎづめは、獲物《えもの》をつかまえるときに使《つか》った。飛《と》ぶことはできないが、全身《ぜんしん》に羽毛《うもう》が生《は》えていたと考《かんが》えられている。

●現代《げんだい》の鳥類《ちょうるい》(ハトのなかま)

つばさを羽《は》ばたかせるために、胸《むね》の筋肉《きんにく》が発達《はったつ》して、その筋肉《きんにく》がつく大《おお》きな胸《むね》の骨《ほね》(竜骨突起《りゅうこつとっき》)がある。

『恐竜《きょうりゅう》は今《いま》も生《い》きている』: ポプラ社《しゃ》

【飛《と》ぶことができる羽毛《うもう》】

軸《じく》の左右《さゆう》で形《かたち》がちがい、風切羽《かざきりばね》とよばれる。現代《げんだい》の鳥類《ちょうるい》のつばさにあり、飛《と》ぶのに都合《つごう》のよい形《かたち》をしている。

●ミクロラプトル

全長約《ぜんちょうやく》90cm。肉食《にくしょく》。前足《まえあし》と後《うし》ろ足《あし》に風切羽《かざきりばね》が生《は》えていた。木《き》の上《うえ》などからグライダーのように滑空《かっくう》して飛《と》んでいたと考《かんが》えられる。

●コンフーシウソルニス

全長約《ぜんちょうやく》50cm。雑食《ざっしょく》。歯《は》がないくちばしをもち、尾《お》の骨《ほね》が短《みじか》いという、現代《げんだい》の鳥類《ちょうるい》に近《ちか》い特《とく》ちょうがある。

前足《まえあし》
羽毛《うもう》
後《うし》ろ足《あし》

●羽毛《うもう》が残《のこ》る化石《かせき》

ミクロラプトルの一種《いっしゅ》の化《か》石《せき》。前足《まえあし》と後《うし》ろ足《あし》に風切羽《かざきりばね》があったことがわかる。

たくさんの酸素《さんそ》をとりこむ肺《はい》

鳥《とり》が羽《は》ばたいて飛《と》ぶためには、大量《たいりょう》の酸素《さんそ》が必要《ひつよう》だ。鳥《とり》の肺《はい》には「気《き》のう」とよばれるふくろがあり、空気《くうき》がうすい上空《じょうくう》でも、肺《はい》にたくさんの酸《さん》素《そ》をとりこむことができるしくみになっている。鳥《とり》の気《き》のうは骨《ほね》の空間《くうかん》にも入《はい》りこんでいて、同《おな》じようなつくりの骨《ほね》をもつ竜盤類《りゅうばんるい》の恐竜《きょうりゅう》も、気《き》のうをもっていたと考《かんが》えられる。

肺《はい》
気管《きかん》
前気《ぜんき》のう
後気《こうき》のう

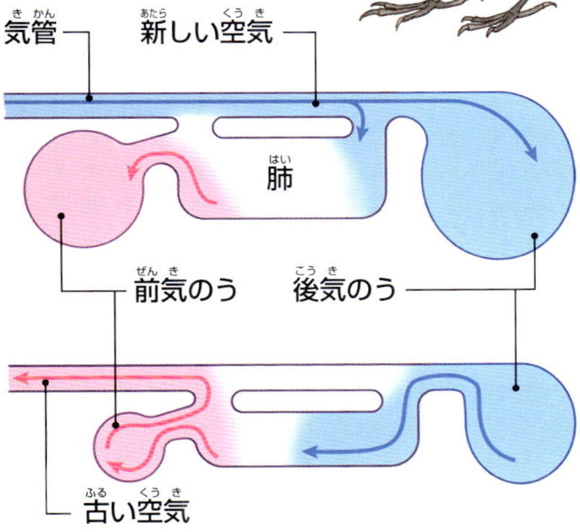
気管《きかん》
新《あたら》しい空気《くうき》
肺《はい》
前気《ぜんき》のう
後気《こうき》のう
古《ふる》い空気《くうき》

●吸《す》うとき

吸《す》いこんだ新《あたら》しい空気《くうき》は、肺《はい》と後気《こうき》のうに入《はい》る。肺《はい》を通《とお》った空気《くうき》は、前気《ぜんき》のうへ送《おく》られる。

●はくとき

後気《こうき》のうへ入《はい》った新《あたら》しい空気《くうき》は、肺《はい》へ流《なが》れこむ。前気《ぜんき》のうに入《はい》っていた古《ふる》い空気《くうき》は、気《き》管《かん》を通《とお》ってはき出《だ》される。肺《はい》には、つねに酸素《さんそ》をふくんだ新《あたら》しい空気《くうき》が流《なが》れこんでいる。

恐竜《きょうりゅう》と鳥《とり》はどこで分《わ》ける?

「始祖鳥《しそちょう》」ともよばれるアーケオプテリクスは、恐竜《きょうりゅう》と鳥類《ちょうるい》の中間《ちゅうかん》の特《とく》ちょうがある。最古《さいこ》の鳥類《ちょうるい》とされていたが、羽毛《うもう》をもつ恐竜《きょうりゅう》が次《つぎ》つぎに見《み》つかり、鳥類《ちょうるい》と恐竜《きょうりゅう》の区別《くべつ》はとても難《むずか》しくなっている。

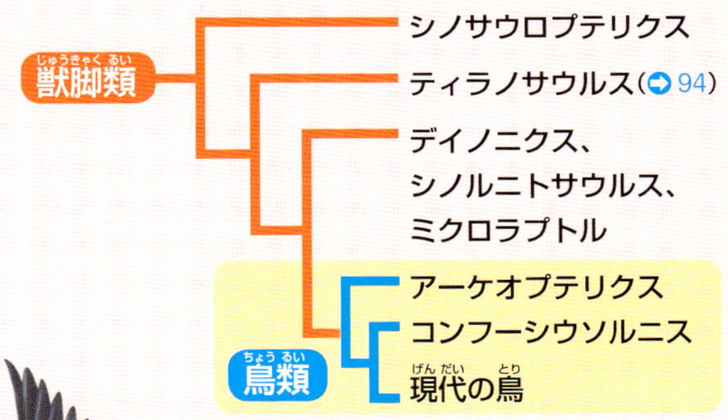
獣脚類《じゅうきゃくるい》
シノサウロプテリクス
ティラノサウルス(➡94)
デイノニクス、
シノルニトサウルス、
ミクロラプトル
アーケオプテリクス
コンフーシウソルニス
鳥類《ちょうるい》
現代《げんだい》の鳥《とり》

●アーケオプテリクス（始祖鳥《しそちょう》）

全長約《ぜんちょうやく》40cm。肉食《にくしょく》。風《かざ》切羽《きりばね》をもった大《おお》きなつばさがあった。化石《かせき》から、一部《いちぶ》の羽毛《うもう》は黒《くろ》かったと考《かんが》えられる。

ティラノサウルスのなかまの化石《かせき》から羽毛《うもう》のあとが見《み》つかったことから、ティラノサウルスにも羽毛《うもう》が生《は》えていたと考《かんが》えられる。

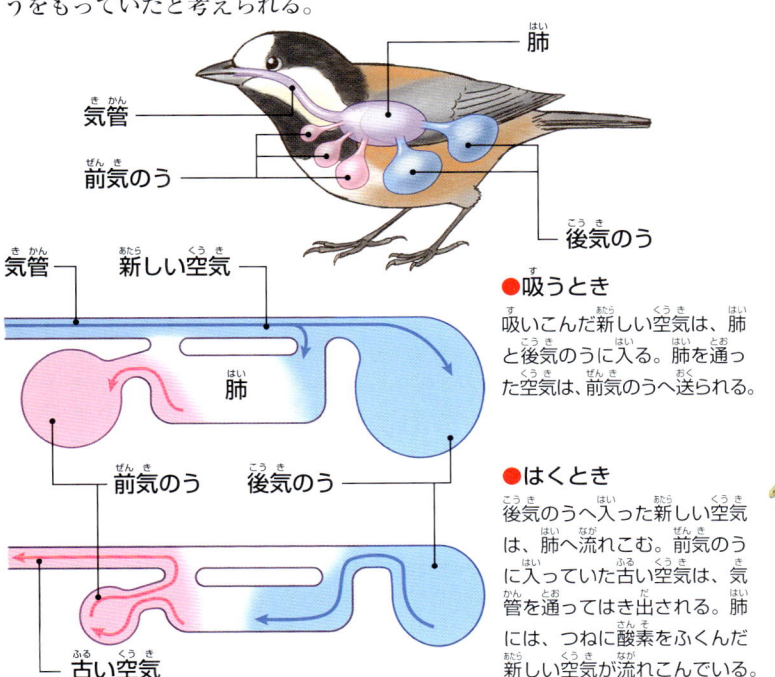

恐竜・ほ乳類➡80

空《そら》でも海《うみ》でも、は虫類《ちゅうるい》が栄《さか》えた

翼竜《よくりゅう》と海生《かいせい》は虫類《ちゅうるい》

恐竜《きょうりゅう》が陸上《りくじょう》を支配《しはい》していたころ、空《そら》では翼竜《よくりゅう》が、海《うみ》では魚竜《ぎょりゅう》や首長竜《くびながりゅう》が、繁栄《はんえい》していました。どれも恐竜《きょうりゅう》と同《おな》じ祖先《そせん》から進化《しんか》した、は虫類《ちゅうるい》のなかまです。

海《うみ》の上下《じょうげ》で魚《さかな》をとる

翼竜《よくりゅう》は恐竜《きょうりゅう》と同《おな》じ約《やく》2億《おく》3000万年前《まんねんまえ》(三畳紀後期《さんじょうきこうき》)に現《あらわ》れた、つばさをもつは虫類《ちゅうるい》だ。つばさは長《なが》くのびた指《ゆび》と体《からだ》の間《あいだ》に発達《はったつ》した飛膜《ひまく》でできていて、羽《は》ばたくよりも、膜《まく》で風《かぜ》をとらえて滑空《かっくう》していた。おもに海《うみ》の上《うえ》から、海面《かいめん》近《ちか》くの魚《さかな》をすくいとるようにとらえて食《た》べていた。

ジュラ紀《き》の海《うみ》

超大陸《ちょうたいりく》パンゲアが分裂《ぶんれつ》し、大陸《たいりく》の間《あいだ》にはテチス海《かい》という広《ひろ》く浅《あさ》い海《うみ》があった。海《うみ》の中《なか》では魚類《ぎょるい》やアンモナイトなどが繁栄《はんえい》し、それらを獲物《えもの》にして魚竜《ぎょりゅう》や首長竜《くびながりゅう》、翼竜《よくりゅう》も栄《さか》えた。

●プテロダクティルス

翼開長約《よくかいちょうやく》1.5m。大《おお》きな頭《あたま》と長《なが》い首《くび》、短《みじか》い尾《お》が特《とく》ちょうで、ランフォリンクスより進化《しんか》した翼竜《よくりゅう》だ。

●ランフォリンクス

翼開長《よくかいちょう》(つばさを広《ひろ》げたはば)約《やく》1.5m。頭《あたま》は小《ちい》さく、長《なが》い尾《お》の先《さき》にひし形《がた》の板《いた》がついている。長《なが》い歯《は》が外側《そとがわ》に向《む》かって生《は》えていて、魚《さかな》や昆虫《こんちゅう》などをとらえて食《た》べた。(➡113)

●ダーウィノプテルス

翼開長約《よくかいちょうやく》80cm。尾《お》の長《なが》い原始的《げんしてき》なランフォリンクスと、頭《あたま》の大《おお》きなプテロダクティルスの、両方《りょうほう》の特《とく》ちょうをあわせもつ。

●イクチオサウルス

全長約《ぜんちょうやく》2m。現在《げんざい》のイルカに似《に》た体形《たいけい》の魚竜《ぎょりゅう》。大《おお》きな目《め》が特《とく》ちょうで、魚《さかな》やイカなどを見《み》つけて食《た》べていた。

●メトリオリンクス

全長約《ぜんちょうやく》3m。水中生活《すいちゅうせいかつ》に適応《てきおう》したワニのなかま。足《あし》はひれに変《か》わり、尾《お》びれをもっていた。

水中《すいちゅう》で子《こ》どもを産《う》む

魚竜《ぎょりゅう》は約《やく》2億《おく》5000万年前《まんねんまえ》、首長竜《くびながりゅう》は約《やく》2億《おく》3000万年前《まんねんまえ》に出現《しゅつげん》した。ともに水中《すいちゅう》での生活《せいかつ》に適応《てきおう》したは虫類《ちゅうるい》で、足《あし》はひれに変化《へんか》し、魚類《ぎょるい》やアンモナイトなどを食《た》べていた。魚竜《ぎょりゅう》はイルカのような形《かたち》をしていて、首長竜《くびながりゅう》は首《くび》の長《なが》いものと短《みじか》いものの2つのグループがあった。どちらもえらはなく、海面《かいめん》に出《で》て肺呼吸《はいこきゅう》していた。また、卵《たまご》ではなく水中《すいちゅう》で子《こ》どもを産《う》む「胎生《たいせい》」だった。

●リオプレウロドン

全長約《ぜんちょうやく》12m。首長竜《くびながりゅう》だが、頭《あたま》が大《おお》きくて首《くび》が短《みじか》い。ジュラ紀《き》の海《うみ》では最強《さいきょう》だと考《かんが》えられている。

現在《げんざい》のイカのなかま、ベレムナイト類《るい》。

●ハルポセラス

アンモナイトのなかま。殻《から》の直径約《ちょっけいやく》8cm。

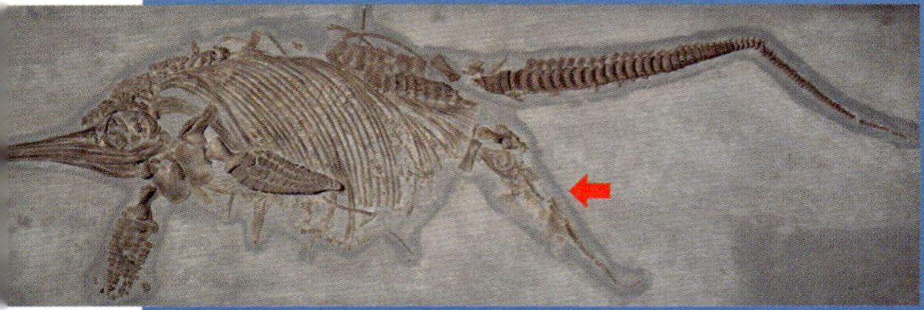

イクチオサウルスの化石《かせき》。おなかの下《した》に、小《ちい》さな子《こ》ども(矢印《やじるし》)が見《み》える。

『大長編《だいちょうへん》ドラえもん VOL.1 のび太《た》の恐竜《きょうりゅう》』: 小学館《しょうがくかん》

大《おお》きな翼竜《よくりゅう》の飛《と》び立《た》ち方《かた》

翼竜《よくりゅう》はあまり後《うし》ろ足《あし》は発達《はったつ》していないが、体《からだ》の大《おお》きなものほど前足《まえあし》がかんじょうになっている。このことから、後《うし》ろ足《あし》と前足《まえあし》の両方《りょうほう》を使《つか》って飛《と》び立《た》ったという説《せつ》がある。

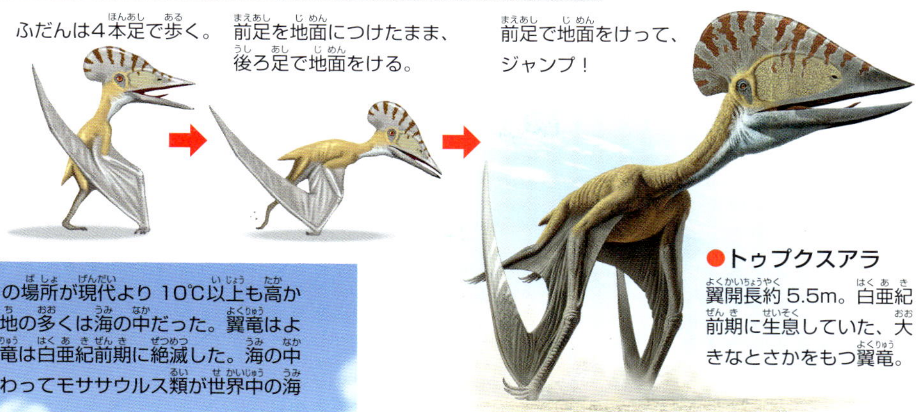
ふだんは4本足《ほんあし》で歩《ある》く。
前足《まえあし》を地面《じめん》につけたまま、後《うし》ろ足《あし》で地面《じめん》をける。
前足《まえあし》で地面《じめん》をけって、ジャンプ！

●トゥプクスアラ
翼開長約《よくかいちょうやく》5.5m。白亜紀《はくあき》前期《ぜんき》に生息《せいそく》していた、大《おお》きなとさかをもつ翼竜《よくりゅう》。

白亜紀《はくあき》の海《うみ》

暖《あたた》かく湿気《しっけ》の多《おお》い気候《きこう》が続《つづ》き、多《おお》くの場所《ばしょ》が現代《げんだい》より10℃以上《いじょう》も高《たか》かった。また海水面《かいすいめん》が高《たか》く、現在《げんざい》の低地《ていち》の多《おお》くは海《うみ》の中《なか》だった。翼竜《よくりゅう》はより大《おお》きく進化《しんか》し、尾《お》の長《なが》い小型《こがた》の翼竜《よくりゅう》は白亜紀前期《はくあきぜんき》に絶滅《ぜつめつ》した。海《うみ》の中《なか》では魚竜《ぎょりゅう》が白亜紀後期《はくあきこうき》に絶滅《ぜつめつ》し、代《か》わってモササウルス類《るい》が世界中《せかいじゅう》の海《うみ》で栄《さか》えた。

●プテラノドン
翼開長約《よくかいちょうやく》6m。オスの後頭部《こうとうぶ》にある大《おお》きなとさかは、飛《と》ぶときのかじとか、メスにアピールするためと考《かんが》えられている。歯《は》はなく、海面《かいめん》で魚《さかな》をすくいとり丸飲《まるの》みしていた。

●ケツァルコアトルス
翼開長約《よくかいちょうやく》10〜11m。小型飛行機《こがたひこうき》ほどもある最大級《さいだいきゅう》の翼竜《よくりゅう》。するどく長《なが》いくちばしをもつが、歯《は》はない。

●フタバサウルス
全長約《ぜんちょうやく》7m。日本《にほん》で発見《はっけん》された最初《さいしょ》の首長竜《くびながりゅう》。福島県《ふくしまけん》いわき市《し》の双葉層群《ふたばそうぐん》で見《み》つかったため、化石発見者《かせきはっけんしゃ》の名前《なまえ》とあわせてフタバスズキリュウともよばれる。

●モササウルス
全長《ぜんちょう》は最大《さいだい》で約《やく》18m。白亜紀後期《はくあきこうき》に繁栄《はんえい》したトカゲのなかま。するどい歯《は》の生《は》えたあごで、魚類《ぎょるい》やアンモナイト類《るい》、カメなどを食《た》べていた。

●アーケロン
全長約《ぜんちょうやく》4m。史上最大《しじょうさいだい》のウミガメのなかま。

●ニッポニテス
日本《にほん》の北海道《ほっかいどう》で発見《はっけん》されたアンモナイト類《るい》。

【日本《にほん》でも翼竜《よくりゅう》の化石《かせき》が見《み》つかっている】

2012年《ねん》に、長崎県《ながさきけん》にある白亜紀後期《はくあきこうき》の地層《ちそう》から翼竜《よくりゅう》の化石《かせき》が発見《はっけん》された。翼開長《よくかいちょう》3〜4mの、プテラノドンやケツァルコアトルスのなかまだ。日本《にほん》で、これほどまとまった翼竜《よくりゅう》の化石《かせき》が見《み》つかったのははじめて。正式《せいしき》な名前《なまえ》はまだついていない。

長崎県《ながさきけん》で発見《はっけん》された翼竜《よくりゅう》の化石《かせき》。1体《たい》の翼竜《よくりゅう》の15点《てん》の骨《ほね》が見《み》つかった。

高校生《こうこうせい》が見《み》つけたフタバサウルス

フタバサウルスは、1968年《ねん》に当時《とうじ》、福島県《ふくしまけん》の高校生《こうこうせい》だった鈴木直《すずきただし》さんが発見《はっけん》した。『ドラえもん のび太《た》の恐竜《きょうりゅう》』に登場《とうじょう》するピー助《すけ》のモデルにもなった。

写真提供：国立科学博物館

国立科学博物館《こくりつかがくはくぶつかん》にあるフタバサウルスの全身復元骨格《ぜんしんふくげんこっかく》。

首長竜《くびながりゅう》の長《なが》い首《くび》は、それほど自由《じゆう》に曲《ま》がらず、水平《すいへい》より下《した》にしか動《うご》かせなかったという説《せつ》もある。

恐竜の巨大化➡82　プレートの移動➡132

地球《ちきゅう》の各地《かくち》で栄《さか》える恐竜《きょうりゅう》

恐竜《きょうりゅう》の王国《おうこく》

白亜紀前期《はくあきぜんき》に大陸《たいりく》が細《こま》かく分《わ》かれていくと、それぞれの大陸《たいりく》で恐竜《きょうりゅう》が進化《しんか》しました。さまざまな姿《すがた》や暮《く》らし方《かた》のものが現《あらわ》れました。

●ユウティラヌス
全長約《ぜんちょうやく》9mの獣脚類《じゅうきゃくるい》。羽毛《うもう》が生《は》えた大型肉食恐竜《おおがたにくしょくきょうりゅう》。

●プシッタコサウルス
全長約《ぜんちょうやく》1.8mの周飾頭類《しゅうしょくとうるい》。植物食《しょくぶつしょく》。初期《しょき》に現《あらわ》れた角竜《つのりゅう》で、ほかの角竜《つのりゅう》のなかまとちがい、頭《あたま》に大《おお》きなえりかざりがなかった。子育《こそだ》てをしていたと考《かんが》えられている。

進化《しんか》を続《つづ》ける恐竜《きょうりゅう》

気候《きこう》や生《は》えている植物《しょくぶつ》などがちがうと、それぞれの環境《かんきょう》に合《あ》わせて、同《おな》じなかまでも暮《く》らし方《かた》が変《か》わり、より適《てき》した体《からだ》のつくりの種《しゅ》が現《あらわ》れる。ここではアジア大陸《たいりく》の恐竜《きょうりゅう》を紹介《しょうかい》しているが、獣脚類《じゅうきゃくるい》は、ほとんどが肉食《にくしょく》だったジュラ紀《き》に比《くら》べ、植物食《しょくぶつしょく》のものが増《ふ》えた。また鳥脚類《ちょうきゃくるい》には、植物《しょくぶつ》を細《こま》かくかむための「デンタル・バッテリー（➡91）」というしくみの歯《は》をもつ種類《しゅるい》が増《ふ》えた。

●ベイピアオサウルス
全長約《ぜんちょうやく》2mの獣脚類《じゅうきゃくるい》。口《くち》の先《さき》にくちばしのような骨《ほね》があり、歯《は》はなかった。前足《まえあし》のかぎづめを使《つか》って植物《しょくぶつ》を食《た》べていた。

日本《にほん》で恐竜《きょうりゅう》の化石《かせき》がたくさん見《み》つかるところ

「手取層群《てとりそうぐん》」というジュラ紀中期《きちゅうき》から白亜紀前期《はくあきぜんき》にかけての地層《ちそう》のうち、白亜紀前期《はくあきぜんき》の地層《ちそう》で数多《かずおお》くの恐竜化石《きょうりゅうかせき》が見《み》つかっている。この時代《じだい》はまだ日本海《にほんかい》がなく、この地域《ちいき》は現在《げんざい》のユーラシア大陸《たいりく》の東《ひがし》のはしにあった。

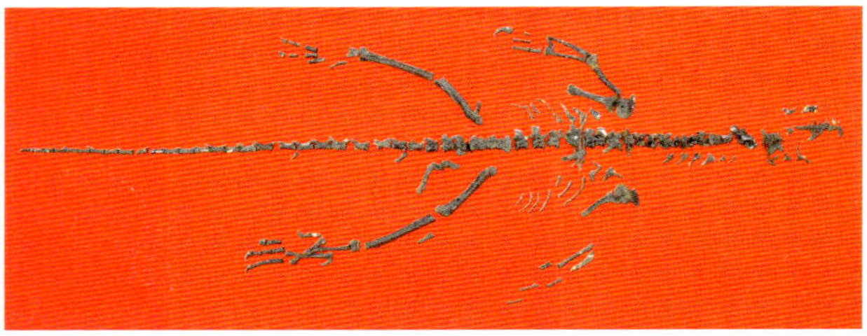

手取層群《てとりそうぐん》から発見《はっけん》され、2016年《ねん》に学名《がくめい》がつけられた獣脚類《じゅうきゃくるい》のフクイベナートル・パラドクサスの化石《かせき》。全長約《ぜんちょうやく》2.5m。

手取層群《てとりそうぐん》は、富山県《とやまけん》、石川県《いしかわけん》、福井県《ふくいけん》、岐阜県《ぎふけん》（■の部分《ぶぶん》）に広《ひろ》がっている。

『小学館《しょうがくかん》の図鑑《ずかん》NEO《ネオ》［新版《しんぱん》］恐竜《きょうりゅう》』: 小学館《しょうがくかん》

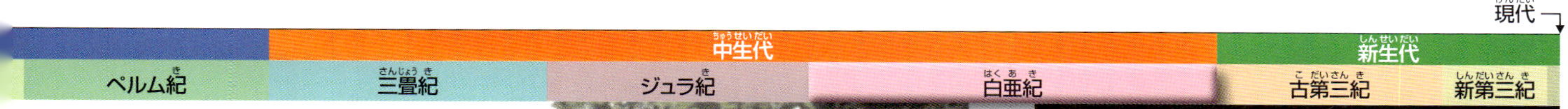

●プロバクトロサウルス
全長約《ぜんちょうやく》5.5mの鳥脚類《ちょうきゃくるい》。小《ちい》さな歯《は》がびっしりと並《なら》んで生《は》え（デンタルバッテリー➡91）、すり減《へ》っても下《した》から生《は》えてきた。かたい植物《しょくぶつ》をかんで、すりつぶして食《た》べることができた。

●ユーヘロプス
全長約《ぜんちょうやく》12mの竜脚形類《りゅうきゃくけいるい》。植物食《しょくぶつしょく》。ジュラ紀《き》に栄《さか》えた首《くび》と尾《お》が長《なが》い巨大《きょだい》な恐竜《きょうりゅう》のなかまは、白亜紀末《はくあきまつ》まで姿《すがた》があまり変《か》わらなかった。

●ウェルホサウルス
全長約《ぜんちょうやく》6mの装盾類《そうじゅんるい》。植物食《しょくぶつしょく》。背中《せなか》に骨《はね》でできた板《いた》が並《なら》ぶ剣竜《けんりゅう》のなかま。

●ゴビサウルス
全長約《ぜんちょうやく》5mの装盾類《そうじゅんるい》。植物食《しょくぶつしょく》。骨《ほね》がよろいのように背中《せなか》をおおう、よろい竜《りゅう》のなかま。

●カウディプテリクス
全長約《ぜんちょうやく》90cmの獣脚類《じゅうきゃくるい》。前足《まえあし》に大《おお》きな羽毛《うもう》があったが、飛《と》べなかった。雑食性《ざっしょくせい》で、おもに植物《しょくぶつ》を食《た》べていたと考《かんが》えられている。

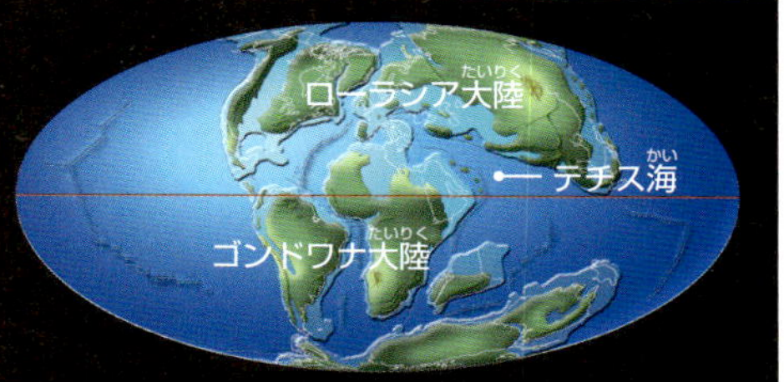

白亜紀《はくあき》なかばの地球《ちきゅう》の形《かたち》

北《きた》のローラシア大陸《たいりく》、南《みなみ》のゴンドワナ大陸《たいりく》がさらに細《こま》かく分《わ》かれ、現在《げんざい》の大陸《たいりく》の形《かたち》に近《ちか》づいてきた。

暖《あたた》かい気候《きこう》をまねいた海底火山《かいていかざん》の噴火《ふんか》

白亜紀前期《はくあきぜんき》はプレート（➡24）の動《うご》きが活発《かっぱつ》で、地球《ちきゅう》の各地《かくち》で海底火山《かいていかざん》が噴火《ふんか》した。そのため、火山《かざん》ガスから出《で》た大量《たいりょう》の二酸化炭素《にさんかたんそ》が大気中《たいきちゅう》に放出《ほうしゅつ》され、恐竜《きょうりゅう》がすむ地球全体《ちきゅうぜんたい》が暖《あたた》かかった。しかし、温暖化《おんだんか》によって、北極《ほっきょく》や南極《なんきょく》の酸素《さんそ》を多《おお》くふくんだ冷《つめ》たい表層《ひょうそう》の海水《かいすい》が温《あたた》まってしずまなくなり（深層流《しんそうりゅう》➡171）、酸素不足《さんそぶそく》になった海《うみ》の多《おお》くの生物《せいぶつ》が絶滅《ぜつめつ》した。

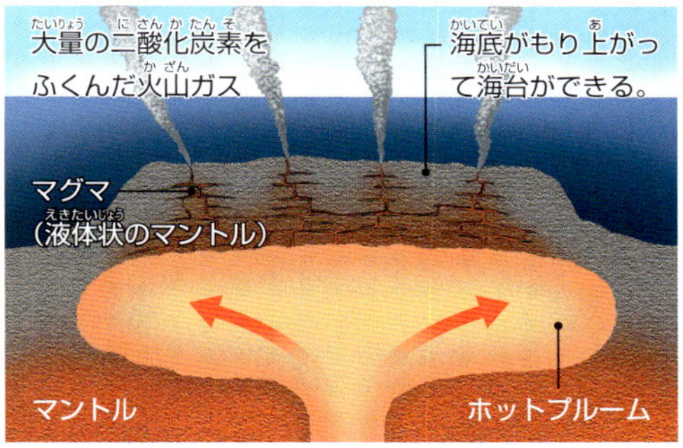

海底《かいてい》で熱《あつ》いマントル（ホットプルーム➡22）がわき上《あ》がって噴火《ふんか》し、海台《かいだい》（➡134）という台地《だいち》がいくつもできた。

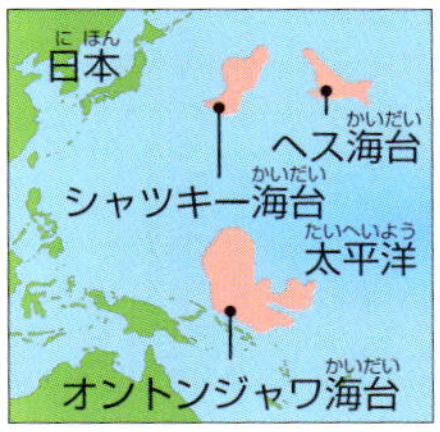

現在《げんざい》の太平洋《たいへいよう》の西側《にしがわ》にある、白亜紀前期《はくあきぜんき》にできた海台《かいだい》。

南極《なんきょく》や北極《ほっきょく》にも恐竜《きょうりゅう》がいた

白亜紀《はくあき》の南極圏《なんきょくけん》や北極圏《ほっきょくけん》は暖《あたた》かく、氷《こおり》でおおわれていなかった。夏《なつ》は一日中明《いちにちじゅうあか》るく、植物《しょくぶつ》が生《お》いしげっていたが、冬《ふゆ》は3か月《げつ》も暗《くら》やみが続《つづ》いたため、植物《しょくぶつ》は光合成《こうごうせい》ができずに育《そだ》たなかったと考《かんが》えられる。そのような暮《く》らしにくい環境《かんきょう》に適応《てきおう》した恐竜《きょうりゅう》もいた。

●ラエリナサウラ
白亜紀前期《はくあきぜんき》の南極圏《なんきょくけん》にいた、全長約《ぜんちょうやく》90cmの植物食《しょくぶつしょく》の鳥脚類《ちょうきゃくるい》。暗《くら》やみでもよく見《み》えるように目《め》が大《おお》きかった。どんな植物《しょくぶつ》を食《た》べていたかはわかっていない。

●ヒパクロサウルス
白亜紀後期《はくあきこうき》にいた全長約《ぜんちょうやく》10mの鳥脚類《ちょうきゃくるい》。夏《なつ》のあいだは群《む》れで北極圏《ほっきょくけん》に移動《いどう》し、たくさん生《は》えていた植物《しょくぶつ》を食《た》べていたと考《かんが》えられている。

ユウティラヌスは、大型肉食恐竜《おおがたにくしょくきょうりゅう》としては最初《さいしょ》に羽毛《うもう》のあとが発見《はっけん》された。そのため、ほかの大型肉食恐竜《おおがたにくしょくきょうりゅう》にも羽毛《うもう》があったと考《かんが》えられるようになった。

植物の上陸➡62 巨大シダの森林➡70 共進化➡92

花《はな》びらのある花《はな》をさかせる植物《しょくぶつ》

被子植物《ひししょくぶつ》

白亜紀《はくあき》(1億《おく》4500万年《まんねん》～6600万年前《まんねんまえ》)は、被子植物《ひししょくぶつ》が現《あらわ》れた時代《じだい》です。白亜紀後期《はくあきこうき》までには、世界中《せかいじゅう》に広《ひろ》がっていきました。

最《もっと》も成功《せいこう》した植物《しょくぶつ》の形《かたち》

花《はな》にめしべとおしべがあり、種子《しゅし》をつくる植物《しょくぶつ》を被子植物《ひししょくぶつ》という。現在《げんざい》、植物《しょくぶつ》のなかで最《もっと》も種類《しゅるい》が多《おお》く、約《やく》25万種《まんしゅ》もある。これに対《たい》してシダ植物《しょくぶつ》は約《やく》1万種《まんしゅ》、マツやスギなどの裸子植物《らししょくぶつ》(➡71)は約《やく》850種《しゅ》しかない。被子植物《ひししょくぶつ》は、少《すく》なくとも白亜紀《はくあき》の初期《しょき》には現《あらわ》れていたことがわかっている。その後《ご》、次第《しだい》に種類《しゅるい》が増《ふ》え、白亜紀後《はくあきこう》期《き》(1億年前《おくねんまえ》)には現在《げんざい》につながるおもなグループが出《で》そろった。

●チンタオサウルス
全長約《ぜんちょうやく》10mの植物食恐竜《しょくぶつしょくきょうりゅう》。はば広《ひろ》く平《たい》らな口先《くちさき》で、植物《しょくぶつ》の葉《は》や枝《えだ》をかじりとって食《た》べていた。
●キカデオイデア
裸子植物《らししょくぶつ》。ソテツのなかまで、三畳紀《さんじょうき》(2億《おく》5200万《まん》～2億年前《おくねんまえ》)に現《あらわ》れて白亜紀末《はくあきまつ》に絶滅《ぜつめつ》した。
●アーケアンサス
被子植物《ひししょくぶつ》。白亜紀中《はくあきなか》ごろの北《きた》アメリカに生《は》えていたモクレンのなかまで、7cmほどの花《はな》をつける。3cm前後《ぜんご》の豆《まめ》のさやのような果実《かじつ》の中《なか》に、約《やく》100個《こ》の種子《しゅし》が入《はい》っていた。
●トリメニアのなかま
原始的《げんしてき》な被子植物《ひししょくぶつ》。約《やく》1億《おく》年前《ねんまえ》の北海道《ほっかいどう》の地層《ちそう》から、長《なが》さ3mmの種子《しゅし》の化石《かせき》が見《み》つかっている。
●クスノキのなかま
被子植物《ひししょくぶつ》。長《なが》さ2.2～2.8mm、はば2.2mmの小《ちい》さな花《はな》をつけた化石《かせき》が見《み》つかっている。
●アーケフルクタス
高《たか》さ16～35cmほどの原始的《げんしてき》な被子植物《ひししょくぶつ》で、水中《すいちゅう》に生《は》えていた。めしべとおしべがあり、実《み》をつけたが、まだ花《はな》びらはなかった。

❗ 被子植物《ひししょくぶつ》と裸子植物《らししょくぶつ》のちがい

被子植物《ひししょくぶつ》と裸子植物《らししょくぶつ》はどちらも種子《しゅし》で増《ふ》えるが、被子植物《ひししょくぶつ》では、種子《しゅし》のもとになる胚珠《はいしゅ》が子房《しぼう》に包《つつ》まれている。また被子植《ひししょく》物《ぶつ》は、花《はな》びら・おしべ・めしべなどからなる花《はな》をさかせる。

【花《はな》のつくり】

●被子植物《ひししょくぶつ》

サクラ

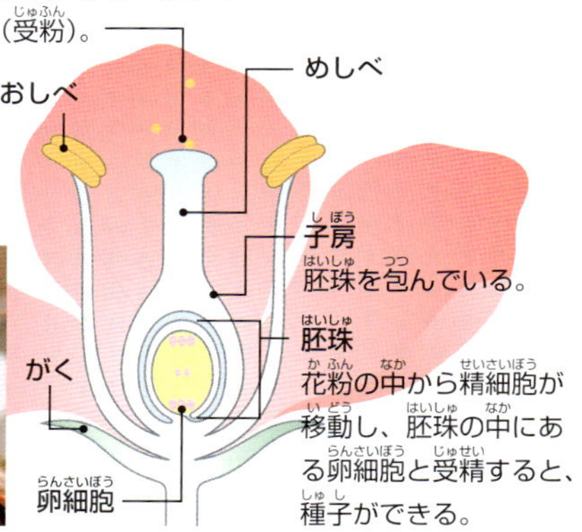
花粉《かふん》がめしべにつく(受粉《じゅふん》)。
めしべ
おしべ
子房《しぼう》
胚珠《はいしゅ》を包《つつ》んでいる。
胚珠《はいしゅ》
花粉《かふん》の中《なか》から精細胞《せいさいぼう》が移動《いどう》し、胚珠《はいしゅ》の中《なか》にある卵細胞《らんさいぼう》と受精《じゅせい》すると、種子《しゅし》ができる。
がく
卵細胞《らんさいぼう》

●裸子植物《らししょくぶつ》

クロマツ
め花《ばな》
お花《ばな》

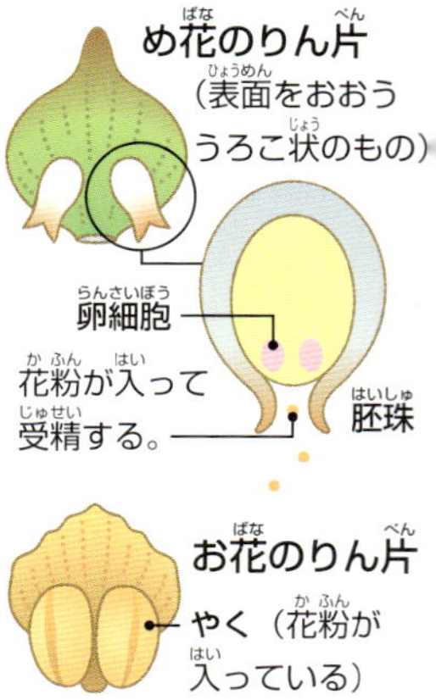
め花《ばな》のりん片《ぺん》
(表面《ひょうめん》をおおううろこ状《じょう》のもの)
卵細胞《らんさいぼう》
花粉《かふん》が入《はい》って受精《じゅせい》する。
胚珠《はいしゅ》
お花《ばな》のりん片《ぺん》
やく(花粉《かふん》が入《はい》っている)

📖『植物《しょくぶつ》のふしぎシリーズ３ なぜあるの？ めしべとおしべ』: 童心社《どうしんしゃ》

●トウツルモドキのなかま
被子植物《ひししょくぶつ》で、イネのなかまにふくまれる。
●ムカシハナバチのなかま
体長《たいちょう》1cm前後《ぜんご》。ハナバチ類《るい》は白亜紀《はくあき》中《なか》ごろに、肉食性《にくしょくせい》のハチから進化《しんか》したと考《かんが》えられていて、被子植物《ひししょくぶつ》とともに種類《しゅるい》を増《ふ》やした。体《からだ》に毛《け》が生《は》えていて、花粉《かふん》を運《はこ》びやすくなっている。
●ネメグトバーター
体長約《たいちょうやく》15cm。原始的《げんしてき》なほ乳類《にゅうるい》で、木《こ》の葉《は》や果実《かじつ》を食《た》べていたと考《かんが》えられる。
●ハムシのなかま
小型《こがた》の甲虫《こうちゅう》。現在《げんざい》のハムシ類《るい》は葉《は》を食《た》べる種《しゅ》が多《おお》いが、花粉《かふん》を食《た》べるものもいる。
●シルビアンテマム
被子植物《ひししょくぶつ》。花《はな》びらとがくが5つずつあり、花《はな》の大《おお》きさは長《なが》さ6.2mm、はば2mmほど。ユキノシタに近《ちか》いなかまと考《かんが》えられている。

植物食恐竜《しょくぶつしょくきょうりゅう》の歯《は》の進化《しんか》

ジュラ紀《き》に栄《さか》えた竜脚形類《りゅうきゃくけいるい》（➡83）の恐《きょう》竜《りゅう》は、細長《ほそなが》い形《かたち》の歯《は》をもち、木《こ》の葉《は》をすきとって丸飲《まるの》みしていた。白亜紀《はくあき》になると、イグアノドン類《るい》やハドロサウルス類《るい》など、あごや歯《は》が発達《はったつ》した鳥脚類《ちょうきゃくるい》の恐竜《きょうりゅう》が現《あらわ》れた。左《ひだり》の絵《え》のチンタオサウルスもハドロサウルスのなかまで、口《くち》の中《なか》にびっしり並《なら》んだ歯《は》を使《つか》って、木《こ》の葉《は》や枝《えだ》を効率《こうりつ》よくすりつぶすことができた。

●ディプロドクス（竜脚形類《りゅうきゃくけいるい》）

えんぴつのような細長《ほそなが》い歯《は》が、口《くち》の前《まえ》のほうにだけ生《は》えていた。

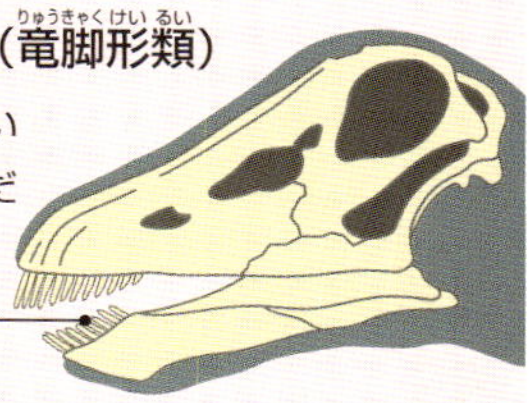

●チンタオサウルス（鳥脚類《ちょうきゃくるい》）

小《ちい》さな歯《は》がたくさん集《あつ》まっていて、すり減《へ》ると下《した》から新《あたら》しい歯《は》が生《は》えてくる。このような歯《は》をデンタルバッテリーという。

ハドロサウルス類《るい》の歯《は》
（口《くち》の内側《うちがわ》から見《み》たところ）

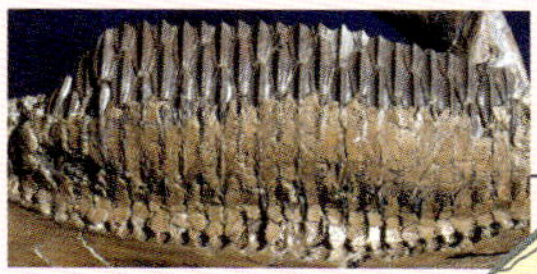

●恐竜《きょうりゅう》のふんの化石《かせき》

竜脚形類《りゅうきゃくけいるい》（おそらくティタノサウルス類《るい》）のものと思《おも》われるふんの化石《かせき》。植物《しょくぶつ》のかけらがふくまれている。2005年《ねん》には、やはり竜《りゅう》脚形類《きゃくけいるい》のものと思《おも》われるふんの化石《かせき》から、イネ科《か》の植物《しょくぶつ》にふくまれるガラスに似《に》た物質《ぶっしつ》が見《み》つかった。

【被子植物《ひししょくぶつ》は昆虫《こんちゅう》とともに進化《しんか》】

多《おお》くの裸子植物《らししょくぶつ》は、大量《たいりょう》の花粉《かふん》を風《かぜ》に飛《と》ばして受粉《じゅふん》させていた。白亜紀前期《はくあきぜんき》に、昆虫《こんちゅう》によって受《じゅ》粉《ふん》する被子植物《ひししょくぶつ》が現《あらわ》れた。すると、風《かぜ》よりも確実《かくじつ》に受粉《じゅふん》できるため、昆虫《こんちゅう》をひきつけるように花《はな》びらが発達《はったつ》した。その後《ご》も被《ひ》子植物《ししょくぶつ》と昆虫《こんちゅう》は、たがいに影響《えいきょう》をあたえながら進化《しんか》していった（➡92）。

レンゲソウ（被子植物《ひししょくぶつ》）にやってきたミツバチ。

大量《たいりょう》の花粉《かふん》を飛《と》ばすスギ（裸子植物《らししょくぶつ》）。

【果実《かじつ》をつくる被子植物《ひししょくぶつ》】

被子植物《ひししょくぶつ》の胚珠《はいしゅ》を包《つつ》む子房《しぼう》は、大《おお》きく発達《はったつ》して果実《かじつ》になる。被子植物《ひししょくぶつ》では動《どう》物《ぶつ》が好《この》むような味《あじ》の果実《かじつ》をつける種《しゅ》が多《おお》く、動物《どうぶつ》に食《た》べられることで遠《とお》くに運《はこ》ばれる（➡93）。ほかにも動物《どうぶつ》の体《からだ》にくっついて運《はこ》ばれる種子《しゅし》や、風《かぜ》に乗《の》って遠《とお》くに飛《と》んでいく種子《しゅし》など、さまざまな形《かたち》に進化《しんか》している。

カキの実《み》を食《た》べるニホンテン。果肉《かにく》は消化《しょうか》されるが、中《なか》の種子《しゅし》は消化《しょうか》されず、ふんといっしょに外《そと》に出《で》る。

被子植物《ひししょくぶつ》の最古《さいこ》の化石《かせき》は、イスラエルで約《やく》1億《おく》4000万年前《まんねんまえ》の地層《ちそう》から見《み》つかった花粉《かふん》の化石《かせき》だ。花粉《かふん》はまわりの膜《まく》がかたいので化石《かせき》に残《のこ》りやすい。

被子植物➡90

植物《しょくぶつ》と動物《どうぶつ》は、もちつもたれつ

現在《げんざい》、地球上《ちきゅうじょう》には770万種以上《まんしゅいじょう》の動物《どうぶつ》と約《やく》30万種《まんしゅ》の植物《しょくぶつ》がいると考《かんが》えられています。生《い》きものどうしのあいだには「食《た》べる・食《た》べられる（➡21）」のほか、「利用《りよう》し合《あ》う」「競争《きょうそう》」などさまざまな関係《かんけい》があります。

「かかわり合《あ》い」が進化《しんか》をもたらした

生《い》きものは、自分《じぶん》が生《い》きて子孫《しそん》を残《のこ》すために、ほかの生《い》きものを利用《りよう》する。ちがう種類《しゅるい》の生《い》きものが強《つよ》く結《むす》びついていっしょに暮《く》らすことを「共生《きょうせい》」といい、おたがいに影響《えいきょう》をあたえながら進化《しんか》することを「共進化《きょうしんか》」という。

●ツリフネソウ

ツリフネソウのみつは花《はな》の奥《おく》にある。このみつを吸《す》えるのは、トラマルハナバチなど口《くち》を長《なが》くのばせる昆虫《こんちゅう》だけだ。みつを吸《す》おうとするとおしべの花粉《かふん》が体《からだ》につき、次《つぎ》に訪《おとず》れた花《はな》のめしべに花粉《かふん》を運《はこ》ぶことになる。

! 植物《しょくぶつ》と昆虫《こんちゅう》の強《つよ》い結《むす》びつき

植物《しょくぶつ》は自分《じぶん》で動《うご》けないため、花粉《かふん》や種子《しゅし》をほかの生《い》きものに運《はこ》んでもらう必要《ひつよう》がある。とりわけ昆虫《こんちゅう》は、食《た》べものやすみかを確保《かくほ》するため、植物《しょくぶつ》と特別《とくべつ》な関係《かんけい》を結《むす》んでいるものが多《おお》い。

ほかの虫《むし》と競争《きょうそう》せずにみつを吸《す》いたい
めしべ
自分《じぶん》と同《おな》じ種《しゅ》の花《はな》に花粉《かふん》を届《とど》けたい
おしべ
みつ

【ツリフネソウとトラマルハナバチ】

いろいろな昆虫《こんちゅう》に花粉《かふん》を運《はこ》んでもらっても、ちがう種類《しゅるい》の花《はな》に行《い》かれると受粉《じゅふん》できない。そこでツリフネソウは花粉《かふん》を確実《かくじつ》に運《はこ》んでもらうため、トラマルハナバチなど限《かぎ》られた昆虫《こんちゅう》がみつを吸《す》える形《かたち》の花《はな》に進化《しんか》した。

アカメガシワ

みつが出《で》るところ

【アカメガシワとアリ】

アカメガシワは葉《は》のつけ根《ね》から、みつを出《だ》してアリをおびきよせる。みつをなめにきたアリは、アカメガシワの葉《は》を食《た》べにくるほかの昆虫《こんちゅう》を追《お》いはらう。アカメガシワは葉《は》を食《た》べられずにすみ、アリは食《た》べものが得《え》られて、両方《りょうほう》に都合《つごう》がよい。

『共生《きょうせい》する生《い》き物《もの》たち　アブラムシからワニ、サンゴまで』: PHP《ピーエイチピー》 研究所《けんきゅうしょ》

利用《りよう》し合《あ》う動物《どうぶつ》たち

生《い》きものはみな、なるべく効率《こうりつ》よく食《た》べものを手《て》に入《い》れ、うまく身《み》を守《まも》ろうとする。ほかの動物《どうぶつ》と暮《く》らすのも、生《い》きるための工夫《くふう》のひとつだ。

【スイギュウとウシツツキ】

ウシツツキはアフリカのサバナにすむ鳥《とり》だ。スイギュウなどの草食動物《そうしょくどうぶつ》の体《からだ》につく、ダニやハエなどを食《た》べる。草食動物《そうしょくどうぶつ》たちにとっては寄生虫《きせいちゅう》をとってもらえるほか、敵《てき》が近《ちか》づくと鳴《な》き声《ごえ》をあげて知《し》らせてくれる、ありがたい相手《あいて》だ。

【クマノミとイソギンチャクと褐虫藻《かっちゅうそう》】

クマノミは、イソギンチャクの触手《しょくしゅ》の間《あいだ》に暮《く》らすことで外敵《がいてき》を防《ふせ》いでいる。イソギンチャクは触手《しょくしゅ》で小《ちい》さな動物《どうぶつ》をとらえて食《た》べるほか、体《からだ》の中《なか》に褐虫藻《かっちゅうそう》という藻類《そうるい》をすまわせて、褐虫藻《かっちゅうそう》が光合成《こうごうせい》でつくる栄養《えいよう》や酸素《さんそ》をもらっている。クマノミはイソギンチャクを利用《りよう》するだけでなく、触手《しょくしゅ》にやさしくふれてゆったりのびるようにし、褐虫藻《かっちゅうそう》が光合成《こうごうせい》しやすくなるよう手伝《てつだ》っている。

競《きそ》い合《あ》って進化《しんか》する

共進化《きょうしんか》は、相手《あいて》を利用《りよう》しようとするものと、そうはさせまいと防《ふせ》ぐものとのあいだにも起《お》こる。

【ツバキとツバキシギゾウムシ】

ツバキの実《み》の皮《かわ》は、南《みなみ》の地域《ちいき》のものほど厚《あつ》くなることが知《し》られている。ツバキシギゾウムシという体長《たいちょう》1cmほどの昆虫《こんちゅう》は、長《なが》い口《くち》でツバキの果実《かじつ》に穴《あな》をあけ、中《なか》の種子《しゅし》に産卵《さんらん》する。そして南《みなみ》の地域《ちいき》のものほど口《くち》が長《なが》い。卵《たまご》を産《う》みつけられないように皮《かわ》を厚《あつ》くするツバキと、厚《あつ》い皮《かわ》でも卵《たまご》を産《う》みつけられるよう口《くち》が長《なが》くなるツバキシギゾウムシの競争《きょうそう》によって、進化《しんか》が引《ひ》き起《お》こされている。

ツバキの実《み》とツバキシギゾウムシ（左《ひだり》は屋久島《やくしま》で、右《みぎ》は京都《きょうと》）。屋久島《やくしま》のほうが実《み》の皮《かわ》が厚《あつ》く、ゾウムシの口《くち》も長《なが》い。

鳥《とり》やほ乳類《にゅうるい》を利用《りよう》する植物《しょくぶつ》

植物《しょくぶつ》は、花粉《かふん》や種子《しゅし》を昆虫以外《こんちゅういがい》の動物《どうぶつ》に運《はこ》んでもらうこともよくある。植物《しょくぶつ》の実《み》や葉《は》は、相手《あいて》に見《み》つけてもらいやすい色《いろ》や形《かたち》に進化《しんか》していく。

【トキワサンザシとヒヨドリ】

鳥《とり》に種子《しゅし》を運《はこ》んでもらう植物《しょくぶつ》は、種子《しゅし》が熟《じゅく》すと実《み》が緑色《みどりいろ》から赤《あか》に変《か》わるものが多《おお》い。鳥《とり》は色《いろ》がよくわかるため、遠《とお》くからでも見《み》つけて食《た》べにくる。実《み》は鳥《とり》が丸飲《まるの》みできる大《おお》きさなので、果肉《かにく》は消化《しょうか》されても種子《しゅし》はかみくだかれずに鳥《とり》の消化管《しょうかかん》を通過《つうか》し、遠《とお》くまで運《はこ》ばれてふんとして出《だ》される。

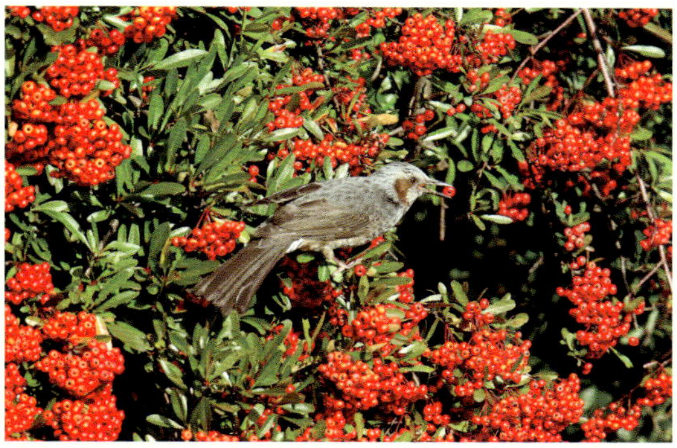

【マルクグラビアとシタナガコウモリ】

キューバ原産《げんさん》のマルクグラビアという植物《しょくぶつ》は、花《はな》の上《うえ》にパラボラアンテナのような形《かたち》の葉《は》がついている。シタナガコウモリが発《はっ》する超音波《ちょうおんぱ》を反射《はんしゃ》して、花《はな》を早《はや》く見《み》つけてもらうしくみだ。花粉《かふん》は、みつを吸《す》いにきたコウモリによって運《はこ》ばれる。

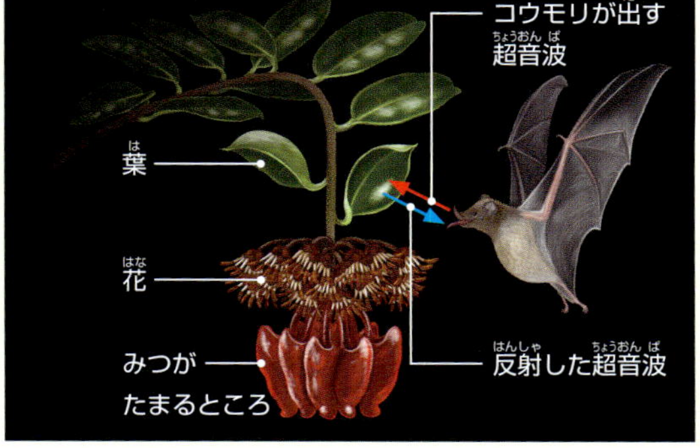
コウモリが出《だ》す超音波《ちょうおんぱ》
葉《は》
花《はな》
みつがたまるところ
反射《はんしゃ》した超音波《ちょうおんぱ》

イソギンチャクの触手《しょくしゅ》には毒針《どくばり》があり、ふれた相手《あいて》をさす。しかしクマノミの体《からだ》の表面《ひょうめん》は特別《とくべつ》な粘液《ねんえき》でおおわれ、毒針《どくばり》にさされないようになっている。

恐竜の巨大化➡82 恐竜の王国➡88

最強《さいきょう》の肉食恐竜《にくしょくきょうりゅう》が現《あらわ》れた

大型肉食恐竜《おおがたにくしょくきょうりゅう》

白亜紀末《はくあきまつ》にティラノサウルスが現《あらわ》れました。これまで地上《ちじょう》に現《あらわ》れた肉食動物《にくしょくどうぶつ》のなかで最大級《さいだいきゅう》の体《からだ》をもち、太《ふと》い骨《ほね》もかみくだいて食《た》べました。

●ティラノサウルス
最大級《さいだいきゅう》の獣脚類《じゅうきゃくるい》だった。
●アラモサウルス
全長約《ぜんちょうやく》30m、植物食《しょくぶつしょく》。体《からだ》が大《おお》きい竜脚形類《りゅうきゃくけいるい》のなかま。
●アンキロサウルス
全長約《ぜんちょうやく》9m、植物食《しょくぶつしょく》。よろい竜《りゅう》のなかまで、体《からだ》が骨《ほね》の板《いた》でおおわれていた。おそわれると地面《じめん》にふせて身《み》を守《まも》った。
●トリケラトプス
全長約《ぜんちょうやく》9m、植物食《しょくぶつしょく》。3本《ほん》の角《つの》をもつ角竜類《つのりゅうるい》。

獲物《えもの》を骨《ほね》ごと食《た》べたティラノサウルス

ティラノサウルスが生《い》きていたのは、6900万《まん》～6600万年前《まんねんまえ》の北《きた》アメリカ大陸《たいりく》だ。全長約《ぜんちょうやく》12.5m、推定体重《すいていたいじゅう》は約《やく》6トン。頭《あたま》は大《おお》きくて胴体《どうたい》は太《ふと》く、後《うし》ろ足《あし》はとてもがっしりしていた。前足《まえあし》はとても小《ちい》さく、指《ゆび》も2本《ほん》しかなかったが、太《ふと》い筋肉《きんにく》がついていた。死《し》んだ動物《どうぶつ》を食《た》べることもあったが、おもに大《おお》きな植物食恐竜《しょくぶつしょくきょうりゅう》をおそい、骨《ほね》もかみくだいて食《た》べていたと考《かんが》えられている。

長《なが》さ 150cm の頭骨《とうこつ》

ティラノサウルスの頭骨《とうこつ》は、体《からだ》に比《くら》べて大《おお》きく、はばも90cm以上《いじょう》あった。頭骨《とうこつ》のつくりから、獲物《えもの》を見《み》つける能力《のうりょく》が高《たか》く、強《つよ》い力《ちから》でかみついたことがわかった。

●目《め》
目《め》は正面《しょうめん》を向《む》き、獲物《えもの》とのきょりを正確《せいかく》に測《はか》ることができた。

●あご
かむときに1本《ぽん》の歯《は》にかかる力《ちから》は6トンで、現在《げんざい》の動物《どうぶつ》で最強《さいきょう》とされるイリエワニの2倍《ばい》くらいの力《ちから》だった。

●鼻《はな》
頭骨《とうこつ》の脳《のう》が入《はい》っていた部分《ぶぶん》の形《かたち》を調《しら》べたところ、脳《のう》はにおいを感《かん》じる部分《ぶぶん》が大《おお》きかった。そのため、きゅう覚《かく》がすぐれていたことがわかった。かくれている獲物《えもの》をにおいで見《み》つけられたと考《かんが》えられる。

●歯《は》
ほかの肉食恐竜《にくしょくきょうりゅう》より太《ふと》く、あごの骨《ほね》にうまっている部分《ぶぶん》もふくめると、最大《さいだい》で30cm以上《いじょう》もあった。のこぎりのようなぎざぎざがあり、肉《にく》をかみ切《き》りやすくなっていた。

『21世紀《せいき》こども百科《ひゃっか》 恐竜館《きょうりゅうかん》』: 小学館《しょうがくかん》

●ティラノサウルスのふんの化石《かせき》

長《なが》さは44cmあり、中《なか》から食《た》べられた角竜《つのりゅう》や鳥脚類《ちょうきゃくるい》の恐竜《きょうりゅう》の骨《ほね》のかけらが見《み》つかった。

白亜紀末《はくあきまつ》の陸地《りくち》の形《かたち》

大陸《たいりく》は細《こま》かく分《わ》かれていき、現在《げんざい》の形《かたち》に近《ちか》づいた。インドはアフリカの近《ちか》くにあり、北《きた》に移動中《いどうちゅう》だった。

●エドモントサウルス
全長約《ぜんちょうやく》12m、植物食《しょくぶつしょく》。群《む》れで暮《く》らしていた鳥脚類《ちょうきゃくるい》。
●アケロラプトル
全長約《ぜんちょうやく》2m、肉食《にくしょく》。するどい歯《は》をもつ小型《こがた》の獣脚類《じゅうきゃくるい》。

水《みず》の中《なか》で暮《く》らしたスピノサウルス

スピノサウルスは全長《ぜんちょう》18mもある史上最大《しじょうさいだい》の肉食恐竜《にくしょくきょうりゅう》だ。ほかの肉食恐竜《にくしょくきょうりゅう》は2足歩行《そくほこう》だが、スピノサウルスは4足歩行《そくほこう》だった。また、ほかの肉食恐竜《にくしょくきょうりゅう》とはちがい、水中《すいちゅう》で長《なが》い時間《じかん》を過《す》ごすクジラやペンギンのように骨《ほね》が重《おも》かったので、おもに川《かわ》や沼《ぬま》の中《なか》で暮《く》らしていたと考《かんが》えられている。

背中《せなか》に背《せ》びれのような皮《ひ》ふの膜《まく》があった。
頭《あたま》やあごの形《かたち》が、現在《げんざい》の魚食性《ぎょしょくせい》のワニに似《に》ているので、魚《さかな》を食《た》べていたと考《かんが》えられている。
水《みず》かきがあったと考《かんが》えられている。
腰《こし》の骨《ほね》が小《ちい》さく、後《うし》ろ足《あし》が短《みじか》かったので、陸上《りくじょう》で重《おも》い体《からだ》を支《ささ》えて歩《ある》くのには適《てき》していなかった。

●スピノサウルス

白亜紀後期《はくあきこうき》の北《きた》アフリカにすみ、魚《さかな》を食《た》べていた。

ほかの肉食恐竜《にくしょくきょうりゅう》の歯《は》はナイフのような形《かたち》をしているが、スピノサウルスの歯《は》は円《えん》すい形《けい》だった。長《なが》さ約《やく》7cm。

長崎県《ながさきけん》で見《み》つかった約《やく》8100万《まん》年前《ねんまえ》のティラノサウルスのなかまの歯《は》の化石《かせき》。長《なが》さ8.2cm。

地球《ちきゅう》の各地《かくち》にいた大型肉食恐竜《おおがたにくしょくきょうりゅう》

白亜紀後期《はくあきこうき》には、ティラノサウルスのほかにも、同《おな》じくらい大《おお》きい肉食恐竜《にくしょくきょうりゅう》が各地《かくち》にいた。日本《にほん》でも長崎県《ながさきけん》で、ティラノサウルスのなかまの歯《は》の化石《かせき》が見《み》つかっており、全長《ぜんちょう》10m以上《いじょう》の大型肉食《おおがたにくしょく》恐竜《きょうりゅう》がいたことがわかっている。

●タルボサウルス
全長《ぜんちょう》10m　アジア
●ティラノサウルス
全長《ぜんちょう》12.5m　北《きた》アメリカ
●カルカロドントサウルス
全長《ぜんちょう》12m　アフリカ
●マプサウルス
全長《ぜんちょう》12.5m
マダガスカル
●ギガノトサウルス
全長《ぜんちょう》13m　南《みなみ》アメリカ

ティラノサウルスの短《みじか》い前足《まえあし》は、しゃがんだ姿勢《しせい》から立《た》ち上《あ》がるときに地面《じめん》につき、その反動《はんどう》で体《からだ》をもち上《あ》げるのに使《つか》ったという研究報告《けんきゅうほうこく》がある。

恐竜《きょうりゅう》をほろぼした巨大《きょだい》隕石《いんせき》

恐竜《きょうりゅう》の絶滅《ぜつめつ》　約《やく》1億《おく》7000万年《まんねん》も栄《さか》えていた恐竜《きょうりゅう》ですが、鳥以外《とりいがい》は白亜紀末《はくあきまつ》に姿《すがた》を消《け》してしまいました。その原因《げんいん》としては現在《げんざい》、巨大《きょだい》な隕石《いんせき》が衝突《しょうとつ》したという説《せつ》が最《もっと》も有力《ゆうりょく》です。

隕石《いんせき》の衝撃《しょうげき》

6600万年前《まんねんまえ》、メキシコのユカタン半島《はんとう》の浅《あさ》い海《うみ》に、直径《ちょっけい》10kmもの巨《きょ》大《だい》な隕石《いんせき》が落《お》ちてきた。その衝突《しょうとつ》によって、地球《ちきゅう》の環境《かんきょう》が大《おお》きく変《か》わった。

❶巨大隕石《きょだいいんせき》が落《お》ちる

隕石《いんせき》は、大気《たいき》とのまさつ熱《ねつ》で高温《こうおん》になって落《お》ちてきた。落下地点《らっかちてん》では激《はげ》しい熱風《ねっぷう》がおそい、東日本《ひがしにほん》大震災《だいしんさい》の1000倍以上《ばいいじょう》の大《おお》きさの地震《じしん》や、高《たか》さ300mの大津波《おおつなみ》も発生《はっせい》したと考《かんが》えられている。地上《ちじょう》には直径《ちょっけい》180kmのクレーターができた。

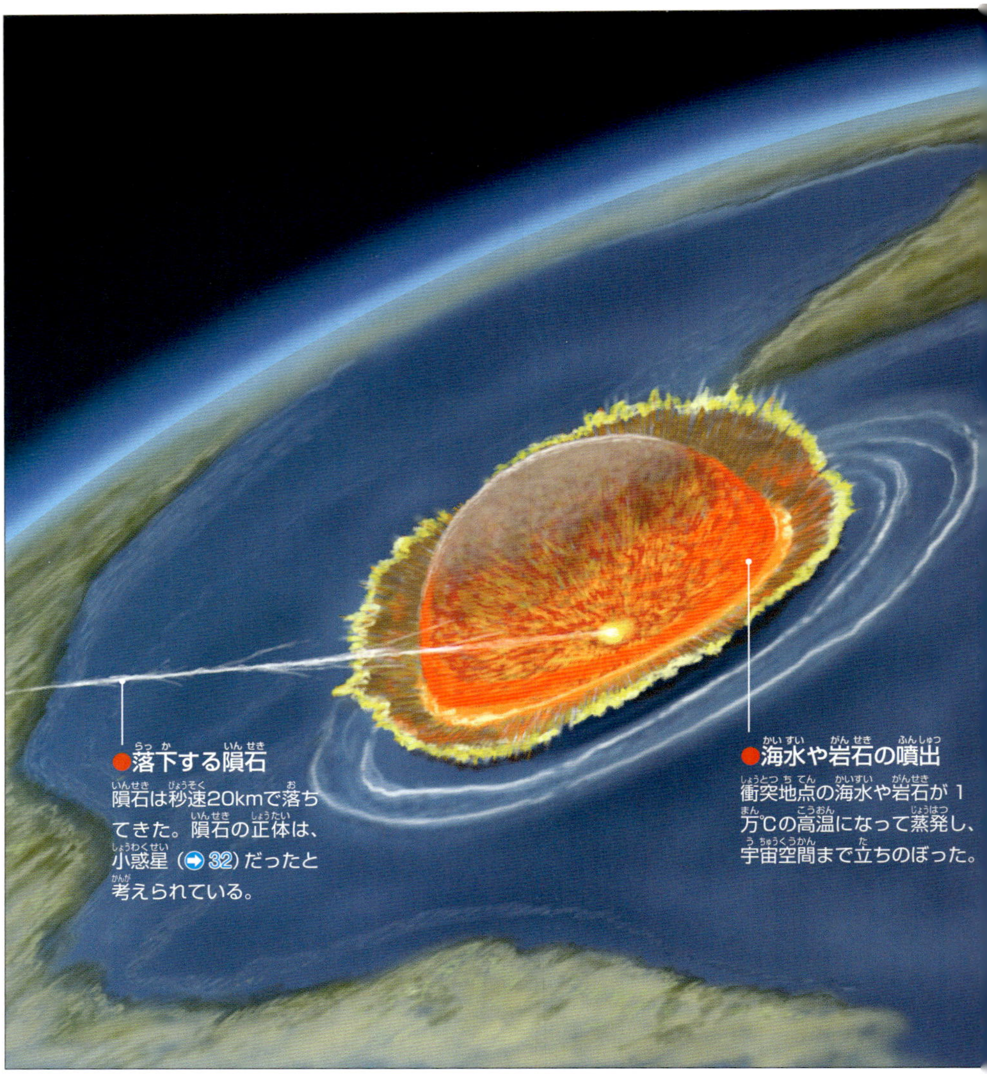
●落下《らっか》する隕石《いんせき》
隕石《いんせき》は秒速《びょうそく》20kmで落《お》ちてきた。隕石《いんせき》の正体《しょうたい》は、小惑星《しょうわくせい》(➡32)だったと考《かんが》えられている。
●海水《かいすい》や岩石《がんせき》の噴出《ふんしゅつ》
衝突地点《しょうとつちてん》の海水《かいすい》や岩石《がんせき》が1万《まん》℃の高温《こうおん》になって蒸発《じょうはつ》し、宇宙空間《うちゅうくうかん》まで立《た》ちのぼった。

隕石《いんせき》でできた巨大《きょだい》なくぼみ

隕石《いんせき》が落《お》ちると、その衝撃《しょうげき》で隕石《いんせき》の直径《ちょっけい》より大《おお》きいクレーターができる。写真《しゃしん》はアメリカのアリゾナ州《しゅう》にあるバリンジャー・クレーターで、約《やく》5万年前《まんねんまえ》に直径《ちょっけい》20～30mの隕《いん》石《せき》の衝突《しょうとつ》でできた、直径約《ちょっけいやく》1.5kmのくぼみがある。

❗地球《ちきゅう》の至《いた》るところに飛《と》び散《ち》ったちり

世界中《せかいじゅう》で、白亜紀《はくあき》と次《つぎ》の古第三紀《こだいさんき》の境界《きょうかい》の地層《ちそう》(➡158)に、隕石《いんせき》に多《おお》くふくまれるイリジウムという元素《げんそ》が多《おお》いことがわかった。そのためこの時期《じき》に、巨大《きょだい》な隕石《いんせき》が地球《ちきゅう》に衝突《しょうとつ》したと考《かんが》えるようになった。メキシコのユカタン半島周辺《はんとうしゅうへん》には、地層《ちそう》の中《なか》に隕石《いんせき》の衝突《しょうとつ》でできる「衝撃変成石英《しょうげきへんせいせきえい》」という物質《ぶっしつ》がとくに多《おお》く、重力《じゅうりょく》や地磁気《ちじき》の調《ちょう》査《さ》などで、地下《ちか》に直径《ちょっけい》180kmの「チチュルブ・クレーター」があることがわかった。

アメリカ
チチュルブ・クレーターの位置《いち》と大《おお》きさ
キューバ
メキシコ
東京《とうきょう》
富士山《ふじさん》
横浜《よこはま》
180km
静岡《しずおか》

「チチュルブ・クレーター」の直径《ちょっけい》は、東京《とうきょう》から静岡《しずおか》までのきょりとほぼ同《おな》じだ。

イリジウムを多《おお》くふくむ地層《ちそう》

北海道浦幌町《ほっかいどううらほろちょう》にある、白亜紀《はくあき》と古第三紀《こだいさんき》の境目《さかいめ》の地層《ちそう》にもイリジウムが多《おお》くふくまれている。まい上《あ》がったちりは、地球《ちきゅう》の裏側《うらがわ》の日本《にほん》にも届《とど》いたのだ。

📖『NHK《エヌエイチケー》まんが地球大紀行《ちきゅうだいきこう》2恐竜《きょうりゅう》の絶滅《ぜつめつ》』:小学館《しょうがくかん》

❷地球《ちきゅう》の至《いた》るところで大火事《おおかじ》が起《お》こった

宇宙空間《うちゅうくうかん》までふき上《あ》がった衝突時《しょうとつじ》の噴出物《ふんしゅつぶつ》は再《ふたた》び地球《ちきゅう》の大気圏《たいきけん》に落《お》ちてきて、至《いた》るところに降《ふ》り注《そそ》いだ。そのため、隕石衝突《いんせきしょうとつ》から数時間《すうじかん》にわたって、大気《たいき》や地表《ちひょう》が 260℃にも熱《ねっ》せられ、各地《かくち》の森林《しんりん》が燃《も》え始《はじ》めた。森林火災《しんりんかさい》は衝突《しょうとつ》地点《ちてん》から約《やく》 9000km はなれたヨーロッパでも起《お》こった。

●森林火災《しんりんかさい》
大気《たいき》や地表《ちひょう》が熱《ねっ》せられたため、各地《かくち》の空《そら》は焼《や》けたように赤《あか》くなったと考《かんが》えられている。熱《ねつ》によって水分《すいぶん》をうばわれてかわいた木《き》は、たちまち燃《も》え上《あ》がった。
●焼《や》け死《し》ぬ恐竜《きょうりゅう》
高温《こうおん》の大気《たいき》やほのおに包《つつ》まれた恐竜《きょうりゅう》は、肺《はい》が焼《や》け、次《つぎ》に体《からだ》も焼《や》けて蒸発《じょうはつ》してしまったと考《かんが》えられている。

❸長《なが》い冬《ふゆ》が世界中《せかいじゅう》で続《つづ》いた

まい上《あ》がった小《ちい》さなちりや、森林火災《しんりんかさい》で燃《も》えた植物《しょくぶつ》のすすは、大気中《たいきちゅう》にただよい、数《すう》か月《げつ》から数年間《すうねんかん》にわたって地球上《ちきゅうじょう》の空《そら》を暗《くら》くした。太陽光《たいようこう》がさえぎられて寒《さむ》くなり、光合成《こうごうせい》ができなくなった植物《しょくぶつ》がかれた。オゾン層《そう》（➡165）の破壊《はかい》なども起《お》き、地球《ちきゅう》の環境《かんきょう》はその後数万年《ごすうまんねん》から数十万年《すうじゅうまんねん》、あれ果《は》てたと考《かんが》えられている。

●うす暗《ぐら》い空《そら》
太陽光《たいようこう》がさえぎられ、空《そら》は灰色《はいいろ》になった。酸性雨《さんせいう》も数年間《すうねんかん》にわたって降《ふ》ったと考《かんが》えられている。
●肉食恐竜《にくしょくきょうりゅう》
獲物《えもの》となる植物食恐竜《しょくぶつしょくきょうりゅう》がいなくなって死《し》ぬ。
●植物食恐竜《しょくぶつしょくきょうりゅう》
植物《しょくぶつ》がかれ、日光不足《にっこうぶそく》で新《あたら》しい植物《しょくぶつ》も生《は》えにくくなると、食《た》べものがなくなった植物食恐竜《しょくぶつしょくきょうりゅう》が死《し》ぬ。

海《うみ》の生《い》きものもほろんでしまった

海《うみ》では、光合成《こうごうせい》ができなくなって植物《しょくぶつ》プランクトンが減《へ》った。また、大量《たいりょう》のちりにふくまれていた硫黄酸化物《いおうさんかぶつ》と雲《くも》が混《ま》じり、酸性雨《さんせいう》（➡204）が降《ふ》った。そのため海《うみ》が酸性《さんせい》になり、海《うみ》の生物《せいぶつ》（➡86）の多《おお》くがほろんだ。酸性《さんせい》の海《うみ》は数年間続《すうねんかんつづ》いたと考《かんが》えられている。

酸性雨《さんせいう》
酸性《さんせい》の海《うみ》

酸性雨《さんせいう》が海《うみ》に落《お》ちると、海水《かいすい》も酸性《さんせい》になる。とくに海水《かいすい》の表面《ひょうめん》が強《つよ》い酸性《さんせい》になり、プランクトンが死《し》んでしまう。プランクトンを食《た》べていた魚類《ぎょるい》の多《おお》くやアンモナイトが死《し》に、それを食《た》べていたモササウルスや首長竜《くびながりゅう》などが絶滅《ぜつめつ》した。

絶滅《ぜつめつ》を生《い》きのびた動物《どうぶつ》たち

あれ果《は》てた環境《かんきょう》のなかで、川《かわ》や沼《ぬま》といった淡水《たんすい》にすむ魚《さかな》、カメ、ワニ、カエルなどは生《い》きのびるものが多《おお》かった。生《い》きのびた動物《どうぶつ》は、光合成《こうごうせい》をしている生《い》きた植物《しょくぶつ》ではなく、落《お》ち葉《ば》やくさった木《き》、動物《どうぶつ》の死《し》がいなどを食《た》べるものだったと考《かんが》えられている。また、生《い》きのびたのは体《からだ》が小《ちい》さいものだった。鳥類《ちょうるい》やほ乳類《にゅうるい》のなかにも生《い》き残《のこ》ったものがいて、古第三紀《こだいさんき》に繁栄《はんえい》するもとになった。

巨大隕石衝突《きょだいいんせきしょうとつ》の可能性《かのうせい》は今《いま》もある。日本《にほん》も参加《さんか》する「国際《こくさい》スペースガード財団《ざいだん》」は、地球《ちきゅう》の近《ちか》くを通過《つうか》する小惑星《しょうわくせい》や彗星《すいせい》を監視《かんし》している。

絶《ぜつ》滅《めつ》後《ご》に新《あたら》しい時《じ》代《だい》が始《はじ》まる

多《おお》くの生物《せいぶつ》がほろんだあと、新《あたら》しい生物《せいぶつ》の種《しゅ》がたくさん現《あらわ》れます。「オルドビス紀《き》」や「デボン紀《き》」といった時代《じだい》の区切《くぎ》りは、このような生物《せいぶつ》の入《い》れ替《か》わりを表《あらわ》しています。

5回《かい》の大《たい》量《りょう》絶《ぜつ》滅《めつ》

約《やく》38億年前《おくねんまえ》に地球《ちきゅう》に生命《せいめい》が現《あらわ》れてから、生物《せいぶつ》の数《かず》や種《しゅ》は増《ふ》えてきた。しかし、多《おお》くの種《しゅ》が短《みじか》い期間《きかん》に一度《いちど》に絶滅《ぜつめつ》することもたびたび起《お》こった。そうした現象《げんしょう》を「大量絶滅《たいりょうぜつめつ》」という。そのなかで、とくに大規模《だいきぼ》な5回《かい》の大量絶滅《たいりょうぜつめつ》を「ビッグファイブ」とよんでいる。大量絶滅《たいりょうぜつめつ》は地球環境《ちきゅうかんきょう》が大《おお》きく変《か》わったときに起《お》こる。その後《ご》、新《あたら》しい環境《かんきょう》に適応《てきおう》した体《からだ》のつくりをもつ生物《せいぶつ》が繁栄《はんえい》を始《はじ》める。

◎グラフは古生代《こせいだい》と中生代《ちゅうせいだい》にほろんだ生物《せいぶつ》の割合《わりあい》（%）で、界《かい》・門《もん》・綱《こう》・目《もく》・科《か》・属《ぞく》・種《しゅ》という生物《せいぶつ》の分類《ぶんるい》のランクのうち「属《ぞく》」の数《かず》で示《しめ》している。絵《え》はビッグファイブで多《おお》くの種《しゅ》がほろんだ生物《せいぶつ》の例《れい》だ。グラフの折《お》れ線《せん》から、ビッグファイブ以外《いがい》にも生物《せいぶつ》が大量《たいりょう》にほろんだ時期《じき》が何回《なんかい》もあったことがわかる。

絶《ぜつ》滅《めつ》したおもな生《せい》物《ぶつ》と、その割《わり》合《あい》

※は多《おお》くの種《しゅ》が絶滅《ぜつめつ》したもの

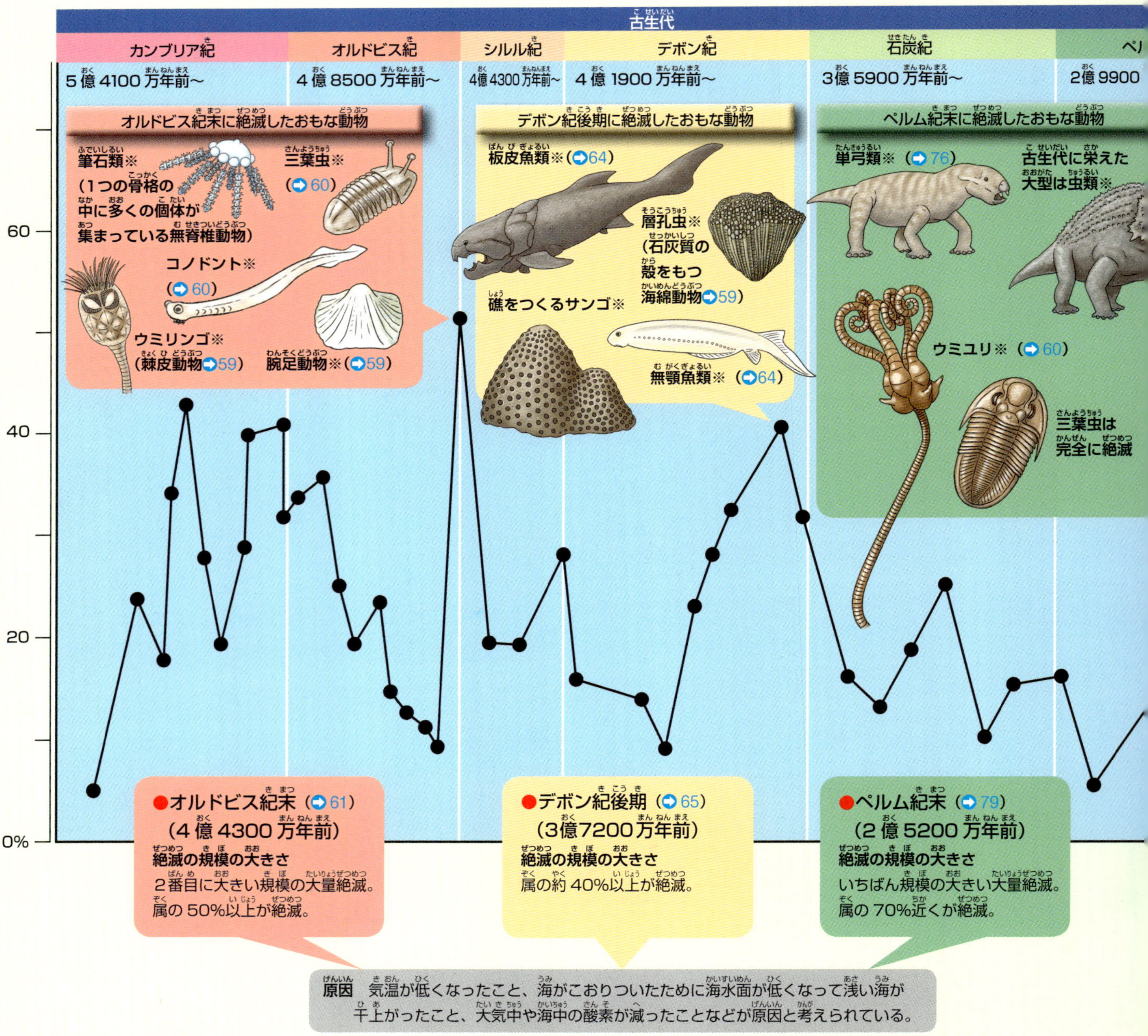
古生代《こせいだい》
カンブリア紀《き》
オルドビス紀《き》
シルル紀《き》
デボン紀《き》
石炭紀《せきたんき》
ペ
5億《おく》4100万年前《まんねんまえ》〜
4億《おく》8500万年前《まんねんまえ》〜
4億《おく》4300万年前《まんねんまえ》〜
4億《おく》1900万年前《まんねんまえ》〜
3億《おく》5900万年前《まんねんまえ》〜
2億《おく》9900
60
40
20
0%
オルドビス紀末《きまつ》に絶滅《ぜつめつ》したおもな動物《どうぶつ》
筆石類《ふでいしるい》※
（1つの骨格《こっかく》の中《なか》に多《おお》くの個体《こたい》が集《あつ》まっている無脊椎動物《むせきついどうぶつ》）
三葉虫《さんようちゅう》※
（➡60）
コノドント※
（➡60）
ウミリンゴ※
（棘皮動物《きょくひどうぶつ》➡59）
腕足動物《わんそくどうぶつ》※（➡59）
デボン紀後期《きこうき》に絶滅《ぜつめつ》したおもな動物《どうぶつ》
板皮魚類《ばんぴぎょるい》※（➡64）
層孔虫《そうこうちゅう》※
（石灰質《せっかいしつ》の殻《から》をもつ海綿動物《かいめんどうぶつ》➡59）
礁《しょう》をつくるサンゴ※
無顎魚類《むがくぎょるい》※（➡64）
ペルム紀末《きまつ》に絶滅《ぜつめつ》したおもな動物《どうぶつ》
単弓類《たんきゅうるい》※（➡76）
古生代《こせいだい》に栄《さか》えた大型《おおがた》は虫類《ちゅうるい》※
ウミユリ※（➡60）
三葉虫《さんようちゅう》は完全《かんぜん》に絶滅《ぜつめつ》
●オルドビス紀末《きまつ》（➡61）
（4億《おく》4300万年前《まんねんまえ》）
絶滅《ぜつめつ》の規模《きぼ》の大《おお》きさ
2番目《ばんめ》に大《おお》きい規模《きぼ》の大量絶滅《たいりょうぜつめつ》。
属《ぞく》の50%以上《いじょう》が絶滅《ぜつめつ》。
●デボン紀後期《きこうき》（➡65）
（3億《おく》7200万年前《まんねんまえ》）
絶滅《ぜつめつ》の規模《きぼ》の大《おお》きさ
属《ぞく》の約《やく》40%以上《いじょう》が絶滅《ぜつめつ》。
●ペルム紀末《きまつ》（➡79）
（2億《おく》5200万年前《まんねんまえ》）
絶滅《ぜつめつ》の規模《きぼ》の大《おお》きさ
いちばん規模《きぼ》の大《おお》きい大量絶滅《たいりょうぜつめつ》。
属《ぞく》の70%近《ちか》くが絶滅《ぜつめつ》。
原因《げんいん》　気温《きおん》が低《ひく》くなったこと、海《うみ》がこおりついたために海水面《かいすいめん》が低《ひく》くなって浅《あさ》い海《うみ》が干上《ひあ》がったこと、大気中《たいきちゅう》や海中《かいちゅう》の酸素《さんそ》が減《へ》ったことなどが原因《げんいん》と考《かんが》えられている。

『小学館《しょうがくかん》の図鑑《ずかん》NEO《ネオ》　岩石《がんせき》・鉱物《こうぶつ》・化石《かせき》』: 小学館《しょうがくかん》

酸素《さんそ》が減《へ》ると大量《たいりょう》絶滅《ぜつめつ》が起《お》こる

白亜紀末以外《はくあきまついがい》のビッグファイブの大量絶滅《たいりょうぜつめつ》は、大気中《たいきちゅう》や海水中《かいすいちゅう》の酸素《さんそ》が減《へ》ったことが大《おお》きな原因《げんいん》だという説《せつ》がある。たとえば、ペルム紀《き》の初期《しょき》は酸素濃度《さんそのうど》が約《やく》30%あったが、ペルム紀末《きまつ》には20%以下《いか》まで減《へ》ったと考《かんが》えられている。

【ペルム紀《き》の単弓類《たんきゅうるい》と大気中《たいきちゅう》の酸素《さんそ》の関係《かんけい》】

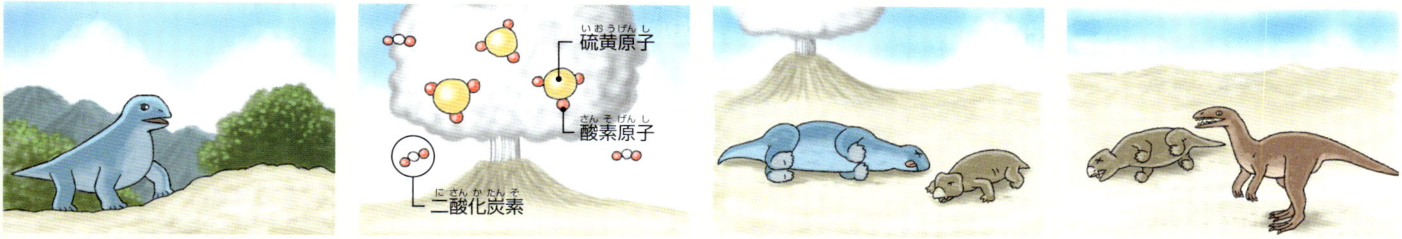

硫黄原子《いおうげんし》
酸素原子《さんそげんし》
二酸化炭素《にさんかたんそ》

❶ペルム紀《き》の単弓類《たんきゅうるい》は、現在《げんざい》より酸素《さんそ》が多《おお》い時代《じだい》に生《い》きていた。単弓類《たんきゅうるい》は、酸素《さんそ》をたっぷり吸《す》っていた。

❷世界中《せかいじゅう》で起《お》きた火山噴火《かざんふんか》などにより二酸化炭素《にさんかたんそ》が放出《ほうしゅつ》されたり、火山《かざん》ガスにふくまれる硫黄《いおう》が酸素《さんそ》と結《むす》びついたりして、大気中《たいきちゅう》の酸素《さんそ》が減《へ》った。

❸単弓類《たんきゅうるい》は、酸素《さんそ》がたりなくなって、死《し》んでしまった。

❹絶滅後《ぜつめつご》に新《あたら》しい動物《どうぶつ》が現《あらわ》れた。新《あたら》しい動物《どうぶつ》は、酸素《さんそ》が少《すく》なくても生《い》きていける呼吸器官《こきゅうきかん》をもっていた。

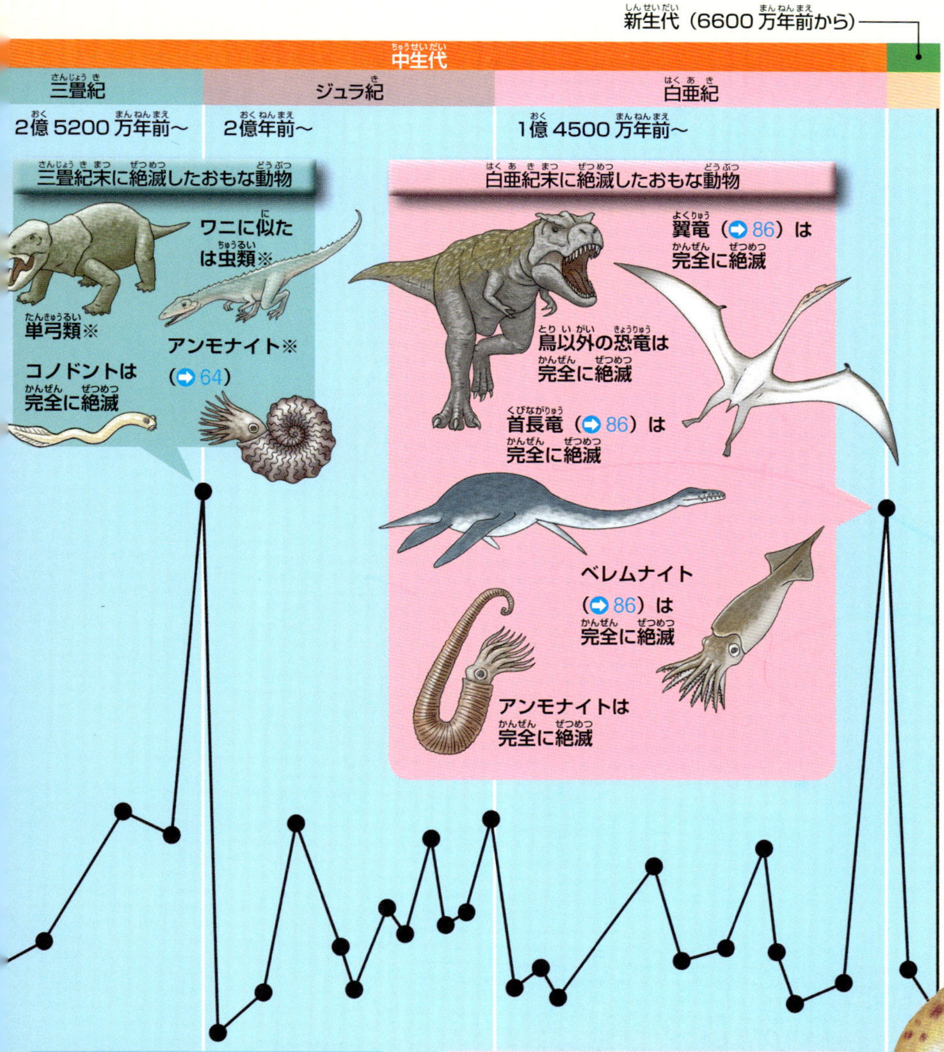

新生代《しんせいだい》（6600万年前《まんねんまえ》から）
中生代《ちゅうせいだい》
三畳紀《さんじょうき》
ジュラ紀《き》
白亜紀《はくあき》
2億《おく》5200万年前《まんねんまえ》～
2億年前《おくねんまえ》～
1億《おく》4500万年前《まんねんまえ》～
三畳紀末《さんじょうきまつ》に絶滅《ぜつめつ》したおもな動物《どうぶつ》
ワニに似《に》たは虫類《ちゅうるい》※
単弓類《たんきゅうるい》※
アンモナイト※（➡64）
コノドントは完全《かんぜん》に絶滅《ぜつめつ》
白亜紀末《はくあきまつ》に絶滅《ぜつめつ》したおもな動物《どうぶつ》
翼竜《よくりゅう》（➡86）は完全《かんぜん》に絶滅《ぜつめつ》
鳥以外《とりいがい》の恐竜《きょうりゅう》は完全《かんぜん》に絶滅《ぜつめつ》
首長竜《くびながりゅう》（➡86）は完全《かんぜん》に絶滅《ぜつめつ》
ベレムナイト（➡86）は完全《かんぜん》に絶滅《ぜつめつ》
アンモナイトは完全《かんぜん》に絶滅《ぜつめつ》

●三畳紀末《さんじょうきまつ》（➡81）（2億年前《おくねんまえ》）

絶滅《ぜつめつ》の規模《きぼ》の大《おお》きさ

属《ぞく》の50%近《ちか》くが絶滅《ぜつめつ》。

原因《げんいん》

大《おお》きな火山活動《かざんかつどう》の影響《えいきょう》、巨大隕石《きょだいいんせき》の衝突《しょうとつ》、大気中《たいきちゅう》や海中《かいちゅう》の酸素《さんそ》が減《へ》ったことなどといわれているが、よくわかっていない。

●白亜紀末《はくあきまつ》（➡96）（6600万年前《まんねんまえ》）

絶滅《ぜつめつ》の規模《きぼ》の大《おお》きさ

属《ぞく》の40%以上《いじょう》が絶滅《ぜつめつ》。

原因《げんいん》

巨大隕石《きょだいいんせき》の衝突《しょうとつ》により、熱風《ねっぷう》や津波《つなみ》、森林火災《しんりんかさい》、気温《きおん》の低下《ていか》、日光不足《にっこうぶそく》、酸性雨《さんせいう》で海水《かいすい》が酸性《さんせい》になったことなどが原因《げんいん》と考《かんが》えられている。

もし恐竜《きょうりゅう》が絶滅《ぜつめつ》しなかったら

白亜紀末《はくあきまつ》に巨大隕石《きょだいいんせき》が衝突《しょうとつ》しなくても、ティラノサウルスやトリケラトプスは今《いま》はいないだろう。なぜなら、その後《ご》の新生代《しんせいだい》に氷河時代《ひょうがじだい》が訪《おとず》れたので、暖《あたた》かい環境《かんきょう》で生活《せいかつ》していた恐竜《きょうりゅう》が生《い》き続《つづ》けられるとは考《かんが》えられないからだ。しかし、もしかしたら、寒《さむ》い気候《きこう》に対応《たいおう》して、人間《にんげん》のような姿《すがた》に進化《しんか》した恐竜《きょうりゅう》が出現《しゅつげん》していたかもしれない。

●恐竜人間《きょうりゅうにんげん》

1982年《ねん》、カナダの古生物学者《こせいぶつがくしゃ》デイル・ラッセルは、恐竜《きょうりゅう》が絶滅《ぜつめつ》しなかったら、トロオドンが進化《しんか》して、この写真《しゃしん》のような「恐竜人間《きょうりゅうにんげん》」になったと考《かんが》えた。

脳《のう》

●トロオドン

全長約《ぜんちょうやく》2.4m。白亜紀後期《はくあきこうき》。雑食《ざっしょく》。体《からだ》に対《たい》して脳《のう》がとても大《おお》きかった。現在《げんざい》は羽毛《うもう》をもつ恐竜《きょうりゅう》とされているが、1980年代《ねんだい》には、羽毛《うもう》の存在《そんざい》は考《かんが》えられていなかった。

生物《せいぶつ》は最初《さいしょ》に「界《かい》」というランクに分類《ぶんるい》され、さらに細《こま》かく6段階《だんかい》に分《わ》けられている。ヒトは「動物界《どうぶつかい》脊椎《せきつい》動物門《どうぶつもん》哺乳綱《ほにゅうこう》霊長目《れいちょうもく》ヒト科《か》ヒト属《ぞく》ヒト」となる。

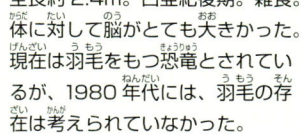

地《ち》球《きゅう》カレンダー〈ほ乳《にゅう》類《るい》の発《はっ》展《てん》

先《せん》カンブリア時代《じだい》

冥王代《めいおうだい》　始生代《しせいだい》

1月

1	2	3	4	5	6	7
8	9	10	11	12	13	14
15	16	17	18	19	20	21
22	23	24	25	26	27	28
29	30	31				

2月

			1	2	3	4
5	6	7	8	9	10	11
12	13	14	15	16	17	18
19	20	21	22	23	24	25
26	27	28				

3月

			1	2	3	4
5	6	7	8	9	10	11
12	13	14	15	16	17	18
19	20	21	22	23	24	25
26	27	28	29	30	31	

4月

						1
2	3	4	5	6	7	8
9	10	11	12	13	14	15
16	17	18	19	20	21	22
23	24	25	26	27	28	29
30						

5月

	1	2	3	4	5	6
7	8	9	10	11	12	13
14	15	16	17	18	19	20
21	22	23	24	25	26	27
28	29	30	31			

6月

				1
4	5	6	7	8
11	12	13	14	15
18	19	20	21	22
25	26	27	28	29

12月《がつ》

26日《にち》〈6600万年前《まんねんまえ》〉
ほ乳《にゅう》類《るい》がさまざまな姿《すがた》に進《しん》化《か》 ➡102

27日《にち》〈5600万年前《まんねんまえ》〉
霊《れい》長《ちょう》類《るい》の登《とう》場《じょう》 ➡106

28日《にち》〈5000万年前《まんねんまえ》〉
クジラ類《るい》が海《うみ》に進《しん》出《しゅつ》し始《はじ》める ➡111

30日《にち》〈2300万年前《まんねんまえ》〉
草《そう》原《げん》が広《ひろ》がり
ウマのなかまが進《しん》化《か》 ➡108

類《るい》の登《とう》場《じょう》〉

地球《ちきゅう》が誕生《たんじょう》した46億年前《おくねんまえ》から現在《げんざい》までを1年間《ねんかん》（365日《にち》）におきかえたカレンダーです。人類《じんるい》は、12月《がつ》31日《にち》の夕方《ゆうがた》にようやく登場《とうじょう》します。

※1日《にち》が約《やく》1260万年《まんねん》、1分《ぶん》が約《やく》1万《まん》7500年《ねん》にあたります。

現在《げんざい》

原生代《げんせいだい》　古生代《こせいだい》　中生代《ちゅうせいだい》　新生代《しんせいだい》

7月

					1
3	4	5	6	7	8
0	11	12	13	14	15
7	18	19	20	21	22
4	25	26	27	28	29

8月

		1	2	3	4	5
6	7	8	9	10	11	12
13	14	15	16	17	18	19
20	21	22	23	24	25	26
27	28	29	30	31		

9月

					1	2
3	4	5	6	7	8	9
10	11	12	13	14	15	16
17	18	19	20	21	22	23
24	25	26	27	28	29	30

10月

1	2	3	4	5	6	7
8	9	10	11	12	13	14
15	16	17	18	19	20	21
22	23	24	25	26	27	28
29	30	31				

11月

			1	2	3	4
5	6	7	8	9	10	11
12	13	14	15	16	17	18
19	20	21	22	23	24	25
26	27	28	29	30		

12月

					1	2
3	4	5	6	7	8	9
10	11	12	13	14	15	16
17	18	19	20	21	22	23
24	25	26	27	28	29	30
31						

12月《がつ》31日《にち》〈700万《まん》～20万年前《まんねんまえ》〉

午後《ごご》5時《じ》20分《ぶん》

人類《じんるい》の誕生《たんじょう》➡114

午後《ごご》7時《じ》43分《ぶん》

ラミダス猿《えん》人《じん》が現《あらわ》れる➡120

午後《ごご》8時《じ》29分《ぶん》

アファール猿《えん》人《じん》が現《あらわ》れる➡121

午後《ごご》9時《じ》43分《ぶん》

原《げん》人《じん》が現《あらわ》れる➡122

午後《ごご》11時《じ》40分《ぶん》

ネアンデルタール人《じん》が現《あらわ》れる➡124

午後《ごご》11時《じ》48分《ぶん》

ホモ・サピエンスが現《あらわ》れる➡126

恐竜・ほ乳類➡80 白亜紀末の大量絶滅➡96

ほ乳類《にゅうるい》がさまざまに進化《しんか》する

ほ乳類《にゅうるい》の繁栄《はんえい》

現在《げんざい》のほ乳類《にゅうるい》は、陸地《りくち》、海《うみ》、空《そら》などのさまざまな環境《かんきょう》に適応《てきおう》して暮《く》らしています。このように栄《さか》えだしたのは、白亜紀末《はくあきまつ》に鳥以外《とりいがい》の恐竜《きょうりゅう》が絶滅《ぜつめつ》してからです。

恐竜《きょうりゅう》がいた環境《かんきょう》にほ乳類《にゅうるい》が広《ひろ》がる

恐竜《きょうりゅう》が栄《さか》えていた中生代《ちゅうせいだい》では、ほ乳類《にゅうるい》は夜行性《やこうせい》で体《からだ》が小《ち》さいものが多《おお》く、恐竜《きょうりゅう》におそわれないように暮《く》らしていた。しかし、白亜紀末《はくあきまつ》の大量絶滅《たいりょうぜつめつ》で恐竜《きょうりゅう》がいなくなると、それを生《い》きのびたほ乳類《にゅうるい》が、恐竜《きょうりゅう》が支配《しはい》していた場所《ばしょ》で暮《く》らし、食《た》べものを手《て》に入《い》れるようになった。新生代《しんせいだい》に現《あらわ》れたほ乳類《にゅうるい》のうち、多《おお》くは、子《こ》どもをおなかの中《なか》で育《そだ》てる「有胎盤類《ゆうたいばんるい》(➡104)」だった。

●フェナコドゥス
体長約《たいちょうやく》1.3m。植物食《しょくぶつしょく》。5900万《まん》～3800万《まん》年前《ねんまえ》。足《あし》に指《ゆび》が5本《ほん》あり、その先《さき》にひづめがあった。現在《げんざい》のウマの祖先《そせん》と考《かんが》えられている。

●ディアコデキシス
体長約《たいちょうやく》30～35cm。植物食《しょくぶつしょく》。5600万《まん》～4800万年前《まんねんまえ》。現在《げんざい》のシカやウシなどのなかま。低《ひく》い木《き》の葉《は》を食《た》べていた。

●ブルパブス
体長約《たいちょうやく》50cm。5600万《まん》～3800万《まん》年前《ねんまえ》。木《き》の上《うえ》のほ乳類《にゅうるい》をおそって食《た》べていたと考《かんが》えられている。現在《げんざい》のイヌやネコなどをふくむ食肉類《しょくにくるい》のなかま。

●プロディノケラス
体長約《たいちょうやく》2m。植物食《しょくぶつしょく》。5900万《まん》～4800万年前《まんねんまえ》。サイに似《に》た姿《すがた》で、長《なが》いきばがある植物食《しょくぶつしょく》の大型《おおがた》ほ乳類《にゅうるい》。

ほ乳類《にゅうるい》だけの特《とく》ちょう

わたしたちヒトもふくむほ乳類《にゅうるい》は、背骨《せぼね》をもつ脊椎動物《せきついどうぶつ》(➡58)のなかまだ。食《た》べたものから熱《ねつ》をつくり、体内《たいない》の温度《おんど》を一定《いってい》に保《たも》っている。ほ乳類《にゅうるい》という名前《なまえ》には「母乳《ぼにゅう》を飲《の》ませる」という意味《いみ》がある。

●体毛《たいもう》
クジラのなかま以外《いがい》は、体全体《からだぜんたい》に毛《け》が生《は》えている。

●皮《ひ》ふ腺《せん》
皮《ひ》ふの表面《ひょうめん》に、あせを出《だ》す汗腺《かんせん》(➡105)や脂肪《しぼう》を出《だ》す皮脂腺《ひしせん》がある。

●脳《のう》
ほかの脊椎動物《せきついどうぶつ》より、体《からだ》の大《おお》きさに対《たい》して脳《のう》が大《おお》きい。

●耳《みみ》
耳《みみ》の入《い》り口《ぐち》の周囲《しゅうい》を、「耳《じ》かく」という皮《ひ》ふのひだがとりまいている(単孔類《たんこうるい》にはないものがいる)。また、耳《みみ》の中《なか》に、音《おと》を伝《つた》えるための小《ちい》さい骨《ほね》が3つある(➡81)。

●母乳《ぼにゅう》
メスは母乳《ぼにゅう》を出《だ》して、生《う》まれた子《こ》どもを育《そだ》てる。

『小学館《しょうがくかん》の図鑑《ずかん》NEO《ネオ》[新版《しんばん》]動物《どうぶつ》』: 小学館《しょうがくかん》

完新世《かんしんせい》　現代《げんだい》

新第三紀《しんだいさんき》　第四紀《だいよんき》

漸新世《ぜんしんせい》　中新世《ちゅうしんせい》　鮮新世《せんしんせい》　更新世《こうしんせい》

●オニコニクテリス

体長約《たいちょうやく》10cm。虫食《ちゅうしょく》。5600万《まん》～4800万年前《まんねんまえ》。コウモリのなかま。現在《げんざい》のコウモリのように超音《ちょうおん》波《ぱ》を使《つか》って暗《くら》やみで飛《と》ぶためのしくみは、まだなかったと考《かんが》えられている。

●コリフォドン

体長約《たいちょうやく》2～2.5m。植物《しょくぶつ》食《しょく》の大型《おおがた》ほ乳類《にゅうるい》。5900万《まん》～4800万年前《まんねんまえ》。きばのような犬歯《けんし》で、水辺《みずべ》の植物《しょくぶつ》を掘《ほ》り起《お》こして食《た》べていたと考《かんが》えられている。

●ペラデクテス

体長約《たいちょうやく》15cm。雑食《ざっしょく》～虫食《ちゅうしょく》。白亜《はくあ》紀後期《きこうき》から生《い》きのびた、子《こ》どもを育《そだ》てるふくろがある有袋類《ゆうたいるい》で、始新世《ししんせい》中期《ちゅうき》までいた。木《き》の上《うえ》で暮《く》らしていたと考《かんが》えられている。

●オモミス

体長約《たいちょうやく》10cm。4800万《まん》～3800万年前《まんねんまえ》。霊長類《れいちょうるい》のなかま。夜行性《やこうせい》で、木《き》の上《うえ》にすみ、虫《むし》を食《た》べていたと考《かんが》えられている。

始新世《ししんせい》の地球《ちきゅう》の形《かたち》

大陸《たいりく》は現在《げんざい》の形《かたち》に近《ちか》づいた。日本列島《にほんれっとう》はアジア大陸《たいりく》の東《ひがし》のはしの一部《いちぶ》だった（➡139）。

トカゲのような クジラもいた

　中生代《ちゅうせいだい》の海《うみ》にすんでいた大型《おおがた》は虫類《ちゅうるい》（➡86）が絶滅《ぜつめつ》したあと、ほ乳類《にゅうるい》のクジラのなかまが現《あらわ》れ、水中生活《すいちゅうせいかつ》をするようになった。とくに体《からだ》が大《おお》きかったのがバシロサウルスだ。体《からだ》は流線形《りゅうせんけい》で、前足《まえあし》と後《うし》ろ足《あし》の骨《ほね》が短《みじか》くなり、泳《およ》ぐのに適《てき》した形《かたち》になった。19世紀《せいき》にアメリカで化石《かせき》が発見《はっけん》されたとき、体《からだ》に対《たい》して頭《あたま》が小《ちい》さかったので、巨大《きょだい》なは虫類《ちゅうるい》だと考《かんが》えられ、「王様《おうさま》トカゲ」という意味《いみ》の名前《なまえ》がつけられた。

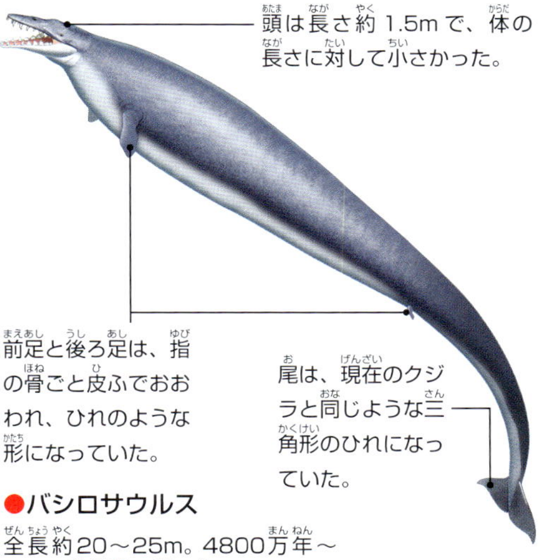

頭《あたま》は長《なが》さ約《やく》1.5mで、体《からだ》の長《なが》さに対《たい》して小《ちい》さかった。

前足《まえあし》と後《うし》ろ足《あし》は、指《ゆび》の骨《ほね》ごと皮《ひ》ふでおおわれ、ひれのような形《かたち》になっていた。

尾《お》は、現在《げんざい》のクジラと同《おな》じような三《さん》角形《かくけい》のひれになっていた。

●バシロサウルス

全長約《ぜんちょうやく》20～25m。4800万年《まんねん》～3400万年前《まんねんまえ》。魚《さかな》を食《た》べていた。

【形《かたち》がちがう歯《は》が生《は》えている】

ほ乳類《にゅうるい》には4種類《しゅるい》の歯《は》がある。食《た》べものによって、ウサギのように犬歯《けんし》が退化《たいか》したものや、ハクジラのように同《おな》じ形《かたち》の歯《は》しか生《は》えていないものもいる（➡111）。

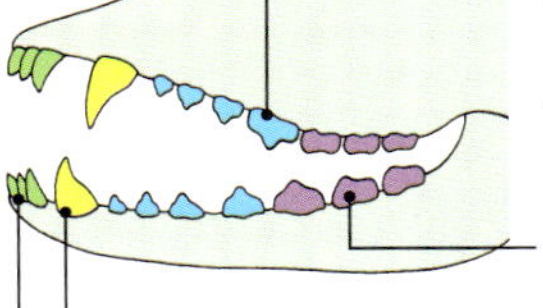

●切歯《せっし》（門歯《もんし》、前歯《まえば》）

食《た》べものをくわえたり、切《き》ったりする。

●犬歯《けんし》

歯《は》の先《さき》がとがり、食《た》べものをつきさす。

●前臼歯《ぜんきゅうし》（小臼歯《しょうきゅうし》）

横《よこ》から見《み》ると三角形《さんかくけい》、上《うえ》から見《み》ると葉《は》の形《かたち》。植物食《しょくぶつしょく》ほ乳類《にゅうるい》ではすりつぶす役割《やくわり》、肉食《にくしょく》ほ乳類《にゅうるい》では切《き》る役割《やくわり》がある。

●臼歯《きゅうし》（大臼歯《だいきゅうし》）

かむ面《めん》がでこぼこの四角《しかく》い箱《はこ》のような形《かたち》。植物食《しょくぶつしょく》ほ乳類《にゅうるい》ではすりつぶす役割《やくわり》があり、肉食《にくしょく》ほ乳《にゅう》類《るい》では退化《たいか》しているものが多《おお》い。

【呼吸《こきゅう》を助《たす》ける横隔膜《おうかくまく》がある】

横隔膜《おうかくまく》は胴《どう》と胸《むね》の間《あいだ》にある筋肉《きんにく》だ。横隔膜《おうかくまく》が縮《ちぢ》むと、胸《むね》の中《なか》と肺《はい》がふくらんで空気《くうき》が肺《はい》に入《はい》る。横隔膜《おうかくまく》がゆるむと、胸《むね》の中《なか》と肺《はい》が縮《ちぢ》んで空気《くうき》がおし出《だ》される。

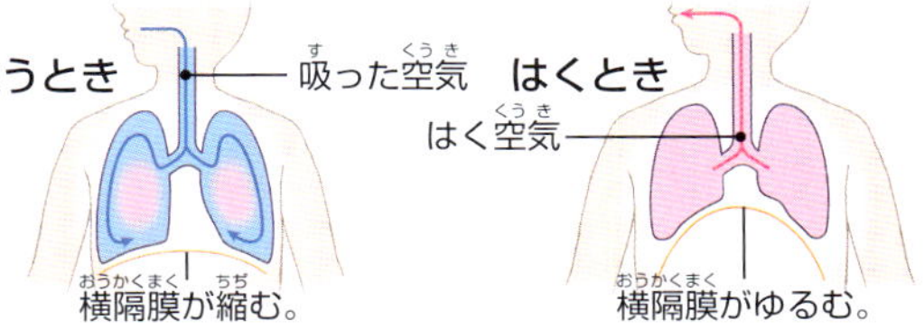

ほ乳類《にゅうるい》の歯《は》の数《かず》は種《しゅ》によってちがい、ヒトは切歯《せっし》8本《ぼん》、犬歯《けんし》4本《ほん》、前臼歯《ぜんきゅうし》8本《ぼん》、臼歯《きゅうし》8～12本《ほん》が生《は》えている。臼歯《きゅうし》だけが生《は》えかわらない。

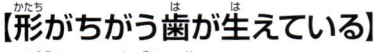

おなかの中《なか》で子《こ》どもを育《そだ》てる

現在《げんざい》のほ乳類《にゅうるい》の 9 割以上《わりいじょう》は、母親《ははおや》が子《こ》どもをおなかの中《なか》で育《そだ》てています。胎盤《たいばん》という器官《きかん》ができ、卵《たまご》より確実《かくじつ》に子《こ》どもを守《まも》れるようになりました。このようなほ乳類《にゅうるい》を「有胎盤類《ゆうたいばんるい》」とよびます。

おなかの中《なか》は安全《あんぜん》なゆりかご

子《こ》どもは、おとなに比《くら》べて弱《よわ》く、敵《てき》に食《た》べられたり、病気《びょうき》で死《し》んだりしやすい。そのため、未熟《みじゅく》な時期《じき》は母親《ははおや》の体内《たいない》で守《まも》られ、成長《せいちょう》してから産《う》まれてきたほうが、生《い》き残《のこ》る可能性《かのうせい》が高《たか》くなる。この方法《ほうほう》では、一度《いちど》に産《う》まれる子《こ》どもの数《かず》は少《すく》なくなるが、確実《かくじつ》に子孫《しそん》を残《のこ》すことができる。

母《はは》と子《こ》をつなぐ胎盤《たいばん》

胎児《たいじ》（おなかの中《なか》の子《こ》ども）は、胎盤《たいばん》を通《とお》して母親《ははおや》から酸素《さんそ》や栄養《えいよう》をもらう。反対《はんたい》に、胎児《たいじ》が出《だ》す老廃物《ろうはいぶつ》は胎盤《たいばん》を通《とお》して母親《ははおや》の血液《けつえき》に送《おく》られる。また、胎盤《たいばん》は、子宮《しきゅう》をやわらかくして大《おお》きくしたり、胎児《たいじ》に栄養《えいよう》を送《おく》って成長《せいちょう》をうながしたりするホルモン（体《からだ》のいろいろなはたらきを調整《ちょうせい》する物質《ぶっしつ》）を出《だ》している。

卵《たまご》には危険《きけん》がいっぱい

両生類《りょうせいるい》のカエルはたくさん卵《たまご》を産《う》むが、多《おお》くがほかの動物《どうぶつ》に食《た》べられ、おとなまで育《そだ》つ数《かず》は少《すく》ない。

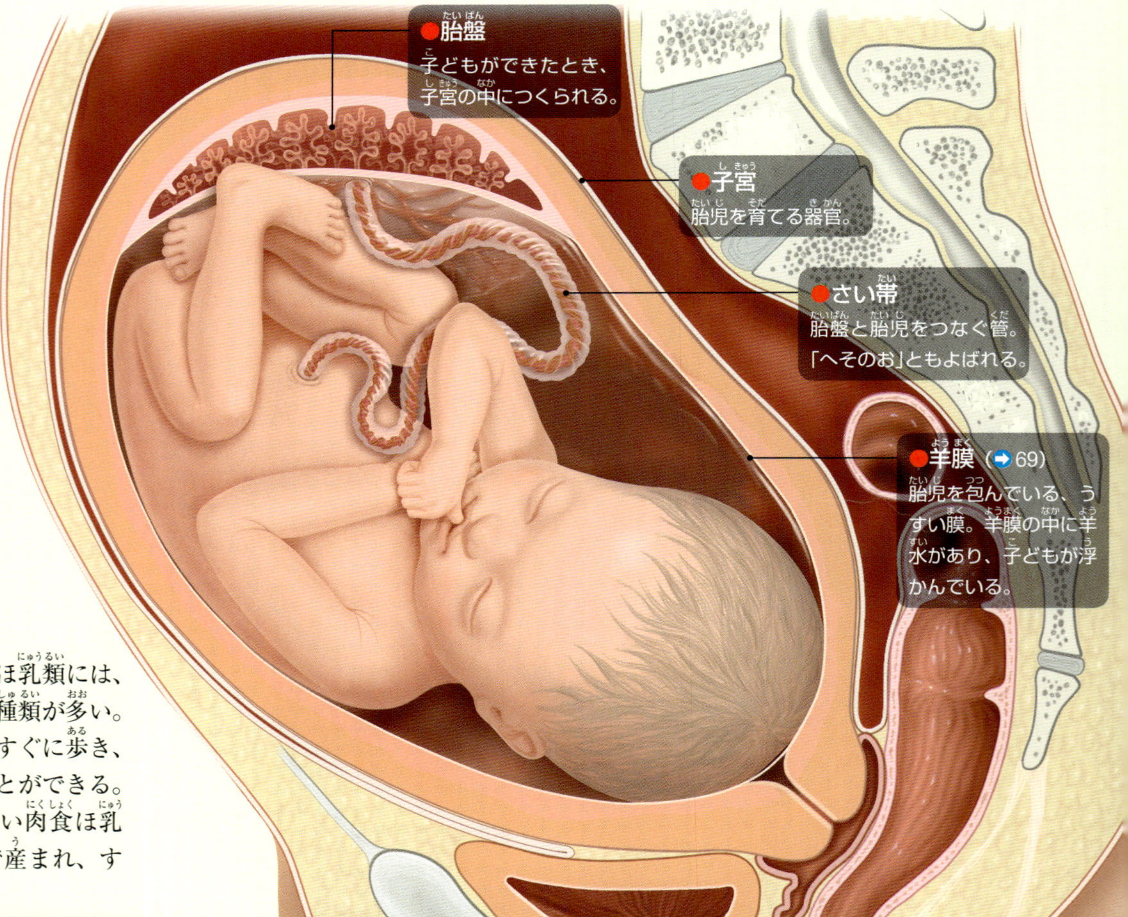
●胎盤《たいばん》
子《こ》どもができたとき、子宮《しきゅう》の中《なか》につくられる。
●子宮《しきゅう》
胎児《たいじ》を育《そだ》てる器官《きかん》。
●さい帯《たい》
胎盤《たいばん》と胎児《たいじ》をつなぐ管《くだ》。「へそのお」ともよばれる。
●羊膜《ようまく》（➡69）
胎児《たいじ》を包《つつ》んでいる、うすい膜《まく》。羊膜《ようまく》の中《なか》に羊《よう》水《すい》があり、子《こ》どもが浮《う》かんでいる。
妊娠後期《にんしんこうき》の母親《ははおや》の体内《たいない》。

大《おお》きな赤《あか》ちゃん 小《ちい》さな赤《あか》ちゃん

ウマやウシなど植物食《しょくぶつしょく》のほ乳類《にゅうるい》には、大《おお》きく育《そだ》った子《こ》どもを産《う》む種類《しゅるい》が多《おお》い。それらの子《こ》どもは生《う》まれてすぐに歩《ある》き、自分《じぶん》で捕食者《ほしょくしゃ》からにげることができる。それに比《くら》べると、敵《てき》が少《すく》ない肉食《にくしょく》ほ乳《にゅう》類《るい》の子《こ》どもは未熟《みじゅく》な状態《じょうたい》で産《う》まれ、すぐには歩《ある》けないことが多《おお》い。

植物食《しょくぶつしょく》のシマウマの赤《あか》ちゃんは、産《う》まれるとすぐに立《た》ち上《あ》がって、母親《ははおや》の乳《ちち》を飲《の》む。

肉食《にくしょく》のネコの赤《あか》ちゃんは、産《う》まれたときは目《め》が見《み》えず、手《て》さぐりで動《うご》いて母親《ははおや》の乳首《ちくび》に吸《す》いつく。

『小学館《しょうがくかん》の図鑑《ずかん》 NEO《ネオ》 人間《にんげん》』: 小学館《しょうがくかん》

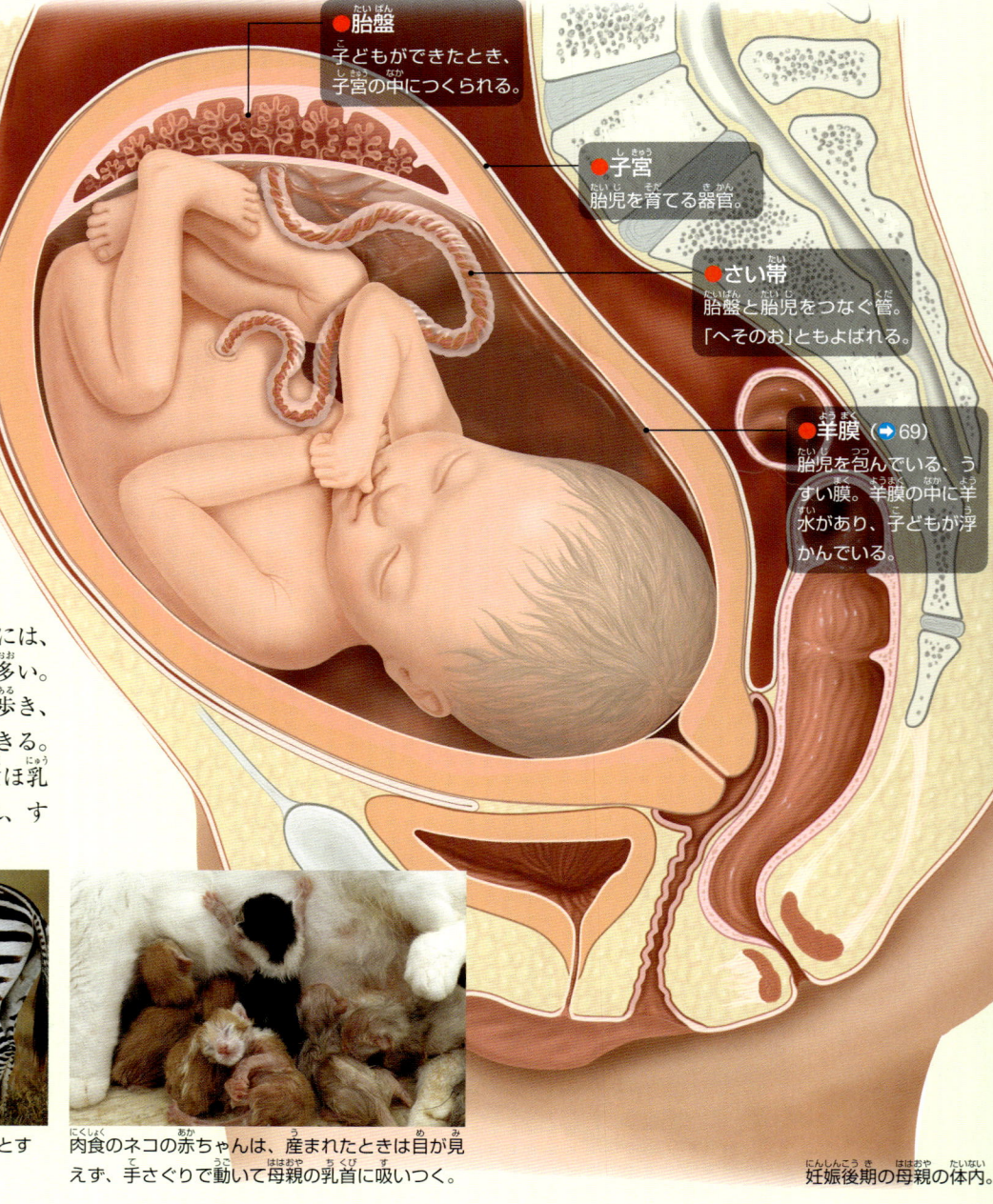

ほ乳類《にゅうるい》の子《こ》どもは母乳《ぼにゅう》で育《そだ》つ

ほ乳類《にゅうるい》の母親《ははおや》は、母乳《ぼにゅう》を出《だ》して子《こ》どもを育《そだ》てる。これは、は虫類《ちゅうるい》などほかの動物《どうぶつ》にはない特《とく》ちょうだ。母乳《ぼにゅう》は、母親《ははおや》が食《た》べたものからできており、子《こ》どもの成長《せいちょう》に必要《ひつよう》な、さまざまな栄養《えいよう》分《ぶん》がふくまれている。また、子《こ》どもが母乳《ぼにゅう》を飲《の》まなくなるまでは、親《おや》は食《た》べものを運《はこ》んでくる必要《ひつよう》がない。

母乳《ぼにゅう》を飲《の》むニホンザルの子《こ》ども。

【母乳《ぼにゅう》はあせが変化《へんか》したもの】

あせを出《だ》す「汗腺《かんせん》」はほ乳類《にゅうるい》だけにある。汗腺《かんせん》には、水分《すいぶん》の多《おお》いあせを出《だ》すエクリン腺《せん》と、脂肪《しぼう》などの老廃物《ろうはいぶつ》を出《だ》すアポクリン腺《せん》がある。母乳《ぼにゅう》を出《だ》す乳腺《にゅうせん》は、ほ乳類《にゅうるい》の進化《しんか》のなかで、アポクリン腺《せん》が変化《へんか》したものと考《かんが》えられている。

●ヒトの皮《ひ》ふ

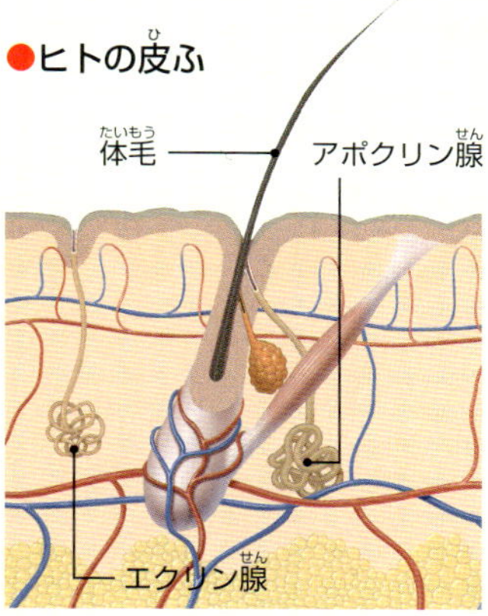

●ヒトの女性《じょせい》の乳房《にゅうぼう》

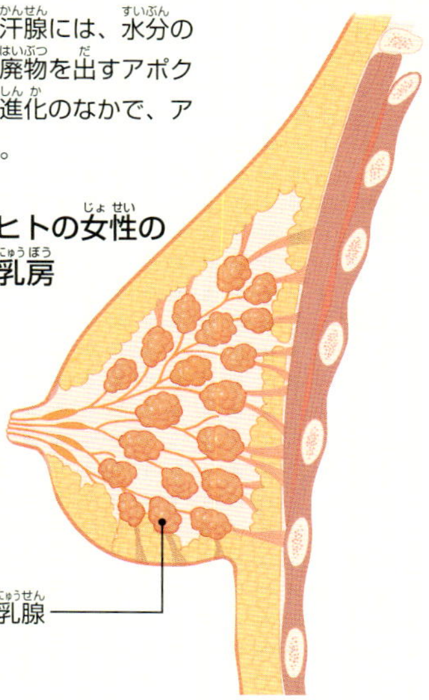

【母乳《ぼにゅう》の成分《せいぶん》は動物《どうぶつ》でちがう】

ヒトの母乳《ぼにゅう》100g には、脂《し》肪《ぼう》が約《やく》 3.8g、タンパク質《しつ》が約《やく》 1.2g、糖類《とうるい》が約《やく》 7g ふくまれている。それに対《たい》し、北《ほっ》極圏《きょくけん》にすむタテゴトアザラシの母乳《ぼにゅう》には脂肪《しぼう》が約《やく》 42.7g、タンパク質《しつ》が約《やく》 10g ふくまれ、糖類《とうるい》はない。これは、早《はや》く子《こ》どもの体《からだ》に皮下脂肪《ひかしぼう》をつけさせて、寒《さむ》さから守《まも》るためと考《かんが》えられている。

母乳《ぼにゅう》を飲《の》むタテゴトアザラシの子《こ》ども。

「ミルク」で育《そだ》つハト

鳥《とり》は、親鳥《おやどり》が巣《す》の外《そと》で食《た》べものを得《え》て運《はこ》んでくるが、手《て》に入《はい》りにくかったり、親鳥《おやどり》が留守《るす》のあいだにひなが敵《てき》におそわれたりすることがある。ところがハトのなかまは、ひなが小《ちい》さいうちは、「ピジョンミルク」というミルクで育《そだ》てる。ミルクは、嗉《そ》のうという消化器官《しょうかきかん》の細《さい》胞《ぼう》がはがれたものでできており、オスもメスもひなにあたえることができる。ひなの成長《せいちょう》に必要《ひつよう》なタンパク質《しつ》が多《おお》くふくまれているので、食《た》べものが少《すく》ない季《き》節《せつ》でも子育《こそだ》てができ、より多《おお》くの子孫《しそん》を増《ふ》やせる。

ひなにミルクをあたえるキジバト。

子《こ》どもの産《う》み方《かた》の進化《しんか》

約《やく》2億《おく》3000万年前《まんねんまえ》に地球《ちきゅう》に現《あらわ》れた原始的《げんしてき》なほ乳《にゅう》類《るい》（➡80）は、卵《たまご》を産《う》んでいたと考《かんが》えられている。やがて、卵《たまご》を産《う》んで子《こ》どもを母乳《ぼにゅう》で育《そだ》てる単孔類《たんこうるい》が現《あらわ》れた。次《つぎ》に、胎盤《たいばん》が未熟《みじゅく》な有袋類《ゆうたいるい》と、発達《はったつ》した胎《たい》盤《ばん》がある有胎盤類《ゆうたいばんるい》が現《あらわ》れた。今《いま》のほ乳類《にゅうるい》は、このような子《こ》どもの産《う》み方《かた》のちがいで分類《ぶんるい》されている。

●原始的《げんしてき》なほ乳類《にゅうるい》
メガゾストロドンなどは、卵《たまご》を産《う》んだと考《かんが》えられている。だが、母乳《ぼにゅう》をあたえていたかどうかはわからない。

●単孔類《たんこうるい》

カモノハシは胎盤《たいばん》がなく、卵《たまご》を産《う》む。子《こ》どもは、母親《ははおや》の乳腺《にゅうせん》からにじみ出《で》る母乳《ぼにゅう》を飲《の》んで育《そだ》つ。ほかにハリモグラも単孔類《たんこうるい》だ。

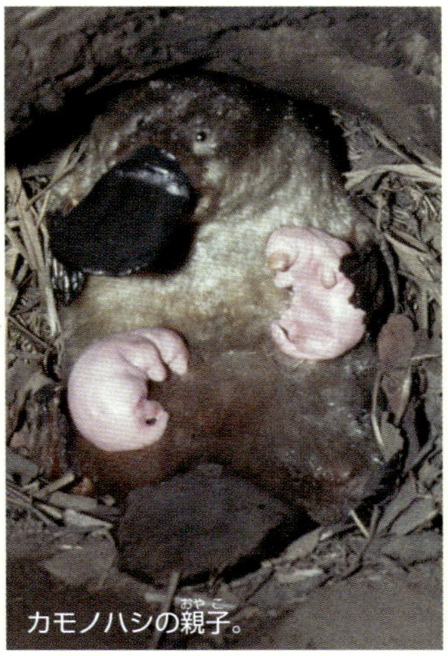
カモノハシの親子《おやこ》。

●有袋類《ゆうたいるい》

カンガルーは胎盤《たいばん》が発達《はったつ》しないので、子宮内《しきゅうない》で胎児《たいじ》を育《そだ》てられない。そのため、子《こ》どもは、体重《たいじゅう》 1g くらいのときに母親《ははおや》の体内《たいない》から出《で》て、母親《ははおや》のおなかのふくろに入《はい》り、すぐに乳首《ちくび》をくわえる。

子《こ》どもは大《おお》きくなるまで、ふくろの中《なか》で母乳《ぼにゅう》を飲《の》みながら何《なん》か月《げつ》も育《そだ》つ。コアラやウォンバットなども有袋類《ゆうたいるい》だ。

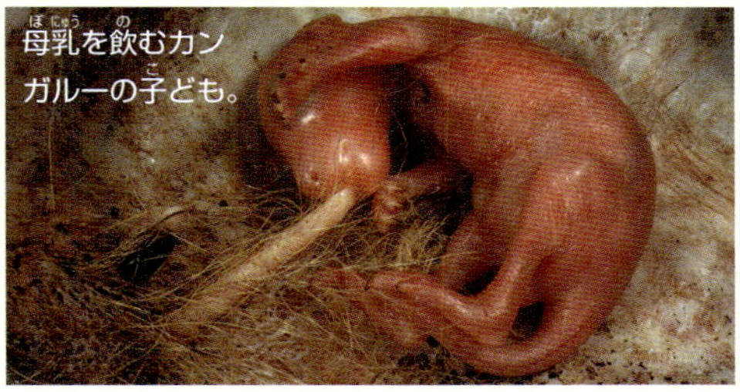
母乳《ぼにゅう》を飲《の》むカンガルーの子《こ》ども。

サメには、おなかの中《なか》で卵《たまご》をかえしてから子《こ》どもを産《う》む種類《しゅるい》がいる。胎児《たいじ》は最初《さいしょ》は卵黄《らんおう》で育《そだ》ち、とちゅうで胎盤《たいばん》のようなものができて栄養《えいよう》をもらう。

ヒトの進化➡114

リスのような姿《すがた》だった最《さい》初《しょ》のサル

霊長類《れいちょうるい》 わたしたちヒトをふくめたサルのなかまを、霊長類《れいちょうるい》といいます。最《もっと》も古《ふる》い霊長類《れいちょうるい》は新生代《しんせいだい》の暁新世《ぎょうしんせい》に現《あらわ》れ、始新世《ししんせい》になると現在《げんざい》のサルの祖先《そせん》が登場《とうじょう》しました。

●プレジアダピス
体長約《たいちょうやく》50cm。最《もっと》も原始的《げんしてき》な霊長《れいちょう》類《るい》のなかまで、手足《てあし》と尾《お》が長《なが》い。歯《は》の形《かたち》や並《なら》び方《かた》から、大型《おおがた》のリスのように、木《き》の実《み》や樹液《じゅえき》、みつなどを食《た》べていたと考《かんが》えられている。

大《おお》きな脳《のう》
霊長類《れいちょうるい》は体《からだ》のわりに大《おお》きな脳《のう》をもつ。食《た》べものがとれる場《ば》所《しょ》や時季《じき》を正確《せいかく》に覚《おぼ》えたり、目《め》に入《はい》ってきた情報《じょうほう》を処理《しょり》したりするため、だんだん脳《のう》が大《おお》きくなったと考《かんが》えられる。

正面《しょうめん》を向《む》いた目《め》
霊長類《れいちょうるい》の目《め》は前《まえ》を向《む》いて並《なら》んでいるため、枝《えだ》から枝《えだ》へ飛《と》び移《うつ》るとき、きょりを正確《せいかく》に測《はか》ることができる。

片手《かたて》でものをつかめる
霊長類《れいちょうるい》の手足《てあし》は、親指《おやゆび》がほかの指《ゆび》と向《む》き合《あ》っている。また、かぎづめではない平《ひら》たいつめを少《すく》なくとも1つもつ。木《き》の枝《えだ》や食《た》べものを片手《かたて》でつかむことができ、樹上《じゅじょう》で暮《く》らすのに便利《べんり》だ。

●テイルハルディナ
体長約《たいちょうやく》10cm。オモミス類《るい》という、メガネザルや進化《しんか》が進《すす》んだ「真猿類《しんえんるい》」の祖先《そせん》で、大《おお》きな目《め》をもつ。

●ノタルクトゥス
体長《たいちょう》40～50cm。アダピス類《るい》というキツネザルの祖先《そせん》で、脳《のう》は小《ちい》さいが現在《げんざい》のキツネザルとよく似《に》た骨格《こっかく》をしている。

温暖《おんだん》な森《もり》で暮《く》らすサルたち

暁新世《ぎょうしんせい》（6600万《まん》～5600万年前《まんねんまえ》）から始新世《ししんせい》（5600万《まん》～3400万年前《まんねんまえ》）にかけては地球全体《ちきゅうぜんたい》が暖《あたた》かい気候《きこう》だった。霊長類《れいちょうるい》がすむ北《きた》アメリカやヨーロッパには、現《げん》代《だい》の熱帯雨林《ねったいうりん》（➡176）に見《み》られるような植物《しょくぶつ》が生《は》え、森《もり》をつくっていた。霊長類《れいちょうるい》は木《き》の上《うえ》で、昆虫《こんちゅう》や木《き》の実《み》などを食《た》べていた。

！ 樹上生活《じゅじょうせいかつ》に便利《べんり》な目《め》

進化《しんか》したサルは、目《め》の性能《せいのう》がさらによくなり、より正確《せいかく》にきょりを測《はか》ったり、ほかのほ乳類《にゅうるい》に比《くら》べて多《おお》くの色《いろ》を見分《みわ》けたりすることができるようになった。

【ぶれない視界《しかい》】

キツネザルなど原始的《げんしてき》なサルは、眼球《がんきゅう》を囲《かこ》む骨《ほね》がとぎれている部分《ぶぶん》がある。ものを食《た》べると、あごの筋肉《きんにく》の動《うご》きによって眼球《がんきゅう》が動《うご》いてしまう。

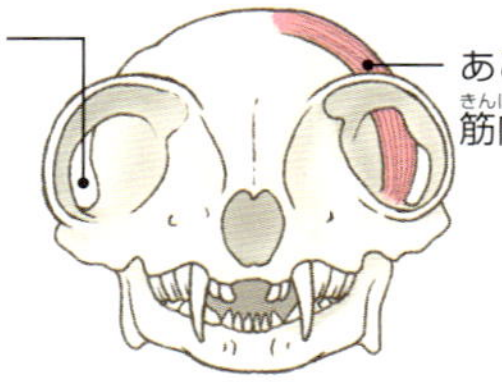

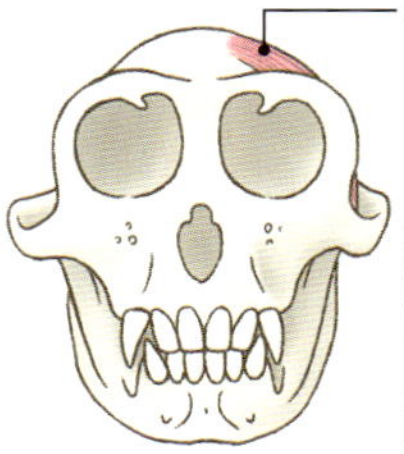

ニホンザルなどの真猿《しんえん》類《るい》は、眼球《がんきゅう》のまわりを骨《ほね》が囲《かこ》んでいるため、あごの筋肉《きんにく》の動《うご》きが眼《がん》球《きゅう》に伝《つた》わらない。木《き》の上《うえ》でものを食《た》べながらでも視界《しかい》がぶれず、動《うご》き回《まわ》りやすくなった。

【さまざまな色《いろ》を見分《みわ》ける】

多《おお》くのほ乳類《にゅうるい》は、色《いろ》を感《かん》じる細胞《さいぼう》（錐体《すいたい》）を2種類《しゅるい》しかもたない。中生代《ちゅうせいだい》に登場《とうじょう》したときは4種類《しゅるい》の錐体《すいたい》をもっていたが、夜行性《やこうせい》の暮《く》らしをしているうちに2つ失《うしな》ったのだ。しかし旧世界《きゅうせかい》ザル（ニホンザルなど）は3つの錐体《すいたい》をもつようになり、旧世界《きゅうせかい》ザルと同《おな》じ祖先《そせん》をもつヒトも、さまざまな色《いろ》を見分《みわ》けることができる。

錐体《すいたい》が2種類《しゅるい》の場合《ばあい》の見《み》え方《かた》。

錐体《すいたい》が3種類《しゅるい》あると赤《あか》と緑《みどり》のちがいがわかるので、熟《じゅく》した木《き》の実《み》を見《み》つけやすい。

『どうぶつのからだ⑤　どうぶつの手《て》と足《あし》』：偕成社《かいせいしゃ》

漸新世《ぜんしんせい》　中新世《ちゅうしんせい》　鮮新世《せんしんせい》　更新世《こうしんせい》　完新世《かんしんせい》　現代《げんだい》
新第三紀《しんだいさんき》　第四紀《だいよんき》

●パラミス
体長《たいちょう》45～60cm。歯《は》の特《とく》ちょうなどから原始的《げんしてき》なリスのなかまとされる。リスのなかまはサルとちがい、食《た》べるものを両方《りょうほう》の前足《まえあし》でつかむ。

【木《き》の上《うえ》で暮《く》らしていたほかのほ乳類《にゅうるい》】

●クリアクス
体長約《たいちょうやく》50cm。始新世《ししんせい》で絶滅《ぜつめつ》した、顆節類《かせつるい》というグループの動《どう》物《ぶつ》。かぎづめを使《つか》って木《き》に登《のぼ》り、木《こ》の葉《は》を食《た》べていた。

サルの系統《けいとう》

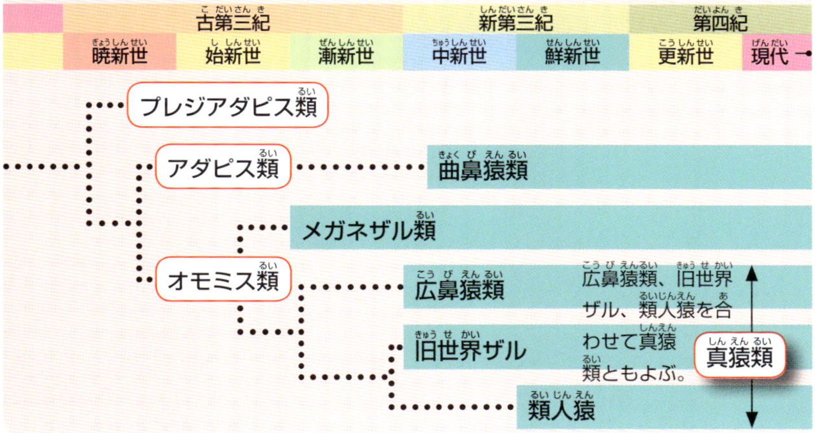

古第三紀《こだいさんき》
新第三紀《しんだいさんき》
第四紀《だいよんき》
暁新世《ぎょうしんせい》
始新世《ししんせい》
漸新世《ぜんしんせい》
中新世《ちゅうしんせい》
鮮新世《せんしんせい》
更新世《こうしんせい》
現代《げんだい》
プレジアダピス類《るい》
アダピス類《るい》
曲鼻猿類《きょくびえんるい》
メガネザル類《るい》
オモミス類《るい》
広鼻猿類《こうびえんるい》
旧世界《きゅうせかい》ザル
類人猿《るいじんえん》
広鼻猿類《こうびえんるい》、旧世界《きゅうせかい》ザル、類人猿《るいじんえん》を合《あ》わせて真猿《しんえん》類《るい》ともよぶ。
真猿類《しんえんるい》

現在《げんざい》のサルたち

霊長類《れいちょうるい》は現在《げんざい》、熱帯《ねったい》の森《もり》を中心《ちゅうしん》に約《やく》350種《しゅ》いる。メガネザル類《るい》と真猿類《しんえんるい》をまとめて直鼻猿類《ちょくびえんるい》ともよぶ。

ワオキツネザル

●キツネザル、ロリスなど（曲鼻猿類《きょくびえんるい》）

アフリカやアジアにすむ原始的《げんしてき》ななかま。鼻《はな》の内部《ないぶ》が曲《ま》がっているためこうよばれる。鼻先《はなさき》がしめっていて、においでなかまとのコミュニケーションをとる。夜行性《やこうせい》の種《しゅ》も多《おお》い。

ヒガシメガネザル

●メガネザル類《るい》

東南《とうなん》アジアにすむ。夜行性《やこうせい》で目《め》がとても大《おお》きい。聴覚《ちょうかく》もすぐれていて、音《おと》をたよりに獲物《えもの》の昆《こん》虫《ちゅう》をとらえる。

ノドジロオマキザル

●マーモセット、オマキザルなど（広鼻猿類《こうびえんるい》）

中央《ちゅうおう》・南《みなみ》アメリカの森林《しんりん》にすみ、においや声《こえ》を使《つか》ってなかまとのコミュニケーションをとる。昼《ひる》間活動《まかつどう》し、木《き》の実《み》や葉《は》、樹液《じゅえき》、昆虫《こんちゅう》などを食《た》べる雑食性《ざっしょくせい》。

アビシニアコロブス

●オナガザル、コロブスなど（旧世界《きゅうせかい》ザル）

アジアやアフリカに広《ひろ》く分布《ぶんぷ》する。森《もり》に暮《く》らす種《しゅ》もいれば、サバナのような開《ひら》けた環境《かんきょう》にすむ種《しゅ》もいる。雑食性《ざっしょくせい》のオナガザル類《るい》と、木《こ》の葉《は》を食《た》べるコロブス類《るい》に大《おお》きく分《わ》かれる。

オランウータン

●テナガザル、オランウータンなど（類人猿《るいじんえん》）

ヒトをふくむなかまで、尾《お》がない。アジアやアフリカの熱帯林《ねったいりん》にすみ、木《き》の実《み》や葉《は》をおもに食《た》べる。小型類人猿《こがたるいじんえん》（テナガザル類《るい》）と大型類人猿《おおがたるいじんえん》（チンパンジー、ゴリラ、オランウータンなど）に分《わ》かれる。

北《きた》アメリカは霊長類《れいちょうるい》の祖先《そせん》が現《あらわ》れた場所《ばしょ》だが、漸新世末《ぜんしんせいまつ》から霊長類《れいちょうるい》がいなくなった。気候《きこう》が寒《さむ》くなり乾燥化《かんそうか》したためと考《かんが》えられる。

共進化→92

古第三紀《こだいさんき》
暁新世《ぎょうしんせい》 始新世《ししんせい》

草原《そうげん》とともに進化《しんか》したウマ

ウマの進化《しんか》　中新世《ちゅうしんせい》（2300万《まん》～ 530万年前《まんねんまえ》）に入《はい》ると森《もり》が減《へ》って、イネのなかまの草《くさ》を中心《ちゅうしん》とした草原《そうげん》が広《ひろ》がりました。ウマは草原《そうげん》での暮《く》らしに合《あ》った体《からだ》に進化《しんか》していきました。

初期《しょき》のウマは小《ちい》さかった

ウマのなかまは始新世《ししんせい》（5600万《まん》～ 3400万年前《まんねんまえ》）前期《ぜんき》に登場《とうじょう》し、時代《じだい》が進《すす》むにつれて体《からだ》が大《おお》きくなっていった。初期《しょき》のウマは森《もり》の中《なか》で暮《く》らし、やわらかい木《こ》の葉《は》や果実《かじつ》を食《た》べていた。

●ヒラコテリウム
肩高《けんこう》（地面《じめん》から肩《かた》までの高《たか》さ）40 ～ 50cmで、柴犬《しばいぬ》よりやや大《おお》きいくらい。最《もっと》も古《ふる》いウマのなかまで、始新世前期《ししんせいぜんき》の北《きた》アメリカやヨーロッパにすんでいた。

●ブロントテリウム
肩高約《けんこうやく》 2.5m。ウマやサイのなかまだが、始新世《ししんせい》末《まつ》に絶滅《ぜつめつ》した。やわらかい木《こ》の葉《は》や水草《みずくさ》を食《た》べていたと考《かんが》えられている。

●メソヒップス
肩高《けんこう》 60 ～ 70cm。始新世中期《ししんせいちゅうき》から漸新世《ぜんしんせい》（3400万《まん》～ 2300万年前《まんねんまえ》）前期《ぜんき》の北《きた》アメリカにすみ、木《こ》の葉《は》を食《た》べていた。

【進化《しんか》とともに減《へ》った指《ゆび》の数《かず》】
前足《まえあし》の指《ゆび》は４本《ほん》。指先《ゆびさき》に小《ちい》さなひづめがあった。後《うし》ろ足《あし》の指《ゆび》は３本《ほん》。

前足《まえあし》と後《うし》ろ足《あし》の指《ゆび》は３本《ほん》。真《ま》ん中《なか》の指《ゆび》が太《ふと》く、長《なが》くなった。

草《くさ》を食《た》べられるようになったウマ

中新世《ちゅうしんせい》には気候《きこう》の寒冷化《かんれいか》と乾燥化《かんそうか》が進《すす》んで、草原《そうげん》が広《ひろ》がった。草原《そうげん》に多《おお》いイネのなかまの葉《は》や茎《くき》には、ガラスに似《に》た物質《ぶっしつ》がふくまれていて、ふつうの動物《どうぶつ》が食《た》べると歯《は》がすり減《へ》ってしまう。しかし中新世《ちゅうしんせい》のウマは、かたく大《おお》きな歯《は》をもつことで、草原《そうげん》に生《は》えている草《くさ》を主食《しゅしょく》にできるようになった。

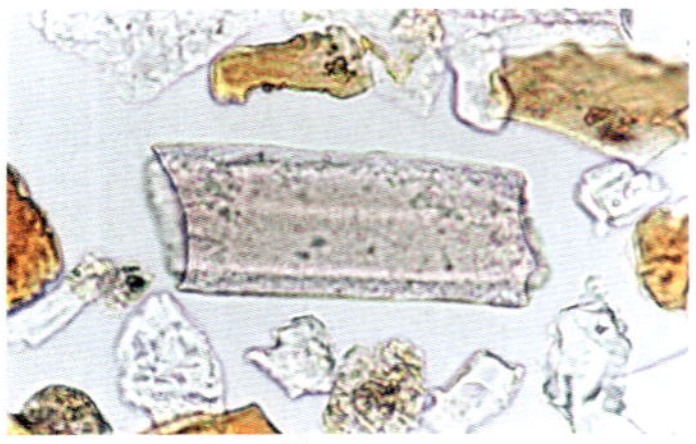

イネのなかまの茎《くき》にふくまれる、ガラスに似《に》た物質《ぶっしつ》の顕微鏡写真《けんびきょうしゃしん》。とてもかたい。

エノコログサ（写真《しゃしん》）やススキなど、イネのなかまには身近《みぢか》な草《くさ》が多《おお》い。

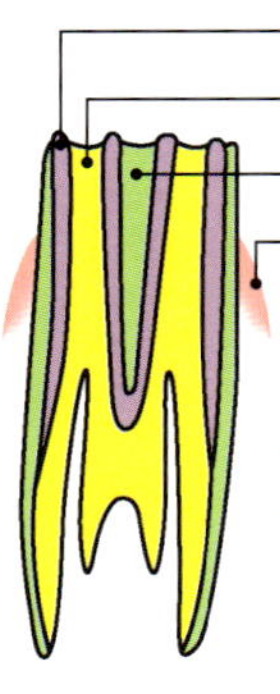
エナメル質《しつ》（体《からだ》のなかで最《もっと》もかたい）
ぞうげ質《しつ》（骨《ほね》よりもかたい）
セメント質《しつ》
歯《は》ぐき

ウマの歯《は》
エナメル質《しつ》という、とてもかたい部分《ぶぶん》が奥《おく》のほうまである。歯《は》がすり減《へ》りにくいだけでなく大《おお》きいので、とても長《なが》もちする。

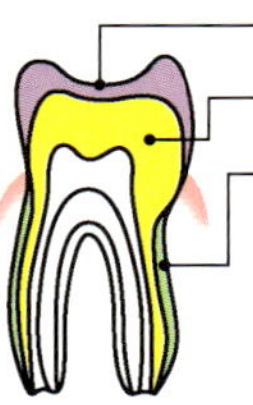
エナメル質《しつ》
ぞうげ質《しつ》
セメント質《しつ》

ヒトの歯《は》
エナメル質《しつ》が、歯《は》の表面《ひょうめん》だけにある。

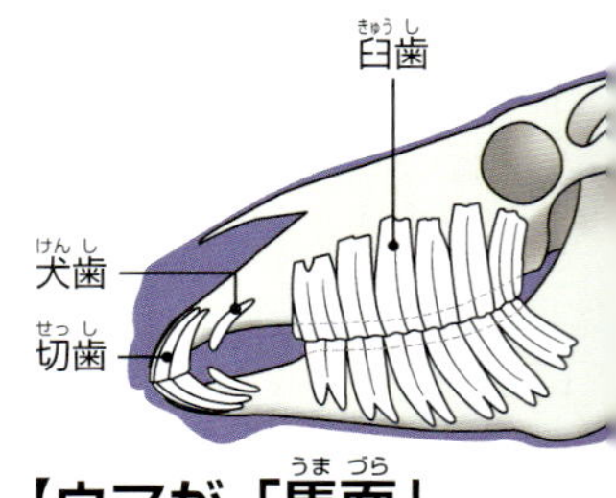
臼歯《きゅうし》
犬歯《けんし》
切歯《せっし》

【ウマが「馬面《うまづら》」なのは歯《は》のせい】
ウマの臼歯《きゅうし》は、あごの骨《ほね》にうまっている部分《ぶぶん》もふくめると６～８cmもあり、年《とし》をとってものび続《つづ》ける。ウマの顔《かお》が長《なが》いのは、大《おお》きな歯《は》が並《なら》んでいるためだ。

『進化《しんか》がわかる動物図鑑《どうぶつずかん》　ウマ・サイ・キリン・シカ・ウシ』: ほるぷ出版《しゅっぱん》

草原《そうげん》を走《はし》るウマ

中新世《ちゅうしんせい》になると、ウマのなかまは足《あし》が長《なが》くなり、速《はや》く走《はし》れる体《からだ》に進化《しんか》した。敵《てき》から身《み》をかくす場所《ばしょ》が少《すく》ない草原《そうげん》では、にげ足《あし》が速《はや》いほうが生《い》き残《のこ》るのに有利《ゆうり》だ。

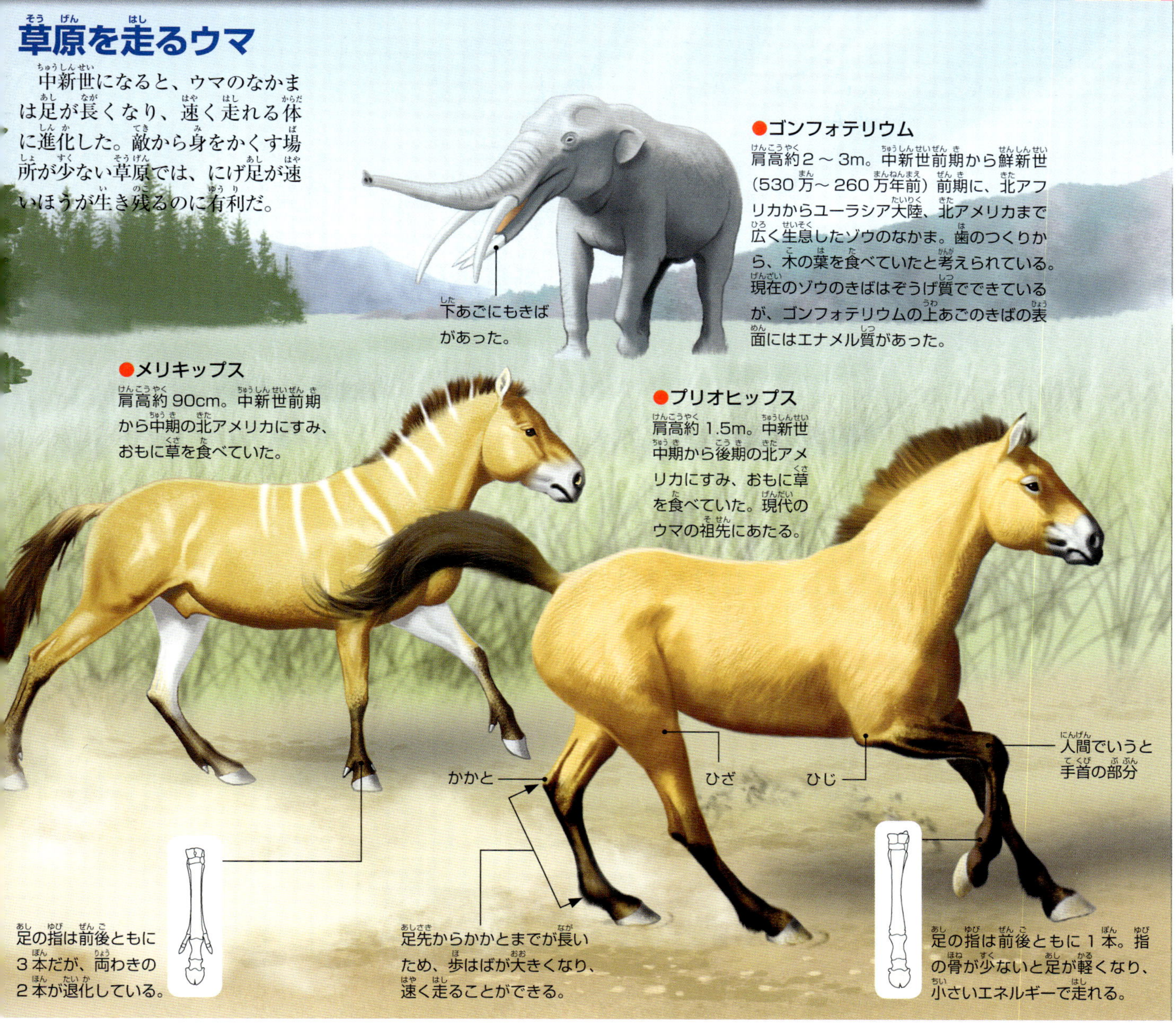
下《した》あごにもきばがあった。
かかと
ひざ
ひじ
人間《にんげん》でいうと手首《てくび》の部分《ぶぶん》
足《あし》の指《ゆび》は前後《ぜんご》ともに3本《ぼん》だが、両《りょう》わきの2本《ほん》が退化《たいか》している。
足先《あしさき》からかかとまでが長《なが》いため、歩《ほ》はばが大《おお》きくなり、速《はや》く走《はし》ることができる。
足《あし》の指《ゆび》は前後《ぜんご》ともに1本《ぽん》。指《ゆび》の骨《ほね》が少《すく》ないと足《あし》が軽《かる》くなり、小《ちい》さいエネルギーで走《はし》れる。

●ゴンフォテリウム
肩高約《けんこうやく》2～3m。中新世前期《ちゅうしんせいぜんき》から鮮新世《せんしんせい》（530万《まん》～260万年前《まんねんまえ》）前期《ぜんき》に、北《きた》アフリカからユーラシア大陸《たいりく》、北《きた》アメリカまで広《ひろ》く生息《せいそく》したゾウのなかま。歯《は》のつくりから、木《こ》の葉《は》を食《た》べていたと考《かんが》えられている。現在《げんざい》のゾウのきばはぞうげ質《しつ》でできているが、ゴンフォテリウムの上《うわ》あごのきばの表面《ひょうめん》にはエナメル質《しつ》があった。

●メリキップス
肩高約《けんこうやく》90cm。中新世前期《ちゅうしんせいぜんき》から中期《ちゅうき》の北《きた》アメリカにすみ、おもに草《くさ》を食《た》べていた。

●プリオヒップス
肩高約《けんこうやく》1.5m。中新世《ちゅうしんせい》中期《ちゅうき》から後期《こうき》の北《きた》アメリカにすみ、おもに草《くさ》を食《た》べていた。現代《げんだい》のウマの祖先《そせん》にあたる。

ゾウの歯《は》はすり減《へ》ると生《は》えかわる

現代《げんだい》のゾウの臼歯《きゅうし》はとても大《おお》きく、上下左右《じょうげさゆう》のあごに1本《ぽん》（または2本《ほん》）ずつ生《は》えている。エナメル質《しつ》が歯《は》の奥《おく》のほうまであり、かたい草《くさ》でも食《た》べられる。

また、多《おお》くのほ乳類《にゅうるい》では、乳臼歯《にゅうきゅうし》の下《した》から臼歯《きゅうし》が生《は》えてきて、その臼歯《きゅうし》を一生《いっしょう》使《つか》うが、ゾウの臼歯《きゅうし》は第《だい》3臼歯《きゅうし》まであり、すり減《へ》ると奥《おく》から新《あたら》しい歯《は》が出《で》てくるしくみになっている。

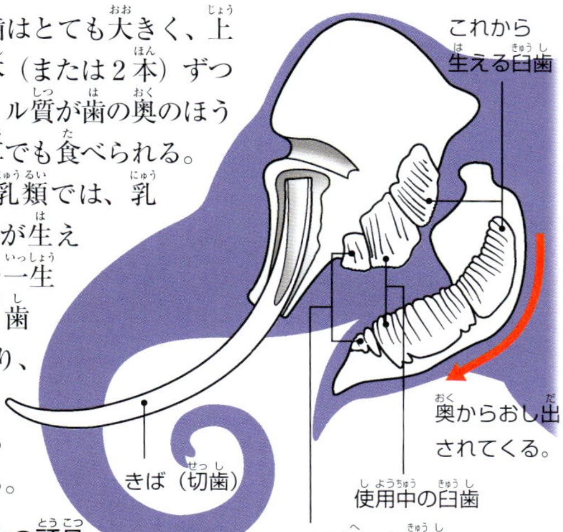
これから生《は》える臼歯《きゅうし》
奥《おく》からおし出《だ》されてくる。
きば（切歯《せっし》）
使用中《しようちゅう》の臼歯《きゅうし》
すり減《へ》った臼歯《きゅうし》
現代《げんだい》のゾウの頭骨《とうこつ》

【歯《は》が生《は》えかわるしくみ】

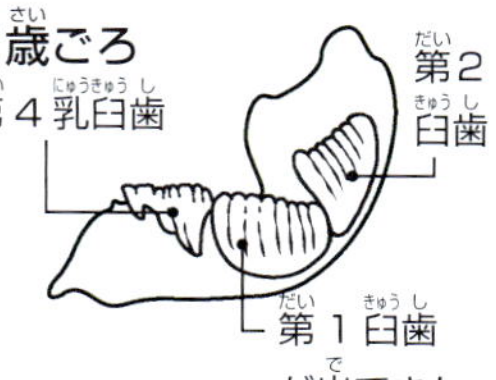
7歳《さい》ごろ
第《だい》4乳臼歯《にゅうきゅうし》
第《だい》2臼歯《きゅうし》
第《だい》1臼歯《きゅうし》が出《で》てきた。

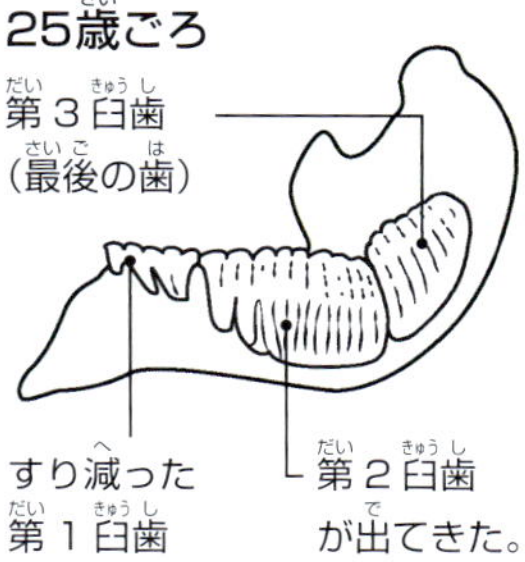
25歳《さい》ごろ
第《だい》3臼歯《きゅうし》（最後《さいご》の歯《は》）
すり減《へ》った第《だい》1臼歯《きゅうし》
第《だい》2臼歯《きゅうし》が出《で》てきた。

ゴンフォテリウムの頭骨《とうこつ》
歯《は》は、現代《げんだい》のゾウのようにななめ後《うし》ろから生《は》えかわるのではなく、下《した》から生《は》えてくる。エナメル質《しつ》は歯《は》の表面《ひょうめん》だけにある。

イネのなかまは、成長《せいちょう》する部分《ぶぶん》が根元《ねもと》のほうにある。そのため、ウマやウシなどの草食動物《そうしょくどうぶつ》に葉《は》を食《た》べられても、すぐに生長《せいちょう》することができる。

翼竜と海生は虫類➡86

海《うみ》に進出《しんしゅつ》したほ乳類《にゅうるい》

海生《かいせい》ほ乳類《にゅうるい》

白亜紀末《はくあきまつ》の大絶滅《だいぜつめつ》で、それまで海《うみ》の生態系《せいたいけい》の頂点《ちょうてん》にいた首長竜《くびながりゅう》やモササウルスなどのは虫類《ちゅうるい》がいなくなりました。ほ乳類《にゅうるい》は、その「空白地帯《くうはくちたい》」にも進出《しんしゅつ》しました。

陸《りく》から海《うみ》へ

水中生活《すいちゅうせいかつ》をするほ乳類《にゅうるい》といえば、クジラやアザラシが有名《ゆうめい》だ。しかし中新世《ちゅうしんせい》の海《うみ》には、ふしぎな姿《すがた》のほ乳類《にゅうるい》がいた。

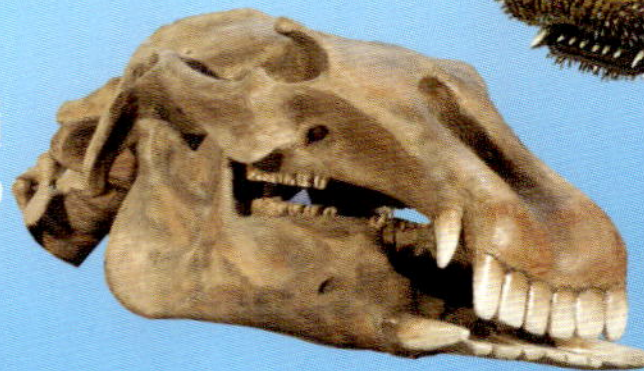

パレオパラドキシアの頭《とう》骨《こつ》。下《した》あごの切歯《せっし》（➡103）が前《まえ》に出《で》ている。

●パレオパラドキシア

全長《ぜんちょう》2～3m。デスモスチルスより岸《きし》に近《ちか》いところで暮《く》らしていたと考《かんが》えられている束柱類《そくちゅうるい》。なにを食《た》べていたのかなど、生態《せいたい》はよくわかっていない。

●デスモスチルス

全長約《ぜんちょうやく》2.5m。海水《かいすい》と淡水《たんすい》が混《ま》じり合《あ》う内湾《ないわん》で、底《そこ》にすむ無脊椎動物《むせきついどうぶつ》などを吸《す》いこむようにして食《た》べていたといわれる。

デスモスチルスの頭骨《とうこつ》。切歯《せっし》が退化《たいか》している。

【歯《は》の形《かたち》が独特《どくとく》な束柱類《そくちゅうるい》】

束柱類《そくちゅうるい》とは当時《とうじ》の北太平洋《きたたいへいよう》にいたほ乳類《にゅうるい》で、日本《にほん》や北《きた》アメリカで化石《かせき》が見《み》つかる。漸新世《ぜんしんせい》に現《あらわ》れ、中新世《ちゅうしんせい》に絶滅《ぜつめつ》した。

●デスモスチルスの臼歯《きゅうし》

円柱《えんちゅう》をたばねたような形《かたち》の歯《は》が特《とく》ちょうで、このことから「束柱類《そくちゅうるい》」とよばれる。

海《うみ》で暮《く》らすと体《からだ》のつくりも変《か》わる

（➡112）

クジラやアザラシのように海《うみ》で暮《く》らすほ乳類《にゅうるい》を「海生《かいせい》ほ乳類《にゅうるい》」とよぶ。アシカやアザラシは、子育《こそだ》てのときに陸《りく》に上《あ》がるが、カイギュウ類《るい》やクジラは一生《いっしょう》を水中《すいちゅう》で過《す》ごす。

泳《およ》ぐときは、前《まえ》びれで水《みず》をかいて進《すす》む。

●アシカ

4本《ほん》のひれで陸《りく》を歩《ある》くことができる。

泳《およ》ぐときは、後《うし》ろびれで交《こう》ごに水《みず》をかいて進《すす》む。

●アザラシ

後《うし》ろびれが前《まえ》に曲《ま》がらないので、陸《りく》上《じょう》では、前《まえ》びれではって進《すす》む。

●マナティー（カイギュウ類《るい》）

後《うし》ろ足《あし》が退化《たいか》し、尾《お》がひれになっている。体《からだ》の表面《ひょうめん》にはほとんど毛《け》がない。浅《あさ》い海《うみ》の植《しょく》物《ぶつ》を食《た》べるので、沖《おき》のほうには行《い》かず、岸近《きしちか》くで過《す》ごす。

『進化《しんか》がわかる動物図鑑《どうぶつずかん》（クジラ・イルカ）』：ほるぷ出版《しゅっぱん》

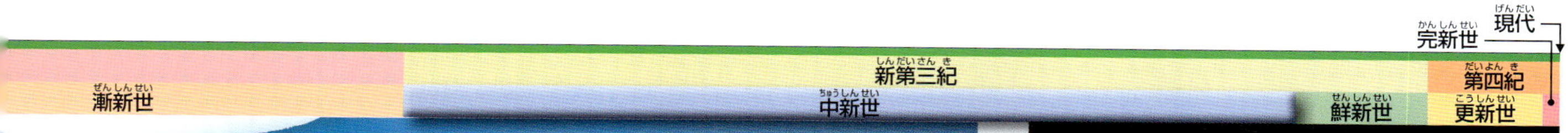

漸新世《ぜんしんせい》
新第三紀《しんだいさんき》
中新世《ちゅうしんせい》
鮮新世《せんしんせい》
第四紀《だいよんき》
更新世《こうしんせい》
完新世《かんしんせい》
現代《げんだい》

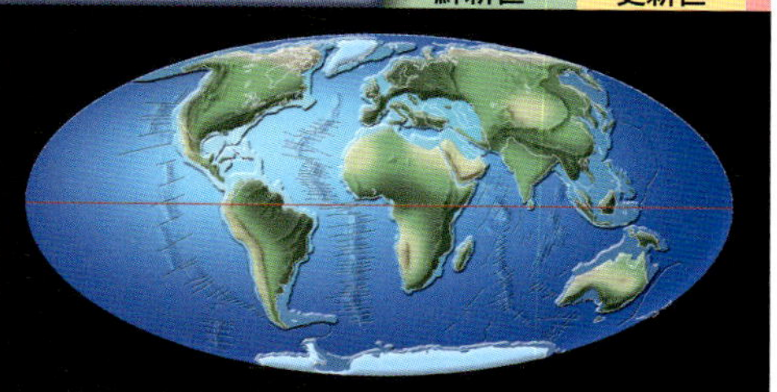

新第三紀中新世《しんだいさんきちゅうしんせい》の陸地《りくち》の形《かたち》

南極大陸《なんきょくたいりく》が南《みなみ》アメリカ大陸《たいりく》と分《わ》かれ、南極《なんきょく》のまわりを一周《いっしゅう》する海流《かいりゅう》ができた。

●ミオシーレン

全長約《ぜんちょうやく》4m。マナティーのなかま。現在《げんざい》のマナティーは水草《みずくさ》を食《た》べるが、ミオシーレンは歯《は》のつくりから、貝類《かいるい》をおもに食《た》べていたと考《かんが》えられている。

●アロデスムス

体長約《たいちょうやく》2m。アザラシに近《ちか》い種類《しゅるい》で、前《まえ》びれが長《なが》い。魚《さかな》を食《た》べていたと考《かんが》えられている。

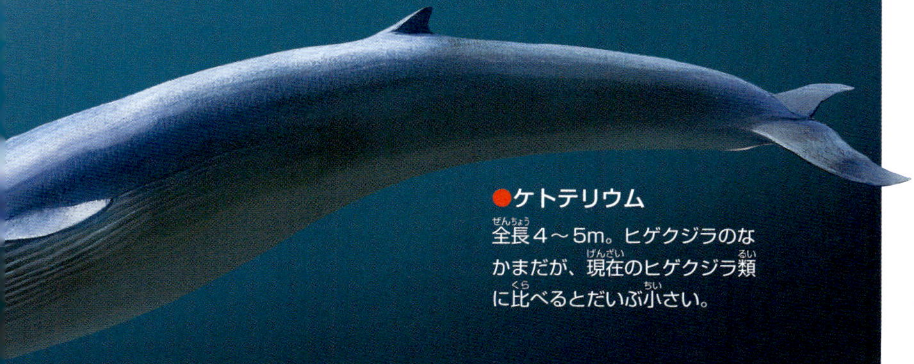

●ケトテリウム

全長《ぜんちょう》4～5m。ヒゲクジラのなかまだが、現在《げんざい》のヒゲクジラ類《るい》に比《くら》べるとだいぶ小《ちい》さい。

クジラとカバは親《しん》せき

始新世《ししんせい》のころ、インドがユーラシア大陸《たいりく》に近《ちか》づいた（➡133）。その間《あいだ》にできた浅《あさ》く温《あたた》かい海《うみ》に、クジラの祖先《そせん》が食《た》べものを求《もと》めて入《はい》っていったと考《かんが》えられている。クジラはウシやカバなどと共通《きょうつう》の祖先《そせん》から分《わ》かれたので、「クジラ偶《ぐう》蹄目《ていもく》」という１つのなかまにまとめられている。

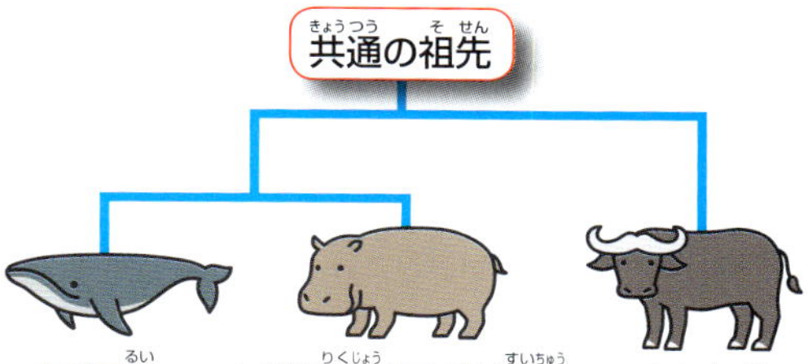

共通《きょうつう》の祖先《そせん》
クジラ類《るい》
カバは陸上《りくじょう》にすむが水中《すいちゅう》を好《この》む。DNA《ディーエヌエー》を調《しら》べるとウシよりクジラに近《ちか》い。
ウシなど

●パキケトゥス

体長約《たいちょうやく》1.3m。約《やく》5000万年前《まんねんまえ》（始新世前期《ししんせいぜんき》）に現《あらわ》れた最古《さいこ》のクジラ類《るい》。４本《ほん》の足《あし》をもち、海岸付近《かいがんふきん》で魚《さかな》を食《た》べていた。最近《さいきん》では海中《かいちゅう》にいたという説《せつ》が出《で》ている。

●クジラ類《るい》

ほ乳類《にゅうるい》のなかで最《もっと》も水中《すいちゅう》生活《せいかつ》に適応《てきおう》した体《からだ》をもち、一生《いっしょう》を水中《すいちゅう》で過《す》ごす。岸《きし》近《ちか》くから沖《おき》まで、世界中《せかいじゅう》の海《うみ》になかまがいる。

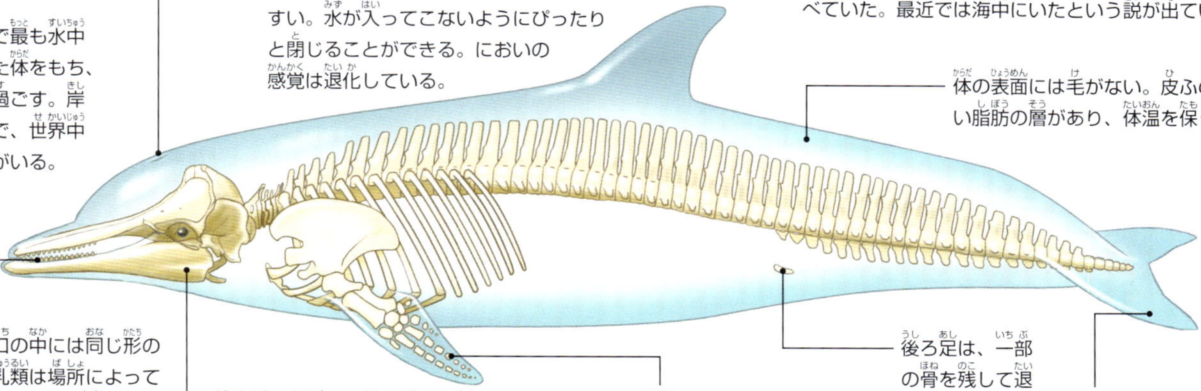

鼻《はな》のあなが頭《あたま》のてっぺんにあり、息《いき》つぎしやすい。水《みず》が入《はい》ってこないようにぴったりと閉《と》じることができる。においの感覚《かんかく》は退化《たいか》している。
体《からだ》の表面《ひょうめん》には毛《け》がない。皮《ひ》ふの下《した》に厚《あつ》い脂肪《しぼう》の層《そう》があり、体温《たいおん》を保《たも》っている。
ハクジラ類《るい》の口《くち》の中《なか》には同《おな》じ形《かたち》の歯《は》が並《なら》ぶ。ほ乳類《にゅうるい》は場所《ばしょ》によって歯《は》の形《かたち》が異《こと》なることが特《とく》ちょう（➡103）だが、クジラ類《るい》は獲物《えもの》を丸飲《まるの》みするため歯《は》の形《かたち》が単純《たんじゅん》だ。
空気中《くうきちゅう》と水中《すいちゅう》では音《おと》の伝《つた》わり方《かた》がちがう。クジラ類《るい》は耳《みみ》（鼓膜《こまく》）から音《おと》を聞《き》くのではなく、あごの骨《ほね》を伝《つた》わってくる音《おと》を聞《き》いている。
前足《まえあし》はひれになっている。ひれの中《なか》には指《ゆび》の骨《ほね》が残《のこ》っている。
後《うし》ろ足《あし》は、一部《いちぶ》の骨《ほね》を残《のこ》して退《たい》化《か》している。
尾《お》はひれになっている。泳《およ》ぐときは尾《お》びれで上《じょう》下《げ》に水《みず》をかいて進《すす》む。

カイギュウ類《るい》はゾウと共通《きょうつう》の祖先《そせん》から分《わ》かれた。乳首《ちくび》の位置《いち》や、歯《は》が口《くち》の奥《おく》のほうから生《は》えてくる（➡109）ところなど、同《おな》じ特《とく》ちょうをもつ。

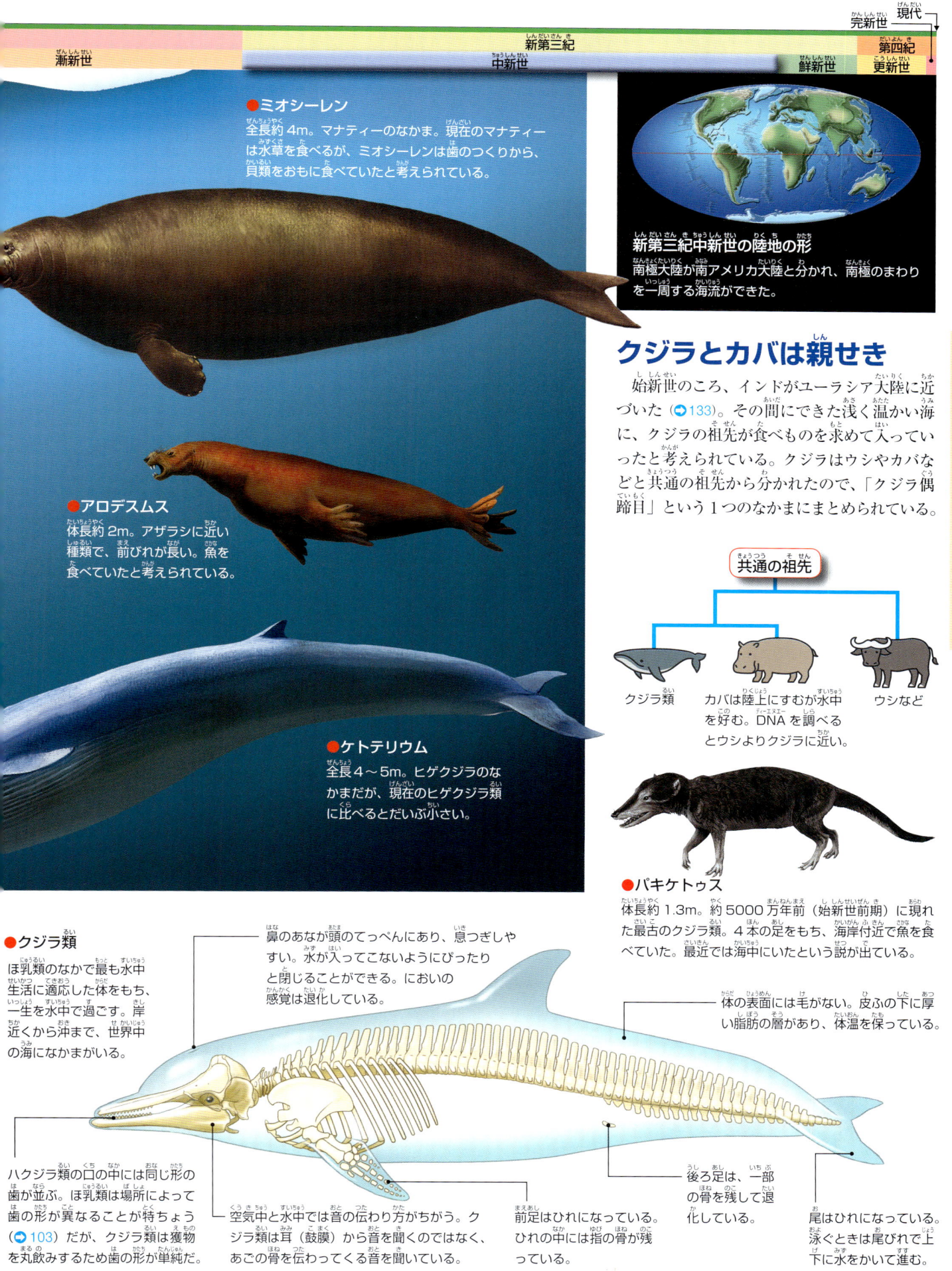

鳥類➡84　翼竜と海生は虫類➡86

「他《た》人《にん》の空《そら》似《に》」は暮《く》らし方《かた》がつくる

姿《すがた》かたちが似《に》ていても、まったく別《べつ》のなかまの生物《せいぶつ》という場合《ばあい》があります。似《に》たような生活《せいかつ》をしていると、体《からだ》つきも似《に》てくると考《かんが》えられています。

ちがうなかまなのに、似《に》た姿《すがた》

生《い》きものの体《からだ》は、暮《く》らす環境《かんきょう》にふさわしい形《かたち》に進化《しんか》する。たとえば、水中《すいちゅう》を泳《およ》いだり、空《そら》を飛《と》んだりする動物《どうぶつ》にとって、水《みず》や空気《くうき》の抵抗《ていこう》が小《ち》さい体形《たいけい》であるほうがよい。よぶんなエネルギーを使《つか》わずにすむからだ。そのため、同《おな》じようなところにすむ動物《どうぶつ》や植物《しょくぶつ》は、まったくちがうなかまであっても、結果的《けっかてき》に似《に》た体《からだ》つきになる。

三日月形《みかづきがた》の尾《お》びれ。
速《はや》く、長《なが》いきょりを
泳《およ》ぐのに適《てき》している。

●魚竜《ぎょりゅう》（オフタルモサウルス）
ジュラ紀中期《きちゅうき》から後期《こうき》にいた、全長約《ぜんちょうやく》6m の魚竜《ぎょりゅう》。沖《おき》を速《はや》いスピードで泳《およ》ぎ回《まわ》り、イカなどをとらえて食《た》べていたらしい。

速《はや》く泳《およ》げる形《かたち》、流《りゅう》線《せん》形《けい》

速《はや》く泳《およ》ぐ動物《どうぶつ》は流線形《りゅうせんけい》をしている。水《みず》の抵抗《ていこう》が小《ち》さくなり、スピードを上《あ》げることができる形《かたち》なのだ。下《した》の4種《しゅ》はどれも平均時速《へいきんじそく》7～8km の速《はや》さで泳《およ》ぎ、最大《さいだい》ではその3～4倍《ばい》のスピードを出《だ》すことができると考《かんが》えられる。

●軟骨魚類《なんこつぎょるい》（ホホジロザメ）
特別《とくべつ》なしくみの血管《けっかん》をもち、まわりの水温《すいおん》より体《たい》温《おん》が高《たか》いため、筋肉《きんにく》を力強《ちからづよ》く動《うご》かすことができる。

●硬骨魚類《こうこつぎょるい》（クロマグロ）
速《はや》く泳《およ》ぐときはひれをたたんで体《からだ》の表面《ひょうめん》の出《で》っぱりを小《ち》さくし、水《みず》の抵抗《ていこう》を小《ち》さくする。

●ほ乳類《にゅうるい》（シロナガスクジラ）
体《からだ》が大《おお》きいぶん、エネルギーを多《おお》くつくり出《だ》せ、ほ乳類《にゅうるい》のなかで最《もっと》も速《はや》く泳《およ》げる。

●鳥類《ちょうるい》（コウテイペンギン）
かたい板《いた》のようなつばさや、体《からだ》の後《うし》ろのほうについた足《あし》をもち、鳥《とり》のなかでは最《もっと》も泳《およ》ぎが得意《とくい》。

『ペンギンが教《おし》えてくれた物理《ぶつり》のはなし』: 河出書房新社《かわでしょぼうしんしゃ》

空《そら》を羽《は》ばたくためのつばさ

空《そら》を飛《と》ぶためには、空気《くうき》の流《なが》れを利用《りよう》して体《からだ》を上《うえ》にもち上《あ》げる必要《ひつよう》がある。それを可能《かのう》にするのがつばさだ。翼竜《よくりゅう》、鳥《とり》、コウモリはみなつばさをもつが、つくりはそれぞれちがう。

指《ゆび》の骨《ほね》
ひじ
手《て》のひらの骨《ほね》

●鳥類《ちょうるい》（カモメ）
うでや手《て》のひらの骨《ほね》から羽毛《うもう》が生《は》えて、つばさができている。

4番目《ばんめ》の指《ゆび》の骨《ほね》が長《なが》くのびて、つばさ（飛膜《ひまく》）を支《ささ》えている。
飛膜《ひまく》

●翼竜《よくりゅう》（ランフォリンクス）(➡86)
ジュラ紀後期《きこうき》にいた翼竜《よくりゅう》のなかま。つばさを広《ひろ》げたはばは約《やく》1.5m。羽《は》ばたくよりも、空気《くうき》の流《なが》れに乗《の》ってすべるように飛《と》ぶことが多《おお》かったようだ。

飛膜《ひまく》
2番目《ばんめ》から5番《ばん》目《め》の指《ゆび》の骨《ほね》が長《なが》くのびている。

●ほ乳類《にゅうるい》（コウモリ）
指《ゆび》の間《あいだ》に飛膜《ひまく》がある。

穴《あな》を掘《ほ》るための前足《まえあし》

土《つち》の中《なか》にトンネルを掘《ほ》って生活《せいかつ》する生《い》きものは、穴《あな》を掘《ほ》るのに効率《こうりつ》がよい形《かたち》の前足《まえあし》をしている。モグラ（ほ乳類《にゅうるい》）とケラ（昆虫《こんちゅう》）はまったくちがうグループだが、穴《あな》の掘《ほ》り方《かた》が似《に》ているので体《からだ》の形《かたち》も似《に》ている。

●ほ乳類《にゅうるい》（モグラ）
体長《たいちょう》13～19cm。前足《まえあし》の手《て》のひらの部分《ぶぶん》が大《おお》きく、シャベルのような形《かたち》をしている。

●昆虫《こんちゅう》（ケラ）
体長《たいちょう》3～3.5cm。かたくて大《おお》きな前《まえ》あしで、土《つち》をかきわけて進《すす》む。

茎《くき》に水《みず》をたくわえる

雨《あめ》が少《すく》なくかわいた土《と》地《ち》に生《は》える植物《しょくぶつ》の場合《ばあい》、体《からだ》の水分《すいぶん》を失《うしな》わないことが大事《だいじ》だ。そのため葉《は》は小《ちい》さく、体《からだ》の表面積《ひょうめんせき》がなるべく小《ちい》さくなるよう、凸凹《おうとつ》の少《すく》ない形《かたち》になる。

●サボテン
南北《なんぼく》アメリカ大陸《たいりく》の砂漠《さばく》などに生《は》える。葉《は》はとげのようになっている。

●ユーフォルビア
アフリカの砂漠《さばく》などに生《は》える。サボテンにそっくりだが、まったく別《べつ》のなかま。

ここ十数年《じゅうすうねん》、センサーと人工衛星《じんこうえいせい》を使《つか》ったバイオロギングという計測方法《けいそくほうほう》が進歩《しんぽ》して、魚《さかな》やクジラが泳《およ》ぐ速《はや》さを正確《せいかく》に計《はか》れるようになった。

直立２足歩行➡116　脳の進化➡118

ヒトのなかまはたくさんいた

人類《じんるい》の進化《しんか》　わたしたちヒトは、生物学的《せいぶつがくてき》には「ホモ・サピエンス」といいます。ヒトの祖先《そせん》は今《いま》から約《やく》740万年前《まんねんまえ》に、チンパンジーの祖先《そせん》と分《わ》かれて進化《しんか》していきました。

進化《しんか》の段階《だんかい》によって５つに分《わ》けられる

　この図《ず》では、いつごろ、どのようなヒトのなかまがいたのか、おもな種《しゅ》を表《あらわ》している。人類《じんるい》は体《からだ》つきや脳《のう》の大《おお》きさなどによって、「初期猿人《しょきえんじん》」「猿人《えんじん》」「原人《げんじん》」「旧人《きゅうじん》」「新人《しんじん》」の５つに分《わ》けられる。今《いま》の人類《じんるい》はわたしたちヒトだけだが、同《おな》じ時代《じだい》にいくつかの種《しゅ》がいたこともあった。

初期猿人《しょきえんじん》(➡120)
約《やく》700万年前《まんねんまえ》にアフリカに現《あらわ》れた。森《もり》にすみ、おもに果物《かじつ》を食《た》べていた。木登《きのぼ》りが得意《とくい》だったが、腰《こし》をのばして２本足《ほんあし》で立《た》つこともできた。

共通《きょうつう》の祖先《そせん》

●チンパンジーの祖先《そせん》

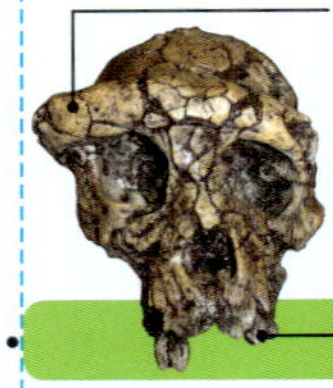

目《め》の上《うえ》が出《で》っぱっている。

小《ちい》さめの犬歯《けんし》

740万年前《まんねんまえ》

●サヘラントロプス・チャデンシス
最《もっと》も初期《しょき》の人類《じんるい》。頭骨《とうこつ》の一部《いちぶ》が見《み》つかっている。頭骨《とうこつ》の形《かたち》から、体《からだ》をまっすぐ起《お》こすことができたと考《かんが》えられている。

●オロリン・トゥゲネンシス
太《ふと》ももの骨《ほね》などが見《み》つかっている。骨《ほね》の形《かたち》や、骨《ほね》に筋肉《きんにく》がついていたあとがあることから、２本足《ほんあし》で歩《ある》くことができたと考《かんが》えられている。

脳《のう》の大《おお》きさはチンパンジーと同《おな》じくらい。

●ラミダス猿人《えんじん》
(アルディピテクス・ラミダス➡120)
ほぼ全身《ぜんしん》の骨《ほね》が見《み》つかっている。足《あし》の親指《おやゆび》がほかの指《ゆび》と向《む》かい合《あ》っていて、木《き》の枝《えだ》から枝《えだ》への移動《いどう》が得意《とくい》だったと考《かんが》えられる。

※••••••は、化石《かせき》が見《み》つかっていないため関《かん》係《けい》が完全《かんぜん》にはわかっていないことを表《あらわ》す。

700万年前《まんねんまえ》　600万年前《まんねんまえ》　500万年前《まんねんまえ》　400万年前《まんねんまえ》

歯《は》や骨《ほね》からわかる人類《じんるい》の進化《しんか》

　人類《じんるい》は約《やく》700万年《まんねん》のうちに、歯《は》、歩《ある》き方《かた》、脳《のう》の大《おお》きさなどが、類人猿《るいじんえん》とは異《こと》なる形《かたち》に進化《しんか》した。しかし体《からだ》の部分《ぶぶん》によって、進化《しんか》のスピードはちがう。

【犬歯《けんし》はすぐに退化《たいか》】

犬歯《けんし》は初期猿人《しょきえんじん》の時代《じだい》から急《きゅう》に小《ちい》さくなっていった。歯《は》を戦《たたか》いに使《つか》わなくなったからという説《せつ》もあるが、食《た》べものの変化《へんか》が関係《かんけい》しているとも考《かんが》えられている。

チンパンジーのオスは大《おお》きな犬歯《けんし》をもつ。争《あらそ》うときの武器《ぶき》にもなる。

ヒトの男性《だんせい》は犬歯《けんし》がめだたない。

【臼歯《きゅうし》はいったん大《おお》きくなって小型化《こがたか》】

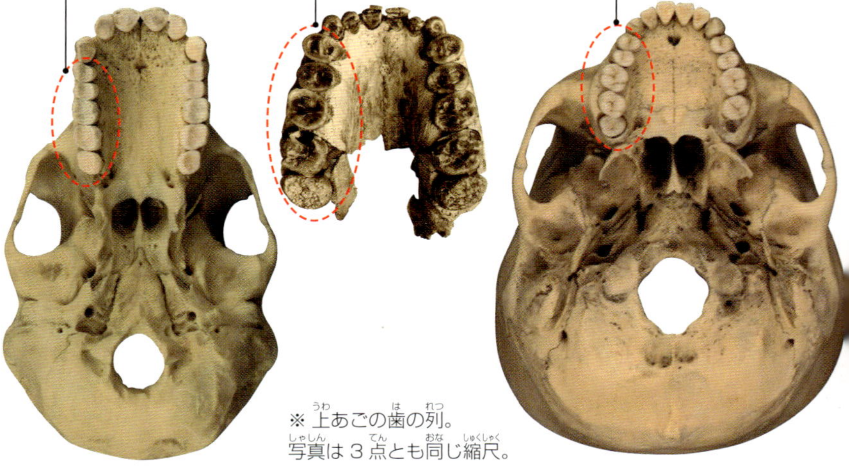

チンパンジーの臼歯《きゅうし》

ボイセイ猿人《えんじん》の臼歯《きゅうし》。かたい種子《しゅし》を食《た》べるために、とても大《おお》きな臼歯《きゅうし》をもつ。

ヒトの臼歯《きゅうし》。原人《げんじん》の時代《じだい》に食《た》べものをやわらかく調理《ちょうり》できるようになり（➡122）、臼歯《きゅうし》が小《ちい》さくなった。

※上《うわ》あごの歯《は》の列《れつ》。写真《しゃしん》は３点《てん》とも同《おな》じ縮尺《しゅくしゃく》。

『名探偵《めいたんてい》コナン推理《すいり》ファイル　人類《じんるい》の謎《なぞ》』: 小学館《しょうがくかん》

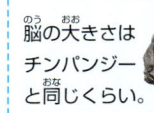

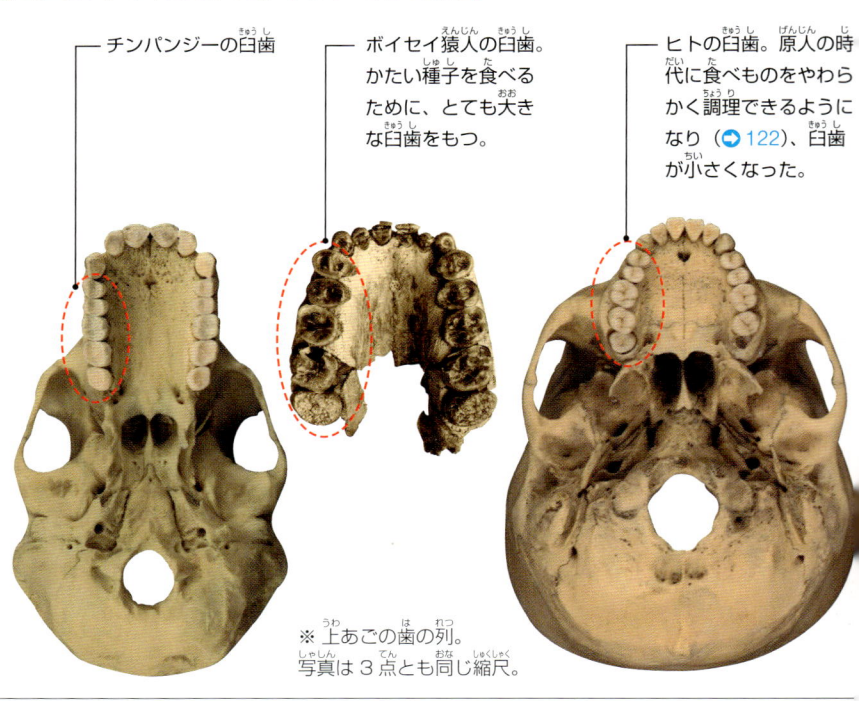

完新世《かんしんせい》　現代《げんだい》

新第三紀《しんだいさんき》　第四紀《だいよんき》

漸新世《ぜんしんせい》　中新世《ちゅうしんせい》　鮮新世《せんしんせい》　更新世《こうしんせい》

猿人《えんじん》（➡121）

約《やく》400万年前《まんねんまえ》にアフリカに現《あらわ》れた。木《き》がまばらに生《は》えた森《もり》と草原《そうげん》を行《い》き来《き》するようになり、地上《ちじょう》を歩《ある》きやすい体《からだ》つきになり始《はじ》めた。

原人《げんじん》（➡122）

約《やく》240万年前《まんねんまえ》にアフリカに登場《とうじょう》し、一部《いちぶ》はアジアに広《ひろ》がった。猿人《えんじん》に比《くら》べて脳《のう》が大《おお》きくて足《あし》が長《なが》く、臼歯《きゅうし》が小《ちい》さい。道具《どうぐ》を使《つか》うようになった。

旧人《きゅうじん》（➡124）

約《やく》60万年前《まんねんまえ》にアフリカで生《う》まれ、ヨーロッパやアジアに広《ひろ》がった。原人《げんじん》より大《おお》きな脳《のう》と、ずんぐりした筋肉質《きんにくしつ》の体《からだ》をしていた。

新人《しんじん》（➡126）

わたしたちホモ・サピエンスのこと。

●ホモ・ハビリス

脳《のう》は猿人《えんじん》より少《すこ》し大《おお》きいくらいだが、石器《せっき》をつくっていた。（➡122）

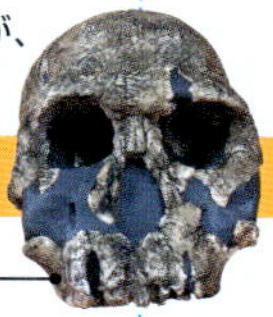

あごが小《ちい》さくなった。

脳《のう》が入《はい》っている部分《ぶぶん》が低《ひく》い。

ほお骨《ぼね》が左右《さゆう》にはば広《ひろ》く、顔《かお》が大《おお》きい。

●ホモ・フロレシエンシス（➡123）

インドネシアのフロレス島《とう》に、ヒトと同時代《どうじだい》に暮《く》らしていた小型《こがた》の原人《げんじん》。

●ホモ・エレクトス（➡122）

一部《いちぶ》はアフリカを出《で》てアジアへ広《ひろ》がった。北京原人《ペキンげんじん》やジャワ原人《げんじん》も、ホモ・エレクトスにふくまれる。

●ネアンデルタール人《じん》

（ホモ・ネアンデルターレンシス➡124）

ヨーロッパとその周辺《しゅうへん》に分布《ぶんぷ》していた。

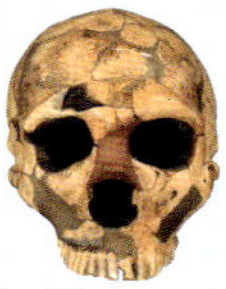

頭《あたま》が平《ひら》たい。目《め》の上《うえ》が張《は》り出《だ》し、鼻《はな》が大《おお》きかった。

この後《あと》に出《で》てくるエチオピクス猿人《えんじん》などと比《くら》べると、全体《ぜんたい》にきゃしゃな骨格《こっかく》。

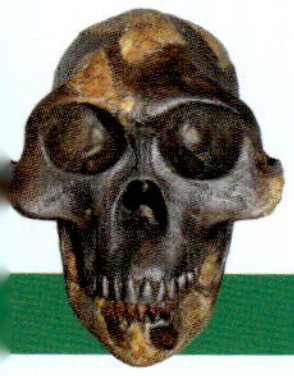

●アフリカヌス猿人《えんじん》

（アウストラロピテクス・アフリカヌス）

1920年代《ねんだい》に南《みなみ》アフリカで、初期《しょき》の人類《じんるい》として最初《さいしょ》に発見《はっけん》された種《しゅ》。

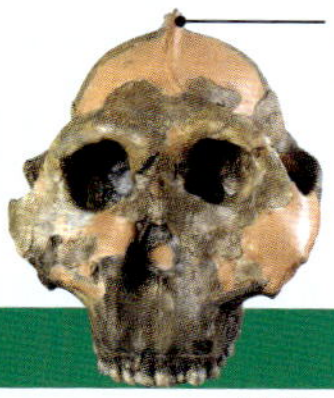

発達《はったつ》した筋肉《きんにく》がつくように、頭《あたま》のてっぺんが盛《も》り上《あ》がっている。

●ホモ・ハイデルベルゲンシス

アフリカからヨーロッパにかけて化石《かせき》が見《み》つかる。ネアンデルタール人《じん》やヒトの直接《ちょくせつ》の祖先《そせん》と考《かんが》えられている。

●アファール猿人《えんじん》

（アウストラロピテクス・アファレンシス➡121）

現代《げんだい》のヒトと同《おな》じような歩《ある》き方《かた》をしていたと考《かんが》えられている。

●エチオピクス猿人《えんじん》

（パラントロプス・エチオピクス）

がんじょうな頭骨《とうこつ》が特《とく》ちょう。

●ボイセイ猿人《えんじん》

（パラントロプス・ボイセイ➡121）

●ロブストス猿人《えんじん》

（パラントロプス・ロブストス）

猿人《えんじん》としては、最《もっと》も最近《さいきん》の時代《じだい》まで生《い》きていた。

●新人《しんじん》

（ホモ・サピエンス➡126）

20万年前《まんねんまえ》にアフリカで生《う》まれ、世界中《せかいじゅう》に広《ひろ》がった。

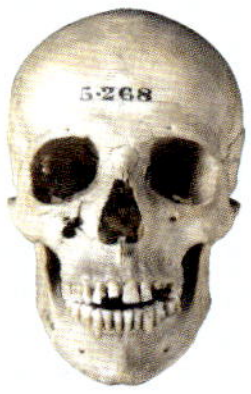

300万年前《まんねんまえ》　200万年前《まんねんまえ》　100万年前《まんねんまえ》　現代《げんだい》

【直立二足歩行《ちょくりつにそくほこう》は段階的《だんかいてき》に進化《しんか》】

ラミダス猿人《えんじん》。木《き》にも登《のぼ》るが2足歩行《そくほこう》もできた。

ホモ・エレクトス。原人《げんじん》の時代《じだい》に足《あし》が長《なが》くなり、長《なが》いきょりを歩《ある》けるようになった。

【脳《のう》は原人《げんじん》の時代《じだい》から大《おお》きくなった】

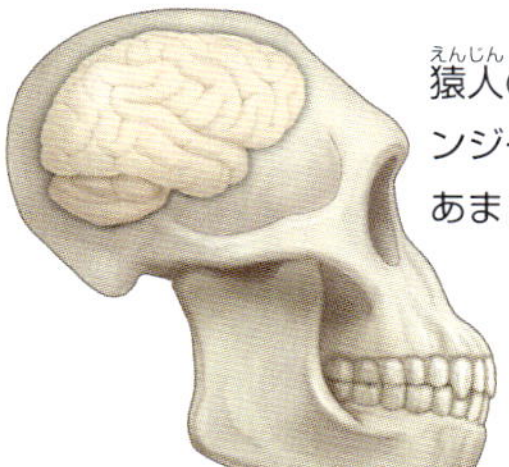

猿人《えんじん》の脳《のう》は380～620cm^3。チンパンジーの脳《のう》は300～490cm^{3}ほどで、あまり差《さ》がない。

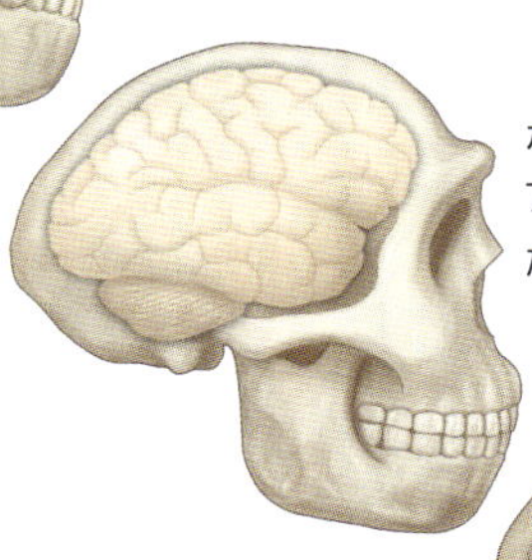

ホモ・エレクトスの脳《のう》は750～1200cm^{3}と、だいぶ大《おお》きくなった。

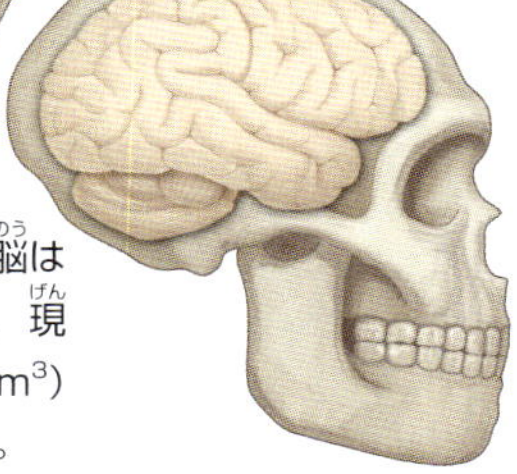

ネアンデルタール人《じん》の脳《のう》は1200～1750cm^3。現代人《げんだいじん》（平均《へいきん》1300 cm^3）より大《おお》きいものもいた。

「ホモ・サピエンス」という名前《なまえ》は、ラテン語《ご》で「かしこいヒト」という意味《いみ》だ。

人類の進化➡114　脳の進化➡118

まっすぐに立《た》ち、2本《ほん》の足《あし》で歩《ある》くヒト

ヒトはほかの類人猿《るいじんえん》とちがい、いつも2本《ほん》の足《あし》で歩《ある》きます。4本《ほん》の足《あし》で歩《ある》かなくなったとき、ヒトの体《からだ》にどのような変化《へんか》が起《お》きたのか、見《み》てみましょう。

ヒトとチンパンジーの体《からだ》のちがい

チンパンジーは地上《ちじょう》を歩《ある》くこともできるが、基本的《きほんてき》に木《き》の上《うえ》の生活《せいかつ》に適《てき》した体《からだ》のつくりをしていて、アフリカの熱《ねっ》帯雨林《たいうりん》にすんでいる。一方《いっぽう》、人類《じんるい》は、約《やく》740万年前《まんねんまえ》に共通《きょうつう》の祖先《そせん》から分《わ》かれて以来《いらい》、2本足《ほんあし》で歩《ある》くように進化《しんか》した。そして、森《もり》を出《で》てサバナ（草原《そうげん》）で暮《く》らすようになり、現在《げんざい》では南極《なんきょく》をのぞく世界《せかい》のあらゆるところに広《ひろ》がっている。

歩《ある》くチンパンジー

歩《ある》くヒト

人類《じんるい》は約《やく》700万年《まんねん》かけて、祖先《そせん》とはずいぶんちがう姿《すがた》に進化《しんか》した。サバナという新《あたら》しい環境《かんきょう》での暮《く》らしが、その進化《しんか》をおし進《すす》めたのだろう。

【木登《きのぼ》りに適《てき》したチンパンジーの骨格《こっかく》】

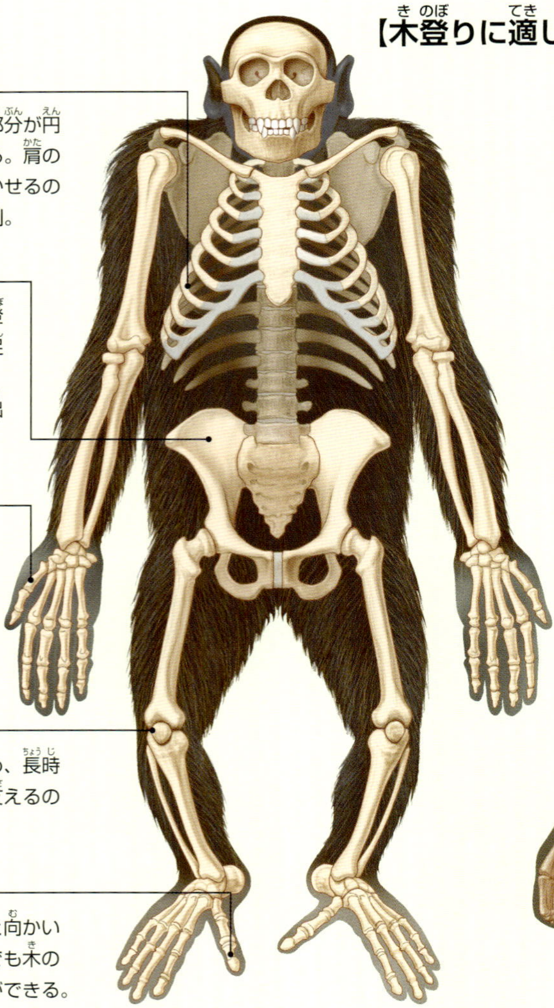

●胸《むね》
肋骨《ろっこつ》で囲《かこ》まれた部分《ぶぶん》が円《えん》すい形《けい》をしている。肩《かた》の関節《かんせつ》を大《おお》きく動《うご》かせるので、木登《きのぼ》りに便利《べんり》。

●骨盤《こつばん》
細長《ほそなが》いので、木登《きのぼ》りなどのときに足《あし》を胴体《どうたい》に近《ちか》づけ、足《あし》を力強《ちからづよ》くけり出《だ》すことができる。

●手《て》の指《ゆび》
親指以外《おやゆびいがい》が長《なが》い。4本《ほん》の指《ゆび》を木《き》の枝《えだ》に引《ひ》っかけて移動《いどう》するのに適《てき》している。

●ひざ
関節《かんせつ》が小《ちい》さいため、長時間《ちょうじかん》立《た》って体重《たいじゅう》を支《ささ》えるのは難《むずか》しい。

●足《あし》の指《ゆび》
親指《おやゆび》がほかの指《ゆび》と向《む》かい合《あ》っていて、足《あし》でも木《き》の枝《えだ》をつかむことができる。

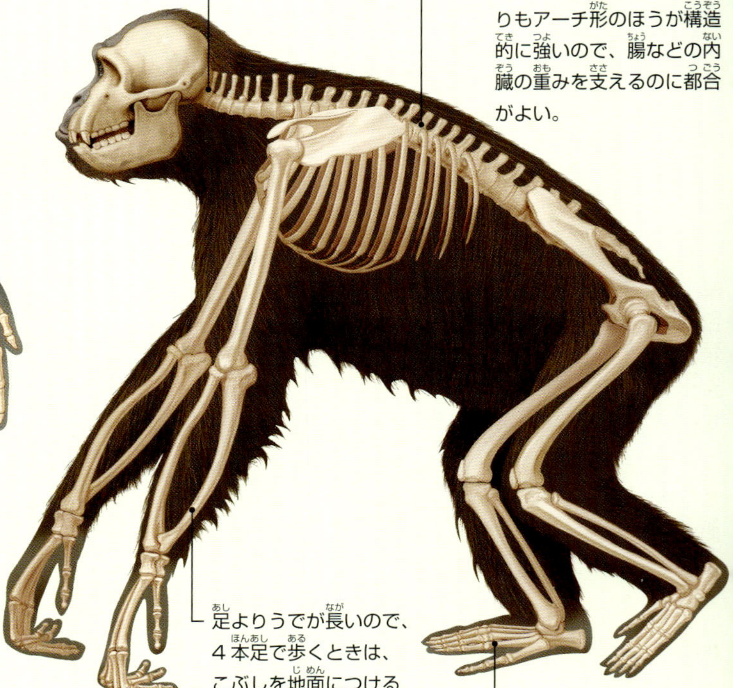

●背骨《せぼね》
頭骨《とうこつ》の底部《ていぶ》のやや後《うし》ろについている。

背骨《せぼね》はアーチのような形《かたち》で丸《まる》みをおびている。直線《ちょくせん》よりもアーチ形《がた》のほうが構造《こうぞう》的《てき》に強《つよ》いので、腸《ちょう》などの内臓《ないぞう》の重《おも》みを支《ささ》えるのに都合《つごう》がよい。

足《あし》よりうでが長《なが》いので、4本足《ほんあし》で歩《ある》くときは、こぶしを地面《じめん》につける独特《どくとく》の歩《ある》き方《かた》をする。

足《あし》の裏《うら》に土《つち》ふまずはない。

📖『きみのからだが進化論《しんかろん》4　足《あし》で歩《ある》いて手《て》で持《も》って』: 農山漁村文化協会《のうさんぎょそんぶんかきょうかい》

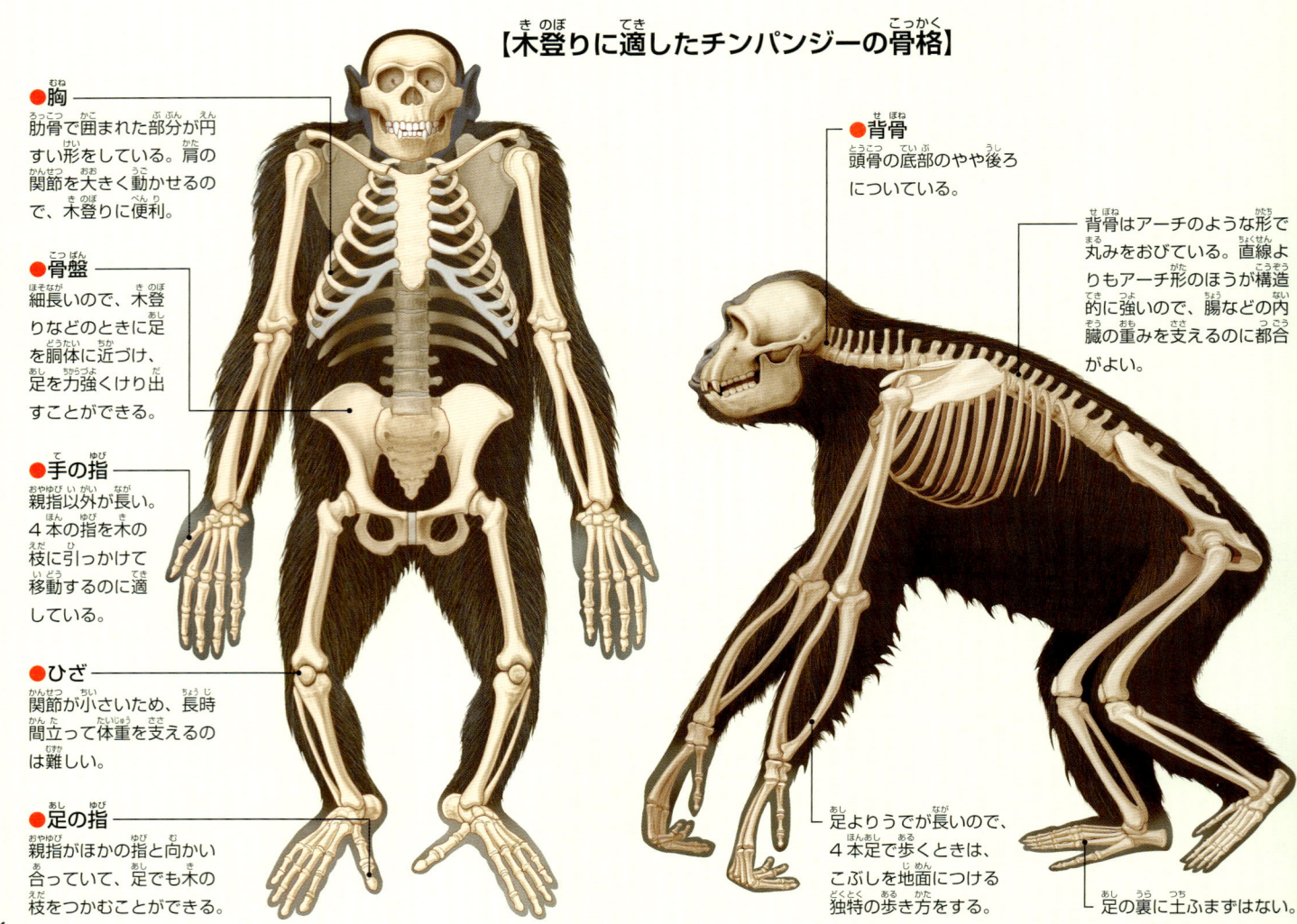

赤《あか》ちゃんが無力《むりょく》なのも直立《ちょくりつ》2足歩行《そくほこう》のため?

赤《あか》ちゃんは、母親《ははおや》の骨盤《こつばん》のあなを通《とお》って生《う》まれてくる。だがヒトの骨盤《こつばん》のあなは、内臓《ないぞう》を支《ささ》えるため、ほかの動物《どうぶつ》に比《くら》べると小《ちい》さい。さらに、頭《あたま》が大《おお》きいので、赤《あか》ちゃんがあまり成長《せいちょう》すると骨盤《こつばん》のあなを通《とお》れなくなってしまう。そのため、ヒトはとても未熟《みじゅく》な状態《じょうたい》で生《う》まれ、成長《せいちょう》するまで長《なが》い時間《じかん》がかかるようになった。

【直立二足歩行《ちょくりつにそくほこう》に適《てき》したヒトの骨格《こっかく》】

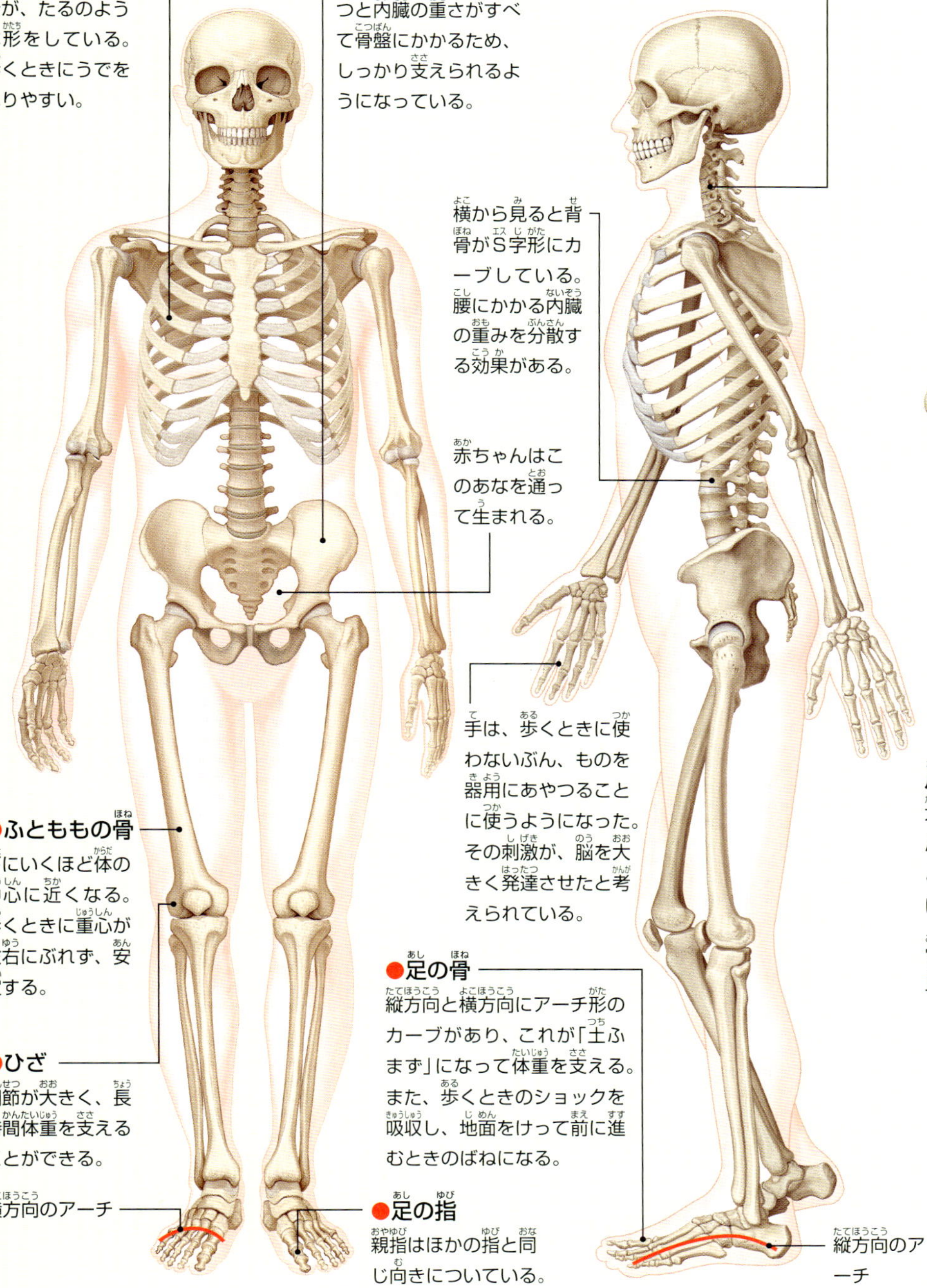
●胸《むね》
肋骨《ろっこつ》で囲《かこ》まれた部《ぶ》分《ぶん》が、たるのような形《かたち》をしている。歩《ある》くときにうでをふりやすい。
●骨盤《こつばん》
横《よこ》に広《ひろ》い。2本足《ほんあし》で立《た》つと内臓《ないぞう》の重《おも》さがすべて骨盤《こつばん》にかかるため、しっかり支《ささ》えられるようになっている。
●背骨《せぼね》
頭骨《とうこつ》の真下《ました》にある。脳《のう》が大《おお》きく、頭《あたま》が重《おも》くなっても、むりなく支《ささ》えることができる。
横《よこ》から見《み》ると背《せ》骨《ぼね》がS《エス》字形《じがた》にカーブしている。腰《こし》にかかる内臓《ないぞう》の重《おも》みを分散《ぶんさん》する効果《こうか》がある。
赤《あか》ちゃんはこのあなを通《とお》って生《う》まれる。
手《て》は、歩《ある》くときに使《つか》わないぶん、ものを器用《きよう》にあやつることに使《つか》うようになった。その刺激《しげき》が、脳《のう》を大《おお》きく発達《はったつ》させたと考《かんが》えられている。
●ふとももの骨《ほね》
下《した》にいくほど体《からだ》の中心《ちゅうしん》に近《ちか》くなる。歩《ある》くときに重心《じゅうしん》が左右《さゆう》にぶれず、安《あん》定《てい》する。
●足《あし》の骨《ほね》
縦方向《たてほうこう》と横方向《よこほうこう》にアーチ形《がた》のカーブがあり、これが「土《つち》ふまず」になって体重《たいじゅう》を支《ささ》える。また、歩《ある》くときのショックを吸収《きゅうしゅう》し、地面《じめん》をけって前《まえ》に進《すす》むときのばねになる。
●ひざ
関節《かんせつ》が大《おお》きく、長《ちょう》時間体重《じかんたいじゅう》を支《ささ》えることができる。
横方向《よこほうこう》のアーチ
●足《あし》の指《ゆび》
親指《おやゆび》はほかの指《ゆび》と同《おな》じ向《む》きについている。
縦方向《たてほうこう》のアーチ

大《おお》きなおしりは歩《ある》くため

ヒトはほかのサルに比《くら》べておしりが大《おお》きい。それは骨盤《こつばん》のまわりに、足《あし》を動《うご》かすためのさまざまな筋肉《きんにく》がついているからだ。これらの筋肉《きんにく》は、歩《ある》いたり走《はし》ったりする動作《どうさ》に欠《か》かせない。

足《あし》を後《うし》ろにのばすとき

大殿筋《だいでんきん》という、おしりのふくらみをつくる筋肉《きんにく》が縮《ちぢ》んで、ふとももの骨《ほね》を後《うし》ろに引《ひ》っぱる。大殿筋《だいでんきん》は、立《た》ったときにひざの関節《かんせつ》を固定《こてい》するはたらきもある。

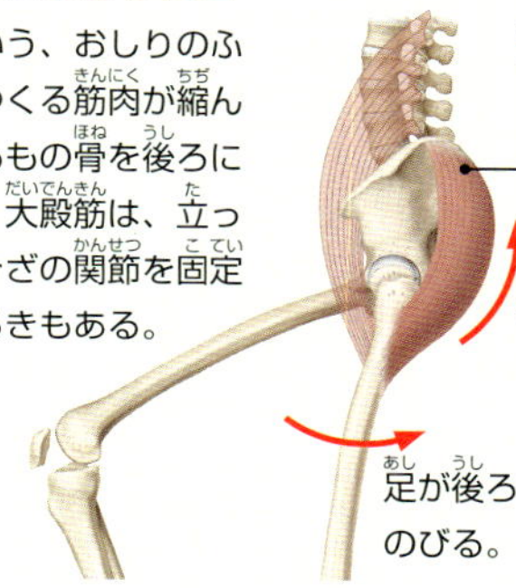
大殿筋《だいでんきん》
縮《ちぢ》む。
足《あし》が後《うし》ろにのびる。

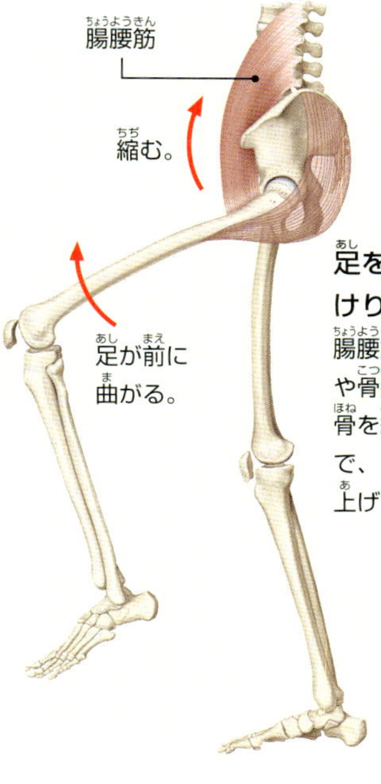
腸腰筋《ちょうようきん》
縮《ちぢ》む。
足《あし》が前《まえ》に曲《ま》がる。

足《あし》を前《まえ》にけり上《あ》げるとき

腸腰筋《ちょうようきん》という、背骨《せぼね》や骨盤《こつばん》とふとももの骨《ほね》を結《むす》ぶ筋肉《きんにく》が縮《ちぢ》んで、ふとももを引《ひ》き上《あ》げる。

片足《かたあし》で立《た》つとき

大殿筋《だいでんきん》の内側《うちがわ》にある中殿筋《ちゅうでんきん》と小殿筋《しょうでんきん》という筋肉《きんにく》が縮《ちぢ》んで、足《あし》を外側《そとがわ》に引《ひ》っぱる。歩《ある》いたり走《はし》ったりするときには片足《かたあし》で立《た》つ瞬間《しゅんかん》があるが、この筋肉《きんにく》のおかげで上半身《じょうはんしん》が横《よこ》にぐらつかず、安定《あんてい》する。

骨盤《こつばん》を後《うし》ろから見《み》たところ

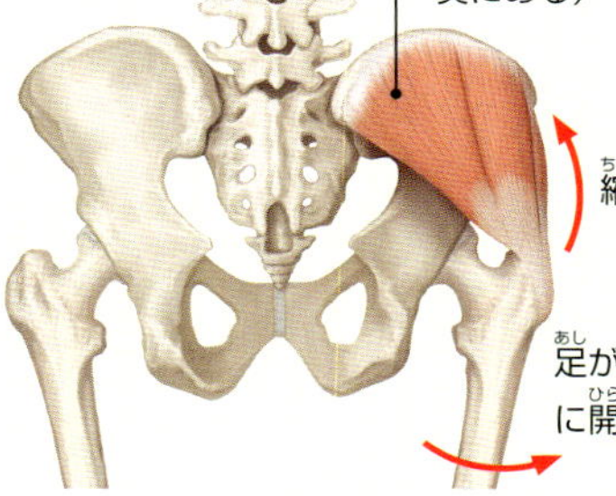
中殿筋《ちゅうでんきん》
(小殿筋《しょうでんきん》はさらに奥《おく》にある)
縮《ちぢ》む。
足《あし》が外側《そとがわ》に開《ひら》く。

ヒトの赤《あか》ちゃんの背骨《せぼね》はS《エス》字《じ》カーブになっていない。まだ直立《ちょくりつ》2足歩行《そくほこう》をしていないためだ。6歳《さい》くらいになると背骨《せぼね》のS《エス》字《じ》カーブが完成《かんせい》する。

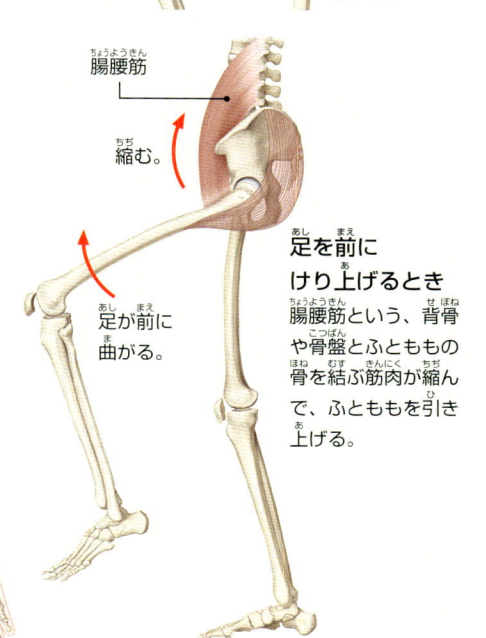

人類の進化➡114　直立2足歩行➡116

発達《はったつ》した脳《のう》をもつヒト

ヒトは、体《からだ》のわりにとても大《おお》きな脳《のう》をもちます。チンパンジーなどの類人猿《るいじんえん》も、ほ乳類《にゅうるい》としては大《おお》きな脳《のう》をもちますが、ヒトとの決定的《けっていてき》なちがいはどこにあるのでしょうか。

計画《けいかく》や判断《はんだん》にかかわる部分《ぶぶん》が大《おお》きい

脳《のう》は、場所《ばしょ》によって役割《やくわり》が分《わ》かれている。大脳《だいのう》の前頭連合野《ぜんとうれんごうや》という部分《ぶぶん》は、ヒトでは「ことばを話《はな》したり書《か》いたりする」「なにかを判断《はんだん》する」「計画《けいかく》を立《た》てる」「社会《しゃかい》の中《なか》で理性的《りせいてき》にふるまう」など、「人間《にんげん》らしい」とされるはたらきをしている。ヒトはほかの動物《どうぶつ》に比《くら》べて、とくに前頭連合野《ぜんとうれんごうや》が大《おお》きい。

【チンパンジーの脳《のう》】（平均《へいきん》390㎤）

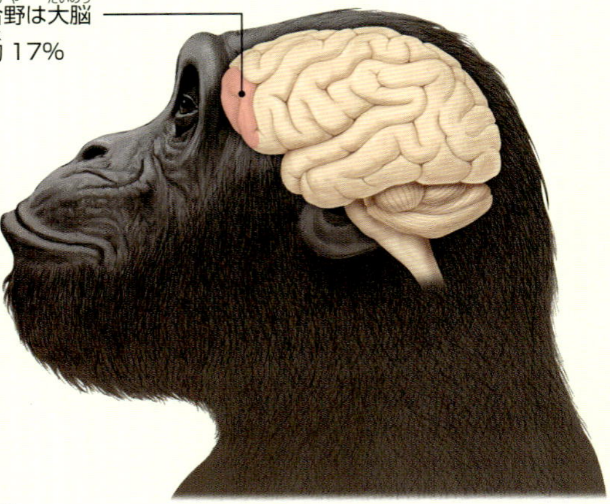
前頭連合野《ぜんとうれんごうや》は大脳《だいのう》全体《ぜんたい》の約《やく》17%

【ヒトの脳《のう》】（平均《へいきん》1300㎤）

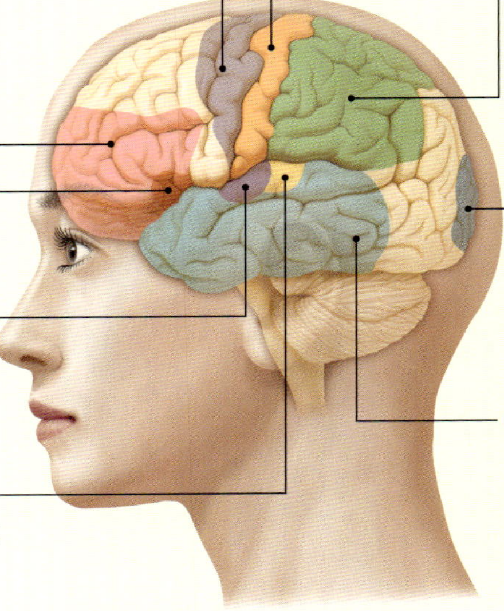
●前頭連合野《ぜんとうれんごうや》
計画《けいかく》、判断《はんだん》、コミュニケーションなどにかかわる。大脳全体《だいのうぜんたい》の約《やく》29%。
●運動野《うんどうや》
体《からだ》を動《うご》かす。
●体性感覚野《たいせいかんかくや》
痛《いた》みや熱《あつ》さなどの感覚《かんかく》を受《う》けとる。
●頭頂連合野《とうちょうれんごうや》
自分《じぶん》の体《からだ》の位置《いち》や動《うご》きと、目《め》や耳《みみ》などから入《はい》った感覚《かんかく》の情報《じょうほう》をまとめる。
●ブローカ野《や》
ことばを話《はな》す。
●視覚野《しかくや》
目《め》から入《はい》った情報《じょうほう》を受《う》けとる。
●聴覚野《ちょうかくや》
耳《みみ》から入《はい》った情報《じょうほう》を受《う》けとる。
●側頭連合野《そくとうれんごうや》
目《め》や耳《みみ》から入《はい》った情報《じょうほう》がなにかを理解《りかい》する。記憶《きおく》にもかかわる。
●ウェルニッケ野《や》
耳《みみ》から入《はい》った情報《じょうほう》を、ことばとして受《う》けとる。

脳《のう》の成長《せいちょう》

ヒトの赤《あか》ちゃんは、とても未熟《みじゅく》な状態《じょうたい》で生《う》まれてくる。そして赤《あか》ちゃんの脳《のう》は約《やく》6年《ねん》かけて、おとなと同《おな》じくらいの大《おお》きさになる。ヒトの脳《のう》は大《おお》きいので、ほかの動物《どうぶつ》に比《くら》べて長《なが》い期間《きかん》、しかも急速《きゅうそく》に成長《せいちょう》し続《つづ》ける。

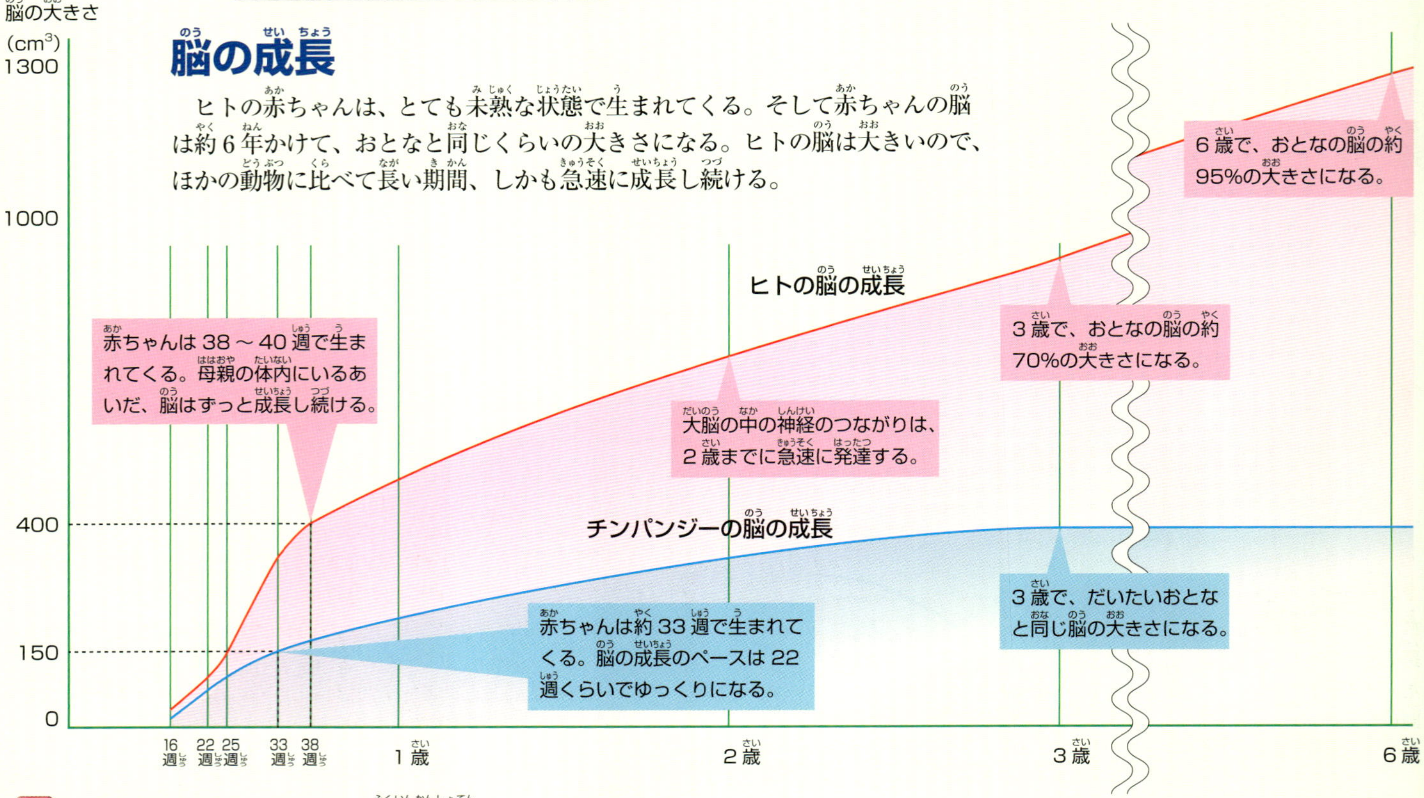
脳《のう》の大《おお》きさ
(cm³)
1300
1000
400
150
0
16週《しゅう》
22週《しゅう》
25週《しゅう》
33週《しゅう》
38週《しゅう》
1歳《さい》
2歳《さい》
3歳《さい》
6歳《さい》
ヒトの脳《のう》の成長《せいちょう》
チンパンジーの脳《のう》の成長《せいちょう》
赤《あか》ちゃんは38～40週《しゅう》で生《う》まれてくる。母親《ははおや》の体内《たいない》にいるあいだ、脳《のう》はずっと成長《せいちょう》し続《つづ》ける。
大脳《だいのう》の中《なか》の神経《しんけい》のつながりは、2歳《さい》までに急速《きゅうそく》に発達《はったつ》する。
3歳《さい》で、おとなの脳《のう》の約《やく》70%の大《おお》きさになる。
6歳《さい》で、おとなの脳《のう》の約《やく》95%の大《おお》きさになる。
赤《あか》ちゃんは約《やく》33週《しゅう》で生《う》まれてくる。脳《のう》の成長《せいちょう》のペースは22週《しゅう》くらいでゆっくりになる。
3歳《さい》で、だいたいおとなと同《おな》じ脳《のう》の大《おお》きさになる。

『ことばをおぼえたチンパンジー』: 福音館書店《ふくいんかんしょてん》

ヒトとチンパンジーを比《くら》べてみよう

ヒトに最《もっと》も近《ちか》い類人猿《るいじんえん》であるチンパンジーは、ヒトとどこが共通《きょうつう》していて、どのくらいちがうのだろう。

【子《こ》どもの成長《せいちょう》】

●ヒト

ヒト以外《いがい》のほ乳類《にゅうるい》は、乳《ち》ばなれすると、ひとりで食《た》べものをとれるようになる。ヒトがほかの動物《どうぶつ》と大《おお》きくちがう点《てん》は「乳《ち》ばなれしているが、まだおとなの世話《せわ》が必要《ひつよう》な、子《こ》どもの時期《じき》」があることだ。ヒトの脳《のう》が大《おお》きく、完全《かんぜん》に成長《せいちょう》するまでに長《なが》い時間《じかん》がかかるためにそうなったと考《かんが》えられている。

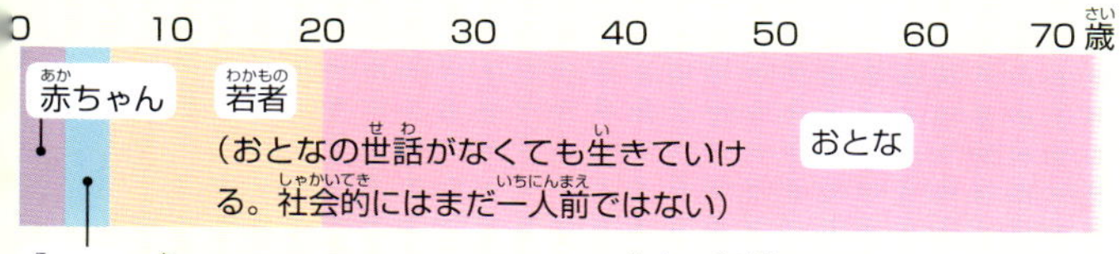
0　10　20　30　40　50　60　70 歳《さい》
赤《あか》ちゃん
若者《わかもの》
（おとなの世話《せわ》がなくても生《い》きていける。社会的《しゃかいてき》にはまだ一人前《いちにんまえ》ではない）
おとな
子《こ》ども（乳《ち》ばなれはしたが、まだおとなの世話《せわ》が必要《ひつよう》）

●チンパンジー

赤《あか》ちゃんは３歳《さい》くらいから母親《ははおや》の乳以外《ちちいがい》のものも口《くち》にするようになり、４～５歳《さい》からおとなの世話《せわ》がなくても生《い》きていける「若者《わかもの》」の時期《じき》に入《はい》る。そして 12 歳《さい》くらいから、群《む》れの中《なか》でおとなとしてあつかわれるようになる。メスは 10 ～ 14 歳《さい》になると、よその群《む》れに入《はい》る。

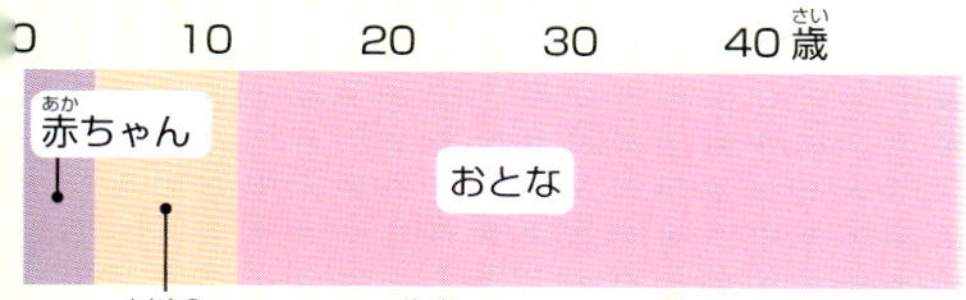
0　10　20　30　40 歳《さい》
赤《あか》ちゃん
おとな
若者《わかもの》（おとなの世話《せわ》がなくても生《い》きていける）

チンパンジーの母親《ははおや》は基本的《きほんてき》に自分《じぶん》ひとりで子育《こそだ》てをし、子《こ》どもが５歳《さい》くらいになると次《つぎ》の子《こ》を産《う》む。そのためチンパンジーには年《とし》の近《ちか》いきょうだいがいない。遊《あそ》び相手《あいて》は、群《む》れの中《なか》のほかのメスの子《こ》だ。

【ことばをあやつる】

ヒトの脳《のう》は、ことばを聞《き》き取《と》ったり話《はな》したりする部分《ぶぶん》が発達《はったつ》している。のどの構造《こうぞう》も、高《たか》い音《おと》から低《ひく》い音《おと》まで出《だ》せるようになっている。

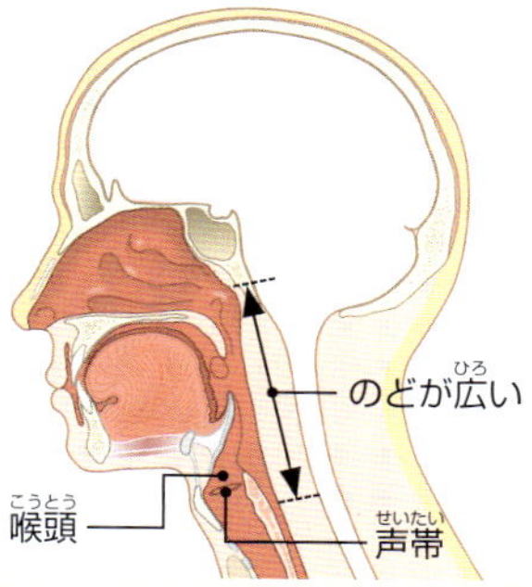
のどが広《ひろ》い
喉頭《こうとう》
声帯《せいたい》

●ヒト

喉頭《こうとう》（口《くち》の奥《おく》から気管《きかん》までの部分《ぶぶん》）には声帯《せいたい》があり、息《いき》を出《だ》し入《い》れすることで声《こえ》が出《で》る。ヒトは喉頭《こうとう》が低《ひく》い位置《いち》にあり、のどの空間《くうかん》が広《ひろ》いため、舌《した》やくちびるの動《うご》きと合《あ》わせていろいろな音《おと》を出《だ》すことができる。

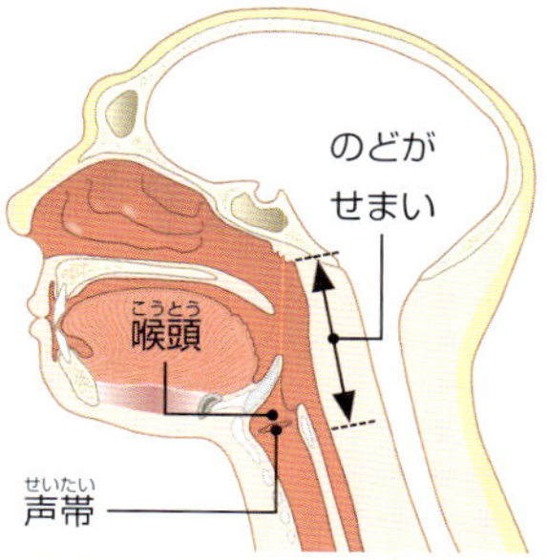
のどがせまい
喉頭《こうとう》
声帯《せいたい》

●ネアンデルタール人《じん》

脳《のう》の大《おお》きさ（➡115）からみると、ネアンデルタール人《じん》も言語《げんご》はもっていたと考《かんが》えられる。しかし、のどの空間《くうかん》がせまいため、ヒトのように声《こえ》の高《たか》さを変《か》えることはできなかっただろう。

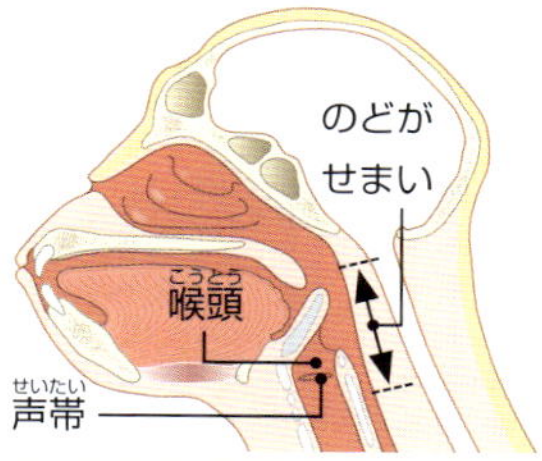
のどがせまい
喉頭《こうとう》
声帯《せいたい》

●チンパンジー

ヒトやネアンデルタール人《じん》よりは脳《のう》が小《ちい》さいが、ヒトのことばや手話《しゅわ》を理解《りかい》できる。しかしのどの空間《くうかん》がせまいため、声《こえ》の高低差《こうていさ》が小《ちい》さく、ヒトのようなことばは話《はな》せない。

赤緑紫黄橙
茶桃白灰

コンピュータの画面《がめん》に表示《ひょうじ》された色《いろ》を見《み》て、漢字《かんじ》で答《こた》える学習《がくしゅう》をするチンパンジー。文字《もじ》や数字《すうじ》を覚《おぼ》えて、あるていど使《つか》いこなすことができる。

ヒトだけがすること

ヒトだけができて、ほかの動物《どうぶつ》にはできないことはいろいろある。どれも脳《のう》の発達《はったつ》と結《むす》びついている。

●火《ひ》を使《つか》って調理《ちょうり》する

食《た》べものを火《ひ》で調理《ちょうり》すると、消化《しょうか》しやすくなる。栄養状態《えいようじょうたい》がよくなり、脳《のう》が大《おお》きくなることにつながった。また、かたい食《た》べものを口《くち》の中《なか》でかみ続《つづ》ける時間《じかん》が短《みじか》くなった分《ぶん》、ほかのことをするゆとりができたので、脳《のう》が発達《はったつ》したとも考《かんが》えられている。

●まねて学《まな》ぶ、積極的《せっきょくてき》に教《おし》える

ヒトのおとなは子《こ》どもに対《たい》して、「こうするんだよ、やってごらん」と積極的《せっきょくてき》にかかわる。そして子《こ》どもは、おとなのまねをするのがとてもじょうずだ。この「まねをする能力《のうりょく》」によって、はば広《ひろ》い知識《ちしき》や技能《ぎのう》を早《はや》く身《み》につけることができる。

子曰
學而時習之
不亦説乎
有朋自遠方來不亦樂乎
むかしむかし
あったとさ

●文字《もじ》を使《つか》う、記録《きろく》を残《のこ》す

文字《もじ》やことばで記録《きろく》を残《のこ》すと、今《いま》ここにいない相手《あいて》にも情報《じょうほう》を伝《つた》えることができる。きょりや時間《じかん》をこえて技術《ぎじゅつ》や知識《ちしき》を伝《つた》えられることが、文明《ぶんめい》の発達《はったつ》をおし進《すす》めた。

👁野生《やせい》のチンパンジーはさまざまな道具《どうぐ》を使《つか》う。ナッツを割《わ》るための石《いし》やシロアリをつるための棒《ぼう》など、地域《ちいき》によってちがう「文化《ぶんか》」がある。

歩《ある》く準備《じゅんび》は森《もり》の中《なか》で始《はじ》まった

初期猿人《しょきえんじん》と猿人《えんじん》

人類《じんるい》の歴史《れきし》で最初《さいしょ》に現《あらわ》れたのが、ラミダス猿人《えんじん》などの初期猿人《しょきえんじん》です。初期猿人《しょきえんじん》は森《もり》で暮《く》らしていました。約《やく》400万年前《まんねんまえ》から猿人《えんじん》が現《あらわ》れ、サバナに進出《しんしゅつ》しました。

森《もり》で暮《く》らしていたラミダス猿人《えんじん》

約《やく》450万年前《まんねんまえ》に現《あらわ》れたラミダス猿人《えんじん》は、木《き》に登《のぼ》って果実《かじつ》や昆虫《こんちゅう》などを食《た》べていたと考《かんが》えられている。骨盤《こつばん》の形《かたち》から、地上《ちじょう》ではまっすぐに立《た》つことができたと考《かんが》えられている。

●長《なが》く力強《ちからづよ》いうで
うでや手《て》の指《ゆび》が長《なが》く、木《き》登《のぼ》りが得意《とくい》だったようだ。
【なぜ立《た》つようになった?】
2本《ほん》の足《あし》で立《た》つと両手《りょうて》があくので、果実《かじつ》を取《と》ったり運《はこ》んだりするのに便利《べんり》だ、ということが理由《りゆう》のひとつとして考《かんが》えられている。
●枝《えだ》をつかめる足《あし》
親指《おやゆび》がほかの指《ゆび》と向《む》かい合《あ》っていて、類人猿《るいじんえん》のように足《あし》でものをつかむことができる。
●ラミダス猿人《えんじん》の骨《ほね》（エチオピアで発見《はっけん》）
骨盤《こつばん》は上《うえ》のほうが横《よこ》に広《ひろ》く、2足歩行《そくほこう》に適《てき》した形《かたち》をしているが、下《した》のほうは類人《るいじん》猿《えん》のように細長《ほそなが》い形《かたち》だ。
長《なが》いうで
長《なが》い指《ゆび》
足《あし》の親指《おやゆび》はほかの指《ゆび》と向《む》き合《あ》っている。
●うでに比《くら》べて短《みじか》い足《あし》
この後《あと》に出《で》てくる人類《じんるい》とちがい、大《おお》またで歩《ある》くことはできなかった。
【男女《だんじょ》の体格差《たいかくさ》が小《ちい》さい】
男性《だんせい》どうしが女性《じょせい》をめぐって激《はげ》しく争《あらそ》うことがなく、男女《だんじょ》で協力《きょうりょく》して子《こ》どもの世話《せわ》をしたかもしれない。

『きみのからだが進化論《しんかろん》５　わたしはヒトで、人間《にんげん》で』：農山漁村文化協会《のうさんぎょそんぶんかきょうかい》

森《もり》を出《で》て食《た》べものを探《さが》した猿人《えんじん》

約《やく》400万年前《まんねんまえ》から、アフリカでは寒冷化《かんれいか》のために熱帯雨林《ねったいうりん》が少《すく》なくなり、サバナ（草原《そうげん》）が広《ひろ》がった。このころ現《あらわ》れた猿人《えんじん》たちは食《た》べものを求《もと》めて、飛《と》び飛《と》びにある森《もり》へ長《なが》いきょりを移動《いどう》しなければならなくなった。

【すたすた歩《ある》くアファール猿人《えんじん》】

370万《まん》～300万年前《まんねんまえ》のアフリカにいた。ほぼ全身《ぜんしん》の骨格《こっかく》や足跡《あしあと》の化石《かせき》が見《み》つかっていて、効率《こうりつ》のよい2足歩行《そくほこう》ができたことがわかっている。

●小《ちい》さい脳《のう》
脳《のう》の大《おお》きさは、類人猿《るいじんえん》とあまり変《か》わらない。

●がんじょうなうで
木登《きのぼ》りや、木《き》の枝《えだ》にぶら下《さ》がるのが得意《とくい》だったようだ。

●大《おお》きな臼歯《きゅうし》
果実《かじつ》のほか、植物《しょくぶつ》の地下茎《ちかけい》や種子《しゅし》など、かたいものも食《た》べていたことが、歯《は》からわかる。

●ものをつかめる手《て》
類人猿《るいじんえん》に比《くら》べて親指《おやゆび》が長《なが》く、ほかの指《ゆび》は短《みじか》い。木《き》の棒《ぼう》などをうまくつかむことができたと考《かんが》えられる。

●しっかりしたかかと
かかとの骨《ほね》が大《おお》きく、大《おお》またで歩《ある》いたときのショックを受《う》け止《と》められる。

●タンザニアで発見《はっけん》された3人《にん》の足跡《あしあと》の化石《かせき》
親指《おやゆび》の付《つ》け根《ね》とかかとに体重《たいじゅう》が集中《しゅうちゅう》し、わたしたちヒトと同《おな》じように土《つち》ふまず(➡117)があったことがわかる。右側《みぎがわ》の足跡《あしあと》は、ふたり分が重《かさ》なっている。

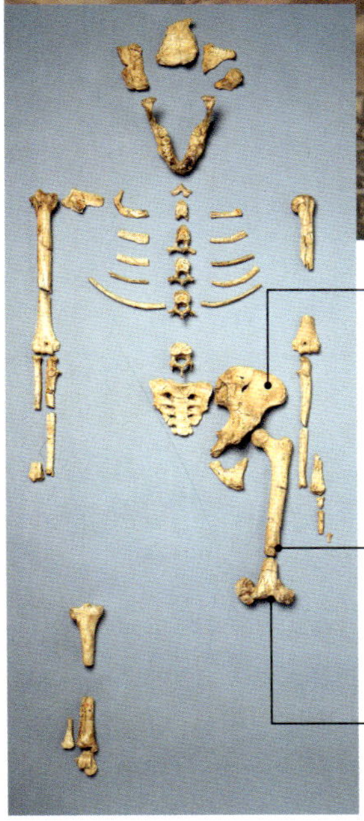

●アファール猿人《えんじん》「ルーシー」の骨《ほね》(エチオピアで発見《はっけん》)

骨盤《こつばん》は横《よこ》に広《ひろ》く、歩《ある》くときに左右《さゆう》のバランスをとることができた。

ふとももの骨《ほね》が、下《した》にいくほど体《からだ》の中心線《ちゅうしんせん》に近《ちか》づく。二足歩行《にそくほこう》をしていた証拠《しょうこ》だ。

ひざの関節《かんせつ》が大《おお》きく、立《た》ったときに体重《たいじゅう》を支《ささ》えられる。

【がんじょうなあごをもつボイセイ猿人《えんじん》】(➡115)

230万《まん》～140万年前《まんねんまえ》のアフリカにいた。チンパンジーの2倍以上《ばいいじょう》もある大《おお》きな臼歯《きゅうし》をもち、かたい種子《しゅし》や植物《しょくぶつ》の地下茎《ちかけい》を食《た》べていたと考《かんが》えられている。

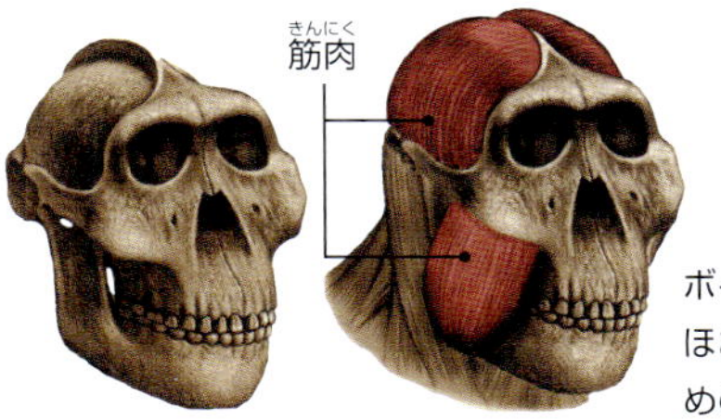

ボイセイ猿人《えんじん》は、頭《あたま》のてっぺんからほおにかけて、かたいものをかむための筋肉《きんにく》が発達《はったつ》していた。

地下茎《ちかけい》を食《た》べるボイセイ猿人《えんじん》

「ルーシー」の名《な》は、発見《はっけん》された当時《とうじ》、発掘現場《はっくつげんば》に流《なが》れていたビートルズの曲《きょく》「ルーシー・イン・ザ・スカイ・ウィズ・ダイアモンズ」にちなんでつけられた。

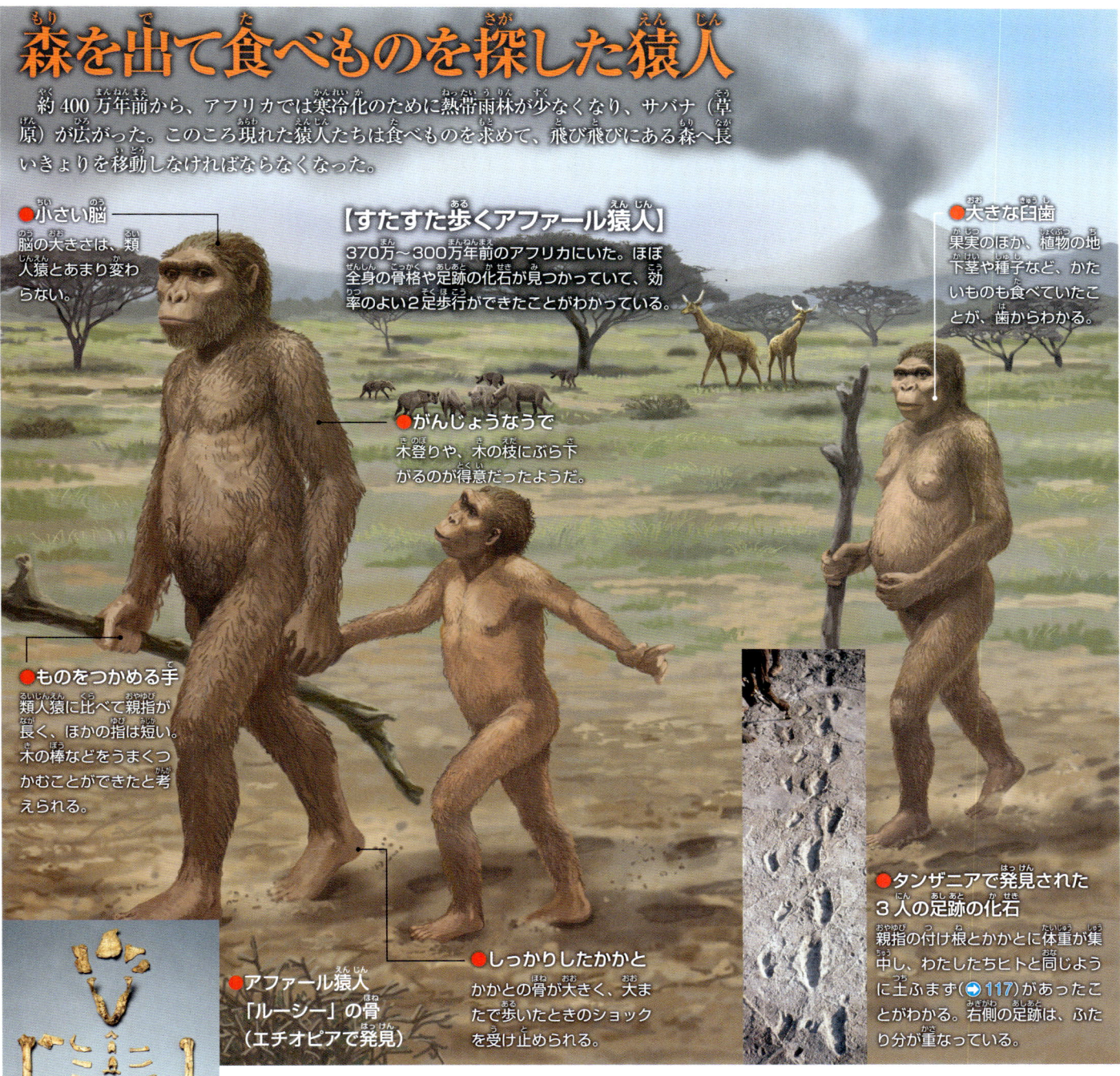

アフリカを出《で》た原人《げん》《じん》

原人《げんじん》　約《やく》240万年前《まんねんまえ》、「原人《げんじん》」の段階《だんかい》の人類《じんるい》が現《あらわ》れました。体《からだ》つきは現代人《げんだいじん》により近《ちか》くなり、石器《せっき》を使《つか》うようになりました。

石器《せっき》を使《つか》って食《た》べものを加工《かこう》した

「ホモ」とは、ラテン語《ご》（ヨーロッパの古《ふる》いことば）で「人《ひと》」を意味《いみ》する。ホモ属《ぞく》のなかで、わりあい原始的《げんしてき》な特《とく》ちょうをもつものを原人《げんじん》という。初期《しょき》の原人《げんじん》（ホモ・ハビリス➡115）は脳《のう》がそれほど大《おお》きくなかったが、手先《てさき》が器用《きよう》で石器《せっき》をつくっていた。

図《ず》は、約《やく》180万年前《まんねんまえ》にアフリカに現《あらわ》れたホモ・エレクトスだ。ホモ・エレクトスは猿人《えんじん》より脳《のう》が大《おお》きく、足《あし》が長《なが》くなり、遠《とお》くまで食《た》べものをとりに行《い》けるようになった。

●ものを正確《せいかく》に投《な》げられる肩《かた》

肩《かた》や腰《こし》の関節《かんせつ》の形《かたち》から、ねらった相手《あいて》に対《たい》して正確《せいかく》にものを投《な》げつけることができたと考《かんが》えられている。

●大《おお》きな鼻《はな》

吸《す》いこんだ息《いき》に、鼻《はな》の中《なか》でしめり気《け》をあたえることができる。暑《あつ》く乾燥《かんそう》したところで、脱水状態《だっすいじょうたい》にならずに活動《かつどう》できる。

【肉食《にくしょく》のはじまり】

原人《げんじん》たちは、自然《しぜん》に死《し》んだ動物《どうぶつ》の肉《にく》や、肉食動物《にくしょくどうぶつ》の食《た》べ残《のこ》しを食《た》べるようになった。約《やく》190万年前《まんねんまえ》からは、狩《か》りもするようになったと考《かんが》えられている。肉《にく》は植物《しょくぶつ》に比《くら》べて栄養価《えいようか》が高《たか》いため、ホモ・エレクトスの脳《のう》が大《おお》きくなったのだろう。

●器用《きよう》な手《て》

親指《おやゆび》が長《なが》く、力強《ちからづよ》くなり、指先《ゆびさき》でしっかりものをつかむことができるようになった。

石器《せっき》づくりが始《はじ》まる

最《もっと》も古《ふる》い石器《せっき》は約《やく》250万年前《まんねんまえ》の遺跡《いせき》から見《み》つかったもので、初期《しょき》の原人《げんじん》がつくったと考《かんが》えられている。約《やく》160万年前《まんねんまえ》にはハンドアックスという、手《て》で持《も》って使《つか》うおのが登場《とうじょう》し、100万年《まんねん》ものあいだ使《つか》われ続《つづ》けた。

●最《もっと》も古《ふる》いタイプの石器《せっき》

石《いし》を、別《べつ》の石《いし》で打《う》ち欠《か》いてつくる。原人《げんじん》の時代《じだい》に歯《は》が小《ちい》さくなったのは、肉《にく》や植物《しょくぶつ》の地下茎《ちかけい》などの食《た》べものを、石器《せっき》で小《ちい》さく刻《きざ》んで食《た》べるようになったことも関係《かんけい》あると考《かんが》えられている。（➡114）

左右《さゆう》がほぼ対称《たいしょう》で、整《ととの》った形《かたち》をしている。

●ハンドアックス

石《いし》のまわりを骨《ほね》や石《いし》のハンマーでたたき、するどい刃《は》をつけていく。うまく割《わ》れそうな石《いし》を選《えら》び、できあがりの形《かたち》をイメージしながら正確《せいかく》にハンマーでたたく必要《ひつよう》がある。

●ハンドアックスのつくり方《かた》

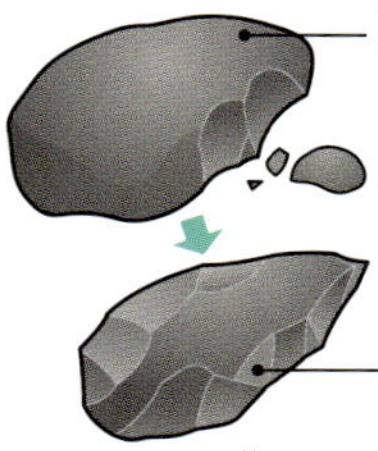
原石《げんせき》
刃《は》がうすくなるようハンマーで打《う》ち欠《か》く。

📖『ヒトの進化《しんか》のひみつ』: 学習研究社《がくしゅうけんきゅうしゃ》

●長《なが》いきょりを走《はし》れる長《なが》い足《あし》

歩《ほ》はばが大《おお》きくなり、効率《こうりつ》よく歩《ある》いたり走《はし》ったりできた。

●全身《ぜんしん》にあせをかく

あせは蒸発《じょうはつ》するときに熱《ねつ》をうばうので、長時間《ちょうじかん》走《はし》っても体温《たいおん》が高《たか》くなりすぎない。背《せ》がすらりと高《たか》くなったことも、体《からだ》の表《ひょう》面積《めんせき》を広《ひろ》くして体温《たいおん》を下《さ》げるのに役立《やくだ》った。

ユーラシア大陸《たいりく》に広《ひろ》がった原人《げんじん》

約《やく》180万年前《まんねんまえ》、ホモ・エレクトスの一部《いちぶ》はアフリカを出《で》た。そして西南《せいなん》アジアをへて、ヨーロッパや東南《とうなん》アジアまでたどりついた。

約《やく》60万年前《まんねんまえ》にはアフリカで旧人《きゅうじん》が現《あらわ》れ、さらに約《やく》20万年前《まんねんまえ》には新人《しんじん》が現《あらわ》れて世《せ》界各地《かいかくち》に広《ひろ》がっていく。原人《げんじん》が暮《く》らす地域《ちいき》は少《すこ》しずつせばまっていったが、それでも1万年《まんねん》くらい前《まえ》まで、アジアの一部《いちぶ》に残《のこ》っていた。

ヨーロッパ

スペインでは120万《まん》～80万年前《まんねんまえ》の骨《ほね》が、イギリスでは約《やく》100万年前《まんねんまえ》の石器《せっき》が見《み》つかっている。顔《かお》の骨《ほね》の特《とく》ちょうが現代的《げんだいてき》であることから、ホモ・アンテセッソールという別《べつ》の種《しゅ》に分類《ぶんるい》する研究者《けんきゅうしゃ》もいる。

ジョージア

ジョージアのドマニシ遺跡《いせき》は約《やく》180万《まん》年前《ねんまえ》のものとされ、アフリカ以外《いがい》では最《もっと》も古《ふる》い。

中国《ちゅうごく》

周口店《しゅうこうてん》などの遺跡《いせき》から80万《まん》～40万年前《まんねんまえ》の骨《ほね》が見《み》つかり、北京原《ペキンげん》人《じん》とよばれている。

●北京原人《ペキンげんじん》

脳《のう》の大《おお》きさは900～1200cm³ほど。大《おお》きな顔《かお》と平《ひら》たい頭《あたま》が特《とく》ちょう。

●澎湖人《ほうこじん》

台湾海峡《たいわんかいきょう》の海底《かいてい》からあごの骨《ほね》と歯《は》が見《み》つかり、2015年《ねん》に「アジアで4番目《ばんめ》の原人《げんじん》」と発表《はっぴょう》された。

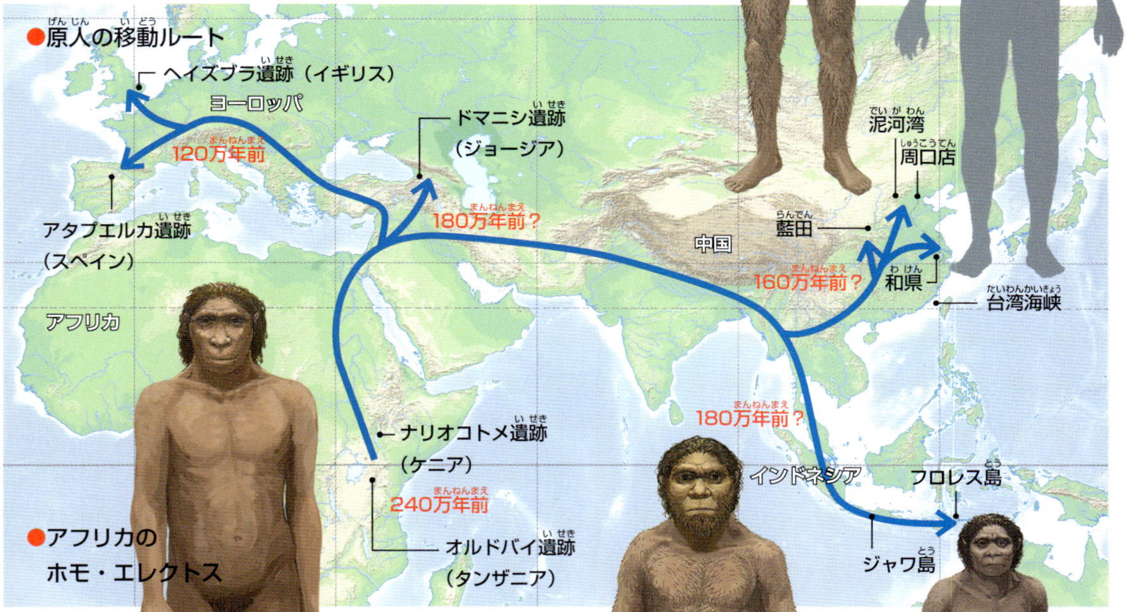
●原人《げんじん》の移動《いどう》ルート
ヘイズブラ遺跡《いせき》（イギリス）
ヨーロッパ
120万年前《まんねんまえ》
アタプエルカ遺跡《いせき》
（スペイン）
ドマニシ遺跡《いせき》
（ジョージア）
180万年前《まんねんまえ》？
アフリカ
ナリオコトメ遺跡《いせき》
（ケニア）
240万年前《まんねんまえ》
オルドバイ遺跡《いせき》
（タンザニア）
中国
泥河湾《でいがわん》
周口店《しゅうこうてん》
藍田《らんでん》
160万年前《まんねんまえ》？
和県《わけん》
台湾海峡《たいわんかいきょう》
180万年前《まんねんまえ》？
インドネシア
フロレス島《とう》
ジャワ島《とう》

●アフリカのホモ・エレクトス

インドネシア

ジャワ島《とう》で170万《まん》～100万年前《まんねんまえ》の骨《ほね》が見《み》つかり、ジャワ原人《げんじん》とよばれている。フロレス島《とう》からは、約《やく》1万《まん》7000年前《ねんまえ》まで生《い》きていた原人《げんじん》の骨《ほね》が発見《はっけん》され、ホモ・フロレシエンシスと名《な》づけられた。

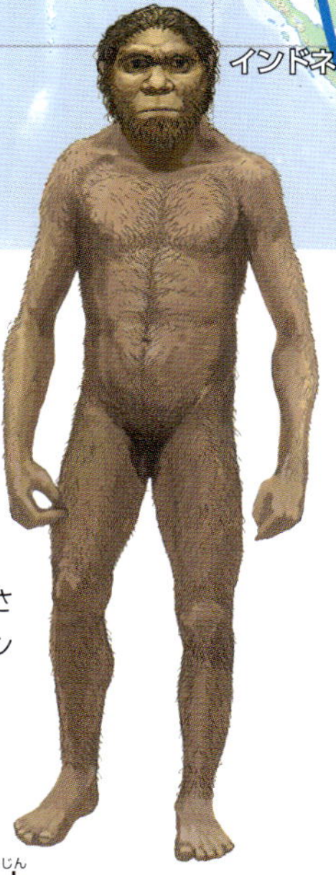

●ジャワ原人《げんじん》

発見当時《はっけんとうじ》はピテカントロプス・エレクトスと名《な》づけられたが、現在《げんざい》はホモ・エレクトスに分類《ぶんるい》されている。

●ホモ・フロレシエンシス

身長《しんちょう》110cm、脳《のう》の大《おお》きさは420cm³と小《ちい》さいが、石器《せっき》をつくっていた。フロレス島《とう》は小《ちい》さい島《しま》で食《た》べものが少《すく》ないので、ジャワ島《とう》にいた原人《げんじん》が小型化《こがたか》したと考《かんが》えられている。

アフリカ

ケニアやエチオピアなどで骨《ほね》が発見《はっけん》されている。アジアのホモ・エレクトスに比《くら》べて背《せ》が高《たか》く足《あし》が長《なが》いため、ホモ・エルガステルという別《べつ》の種《しゅ》に分類《ぶんるい》する研究《けんきゅう》者《しゃ》もいる。

老人《ろうじん》を支《ささ》える社会《しゃかい》があった!?

ジョージアのドマニシ遺跡《いせき》から発見《はっけん》されたホモ・エレクトスの頭骨《とうこつ》（写真《しゃしん》）は、老人《ろうじん》のものだった。あごの骨《ほね》のようすから、歯《は》が1本《ぽん》もない状態《じょうたい》で数年《すうねん》生《い》きていたことがわかった。まわりの人《ひと》がやわらかい食《た》べものをあたえていたのだろう。

2012年《ねん》に南《みなみ》アフリカの洞窟《どうくつ》で、約《やく》100万年前《まんねんまえ》の灰《はい》や焼《や》けた動物《どうぶつ》の骨《ほね》が見《み》つかった。人類《じんるい》が火《ひ》を使用《しよう》した最《もっと》も古《ふる》い証拠《しょうこ》と考《かんが》えられている。

人類の進化➡114 脳の進化➡118

高《たか》い知能《ちのう》をもつネアンデルタール人《じん》

旧人《きゅうじん》

アフリカで旧人《きゅうじん》とよばれる段階《だんかい》の人類《じんるい》が生《う》まれ、ユーラシア大陸《たいりく》に広《ひろ》がりました。旧人《きゅうじん》のうち、ヨーロッパ周辺《しゅうへん》にいたのがネアンデルタール人《じん》です。

ずんぐりした体《からだ》と大《おお》きな脳《のう》

ネアンデルタール人《じん》は、35万《まん》～4万年前《まんねんまえ》ものあいだ、ヨーロッパや西《にし》アジアで繁栄《はんえい》していた旧人《きゅうじん》だ。現代人《げんだいじん》よりも足《あし》は短《みじか》めで胸《むね》が厚《あつ》く、寒《さむ》い気候《きこう》に適《てき》した体《からだ》つきだった。

●**たくましい体《からだ》つき**
肩《かた》はばが広《ひろ》く、うでや足《あし》の筋肉《きんにく》が発達《はったつ》していた。

●**大《おお》きな頭《あたま》**
脳《のう》は現代人《げんだいじん》よりやや大《おお》きかった。ひたいがせまく、まゆの上《うえ》の骨《ほね》が大《おお》きくはり出《だ》している。

●**大《おお》きな鼻《はな》**
吸《す》いこんだ冷《つめ》たい空気《くうき》を、鼻《はな》の中《なか》で温《あたた》めて肺《はい》に送《おく》ることができた。

●**接近戦《せっきんせん》をいどんだ？**
男女《だんじょ》ともに、上半身《じょうはんしん》に骨折《こっせつ》のあとがある骨《ほね》が多《おお》く出《で》ている。しげみを利用《りよう》して獲物《えもの》に近《ちか》づき、狩《か》りをしたときのけがと考《かんが》えられている。

●**明《あか》るい色《いろ》の髪《かみ》と白《しろ》いはだ**
遺伝子《いでんし》を調《しら》べた結果《けっか》、髪《かみ》は金色《きんいろ》や赤《あか》みがかった色《いろ》で、はだは白《しろ》かった可能性《かのうせい》が高《たか》い。北《きた》の地域《ちいき》では、白《しろ》いはだのほうが紫外線《しがいせん》を吸収《きゅうしゅう》し健康《けんこう》を保《たも》つのに役立《やくだ》つ。

ネアンデルタール人《じん》の祖先《そせん》であるホモ・ハイデルベルゲンシスは、ユーラシア大陸《たいりく》の森林《しんりん》やサバナに暮《く》らしていた。ネアンデルタール人《じん》も、森《もり》と草原《そうげん》が入《い》りまじった環境《かんきょう》で、マンモスや野生《やせい》のウシ、シカなど大型《おおがた》から中型《ちゅうがた》の動物《どうぶつ》を狩《か》っていたと考《かんが》えられる。

『生命大躍進《せいめいだいやくしん》』: NHK 出版《しゅっぱん》

ネアンデルタール人《じん》の文化《ぶんか》

1900年代《ねんだい》のはじめ、ネアンデルタール人《じん》は「やばんな原始《げんし》人《じん》」とされ、知能《ちのう》がおとっていたために新人《しんじん》のクロマニヨン人《じん》(➡126)に滅《ほろ》ぼされたと考《かんが》えられていた。しかし研究《けんきゅう》が進《すす》むにつれ、知能《ちのう》や行動《こうどう》にそれほど大《おお》きな差《さ》はなかったことがわかってきた。

【身《み》をかざる】

絵《え》の具皿《ぐざら》のように、赤《あか》や黒《くろ》の鉱物《こうぶつ》のつぶがついた貝《かい》がらが見《み》つかっている。目的《もくてき》はわからないが、ネアンデルタール人《じん》が体《からだ》に色《いろ》をぬるときに使《つか》ったと考《かんが》える人《ひと》もいる。

スペインの洞窟《どうくつ》では、穴《あな》があいてオレンジ色《いろ》の絵《え》の具《ぐ》のようなものがついている貝《かい》がらが見《み》つかった。ペンダントとして使《つか》われたのかもしれない。

【石器《せっき》のつくり方《かた》が進歩《しんぽ》する】

原人《げんじん》の時代《じだい》(➡122)は1つの石《いし》から1つの石器《せっき》しかできなかったが、ネアンデルタール人《じん》は1つの石《いし》から複数《ふくすう》の石器《せっき》を連続《れんぞく》してつくりだす方法《ほうほう》を考《かんが》えだした。

●石器《せっき》のつくり方《かた》

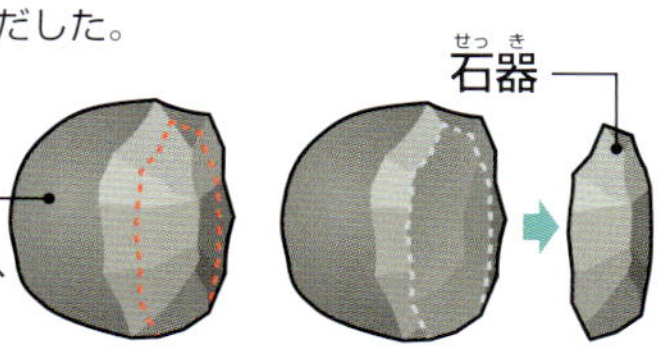

石核《せっかく》

石器《せっき》がはがれやすいよう、たたいて整《ととの》えておく。

石核《せっかく》のはしを決《き》まった角度《かくど》でたたいて、小《ちい》さな石器《せっき》をはぎとる。

●ネアンデルタール人《じん》の石器《せっき》

尖頭器《せんとうき》

やり先《さき》などにつけて獲物《えもの》につきさすため、先《さき》がとがっている。

スクレーパー

ものを切《き》ったり、肉《にく》を皮《かわ》からかき取《と》ったりするための石器《せっき》と考《かんが》えられている。

【死者《ししゃ》をほうむる】

体《からだ》を折《お》り曲《ま》げたかっこうの骨《ほね》が、各地《かくち》の遺跡《いせき》から見《み》つかっている。死《し》んだ人《ひと》をていねいにうめる行動《こうどう》は、人間《にんげん》らしい心《こころ》の表《あらわ》れとされる。植物《しょくぶつ》の花粉《かふん》がいっしょに見《み》つかった遺跡《いせき》もあることから、死《し》んだ人《ひと》に花《はな》を供《そな》えたのだろうと考《かんが》える人《ひと》もいる。

フランスのラ・シャペル・オ・サン遺跡《いせき》で見《み》つかった、ネアンデルタール人《じん》の骨《ほね》。ひざを曲《ま》げた状態《じょうたい》でうめられている。

ネアンデルタール人《じん》は、なぜほろびた?

クロマニヨン人《じん》がヨーロッパに広《ひろ》がり始《はじ》めたのは約《やく》5万《まん》年前《ねんまえ》だ。そのころからネアンデルタール人《じん》はだんだん少《すく》なくなり、4万年前《まんねんまえ》に姿《すがた》を消《け》した。力《ちから》が強《つよ》く、知能《ちのう》もかなり高《たか》かったはずなのに、なぜ絶《ぜつ》滅《めつ》してしまったのだろう。

当時《とうじ》のヨーロッパは寒冷化《かんれいか》と乾燥化《かんそうか》が進《すす》み、森林《しんりん》が草原《そうげん》に変《か》わっていった。気候《きこう》や環《かん》境《きょう》の変化《へんか》に加《くわ》え、クロマニヨン人《じん》という競争相手《きょうそうあいて》の登場《とうじょう》が絶滅《ぜつめつ》を早《はや》めたのかもしれない。

ネアンデルタール人《じん》

■ネアンデルタール人《じん》が得意《とくい》とする、木《き》のかげにかくれて獲物《えもの》を待《ま》ちぶせする狩《か》りが成功《せいこう》しにくくなった。

■クロマニヨン人《じん》に比《くら》べると、食《た》べるものの種類《しゅるい》が少《すく》なかった。それまでの獲物《えもの》がとれなくなったとき、代《か》わりの食《た》べものを見《み》つけるのが難《むずか》しかったのかもしれない。

■技術《ぎじゅつ》の進歩《しんぽ》は、クロマニヨン人《じん》に比《くら》べるとゆっくりだった。

クロマニヨン人《じん》

■開《ひら》けた場所《ばしょ》で狩《か》りをするのが得意《とくい》だった。

■大型《おおがた》の動物《どうぶつ》以外《いがい》にも、ウサギなどの小型動物《こがたどうぶつ》や貝《かい》、植物《しょくぶつ》など、いろいろなものを食《た》べていた。

■技術《ぎじゅつ》の進歩《しんぽ》がとても早《はや》かった。それまでの獲物《えもの》が減《へ》っても、道具《どうぐ》を工夫《くふう》することで別《べつ》の食《た》べものを得《え》ることができ、生《い》きのびた。

現代《げんだい》のアジアとヨーロッパの人《ひと》のDNA《ディーエヌエー》には、ネアンデルタール人《じん》と一部共通《いちぶきょうつう》する部分《ぶぶん》がある。新人《しんじん》とネアンデルタール人《じん》が交《まじ》わった証拠《しょうこ》とされる。

人類の進化➡114　脳の進化➡118　旧人➡124

ヒトが世界中《せかいじゅう》に広《ひろ》がる

新人《しんじん》　約《やく》20万年前《まんねんまえ》のアフリカで、新人《しんじん》が現《あらわ》れました。旧人《きゅうじん》と比《くら》べて頭《あたま》が丸《まる》く、顔《かお》が小《ち》さめの、わたしたちヒト（ホモ・サピエンス）のことです。ヒトは約《やく》7万年前《まんねんまえ》にアフリカから世界中《せかいじゅう》に広《ひろ》がりました。

場所《ばしょ》ごとにさまざまな工夫《くふう》をした

更新世《こうしんせい》(260万《まん》～1万年前《まんねんまえ》)に入《はい》ると地球《ちきゅう》は寒《さむ》くなり、氷河時代《ひょうがじだい》になった。約《やく》70万年前《まんねんまえ》からは、北極《ほっきょく》や南極《なんきょく》の周辺《しゅうへん》に氷河《ひょうが》が発達《はったつ》する氷期《ひょうき》と間氷期《かんぴょうき》（氷期《ひょうき》と氷期《ひょうき》のあいだの温暖《おんだん》な時期《じき》）が、10万年《まんねん》ほどの周期《しゅうき》でくりかえすようになった。アフリカを出《で》たヒトは、それまでとちがう環境《かんきょう》や変化《へんか》する気候《きこう》に合《あ》わせて、食《た》べものや着《き》るものを工夫《くふう》し、便利《べんり》な新《あたら》しい道具《どうぐ》をつくった。

アフリカ中部《ちゅうぶ》

動物《どうぶつ》の骨《ほね》でつくられたもりとナマズの骨《ほね》が見《み》つかっている。もりは獲物《えもの》がぬけないように、先《さき》がぎざぎざになっている。成魚《せいぎょ》の頭《あたま》の骨《ほね》が多《おお》く見《み》つかることから、ナマズが産卵《さんらん》のため岸辺《きしべ》に集《あつ》まる時期《じき》をねらって漁《りょう》をし、胴体《どうたい》を切《き》り取《と》ったようだ。

コンゴ民主共和国《みんしゅきょうわこく》のカタンダ遺跡《いせき》から見《み》つかった骨製《ほねせい》のもり先《さき》(9万《まん》～8万年前《まんねんまえ》)。長《なが》さは約《やく》14cm。

●ヒトの移動《いどう》ルート
アジア
ヨーロッパ
メジリチ遺跡《いせき》
(ウクライナ)
マリタ遺跡《いせき》（ロシア）
4万年前《まんねんまえ》？
4万《まん》5000年前《ねんまえ》？
4万年前《まんねんまえ》？
10万年前《まんねんまえ》？
10万《まん》～7万年前《まんねんまえ》？
1万《まん》8000年
アフリカ
20万年前《まんねんまえ》？
4万年
カタンダ遺跡《いせき》
(コンゴ民主共和国《みんしゅきょうわこく》)
オーストラリ
ブロンボス洞窟《どうくつ》
(南《みなみ》アフリカ)
4万《まん》5000

アフリカ南部《なんぶ》

模様《もよう》が刻《きざ》まれた赤《あか》い顔料《がんりょう》（天然《てんねん》の絵《え》の具《ぐ》）のかたまりが見《み》つかっている。模様《もよう》の意味《いみ》はわからないが、美術的《びじゅつてき》な表現《ひょうげん》のはじまりと考《かんが》えられている。

●7万《まん》5000年前《ねんまえ》の顔料《がんりょう》

南《みなみ》アフリカのブロンボス洞窟《どうくつ》から見《み》つかった。

オーストラリア

ヒトが東南《とうなん》アジアからオーストラリア大陸《たいりく》にやってきたのは約《やく》4万《まん》5000年前《ねんまえ》。タケなどでつくったいかだで、海《うみ》をわたったのだろうと考《かんが》えられている。鳥《とり》を狩《か》るのに使《つか》うブーメランや、投槍器《とうそうき》などが使《つか》われていた。

●投槍器《とうそうき》の使《つか》い方《かた》

手《て》で投《な》げるよりも、遠《とお》くまで正確《せいかく》にやりを飛《と》ばすことができる。

ブーメラン（矢印《やじるし》）がえがかれた壁画《へきが》。

オセアニアの島《しま》じま

3000～2800年前《ねんまえ》、フィジー諸島《しょとう》やトンガ、サモアなどに、東南《とうなん》アジアからヒトがわたってきた。さらに1200～900年前《ねんまえ》には、ツアモツ諸島《しょとう》やマルケサス諸島《しょとう》をへて、ハワイ諸島《しょとう》やラパ・ヌイ島《とう》（イースター島《とう》）にたどり着《つ》いた。

●大型《おおがた》のカヌー

ハワイなどへの移住《いじゅう》に使《つか》われたと考《かんが》えられる（写真《しゃしん》は復元模型《ふくげんもけい》）。当時《とうじ》のヒトたちは、太陽《たいよう》や星《ほし》の位置《いち》などを手《て》がかりに約《やく》4000kmものきょりを航海《こうかい》する、すぐれた技術《ぎじゅつ》をもっていた。

『グレートジャーニー探検記《たんけんき》』: 徳間書店《とくましょてん》

ヨーロッパ

新人《しんじん》のうち、ヨーロッパに住《す》みついた集団《しゅうだん》をクロマニヨン人《じん》とよぶ。約《やく》4万《まん》5000年《ねん》前《まえ》にヨーロッパにやってきて、ネアンデルタール人《じん》（➡ 124）にとってかわった。楽器《がっき》や壁画《へきが》などが見《み》つかっている。また、ユーラシア大陸北部《たいりくほくぶ》は洞窟《どうくつ》が少《すく》ないため、ヒトはマンモスの骨《ほね》で家《いえ》をつくって住《す》んだ。

●マンモスの骨《ほね》を使《つか》った家《いえ》

ウクライナのメジリチ遺跡《いせき》で見《み》つかった、約《やく》1万《まん》8000年前《ねんまえ》の住居《じゅうきょ》（復元模型《ふくげんもけい》）。直径《ちょっけい》は5mほど。木《き》の骨組《ほねぐ》みの上《うえ》に動物《どうぶつ》の毛皮《けがわ》をかぶせ、外側《そとがわ》にマンモスの骨《ほね》を置《お》いて固定《こてい》している。中《なか》で火《ひ》をたいて寒《さむ》さをしのいだのだろう。

ドイツの遺跡《いせき》から出《で》た骨製《ほねせい》のフルート（4万年前《まんねんまえ》）。

ロシア

ロシアは現在《げんざい》でも、冬《ふゆ》の月平均気温《つきへいきんきおん》がマイナス20℃近《ちか》くに下《さ》がるところもあり、とても寒《さむ》い。バイカル湖《こ》近《ちか》くのマリタ遺跡《いせき》からは、骨《ほね》でつくったぬい針《ばり》などが発見《はっけん》されていて、体《からだ》にぴったりした暖《あたた》かい服《ふく》がつくられていたと考《かんが》えられている。

細石刃《さいせきじん》

マリタ遺跡《いせき》からは、木《き》や骨《ほね》でつくったやりの先《さき》にみぞを掘《ほ》り、細石刃《さいせきじん》という小《ちい》さな刃《は》をつけた狩猟具《しゅりょうぐ》も出《で》ている。少《すこ》しの石材《せきざい》から多《おお》くの刃《は》をつくれるので、石器《せっき》づくりの効率《こうりつ》がさらによくなった。

人類《じんるい》としてはじめて南北《なんぼく》アメリカへ

2万《まん》7000～1万《まん》1000年前《ねんまえ》ごろ、ユーラシア大陸《たいりく》と北《きた》アメリカ大陸《たいりく》の間《あいだ》にあるベーリング海峡《かいきょう》は、氷期《ひょうき》で海水面《かいすいめん》が下《さ》がったために陸地《りくち》になっていた。ヒトは約《やく》2万《まん》5000年前《ねんまえ》にここまでやってきたが、北《きた》アメリカに発達《はったつ》していた氷河《ひょうが》に行《ゆ》く手《て》をさえぎられてしまった。しかし1万《まん》4000～1万《まん》2000年前《ねんまえ》に氷河《ひょうが》がとけ始《はじ》めると、どんどん南《みなみ》に進《すす》み、約《やく》1万《まん》2500年前《ねんまえ》には南《みなみ》アメリカのチリまで達《たっ》した。

●南《みなみ》アメリカの暮《く》らし

チリのモンテ・ベルデ遺《い》跡《せき》の想像図《そうぞうず》。遺跡《いせき》からは長《なが》さ20mほどの小屋《こや》のあとや、マストドン（ゾウのなかま）の骨《ほね》や海藻《かいそう》などが見《み》つかっている。

ベーリング海峡《かいきょう》
2万《まん》5000年前《ねんまえ》？
北《きた》アメリカ
1万《まん》4000～1万《まん》2000年前《ねんまえ》
ハワイ諸島《しょとう》
1200～1000年前《ねんまえ》
フィジー諸島《しょとう》
サモア
ツアモツ諸島《しょとう》
マルケサス諸島《しょとう》
1200～1100年前《ねんまえ》
トンガ
3000～2800年前《ねんまえ》
南《みなみ》アメリカ
ラパ・ヌイ島《とう》（チリ）
1000～900年前《ねんまえ》
1万《まん》2500年前《ねんまえ》
ニュージーランド
750年前《ねんまえ》
モンテ・ベルデ遺跡《いせき》（チリ）

氷期《ひょうき》は海《うみ》をわたるチャンス

間氷期《かんぴょうき》には、陸上《りくじょう》に降《ふ》った雨《あめ》や雪《ゆき》は海《うみ》にもどり、海《うみ》から蒸発《じょうはつ》した水《みず》が雲《くも》をつくって雨《あめ》を降《ふ》らせる（➡ 174）。しかし氷期《ひょうき》には、水《みず》が氷河《ひょうが》になって陸《りく》にとどまるため、海《うみ》の水《みず》が少《すく》なくなり、海水面《かいすいめん》が下《さ》がる。ヒトや動物《どうぶつ》たちが海《うみ》をわたって分布《ぶんぷ》を広《ひろ》げる助《たす》けになることもあるのだ。

気温《きおん》と海水面《かいすいめん》の変化《へんか》

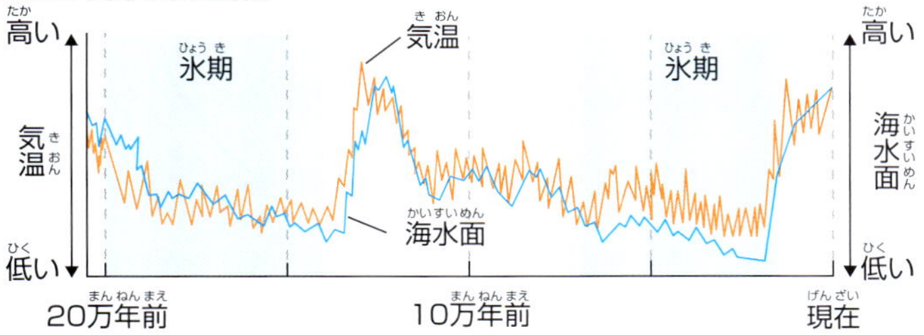
高《たか》い
低《ひく》い
気温《きおん》
氷期《ひょうき》
気温《きおん》
海水面《かいすいめん》
氷期《ひょうき》
高《たか》い
低《ひく》い
海水面《かいすいめん》
20万年前《まんねんまえ》
10万年前《まんねんまえ》
現在《げんざい》

日本列島《にほんれっとう》にヒトがやってきたのはいつ？

石器《せっき》が見《み》つかったことから、約《やく》4万《まん》年前《ねんまえ》には日本列島《にほんれっとう》にヒトが住《す》んでいたことがわかっている。今《いま》の日本人《にほんじん》の祖先《そせん》となったのは、約《やく》1万《まん》5000年前《ねんまえ》から日本《にほん》に住《す》んでいた縄文人《じょうもんじん》と、約《やく》2800年前《ねんまえ》にアジア大陸《たいりく》から来《き》た弥生人《やよいじん》だ。縄文人《じょうもんじん》については最近《さいきん》の研究《けんきゅう》で、シベリア方面《ほうめん》からわたってきた集団《しゅうだん》と、東南《とうなん》アジアや朝鮮半島《ちょうせんはんとう》からわたってきた集団《しゅうだん》がいることがわかった。

●沖縄《おきなわ》で発掘《はっくつ》された港川人《みなとがわじん》の復元模型《ふくげんもけい》

日本《にほん》で最《もっと》も古《ふる》いヒトの化石《かせき》は、沖縄県《おきなわけん》で発見《はっけん》された約《やく》1万《まん》8000年前《ねんまえ》の骨《ほね》で「港川人《みなとがわじん》」とよばれている。港川人《みなとがわじん》はオーストラリア先住民《せんじゅうみん》に顔立《かおだ》ちが似《に》ていて、この後《あと》、日本《にほん》にやってくる縄文人《じょうもんじん》とは別《べつ》の集団《しゅうだん》と考《かんが》えられている。

約《やく》6000年前《ねんまえ》の縄文時代《じょうもんじだい》は今《いま》より温暖《おんだん》だったため海水面《かいすいめん》が高《たか》く、内陸《ないりく》のほうまで海《うみ》だった。

恐竜の絶滅➡96　ビッグファイブ➡98

大型《おおがた》の動物《どうぶつ》が姿《すがた》を消《け》した

第《だい》6の絶滅《ぜつめつ》 地球《ちきゅう》の生《い》きものはこれまで、5回《かい》の大量絶滅《たいりょうぜつめつ》にみまわれてきました。そしてわたしたちヒトが現《あらわ》れてから、「6度目《どめ》の絶滅《ぜつめつ》」が起《お》きているといわれます。

絶滅《ぜつめつ》の原因《げんいん》はヒトと気候《きこう》の変化《へんか》

更新世《こうしんせい》の後期《こうき》（1万《まん》2000～1万年前《まんねんまえ》）に、約《やく》200種《しゅ》の動物《どうぶつ》が絶滅《ぜつめつ》した。その多《おお》くは大型《おおがた》のほ乳類《にゅうるい》だった。絶滅《ぜつめつ》の原因《げんいん》として、氷期《ひょうき》が終《お》わって急《きゅう》に暖《あたた》かくなり環境《かんきょう》が変化《へんか》したためという説《せつ》と、ヒトが乱獲《らんかく》したためという説《せつ》がある。どちらかだけが理由《りゆう》ではなく、地域《ちいき》によって事情《じじょう》はちがうようだ。

●ジャイアントバイソン

肩高約《けんこうやく》2m。更新世《こうしんせい》を通《つう》じて北《きた》アメリカ西部《せいぶ》にいた。巨大《きょだい》な角《つの》が特《とく》ちょうで、左《さ》右《ゆう》のはしまで2m以上《いじょう》あるものもいた。

【イヌを飼《か》いならす】

イヌはオオカミを家畜化《かちくか》したものだ。家畜化《かちくか》は、東《ひがし》アジアで約《やく》3万《まん》3000年前《ねんまえ》に始《はじ》まった。イヌが世界《せかい》に広《ひろ》まったのは1万《まん》5000～1万年《まんねん》前《まえ》と考《かんが》えられ、西《にし》アジア、アフリカ、ヨーロッパ、北《きた》アメリカなどの遺跡《いせき》でイヌの骨《ほね》が見《み》つかっている。ヒトはイヌの力《ちから》を借《か》りることで、狩《か》りがさらに成功《せいこう》しやすくなった。

【南北《なんぼく》アメリカ大陸《たいりく》で絶滅《ぜつめつ》した動物《どうぶつ》】

とくに北《きた》アメリカでは、1万年前《まんねんまえ》までに大型《おおがた》のほ乳類《にゅうるい》の約《やく》70%が絶滅《ぜつめつ》した。小型《こがた》のほ乳類《にゅうるい》がそれほど絶滅《ぜつめつ》していないことから、ヒトが獲物《えもの》としてとりすぎたことが大《おお》きな原因《げんいん》とされる。ただし、気候《きこう》の温暖化《おんだんか》も、かなりの影響《えいきょう》をあたえたと考《かんが》えられる。

●スミロドン

体長約《たいちょうやく》2m。更新世《こうしんせい》の南北《なんぼく》アメリカにいた大型《おおがた》のネコのなかま。長《なが》いきば（犬歯《けんし》）でマンモスなどにかみつき、出血《しゅっけつ》させてたおしたと考《かんが》えられている。

●ドエディクルス

全長約《ぜんちょうやく》4m。更新世《こうしんせい》の南《みなみ》アメリカにいた、史上最大《しじょうさいだい》のアルマジロのなかま。尾《お》の先《さき》は太《ふと》く、大《おお》きなとげのような骨《ほね》がたくさんついていた。草《くさ》など植物《しょくぶつ》を食《た》べていた。

●カストロイデス

史上最大《しじょうさいだい》のビーバーで、おとなは全長《ぜんちょう》2.5mにもなったと考《かんが》えられる。360万《まん》～1万年前《まんねんまえ》まで北《きた》アメリカにいた。現代《げんだい》のビーバーがつくるようなダムはつくらなかったらしい。

●マクラウケニア

肩高約《けんこうやく》1.6m。クジラ偶蹄目《ぐうていもく》（クジラやカバなど）や奇蹄目《きていもく》（ウマなど）と共通《きょうつう》の祖《そ》先《せん》から分《わ》かれ、南《みなみ》アメリカで独自《どくじ》の進化《しんか》をしたなかま。ゾウやバクのような長《なが》い鼻《はな》をもち、木《こ》の葉《は》や草《くさ》を食《た》べていた。

●メガテリウム

全長《ぜんちょう》5～6m。更新世《こうしんせい》の南《みなみ》アメリカにいた、史上《しじょう》最大《さいだい》のナマケモノのなかま。更新世《こうしんせい》には木《き》の上《うえ》ではなく、地上《ちじょう》で暮《く》らすナマケモノが多《おお》くいた。長《なが》い舌《した》を使《つか》って木《こ》の葉《は》を食《た》べたと考《かんが》えられている。

『小学館《しょうがくかん》の図鑑《ずかん》NEO《ネオ》 大《おお》むかしの生物《せいぶつ》』小学館《しょうがくかん》

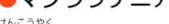

現代《げんだい》
完新世《かんしんせい》
新第三紀《しんだいさんき》
第四紀《だいよんき》
漸新世《ぜんしんせい》
中新世《ちゅうしんせい》
鮮新世《せんしんせい》
更新世《こうしんせい》

【アフリカ、ユーラシア大陸《たいりく》で絶滅《ぜつめつ》した動物《どうぶつ》】

地域《ちいき》によっては 20 ～ 30%の大型《おおがた》ほ乳類《にゅうるい》が絶滅《ぜつめつ》したといわれるが、気候《きこう》の変化《へんか》がおもな原因《げんいん》と考《かんが》えられている。アフリカやユーラシアの動物《どうぶつ》たちが北《きた》アメリカの動物《どうぶつ》ほど大規模《だいきぼ》に絶滅《ぜつめつ》しなかったのは、人類《じんるい》とともに生《い》きていた期間《きかん》が長《なが》いため、狩《か》られずににげのびる方法《ほうほう》を身《み》につけていたからかもしれない。

●シバテリウム

肩高《けんこう》2 ～ 2.2m。530万《まん》～ 1 万年前《まんねんまえ》まで、アフリカやユーラシア大陸《たいりく》に広《ひろ》く分布《ぶんぷ》していた。キリンのなかまだが首《くび》は短《みじか》い。サハラ砂漠《さばく》に、シバテリウムをえがいたと思《おも》われる壁《へき》画《が》の遺跡《いせき》があり、数千年前《すうせんねんまえ》まで生《い》きていたのかもしれない。

●ケナガマンモス

肩高《けんこう》3～3.5m。1万《まん》2000 ～ 1 万年前《まんねんまえ》にヨーロッパからアラスカまですんでいたゾウのなかま。長《なが》い毛《け》と厚《あつ》い皮下脂肪《ひかしぼう》、体《からだ》のわりに小《ちい》さい耳《みみ》をもち、寒《さむ》い気《き》候《こう》に適応《てきおう》していた。

【オーストラリアで絶滅《ぜつめつ》した動物《どうぶつ》】

オーストラリアには有袋類《ゆうたいるい》（➡105）という、おなかのふくろで子《こ》を育《そだ》てるほ乳類《にゅうるい》がいる。ここでも 1 万年前《まんねんまえ》までに大型《おおがた》の有袋類《ゆうたいるい》が絶滅《ぜつめつ》した。気候《きこう》の乾燥化《かんそうか》が進《すす》み、食《た》べられる植物《しょくぶつ》が減《へ》ったことが原因《げんいん》といわれるが、まだよくわかっていない。

●ディプロトドン

体長約《たいちょうやく》3m。530 万《まん》～ 1 万年前《まんねんまえ》に生《い》きていた、コアラやウォンバットに近《ちか》いなかま。開《ひら》けた林《はやし》や草原《そうげん》で植物《しょくぶつ》を食《た》べた。

●プロコプトドン

肩高約《けんこうやく》3m。78 万《まん》～ 1 万年前《まんねんまえ》にかけてオーストラリアにすんでいた、史《し》上最大《じょうさいだい》のカンガルー。草《そう》原《げん》や乾燥《かんそう》した土地《とち》で、草《くさ》を食《た》べていた。

加速《かそく》する絶滅《ぜつめつ》

更新世《こうしんせい》に起《お》きた絶滅《ぜつめつ》は、ヒト以外《いがい》に環境《かんきょう》の変化《へんか》も原因《げんいん》となっていた。しかし完新世《かんしんせい》（1 万年前《まんねんまえ》～現代《げんだい》）の絶滅《ぜつめつ》はちがう。乱獲《らんかく》、土地《とち》の開発《かいはつ》、本来《ほんらい》いなかった動物《どうぶつ》の持《も》ちこみなど、おもにヒトの活動《かつどう》によって、これまでにない速《はや》さで生《い》きものが絶滅《ぜつめつ》しているのだ。

●ドードー（最後《さいご》に見《み》られた年《とし》…1681年《ねん》）

インド洋《よう》のモーリシャス諸島《しょとう》にすんでいた、全長《ぜんちょう》約《やく》1m の飛《と》べない鳥《とり》。ヒトの食料《しょくりょう》にされたり、ヒトが持《も》ちこんだブタなどに卵《たまご》やひなをおそわれたりして絶滅《ぜつめつ》した。

●ステラーカイギュウ（1768 年《ねん》）

ベーリング海《かい》の西部《せいぶ》にいた、体長《たいちょう》8m のジュゴンのなかま。肉《にく》や皮《かわ》をとるために乱獲《らんかく》された。

●オオウミガラス（1844 年《ねん》）

北大西洋《きたたいせいよう》に広《ひろ》く分布《ぶんぷ》していた、全長約《ぜんちょうやく》80cm の飛《と》べない鳥《とり》。肉《にく》やあぶらをとるために乱獲《らんかく》された。数《かず》が少《すく》なくなると、標本《ひょうほん》が高《たか》値《ね》で取《と》り引《ひ》きされたので、ますますとらえられて絶滅《ぜつめつ》した。

●フクロオオカミ（1936 年《ねん》）

オーストラリアやタスマニア島《とう》にいた肉食《にくしょく》の有袋類《ゆうたいるい》で、体長約《たいちょうやく》1m。オーストラリアではヒトが持《も》ちこんで野生化《やせいか》したイヌ（ディンゴ）と獲物《えもの》のとり合《あ》いで敗《やぶ》れ、3000 年前《ねんまえ》に絶滅《ぜつめつ》した。タスマニア島《とう》では家畜《かちく》をおそうという理由《りゆう》で殺《ころ》された。

【絶滅《ぜつめつ》またはそのおそれがある動物《どうぶつ》の種数《しゅすう》】

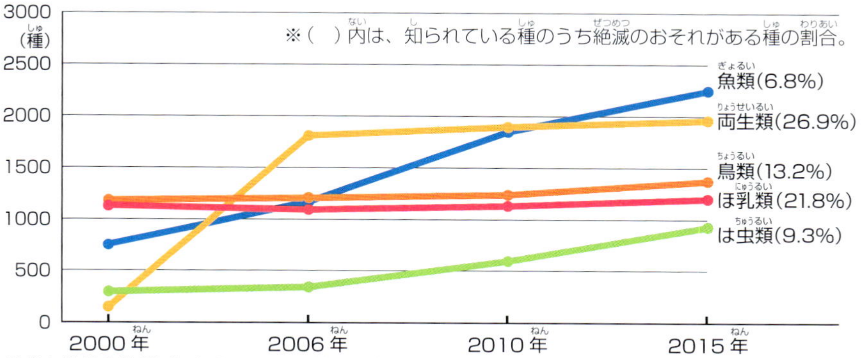

3000
(種《しゅ》)
2500
2000
1500
1000
500
0
※（　）内《ない》は、知《し》られている種《しゅ》のうち絶滅《ぜつめつ》のおそれがある種《しゅ》の割合《わりあい》。
魚類《ぎょるい》(6.8%)
両生類《りょうせいるい》(26.9%)
鳥類《ちょうるい》(13.2%)
ほ乳類《にゅうるい》(21.8%)
は虫類《ちゅうるい》(9.3%)
2000 年《ねん》
2006 年《ねん》
2010 年《ねん》
2015 年《ねん》

国際自然保護連合《こくさいしぜんほごれんごう》(IUCN《アイユーシーエヌ》) という機関《きかん》は、絶滅《ぜつめつ》のおそれがある世界《せかい》の動物《どうぶつ》や植物《しょくぶつ》を調《しら》べて発表《はっぴょう》している（レッドリスト）。グラフは、「絶滅《ぜつめつ》」「野生《やせい》では絶滅《ぜつめつ》」「絶滅《ぜつめつ》の可能性《かのうせい》がある」と評価《ひょうか》された動物《どうぶつ》の数《かず》だ。は虫類《ちゅうるい》や魚類《ぎょるい》は、調《しら》べられている種《しゅ》が少《すく》ないため、実際《じっさい》にはもっと多《おお》くの種《しゅ》が絶滅《ぜつめつ》の危機《きき》にあると考《かんが》えられる。

ケナガマンモスは、約《やく》6 万年前《まんねんまえ》と 2 万年前《まんねんまえ》の寒《さむ》い時期《じき》に日本《にほん》にもいた。氷期《ひょうき》が終《お》わると姿《すがた》を消《け》し、暖《あたた》かい気候《きこう》に適応《てきおう》したナウマンゾウがやってきた。

地《ち》球《きゅう》のいま

体《からだ》に残《のこ》る進化《しんか》の歴史《れきし》

地球上《ちきゅうじょう》に生命《せいめい》が誕生《たんじょう》してから現在《げんざい》まで、生活《せいかつ》する環境《かんきょう》に応《おう》じてさまざまな姿《すがた》や性質《せいしつ》をもつようになりました。その過程《かてい》がわかる器官《きかん》が体《からだ》に残《のこ》っています。

ヒトの体《からだ》にもあちこちに進化《しんか》のあとがある

原始的《げんしてき》な脊椎動物《せきついどうぶつ》が魚類《ぎょるい》やは虫類《ちゅうるい》などに姿《すがた》を変《か》え、ヒトもその流《なが》れの先《さき》にある。そのため、わたしたちの体《からだ》には、祖先《そせん》が水中《すいちゅう》で暮《く》らしていたときのあとや、進化《しんか》のなかで役割《やくわり》が少《すく》なくなっても残《のこ》っている器官《きかん》がある。

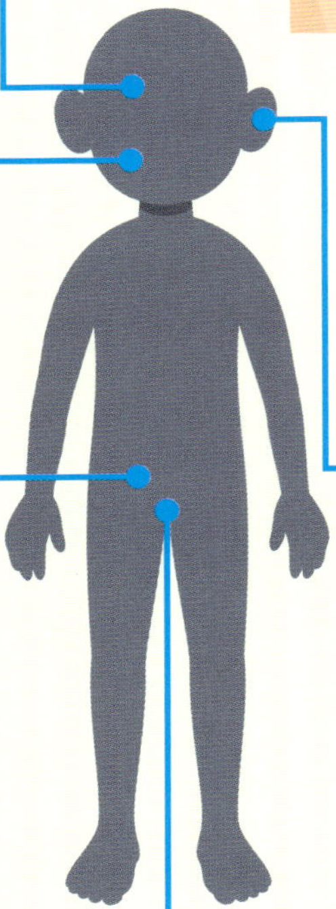

●なくなりつつある奥歯《おくば》

大昔《おおむかし》の人《ひと》びとはかたい木《こ》の実《み》や種子《しゅし》を食《た》べるために、大《おお》きな臼歯《きゅうし》と発達《はったつ》したあごが必要《ひつよう》だった。食《しょく》の変化《へんか》によりあごが小《ちい》さくなってきたため、いちばん奥《おく》の第《だい》３大臼歯《だいきゅうし》がななめに生《は》えたり、まったく生《は》えない人《ひと》もいる。

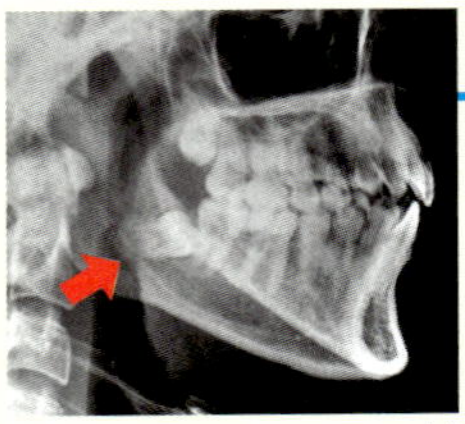

ヒトのあごのレントゲン写《しゃ》真《しん》。第《だい》３大臼歯《だいきゅうし》がななめに生《は》えてきてしまっている。

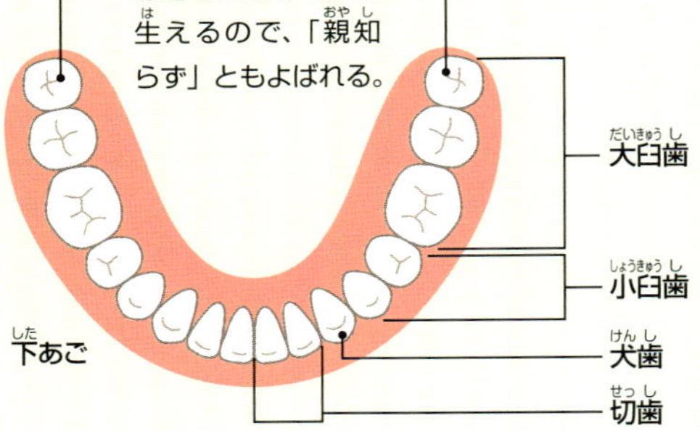
第《だい》３大臼歯《だいきゅうし》
おとなになってから生《は》えるので、「親知《おやし》らず」ともよばれる。
大臼歯《だいきゅうし》
小臼歯《しょうきゅうし》
犬歯《けんし》
切歯《せっし》
下《した》あご

●盲腸《もうちょう》の先《さき》の小《ちい》さなふくろ

盲腸《もうちょう》は植物《しょくぶつ》を分解《ぶんかい》するために必要《ひつよう》な器官《きかん》だ。多《おお》くのほ乳類《にゅうるい》がもち、とくに植物食《しょくぶつしょく》の動物《どうぶつ》は大《おお》きい。ヒトをふくむ一部《いちぶ》の霊《れい》長類《ちょうるい》などでは、盲腸《もうちょう》の先《さき》が小《ちい》さいふくろ状《じょう》に退化《たいか》している。この部分《ぶぶん》を虫垂《ちゅうすい》といい、役割《やくわり》がない器官《きかん》と思《おも》われていたが、近年《きんねん》、腸内《ちょうない》の健康《けんこう》を保《たも》つ機能《きのう》があることがわかった。

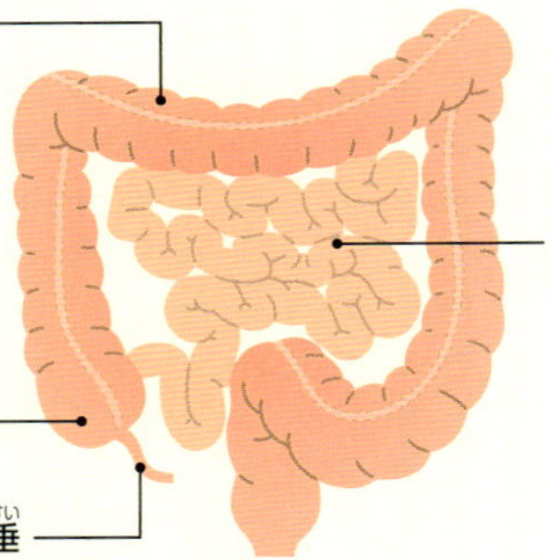
大腸《だいちょう》
小腸《しょうちょう》
盲腸《もうちょう》
虫垂《ちゅうすい》

●第《だい》３のまぶた

魚類《ぎょるい》の一部《いちぶ》や鳥類《ちょうるい》、は虫類《ちゅうるい》などは、まぶたの内側《うちがわ》に「瞬膜《しゅんまく》」という半透明《はんとうめい》の膜《まく》をもつ。横《よこ》に閉《と》じて眼球《がんきゅう》を保護《ほご》するためのものだ。ヒトの場合《ばあい》は目頭《めがしら》にわずかに残《のこ》っていて、「結《けつ》膜半月《まくはんげつ》ひだ」とよばれるが、動《うご》かすことはできない。

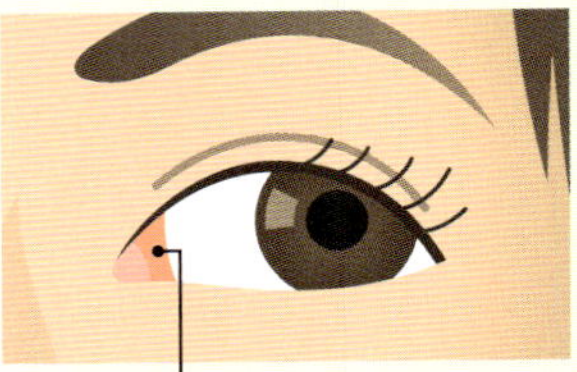

結膜半月《けつまくはんげつ》ひだ

ほ乳類《にゅうるい》はまぶたが発達《はったつ》したため、瞬膜《しゅんまく》が退化《たいか》したものが多《おお》い。だが、砂漠《さばく》で暮《く》らすラクダや、水中《すいちゅう》での時間《じかん》が長《なが》いアシカやアザラシなどは、瞬膜《しゅんまく》をもっている。

川《かわ》の中《なか》で魚《さかな》をつかまえたカワセミ。水中《すいちゅう》では瞬膜《しゅんまく》を閉《と》じているため、目《め》が白《しろ》くにごったように見《み》える。

●えらから進化《しんか》した耳《みみ》

水中呼吸《すいちゅうこきゅう》のためのえらが陸《りく》上生活《じょうせいかつ》で不要《ふよう》になると、鼓《こ》膜《まく》ができて耳《みみ》になった。今《いま》でも耳《みみ》とのどがつながっているので、気圧《きあつ》の変化《へんか》で耳《みみ》が聞《き》こえにくく感《かん》じたとき、つばを飲《の》みこむと治《なお》る。

水《みず》

口《くち》から水《みず》をとりこみ、えらを通《とお》って外《そと》へ出《だ》す。

●しっぽの名残《なごり》

人類《じんるい》や類人猿《るいじんえん》には尾《お》がないが、背骨《せぼね》の先《さき》に短《みじか》くなった尾《お》の骨《ほね》（尾骨《びこつ》）が残《のこ》っている。尾《お》がなくなった理由《りゆう》は、地上生活《ちじょうせいかつ》に適応《てきおう》するためと考《かんが》えられる。

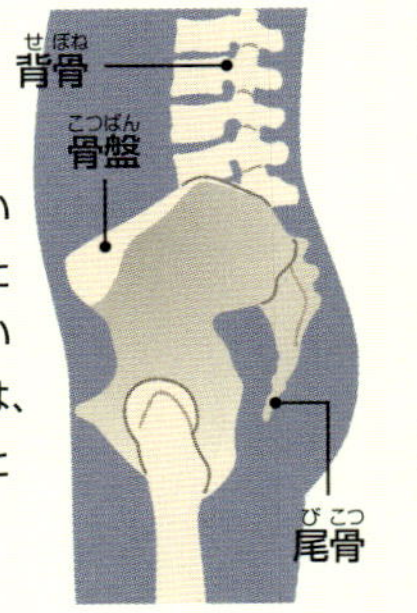
背骨《せぼね》
骨盤《こつばん》
尾骨《びこつ》

受精《じゅせい》してから約《やく》４週《しゅう》のヒト

5mmほどの大《おお》きさ。魚《さかな》のような姿《すがた》で、尾《お》やえらがある。

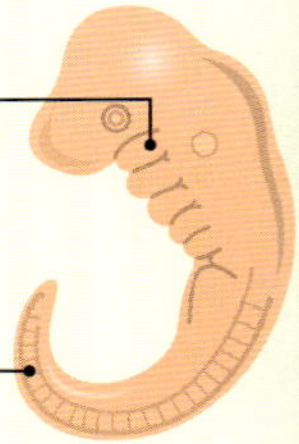
えら。いちばん上《うえ》のみぞが耳《みみ》のあなになる。
長《なが》い尾《お》は次第《しだい》に短《みじか》くなり、尾骨《びこつ》としてわずかに残《のこ》る。

ヘビにも足《あし》がある!?

ニシキヘビなど一部《いちぶ》のヘビには、小《ちい》さなかぎづめがある。トカゲのような姿《すがた》をしていた名残《なごり》で、後《うし》ろ足《あし》がわずかに残《のこ》っているのだ。クジラやイルカの一部《いちぶ》にも骨盤《こつばん》がわずかに残《のこ》り、後《うし》ろ足《あし》のあとが確認《かくにん》できる（➡111）。

ニシキヘビのかぎづめ。

『しっぽのひみつ』: PHP《ピーエイチピー》 研究所《けんきゅうしょ》

アメリカ西部《せいぶ》のグランド・キャニオンは、15億年《おくねん》にもおよぶ地層《ちそう》の重《かさ》なりを見《み》ることができる。大昔《おおむかし》は海《うみ》だったが、地殻変動《ちかくへんどう》でもち上《あ》げられ、コロラド川《かわ》によってけずられたことで深《ふか》い谷《たに》ができた。

第《だい》3章《しょう》

地球《ちきゅう》のしくみ

〈岩石地球編《がんせきちきゅうへん》〉

火山《かざん》が噴火《ふんか》したり、地震《じしん》が起《お》きたりするのは、
地球《ちきゅう》の内部《ないぶ》が動《うご》いているからです。
山《やま》や海《うみ》などの地形《ちけい》や、岩石《がんせき》や鉱物《こうぶつ》ができたのも、
その活動《かつどう》によるものです。
地球《ちきゅう》そのものが、
ひとつの生《い》きものだといえるかもしれません。

ハワイが日本《にほん》に近《ちか》づいている

プレートの移動《いどう》

地球《ちきゅう》の表面《ひょうめん》は十数枚《じゅうすうまい》のプレートでおおわれています。それぞれのプレートが動《うご》くことで、大陸《たいりく》の形《かたち》が変《か》わり、さまざまな地形《ちけい》もつくり出《だ》されます。

プレートはゆっくりと移動《いどう》している

地球《ちきゅう》の表面《ひょうめん》をおおうプレートは、内部《ないぶ》のマントル（➡22）の動《うご》きによって、1年《ねん》に数《すう》mmから十数《じゅうすう》cmずつゆっくりと動《うご》いている。たとえば、ハワイ諸島《しょとう》をのせた太平洋《たいへいよう》プレートは、1年間《ねんかん》に8～10cm移動《いどう》し、日本列島《にほんれっとう》がのっている北《きた》アメリカプレートにしずみこむため、毎年少《まいねんすこ》しずつ日本《にほん》に近《ちか》づいている。日本《にほん》とオアフ島《とう》は約《やく》6600km離《はな》れているので、日本《にほん》にぶつかるのは8000万年後《まんねんご》だ。

ニイハウ島《とう》
カウアイ島《とう》
オアフ島《とう》
モロカイ島《とう》
マウイ島《とう》
ラナイ島《とう》
カホーラウェ島《とう》
ハワイ島《とう》
●衛星写真《えいせいしゃしん》でみたハワイ諸島《しょとう》
北《きた》アメリカプレート
カムチャツカ半島《はんとう》
ユーラシアプレート
天皇海山群《てんのうかいざんぐん》
日本《にほん》
太平洋《たいへいよう》プレート
過去《かこ》にプレートが進《すす》んでいた方向《ほうこう》
現在《げんざい》プレートが進《すす》んでいる方向《ほうこう》
ハワイ諸島《しょとう》

カムチャツカ半島《はんとう》から南東《なんとう》にのびる天皇海山群《てんのうかいざんぐん》は、ハワイ諸島《しょとう》と同《おな》じホットスポット（➡24、147）によってできた海底山脈《かいていさんみゃく》だ。プレートの動《うご》きに合《あ》わせて火山《かざん》ができるが、とちゅうで向《む》きが変《か》わっているのは、太平洋《たいへいよう》プレートの移動《いどう》する方向《ほうこう》が変化《へんか》したためだと考《かんが》えられている。

ホットスポットは火山《かざん》をつくり続《つづ》ける

ハワイ諸島《しょとう》は、火山活動《かざんかつどう》でふき出《だ》したマグマによってつくられた大《おお》きな8つの島《しま》と124の小《ちい》さな島《しま》じまからなる。これらはすべて、同《おな》じホットスポットからつくられたものだ。ホットスポットの位置《いち》は変《か》わらないが、プレートが少《すこ》しずつ移動《いどう》するために、次《つぎ》つぎと新《あたら》しい火山《かざん》が生《う》まれるのだ。

●マウナ・ロア火山《かざん》（アメリカ）

ハワイ島《とう》にある4169 mの火山《かざん》。山《やま》の体積《たいせき》は約《やく》7万《まん》5000km³で、世界一大《せかいいちおお》きい。ちなみに、富士山《ふじさん》の体積《たいせき》は約《やく》1400km³だ。

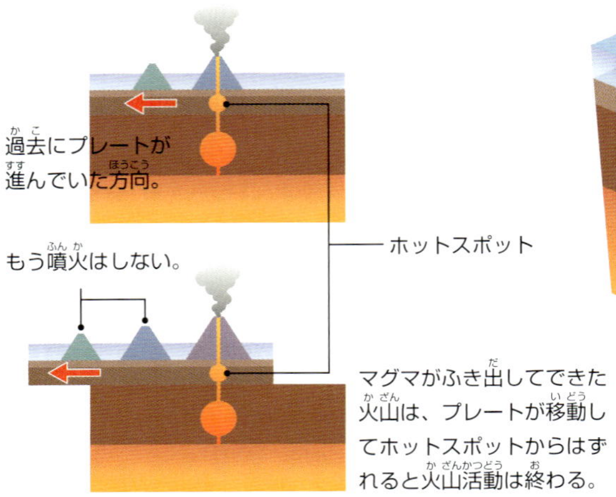

過去《かこ》にプレートが進《すす》んでいた方向《ほうこう》。
ホットスポット
もう噴火《ふんか》はしない。
マグマがふき出《だ》してできた火山《かざん》は、プレートが移動《いどう》してホットスポットからはずれると火山活動《かざんかつどう》は終《お》わる。

（ ）の数字《すうじ》は活動《かつどう》した時期《じき》

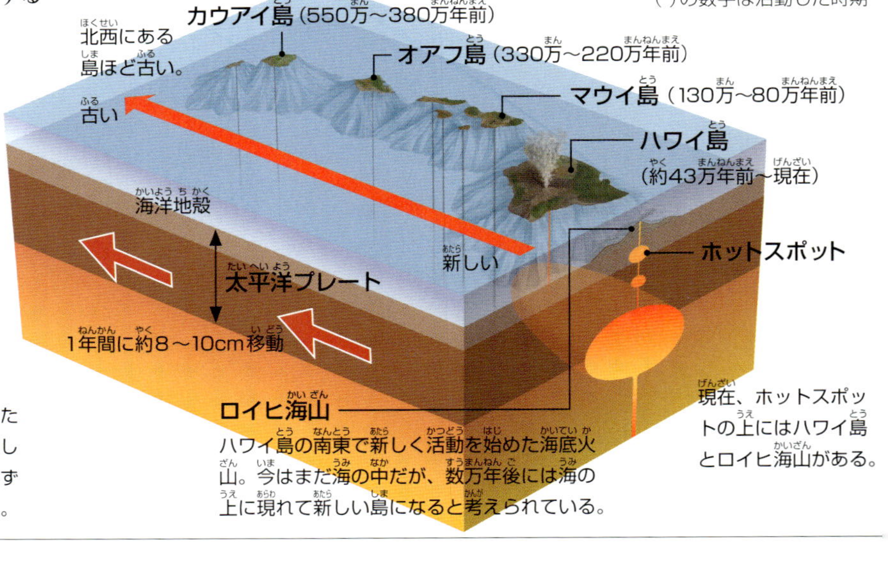

カウアイ島《とう》（550万《まん》～380万年前《まんねんまえ》）
北西《ほくせい》にある島《しま》ほど古《ふる》い。
オアフ島《とう》（330万《まん》～220万年前《まんねんまえ》）
マウイ島《とう》（130万《まん》～80万年前《まんねんまえ》）
古《ふる》い
ハワイ島《とう》
（約《やく》43万年前《まんねんまえ》～現在《げんざい》）
海洋地殻《かいようちかく》
新《あたら》しい
ホットスポット
太平洋《たいへいよう》プレート
1年間《ねんかん》に約《やく》8～10cm移動《いどう》
ロイヒ海山《かいざん》
ハワイ島《とう》の南東《なんとう》で新《あたら》しく活動《かつどう》を始《はじ》めた海底火山《かいていかざん》。今《いま》はまだ海《うみ》の中《なか》だが、数万年後《すうまんねんご》には海《うみ》の上《うえ》に現《あらわ》れて新《あたら》しい島《しま》になると考《かんが》えられている。
現在《げんざい》、ホットスポットの上《うえ》にはハワイ島《とう》とロイヒ海山《かいざん》がある。

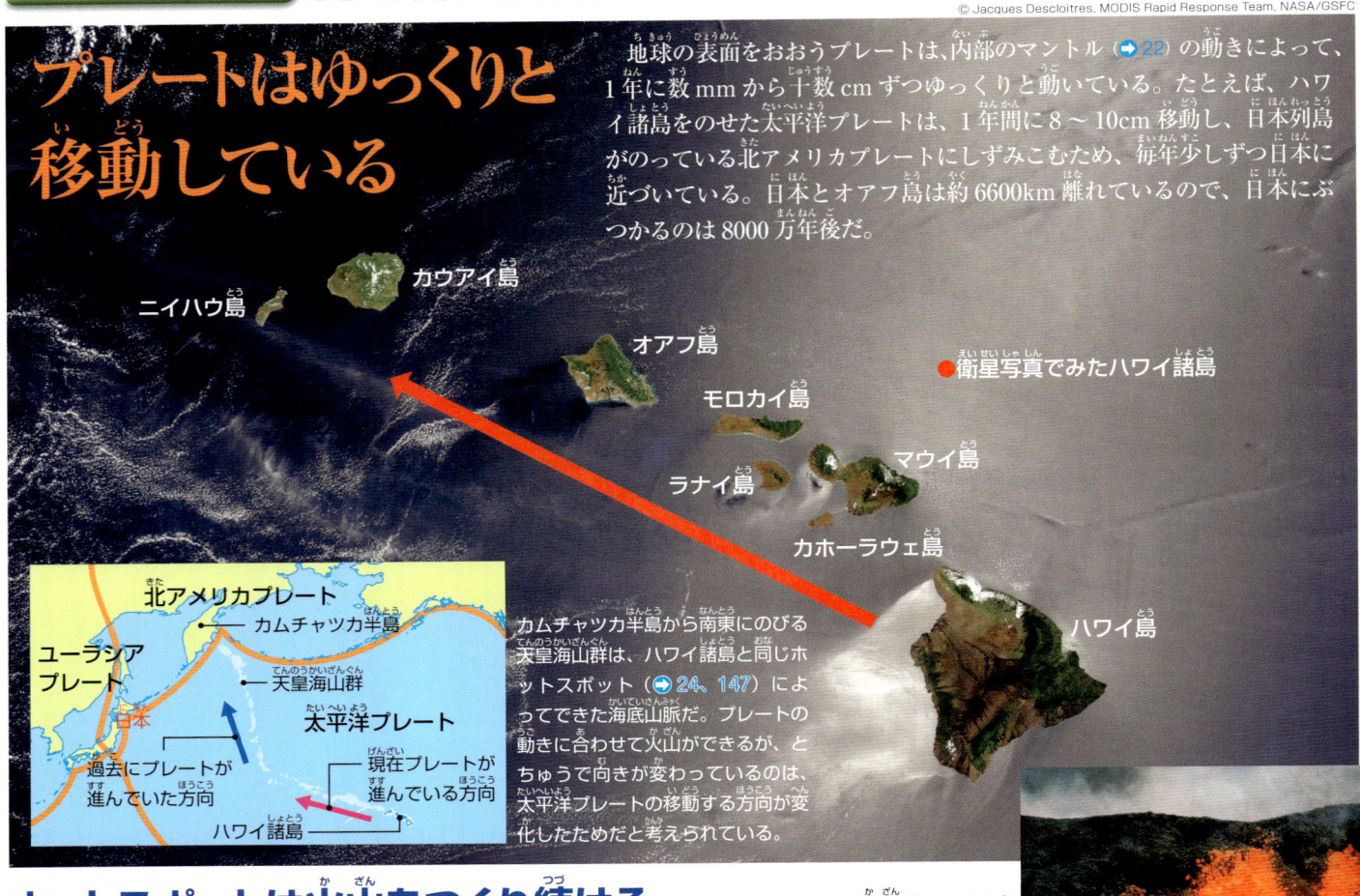

ヒマラヤ山脈《さんみゃく》は昔《むかし》、海《うみ》の底《そこ》だった

世界一高《せかいいちたか》いエベレストをはじめ、高《たか》い山《やま》やまが連《つら》なるヒマラヤ山脈《さんみゃく》は、インドをのせたインド・オーストラリアプレートがユーラシアプレートにぶつかってできた。2つの間《あいだ》には、5000万《まん》～4000万年前《まんねんまえ》まで「テチス海《かい》」という海《うみ》があったが、プレートの衝突《しょうとつ》によって海底《かいてい》だった部分《ぶぶん》がおし上《あ》げられた。その証拠《しょうこ》に、ヒマラヤ山脈《さんみゃく》からは海《うみ》の生物《せいぶつ》の化石《かせき》が見《み》つかっている。

ユーラシア大陸《たいりく》
ヒマラヤ山脈《さんみゃく》
現在《げんざい》のインド
1400万年前《まんねんまえ》
5000万《まん》～4000万年前《まんねんまえ》
（現在《げんざい》より南《みなみ》にあった
ユーラシア大陸《たいりく》に衝突《しょうとつ》）
5500万年前《まんねんまえ》
インド
7000万年前《まんねんまえ》

プレートの動《うご》きでインドが少《すこ》しずつ移動《いどう》して、ユーラシア大陸《たいりく》にぶつかった。

ヒマラヤ山脈《さんみゃく》で見《み》つかったアンモナイトの化石《かせき》。

●エベレスト
（ネパール／チベット）
山頂《さんちょう》は海底《かいてい》でできた石灰岩《せっかいがん》（➡157）だ。
イエローバンド
変成石灰岩《へんせいせっかいがん》の層《そう》で、ここからも海《うみ》の生物《せいぶつ》の化石《かせき》が見《み》つかる。

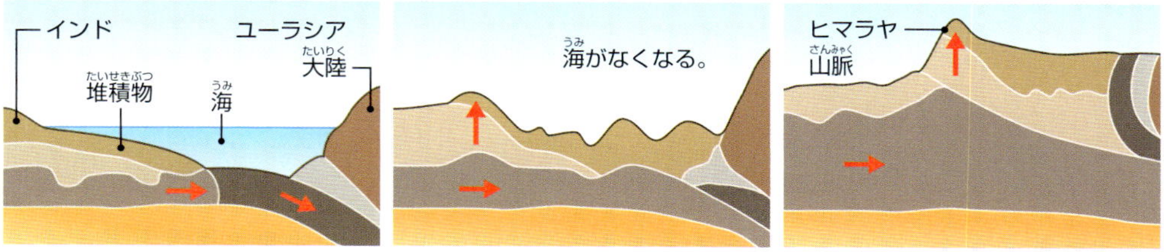

インド
ユーラシア大陸《たいりく》
堆積物《たいせきぶつ》
海《うみ》
海《うみ》がなくなる。
ヒマラヤ山脈《さんみゃく》

❶インド・オーストラリアプレートが北《きた》に移動《いどう》し、インドがユーラシア大陸《たいりく》に近《ちか》づいてくる。間《あいだ》には海《うみ》がある。

❷インド・オーストラリアプレートが、ユーラシア大陸《たいりく》にぶつかって海底《かいてい》の堆積物《たいせきぶつ》などがおし上《あ》げられる。

❸プレートと大陸《たいりく》のぶつかり合《あ》いが続《つづ》き、さらにおし上《あ》げられて、標高《ひょうこう》の高《たか》いヒマラヤ山脈《さんみゃく》ができた。

大陸《たいりく》の形《かたち》も変《か》わる

大陸《たいりく》はプレートとともにつねに動《うご》いていて、地球《ちきゅう》の長《なが》い歴史《れきし》のなかで、集《あつ》まったりはなれたりをくりかえしてきた。現在《げんざい》、大陸《たいりく》は6つに分《わ》かれているが、今《いま》も動《うご》き続《つづ》けているので、数億年後《すうおくねんご》には再《ふたた》び変《か》わると考《かんが》えられている。

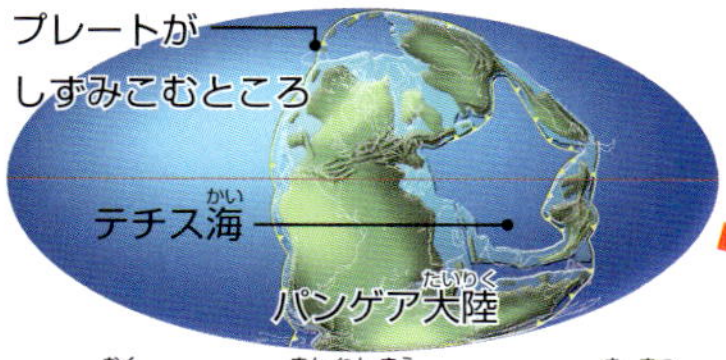

プレートがしずみこむところ
テチス海《かい》
パンゲア大陸《たいりく》

● 2億《おく》5200万年前《まんねんまえ》（ペルム紀末《きまつ》）

陸地《りくち》のほとんどが集《あつ》まってひとかたまりになり、超大陸《ちょうたいりく》「パンゲア」ができた（➡74）。

北《きた》アメリカ
のちの大西洋《たいせいよう》
アフリカ
テチス海《かい》
南《みなみ》アメリカ
オーストラリア
南極《なんきょく》

● 1億《おく》5000万年前《まんねんまえ》（ジュラ紀後期《きこうき》）

パンゲアが分裂《ぶんれつ》し、今《いま》の北《きた》アメリカがはなれる。あいだにできた海《うみ》は、のちに大西洋《たいせいよう》になる。

北《きた》アメリカ
ヨーロッパ
太平洋《たいへいよう》
アジア
アフリカ
テチス海《かい》
南《みなみ》アメリカ
インド
オーストラリア
南極《なんきょく》

● 6600万年前《まんねんまえ》（白亜紀末《はくあきまつ》）

さらにアフリカと南《みなみ》アメリカがはなれて、だんだん今《いま》の大陸《たいりく》の形《かたち》に近《ちか》くなった。

北《きた》アメリカ
ヨーロッパ
アジア
太平洋《たいへいよう》
アフリカ
インド
南《みなみ》アメリカ
オーストラリア
南極《なんきょく》

● 1400万年前《まんねんまえ》（新第三紀《しんだいさんき》）

5000万《まん》～4000万年前《まんねんまえ》にインドがユーラシア大陸《たいりく》にぶつかる。少《すこ》しずつオーストラリアと南極《なんきょく》が分《わ》かれ、現在《げんざい》の形《かたち》がほぼできあがった。

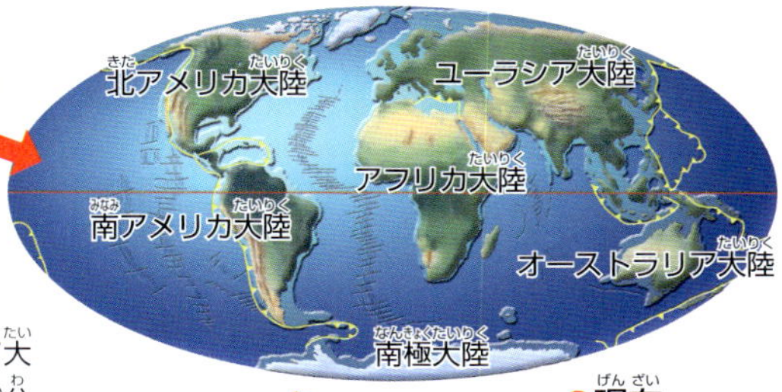

北《きた》アメリカ大陸《たいりく》
ユーラシア大陸《たいりく》
アフリカ大陸《たいりく》
南《みなみ》アメリカ大陸《たいりく》
オーストラリア大陸《たいりく》
南極大陸《なんきょくたいりく》

●現在《げんざい》

6つの大陸《たいりく》に分《わ》かれている。

アフリカ
ヨーロッパ
北《きた》アメリカ
アジア
南《みなみ》アメリカ
オーストラリア
南極《なんきょく》

● 2億《おく》5000万年後《まんねんご》

プレートの移動《いどう》が続《つづ》くと、2億《おく》5000万年後《まんねんご》には再《ふたた》び大陸《たいりく》が集《あつ》まり、超大陸《ちょうたいりく》「アメイジア」になり、日本《にほん》もふくまれると考《かんが》えられている。

切《き》りはなされてこおった南極大陸《なんきょくたいりく》

大昔《おおむかし》の南極大陸《なんきょくたいりく》はパンゲア大陸《たいりく》の一部《いちぶ》で、気候《きこう》も温暖《おんだん》だった。それが大陸《たいりく》の移動《いどう》によって少《すこ》しずつはなれ、3500万《まん》～3000万年前《まんねんまえ》にほかの大陸《たいりく》から分《わ》かれると、まわりが海《うみ》になり、南極還流《なんきょくかんりゅう》という寒流《かんりゅう》が南極《なんきょく》をとり囲《かこ》んで流《なが》れるようになった。そのため、急激《きゅうげき》に冷《ひ》え始《はじ》め、南極《なんきょく》は氷《こおり》でおおわれる寒《さむ》い大陸《たいりく》になったのだ。

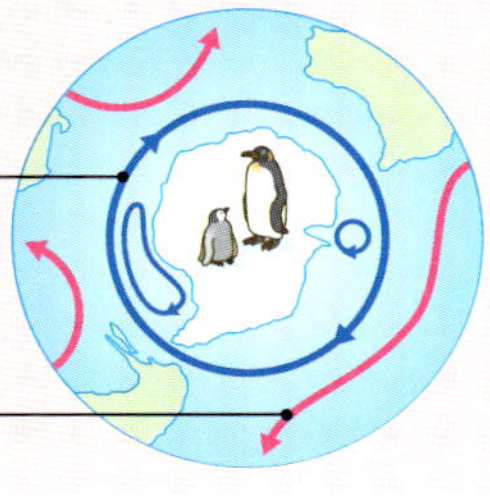

南極還流《なんきょくかんりゅう》が暖流《だんりゅう》を遠《とお》ざける。
暖流《だんりゅう》

大陸《たいりく》が動《うご》いているという「大陸移動説《たいりくいどうせつ》」は、ドイツの科学者《かがくしゃ》、アルフレッド・ウェゲナーが1912年《ねん》に唱《とな》えた。

プレート➡24

海《うみ》の中《なか》にも山《やま》や谷《たに》がある

海底地形《かいていちけい》　人《ひと》が近《ちか》づくことができない深《ふか》い海《うみ》の底《そこ》は、長《なが》いあいだ、なぞに包《つつ》まれていました。しかし、観測技術《かんそくぎじゅつ》の進歩《しんぽ》によって、海底《かいてい》にも山《やま》や谷《たに》などの地形《ちけい》があることがわかりました。

地球《ちきゅう》から海水《かいすい》がなくなったら

　地球《ちきゅう》の表面《ひょうめん》は約《やく》70%が海《うみ》で、海水《かいすい》でおおわれているため、海底《かいてい》のようすを直接見《ちょくせつみ》ることはできない。もしも、海水《かいすい》がなかったら、海底《かいてい》が平《たい》らではなく、でこぼこしていることがわかるだろう。海底《かいてい》には、1万《まん》mもある深《ふか》い谷《たに》「海溝《かいこう》」や、3000 mをこえる山脈《さんみゃく》「海嶺《かいれい》」もある。海底《かいてい》の地形《ちけい》は、プレートの動《うご》きや地球内部《ちきゅうないぶ》のようすをさぐる大《おお》きな手《て》がかりにもなる。

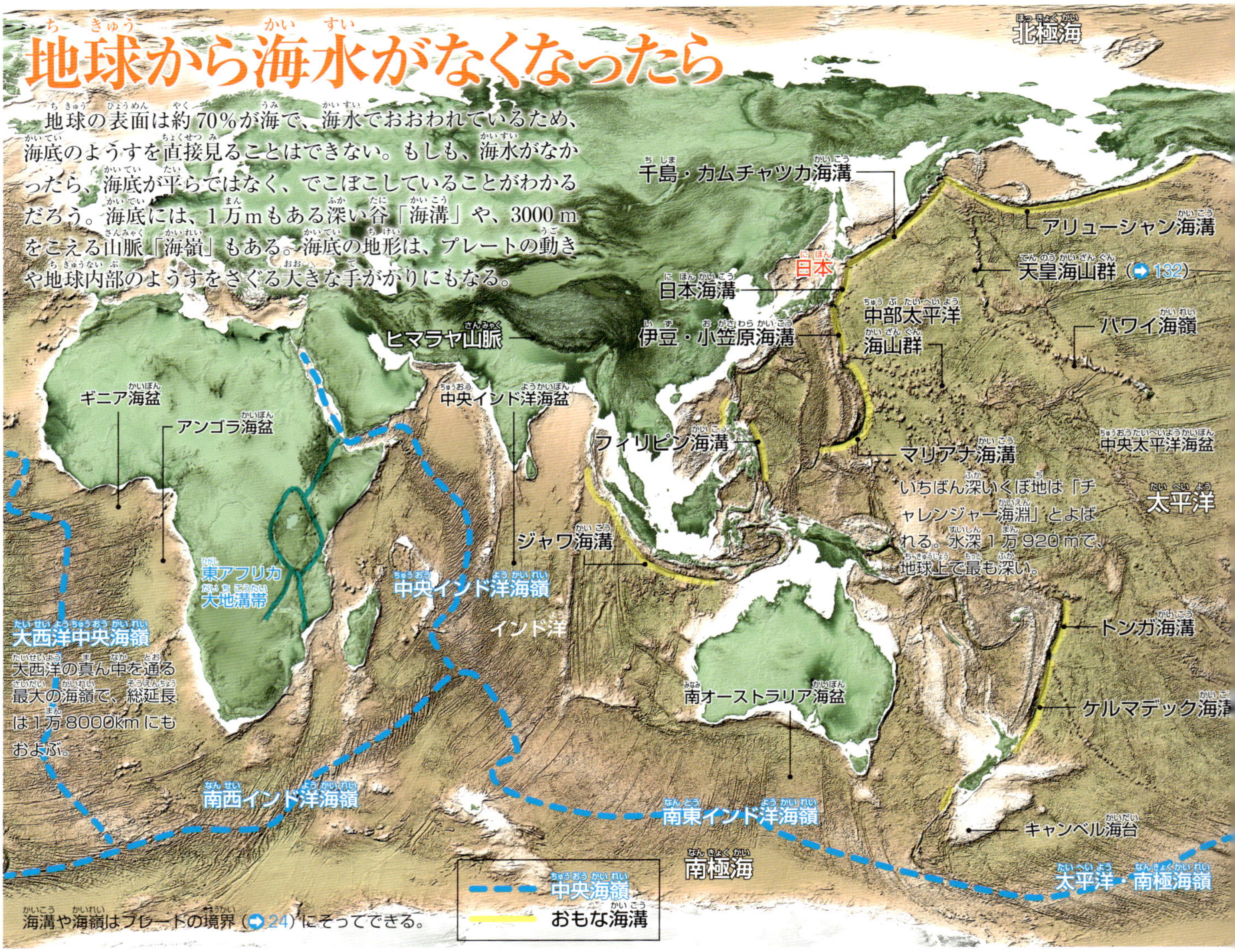
北極海《ほっきょくかい》
千島《ちしま》・カムチャツカ海溝《かいこう》
アリューシャン海溝《かいこう》
日本《にほん》
天皇海山群《てんのうかいざんぐん》（➡132）
日本海溝《にほんかいこう》
中部太平洋《ちゅうぶたいへいよう》
海山群《かいざんぐん》
ハワイ海嶺《かいれい》
伊豆《いず》・小笠原海溝《おがさわらかいこう》
ヒマラヤ山脈《さんみゃく》
ギニア海盆《かいぼん》
アンゴラ海盆《かいぼん》
中央《ちゅうおう》インド洋海盆《ようかいぼん》
フィリピン海溝《かいこう》
マリアナ海溝《かいこう》
中央太平洋海盆《ちゅうおうたいへいようかいぼん》
いちばん深《ふか》いくぼ地《ち》は「チャレンジャー海淵《かいえん》」とよばれる。水深《すいしん》1万《まん》920 mで、地球上《ちきゅうじょう》で最《もっと》も深《ふか》い。
太平洋《たいへいよう》
ジャワ海溝《かいこう》
東《ひがし》アフリカ
大地溝帯《だいちこうたい》
中央《ちゅうおう》インド洋海嶺《ようかいれい》
インド洋《よう》
トンガ海溝《かいこう》
大西洋中央海嶺《たいせいようちゅうおうかいれい》
大西洋《たいせいよう》の真《ま》ん中《なか》を通《とお》る最大《さいだい》の海嶺《かいれい》で、総延長《そうえんちょう》は1万《まん》8000kmにもおよぶ。
南《みなみ》オーストラリア海盆《かいぼん》
ケルマデック海溝《かいこう》
南西《なんせい》インド洋海嶺《ようかいれい》
南東《なんとう》インド洋海嶺《ようかいれい》
キャンベル海台《かいだい》
南極海《なんきょくかい》
太平洋《たいへいよう》・南極海嶺《なんきょくかいれい》
中央海嶺《ちゅうおうかいれい》
おもな海溝《かいこう》

海溝《かいこう》や海嶺《かいれい》はプレートの境界《きょうかい》（➡24）にそってできる。

陸《りく》と似《に》ている海底《かいてい》の地形《ちけい》

　深《ふか》い海底《かいてい》にも、陸上《りくじょう》と同《おな》じように山脈《さんみゃく》や盆地《ぼんち》、平野《へいや》など、さまざまな地形《ちけい》がある。地球《ちきゅう》をおおうプレートの境界《きょうかい》の約《やく》90%が海底《かいてい》にあり、プレートがぶつかったり広《ひろ》がったりすることで山《やま》や谷《たに》ができる。プレートの活動《かつどう》がさかんな場所《ばしょ》ほど、複雑《ふくざつ》な地形《ちけい》になる。

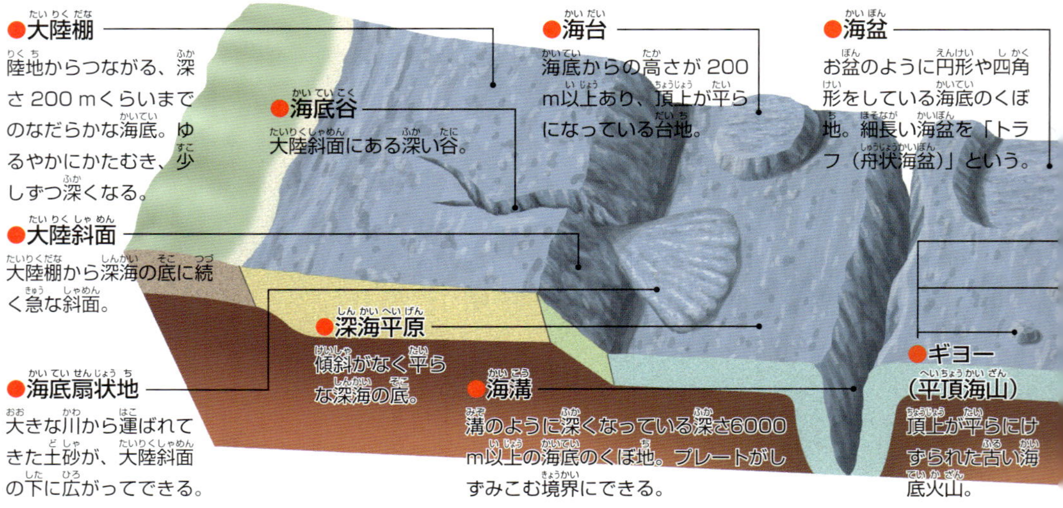
●大陸棚《たいりくだな》
陸地《りくち》からつながる、深《ふか》さ200 mくらいまでのなだらかな海底《かいてい》。ゆるやかにかたむき、少《すこ》しずつ深《ふか》くなる。
●海底谷《かいていこく》
大陸斜面《たいりくしゃめん》にある深《ふか》い谷《たに》。
●海台《かいだい》
海底《かいてい》からの高《たか》さが200 m以上《いじょう》あり、頂上《ちょうじょう》が平《たい》らになっている台地《だいち》。
●海盆《かいぼん》
お盆《ぼん》のように円形《えんけい》や四角形《しかくけい》をしている海底《かいてい》のくぼ地《ち》。細長《ほそなが》い海盆《かいぼん》を「トラフ（舟状海盆《しゅうじょうかいぼん》）」という。
●大陸斜面《たいりくしゃめん》
大陸棚《たいりくだな》から深海《しんかい》の底《そこ》に続《つづ》く急《きゅう》な斜面《しゃめん》。
●深海平原《しんかいへいげん》
傾斜《けいしゃ》がなく平《たい》らな深海《しんかい》の底《そこ》。
●海底扇状地《かいていせんじょうち》
大《おお》きな川《かわ》から運《はこ》ばれてきた土砂《どしゃ》が、大陸斜面《たいりくしゃめん》の下《した》に広《ひろ》がってできる。
●海溝《かいこう》
溝《みぞ》のように深《ふか》くなっている深《ふか》さ6000 m以上《いじょう》の海底《かいてい》のくぼ地《ち》。プレートがしずみこむ境界《きょうかい》にできる。
●ギヨー
（平頂海山《へいちょうかいざん》）
頂上《ちょうじょう》が平《たい》らにけずられた古《ふる》い海底火山《かいていかざん》。

📖『海《うみ》の底《そこ》にも山《やま》がある！日本列島《にほんれっとう》、水《みず》をとったら？』：徳間書店《とくましょてん》

プレートはぶつかったりはなれたりする

地球《ちきゅう》をおおう十数枚《じゅうすうまい》のプレートはゆっくりと動《うご》いているので、プレートどうしが接《せっ》する境界《きょうかい》にはさまざまな力《ちから》が加《くわ》わる。プレートの境界《きょうかい》の動《うご》きには、3種類《しゅるい》あり、それぞれちがった地形《ちけい》をつくり出《だ》している。

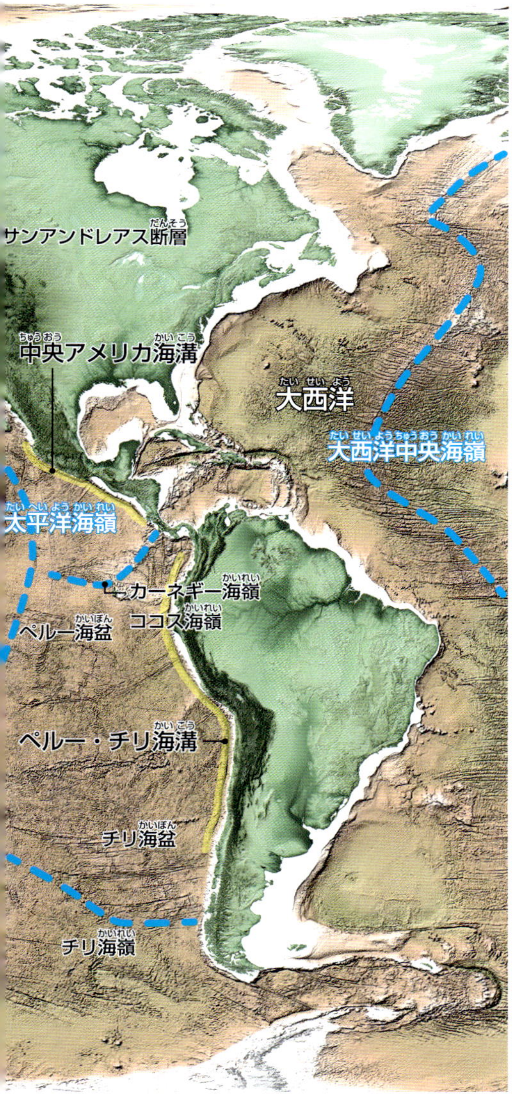

サンアンドレアス断層《だんそう》
中央《ちゅうおう》アメリカ海溝《かいこう》
大西洋《たいせいよう》
大西洋中央海嶺《たいせいようちゅうおうかいれい》
太平洋海嶺《たいへいようかいれい》
カーネギー海嶺《かいれい》
ココス海嶺《かいれい》
ペルー海盆《かいぼん》
ペルー・チリ海溝《かいこう》
チリ海盆《かいぼん》
チリ海嶺《かいれい》

【プレートの動《うご》き】

●横《よこ》ずれするところ

中央海嶺《ちゅうおうかいれい》を横切《よこぎ》るようにずれるところを、トランスフォーム断層《だんそう》という。ほとんどが海底《かいてい》にあるが、北《きた》アメリカにあるサンアンドレアス断層《だんそう》のように陸上《りくじょう》に現《あらわ》れることもある。

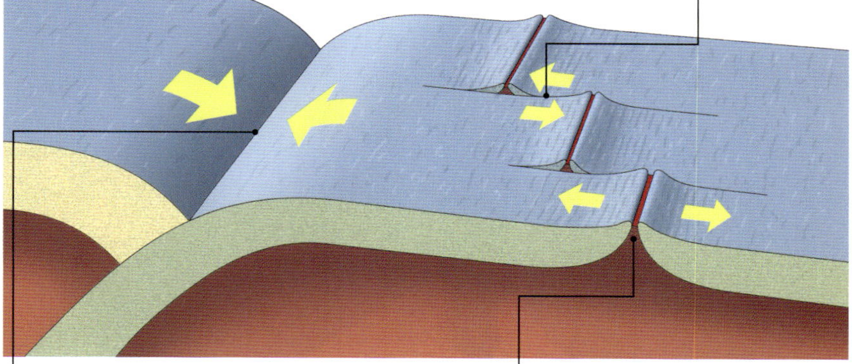

●ぶつかるところ

重《おも》いほうのプレートが下《した》にしずみこんで海溝《かいこう》ができる。陸側《りくがわ》と海側《うみがわ》のプレートがぶつかると海洋《かいよう》プレートがしずみこみ、海洋《かいよう》プレートどうしでは、古《ふる》いプレートがしずむ。大陸《たいりく》プレートどうしでは、しずみこまずにおし合《あ》ってもり上《あ》がり、山脈《さんみゃく》になる（ヒマラヤ山脈《さんみゃく》➡133）。

●プレートが生《う》まれるところ

地球内部《ちきゅうないぶ》からマグマがわき上《あ》がり、マグマが冷《ひ》えて固《かた》まることで新《あたら》しいプレートが生《う》まれて、左右《さゆう》に広《ひろ》がりながら移動《いどう》していく。海底《かいてい》では中央海嶺《ちゅうおうかいれい》、陸上《りくじょう》では地《ち》溝帯《こうたい》（➡25）といった地形《ちけい》をつくる。

エベレストよりも高《たか》い山《やま》がある？

山《やま》の高《たか》さはふつう、平均海水面《へいきんかいすいめん》からの高《たか》さである標高《ひょうこう》で表《あらわ》す。ハワイ島《とう》にあるマウナ・ケア山《さん》は、海底《かいてい》からふき出《だ》したマグマによってつくられた海底火山《かいていかざん》で、標高《ひょうこう》は4205 mだ。しかし、これは海水面《かいすいめん》から出《で》ている部分《ぶぶん》だけの高《たか》さで、海底《かいてい》から測《はか》れば9000 m以上《いじょう》はあるといわれている。世界《せかい》でいちばん高《たか》い山《やま》、エベレスト（8848 m）よりも高《たか》いのだ。

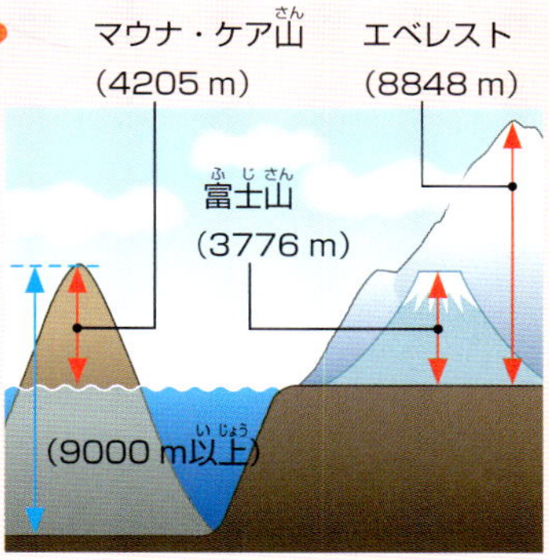

マウナ・ケア山《さん》
（4205 m）
エベレスト
（8848 m）
富士山《ふじさん》
（3776 m）
（9000 m以上《いじょう》）

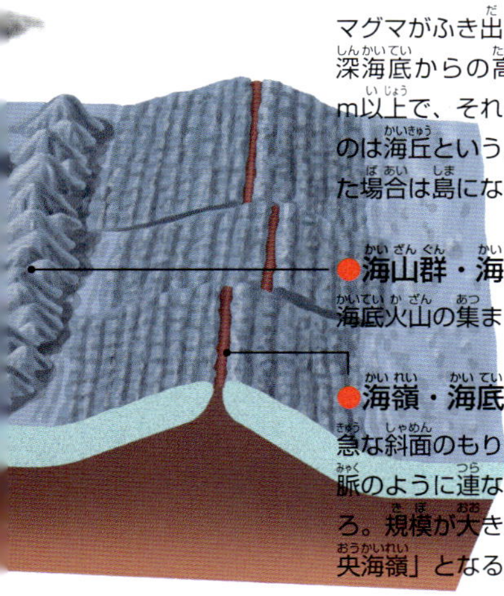

●海山《かいざん》（海底火山《かいていかざん》）

マグマがふき出《だ》してできた山《やま》。深海底《しんかいてい》からの高《たか》さは1000 m以上《いじょう》で、それよりも低《ひく》いものは海丘《かいきゅう》という。海面上《かいめんじょう》に出《で》た場合《ばあい》は島《しま》になる。

●海山群《かいざんぐん》・海山列《かいざんれつ》

海底火山《かいていかざん》の集《あつ》まり。

●海嶺《かいれい》・海底山脈《かいていさんみゃく》

急《きゅう》な斜面《しゃめん》のもり上《あ》がりが、山《さん》脈《みゃく》のように連《つら》なっているところ。規模《きぼ》が大《おお》きいものは「中《ちゅう》央海嶺《おうかいれい》」となる。

海底《かいてい》のようすを調《しら》べる技術《ぎじゅつ》

1950年《ねん》ごろから観測船《かんそくせん》による海洋調査《かいようちょうさ》がさかんに行《おこな》われるようになり、海底《かいてい》の姿《すがた》が明《あき》らかになってきた。海中《かいちゅう》は電波《でんぱ》が伝《つた》わりにくく、光《ひかり》も届《とど》かない深海《しんかい》の地形《ちけい》は、音波《おんぱ》を使《つか》ったり、浅《あさ》い岩場《いわば》などは飛行機《ひこうき》からレーザー光《こう》を使《つか》ったりして調《しら》べる。無人《むじん》の海中《かいちゅう》ロボットも活躍《かつやく》している。

観測船《かんそくせん》の底《そこ》から音波《おんぱ》を出《だ》し、海《かい》底《てい》からはね返《かえ》ってくるまでの時《じ》間《かん》を計《はか》ることで深《ふか》さを調《しら》べる。

飛行機《ひこうき》から2種類《しゅるい》のレーザー光《こう》を発射《はっしゃ》して、海底《かいてい》を調《しら》べる。

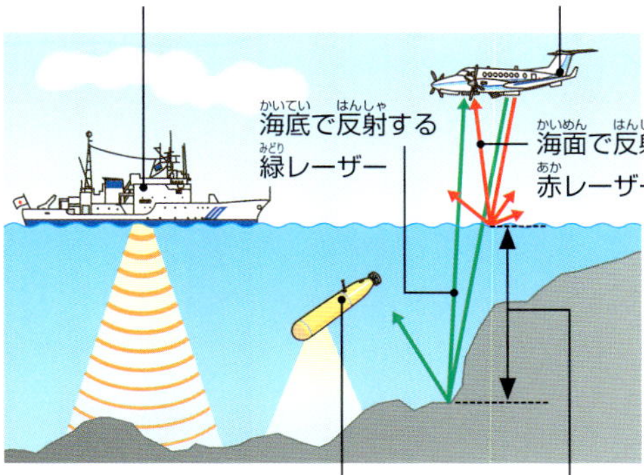

海底《かいてい》で反射《はんしゃ》する
緑《みどり》レーザー
海面《かいめん》で反射《はんしゃ》する
赤《あか》レーザー

海中《かいちゅう》ロボットが深《ふか》くもぐって地形《ちけい》を調《しら》べる。

2つのレーザーの反射《はんしゃ》の時間差《じかんさ》で水深《すいしん》を測《はか》る。

地球《ちきゅう》の海《うみ》は水深《すいしん》3000 ～ 6000 mが全体《ぜんたい》の7割以上《わりいじょう》をしめる。深《ふか》さの平均《へいきん》は約《やく》3800 mで、富士山《ふじさん》も完全《かんぜん》にしずんでしまう。

さまざまな地《ち》形《けい》ができるまで

山《やま》のでき方《かた》　大地《だいち》のなかでひときわ高《たか》くもり上《あ》がっている場所《ばしょ》を山《やま》といいます。山《やま》の姿形《すがたかたち》はさまざまで、1つだけ高《たか》くそびえ立《た》つものもあれば、いくつかの山《やま》が集《あつ》まっているものもあります。

噴《ふん》火《か》する山《やま》、しない山《やま》

山《やま》は、「火山《かざん》」と「火山以外《かざんいがい》の山《やま》」の大《おお》きく2つに分《わ》けられる。火山《かざん》は1つの山《やま》がそびえ立《た》っていることが多《おお》く、火山以外《かざんいがい》の山《やま》はいくつもの山《やま》が連《つら》なって山脈《さんみゃく》になっていることが多《おお》い。

標高《ひょうこう》 5911 m

【噴《ふん》火《か》する山《やま》】

●コトパクシ山《さん》（エクアドル）
アンデス山脈《さんみゃく》にある成層火山《せいそうかざん》（中《ちゅう》くらいのねばり気《け》のマグマが固《かた》まった火山《かざん》➡149）で、山頂付近《さんちょうふきん》には氷河《ひょうが》がある。2015年《ねん》8月《がつ》に140年《ねん》ぶりに噴火《ふんか》した。

標高《ひょうこう》 4808 m

【噴《ふん》火《か》しない山《やま》】

●モンブラン（イタリア、フランス）
アルプス山脈《さんみゃく》でいちばん高《たか》い山《やま》で、ヨーロッパプレートとアフリカプレートがぶつかっておし上《あ》げられてできた。ヒマラヤ山脈《さんみゃく》（➡133）と同《おな》じようなでき方《かた》だ。

山《やま》をつくるのはマグマかプレート

地上《ちじょう》に高《たか》くそびえ立《た》つ山《やま》は、地下深《ちかふか》くで起《お》きている、地球《ちきゅう》のさまざまな動《うご》きによってつくられたものだ。火山《かざん》は、マグマの上昇《じょうしょう》による噴火《ふんか》でできる。火山以外《かざんいがい》の山《やま》は、プレートの動《うご》きで地殻《ちかく》をつくる地層《ちそう》がもり上《あ》がることでできる。

【噴《ふん》火《か》によってつくられる】

地下《ちか》のマグマだまりからマグマがふき上《あ》がって噴火《ふんか》すると、冷《ひ》えて固《かた》まった溶岩《ようがん》がふり積《つ》もって火山《かざん》ができる。

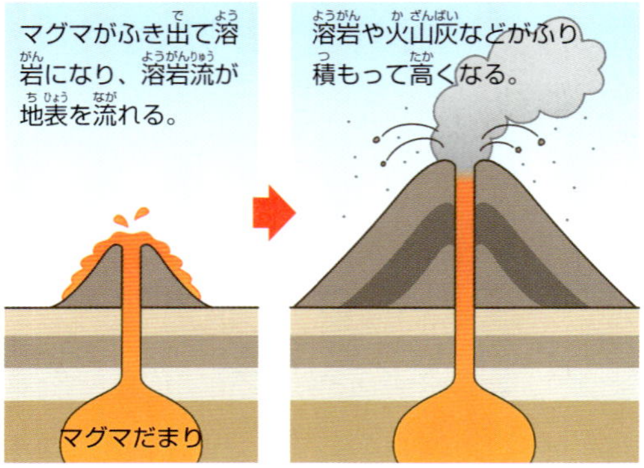
マグマがふき出《で》て溶《よう》岩《がん》になり、溶岩流《ようがんりゅう》が地表《ちひょう》を流《なが》れる。
溶岩《ようがん》や火山灰《かざんばい》などがふり積《つ》もって高《たか》くなる。
マグマだまり

【プレートの動《うご》きでもり上《あ》がる】

地球《ちきゅう》の表面《ひょうめん》をおおうプレートの動《うご》きによって、大陸《たいりく》プレートに力《ちから》がかかると、地層《ちそう》がおし上《あ》げられたりずれたりして、地面《じめん》がもり上《あ》がって山《やま》ができる。

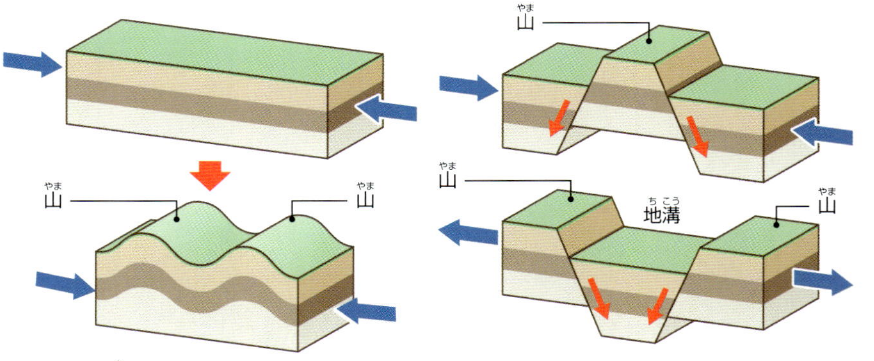
山《やま》
山《やま》
山《やま》
山《やま》
地溝《ちこう》
山《やま》

●おし上《あ》げられてできる
岩盤《がんばん》に横方向《よこほうこう》からおし合《あ》う力《ちから》がはたらくと、波《なみ》を打《う》つように曲《ま》がる。この現象《げんしょう》を「しゅう曲《きょく》」といい、おされてもり上《あ》がったところが山《やま》になる。

●ずれてできる
横方向《よこほうこう》からおされたり引《ひ》っぱられたりする力《ちから》がかかって岩盤《がんばん》のずれ（断層《だんそう》➡142）ができると、高《たか》くなった部分《ぶぶん》が山《やま》になる。こうしてできた山《やま》やまを「断層山地《だんそうさんち》」という。日本《にほん》アルプスといわれる飛騨山脈《ひださんみゃく》、木曽山《きそさん》脈《みゃく》、赤石山脈《あかいしさんみゃく》などは断層山地《だんそうさんち》だ。

『地形《ちけい》の大研究《だいけんきゅう》』: PHP《ピーエイチピー》 研究所《けんきゅうしょ》

大地《だい ち》の姿《すがた》は変化《へん か》する

いつも同《おな》じように見《み》える大地《だい ち》は、プレートの運動《うんどう》、雨《あめ》や風《かぜ》、水《みず》の流《なが》れなどによって少《すこ》しずつ変化《へん か》している。いくつかの自然《し ぜん》の力《ちから》が組《く》み合《あ》わさって、長《なが》い年月《ねんげつ》をかけて特《とく》ちょう的《てき》な地形《ち けい》ができる。

【川《かわ》の水《みず》のはたらきでできる】

山《やま》から海《うみ》へと流《なが》れる川《かわ》には、「侵食《しんしょく》（けずりとる）」、「運搬《うんぱん》（細《こま》かくくだきながら運《はこ》ぶ）」、「堆積《たいせき》（積《つ》もらせる）」というはたらきがある。このはたらきによって、さまざまな地形《ち けい》がつくられる。

黒部峡谷《くろ べ きょうこく》（富山県《と やまけん》）。黒部川《くろ べ がわ》によってけずられたV字谷《ブイ じ こく》の深《ふか》さは約《やく》1500 mあり、日本一深《に ほんいちふか》い。

●V字谷《ブイ じ こく》

川《かわ》の上流《じょうりゅう》では、速《はや》い水《みず》の流《なが》れによって川底《かわぞこ》がするどくV字形《ブイ じ がた》にけずられた谷《たに》ができる。

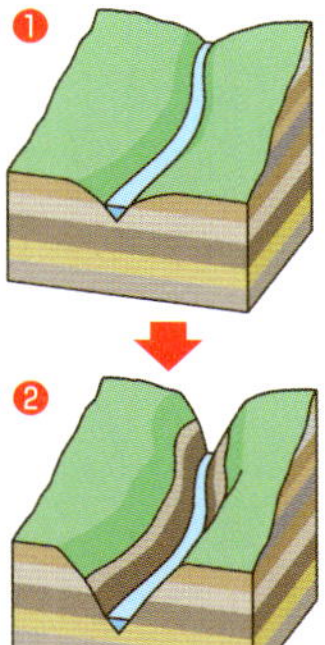

❶上流《じょうりゅう》の激《はげ》しい水《みず》の流《なが》れが運《はこ》ぶ土砂《ど しゃ》が、川底《かわぞこ》を深《ふか》くけずる。

❷さらにけずられて川底《かわぞこ》が深《ふか》くなり、谷《たに》ができる。

甲州市《こうしゅう し》（山梨県《やまなしけん》）の扇状地《せんじょう ち》。水《みず》はけがよく、ブドウなどの果樹園《か じゅえん》が多《おお》い。

●扇状地《せんじょう ち》

川《かわ》の上流《じょうりゅう》から運《はこ》ばれた土砂《ど しゃ》が、山《やま》から平地《へい ち》に出《で》たところで広《ひろ》がって積《つ》もり、扇形《おうぎがた》の地形《ち けい》になる。

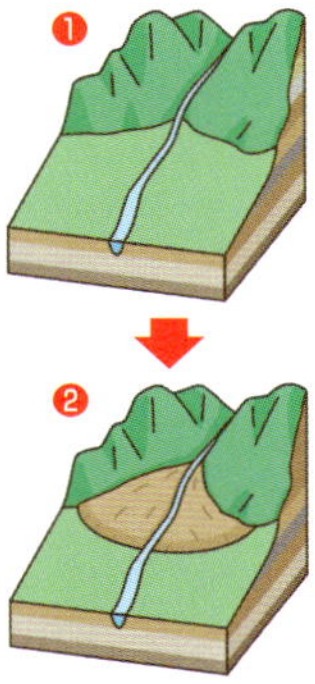

❶川《かわ》の流《なが》れがゆるやかになると、運《はこ》ばれた土砂《ど しゃ》が積《つ》もる。

❷次《つぎ》つぎに積《つ》もって扇形《おうぎがた》に広《ひろ》がる。

【もり上《あ》がったりしずんだりする】

プレートの活動《かつどう》や気候変動《き こうへんどう》による降水量《こうすいりょう》の変化《へん か》でなどで、陸地《りく ち》が海面《かいめん》に比《くら》べて隆起《りゅう き》（以前《い ぜん》より高《たか》くなる）したり、沈降《ちんこう》（しずみこんで下《さ》がる）したりすることで、川岸《かわぎし》や海岸線《かいがんせん》の地形《ち けい》が変化《へん か》する。

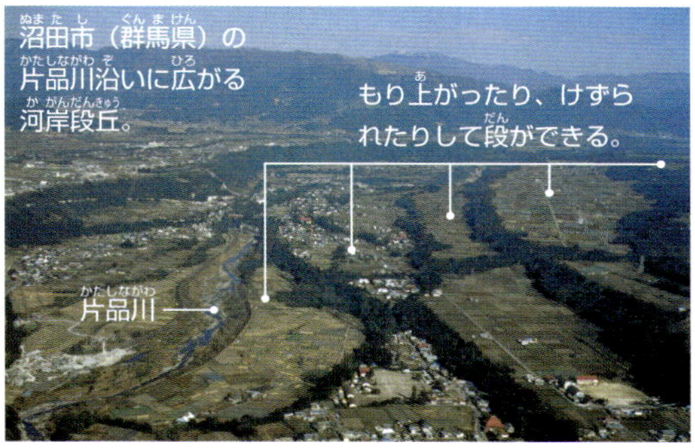
もり上《あ》がったり、けずられたりして段《だん》ができる。
片品川《かたしながわ》

沼田市《ぬま た し》（群馬県《ぐん ま けん》）の片品川《かたしながわ》沿《ぞ》いに広《ひろ》がる河岸段丘《か がんだんきゅう》。

●河岸段丘《か がん だん きゅう》

土地《と ち》の隆起《りゅう き》と、川《かわ》による侵食《しんしょく》がくりかえし起《お》こることで、川沿《かわ ぞ》いに階段《かいだん》状《じょう》の地形《ち けい》ができる。

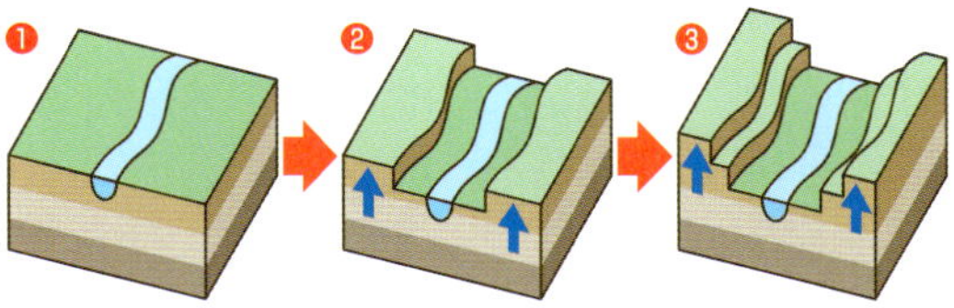

❶上流《じょうりゅう》から運《はこ》ばれた土砂《ど しゃ》が積《つ》もって平野《へい や》ができる。

❷土地《と ち》が隆起《りゅう き》すると流《なが》れが急《きゅう》になり、川原《か わ ら》が侵食《しんしょく》される。

❸さらに隆起《りゅう き》すると侵食《しんしょく》が起《お》こり、階段状《かいだんじょう》になる。

対馬市《つしま し》（長崎県《ながさきけん》）にある浅茅湾《あ そ うわん》。複雑《ふくざつ》な海岸線《かいがんせん》と小《ちい》さな島《しま》じまからなる。

●リアス海岸《かい がん》

川《かわ》などで侵食《しんしょく》された谷《たに》に、海面《かいめん》が上昇《じょうしょう》したり陸地《りく ち》が沈降《ちんこう》したりすることで海水《かいすい》が入《はい》り、ぎざぎざの海岸線《かいがんせん》ができる。

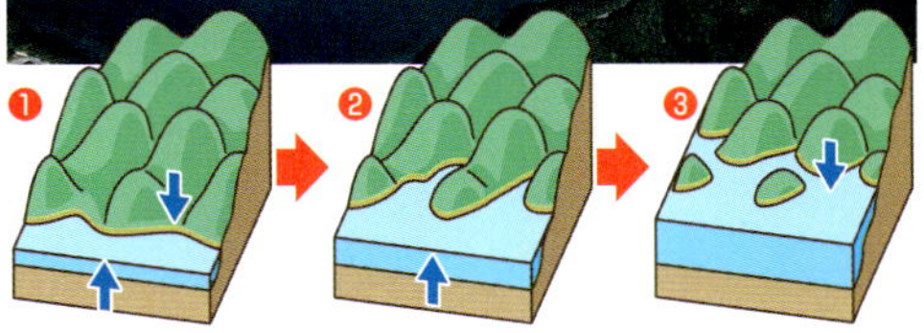

❶海《うみ》に面《めん》した急斜面《きゅうしゃめん》の地域《ち いき》で、海面《かいめん》の上昇《じょうしょう》や陸地《りく ち》の沈降《ちんこう》が起《お》こる。

❷谷《たに》の部分《ぶ ぶん》に海水《かいすい》が入《はい》り、入《い》り組《く》んだ海岸線《かいがんせん》ができる。

❸さらに沈降《ちんこう》すると陸地《りく ち》の一部《いち ぶ》が島《しま》になる。

【日光《にっ こう》や風雨《ふう う》でくだかれる】

岩石《がんせき》の大地《だい ち》は、雨《あめ》や風《かぜ》、日光《にっこう》にさらされることで、しだいにこわされていく。これを「風化《ふう か》」という。

中国南部《ちゅうごくなん ぶ》にある桂林《コイリン》。石灰岩《せっかいがん》の大《おお》きな岩《いわ》が雨《あめ》でとかされ、さまざまな形《かたち》の岩《いわ》が林《はやし》のように立《た》ち並《なら》んでいる。

●カルスト地形《ち けい》

石灰岩《せっかいがん》（➡ 157）でできている場所《ば しょ》では、雨《あめ》や地下水《ち か すい》が岩石《がんせき》をとかし、独特《どくとく》の地形《ち けい》になる。鍾乳洞《しょうにゅうどう》などもこうしてできる。

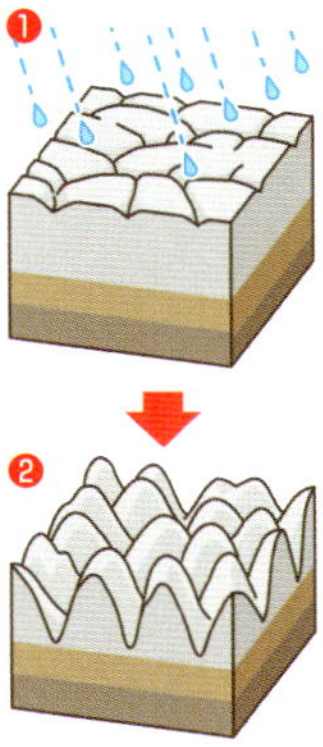

❶石灰岩《せっかいがん》の大地《だい ち》に雨《あめ》がしみこみ、少《すこ》しずつとかされる。

❷さらにとけたり、風《かぜ》でけずられたりしてふしぎな形《かたち》になる。

地殻変動《ち かく へん どう》と風化《ふう か》がつくった巨大《きょ だい》な岩《いわ》「ウルル」

オーストラリアにあるウルルは、高《たか》さ約《やく》348 m、周囲《しゅう い》は約《やく》10km にもなる巨大《きょ だい》な岩《いわ》だ。プレートの動《うご》きでおし上《あ》げられた地層《ち そう》が、雨《あめ》や風《かぜ》でけずられて、今《いま》の姿《すがた》になった。

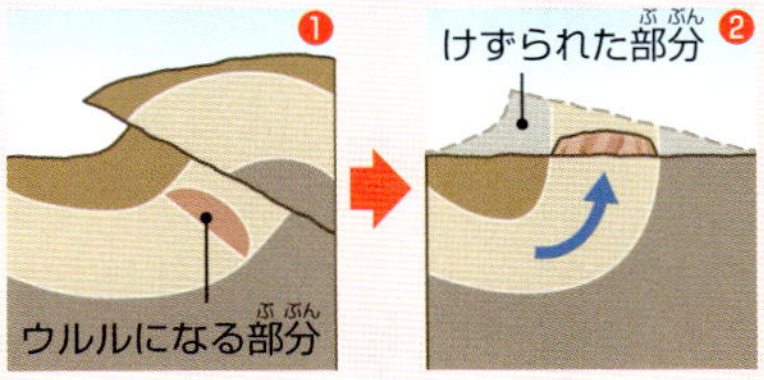
ウルルになる部分《ぶ ぶん》
けずられた部分《ぶ ぶん》

❶約《やく》４億年前《おくねんまえ》の地殻変動《ち かくへんどう》で、海底《かいてい》にあった地層《ち そう》の一部《いち ぶ》が地表《ち ひょう》に現《あらわ》れた。❷表面《ひょうめん》のやわらかい部分《ぶ ぶん》は雨《あめ》や風《かぜ》でけずられ、かたい部分《ぶ ぶん》だけが残《のこ》って現在《げんざい》のウルルになった。

いくつかの山《やま》が集《あつ》まった地形《ち けい》を「山地《さん ち》」といい、いくつかの高《たか》い山《やま》やまが長《なが》く連《つら》なる山地《さん ち》のことを「山脈《さんみゃく》」、複数《ふくすう》の山脈《さんみゃく》が集《あつ》まったものを「山系《さんけい》」という。

プレート➡24　噴火《ふんか》と地形《ちけい》➡150

伊豆半島《いずはんとう》がぶつかって富士山《ふじさん》ができた

日本列島《にほんれっとう》の成《な》り立《た》ち

日本列島《にほんれっとう》は、海洋《かいよう》プレートがしずみこむところにあります。プレートの運動《うんどう》によって約《やく》500万年前《まんねんまえ》に、列島《れっとう》の原形《げんけい》がつくられました。

南《みなみ》から伊豆半島《いずはんとう》がやってきた

日本列島《にほんれっとう》のまわりには、4枚《まい》のプレートがある（➡141）。陸地《りくち》では、東日本《ひがしにほん》が北《きた》アメリカプレート、西日本《にしにほん》がユーラシアプレートの上《うえ》にあり、伊豆半島《いずはんとう》だけがフィリピン海《かい》プレートの上《うえ》にある。伊豆半島《いずはんとう》は、フィリピン海《かい》プレートの移動《いどう》とともに南《みなみ》の海《うみ》から近《ちか》づいてきて、日本列島《にほんれっとう》の一部《いちぶ》になったのだ。

北《きた》アメリカ
プレート
ユーラシアプレート
フィリピン海《かい》
プレート
太平洋《たいへいよう》
プレート
赤石山脈《あかいしさんみゃく》
富士山《ふじさん》
丹沢山地《たんざわさんち》
関東平野《かんとうへいや》
箱根山《はこねやま》
愛鷹山《あしたかやま》
駿河湾《するがわん》
相模湾《さがみわん》
三浦半島《みうらはんとう》
房総半島《ぼうそうはんとう》
天城山《あまぎさん》
伊豆半島《いずはんとう》
伊豆半島《いずはんとう》がぶつかったことで、
駿河湾《するがわん》と相模湾《さがみわん》ができた。
大島《おおしま》

伊豆半島《いずはんとう》と富士山《ふじさん》ができるまで

伊豆半島《いずはんとう》は、もともとは南《みなみ》の海《うみ》にあった海底火山《かいていかざん》の集《あつ》まりで、海洋《かいよう》プレートであるフィリピン海《かい》プレートにのって移動《いどう》してきた。移動《いどう》のとちゅうで一部《いちぶ》は海面《かいめん》より高《たか》い火山島《かざんとう》になって本州《ほんしゅう》に近《ちか》づき、大陸《たいりく》プレートとの境目《さかいめ》で、しずみこまずにぶつかって半島《はんとう》になった。その後《ご》も火山活動《かざんかつどう》をくりかえして、富士山《ふじさん》や箱根山《はこねやま》ができた。

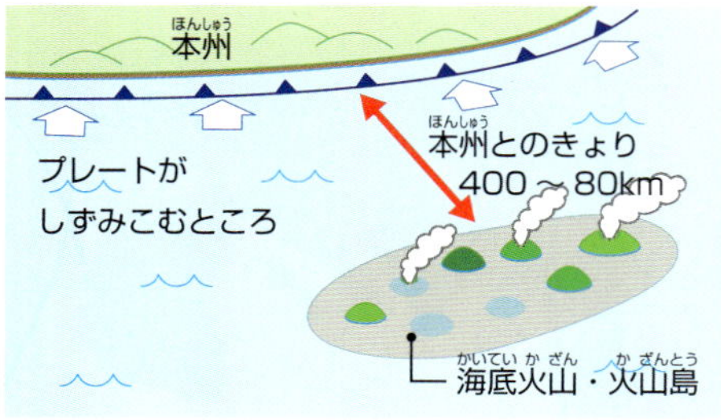
本州《ほんしゅう》
プレートが
しずみこむところ
本州《ほんしゅう》とのきょり
400～80km
海底火山《かいていかざん》・火山島《かざんとう》

❶1000万《まん》～200万年前《まんねんまえ》

伊豆半島《いずはんとう》のもとになる海底《かいてい》火山《かざん》と火山島《かざんとう》が、フィリピン海《かい》の沖《おき》から本州《ほんしゅう》に近《ちか》づいてくる。

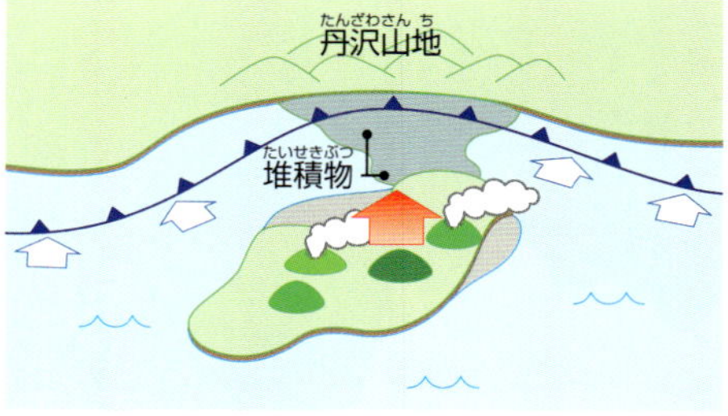
丹沢山地《たんざわさんち》
堆積物《たいせきぶつ》

❷200万《まん》～60万年前《まんねんまえ》

伊豆半島《いずはんとう》になる部分《ぶぶん》が本州《ほんしゅう》にぶつかり、その力《ちから》で本州《ほんしゅう》側《がわ》がおし上《あ》げられて、丹沢《たんざわ》山地《さんち》ができる。丹沢山地《たんざわさんち》からの土砂《どしゃ》であいだの海《うみ》がうまり、陸《りく》つづきになる。

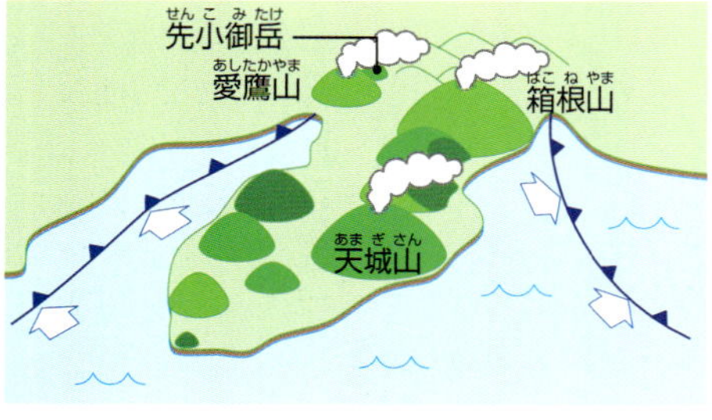
先小御岳《せんこみたけ》
愛鷹山《あしたかやま》
箱根山《はこねやま》
天城山《あまぎさん》

❸60万《まん》～20万年前《まんねんまえ》

完全《かんぜん》に陸《りく》つづきになった伊《い》豆半島《ずはんとう》のあちらこちらで噴《ふん》火《か》が起《お》こり、天城山《あまぎさん》、箱根《はこね》山《やま》、愛鷹山《あしたかやま》などができる。

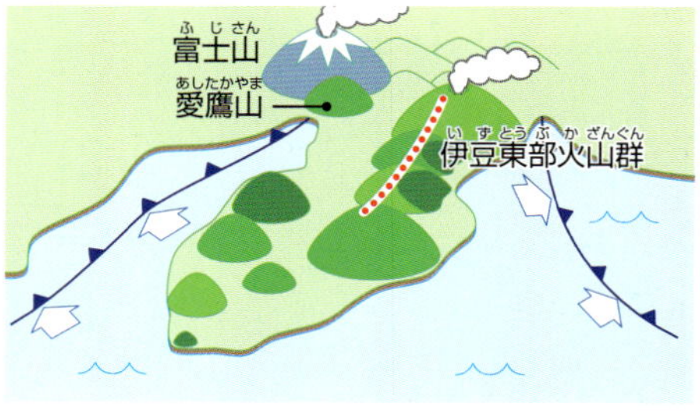
富士山《ふじさん》
愛鷹山《あしたかやま》
伊豆東部火山群《いずとうぶかざんぐん》

❹20万年前《まんねんまえ》～現代《げんだい》

小《ちい》さな火山《かざん》が連《つら》なる伊豆東《いずとう》部火山群《ぶかざんぐん》ができる。何度《なんど》かの噴火《ふんか》をくり返《かえ》して、約《やく》1万年前《まんねんまえ》に現在《げんざい》の富士山《ふじさん》（新《しん》富士火山《ふじかざん》➡150）ができた。

『地図《ちず》からわかる日本《にほん》』: 学研教育出版《がっけんきょういくしゅっぱん》

日本列島《にほんれっとう》はプレートが運《はこ》んだ岩《いわ》でできている

　海洋《かいよう》プレートは大陸《たいりく》プレートよりもうすいが、重《おも》い玄武岩《げんぶがん》でできているため、2つのプレートがぶつかる場所《ばしょ》では、海洋《かいよう》プレートがしずみこむ。中央海嶺《ちゅうおうかいれい》でできた海洋《かいよう》プレートは、砂岩《さがん》や泥岩《でいがん》（➡157）などをのせて移動《いどう》し、プレートがしずみこむときにはがされ、大陸《たいりく》プレートにつけ加《くわ》わる。この部分《ぶぶん》を「付加体《ふかたい》」という。フィリピン海《かい》プレートと太平洋《たいへいよう》プレートという2つの海洋《かいよう》プレートがしずみこむ場所《ばしょ》にある日本列島《にほんれっとう》は、ほとんどの部分《ぶぶん》がこの付加体《ふかたい》によってできている。

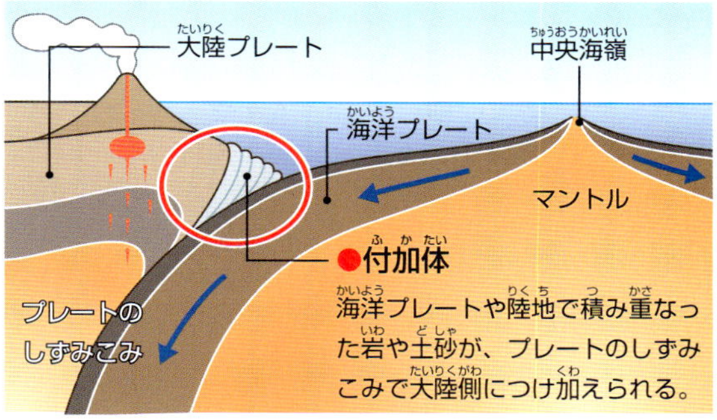

大陸《たいりく》プレート
中央海嶺《ちゅうおうかいれい》
海洋《かいよう》プレート
マントル
●付加体《ふかたい》
海洋《かいよう》プレートや陸地《りくち》で積《つ》み重《かさ》なった岩《いわ》や土砂《どしゃ》が、プレートのしずみこみで大陸側《たいりくがわ》につけ加《くわ》えられる。
プレートのしずみこみ

【日本列島《にほんれっとう》ができるまで】

日本列島《にほんれっとう》は、ユーラシアプレートの東《ひがし》のはしが割《わ》れて、日本海《にほんかい》ができたことから誕生《たんじょう》した。

2億年前《おくねんまえ》

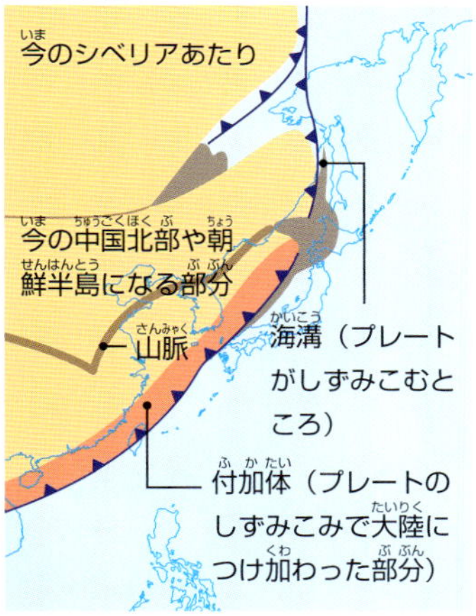

今《いま》のシベリアあたり
今《いま》の中国北部《ちゅうごくほくぶ》や朝《ちょう》鮮半島《せんはんとう》になる部分《ぶぶん》
山脈《さんみゃく》
海溝《かいこう》（プレートがしずみこむところ）
付加体《ふかたい》（プレートのしずみこみで大陸《たいりく》につけ加《くわ》わった部分《ぶぶん》）

シベリアや中国《ちゅうごく》の原形《げんけい》となる3つの陸地《りくち》のかたまり（地塊《ちかい》）が合体《がったい》して、現在《げんざい》のユーラシア大陸《たいりく》ができ始《はじ》める。東《ひがし》のふちのプレートがしずみこむところに、付加体《ふかたい》として陸地《りくち》が加《くわ》わった。

2500万年前《まんねんまえ》

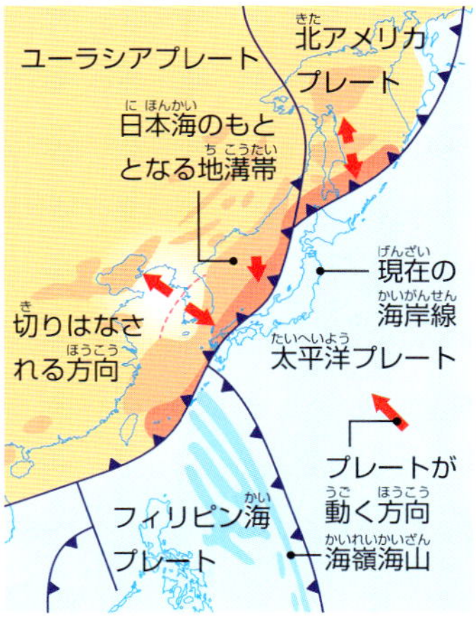

ユーラシアプレート
北《きた》アメリカプレート
日本海《にほんかい》のもととなる地溝帯《ちこうたい》
切《き》りはなされる方向《ほうこう》
現在《げんざい》の海岸線《かいがんせん》
太平洋《たいへいよう》プレート
プレートが動《うご》く方向《ほうこう》
フィリピン海《かい》プレート
海嶺海山《かいれいかいざん》

東《ひがし》アジアのあたりで、ホットプルームが上昇《じょうしょう》して地溝帯《ちこうたい》（➡25）ができ、東《ひがし》側《がわ》の陸地《りくち》のはしが切《き》りはなされ始《はじ》める。

1500万年前《まんねんまえ》

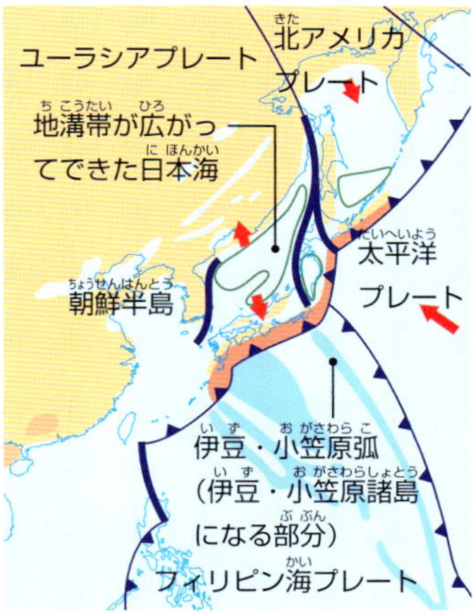

ユーラシアプレート
北《きた》アメリカプレート
地溝帯《ちこうたい》が広《ひろ》がってできた日本海《にほんかい》
朝鮮半島《ちょうせんはんとう》
太平洋《たいへいよう》プレート
伊豆《いず》・小笠原弧《おがさわらこ》（伊豆《いず》・小笠原諸島《おがさわらしょとう》になる部分《ぶぶん》）
フィリピン海《かい》プレート

地溝帯《ちこうたい》が拡大《かくだい》して海《うみ》になり、日本海《にほんかい》が誕生《たんじょう》した。切《き》りはなされた陸地《りくち》は、さらに太平洋側《たいへいようがわ》に移動《いどう》して、日本列島《にほんれっとう》になる部分《ぶぶん》ができる。多《おお》くの海底火山《かいていかざん》ができ、「伊豆《いず》・小笠原弧《おがさわらこ》」が現《あらわ》れる。

500万年前《まんねんまえ》

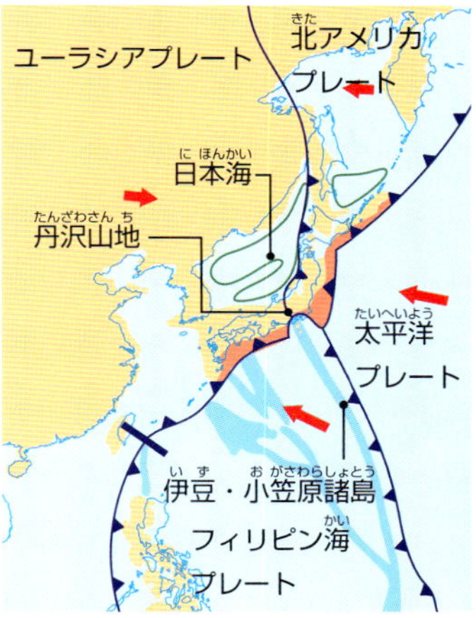

ユーラシアプレート
北《きた》アメリカプレート
日本海《にほんかい》
丹沢山地《たんざわさんち》
太平洋《たいへいよう》プレート
伊豆《いず》・小笠原諸島《おがさわらしょとう》
フィリピン海《かい》プレート

伊豆《いず》・小笠原弧《おがさわらこ》が近《ちか》づき、200万《まん》～60万年前《まんねんまえ》にぶつかって、丹沢山地《たんざわさんち》ができる。この後《あと》、伊豆半島《いずはんとう》がぶつかる。大陸《たいりく》とついたりはなれたりしながら、約《やく》1万《まん》8000年前《ねんまえ》に今《いま》の形《かたち》になった。

いろいろな年代《ねんだい》の地質《ちしつ》でできている

　日本列島《にほんれっとう》の地質《ちしつ》を調《しら》べてみると、いろいろな年代《ねんだい》の地質《ちしつ》でできていて、フィリピン海《かい》プレートと太平洋《たいへいよう》プレートの移動《いどう》によって運《はこ》ばれてきた付加体《ふかたい》が、どんどん積《つ》み重《かさ》なることで成長《せいちょう》してきたことがわかる。西日《にしに》本《ほん》では、しずみこむフィリピン海《かい》プレートに面《めん》している太平洋側《たいへいようがわ》ほど新《あたら》しい地質《ちしつ》になっている。

プレートの動《うご》きによって力《ちから》が加《くわ》わり、岩盤《がんばん》が割《わ》れてずれたものを「断層《だんそう》」といい、地質《ちしつ》の構造《こうぞう》をいくつかに区切《くぎ》るような大《おお》きな断層《だんそう》を「構造線《こうぞうせん》」という。

【日本列島《にほんれっとう》をつくるおもな地質《ちしつ》の構造《こうぞう》】

同《おな》じ年代《ねんだい》の地層《ちそう》でも、ふくまれている岩石《がんせき》の種類《しゅるい》はちがいが見《み》られる。

新《あたら》しい
- 200万《まん》～60万年前《まんねんまえ》の伊豆地塊《いずちかい》
- 6600万《まん》～2300万年前《まんねんまえ》
- 1億《おく》4500万《まん》～6600万年前《まんねんまえ》
- 1億《おく》4500万《まん》～6600万年前《まんねんまえ》
- 1億《おく》4500万《まん》～6600万年前《まんねんまえ》
- 1億《おく》4500万《まん》～6600万年前《まんねんまえ》
- 2億《おく》～6600万年前《まんねんまえ》
- 2億《おく》～1億《おく》4500万年前《まんねんまえ》
- 2億《おく》～1億《おく》4500万年前《まんねんまえ》
- 2億《おく》9900万《まん》～2億《おく》5200万年前《まんねんまえ》
- 2億《おく》9900万《まん》～2億年前《おくねんまえ》で約《やく》20億《おく》年前《ねんまえ》の岩石《がんせき》もふくむ
- 3億《おく》5900万《まん》～2億《おく》5200万年前《まんねんまえ》の大陸《たいりく》の一部《いちぶ》

古《ふる》い

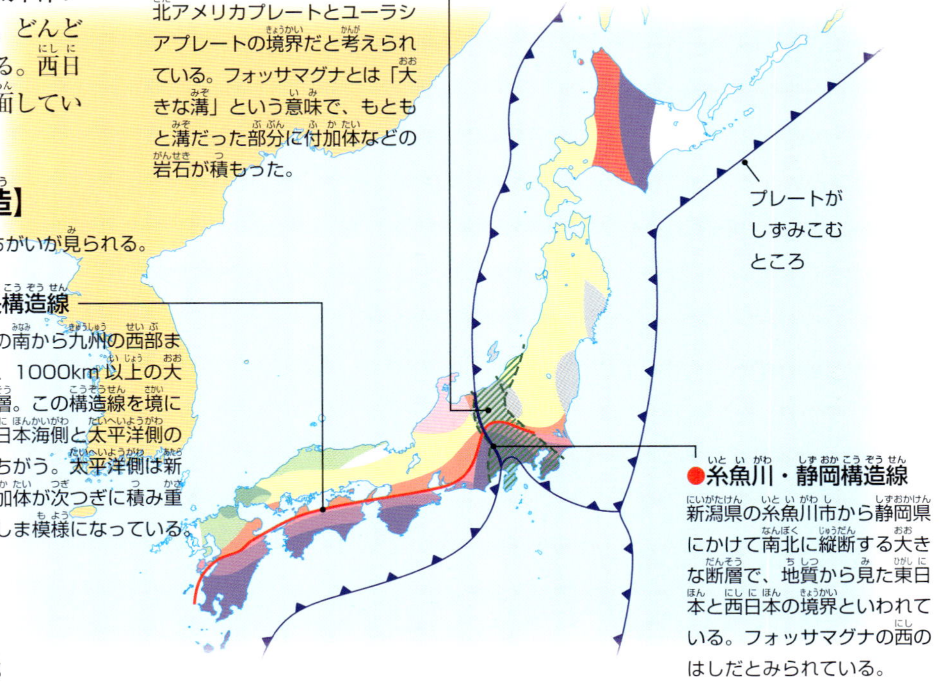

●フォッサマグナ
北《きた》アメリカプレートとユーラシアプレートの境界《きょうかい》だと考《かんが》えられている。フォッサマグナとは「大《おお》きな溝《みぞ》」という意味《いみ》で、もともと溝《みぞ》だった部分《ぶぶん》に付加体《ふかたい》などの岩石《がんせき》が積《つ》もった。
プレートがしずみこむところ
●中央構造線《ちゅうおうこうぞうせん》
長野県《ながのけん》の南《みなみ》から九州《きゅうしゅう》の西部《せいぶ》まで続《つづ》く、1000km以上《いじょう》の大《おお》きな断層《だんそう》。この構造線《こうぞうせん》を境《さかい》にして、日本海側《にほんかいがわ》と太平洋側《たいへいようがわ》の地質《ちしつ》がちがう。太平洋側《たいへいようがわ》は新《あたら》しい付加体《ふかたい》が次《つぎ》つぎに積《つ》み重《かさ》なり、しま模様《もよう》になっている。
●糸魚川《いといがわ》・静岡構造線《しずおかこうぞうせん》
新潟県《にいがたけん》の糸魚川市《いといがわし》から静岡県《しずおかけん》にかけて南北《なんぼく》に縦断《じゅうだん》する大《おお》きな断層《だんそう》で、地質《ちしつ》から見《み》た東日《ひがしに》本《ほん》と西日本《にしにほん》の境界《きょうかい》といわれている。フォッサマグナの西《にし》のはしだとみられている。

フォッサマグナは、ドイツ人《じん》の地質学者《ちしつがくしゃ》、エドムント・ナウマン博士《はかせ》によって発見《はっけん》された。大昔《おおむかし》の日本《にほん》にいたナウマンゾウは、博士《はかせ》にちなんで命名《めいめい》された。

プレートの境《さかい》で起《お》きる地震《じしん》

海溝型地震《かいこうがたじしん》　海洋《かいよう》プレートが大陸《たいりく》プレートの下《した》にしずみこむ海溝《かいこう》で起《お》きる地震《じしん》を「海溝型地震《かいこうがたじしん》」といいます。巨大地震《きょだいじしん》になりやすく、津波《つなみ》が発生《はっせい》する原因《げんいん》にもなります。

地震《じしん》のタイプは2つある

世界《せかい》の地震《じしん》の発生場所《はっせいばしょ》を見《み》てみると、プレートの境界《きょうかい》に集中《しゅうちゅう》していることがわかる。地震《じしん》の起《お》こり方《かた》は、震源《しんげん》の場所《ばしょ》によって2つのタイプに分《わ》けられる。1つは、海溝《かいこう》(➡134)で起《お》きる「海溝型地震《かいこうがたじしん》」で、「プレート境界型地震《きょうかいがたじしん》」ともいう。もう1つは、プレート内部《ないぶ》の岩盤《がんばん》がずれて起《お》こる「内陸型地震《ないりくがたじしん》」だ。

●スマトラ島沖地震《とうおきじしん》（インドネシア）
2004年《ねん》12月《がつ》26日《にち》に、インド・オーストラリアプレートとユーラシアプレートの境界《きょうかい》でマグニチュード9.1の海溝型地震《かいこうがたじしん》が起《お》きた。大津波《おおつなみ》が発生《はっせい》し、死者《ししゃ》は約《やく》22万人《まんにん》にものぼった。

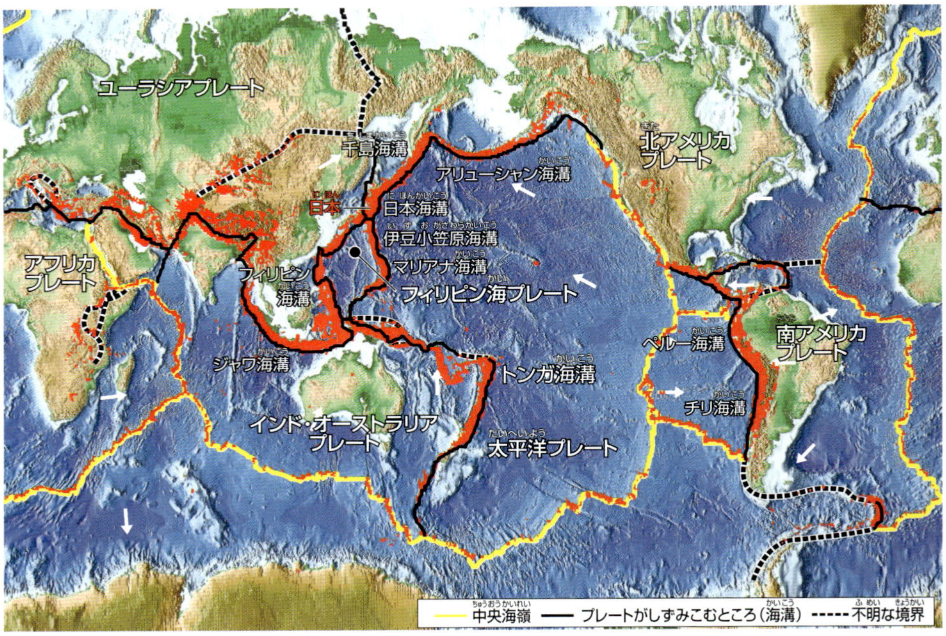
ユーラシアプレート
千島海溝
日本《にほん》
日本海溝《にほんかいこう》
伊豆小笠原海溝《いずおがさわらかいこう》
マリアナ海溝《かいこう》
フィリピン海《かい》プレート
フィリピン海溝《かいこう》
アリューシャン海溝《かいこう》
北《きた》アメリカプレート
アフリカプレート
ジャワ海溝《かいこう》
インド・オーストラリアプレート
トンガ海溝《かいこう》
太平洋《たいへいよう》プレート
ペルー海溝《かいこう》
チリ海溝《かいこう》
南アメリカプレート
中央海嶺《ちゅうおうかいれい》　プレートがしずみこむところ（海溝《かいこう》）　不明《ふめい》な境界《きょうかい》

【地震《じしん》が起《お》こりやすい場所《ばしょ》】
赤《あか》い点《てん》は1977～2012年《ねん》までにマグニチュード5以上《いじょう》の地震《じしん》が発生《はっせい》した場所《ばしょ》。プレートの境界《きょうかい》で多《おお》く発生《はっせい》していることがわかる。地震《じしん》が発生《はっせい》する場所《ばしょ》は、火山《かざん》がある場所《ばしょ》（➡146）とも重《かさ》なっている。

大陸《たいりく》プレートがはね上《あ》がって大地《だいち》をゆらす

海溝《かいこう》では、海洋《かいよう》プレートが大陸《たいりく》プレートの下《した》にゆっくりとしずみこんでいくが、このとき、大陸《たいりく》プレートも少《すこ》しずつ引《ひ》きずりこまれている。やがて、引《ひ》きずりこまれた大陸《たいりく》プレートがもとにもどろうとして、勢《いきお》いよくはね上《あ》がったりこわれたりすることで、海溝型地震《かいこうがたじしん》が発生《はっせい》する。

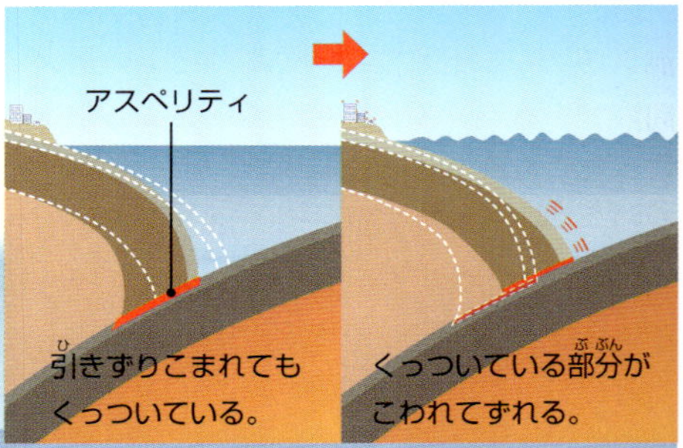
アスペリティ
引《ひ》きずりこまれてもくっついている。
くっついている部分《ぶぶん》がこわれてずれる。

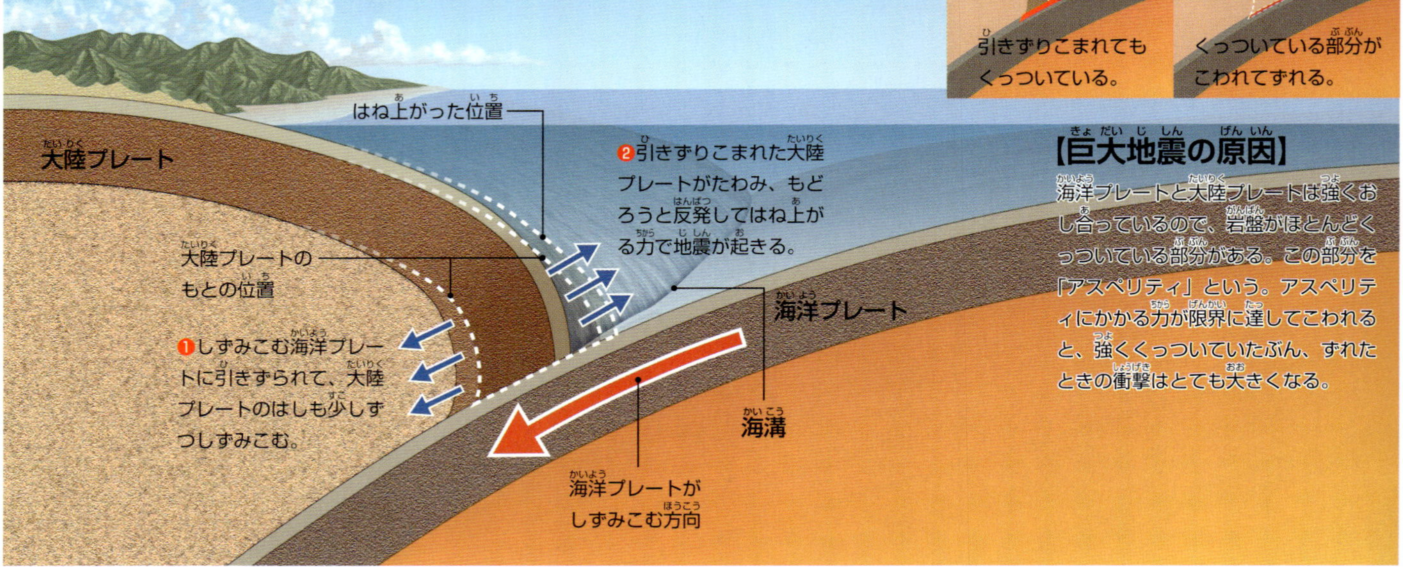
はね上《あ》がった位置《いち》
大陸《たいりく》プレート
❷引《ひ》きずりこまれた大陸《たいりく》プレートがたわみ、もどろうと反発《はんぱつ》してはね上《あ》がる力《ちから》で地震《じしん》が起《お》きる。
大陸《たいりく》プレートのもとの位置《いち》
海洋《かいよう》プレート
❶しずみこむ海洋《かいよう》プレートに引《ひ》きずられて、大陸《たいりく》プレートのはしも少《すこ》しずつしずみこむ。
海溝《かいこう》
海洋《かいよう》プレートがしずみこむ方向《ほうこう》

【巨大地震《きょだいじしん》の原因《げんいん》】
海洋《かいよう》プレートと大陸《たいりく》プレートは強《つよ》くおし合《あ》っているので、岩盤《がんばん》がほとんどくっついている部分《ぶぶん》がある。この部分《ぶぶん》を「アスペリティ」という。アスペリティにかかる力《ちから》が限界《げんかい》に達《たっ》してこわれると、強《つよ》くくっついていたぶん、ずれたときの衝撃《しょうげき》はとても大《おお》きくなる。

『地球《ちきゅう》の声《こえ》に耳《みみ》をすませて』：くもん出版《しゅっぱん》

日本列島《にほんれっとう》は４つのプレートの交差点《こうさてん》

日本《にほん》のまわりには４つのプレートがある。海洋《かいよう》プレートの「太平洋《たいへいよう》プレート」と「フィリピン海《かい》プレート」が、大陸《たいりく》プレートである「ユーラシアプレート」と「北《きた》アメリカプレート」の下《した》にしずみこんでいる。これらのプレートが動《うご》くために地震《じしん》が起《お》きやすく、世界《せかい》で起《お》きる地震《じしん》の約《やく》２割《わり》が日本周辺《にほんしゅうへん》で発生《はっせい》している。

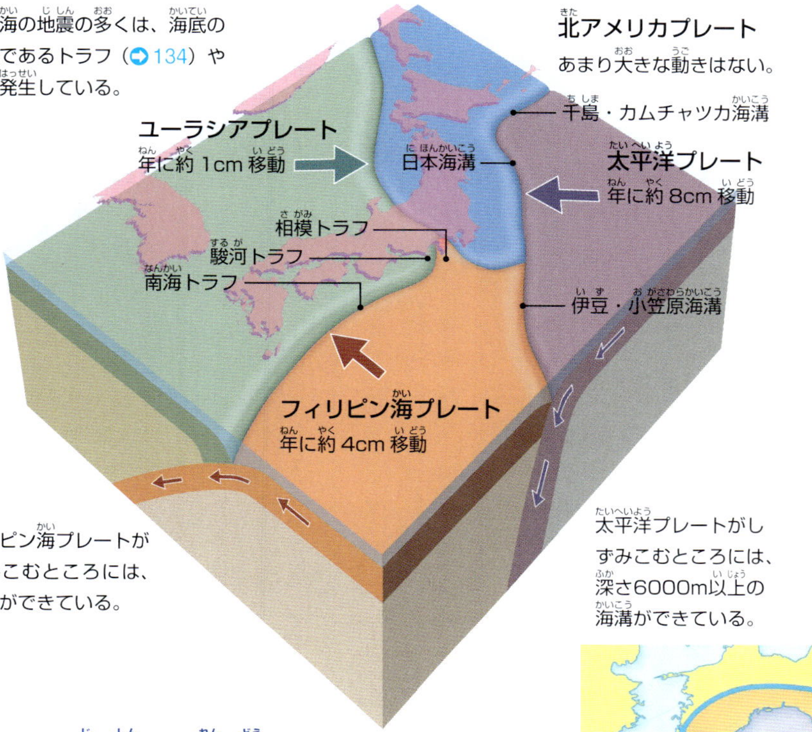
日本近海《にほんきんかい》の地震《じしん》の多《おお》くは、海底《かいてい》のくぼ地《ち》であるトラフ（➡134）や海溝《かいこう》で発生《はっせい》している。
北《きた》アメリカプレート
あまり大《おお》きな動《うご》きはない。
千島《ちしま》・カムチャツカ海溝《かいこう》
ユーラシアプレート
年《ねん》に約《やく》1cm 移動《いどう》
日本海溝《にほんかいこう》
太平洋《たいへいよう》プレート
年《ねん》に約《やく》8cm 移動《いどう》
相模《さがみ》トラフ
駿河《するが》トラフ
南海《なんかい》トラフ
伊豆《いず》・小笠原海溝《おがさわらかいこう》
フィリピン海《かい》プレート
年《ねん》に約《やく》4cm 移動《いどう》
フィリピン海《かい》プレートがしずみこむところには、トラフができている。
太平洋《たいへいよう》プレートがしずみこむところには、深《ふか》さ6000m以上《いじょう》の海溝《かいこう》ができている。

東京《とうきょう》は3つのプレートの上《うえ》にある

東京《とうきょう》を中心《ちゅうしん》とした首都圏《しゅとけん》は、北《きた》アメリカプレートの上《うえ》にあるが、その下《した》にはフィリピン海《かい》プレートがもぐりこみ、さらにその下《した》に太平洋《たいへいよう》プレートがもぐりこむ三重構造《さんじゅうこうぞう》になっている。このため、プレートの境界《きょうかい》では海溝型《かいこうがた》地震《じしん》が、プレートの内部《ないぶ》ではひずみによる内陸型地震《ないりくがたじしん》が起《お》こりやすい。東京周辺《とうきょうしゅうへん》を震源《しんげん》とする「首都直下地震《しゅとちょっかじしん》」は、いつ起《お》こってもおかしくないのだ。

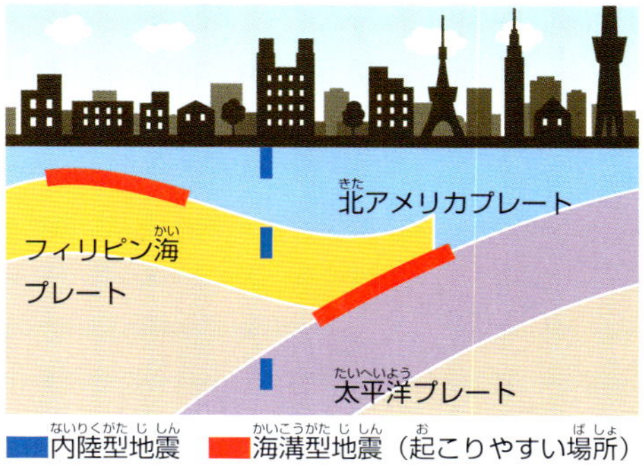
北《きた》アメリカプレート
フィリピン海《かい》プレート
太平洋《たいへいよう》プレート
内陸型地震《ないりくがたじしん》
海溝型地震《かいこうがたじしん》（起《お》こりやすい場所《ばしょ》）

3つの地震《じしん》が連動《れんどう》する南海《なんかい》トラフの巨大地震《きょだいじしん》

静岡県沖《しずおかけんおき》から四国沖《しこくおき》にかけて海底《かいてい》を東西《とうざい》に走《はし》る南海《なんかい》トラフの周辺《しゅうへん》では、これまで数十年《すうじゅうねん》から数百年《すうひゃくねん》の間隔《かんかく》で大《おお》きな地震《じしん》が発生《はっせい》している。南海《なんかい》トラフの地震《じしん》の震源域《しんげんいき》（＊）は、南海《なんかい》、東南海《とうなんかい》、東海《とうかい》の大《おお》きく３つに分《わ》けられるが、３つの地域《ちいき》で連動《れんどう》して地震《じしん》が発生《はっせい》することもあり、地震《じしん》の規模《きぼ》や被害《ひがい》が大《おお》きくなる。過去《かこ》の地震《じしん》の周期《しゅうき》から、巨大地震《きょだいじしん》が近《ちか》い将来《しょうらい》起《お》こるのではないかと考《かんが》えられている。

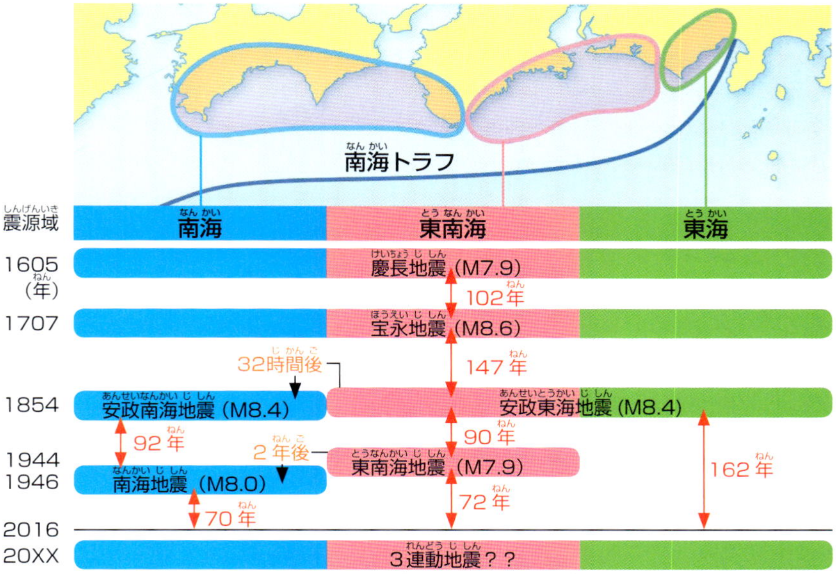
南海《なんかい》トラフ
震源域《しんげんいき》
南海《なんかい》
東南海《とうなんかい》
東海《とうかい》
1605（年《ねん》）
慶長地震《けいちょうじしん》（M7.9）
102年《ねん》
1707
宝永地震《ほうえいじしん》（M8.6）
32時間後《じかんご》
147年《ねん》
1854
安政南海地震《あんせいなんかいじしん》（M8.4）
安政東海地震《あんせいとうかいじしん》（M8.4）
92年《ねん》
90年《ねん》
2年後《ねんご》
1944
東南海地震《とうなんかいじしん》（M7.9）
1946
南海地震《なんかいじしん》（M8.0）
162年《ねん》
70年《ねん》
72年《ねん》
2016
20XX
3連動地震《れんどうじしん》？？

＊震源域《しんげんいき》…プレート（岩盤《がんばん》）がずれ始《はじ》めた部分《ぶぶん》を「震源《しんげん》」といい、ずれたはんい全体《ぜんたい》のことを「震源域《しんげんいき》」という。

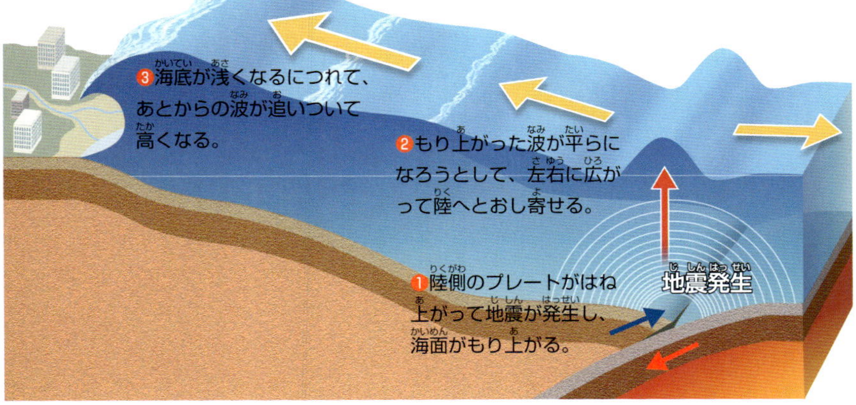
③海底《かいてい》が浅《あさ》くなるにつれて、あとからの波《なみ》が追《お》いついて高《たか》くなる。
②もり上《あ》がった波《なみ》が平《たい》らになろうとして、左右《さゆう》に広《ひろ》がって陸《りく》へとおし寄《よ》せる。
①陸側《りくがわ》のプレートがはね上《あ》がって地震《じしん》が発生《はっせい》し、海面《かいめん》がもり上《あ》がる。
地震発生《じしんはっせい》

地震《じしん》の力《ちから》で津波《つなみ》が起《お》きる

海溝型《かいこうがた》地震《じしん》で大陸《たいりく》プレートが勢《いきお》いよくはね上《あ》がると、その力《ちから》で海面《かいめん》の一部《いちぶ》がもり上《あ》がる。もり上《あ》がった海面《かいめん》には平《たい》らになろうとする力《ちから》がはたらくため、大《おお》きな水《みず》のかたまりとなって左右《さゆう》に広《ひろ》がって津波《つなみ》になる。ふつうの波《なみ》は陸《りく》に寄《よ》せたり引《ひ》いたりをくりかえすが、津波《つなみ》は次《つぎ》から次《つぎ》へと強《つよ》い力《ちから》でおし寄《よ》せる。

南海《なんかい》トラフ巨大地震《きょだいじしん》は、南海《なんかい》・東南海《とうなんかい》・東海《とうかい》だけでなく、宮崎県《みやざきけん》の日向灘《ひゅうがなだ》と南海《なんかい》トラフの海溝寄《かいこうよ》りの５つの震源域《しんげんいき》が連動《れんどう》する可能性《かのうせい》もあるとされる。

海溝型地震《かいこうがたじしん》➡140

断層《だんそう》のずれによって起《お》きる地震《じしん》

内陸型地震《ないりくがたじしん》　地震《じしん》は、「断層《だんそう》」とよばれる岩盤《がんばん》のずれによっても起《お》こります。今後《こんご》もずれる可能性《かのうせい》がある断層《だんそう》は「活断層《かつだんそう》」といいます。陸側《りくがわ》の断層《だんそう》による地震《じしん》が内陸型地震《ないりくがたじしん》です。

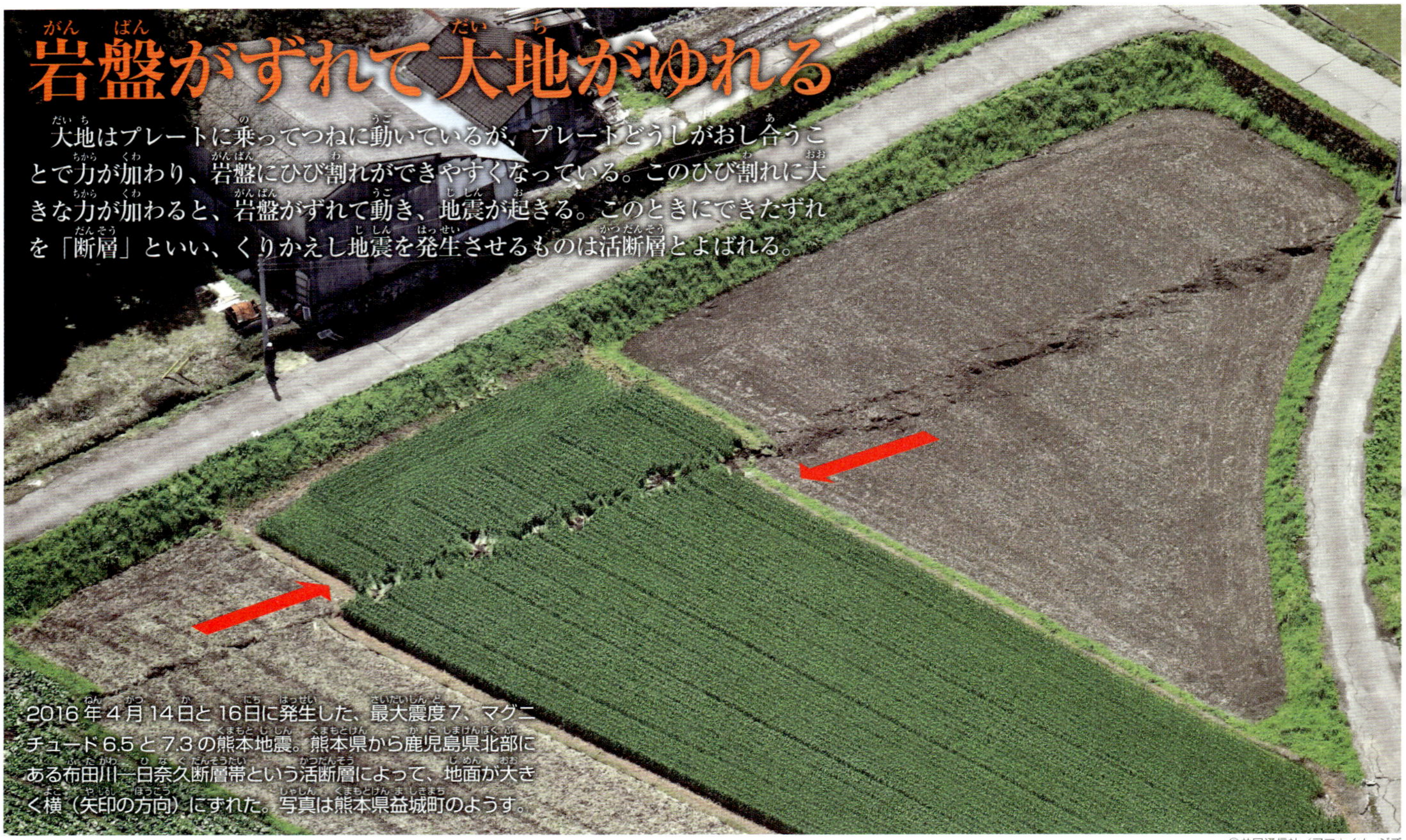

岩盤《がんばん》がずれて大地《だいち》がゆれる

大地《だいち》はプレートに乗《の》ってつねに動《うご》いているが、プレートどうしがおし合《あ》うことで力《ちから》が加《くわ》わり、岩盤《がんばん》にひび割《わ》れができやすくなっている。このひび割《わ》れに大《おお》きな力《ちから》が加《くわ》わると、岩盤《がんばん》がずれて動《うご》き、地震《じしん》が起《お》きる。このときにできたずれを「断層《だんそう》」といい、くりかえし地震《じしん》を発生《はっせい》させるものは活断層《かつだんそう》とよばれる。

2016年《ねん》4月《がつ》14日《か》と16日《にち》に発生《はっせい》した、最大震度《さいだいしんど》7、マグニチュード6.5と7.3の熊本地震《くまもとじしん》。熊本県《くまもとけん》から鹿児島県北部《かごしまけんほくぶ》にある布田川《ふたがわ》－日奈久断層帯《ひなぐだんそうたい》という活断層《かつだんそう》によって、地面《じめん》が大《おお》きく横《よこ》（矢印《やじるし》の方向《ほうこう》）にずれた。写真《しゃしん》は熊本県益城町《くまもとけんましきまち》のようす。

断層《だんそう》のずれ方《かた》は3種類《しゅるい》

断層《だんそう》は、力《ちから》が加《くわ》わった方向《ほうこう》によって岩盤《がんばん》のずれ方《かた》にちがいがあり、たて方向《ほうこう》にずれる「正断層《せいだんそう》」「逆断層《ぎゃくだんそう》」と、横方向《よこほうこう》にずれる「横《よこ》ずれ断層《だんそう》」の3種類《しゅるい》に分《わ》けられる。いくつかのずれ方《かた》が組《く》み合《あ》わさって、地震《じしん》が起《お》きることもある。

●正断層《せいだんそう》

左右《さゆう》に引《ひ》っぱられる力《ちから》が岩盤《がんばん》に加《くわ》わることで、下《した》にすべり落《お》ちる。世界全体《せかいぜんたい》で見《み》るとこの断層《だんそう》が多《おお》いので正断層《せいだんそう》という。

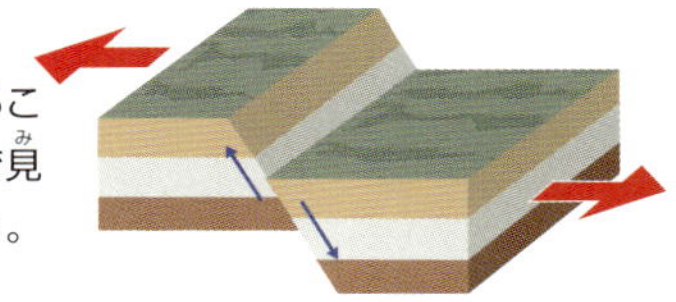

●逆断層《ぎゃくだんそう》

左右《さゆう》からおされる力《ちから》が岩盤《がんばん》に加《くわ》わることで、上《うえ》にずり上《あ》がる。活断層《かつだんそう》による日本《にほん》の地震《じしん》の多《おお》くは、逆断層《ぎゃくだんそう》によるものだ。

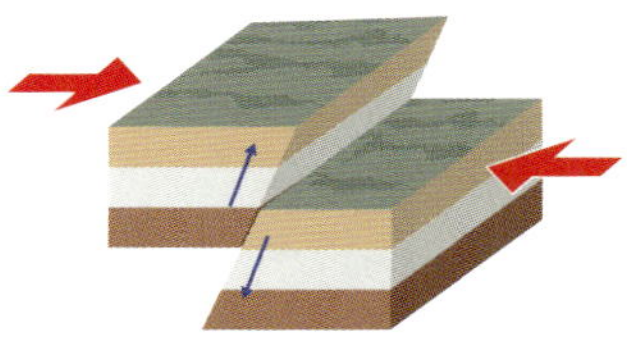

●横《よこ》ずれ断層《だんそう》

岩盤《がんばん》が水平方向《すいへいほうこう》にずれる力《ちから》が加《くわ》わって、横方向《よこほうこう》に動《うご》く。ずれる方向《ほうこう》によって、「右横《みぎよこ》ずれ」と「左横《ひだりよこ》ずれ」がある。逆断層《ぎゃくだんそう》と同時《どうじ》に動《うご》くことが多《おお》い。

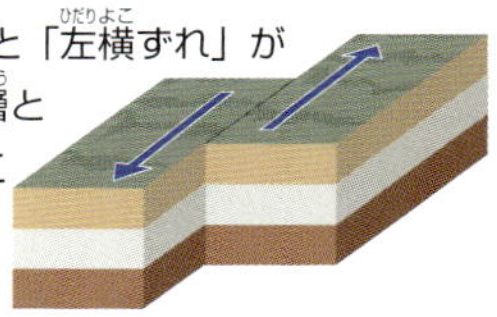

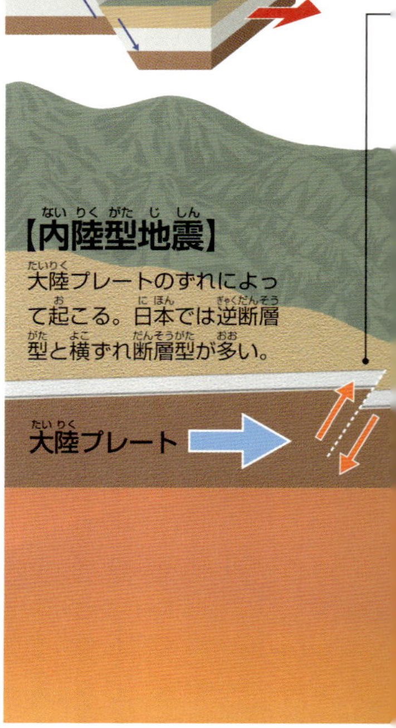
【内陸型地震《ないりくがたじしん》】
大陸《たいりく》プレートのずれによって起《お》こる。日本《にほん》では逆断層《ぎゃくだんそう》型《がた》と横《よこ》ずれ断層型《だんそうがた》が多《おお》い。
大陸《たいりく》プレート

今後《こんご》もずれる可能性《かのうせい》がある活断層《かつだんそう》

活断層《かつだんそう》は、約《やく》260万年前《まんねんまえ》から現在《げんざい》までのあいだにくりかえし動《うご》き、将来《しょうらい》も活動《かつどう》する可能性《かのうせい》がある断層《だんそう》のことだ。すでにひびが入《はい》っているのでほかの場所《ばしょ》よりも弱《よわ》く、大《おお》きな力《ちから》が加《くわ》わると、またずれて地震《じしん》が起《お》きる。

【かくれていることもある】

断層《だんそう》が地表《ちひょう》に現《あらわ》れずに、地下《ちか》にかくれているものもある。地表《ちひょう》をおおう地層《ちそう》がやわらかいと、表面《ひょうめん》がずれずにたわむことがある。こうしてできたがけを「撓曲崖《とうきょくがい》」といい、下《した》に活断層《かつだんそう》がある可能性《かのうせい》が高《たか》い。

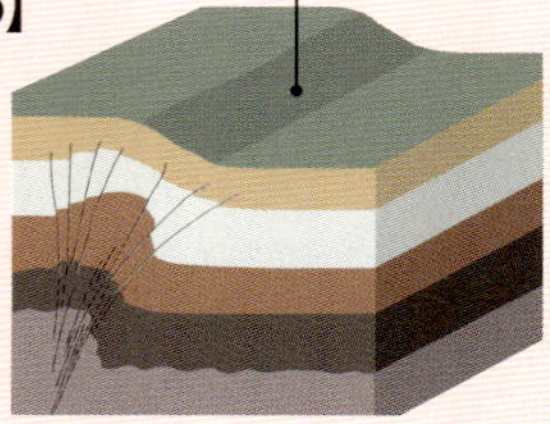
撓曲崖《とうきょくがい》

がけの内側《うちがわ》は、ずれている。

『小学館《しょうがくかん》の図鑑《ずかん》NEO《ネオ》地球《ちきゅう》』: 小学館《しょうがくかん》

日本《にほん》の活断層《かつだんそう》は2000もある

　4つのプレートに乗《の》っている日本《にほん》には、陸《りく》と海《うみ》を合《あ》わせて、確認《かくにん》されているだけでも2000以上《いじょう》の活断層《かつだんそう》がある。国《くに》は、そのうち97を主要活断層《しゅようかつだんそう》として、調査《ちょうさ》を進《すす》めている。活断層《かつだんそう》が動《うご》く間隔《かんかく》は、100年《ねん》から数万年以上《すうまんねんいじょう》ととても長《なが》いので、いつ動《うご》くのかを予測《よそく》することはできない。また、地質構造《ちしつこうぞう》（➡139）の境界《きょうかい》をつくる大規模《だいきぼ》な断層《だんそう》を「構造線《こうぞうせん》」という。日本《にほん》には2本《ほん》あり、その一部《いちぶ》は活断層《かつだんそう》になっている。

大阪府北西部《おおさかふほくせいぶ》から兵庫県淡路島《ひょうごけんあわじしま》にかけてのびる六甲《ろっこう》・淡路島断層帯《あわじしまだんそうたい》にある野島断層《のじまだんそう》（兵庫県《ひょうごけん》）。以前《いぜん》から活断層《かつだんそう》として知《し》られていたが、1995年《ねん》1月《がつ》17日《にち》に発生《はっせい》した兵庫県南部地震《ひょうごけんなんぶじしん》（阪神淡路大震災《はんしんあわじだいしんさい》：最大震度《さいだいしんど》7、マグニチュード7.3）によって、淡路島《あわじしま》の北部《ほくぶ》に約《やく》10kmにわたって地表《ちひょう》に現《あらわ》れた。

●糸魚川《いといがわ》・静岡構造線断層帯《しずおかこうぞうせんだんそうたい》

糸魚川《いといがわ》・静岡構造線《しずおかこうぞうせん》（➡139）の一部《いちぶ》で、本州中央部《ほんしゅうちゅうおうぶ》をほぼ南北《なんぼく》に横切《よこぎ》る大断層《だいだんそう》。長野県北部《ながのけんほくぶ》から諏訪湖《すわこ》を通《とお》って、山梨県《やまなしけん》南部《なんぶ》にかけてのびる。長《なが》さは約《やく》158km。

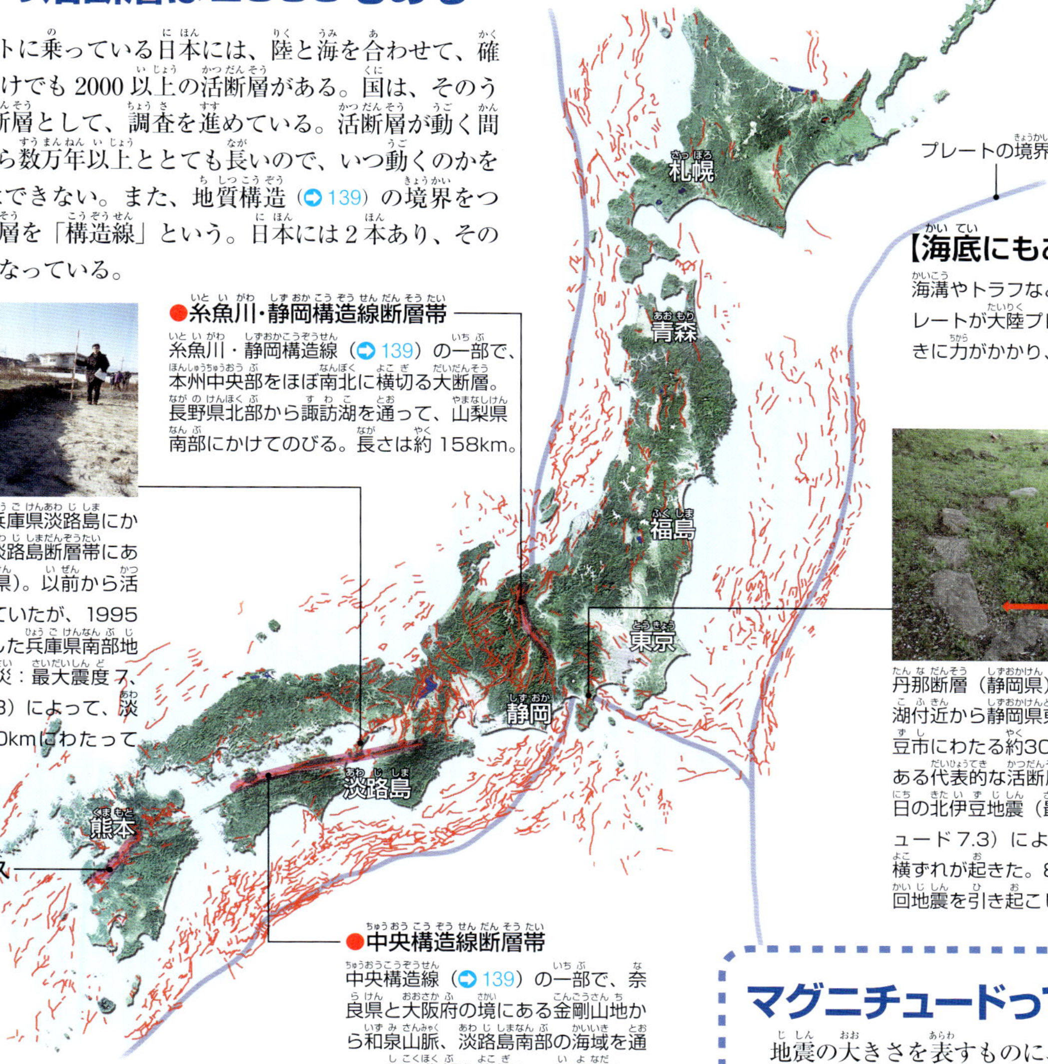
札幌《さっぽろ》
青森《あおもり》
福島《ふくしま》
東京《とうきょう》
静岡《しずおか》
淡路島《あわじしま》
熊本《くまもと》
プレートの境界線《きょうかいせん》

【海底《かいてい》にもある活断層《かつだんそう》】

海溝《かいこう》やトラフなどの周辺《しゅうへん》には、海洋《かいよう》プレートが大陸《たいりく》プレートにもぐりこむときに力《ちから》がかかり、断層《だんそう》ができやすい。

丹那断層《たんなだんそう》（静岡県《しずおかけん》）は、神奈川県《かながわけん》の芦ノ湖《あしのこ》付近《ふきん》から静岡県東部《しずおかけんとうぶ》の函南町《かんなみちょう》をへて伊豆市《いずし》にわたる約《やく》30kmの北伊豆断層帯《きたいずだんそうたい》にある代表的《だいひょうてき》な活断層《かつだんそう》。1930年《ねん》11月《がつ》26日《にち》の北伊豆地震《きたいずじしん》（最大震度《さいだいしんど》6、マグニチュード7.3）によって、最大《さいだい》3.5mの横《よこ》ずれが起《お》きた。8000年《ねん》のあいだに9回地震《かいじしん》を引《ひ》き起《お》こしている。

●布田川《ふたがわ》・日奈久《ひなぐ》断層帯《だんそうたい》

●中央構造線断層帯《ちゅうおうこうぞうせんだんそうたい》

中央構造線《ちゅうおうこうぞうせん》（➡139）の一部《いちぶ》で、奈良県《ならけん》と大阪府《おおさかふ》の境《さかい》にある金剛山地《こんごうさんち》から和泉山脈《いずみさんみゃく》、淡路島南部《あわじしまなんぶ》の海域《かいいき》を通《とお》って四国北部《しこくほくぶ》を横切《よこぎ》り、伊予灘《いよなだ》までつながる。長《なが》さは約《やく》360km。

●人《ひと》が住《す》む土地《とち》の真下《ました》で起《お》こる直下型地震《ちょっかがたじしん》

活断層《かつだんそう》による内陸型地震《ないりくがたじしん》は、人《ひと》が暮《く》らす地面《じめん》のすぐ下《した》で起《お》こることから、「直下型地震《ちょっかがたじしん》」ともよばれる。海溝型地震《かいこうがたじしん》（➡140）に比《くら》べると地震《じしん》の規模《きぼ》は小《ちい》さくても、被害《ひがい》が大《おお》きくなることがある。

【海洋《かいよう》プレートの断層《だんそう》による地震《じしん》】

海洋《かいよう》プレートが大陸《たいりく》プレートの下《した》にもぐりこむときにかかる力《ちから》によって海《うみ》の岩盤《がんばん》が割《わ》れることで、地震《じしん》が起《お》きることもある。

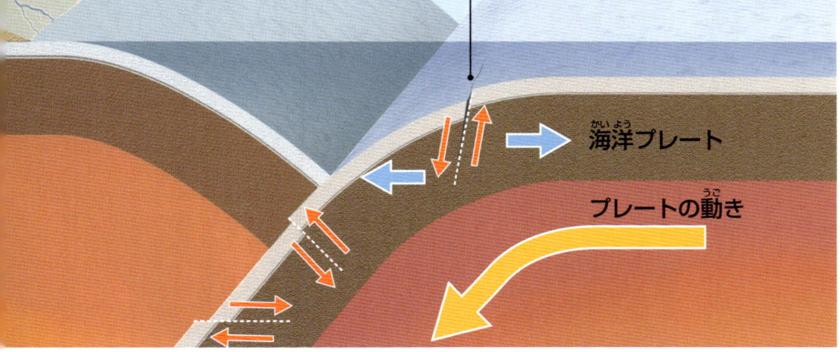
海洋《かいよう》プレート
プレートの動《うご》き

マグニチュードってなに？

　地震《じしん》の大《おお》きさを表《あらわ》すものに、「震度《しんど》」と「マグニチュード」がある。震度《しんど》は、それぞれの場所《ばしょ》でのゆれの大《おお》きさを表《あらわ》す。マグニチュード（M）は、地震《じしん》そのものの大《おお》きさ、エネルギーを表《あらわ》すもので、マグニチュードの数字《すうじ》が1大《おお》きくなると、エネルギーは約《やく》32倍《ばい》になる。

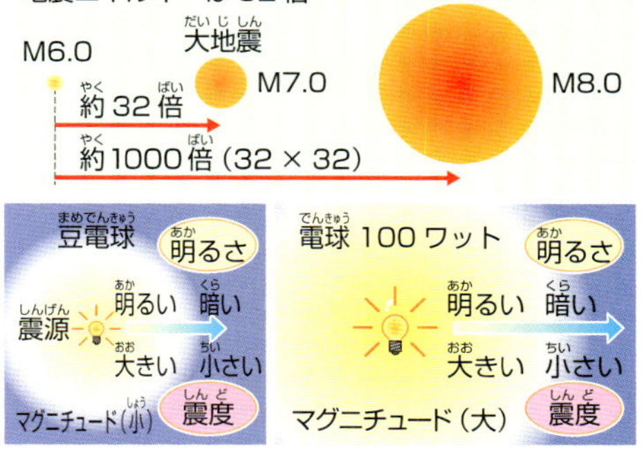
マグニチュードが1大《おお》きくなると
地震《じしん》エネルギーは32倍《ばい》
巨大地震《きょだいじしん》
大地震《だいじしん》
M6.0
M7.0
M8.0
約《やく》32倍《ばい》
約《やく》1000倍《ばい》（32×32）
豆電球《まめでんきゅう》
明《あか》るさ
震源《しんげん》
明《あか》るい　暗《くら》い
大《おお》きい　小《ちい》さい
震度《しんど》
マグニチュード（小《しょう》）
電球《でんきゅう》100ワット
明《あか》るさ
明《あか》るい　暗《くら》い
大《おお》きい　小《ちい》さい
震度《しんど》
マグニチュード（大）

マグニチュードと震度《しんど》は、電球《でんきゅう》にたとえるとわかりやすい。電球《でんきゅう》の明《あか》るさがマグニチュードで、届《とど》く光《ひかり》の明《あか》るさが震度《しんど》だ。電球《でんきゅう》が明《あか》るい（マグニチュードが大《おお》きい）ほど、光《ひかり》（ゆれ）は遠《とお》くまで伝《つた》わる。

東京《とうきょう》を中心《ちゅうしん》とする首都圏《しゅとけん》にM7以上《いじょう》の直下型地震《ちょっかがたじしん》が30年以内《ねんいない》に起《お》こる確率《かくりつ》は70%といわれ、避難者《ひなんしゃ》は最大《さいだい》700万人《まんにん》に達《たっ》すると想定《そうてい》されている。

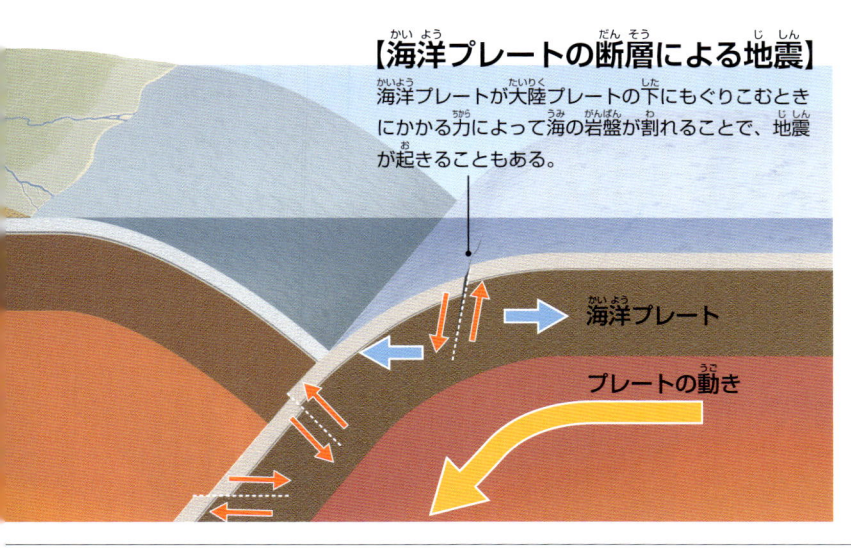

地震《じしん》や火山《かざん》の活動《かつどう》を調《しら》べる

災害監視《さいがいかんし》　地震《じしん》や火山《かざん》の噴火《ふんか》がいつ起《お》こるか、具体的《ぐたいてき》な日時《にちじ》を予知《よち》することは今《いま》のところできません。けれども災害《さいがい》の被害《ひがい》を少《すこ》しでも減《へ》らすために、さまざまな研究《けんきゅう》・観測《かんそく》が行《おこな》われています。

海《うみ》、陸《りく》、空《そら》から地球《ちきゅう》を観測《かんそく》する

地震《じしん》が発生《はっせい》した場所《ばしょ》や火山《かざん》の構造《こうぞう》、活動状況《かつどうじょうきょう》などを調《しら》べることによって、地震《じしん》や噴火《ふんか》のしくみなどが少《すこ》しずつ明《あき》らかになってきている。地球《ちきゅう》の変《へん》化《か》に少《すこ》しでも早《はや》く気《き》づくことができるように、海《うみ》、陸《りく》、空《そら》から観測《かんそく》が続《つづ》けられている。

ストリーマーケーブル（受振機《じゅしんき》）
エアガン（発振機《はっしんき》）
地震計《じしんけい》
陸上《りくじょう》

GPS《ジーピーエス》衛星《えいせい》
観測船《かんそくせん》の位置《いち》を正《せい》確《かく》に計算《けいさん》する。

●測量船《そくりょうせん》「明洋《めいよう》」など
GPS《ジーピーエス》や音波《おんぱ》を使《つか》って陸側《りくがわ》プレートの海底《かいてい》の動《うご》きを正確《せいかく》に観測《かんそく》し、地震発生《じしんはっせい》のしくみを調《しら》べる。また、レーザー光線《こうせん》や音波《おんぱ》を使《つか》って海底《かいてい》の地形《ちけい》を調《しら》べる測量船《そくりょうせん》もある。

海底局《かいていきょく》
観測船《かんそくせん》から出《だ》された音《おん》波《ば》を受《う》け取《と》り、直後《ちょくご》に測量船《そくりょうせん》へ音波《おんぱ》を返《かえ》す。

●深海調査研究船《しんかいちょうさけんきゅうせん》「かいれい」
ケーブルでつないだエアガンという発振《はっしん》機《き》から音波《おんぱ》を発生《はっせい》させ、海底《かいてい》から反射《はんしゃ》してもどってきた音波《おんぱ》を受振機《じゅしんき》でとらえて、海底《かいてい》の構造《こうぞう》やようすを調《しら》べる。

船《ふね》の底《そこ》からも音波《おんぱ》を出《だ》して、海底地形《かいていちけい》を調《しら》べる。

津波計《つなみけい》
海底《かいてい》の水圧《すいあつ》の変化《へんか》を測定《そくてい》して津波《つなみ》の発生《はっせい》を感知《かんち》し、波《なみ》の高《たか》さなどを予測《よそく》する。

ケーブル式海底地震計《しきかいていじしんけい》
陸上局《りくじょうきょく》と光《ひかり》ケーブルで結《むす》び、海底《かいてい》で発生《はっせい》する地震《じしん》などを陸《りく》よりも近《ちか》い場所《ばしょ》で、精度《せいど》よく計測《けいそく》できる。津波計《つなみけい》などもいっしょに設置《せっち》されている。

●深海潜水調査船《しんかいせんすいちょうさせん》支援母船《しえんぼせん》「よこすか」
「しんかい6500」の母船《ぼせん》。

●有人潜水調査船《ゆうじんせんすいちょうさせん》「しんかい6500」
3人《にん》が乗《の》りこみ、水深《すいしん》6500mまでもぐることができる。巨大地震《きょだいじしん》の発生場所《はっせいばしょ》となるプレートがしずみこむところや、中《ちゅう》央海嶺《おうかいれい》などをもぐって調査《ちょうさ》する。

自己浮上式《じこふじょうしき》海底地震計《かいていじしんけい》
センサーとデータを収集《しゅうしゅう》する装置《そうち》やバッテリーが組《く》みこまれ、海底《かいてい》で地震《じしん》を観測《かんそく》する。観測船《かんそくせん》からの指令《しれい》で海底《かいてい》に浮《う》き上《あ》がってくる。

2011年《ねん》8月《がつ》に、東日本大震災《ひがしにほんだいしんさい》の震源域《しんげんいき》で「しんかい6500」が確認《かくにん》した海底《かいてい》の割《わ》れ目《め》。

●地球深部探査船《ちきゅうしんぶたんさせん》「ちきゅう」
海底《かいてい》を約《やく》7000mの深《ふか》さまで掘《ほ》ることができる。巨大地震《きょだいじしん》が発生《はっせい》するしくみのなぞを解《と》くために、震《しん》源域《げんいき》の地質《ちしつ》を採取《さいしゅ》する。

写真提供：海洋研究開発機構

『家族《かぞく》で学《まな》ぶ　地震防災《じしんぼうさい》はじめの一歩《いっぽ》』: 東京堂出版《とうきょうどうしゅっぱん》

●陸域観測技術衛星《りくいきかんそくぎじゅつえいせい》
「だいち2号《ごう》」
宇宙《うちゅう》から、地震《じしん》や火山活《かざんかつ》
動《どう》による地殻《ちかく》の変動《へんどう》をと
らえたり、災害時《さいがいじ》には広《ひろ》
いはんいから被害状況《ひがいじょうきょう》を
つかんだりする。
噴火《ふんか》のおそれの高《たか》い火山《かざん》は、
「常時観測火山《じょうじかんそくかざん》」（➡149）
として24時間体制《じかんたいせい》で監視《かんし》
している。
観測井《かんそくせい》
火山《かざん》に深《ふか》さ100 m
の穴《あな》を掘《ほ》り、小型《こがた》の
地震計《じしんけい》などを置《お》く。
GPS《ジーピーエス》受信装置《じゅしんそうち》
広域地震計《こういきじしんけい》
監視《かんし》カメラ
地震計
面《めん》のゆれを観測《かんそく》して、
グニチュードなどを
める。全国約《ぜんこくやく》1000
所《しょ》に設置《せっち》されている。
傾斜計《けいしゃけい》
噴火前《ふんかまえ》の火山《かざん》のふくらみ
やもり上《あ》がりを観測《かんそく》する。
空振計《くうしんけい》
噴火《ふんか》による空《くう》
気《き》の振動《しんどう》を測《そく》
定《てい》する。
トレンチ調査《ちょうさ》
断層《だんそう》のある場所《ばしょ》にみぞを
掘《ほ》り、断層《だんそう》のずれ具合《ぐあい》や
地層《ちそう》の年代《ねんだい》などを調《しら》べる。
観測車《かんそくしゃ》
地震計《じしんけい》
バイブロサイス車《しゃ》
振動盤《しんどうばん》を地面《じめん》に密着《みっちゃく》して、
人工的《じんこうてき》に地震《じしん》のような振《しん》
動《どう》を発生《はっせい》させ、地層《ちそう》の厚《あつ》
さや重《かさ》なり具合《ぐあい》、断層《だんそう》な
どを調《しら》べる。
ボーリング調査《ちょうさ》
ドリルで地下深《ちかふか》くにある
断層《だんそう》を掘《ほ》り、そのままの
状態《じょうたい》で出《だ》し、過去《かこ》の地震《じしん》
の間隔《かんかく》などを調《しら》べる。

大《おお》きなゆれがくることを伝《つた》える緊急地震速報《きんきゅうじしんそくほう》

地震《じしん》は、P波《ピーは》（縦波《たてなみ》）とよばれる小《ちい》さなゆれの後《あと》に、S波《エスは》（横波《よこなみ》）とよばれる大《おお》きなゆれがくる。緊急地震速報《きんきゅうじしんそくほう》は、地震計《じしんけい》がP波《ピーは》を観測《かんそく》すると、気象庁《きしょうちょう》が速報《そくほう》を発表《はっぴょう》して放送局《ほうそうきょく》や行政機関《ぎょうせいきかん》などに伝《つた》え、テレビやラジオ、携帯電話《けいたいでんわ》などに、大《おお》きなゆれがくることを知《し》らせるしくみになっている。

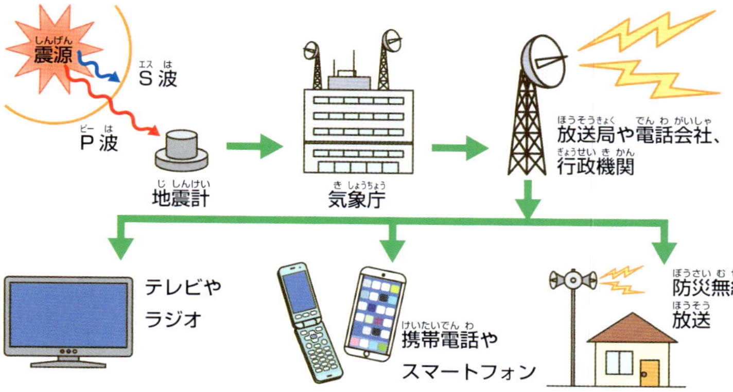
震源《しんげん》
S波《エスは》
P波《ピーは》
地震計《じしんけい》
気象庁《きしょうちょう》
放送局《ほうそうきょく》や電話会社《でんわがいしゃ》、
行政機関《ぎょうせいきかん》
テレビや
ラジオ
携帯電話《けいたいでんわ》や
スマートフォン
防災無線《ぼうさいむせん》
放送《ほうそう》

大規模災害《だいきぼさいがい》に備《そな》える

地震《じしん》や噴火《ふんか》はいつ起《お》こるかわからないので、被害《ひがい》を小《ちい》さくするためには、自分《じぶん》で備《そな》えておくことが大切《たいせつ》だ。家族《かぞく》で話《はな》し合《あ》って、家《いえ》の中《なか》での安全《あんぜん》な場《ば》所《しょ》や、外出時《がいしゅつじ》に災害《さいがい》が起《お》きた場合《ばあい》の集合場所《しゅうごうばしょ》や連絡手段《れんらくしゅだん》を確認《かくにん》しておこう。自治体《じちたい》が出《だ》しているハザードマップを確認《かくにん》したり、非常持《ひじょうも》ち出《だ》しぶくろを用意《ようい》したり、家《か》具《ぐ》を固定《こてい》するなど、災害《さいがい》に備《そな》えて準備《じゅんび》しておくとよい。

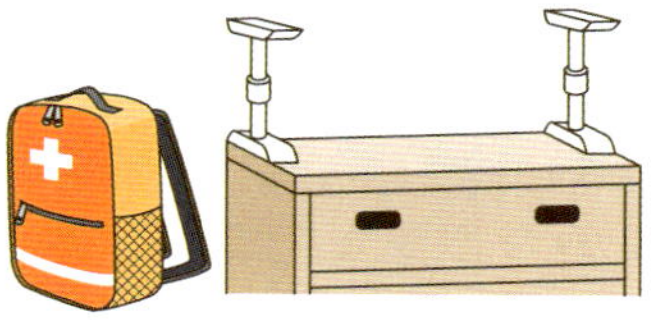

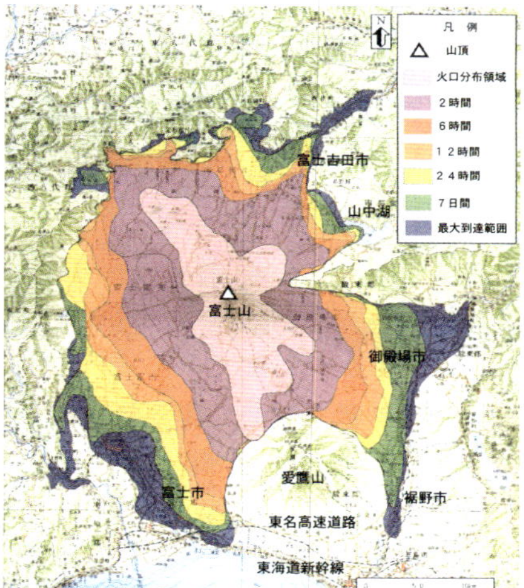
凡例
山頂
火口分布領域
2時間
6時間
12時間
24時間
7日間
最大到達範囲
富士吉田市
山中湖
富士山
御殿場市
富士市
愛鷹山
裾野市
東名高速道路
東海道新幹線

●ハザードマップ
地震《じしん》や火山《かざん》、洪水《こうずい》などによる被害《ひがい》を予測《よそく》し、そのはんいを表《あらわ》した地図《ちず》。写真《しゃしん》は富士山《ふじさん》の噴火《ふんか》を想定《そうてい》したもの。

昔《むかし》の災害《さいがい》から学《まな》ぼう

三陸地方《さんりくちほう》（青森県《あおもりけん》・岩手県《いわてけん》・宮城県《みやぎけん》の太平洋岸《たいへいようがん》）は、これまでに何度《なんど》も大《おお》きな地震《じしん》と津波《つなみ》に見舞《みま》われている。1933年《ねん》に起《お》こった昭和三陸津波《しょうわさんりくつなみ》では、最大《さいだい》30 mにもなる高《たか》さの大津波《おおつなみ》が発生《はっせい》し、大《おお》きな被害《ひがい》が出《で》た。その後《あと》に立《た》てられた石碑《せきひ》には、「ここより下《した》に家《いえ》を建《た》てるな」ということばが刻《きざ》まれている。過《か》去《こ》に起《お》こった災害《さいがい》から学《まな》び、日《ひ》ごろの防《ぼう》災対策《さいたいさく》を考《かんが》えていくことが大切《たいせつ》だ。

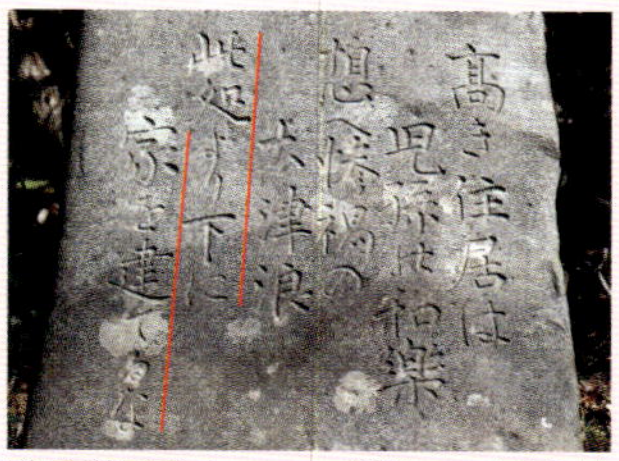

岩手県宮古市《いわてけんみやこし》にある石碑《せきひ》で、昭和三《しょうわさん》陸津波《りくつなみ》で被害《ひがい》を受《う》けなかった高台《たかだい》に立《た》っている。ほかにもいくつか石碑《せきひ》があり、東日本大震災《ひがしにほんだいしんさい》のときは、石《せき》碑《ひ》のことばどおり高台《たかだい》へにげて助《たす》かった人《ひと》もいる。

津波《つなみ》が予想《よそう》される場合《ばあい》、津波注意報《つなみちゅういほう》、津波警報《つなみけいほう》、大津波警報《おおつなみけいほう》が発表《はっぴょう》される。津波《つなみ》を「巨大《きょだい》」、「高《たか》い」などで表《あらわ》し、非常事態《ひじょうじたい》であることを伝《つた》える。

地震《じしん》と火山《かざん》はつながっている

地震《じしん》と火山活動《かざんかつどう》

地震《じしん》も火山活動《かざんかつどう》もプレートの動《うご》きによって起《お》こります。2011 年《ねん》の東日本大震災《ひがしにほんだいしんさい》の後《あと》、日本各地《にほんかくち》で火山《かざん》が噴火《ふんか》しており、この 2 つがつながっていることがわかります。

火山《かざん》ができる 3つの場所《ばしょ》

火山《かざん》とは、地中《ちちゅう》の深《ふか》くにあるマグマが地表《ちひょう》にふき出《だ》してできた地形《ちけい》で、火山《かざん》のある場所《ばしょ》の地下《ちか》には必《かなら》ずマグマがある。火山《かざん》ができる場所《ばしょ》は、「プレートがしずみこむところ」「ホットスポット（➡132）」「プレートが生《う》まれるところ」の 3 種類《しゅるい》に分《わ》けられる。

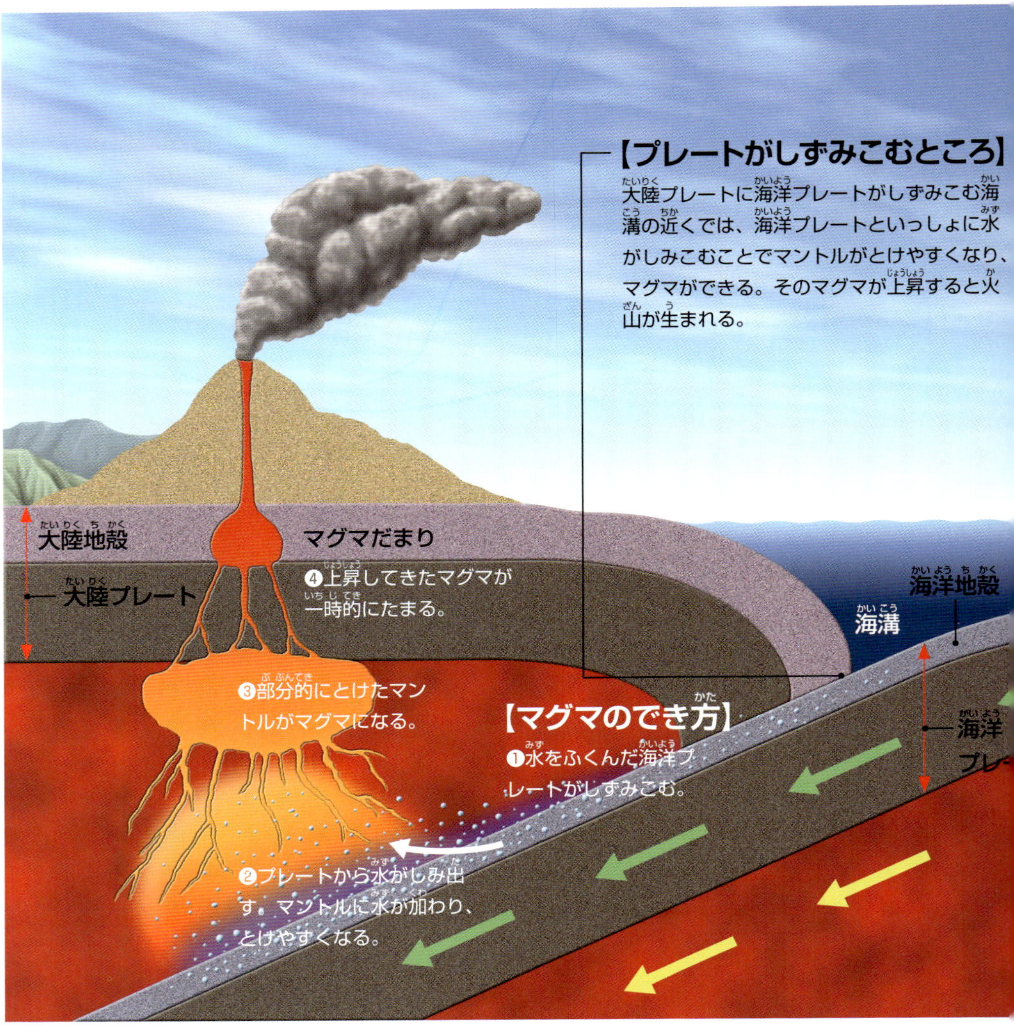
【プレートがしずみこむところ】
大陸《たいりく》プレートに海洋《かいよう》プレートがしずみこむ海《かい》溝《こう》の近《ちか》くでは、海洋《かいよう》プレートといっしょに水《みず》がしみこむことでマントルがとけやすくなり、マグマができる。そのマグマが上昇《じょうしょう》すると火《か》山《ざん》が生《う》まれる。
大陸地殻《たいりくちかく》
マグマだまり
❹上昇《じょうしょう》してきたマグマが一時的《いちじてき》にたまる。
大陸《たいりく》プレート
海洋地殻《かいようちかく》
海溝《かいこう》
❸部分的《ぶぶんてき》にとけたマントルがマグマになる。
【マグマのでき方《かた》】
❶水《みず》をふくんだ海洋《かいよう》プレートがしずみこむ。
海洋《かいよう》プレ
❷プレートから水《みず》がしみ出《だ》す。マントルに水《みず》が加《くわ》わり、とけやすくなる。

マントルがとけてマグマになる

地球《ちきゅう》の深《ふか》いところにあるマントル（固体《こたい》）は、高温《こうおん》のかんらん岩《がん》でできていて、高《たか》い圧力《あつりょく》がかかっている。マントルが地表《ちひょう》に向《む》かって上昇《じょうしょう》すると圧力《あつりょく》が下《さ》がって、どろどろした状態《じょうたい》のマグマ（液体《えきたい》）になる。水《みず》をふくむと、さらにとけやすくなる。

火山《かざん》はプレートの境界《きょうかい》にある

おおむね過去《かこ》1万年以内《まんねんいない》に噴火《ふんか》などの活動《かつどう》があった火山《かざん》を活火《かつか》山《ざん》という。世界《せかい》には約《やく》1500 の活火山《かつかざん》があるといわれているが、そのほとんどが、海嶺《かいれい》や海溝《かいこう》などがあるプレートの境界《きょうかい》と、ホットスポットにある。火山《かざん》のある場所《ばしょ》は、地震《じしん》が多《おお》く発生《はっせい》する場所《ばしょ》（➡140）とも重《かさ》なっている。

●ガラパゴス諸島《しょとう》（エクアドル）

ホットスポットによってできた多《おお》くの火山島《かざんとう》からなり、今《いま》も火山《かざん》が活動《かつどう》している。

●おもなプレートと火山《かざん》のある場所《ばしょ》

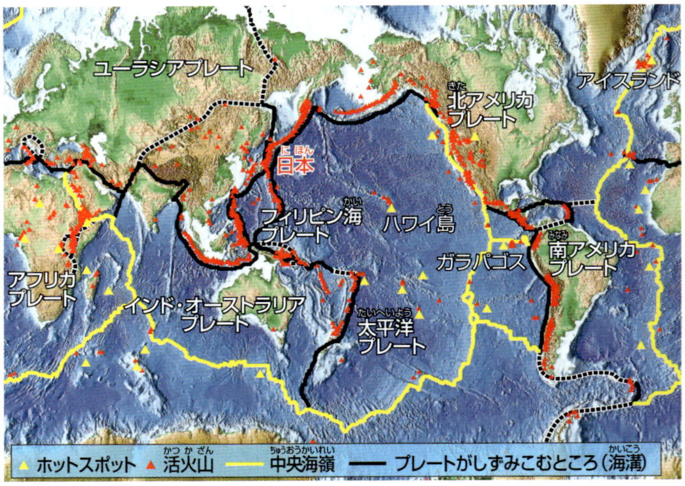
ユーラシアプレート
アイスランド
北《きた》アメリカプレート
日本《にほん》
フィリピン海《かい》プレート
ハワイ島《とう》
ガラパゴス
南《みなみ》アメリカプレート
アフリカプレート
インド・オーストラリアプレート
太平洋《たいへいよう》プレート
▲ホットスポット　▲活火山《かつかざん》　中央海嶺《ちゅうおうかいれい》　プレートがしずみこむところ（海溝《かいこう》）

地球のしくみ（岩石地球編）

『小学館《しょうがくかん》の図鑑《ずかん》 NEO《ネオ》 地球《ちきゅう》』: 小学館《しょうがくかん》

●エイヤフィヤトラヨークトル（アイスランド）

海嶺《かいれい》のほとんどは海底《かいてい》にあるが、アイスランドでは地表《ちひょう》に現《あらわ》れている。さらに、ホットスポットの真上《まうえ》にあるため、火山《かざん》の活動《かつどう》がとても活発《かっぱつ》だ。2010年《ねん》にはエイヤフィヤトラヨークトルが噴火《ふんか》し、火山灰《かざんばい》によってヨーロッパの約《やく》30か国《こく》の空港《くうこう》が閉鎖《へいさ》した。

【ホットスポット】

地球内部《ちきゅうないぶ》のマントルは対流《たいりゅう》していて、プレートの動《うご》きとは関係《かんけい》なく、ホットプルーム（➡22）として上昇《じょうしょう》することがある。これが部分的《ぶぶんてき》にとけてマグマになり、火山《かざん》ができる。

【プレートが生《う》まれるところ】

中央海嶺《ちゅうおうかいれい》（➡24）では、プレートが両側《りょうがわ》に分《わ》かれていくため、圧力《あつりょく》が下《さ》がり、マントルが部分的《ぶぶんてき》にとけてマグマになり、それが上昇《じょうしょう》して火山《かざん》ができる。ふき出《だ》したマグマが冷《ひ》えて固《かた》まると海洋《かいよう》プレートになる。

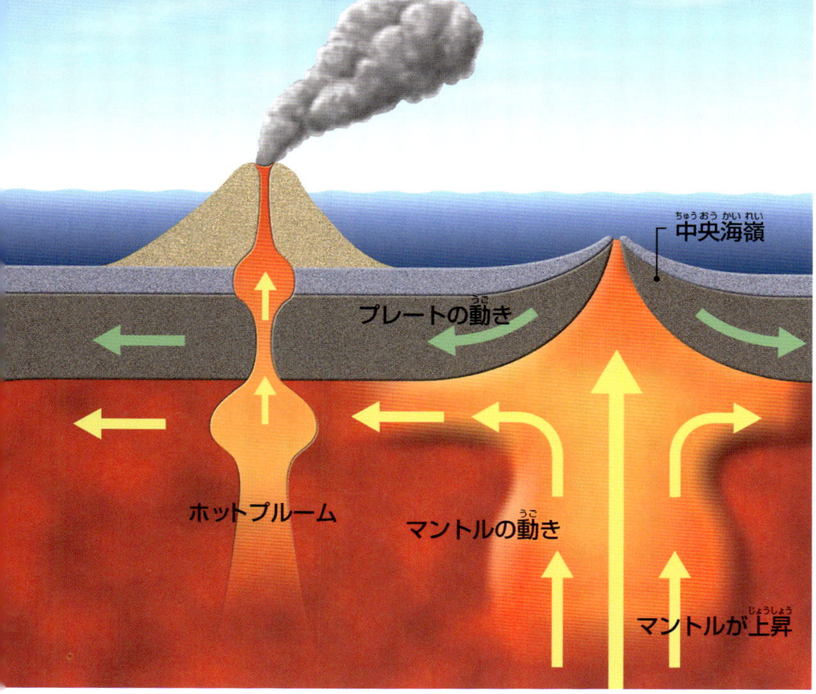

巨大地震《きょだいじしん》によって富士山《ふじさん》が噴火《ふんか》する？

富士山《ふじさん》の歴史《れきし》をふり返《かえ》ってみると、噴火《ふんか》の前後《ぜんご》でマグニチュード(M)8程度《ていど》の巨大地震《きょだいじしん》が起《お》こる場合《ばあい》がある。とくに、1707年《ねん》には宝永地震《ほうえいじしん》（M8.6）が発生《はっせい》した49日後《にちご》に宝永大噴火《ほうえいだいふんか》が起《お》こったことから、地震《じしん》が引《ひ》き金《がね》となって噴火《ふんか》したと考《かんが》えられている。その後《ご》、300年以上富士山《ねんいじょうふじさん》は噴火《ふんか》していないが、もし、南海《なんかい》トラフ（➡141）を震源《しんげん》とする巨大地震《きょだいじしん》が起《お》これば、噴火《ふんか》するおそれがあるといわれている。

●おもな富士山噴火《ふじさんふんか》と連動《れんどう》した巨大地震《きょだいじしん》

西暦《せいれき》	巨大地震《きょだいじしん》	噴火《ふんか》
864～866年《ねん》		貞観大噴火《じょうがんだいふんか》
869年《ねん》	貞観地震《じょうがんじしん》（M8.3）	
1083年《ねん》		永保噴火《えいほうふんか》
1096年《ねん》	永長地震《えいちょうじしん》（M8～8.5）▲	
1498年《ねん》	明応地震《めいおうじしん》（M8.2～8.4）▲	
1511年《ねん》		永正噴火《えいしょうふんか》
1707年《ねん》	宝永地震《ほうえいじしん》（M8.6）▲	宝永大噴火《ほうえいだいふんか》

▲は南海《なんかい》トラフが震源《しんげん》の地震《じしん》

貞観大噴火《じょうがんだいふんか》がつくった樹海《じゅかい》

864年《ねん》に起《お》きた貞観大噴火《じょうがんだいふんか》では、大量《たいりょう》の溶岩《ようがん》がふもとに流《なが》れ出《で》た。溶岩《ようがん》は「せの海《うみ》」という湖《みずうみ》の大《だい》部分《ぶぶん》をうめつくし、残《のこ》った部分《ぶぶん》が西湖《さいこ》と精進湖《しょうじこ》になった。その南《みなみ》に広《ひろ》がる青木ヶ原樹《あおきがはらじゅ》海《かい》という森《もり》は、このときの溶岩《ようがん》の上《うえ》にできた（➡162）。

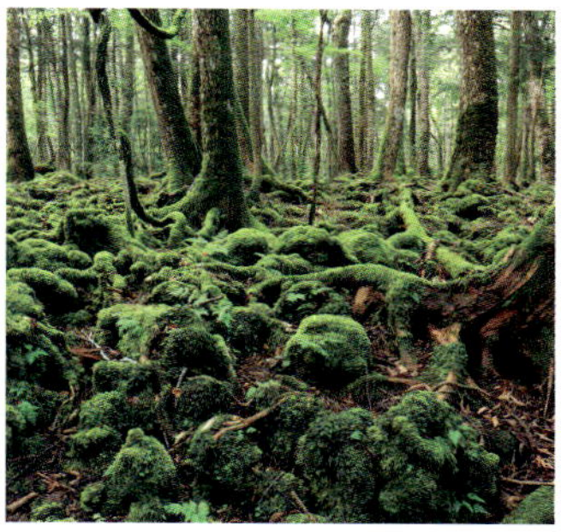

青木ヶ原樹海《あおきがはらじゅかい》の広《ひろ》さは約《やく》30km²もあり、森《もり》の中《なか》はうっそうとしている。

地震《じしん》が火山《かざん》の噴火《ふんか》を引《ひ》き起《お》こす

2011年《ねん》3月《がつ》11日《にち》に発生《はっせい》した東《ひがし》日本大震災以降《にほんだいしんさいいこう》、日本《にほん》では火山《かざん》の活動《かつどう》がさかんになり、各地《かくち》で火山《かざん》が噴火《ふんか》している。大地震《だいじしん》の後《あと》に噴《ふん》火《か》が起《お》こった例《れい》は、世界中《せかいじゅう》で報告《ほうこく》されている。大《おお》きな地震《じしん》が起《お》こると、地殻《ちかく》の下《した》にあるマグマだまりにさまざまな影響《えいきょう》をおよぼし、噴《ふん》火《か》を引《ひ》き起《お》こすと考《かんが》えられている。また、噴火《ふんか》やマグマの動《うご》きによって起《お》こる「火山性地震《かざんせいじしん》」もある。

【地震《じしん》によって噴火《ふんか》が発生《はっせい》するしくみ】

地震《じしん》の後《あと》に火山《かざん》の噴火《ふんか》が発生《はっせい》する理由《りゆう》として、いくつかのことが考《かんが》えられる。

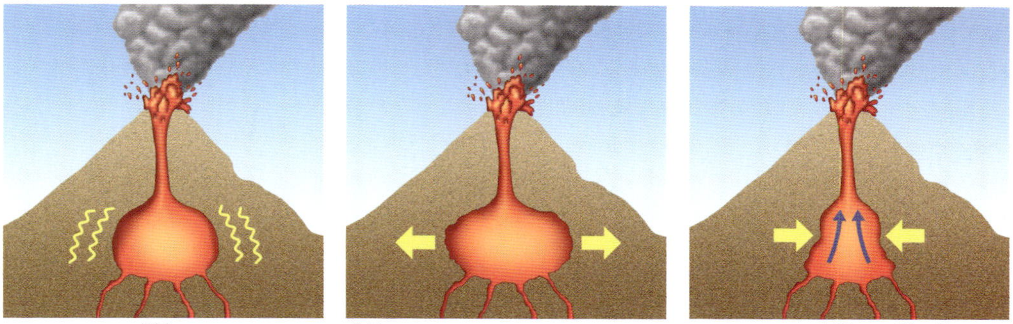

マグマだまりが地震《じしん》によってゆすられると、マグマがあわだったり、マグマだまりにひびが入《はい》ったりして噴火《ふんか》する。

地震《じしん》によって、マグマだまりのまわりの圧力《あつりょく》が下《さ》がると、マグマにとけていた水《みず》が水蒸気《すいじょうき》になってあわだつことで、マグマが上昇《じょうしょう》して噴火《ふんか》する。

マグマだまりに周囲《しゅうい》から力《ちから》が加《くわ》わると、マグマがしぼり出《だ》されるような状態《じょうたい》になり噴火《ふんか》する。

世界《せかい》でいちばん高《たか》い活火山《かつかざん》は、チリとアルゼンチンの国境《こっきょう》にあるオホス・デル・サラド山《さん》（標高《ひょうこう》6893m）だ。

地《ち》下《か》のエネルギーがふき出《だ》す

噴火《ふんか》

噴火《ふんか》は、地下深《ちかふか》くにあるマグマや岩石《がんせき》が外《そと》にふき出《だ》す現象《げんしょう》です。ふき出《だ》すものが高温《こうおん》だったり、激《はげ》しい勢《いきお》いで飛《と》び出《だ》したり、遠《とお》くへ広《ひろ》がったりするため、大《おお》きな被害《ひがい》をもたらします。

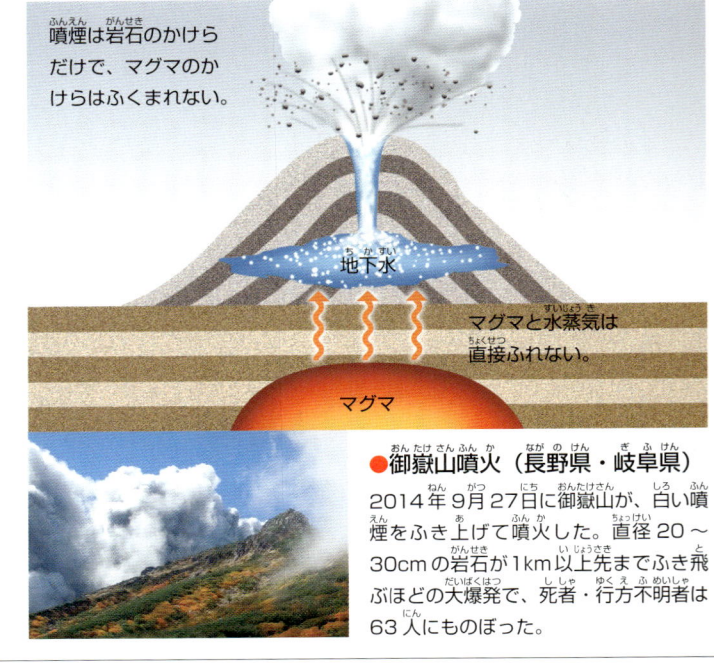

爆発《ばくはつ》する噴火《ふんか》、しない噴火《ふんか》

噴火《ふんか》には、マグマがばらばらになって火砕物《かさいぶつ》が出《で》る「爆発的噴火《ばくはつてきふんか》」と、ばらばらにならずに溶岩流《ようがんりゅう》として流《なが》れる「非爆発的噴火《ひばくはつてきふんか》」がある。爆発的噴火《ばくはつてきふんか》は、爆発《ばくはつ》を起《お》こすガスのタイプによって、「マグマ噴火《ふんか》」「マグマ水蒸気爆発《すいじょうきばくはつ》」「水蒸気爆発《すいじょうきばくはつ》」の3つに分《わ》けられる。

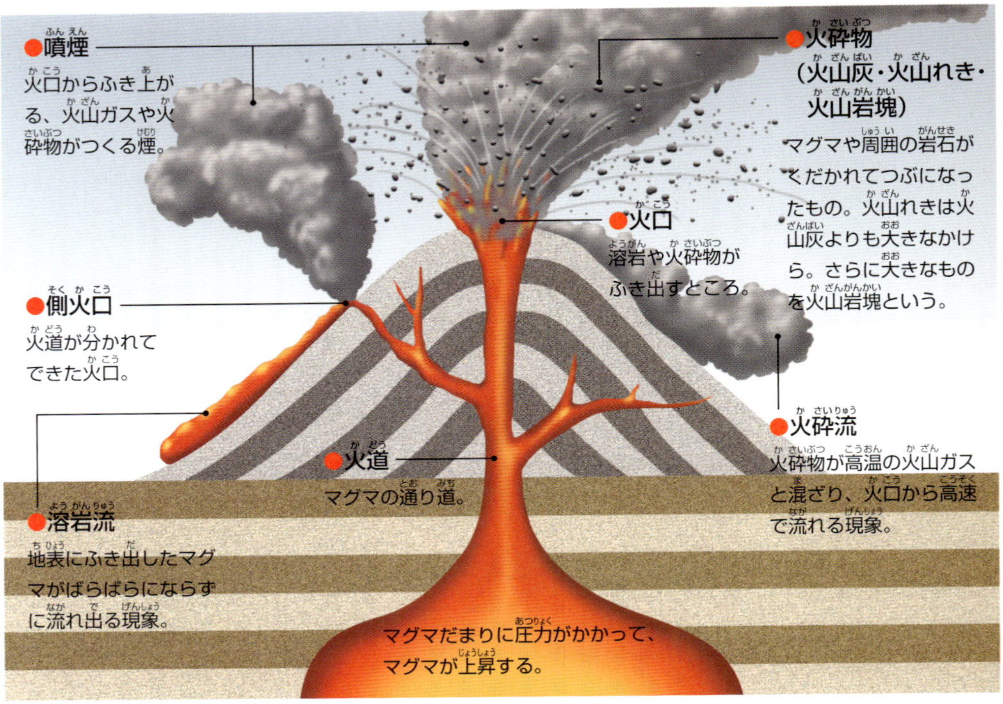
●噴煙《ふんえん》
火口《かこう》からふき上《あ》がる、火山《かざん》ガスや火《か》砕物《さいぶつ》がつくる煙《けむり》。
●火砕物《かさいぶつ》
（火山灰《かざんばい》・火山《かざん》れき・火山岩塊《かざんがんかい》）
マグマや周囲《しゅうい》の岩石《がんせき》がくだかれてつぶになったもの。火山《かざん》れきは火《か》山灰《ざんばい》よりも大《おお》きなかけら。さらに大《おお》きなものを火山岩塊《かざんがんかい》という。
●火口《かこう》
溶岩《ようがん》や火砕物《かさいぶつ》がふき出《だ》すところ。
●側火口《そくかこう》
火道《かどう》が分《わ》かれてできた火口《かこう》。
●火道《かどう》
マグマの通《とお》り道《みち》。
●火砕流《かさいりゅう》
火砕物《かさいぶつ》が高温《こうおん》の火山《かざん》ガスと混《ま》ざり、火口《かこう》から高速《こうそく》で流《なが》れる現象《げんしょう》。
●溶岩流《ようがんりゅう》
地表《ちひょう》にふき出《だ》したマグマがばらばらにならずに流《なが》れ出《で》る現象《げんしょう》。
マグマだまりに圧力《あつりょく》がかかって、マグマが上昇《じょうしょう》する。

【マグマ噴火《ふんか》】

マグマだまりに圧力《あつりょく》がかかったり、下《した》から新《あたら》しいマグマが入《はい》ってきたりすることでおし出《だ》される。マグマの水分《すいぶん》が水蒸気《すいじょうき》となってあわだち、ふき出《だ》すこともある。

●クラカタウ火山《かざん》（インドネシア）
スマトラ島《とう》とジャワ島《とう》にはさまれた海上《かいじょう》にある火山群《かざんぐん》で、1883年《ねん》の大噴火《だいふんか》でカルデラができ、1927年《ねん》の噴火《ふんか》で写真《しゃしん》のアナク・クラカタウが姿《すがた》を現《あらわ》した。

【マグマ水蒸気爆発《すいじょうきばくはつ》】

海水《かいすい》や湖水《こすい》、地下水《ちかすい》が、上昇《じょうしょう》してきたマグマと直接《ちょくせつ》ふれることで大《たい》量《りょう》の水蒸気《すいじょうき》が発生《はっせい》し、マグマとともに火口《かこう》から爆発的《ばくはつてき》にふき出《だ》す。

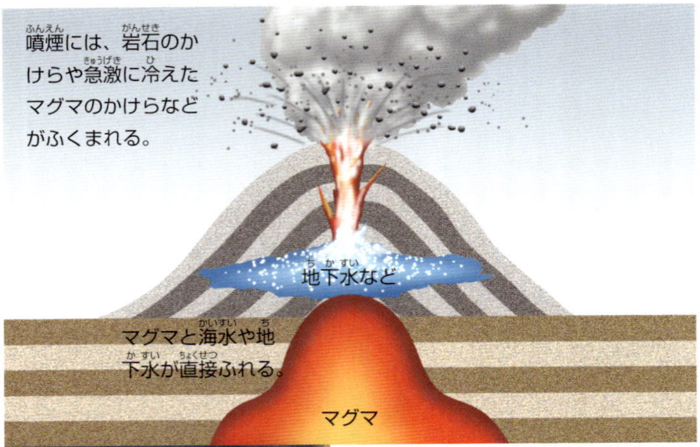
噴煙《ふんえん》には、岩石《がんせき》のかけらや急激《きゅうげき》に冷《ひ》えたマグマのかけらなどがふくまれる。
地下水《ちかすい》など
マグマと海水《かいすい》や地《ち》下水《かすい》が直接《ちょくせつ》ふれる。
マグマ

●西之島噴火《にしのしまふんか》（東京都《とうきょうと》）
2013年《ねん》11月20日《がつはつか》に、小笠原諸島《おがさわらしょとう》にある西之島《にしのしま》で、海水《かいすい》とマグマが接触《せっしょく》してマグマ水蒸気爆発《すいじょうきばくはつ》が発生《はっせい》した。2年間《ねんかん》にわたって活発《かっぱつ》な噴火《ふんか》が続《つづ》いた（➡151）。

【水蒸気爆発《すいじょうきばくはつ》】

マグマから伝《つた》わってきた高温《こうおん》の熱《ねつ》で地下水《ちかすい》が温《あたた》められて、水蒸気《すいじょうき》となって爆発的《ばくはつてき》にふき出《だ》す。

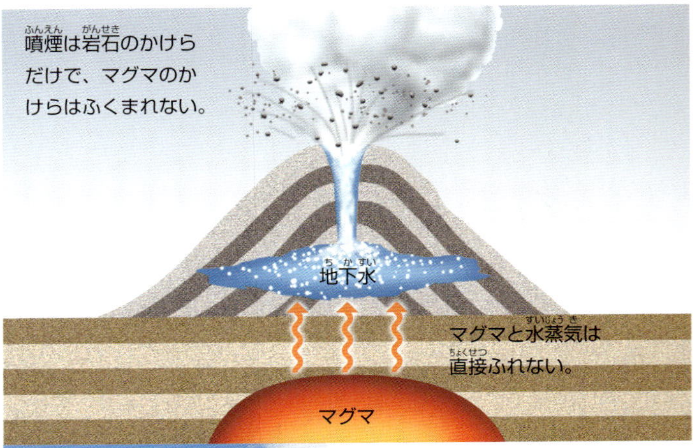
噴煙《ふんえん》は岩石《がんせき》のかけらだけで、マグマのかけらはふくまれない。
地下水《ちかすい》
マグマと水蒸気《すいじょうき》は直接《ちょくせつ》ふれない。
マグマ

●御嶽山噴火《おんたけさんふんか》（長野県《ながのけん》・岐阜県《ぎふけん》）
2014年《ねん》9月《がつ》27日《にち》に御嶽山《おんたけさん》が、白《しろ》い噴《ふん》煙《えん》をふき上《あ》げて噴火《ふんか》した。直径《ちょっけい》20～30cmの岩石《がんせき》が1km以上先《いじょうさき》までふき飛《と》ぶほどの大爆発《だいばくはつ》で、死者《ししゃ》・行方不明者《ゆくえふめいしゃ》は63人《にん》にものぼった。

『火山噴火《かざんふんか》　何《なに》が起《お》こる？　どう、そなえる？』: PHP《ピーエイチピー》研究所《けんきゅうしょ》

マグマの性質《せいしつ》で噴火《ふんか》も変《か》わる

マグマは、ふくまれる二酸化《にさんか》ケイ素《そ》などの成分《せいぶん》の量《りょう》によって、ねばり気《け》が変《か》わる。火山《かざん》はマグマが固《かた》まったものでできているので、ねばり気《け》がちがえば火山《かざん》の形《かたち》もちがってくる。また、マグマのねばり気《け》が強《つよ》いほうが爆発的《ばくはつてき》な噴火《ふんか》になることが多《おお》い。

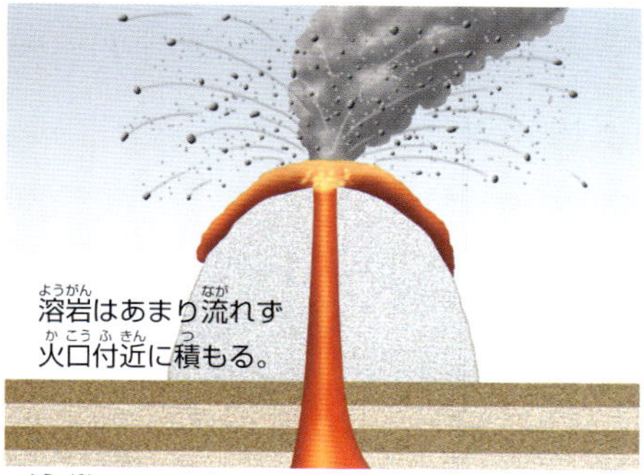
溶岩《ようがん》はあまり流《なが》れず
火口付近《かこうふきん》に積《つ》もる。

【溶岩《ようがん》ドーム】

ねばり気《け》の強《つよ》いマグマは流《なが》れにくいため、溶岩《ようがん》はあまり広《ひろ》がらずに火口付近《かこうふきん》でもり上《あ》がり、ドーム状《じょう》の形《かたち》をつくる。爆発的噴火《ばくはつてきふんか》を起《お》こすこともある。

代表例《だいひょうれい》／昭和新山《しょうわしんざん》（北海道《ほっかいどう》）、雲仙岳平成新山《うんぜんだけへいせいしんざん》（長崎県《ながさきけん》）、チャイテン山《さん》（チリ）

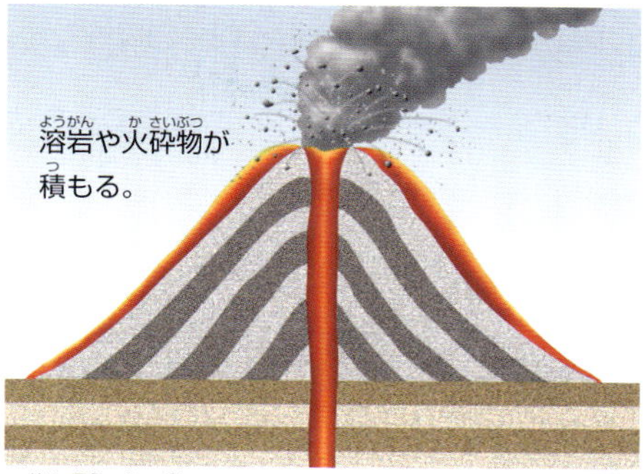
溶岩《ようがん》や火砕物《かさいぶつ》が
積《つ》もる。

【成層火山《せいそうかざん》】

マグマのねばり気《け》は中《ちゅう》くらいで、爆発的噴火《ばくはつてきふんか》と非爆発的噴火《ひばくはつてきふんか》をくりかえす。溶岩《ようがん》は火口《かこう》から山《やま》のふもとに広《ひろ》がり、噴火《ふんか》をくりかえすと溶岩《ようがん》や火砕物《かさいぶつ》が層《そう》になった円錐形《えんすいけい》の火山《かざん》ができる。

代表例《だいひょうれい》／富士山《ふじさん》（静岡県《しずおかけん》・山梨県《やまなしけん》）、浅間山《あさまやま》（群馬県《ぐんまけん》・長野県《ながのけん》）、ベスビオ山《さん》（イタリア）

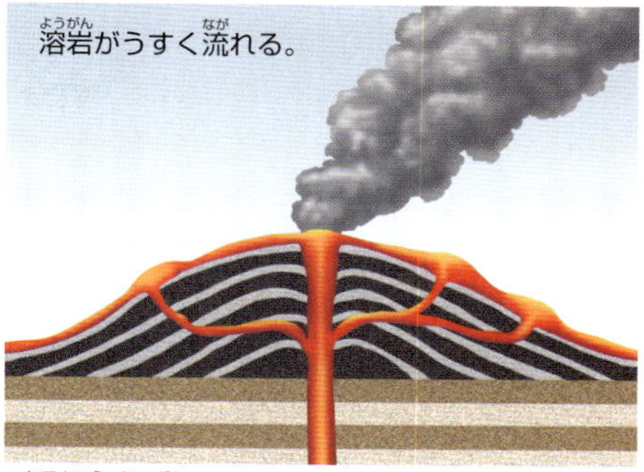
溶岩《ようがん》がうすく流《なが》れる。

【盾状火山《たてじょうかざん》】

さらさらとしたマグマでねばり気《け》は弱《よわ》く、噴火《ふんか》するとマグマが噴水《ふんすい》のようにふき出《だ》して、溶岩《ようがん》は川《かわ》のように流《なが》れて広《ひろ》がる。溶岩《ようがん》が固《かた》まると、なだらかな丘《おか》のような形《かたち》の火山《かざん》になる。非爆発的噴火《ひばくはつてきふんか》でつくられる。

代表例《だいひょうれい》／キラウエア山《さん》（アメリカ・ハワイ島《とう》）

富士山噴火《ふじさんふんか》よりもこわい阿蘇山《あそさん》のカルデラ噴火《ふんか》

阿蘇山《あそさん》のカルデラ（➡150）は、約《やく》27万年《まんねん》前《まえ》から9万年前《まんねんまえ》までに起《お》こった4回《かい》の巨大噴火《きょだいふんか》によってつくられた。とくに9万年前《まんねんまえ》の噴火《ふんか》は大《おお》きく、江戸時代《えどじだい》に起《お》こった富士山《ふじさん》の宝永大噴火《ほうえいだいふんか》（➡147、150）の1000倍以上《ばいいじょう》のエネルギーだったと考《かんが》えられている。日本中《にほんじゅう》に火山灰《かざんばい》がふり積《つ》もり、北海道東部《ほっかいどうとうぶ》にも約《やく》15cm積《つ》もったことが確認《かくにん》されている。

現在《げんざい》、阿蘇山《あそさん》のカルデラ噴火《ふんか》
が起《お》こった場合《ばあい》に想定《そうてい》される、
火山灰《かざんばい》の積《つ》もるはんい。
富士山《ふじさん》
阿蘇山《あそさん》

噴火《ふんか》が町《まち》を滅《ほろ》ぼした

イタリア中部《ちゅうぶ》の町《まち》・ポンペイは、紀元《きげん》79年《ねん》に10kmはなれたところにあるベスビオ山《さん》の噴火《ふんか》による火砕流《かさいりゅう》に飲《の》みこまれ、約《やく》2000人《にん》の市民《しみん》とともに、町《まち》ごと火山灰《かざんばい》にうもれた。1748年《ねん》に発見《はっけん》され、約《やく》6mも積《つ》もった火山灰《かざんばい》をとりのぞくと、町全体《まちぜんたい》がほぼ完全《かんぜん》な状態《じょうたい》で出《で》てきた。

ベスビオ山《さん》
（標高《ひょうこう》1281m）

火山灰《かざんばい》の中《なか》から見《み》つかった広場《ひろば》と神殿《しんでん》のあと。ゆかや壁《かべ》はそのまま残《のこ》っていた。

24時間体制《じかんたいせい》で監視《かんし》・観察《かんさつ》する

世界《せかい》には約《やく》1500の活火山《かつかざん》（➡146）があるが、日本《にほん》にはその約《やく》7％にあたる110もの活火山《かつかざん》がある。噴火《ふんか》を防《ふせ》ぐことはできないが、噴火災害《ふんかさいがい》の被害《ひがい》を少《すこ》しでも減《へ》らすために、気象庁《きしょうちょう》では噴火《ふんか》に備《そな》えて、現在《げんざい》、47の火山《かざん》を「常時観測火山《じょうじかんそくかざん》」とし、24時間監視《じかんかんし》・観測《かんそく》している。火山活動《かざんかつどう》の状況《じょうきょう》に応《おう》じて噴火警戒《ふんかけいかい》レベルを発表《はっぴょう》している。

●気象庁《きしょうちょう》の常時観測火山《じょうじかんそくかざん》

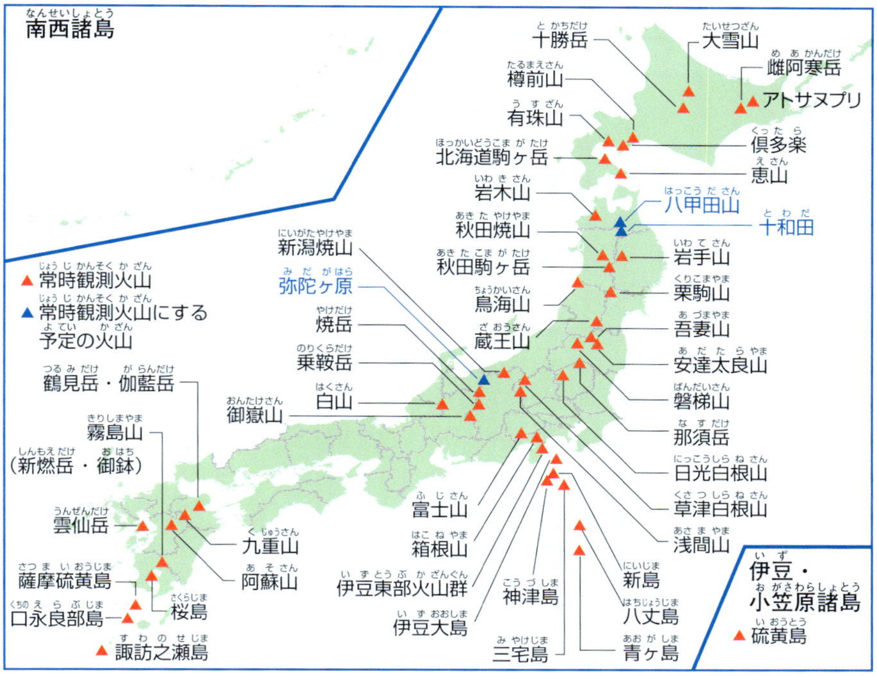
南西諸島《なんせいしょとう》
▲常時観測火山《じょうじかんそくかざん》
▲常時観測火山《じょうじかんそくかざん》にする予定《よてい》の火山《かざん》
十勝岳《とかちだけ》
大雪山《たいせつざん》
雌阿寒岳《めあかんだけ》
アトサヌプリ
樽前山《たるまえさん》
有珠山《うすざん》
倶多楽《くったら》
北海道駒ヶ岳《ほっかいどうこまがたけ》
恵山《えさん》
岩木山《いわきさん》
八甲田山《はっこうださん》
十和田《とわだ》
秋田焼山《あきたやけやま》
岩手山《いわてさん》
秋田駒ヶ岳《あきたこまがたけ》
栗駒山《くりこまやま》
鳥海山《ちょうかいさん》
吾妻山《あづまやま》
蔵王山《ざおうさん》
安達太良山《あだたらやま》
磐梯山《ばんだいさん》
那須岳《なすだけ》
日光白根山《にっこうしらねさん》
草津白根山《くさつしらねさん》
浅間山《あさまやま》
新潟焼山《にいがたやけやま》
弥陀ヶ原《みだがはら》
焼岳《やけだけ》
乗鞍岳《のりくらだけ》
白山《はくさん》
御嶽山《おんたけさん》
富士山《ふじさん》
箱根山《はこねやま》
伊豆東部火山群《いずとうぶかざんぐん》
伊豆大島《いずおおしま》
神津島《こうづしま》
三宅島《みやけじま》
新島《にいじま》
八丈島《はちじょうじま》
青ヶ島《あおがしま》
伊豆《いず》・小笠原諸島《おがさわらしょとう》
硫黄島《いおうとう》
鶴見岳《つるみだけ》・伽藍岳《がらんだけ》
霧島山《きりしまやま》
（新燃岳《しんもえだけ》・御鉢《おはち》）
雲仙岳《うんぜんだけ》
九重山《くじゅうさん》
阿蘇山《あそさん》
薩摩硫黄島《さつまいおうじま》
桜島《さくらじま》
口永良部島《くちのえらぶじま》
諏訪之瀬島《すわのせじま》

👁「噴火警戒《ふんかけいかい》レベル」は1から5までの5段階《だんかい》に分《わ》かれ、数字《すうじ》が大《おお》きいほど危険度《きけんど》が高《たか》くなる。3以上《いじょう》は山《やま》へ入《はい》ることが規制《きせい》される。

火山《かざん》の噴火《ふんか》でつくられる地形《ちけい》

噴火《ふんか》と地形《ちけい》　火山《かざん》が噴火《ふんか》すると、ふき出《だ》した溶岩《ようがん》の量《りょう》や固《かた》まり方《かた》などにより、さまざまな地形《ちけい》をつくります。長《なが》い歴史《れきし》の中《なか》で、火山《かざん》は何回《なんかい》も噴火《ふんか》をくりかえし、大地《だいち》の形《かたち》を変《か》えているのです。

噴火《ふんか》しながら大《おお》きくなった

日本一高《にほんいちたか》い山《やま》である富士山《ふじさん》は、すそ野《の》が大《おお》きく広《ひろ》がっていることが特《とく》ちょうだ。何度《なんど》も大《おお》きな噴火《ふんか》をくりかえし、ふき出《だ》した溶岩流《ようがんりゅう》や火砕流《かさいりゅう》、火山灰《かざんばい》などが積《つ》み重《かさ》なって現在《げんざい》の形《かたち》になった。このようにしてできた山《やま》を「成層火山《せいそうかざん》」という。富士山《ふじさん》のように円《えん》すい形《けい》のものが多《おお》い。

【富士山《ふじさん》は４階建《かいだ》て】
１つの大《おお》きな山《やま》に見《み》える富士山《ふじさん》だが、じつは４つの火山《かざん》が重《かさ》なってできている。

●宝永火口《ほうえいかこう》
1707年《ねん》に起《お》きた宝永大《ほうえいだい》噴火《ふんか》でできた火口《かこう》。火口《かこう》は第《だい》1から第《だい》3まで3つあり、第《だい》1火口《かこう》は山頂《さんちょう》の火口《かこう》よりも大《おお》きい。
南《みなみ》
●新富士火山《しんふじかざん》（標高《ひょうこう》3776 m）
現在《げんざい》の山頂《さんちょう》。３つの山《やま》をすっぽりとおおっている。古富士火山《こふじかざん》も3000mをこえる高《たか》さがあった。新富士火山《しんふじかざん》と古富士火山《こふじかざん》は玄武岩《げんぶがん》（➡155）でできている。
山中湖《やまなかこ》
山中湖側《やまなかこがわ》から見《み》た富士山《ふじさん》。すそ野《の》がゆったりと広《ひろ》がっているようすがよくわかる。

宝永第《ほうえいだい》1火口《かこう》。直径《ちょっけい》は1.3km もある。

くりかえしの噴火《ふんか》でできた地形《ちけい》

火山《かざん》には、休止期《きゅうしき》をはさんで複数回《ふくすうかい》の噴火《ふんか》によってできる「複成火山《ふくせいかざん》」と、一度《いちど》の噴火《ふんか》によってできる「単成火山《たんせいかざん》」がある。富士山《ふじさん》のような成層火山《せいそうかざん》や、カルデラ火山《かざん》、溶岩台地《ようがんだいち》などは、噴火活動《ふんかかつどう》をくりかえしてできた複成火山《ふくせいかざん》だ。

【カルデラ火山《かざん》】

火山《かざん》に見《み》られる巨大《きょだい》なくぼ地《ち》。水《みず》がたまるとカルデラ湖《こ》になる。

中岳《なかだけ》
●阿蘇山《あそさん》

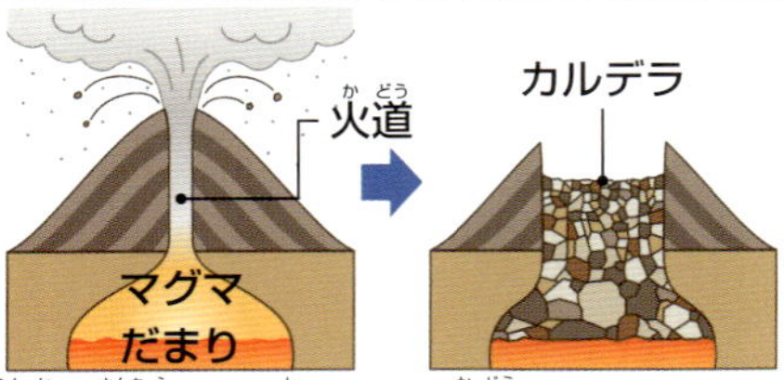
火道《かどう》
マグマだまり
カルデラ
噴火《ふんか》で山頂《さんちょう》がふき飛《と》んだり、火道《かどう》やマグマだまりに岩石《がんせき》が落《お》ちこんで火道《かどう》が広《ひろ》がったりしてくぼむ。

【溶岩台地《ようがんだいち》】

ねばりけの少《すく》ない玄武岩《げんぶがん》の溶岩流《ようがんりゅう》が大量《たいりょう》にふき出《だ》して、ほぼ平《たい》らに広《ひろ》がった台地《だいち》。

●デカン高原《こうげん》（インド）

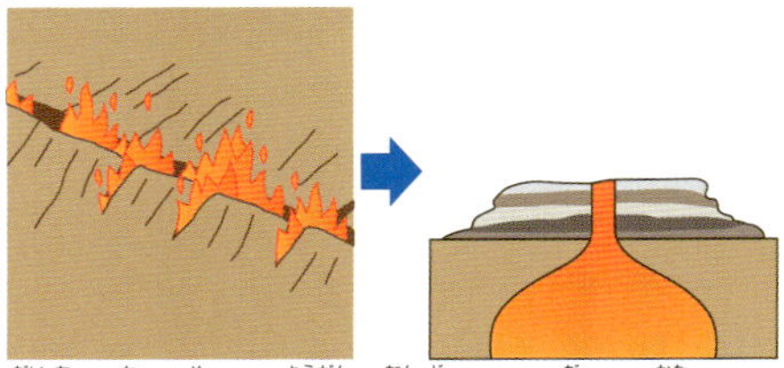
台地《だいち》の割《わ》れ目《め》から溶岩《ようがん》が何度《なんど》もふき出《だ》して固《かた》まり、何層《なんそう》にも積《つ》み重《かさ》なる。

富士山《ふじさん》そっくりの山《やま》は世界中《せかいじゅう》にある

日本《にほん》にある円《えん》すい形《けい》の山《やま》のなかには、富士山《ふじさん》にあやかって「○○富士《ふじ》」とよばれているものが300以上《いじょう》あるといわれる。日本《にほん》だけでなく、富士山《ふじさん》に似《に》た山《やま》は海外《かいがい》にもたくさんある。

オソルノ山《さん》（チリ）
標高《ひょうこう》2660m。現地《げんち》の日本人《にほんじん》のあいだでは「チリ富士《ふじ》」とよばれている。

タラナキ山《さん》（ニュージーランド）
標高《ひょうこう》2518 m。これまでに8回《かい》、大《おお》きな噴火《ふんか》が起《お》こった。

『小学館《しょうがくかん》の図鑑《ずかん》NEO《ネオ》 地球《ちきゅう》』：小学館《しょうがくかん》

大阪《おおさか》
東京《とうきょう》
太平洋《たいへいよう》プレート
八丈島《はちじょうじま》
フィリピン海《かい》プレート
小笠原諸島《おがさわらしょとう》
西之島《にしのしま》

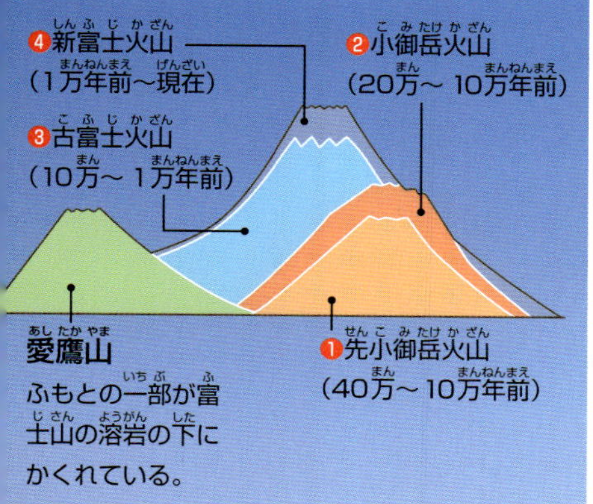
❹新富士火山《しんふじかざん》
（1万年前《まんねんまえ》～現在《げんざい》）
❷小御岳火山《こみたけかざん》
（20万《まん》～10万年前《まんねんまえ》）
❸古富士火山《こふじかざん》
（10万《まん》～1万年前《まんねんまえ》）
愛鷹山《あしたかやま》
ふもとの一部《いちぶ》が富士山《ふじさん》の溶岩《ようがん》の下《した》にかくれている。
❶先小御岳火山《せんこみたけかざん》
（40万《まん》～10万年前《まんねんまえ》）

北《きた》

●小御岳火山《こみたけかざん》
新富士火山《しんふじかざん》の5合目《ごうめ》あたりに、10万年前《まんねんまえ》ごろまで活動《かつどう》していた小御岳火山《こみたけかざん》の山頂《さんちょう》の一部《いちぶ》が出《で》ている。小御嶽神社《こみたけじんじゃ》付近《ふきん》では安山岩《あんざんがん》（➡155）が多《おお》く見《み》られる。

どんどん大《おお》きくなる西之島《にしのしま》

伊豆《いず》・小笠原海溝《おがさわらかいこう》の近《ちか》くには、たくさんの海底火山《かいていかざん》（➡134）が連《つら》なっている。2013年《ねん》11月《がつ》、西之島《にしのしま》のすぐ近《ちか》くの海底《かいてい》で噴火《ふんか》が起《お》こり、2年以上続《ねんいじょうつづ》いた活発《かっぱつ》な噴火活動《ふんかかつどう》によって、新《あたら》しい島《しま》が誕生《たんじょう》した。もとの島《しま》をのみこみ、面積《めんせき》は0.22km^{2}から約《やく》12倍《ばい》の2.68 km^{2}まで拡大《かくだい》した。

写真提供／海上保安庁

2013年《ねん》11月《がつ》20日《か》
西之島《にしのしま》の南東約《なんとうやく》500 m付近《ふきん》の海底火山《かいていかざん》が噴火《ふんか》し、ふき出《だ》した溶岩流《ようがんりゅう》によって陸地《りくち》ができ始《はじ》める。

2014年《ねん》1月《がつ》12日《にち》
はげしい噴火活動《ふんかかつどう》が続《つづ》き、新《あたら》しい陸地《りくち》がどんどんできる。わずか1か月半《げつはん》で西之島《にしのしま》とくっついた。

2014年《ねん》10月《がつ》17日《にち》
新《あたら》しい陸地《りくち》が西之島《にしのしま》の上《うえ》に完全《かんぜん》におおいかぶさり、1つの島《しま》になった。

2016年《ねん》6月《がつ》7日《か》
溶岩流《ようがんりゅう》がふき出《だ》すはげしい噴火《ふんか》は、2015年《ねん》11月下旬以降《がつげじゅんいこう》は観測《かんそく》されていない。

一度《いちど》の噴火《ふんか》でできた地形《ちけい》

単成火山《たんせいかざん》は、複成火山《ふくせいかざん》に比《くら》べると小型《こがた》のものが多《おお》い。一度《いちど》だけ噴火《ふんか》して活動《かつどう》を止《と》めている火山《かざん》だ。単成火山《たんせいかざん》には、火砕丘《かさいきゅう》やマール、溶岩《ようがん》ドーム（➡149）などがある。

【火砕丘《かさいきゅう》】

噴火《ふんか》で出《で》た軽石《かるいし》や火山灰《かざんばい》などが積《つ》もってできた。おわんをふせたような形《かたち》をしているものが多《おお》い。

●大室山《おおむろやま》（静岡県《しずおかけん》）

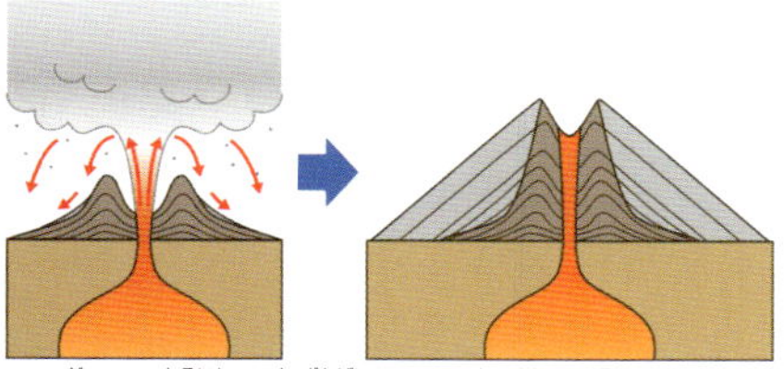

ふき出《だ》した軽石《かるいし》や火山灰《かざんばい》などが斜面《しゃめん》を転《ころ》がり落《お》ちて、すそ野《の》を広《ひろ》げていく。

【マール】

激《はげ》しい水蒸気爆発《すいじょうきばくはつ》（➡148）でできたすりばち状《じょう》の小《ちい》さな火口《かこう》で、水《みず》がたまって湖《みずうみ》になることが多《おお》い。

●二ノ目潟《にのめがた》（秋田県《あきたけん》）

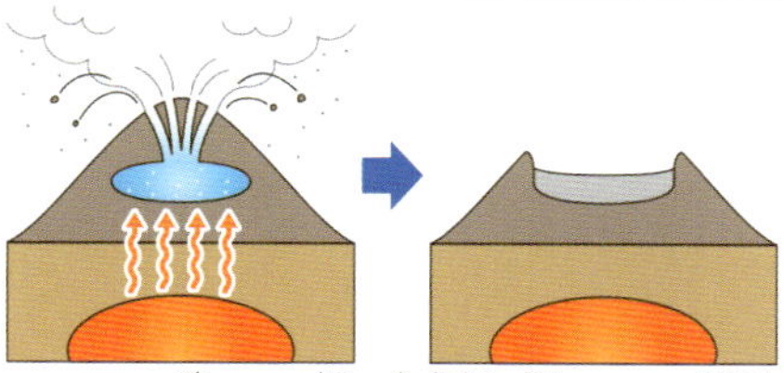

マグマから伝《つた》わった熱《ねつ》で地下水《ちかすい》が温《あたた》められて水蒸気《すいじょうき》が爆発的《ばくはつてき》にふき出《だ》し、火口付近《かこうふきん》の岩石《がんせき》をふき飛《と》ばす。

火星《かせい》にも火山《かざん》がある

火山《かざん》は、地球以外《ちきゅういがい》に火星《かせい》や金星《きんせい》にもある。火星《かせい》のオリンポス山《さん》は、高《たか》さが約《やく》2万《まん》7000 mで、太陽系《たいようけい》でいちばん大《おお》きな山《やま》だと考《かんが》えられている。火星《かせい》では地球《ちきゅう》のようにプレートの移動《いどう》がないので、一度噴火《いちどふんか》が起《お》こると同《おな》じ場所《ばしょ》でずっと噴火《ふんか》をくりかえす。そのため、溶岩《ようがん》が積《つ》み重《かさ》なっていったのだ。

数千万年前《すうせんまんねんまえ》までは活動《かつどう》していたと見《み》られている。

火砕丘《かさいきゅう》には、ふき出《だ》したものによって、火山灰丘《かざんばいきゅう》、スコリア丘《きゅう》（小《ちい》さな穴《あな》があいた黒《くろ》っぽい石《いし》）などがある。

火山《かざん》がもたらすめぐみ

火山《かざん》の利用《りよう》

火山《かざん》は噴火《ふんか》すると災害《さいがい》を引《ひ》き起《お》こし、わたしたちの生活《せいかつ》をおびやかします。しかし、温泉《おんせん》や美《うつく》しい風景《ふうけい》など、人《ひと》にとってうれしいめぐみをもたらしてもくれます。

火山《かざん》のそばに温泉《おんせん》がある

温泉《おんせん》とは、水温《すいおん》が25℃以上《いじょう》であるか、硫黄《いおう》やラドンなど特定《とくてい》の成分《せいぶん》をふくんでいる水《みず》のことだ。日本《にほん》には3000以上《いじょう》の温泉地《おんせんち》があるが、そのほとんどが地下《ちか》のマグマがさかんに活動《かつどう》している火山地帯《かざんちたい》にある。温泉《おんせん》の湯《ゆ》は健康《けんこう》によいとされ、日本《にほん》では1800年以上《ねんいじょう》も前《まえ》から温泉《おんせん》に入《はい》る習慣《しゅうかん》があったことがわかっている。

みはらし館

●別府温泉《べっぷおんせん》（大分県《おおいたけん》）

鶴見岳《つるみだけ》火山帯《かざんたい》の東《ひがし》のふもとにある、日本《にほん》を代表《だいひょう》する温泉地《おんせんち》のひとつ。温泉《おんせん》がわき出《で》る量《りょう》は毎分約《まいふんやく》8万《まん》3000Lで日本《にほん》一《いち》だ。温泉街《おんせんがい》には、湯《ゆ》けむりが立《た》ち上《のぼ》っている。

マグマの熱《ねつ》でお湯《ゆ》になる

温泉《おんせん》は、雨《あめ》などが地中《ちちゅう》にしみこんだ地下水《ちかすい》が、マグマ（➡146）の熱《ねつ》で温《あたた》められ、マグマから出《で》る炭酸《たんさん》ガス（二酸化炭素《にさんかたんそ》）や硫黄《いおう》などの成分《せいぶん》をとかしながら地上《ちじょう》に出《で》てくる。一定《いってい》の間隔《かんかく》で噴水《ふんすい》のように湯《ゆ》がふき上《あ》がる温泉《おんせん》を「間欠泉《かんけつせん》」という。

●間欠泉《かんけつせん》

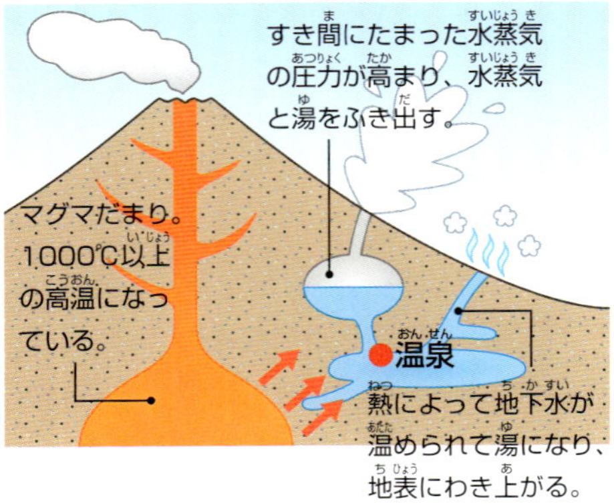
すき間《ま》にたまった水蒸気《すいじょうき》の圧力《あつりょく》が高《たか》まり、水蒸気《すいじょうき》と湯《ゆ》をふき出《だ》す。
マグマだまり。1,000℃以上《いじょう》の高温《こうおん》になっている。
●温泉《おんせん》
熱《ねつ》によって地下水《ちかすい》が温《あたた》められて湯《ゆ》になり、地表《ちひょう》にわき上《あ》がる。

●イエローストーン国立公園《こくりつこうえん》の間欠泉《かんけつせん》（アメリカ）

公園内《こうえんない》には200～250の間欠泉《かんけつせん》がある。そのなかのオールド・フェイスフル間欠泉《かんけつせん》は、80分《ぷん》ごとに約《やく》4万《まん》Lもの熱水《ねっすい》を40m以上《いじょう》の高《たか》さにふき上《あ》げる。

サルも温泉《おんせん》に入《はい》る

地獄谷温泉《じごくだにおんせん》（長野県《ながのけん》）は、ニホンザルが入《はい》る温泉《おんせん》として有名《ゆうめい》だ。ニホンザルは世界《せかい》でいちばん北《きた》にすむサルで、寒《さむ》さをしのぐために温泉《おんせん》に入《はい》ったと考《かんが》えられている。雪《ゆき》の中《なか》でサルが温泉《おんせん》に入《はい》る姿《すがた》は、「スノーモンキー」とよばれ、世界的《せかいてき》に知《し》られている。

地獄谷野猿公苑《じごくだにやえんこうえん》には、サル専用《せんよう》の温泉《おんせん》がある。

📖『子供《こども》の科学《かがく》☆サイエンスブックス　よくわかる火山《かざん》のしくみ』：誠文堂新光社《せいぶんどうしんこうしゃ》

地球《ちきゅう》の熱《ねつ》で発電《はつでん》

火山《かざん》の下《した》にあるマグマの熱《ねつ》で温《あたた》められた蒸気《じょうき》を利用《りよう》して、電気《でんき》をつくることを地熱発電《ちねつはつでん》という。地球温暖化《ちきゅうおんだんか》（➡194）の原因《げんいん》とされる二酸化《にさんか》炭素《たんそ》を出《だ》さず、石油《せきゆ》や石炭《せきたん》のようになくなる心配《しんぱい》がないエネルギーとして期待《きたい》されている。

●九州電力八丁原地熱発電所《きゅうしゅうでんりょくはっちょうばるちねつはつでんしょ》（大分県《おおいたけん》）

九重連山《くじゅうれんざん》の地熱《ちねつ》で発電《はつでん》する、日本《にほん》で最《もっと》も大《おお》きい地熱発電所《ちねつはつでんしょ》。約《やく》20万世帯分《まんせたいぶん》の電力《でんりょく》をまかなうことができる。

【地熱発電《ちねつはつでん》のしくみ】（➡216）

地球《ちきゅう》の内部《ないぶ》で発生《はっせい》する熱《ねつ》を「地熱《ちねつ》」という。地熱発電《ちねつはつでん》は、地熱《ちねつ》で温《あたた》められてできた天然《てんねん》の蒸気《じょうき》の力《ちから》で、発電機《はつでんき》を回《まわ》して電気《でんき》をつくる。

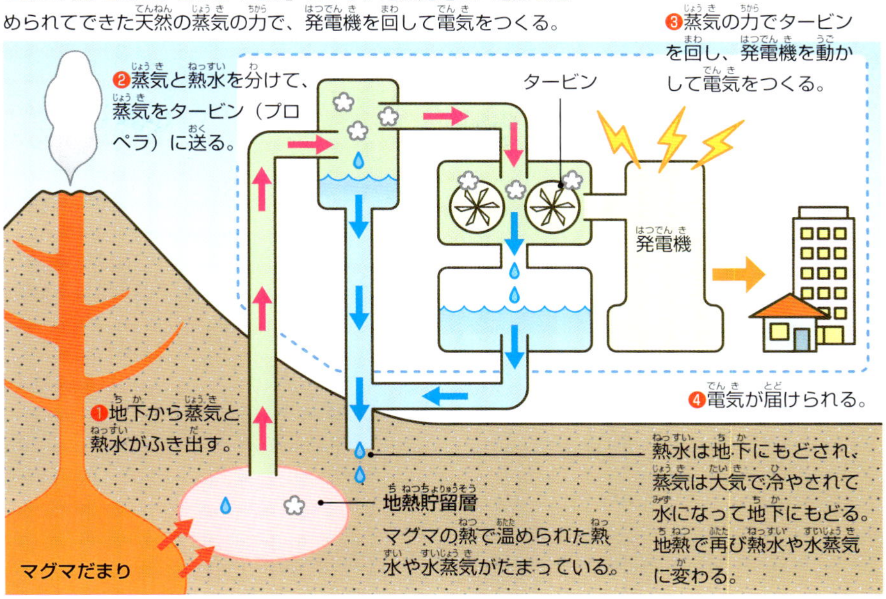
❸蒸気《じょうき》の力《ちから》でタービンを回《まわ》し、発電機《はつでんき》を動《うご》かして電気《でんき》をつくる。
❷蒸気《じょうき》と熱水《ねっすい》を分《わ》けて、蒸気《じょうき》をタービン（プロペラ）に送《おく》る。
タービン
発電機《はつでんき》
❹電気《でんき》が届《とど》けられる。
❶地下《ちか》から蒸気《じょうき》と熱水《ねっすい》がふき出《だ》す。
熱水《ねっすい》は地下《ちか》にもどされ、蒸気《じょうき》は大気《たいき》で冷《ひ》やされて水《みず》になって地下《ちか》にもどる。地熱《ちねつ》で再《ふたた》び熱水《ねっすい》や水蒸気《すいじょうき》に変《か》わる。
地熱貯留層《ちねつちょりゅうそう》
マグマの熱《ねつ》で温《あたた》められた熱水《ねっすい》や水蒸気《すいじょうき》がたまっている。
マグマだまり

噴火《ふんか》がつくった美《うつく》しい風景《ふうけい》

美《うつく》しい山《やま》の形《かたち》や、火口湖《かこうこ》やカルデラ湖《こ》のように噴火《ふんか》でできた湖《みずうみ》など、火山《かざん》は美《うつく》しい風景《ふうけい》をつくり出《だ》す。観光地《かんこうち》として地域《ちいき》の経済《けいざい》にうるおいもあたえる。

●火口湖《かこうこ》

御釜《おかま》（宮城県《みやぎけん》）は、蔵王《ざおう》の刈田岳《かったたけ》、熊野岳《くまのたけ》、五色岳《ごしきだけ》の3つの山《やま》に囲《かこ》まれ、噴火《ふんか》によってできたくぼ地《ち》に水《みず》がたまってできた。水《みず》の色《いろ》は鉱物《こうぶつ》や火山《かざん》ガスなどの化学成分《かがくせいぶん》によって変化《へんか》する。

●わき水《みず》（➡175）

わき水《みず》も火山《かざん》のめぐみ。水《みず》にはミネラル分《ぶん》がふくまれる。富士山《ふじさん》のふもとにある忍野八海《おしのはっかい》（山梨県《やまなしけん》）の出口池《でぐちいけ》は、透明《とうめい》な水《みず》が絶《た》えずわき出《で》ている。

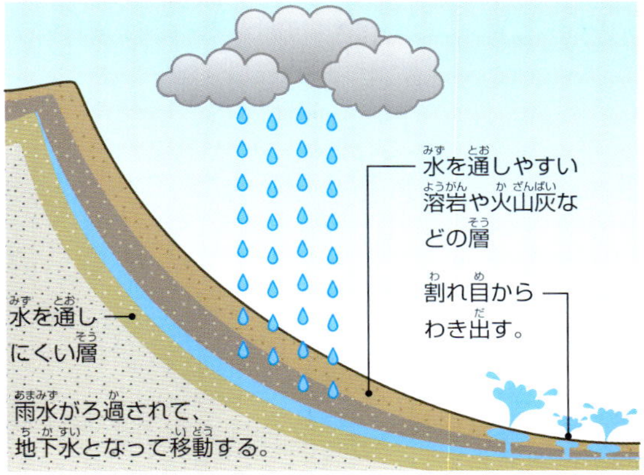
水《みず》を通《とお》しやすい溶岩《ようがん》や火山灰《かざんばい》などの層《そう》
割《わ》れ目《め》からわき出《だ》す。
水《みず》を通《とお》しにくい層《そう》
雨水《あまみず》がろ過《か》されて、地下水《ちかすい》となって移動《いどう》する。

【わき水《みず》のでき方《かた》】

火山灰《かざんばい》や軽石《かるいし》などの火山噴出物《かざんふんしゅつぶつ》は、とても水《みず》を通《とお》しやすいため、雨水《あまみず》がしみこむと、地下水《ちかすい》をつくる。ゆっくりと時間《じかん》をかけて山《やま》の低《ひく》いほうへと流《なが》れていき、ふもとで地上《ちじょう》にわき出《だ》す。

作物《さくもつ》を育《そだ》てる土《つち》になる

関東平野《かんとうへいや》や、南九州《みなみきゅうしゅう》のシラス台地《だいち》は、いずれも火山灰《かざんばい》などが積《つ》もってできた台地《だいち》だ。火山灰《かざんばい》からできた土《つち》は、水持《みずも》ちが悪《わる》いので稲作《いなさく》にはあまり向《む》かないが、ミネラル分《ぶん》が多《おお》くふくまれているので、野菜《やさい》やくだものの栽培《さいばい》には適《てき》している。

関東《かんとう》ローム層《そう》の赤土《あかつち》で栽培《さいばい》される練馬大根《ねりまだいこん》（東京都《とうきょうと》）

●関東《かんとう》ローム層《そう》

富士山《ふじさん》や箱根山《はこねやま》、浅間山《あさまやま》などの噴火《ふんか》による火山灰《かざんばい》が風化《ふうか》（➡137）して、積《つ》み重《かさ》なってできた。鉄分《てつぶん》が多《おお》くふくまれた火山灰《かざんばい》は、やがて酸化《さんか》して赤土《あかつち》になった。水《みず》はけがよいので、大根《だいこん》など根菜類《こんさいるい》の栽培《さいばい》に適《てき》している。

開聞岳《かいもんだけ》（鹿児島県《かごしまけん》）のふもとに広《ひろ》がるサツマイモ畑《ばたけ》。

●シラス台地《だいち》

鹿児島県《かごしまけん》を中心《ちゅうしん》とする南九州《みなみきゅうしゅう》で見《み》られる、軽石《かるいし》や火山灰《かざんばい》などが厚《あつ》く積《つ》もった台地《だいち》で、全体的《ぜんたいてき》に白《しろ》っぽい。サツマイモや茶《ちゃ》の栽培《さいばい》、畜産《ちくさん》がさかんだ。

温泉《おんせん》は、火山《かざん》のない場所《ばしょ》にもある。地下《ちか》100mごとに温度《おんど》は約《やく》3℃高《たか》くなり、地下深《ちかふか》くで温《あたた》められた地下水《ちかすい》が地上《ちじょう》に出《で》てくるのだ。

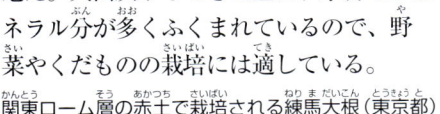

火《か》山《ざん》から生《う》まれる岩《がん》石《せき》

岩《がん》石《せき》の種《しゅ》類《るい》　地《ち》球《きゅう》の表《ひょう》面《めん》をおおう地《ち》殻《かく》は、さまざまな岩《がん》石《せき》でできています。岩《がん》石《せき》は、「火《か》成《せい》岩《がん》」「堆《たい》積《せき》岩《がん》」「変《へん》成《せい》岩《がん》」の 3 種《しゅ》類《るい》があり、ここでは火《か》成《せい》岩《がん》をとりあげます。

地《ち》殻《かく》の多《おお》くは火《か》成《せい》岩《がん》でできている

火《か》山《ざん》からふき出《だ》したマグマ（➡146）が地《ち》表《ひょう》や地《ち》中《ちゅう》で冷《ひ》えて固《かた》まったものを「火《か》成《せい》岩《がん》」という。地《ち》殻《かく》をおおう岩《がん》石《せき》のなかで最《もっと》も量《りょう》が多《おお》いのが火《か》成《せい》岩《がん》で、10 分《ぶん》の 6 以《い》上《じょう》もある。堆《たい》積《せき》岩《がん》（➡157）は 10 分《ぶん》の 1、変《へん》成《せい》岩《がん》（➡157）は 10 分《ぶん》の 3 未《み》満《まん》だ。

●キラウエア山《さん》（アメリカ・ハワイ島《とう》）
高《こう》温《おん》のマグマが地《ち》表《ひょう》に流《なが》れ出《で》た溶《よう》岩《がん》流《りゅう》が固《かた》まると、火《か》成《せい》岩《がん》の一《いっ》種《しゅ》「玄《げん》武《ぶ》岩《がん》」になる。キラウエア山《さん》をふくむハワイ火《か》山《ざん》国《こく》立《りつ》公《こう》園《えん》は世《せ》界《かい》遺《い》産《さん》に登《とう》録《ろく》されている。

火《か》成《せい》岩《がん》ができる場《ば》所《しょ》

火《か》成《せい》岩《がん》は、マグマの冷《ひ》え方《かた》によって「火《か》山《ざん》岩《がん》」と「深《しん》成《せい》岩《がん》」に分《わ》けられる。マグマにふくまれる成《せい》分《ぶん》や、できる場《ば》所《しょ》のちがいなどによって、さまざまな種《しゅ》類《るい》の岩《がん》石《せき》になる。

●火《か》山《ざん》岩《がん》のできるところ
マグマが地《ち》表《ひょう》や海《かい》底《てい》にふき出《だ》して、急《きゅう》に冷《ひ》えて固《かた》まることでできる。

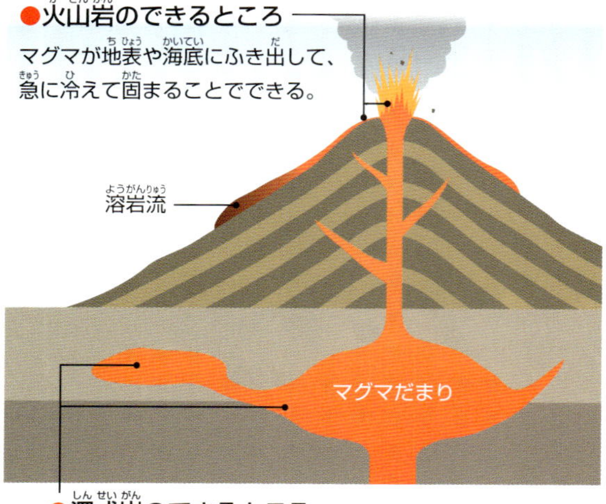

●深《しん》成《せい》岩《がん》のできるところ
マグマだまりなど、地《ち》下《か》深《ふか》くでゆっくり冷《ひ》えて固《かた》まる。地《ち》表《ひょう》近《ちか》くでもマグマがゆっくり冷《ひ》えて固《かた》まれば深《しん》成《せい》岩《がん》になる。

鉱《こう》物《ぶつ》が集《あつ》まって岩《がん》石《せき》になる

岩《がん》石《せき》は、「鉱《こう》物《ぶつ》」という小《ち》さな結《けっ》晶《しょう》が集《あつ》まってできている。現《げん》在《ざい》、地《ち》球《きゅう》上《じょう》に鉱《こう》物《ぶつ》は 4000 種《しゅ》類《るい》以《い》上《じょう》あるといわれているが、そのうち、岩《がん》石《せき》をつくるおもな鉱《こう》物《ぶつ》はわずか数《すう》十《じっ》種《しゅ》類《るい》だ。鉱《こう》物《ぶつ》の組《く》み合《あ》わせによって、いろいろな岩《がん》石《せき》になる。

【岩《がん》石《せき》をつくる代《だい》表《ひょう》的《てき》な鉱《こう》物《ぶつ》】

●石《せき》英《えい》
透《とう》明《めい》か半《はん》透《とう》明《めい》の鉱《こう》物《ぶつ》。無《む》色《しょく》で結《けっ》晶《しょう》がはっきりしているものを「水《すい》晶《しょう》」という。

●長《ちょう》石《せき》
地《ち》球《きゅう》上《じょう》で最《もっと》も多《おお》い鉱《こう》物《ぶつ》で、「斜《しゃ》長《ちょう》石《せき》」と「カリ長《ちょう》石《せき》」に分《わ》けられる。写《しゃ》真《しん》は斜《しゃ》長《ちょう》石《せき》。

●雲《うん》母《も》
うすい板《いた》がはがれるように割《わ》れるのが特《とく》ちょう。黒《くろ》っぽいものを「黒《くろ》雲《うん》母《も》」という。

●角《かく》せん石《せき》
長《なが》い柱《はしら》状《じょう》の鉱《こう》物《ぶつ》で、黒《くろ》、緑《みどり》色《いろ》、こげ茶《ちゃ》色《いろ》などがある。割《わ》れた面《めん》が反《はん》射《しゃ》して光《ひか》る。

●輝《き》石《せき》
短《みじか》い柱《はしら》状《じょう》で、火《か》成《せい》岩《がん》の中《なか》によく見《み》られる。黒《くろ》色《いろ》や緑《みどり》色《いろ》などいくつか種《しゅ》類《るい》がある。

●かんらん石《せき》
上《じょう》部《ぶ》マントル（➡22）にふくまれる。大《おお》きな結《けっ》晶《しょう》は「ペリドット」という宝《ほう》石《せき》になる。

『鉱《こう》物《ぶつ》・岩《がん》石《せき》の世《せ》界《かい》』: 誠《せい》文《ぶん》堂《どう》新《しん》光《こう》社《しゃ》

すばやく冷《ひ》えてできる火山岩《かざんがん》

地下《ちか》から上《あ》がってきたマグマが急《きゅう》に冷《ひ》えてできる火山岩《かざんがん》は、細《こま》かい結晶《けっしょう》の中《なか》に、角張《かくば》った少《すこ》し大《おお》きな結晶《けっしょう》が入《はい》っていて、ガラス質《しつ》の物質《ぶっしつ》をふくんでいる。

玄武岩《げんぶがん》の顕微鏡写真《けんびきょうしゃしん》

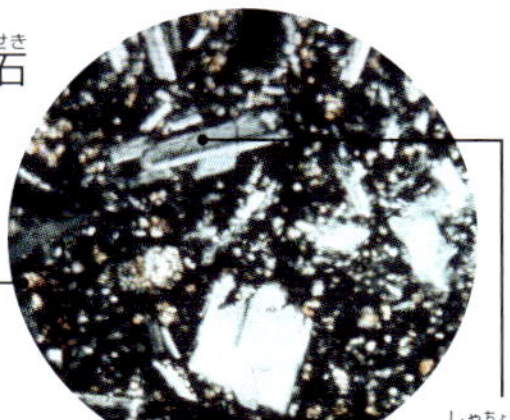
かんらん石《せき》
斜長石《しゃちょうせき》

〈福沢山《ふくざわやま》／長野県諏訪市《ながのけんすわし》〉

●安山岩《あんざんがん》

斜長石《しゃちょうせき》や角《かく》せん石《せき》、輝石《きせき》などの鉱物《こうぶつ》をふくむ。海洋《かいよう》プレートがしずみこむところなどでできるマグマが冷《ひ》えてできた岩石《がんせき》で、日本《にほん》の火山《かざん》の多《おお》くは安山岩《あんざんがん》でできている。

〈栃木県《とちぎけん》栃木市《とちぎし》岩舟町《いわふねまち》〉

●玄武岩《げんぶがん》

かんらん石《せき》や輝石《きせき》、斜長石《しゃちょうせき》などからできていて、黒《くろ》っぽい色《いろ》をしている。海洋地殻《かいようちかく》や火山《かざん》島《とう》をつくる岩石《がんせき》として最《もっと》もふつうに見《み》られる。富士山《ふじさん》も玄武岩《げんぶがん》でできている。

ジャイアンツ・コーズウェイ（北《きた》アイルランド）
マグマが冷《ひ》えて固《かた》まり、玄武岩《げんぶがん》になるときに六角形《ろっかくけい》に割《わ》れ目《め》ができる。世界遺産《せかいいさん》に登録《とうろく》されているジャイアンツ・コーズウェイは、4万本《まんぼん》もの玄武岩《げんぶがん》の六角形《ろっかくけい》の柱《はしら》が海岸線《かいがんせん》をおおいつくしている。

〈鳳来寺山《ほうらいじさん》／愛知県新城市《あいちけんしんしろし》〉

●流紋岩《りゅうもんがん》

石英《せきえい》やカリ長石《ちょうせき》、斜長石《しゃちょうせき》、ガラス質《しつ》などをふくむ。ねばり気《け》の強《つよ》いマグマからできる岩石《がんせき》で、流《なが》れたようなしま模《も》様《よう》が見《み》られることも多《おお》い。

〈十勝川《とかちがわ》／北海道《ほっかいどう》十勝郡《とかちぐん》〉

●黒曜石《こくようせき》

流紋岩《りゅうもんがん》になるマグマがより早《はや》く冷《ひ》えて固《かた》まると、ほとんどがガラス質《しつ》でできた岩石《がんせき》になる。

黒曜石《こくようせき》を割《わ》るとガラスのようにするどい断面《だんめん》になるため、大《おお》昔《むかし》からやりの先《さき》などに使《つか》われてきた。

多《おお》くの穴《あな》があいた火山岩《かざんがん》

〈箱根山《はこねやま》／神奈川県《かながわけん》〉

●軽石《かるいし》

安山岩《あんざんがん》や流紋岩《りゅうもんがん》などで、マグマが急激《きゅうげき》に冷《ひ》えて火山《かざん》ガスのあわが入《はい》り、すき間《ま》をつくって固《かた》まったもの。灰色《はいいろ》や白色《しろいろ》で、水《みず》に浮《う》くほど軽《かる》い。

〈富士山《ふじさん》／静岡県《しずおかけん》・山梨県《やまなしけん》〉

●スコリア

黒色《くろいろ》や茶色《ちゃいろ》をした、玄武岩《げんぶがん》や安山岩《あんざんがん》にあわが入《はい》ったもの。軽石《かるいし》よりも、すき間《ま》は少《すく》ない。

地下《ちか》でゆっくり冷《ひ》える深成岩《しんせいがん》

地下《ちか》のマグマだまりなどで、数《すう》百万年《ひゃくまんねん》という長《なが》い時間《じかん》をかけてゆっくりと固《かた》まるので、1つ1つの鉱物《こうぶつ》の結晶《けっしょう》は大《おお》きく、同《おな》じくらいの大《おお》きさになる。地殻《ちかく》の変動《へんどう》で地中《ちちゅう》から地《ち》表《ひょう》に現《あらわ》れることがある。

花《か》こう岩《がん》の顕微鏡写真《けんびきょうしゃしん》

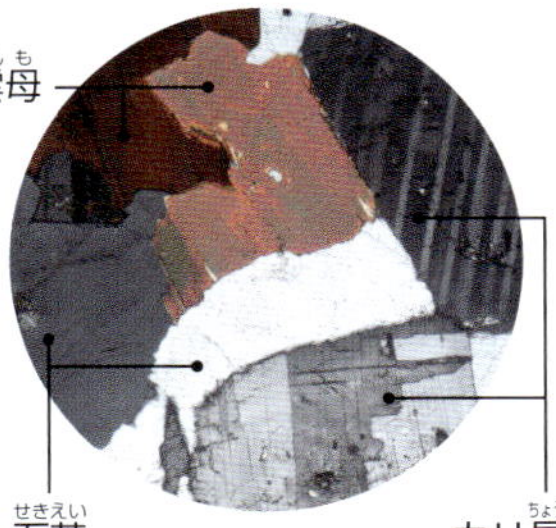
黒雲母《くろうんも》
石英《せきえい》
カリ長石《ちょうせき》

●せん緑岩《りょくがん》

安山岩《あんざんがん》と同《おな》じ成分《せいぶん》のマグマからできていて、ゆっくり冷《ひ》えるとせん緑岩《りょくがん》になる。おもに斜長石《しゃちょうせき》や角《かく》せん石《せき》などでできている。写真《しゃしん》は石英《せきえい》をふくむ石英《せきえい》せん緑岩《りょくがん》。

〈山梨県大月市《やまなしけんおおつきし》〉

●かんらん岩《がん》

地殻《ちかく》の下《した》の上部《じょうぶ》マントルをおもにつくる岩石《がんせき》で、かんらん石《せき》や輝石《きせき》でできている。

〈アルゼンチン・サンタクルーズ州《しゅう》〉

花《か》こう岩《がん》は「御影石《みかげいし》」という石材名《せきざいめい》で、建物《たてもの》の外《がい》装《そう》や墓石《ぼせき》などに広《ひろ》く使《つか》われる。1936年《ねん》につくられた国会議事堂《こっかいぎじどう》の外壁《がいへき》には、山口県周南市《やまぐちけんしゅうなんし》黒髪島《くろかみじま》の白《しろ》い花《か》こう岩《がん》と、広島県呉市《ひろしまけんくれし》倉橋島《くらはしじま》のピンク色《いろ》の花《か》こう岩《がん》が使《つか》われている。

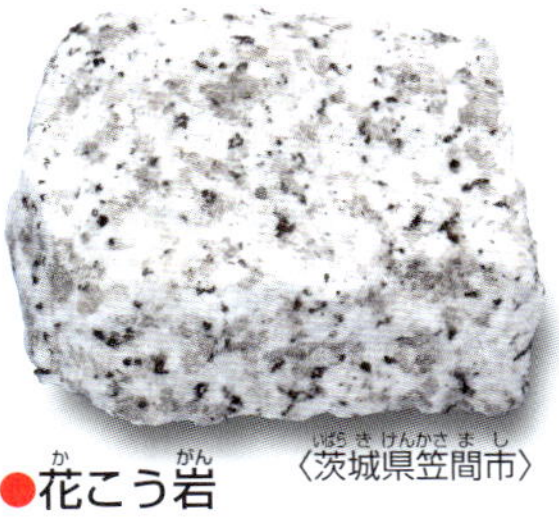
〈茨城県笠間市《いばらきけんかさまし》〉

●花《か》こう岩《がん》

おもに石英《せきえい》、斜長石《しゃちょうせき》、カリ長石《ちょうせき》、黒雲母《くろうんも》などがふくまれ、流紋岩《りゅうもんがん》と同《おな》じ成分《せいぶん》のマグマからできている。大陸地殻《たいりくちかく》をつくる岩石《がんせき》として最《もっと》もふつうに見《み》られる。写真《しゃしん》は黒雲母《くろうんも》花《か》こう岩《がん》。

〈福島県田村市《ふくしまけんたむらし》〉

●斑《はん》れい岩《がん》

玄武岩《げんぶがん》と同《おな》じ成分《せいぶん》のマグマからできていて、ゆっくり冷《ひ》えると斑《はん》れい岩《がん》になる。写真《しゃしん》は角《かく》せん石《せき》と斜《しゃ》長石《ちょうせき》からできている角《かく》せん石斑《せきはん》れい岩《がん》で、日本《にほん》では多《おお》く見《み》られる。

斑《はん》れい岩《がん》やせん緑岩《りょくがん》など、色《いろ》のこい深成岩《しんせいがん》は「黒御影石《くろみかげいし》」とよばれ、石材《せきざい》として利用《りよう》される。石焼《いしや》きビビンバに使《つか》われる石《いし》の器《うつわ》にも、斑《はん》れい岩《がん》などが使《つか》われている。

安山岩《あんざんがん》は、南《みなみ》アメリカのアンデス山脈《さんみゃく》でもよく見《み》られる。「安山《あんざん》」という名前《なまえ》は「アンデス山脈《さんみゃく》」から名《な》づけられた。

岩石の種類➡154

岩石《がんせき》は姿《すがた》を変《か》えて生《う》まれ変《か》わる

岩石《がんせき》のでき方《かた》　岩石《がんせき》には、マグマが固《かた》まった「火成岩《かせいがん》」のほかに、砂《すな》やどろなどが積《つ》もってできた「堆《たい》積岩《せきがん》」と、火成岩《かせいがん》や堆積岩《たいせきがん》に熱《ねつ》や圧力《あつりょく》が加《くわ》わってできる「変成岩《へんせいがん》」があります。

けずられたり積《つ》もったり 熱《ねつ》が加《くわ》わったりして変化《へんか》する

　地表《ちひょう》にできた岩石《がんせき》は、雨《あめ》でとかされたり、風《かぜ》や川《かわ》の流《なが》れでけずられて砂《すな》やどろなどになったりして、長《なが》い年月《ねんげつ》のあいだに姿《すがた》を変《か》えていく。砂《すな》やどろが積《つ》み重《かさ》なって固《かた》まったり、熱《ねつ》や圧力《あつりょく》が加《くわ》わったりすると、別《べつ》の性質《せいしつ》をもった岩石《がんせき》が生《う》み出《だ》される。

●コヨーテビュート（アメリカ）
砂《すな》のつぶが固《かた》まってできた「砂岩《さがん》」の層《そう》が、雨《あめ》や風《かぜ》によってけずられて、波《なみ》のようなふしぎな地形《ちけい》をつくり出《だ》している。

岩石《がんせき》は地球《ちきゅう》をめぐる

　地殻《ちかく》はもともと「火成岩《かせいがん》」でできているが、風化《ふうか》（➡137）して、くだかれたものが低《ひく》いところにたまると「堆積岩《たいせきがん》」になる。また、火成岩《かせいがん》や堆積岩《たいせきがん》がプレートの動《うご》きで地下《ちか》に運《はこ》ばれると「変成岩《へんせいがん》」になり、一部《いちぶ》はとけてマグマになって、また火成岩《かせいがん》にもどる。こうして、岩石《がんせき》は姿《すがた》を変《か》えながら地球《ちきゅう》を循環《じゅんかん》している。

【岩石《がんせき》の循環《じゅんかん》】

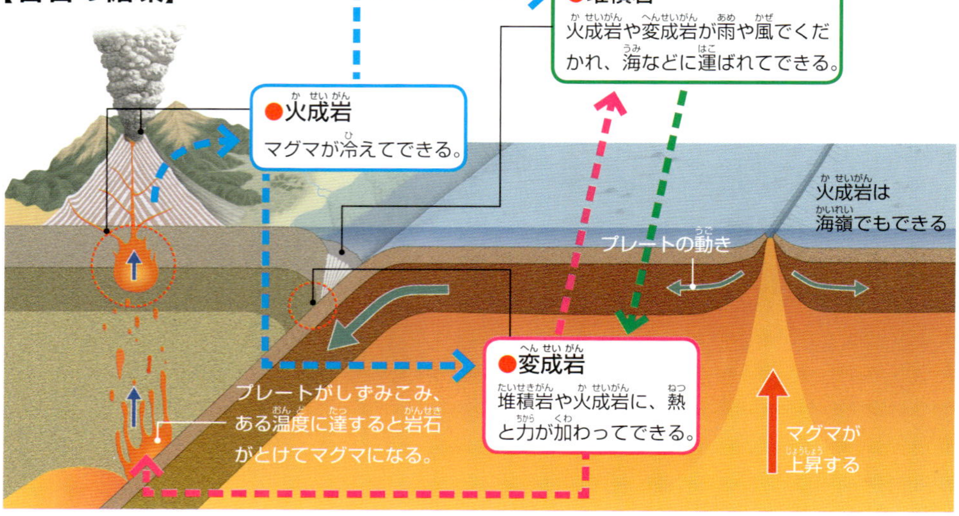
●堆積岩《たいせきがん》
火成岩《かせいがん》や変成岩《へんせいがん》が雨《あめ》や風《かぜ》でくだかれ、海《うみ》などに運《はこ》ばれてできる。
●火成岩《かせいがん》
マグマが冷《ひ》えてできる。
火成岩《かせいがん》は海嶺《かいれい》でもできる
プレートの動《うご》き
●変成岩《へんせいがん》
堆積岩《たいせきがん》や火成岩《かせいがん》に、熱《ねつ》と力《ちから》が加《くわ》わってできる。
プレートがしずみこみ、ある温度《おんど》に達《たっ》すると岩石《がんせき》がとけてマグマになる。
マグマが上昇《じょうしょう》する

隕石《いんせき》は地球《ちきゅう》の岩石《がんせき》とどこがちがう?

　宇宙《うちゅう》から落《お》ちてくる隕石《いんせき》には、鉄《てつ》でできた「隕鉄《いんてつ》」、岩石《がんせき》でできた「石《せき》質隕石《しついんせき》」、鉄《てつ》と石《いし》が混《ま》ざった「石鉄《せきてつ》隕石《いんせき》」があるが、ほとんどが石質隕《せきしついん》石《せき》だ。石質隕石《せきしついんせき》はかんらん石《せき》や輝石《きせき》でできていて、地球《ちきゅう》のかんらん岩《がん》に似《に》ているが、岩石《がんせき》にはない、コンドリュールという球形《きゅうけい》のつぶがふくまれるので区別《くべつ》できる。

コンドリュール

●ふつうコンドライト
石質隕石《せきしついんせき》の一種《いっしゅ》で、最《もっと》もふつうに見《み》られる隕石《いんせき》。

『小学館《しょうがくかん》の図鑑《ずかん》NEO《ネオ》　岩石《がんせき》・鉱物《こうぶつ》・化石《かせき》』: 小学館《しょうがくかん》

どろや砂《すな》が積《つ》もってできる堆積岩《たいせきがん》

岩石《がんせき》は、風化《ふうか》や侵食《しんしょく》（➡137）で少《すこ》しずつけずられて、れき（石《いし》）、砂《すな》、どろになる。岩石《がんせき》のつぶや生物《せいぶつ》の死《し》がいなどが積《つ》もり、長《なが》い年月《ねんげつ》をかけておし固《かた》められることで「堆積岩《たいせきがん》」がつくられる。

【水《みず》のはたらきでできる】

長《なが》い時間《じかん》をかけて雨水《あまみず》がしみこむことで、岩石《がんせき》がこわれて細《こま》かいつぶになり、海《うみ》の底《そこ》などにふり積《つ》もって固《かた》まる。

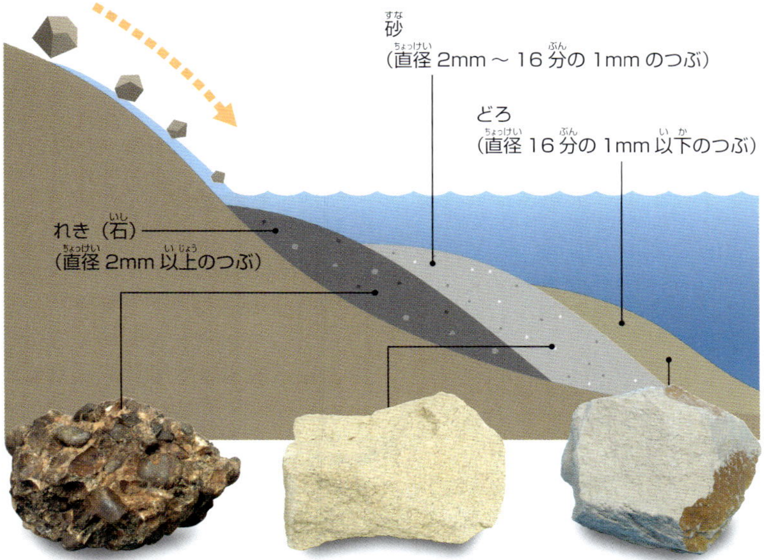
砂《すな》
（直径《ちょっけい》2mm～16分《ぶん》の1mmのつぶ）
どろ
（直径《ちょっけい》16分《ぶん》の1mm以下《いか》のつぶ）
れき（石《いし》）
（直径《ちょっけい》2mm以上《いじょう》のつぶ）

●れき岩《がん》　〈山梨県大月市《やまなしけんおおつきし》〉

れきが、どろや砂《すな》で固《かた》められてできる。海岸《かいがん》の岩場《いわば》や河口《かこう》などに多《おお》く見《み》られる。

●砂岩《さがん》　〈千葉県銚子市《ちばけんちょうしし》〉

浅《あさ》い海《うみ》の底《そこ》などに積《つ》もった砂《すな》が固《かた》まってできる。表面《ひょうめん》はざらざらしている。化石《かせき》がふくまれていることもある。

●泥岩《でいがん》　〈福島県《ふくしまけん》いわき市《し》〉

流《なが》れのない静《しず》かな海底《かいてい》や湖《みずうみ》の底《そこ》などにどろが積《つ》もってできる。つぶが細《こま》かく、表面《ひょうめん》はなめらかだ。

【生物《せいぶつ》がつくる】

貝《かい》やサンゴなど、石灰質《せっかいしつ》（炭酸《たんさん》カルシウム）の殻《から》をもつ海《うみ》の生物《せいぶつ》が死《し》ぬと、それが集《あつ》まって固《かた》まり、岩石《がんせき》になる。

〈東京都青梅市《とうきょうとおうめし》〉

●石灰岩《せっかいがん》

古生代《こせいだい》に栄《さか》えた殻《から》をもつ原始的《げんしてき》な生物《せいぶつ》や、貝《かい》、サンゴなどが海底《かいてい》にふり積《つ》もってできた。

建築《けんちく》や土木工事《どぼくこうじ》などに使《つか》われるセメントのおもな原料《げんりょう》は石灰岩《せっかいがん》で、粘土《ねんど》などを混《ま》ぜてつくられる。

〈岡山県井原市《おかやまけんいばらし》〉

●チャート

放散虫《ほうさんちゅう》というプランクトンのなかまやカイメンなど、二酸化《にさんか》ケイ素《そ》という成分《せいぶん》をもつ生物《せいぶつ》の死《し》がいからできた。とてもかたい。

地下《ちか》の圧力《あつりょく》や熱《ねつ》で変化《へんか》する変成岩《へんせいがん》

火成岩《かせいがん》や堆積岩《たいせきがん》に、マグマの熱《ねつ》や地下深《ちかふか》くの高《たか》い圧力《あつりょく》が加《くわ》わると、岩石《がんせき》の鉱物《こうぶつ》の性質《せいしつ》が変化《へんか》して、新《あら》たな鉱物《こうぶつ》が誕生《たんじょう》する。それによってできるのが「変成岩《へんせいがん》」だ。

●接触変成岩《せっしょくへんせいがん》ができるところ

マグマから伝《つた》えられる熱《ねつ》で、周辺《しゅうへん》の堆積岩《たいせきがん》など変化《へんか》する。マグマだまりの周辺《しゅうへん》では、圧力《あつりょく》も加《くわ》わる。

●広域変成岩《こういきへんせいがん》ができるところ

プレートがしずみこむところでは、高《たか》い圧力《あつりょく》と熱《ねつ》が加《くわ》わって変化《へんか》する。

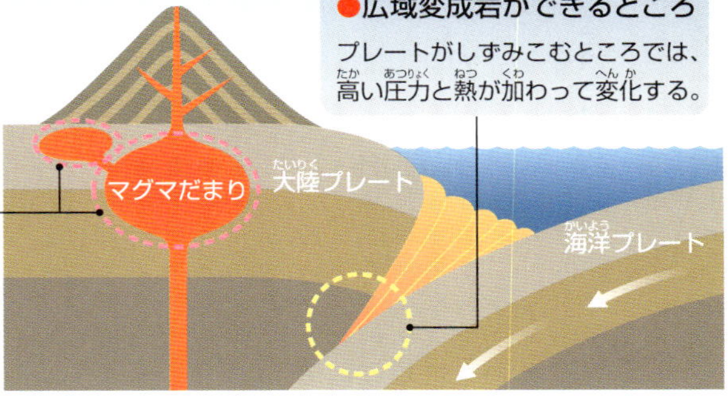
マグマだまり
大陸《たいりく》プレート
海洋《かいよう》プレート

【接触変成岩《せっしょくへんせいがん》】

マグマが地表《ちひょう》に上《あ》がってくる場所《ばしょ》の周辺《しゅうへん》で、高温《こうおん》のマグマの熱《ねつ》にふれることで変化《へんか》した岩石《がんせき》を「接触変成岩《せっしょくへんせいがん》」という。

〈群馬県前橋市《ぐんまけんまえばしし》〉

●ホルンフェルス

おもに泥岩《でいがん》や砂岩《さがん》、チャートなどの堆積岩《たいせきがん》が熱《ねつ》によって変化《へんか》してできる。もとの岩石《がんせき》よりもかたくなる。

結晶質石灰岩《けっしょうしつせっかいがん》は「大理石《だいりせき》」ともよばれ、建物《たてもの》のゆかや柱《はしら》などに使《つか》われる。「ミロのビーナス」などの彫刻《ちょうこく》も大理石《だいりせき》でつくられている。

〈茨城県常陸太田市《いばらきけんひたちおおたし》〉

●結晶質石灰岩《けっしょうしつせっかいがん》

石灰岩《せっかいがん》が熱《ねつ》せられると、きらきら光《ひか》る方解石《ほうかいせき》という鉱物《こうぶつ》の集合体《しゅうごうたい》に変化《へんか》する。

【広域変成岩《こういきへんせいがん》】

プレートの境界《きょうかい》などで、地表《ちひょう》にあった岩石《がんせき》が地下《ちか》に持《も》ちこまれ、圧力《あつりょく》と熱《ねつ》によって変化《へんか》した岩石《がんせき》を「広域変成岩《こういきへんせいがん》」という。一定方向《いっていほうこう》に割《わ》れやすいという特《とく》ちょうがある。

〈埼玉県皆野町《さいたまけんみなのまち》〉

●緑泥石片岩《りょくでいせきへんがん》

おもに玄武岩《げんぶがん》（➡155）に熱《ねつ》と圧力《あつりょく》が加《くわ》わってできた。緑閃石《りょくせんせき》、緑泥石《りょくでいせき》など、緑色《みどりいろ》の鉱物《こうぶつ》がふくまれる。つやがあり、庭石《にわいし》などに使《つか》われる。

〈埼玉県皆野町《さいたまけんみなのまち》〉

●石墨片岩《せきぼくへんがん》

堆積岩《たいせきがん》の泥岩《でいがん》が変化《へんか》してできた岩石《がんせき》で、「石墨《せきぼく》」という炭素《たんそ》でできている鉱物《こうぶつ》が多《おお》くふくまれている。

長瀞岩《ながとろいわ》だたみ（埼玉県《さいたまけん》）

荒川上流《あらかわじょうりゅう》にある長瀞《ながとろ》では、「岩《いわ》だたみ」とよばれる石墨片岩《せきぼくへんがん》などの大《おお》きな岩《いわ》が、川岸《かわぎし》に広《ひろ》がっている。

生物《せいぶつ》からできる石灰岩《せっかいがん》には化石《かせき》がふくまれていることが多《おお》い。石灰岩《せっかいがん》が変化《へんか》してできる大理石《だいりせき》のゆかや壁《かべ》でも化石《かせき》を見《み》つけることができる。

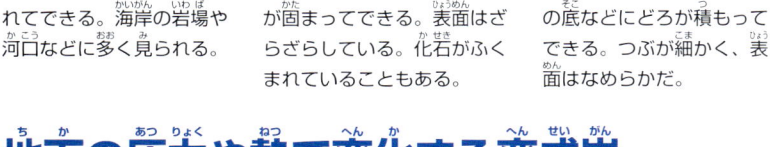

化石《かせき》は大昔《おおむかし》からのメッセージ

地層《ちそう》と化石《かせき》　地層《ちそう》は、どろや砂《すな》などが長《なが》い年月《ねんげつ》をかけて積《つ》み重《かさ》なったものです。地層《ちそう》の中《なか》には、その層《そう》が積《つ》もった時代《じだい》の化石《かせき》がふくまれることがあります。

地層《ちそう》は地球《ちきゅう》の歴史《れきし》を記録《きろく》する

大地《だいち》がけずられたときに出《で》るどろや砂《すな》は、水《みず》の流《なが》れで運《はこ》ばれて水《みず》の底《そこ》に積《つ》もり、長《なが》い年月《ねんげつ》をかけて固《かた》められて１つの層《そう》になる。それが、何千年《なんぜんねん》～何億年《なんおくねん》もの時間《じかん》をかけてゆっくりと重《かさ》なってしま模様《もよう》ができる。海《うみ》や湖《みずうみ》でできた地層《ちそう》は、地殻変動《ちかくへんどう》などでもち上《あ》げられて陸《りく》に現《あらわ》れる（➡137）。

流《なが》れの激《はげ》しいコロラド川《がわ》が大地《だいち》をけずって、今《いま》のような深《ふか》い谷《たに》ができた。

●グランド・キャニオン（アメリカ）

アメリカ西部《せいぶ》にあるグランド・キャニオンは、最《もっと》も深《ふか》いところで約《やく》1700 mもある谷《たに》だ。ここでは、約《やく》18億年前《おくねんまえ》から2億《おく》5000万《まん》年前《ねんまえ》までの地層《ちそう》を見《み》ることができる。

谷《たに》の真《ま》ん中《なか》あたり、約《やく》5億年前《おくねんまえ》の地層《ちそう》からは、三葉虫《さんようちゅう》の化石《かせき》が見《み》つかっている。このことから、グランド・キャニオンが大昔《おおむかし》は海《うみ》だったことがわかる。

積《つ》み重《かさ》なってしま模様《もよう》になる

多《おお》くの地層《ちそう》は石《いし》、砂《すな》、どろなどが積《つ》もってできている。層《そう》ごとにふくまれている岩石《がんせき》のつぶの大《おお》きさや種類《しゅるい》がちがうため、積《つ》み重《かさ》なりがしま模様《もよう》に見《み》える。基本的《きほんてき》に、地層《ちそう》は下《した》のものほど古《ふる》く、上《うえ》は新《あたら》しい年代《ねんだい》のものだ。

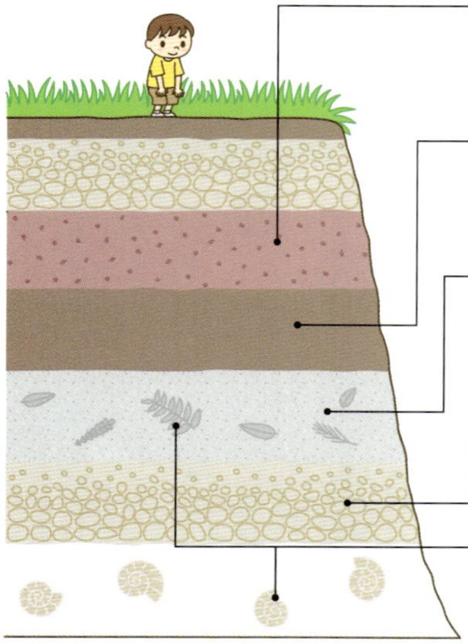

●火山灰《かざんばい》

火山灰《かざんばい》の層《そう》を調《しら》べれば、噴火《ふんか》が起《お》こった年代《ねんだい》などがわかる。

●どろ

砂《すな》よりも、さらに細《こま》かくなった岩石《がんせき》のつぶ。

●砂《すな》

風《かぜ》や水《みず》でけずられた岩石《がんせき》が、水《みず》などでさらに細《こま》かくけずられたもの。

●れき（小石《こいし》）

丸《まる》い石《いし》が多《おお》く、川《かわ》の流《なが》れなどでけずられ、角《かど》が取《と》れたと考《かんが》えられる。

●化石《かせき》

生《い》きものの死《し》がいや貝《かい》がら、木《こ》の葉《は》などがうもれ、固《かた》まって岩石《がんせき》になった。

大昔《おおむかし》の環境《かんきょう》や年代《ねんだい》の目安《めやす》になる化石《かせき》

地層《ちそう》の中《なか》にふくまれている化石《かせき》を調《しら》べれば、その地《ち》層《そう》ができた時代《じだい》のようすがわかる。たとえば、アンモナイトや魚《さかな》、貝《かい》などの化石《かせき》があれば、年代《ねんだい》や、当時《とうじ》、海《うみ》だったのか湖《みずうみ》だったのかなどがつきとめられる。

●示準化石《しじゅんかせき》

年代《ねんだい》の目安《めやす》になる化石《かせき》。古生代《こせいだい》の三《さん》葉虫《ようちゅう》、中生代《ちゅうせいだい》のアンモナイト、新生《しんせい》代《だい》のナウマンゾウなどが代表的《だいひょうてき》だ。

アンモナイトの化石《かせき》

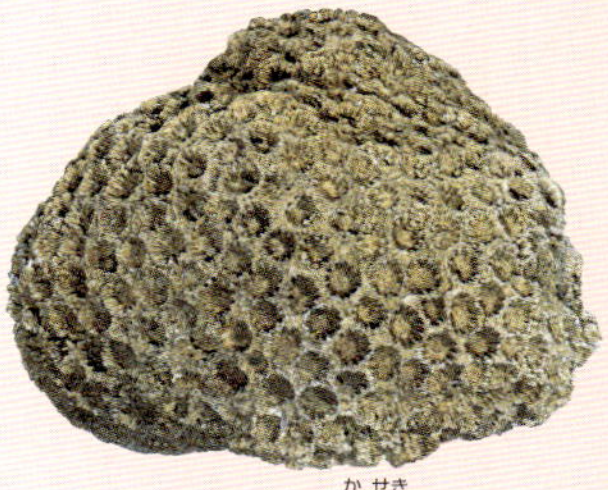

サンゴの化石《かせき》

●示相化石《しそうかせき》

環境《かんきょう》の手《て》がかりとなる化石《かせき》。たとえばサンゴの化石《かせき》が見《み》つかれば、その地層《ちそう》は温《あたた》かくて浅《あさ》い海《うみ》だったことがわかる。

📖『地層《ちそう》の大研究《だいけんきゅう》』：ポプラ社《しゃ》

＊永久凍土《えいきゅうとうど》…一年中凍結《いちねんじゅうとうけつ》している土壌《どじょう》。シベリア、カナダ、グリーンランドなどにある。

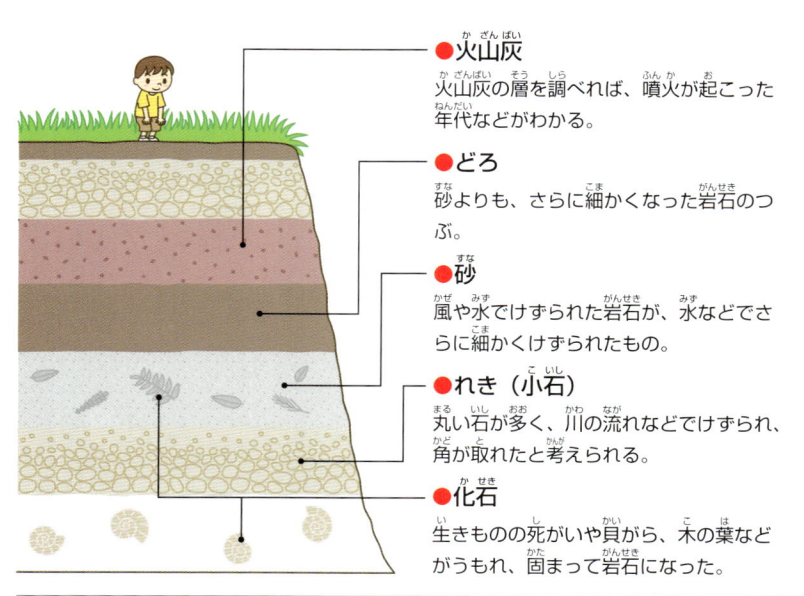

化石《かせき》はこうしてできる

生《い》きものの死体《したい》は、長《なが》い年月《ねんげつ》をかけて分解《ぶんかい》され、骨《ほね》も残《のこ》らないことが多《おお》い。化石《かせき》ができるためにはいくつかの条件《じょうけん》が必要《ひつよう》なので、化石《かせき》として残《のこ》っているのは大昔《おおむかし》の生《い》きもののほんの一部《いちぶ》だけだ。体全体《からだぜんたい》が化石《かせき》として残《のこ》ることはとてもめずらしい。

❶生物《せいぶつ》が水中《すいちゅう》で死《し》んだり、死体《したい》が川《かわ》で運《はこ》ばれたりして、海《うみ》や湖《みずうみ》の底《そこ》にしずむ。

❷肉《にく》や内臓《ないぞう》などのやわらかい部分《ぶぶん》は、ほかの生物《せいぶつ》に食《た》べられたり、微生物《びせいぶつ》に分解《ぶんかい》されたりして、骨《ほね》や歯《は》などかたい部分《ぶぶん》が残《のこ》る。

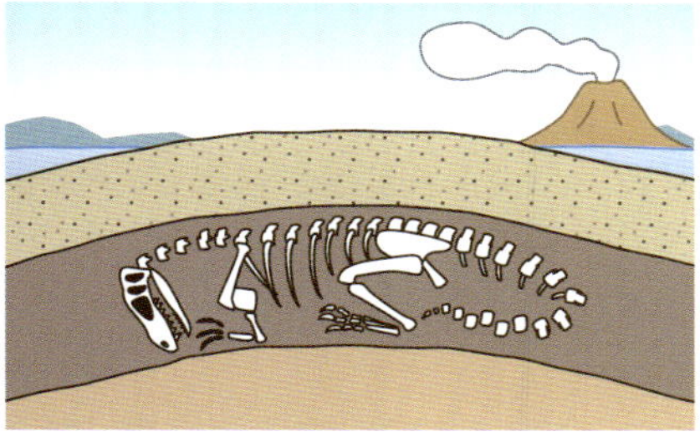

❸残《のこ》った骨《ほね》や歯《は》の上《うえ》に土砂《どしゃ》が積《つ》もる。残《のこ》った部分《ぶぶん》に、土《つち》の中《なか》の鉱物《こうぶつ》の成分《せいぶん》が長《なが》い時間《じかん》をかけてしみこむ。

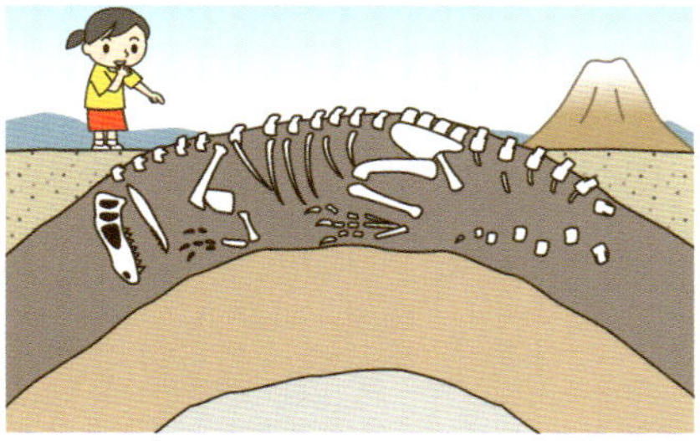

❹地殻変動《ちかくへんどう》などで地層《ちそう》がもり上《あ》がって地上《ちじょう》に現《あらわ》れる。地面《じめん》が雨《あめ》や風《かぜ》でけずられると、化石《かせき》が地表《ちひょう》に出《で》てきて発見《はっけん》される。

●アルバータ州立恐竜公園《しゅうりつきょうりゅうこうえん》（カナダ）

約《やく》7500万年《まんねん》の地層《ちそう》がむき出《だ》しになっていて、アルバートサウルスをはじめ約《やく》40種《しゅ》の恐竜《きょうりゅう》の化石《かせき》が発見《はっけん》されている。

貝塚《かいづか》の貝《かい》がらは化石《かせき》!?

大昔《おおむかし》の地層《ちそう》からは、アサリやハマグリ、シジミなど、今《いま》もふつうに見《み》られる貝《かい》の化石《かせき》が見《み》つかることもある。しかし、同《おな》じ貝《かい》がらでも、古代《こだい》の人間《にんげん》が食《た》べて捨《す》てた貝塚《かいづか》から出《で》てくる貝《かい》がらのように、人《ひと》の手《て》がかかわってうめられたものについては、化石《かせき》とはいわない。

加曽利貝塚《かそりかいづか》（千葉県《ちばけん》）。貝《かい》がらから、5000〜4000年《ねん》前《まえ》の縄文人《じょうもんじん》の生活《せいかつ》や自然環境《しぜんかんきょう》をうかがうことができる。

いろいろな化石《かせき》がある

骨《ほね》や歯《は》、貝《かい》がらなどのかたい部分《ぶぶん》は化石《かせき》として残《のこ》りやすい。化石《かせき》というと石《いし》のようにかたいものだと思《おも》われがちだが、植物《しょくぶつ》の葉《は》、果実《かじつ》などや、永久凍土《えいきゅうとうど》(＊)から見《み》つかるマンモスも化石《かせき》だ。生物《せいぶつ》の体《からだ》からできる化石《かせき》を「体化石《たいかせき》」という。このほかに、足《あし》あとやふん、巣《す》などの化石《かせき》もあり、これは「生痕化石《せいこんかせき》」という。

【体化石《たいかせき》】

●マンモスの化石《かせき》

推定生後《すいていせいご》1か月《げつ》のマンモスの子《こ》どもの化石《かせき》。2007年《ねん》にシベリアの永久凍土《えいきゅうとうど》の中《なか》から、生《い》きていたときのような姿《すがた》で発見《はっけん》され、皮《ひ》ふや内臓《ないぞう》まで残《のこ》っていた。

●アーケオプテリクス（始祖鳥《しそちょう》）の化石《かせき》

中生代《ちゅうせいだい》ジュラ紀《き》に生《い》きていた初期《しょき》の鳥類《ちょうるい》（➡85）。全長約《ぜんちょうやく》40cm。写真《しゃしん》の化石《かせき》はかぎづめやつばさなど、全身《ぜんしん》のようすがわかる。

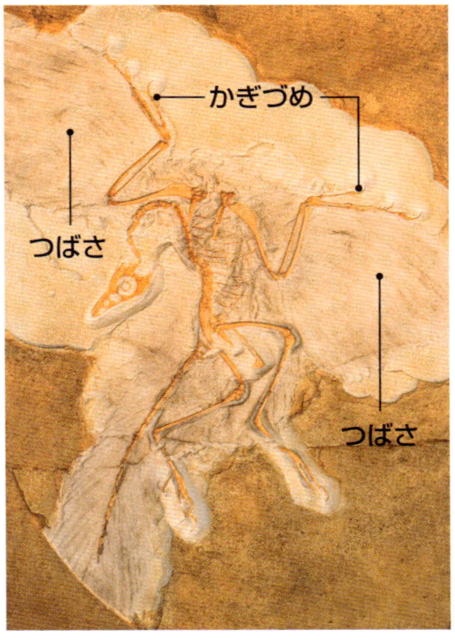

●琥珀《こはく》

木《き》の樹液《じゅえき》が固《かた》まった化石《かせき》を琥珀《こはく》という。琥珀《こはく》の中《なか》には、昆虫《こんちゅう》や葉《は》が閉《と》じこめられていることがある。

【生痕化石《せいこんかせき》】

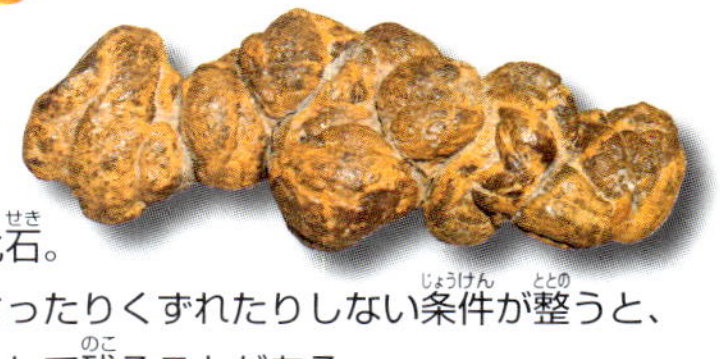

●ふん

草食恐竜《そうしょくきょうりゅう》のふんの化石《かせき》。

乾燥《かんそう》するなど、くさったりくずれたりしない条件《じょうけん》が整《ととの》うと、ふんもかたい化石《かせき》として残《のこ》ることがある。

●巣《す》と卵《たまご》

恐竜《きょうりゅう》の巣《す》の化石《かせき》。卵《たまご》がたくさん並《なら》んでいて、恐竜《きょうりゅう》の子育《こそだ》てのようすをさぐることができる。

アミノ酸《さん》やDNA《ディーエヌエー》など生《い》きもの由来《ゆらい》の有機物《ゆうきぶつ》が化石《かせき》になることもある。目《め》に見《み》えるものではないが、生命《せいめい》の進化《しんか》や起源《きげん》をさぐる手《て》がかりとなる。

石油《せきゆ》や石炭《せきたん》も化石《かせき》の一種《いっしゅ》

化石燃料《かせきねんりょう》　石油《せきゆ》、石炭《せきたん》、天然《てんねん》ガスは、大昔《おおむかし》の生物《せいぶつ》の死《し》がいがもとになってできたと考《かんが》えられています。そのため、これらの資源《しげん》は「化石燃料《かせきねんりょう》」とよばれています。

数億年《すうおくねん》の年月《ねんげつ》をかけてエネルギー資源《しげん》になった

　化石燃料《かせきねんりょう》は、地球《ちきゅう》が数億年《すうおくねん》～数千万年《すうせんまんねん》の時間《じかん》をかけてつくり上《あ》げた大切《たいせつ》な資源《しげん》だ。現在《げんざい》、世界《せかい》の国《くに》ぐにで、毎日大量《まいにちたいりょう》の化石燃料《かせきねんりょう》が消費《しょうひ》されているが、長《なが》い時間《じかん》をかけてできる化石燃料《かせきねんりょう》には限《かぎ》りがあり、近《ちか》い将来《しょうらい》、使《つか》い果《は》たしてしまうのではないかといわれている。

●原油《げんゆ》
石油《せきゆ》は、黒《くろ》くてドロドロした液体《えきたい》の状態《じょうたい》で地中《ちちゅう》にうまっている。これを原油《げんゆ》という。

地中深《ちちゅうふか》くまで井戸《いど》を掘《ほ》ってパイプを通《とお》し、ポンプで原油《げんゆ》をくみ上《あ》げる。

●油田《ゆでん》
地下《ちか》に大量《たいりょう》の原油《げんゆ》があり、掘《ほ》り出《だ》している場所《ばしょ》を「油田《ゆでん》」という。写真《しゃしん》はサウジアラビア南東部《なんとうぶ》の砂漠地帯《さばくちたい》にあるシェイバ油田《ゆでん》。

石油《せきゆ》やガスは生《い》きものからできる

　多《おお》くの石油《せきゆ》や天然《てんねん》ガスの起源《きげん》は、今《いま》から約《やく》２億年前《おくねんまえ》の中生代《ちゅうせいだい》のジュラ紀《き》から 6600 万年前《まんねんまえ》の白亜紀《はくあき》ごろだと考《かんが》えられている。海《うみ》や湖《みずうみ》にすむ生物《せいぶつ》の死《し》がいが水《みず》の底《そこ》にしずんで土砂《どしゃ》にうもれたところに、熱《ねつ》や圧力《あつりょく》などの力《ちから》が加《くわ》わって成分《せいぶん》が変化《へんか》して、石油《せきゆ》やガスになる。

【石油《せきゆ》や天然《てんねん》ガスができるまで】

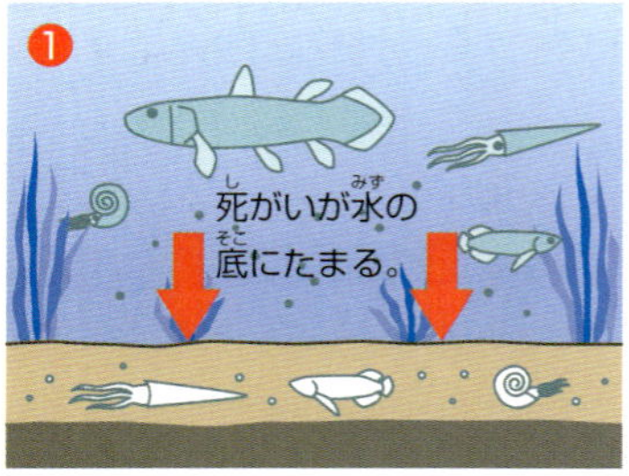
1
死《し》がいが水《みず》の底《そこ》にたまる。

海《うみ》や湖《みずうみ》にいたプランクトンや藻類《そうるい》、それらを食《た》べていた生物《せいぶつ》の死《し》がいが、水《みず》の底《そこ》にしずむ。

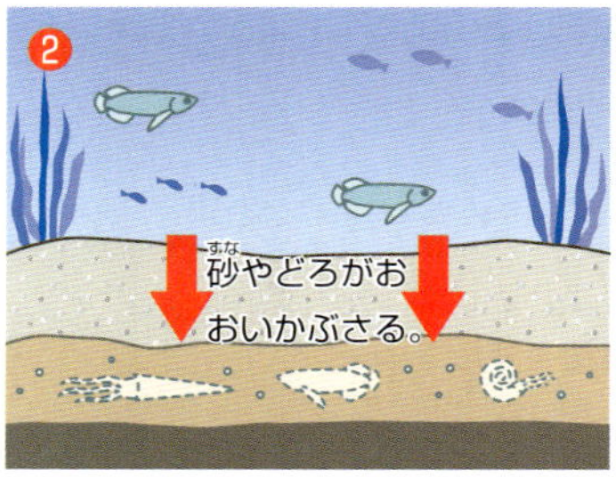
2
砂《すな》やどろがおおいかぶさる。

砂《すな》やどろがおおいかぶさってうもれ、死《し》がいが石油《せきゆ》やガスのもとになる成分《せいぶん》をふくんだ泥岩《でいがん》(➡157)の層《そう》になる。

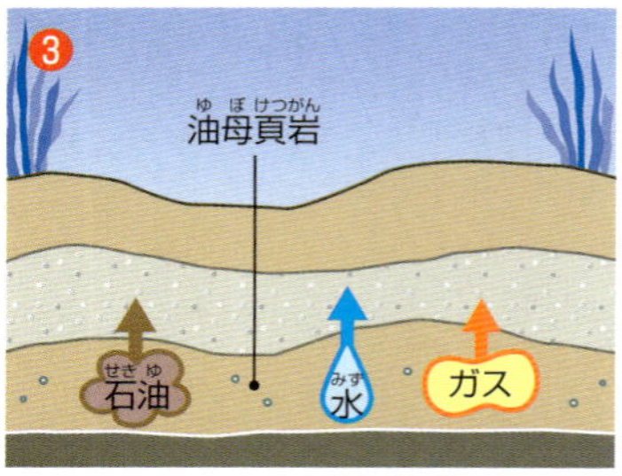
3
油母頁岩《ゆぼけつがん》
石油《せきゆ》
水《みず》
ガス

圧力《あつりょく》や地球内部《ちきゅうないぶ》の熱《ねつ》の作用《さよう》によって、泥岩《でいがん》の中《なか》の成分《せいぶん》が、石油《せきゆ》や天然《てんねん》ガスに変化《へんか》し、地下《ちか》の上《うえ》の層《そう》に移動《いどう》する。

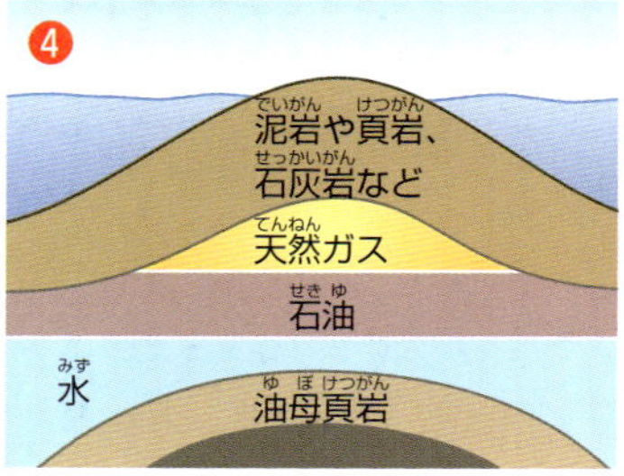
4
泥岩《でいがん》や頁岩《けつがん》、
石灰岩《せっかいがん》など
天然《てんねん》ガス
石油《せきゆ》
水《みず》
油母頁岩《ゆぼけつがん》

地層《ちそう》がしゅう曲《きょく》(➡136)したところなどに集《あつ》まり、かたい層《そう》の下《した》に石油《せきゆ》やガスがたまっていく。

岩《いわ》からじかにガスや石油《せきゆ》がとれる

　石油《せきゆ》や天然《てんねん》ガスの成分《せいぶん》をふくむ板状《いたじょう》の岩《いわ》を「油母頁岩《ゆぼけつがん》（オイルシェール）」という。ここから成分《せいぶん》がしみ出《だ》すことで石油《せきゆ》やガスの層《そう》ができるが、技術《ぎじゅつ》の発達《はったつ》でしみだす前《まえ》の頁岩《けつがん》からもとり出《だ》せるようになった。ここからとれたものをシェールオイル、シェールガス（➡215）という。

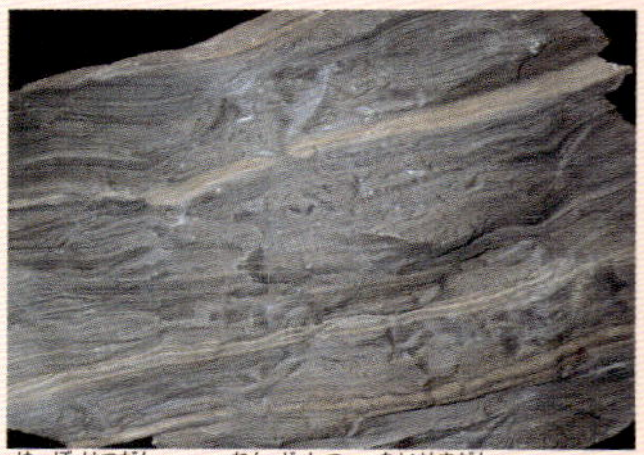

油母頁岩《ゆぼけつがん》は、粘土質《ねんどしつ》の堆積岩《たいせきがん》で、うすくてはがれやすい。

『ポプラディア情報館《じょうほうかん》　環境《かんきょう》』: ポプラ社《しゃ》

化石燃料《かせきねんりょう》がたくさんとれる場所《ばしょ》

世界《せかい》の化石燃料《かせきねんりょう》の量《りょう》（確認埋蔵量《かくにんまいぞうりょう》）を比《くら》べてみると、たくさんとれる地域《ちいき》にかたよりがあることがわかる。超大陸《ちょうたいりく》パンゲア（➡ 74、133）が存在《そんざい》していたころにあった、温《あたた》かくて浅《あさ》いテチス海《かい》で栄《さか》えた生物《せいぶつ》の死《し》がいが海底《かいてい》にたまって石油《せきゆ》や天然《てんねん》ガスのもとになり、その堆積物《たいせきぶつ》が大陸移動《たいりくいどう》で中東《ちゅうとう》やアメリカに移動《いどう》したためだと考《かんが》えられている。

【石油《せきゆ》、天然《てんねん》ガス、石炭《せきたん》のおもな産地《さんち》（埋蔵量《まいぞうりょう》の多《おお》い上位《じょうい》５か国《こく》）】

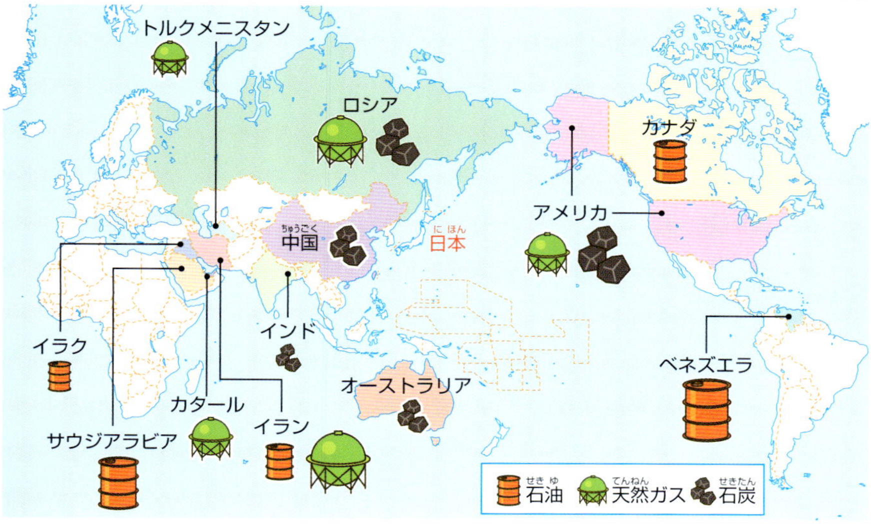

トルクメニスタン
ロシア
カナダ
アメリカ
中国《ちゅうごく》
日本《にほん》
イラク
インド
ベネズエラ
オーストラリア
カタール
イラン
サウジアラビア
石油《せきゆ》
天然《てんねん》ガス
石炭《せきたん》

日本《にほん》でも石油《せきゆ》がとれる

日本《にほん》で消費《しょうひ》される石油《せきゆ》のほとんどは中東《ちゅうとう》などから輸入《ゆにゅう》されているが、新潟県《にいがたけん》、秋田県《あきたけん》などの日本海沿岸《にほんかいえんがん》や、青森県《あおもりけん》、北海道《ほっかいどう》などには油田《ゆでん》があり、石油《せきゆ》がとれる。これらの地域《ちいき》は、「グリーンタフ」とよばれる2000万《まん》～1500万年《まんねん》前《まえ》の緑色《みどりいろ》の凝灰岩《ぎょうかいがん》の地層《ちそう》に沿《そ》って分布《ぶんぷ》している。油田《ゆでん》は明治時代以降《めいじじだいいこう》に開発《かいはつ》され、少量《しょうりょう》ではあるが今《いま》でも石油《せきゆ》をくみ上《あ》げている。

●岩船沖油《いわふねおきゆ》ガス田《でん》（新潟県《にいがたけん》）

胎内市《たいないし》の沖合《おきあい》にある日本最大級《にほんさいだいきゅう》の海洋油《かいようゆ》ガス田《でん》。原油《げんゆ》と天然《てんねん》ガスをくみ上《あ》げしている。

石炭《せきたん》は大昔《おおむかし》の植物《しょくぶつ》からできる

世界中《せかいじゅう》の多《おお》くの石炭《せきたん》の起源《きげん》は、今《いま》から3億《おく》5900万年《まんねん》～2億《おく》9900万年前《まんねんまえ》の石炭紀《せきたんき》とよばれるころだ。当時《とうじ》、地球上《ちきゅうじょう》に栄《さか》えていた巨大《きょだい》なシダの大木《たいぼく》などがたおれて、海《うみ》や湖《みずうみ》の底《そこ》などに積《つ》もり、くさらずに地層《ちそう》の中《なか》にたくわえられたことで、成分《せいぶん》が変化《へんか》して石炭《せきたん》になった（➡ 71）。石炭《せきたん》には、ふくまれる炭素《たんそ》の濃度《のうど》によって、泥炭《でいたん》、亜炭《あたん》、褐炭《かったん》、瀝青炭《れきせいたん》、無煙炭《むえんたん》などの種類《しゅるい》がある。

【石炭《せきたん》ができるまで】

シダなどの樹木《じゅもく》がたおれて、水《みず》の底《そこ》に折《お》り重《かさ》なってしずむ。

●石炭《せきたん》

古《ふる》くから燃料《ねんりょう》として使《つか》われてきた。炭素《たんそ》を多《おお》くふくむものほど色《いろ》が黒《くろ》くなる。写真左《しゃしんひだり》は褐炭《かったん》、右《みぎ》は無煙炭《むえんたん》。

土砂《どしゃ》が積《つ》み重《かさ》なり、熱《ねつ》や圧力《あつりょく》によっておし固《かた》められて、少《すこ》しずつ炭素《たんそ》が濃縮《のうしゅく》されて石炭《せきたん》になる。

石炭《せきたん》の層《そう》

長《なが》い年月《ねんげつ》をかけて、炭素《たんそ》をたくさんふくんだ石炭《せきたん》の層《そう》になる。

アスファルトは縄文時代《じょうもんじだい》の接着剤《せっちゃくざい》

道路《どうろ》の舗装《ほそう》に使《つか》われるアスファルトは、原《げん》油《ゆ》からつくる物質《ぶっしつ》だ。日本《にほん》では、縄文時代《じょうもんじだい》には矢《や》じりを棒《ぼう》の先《さき》にくっつけたり、欠《か》けた土《ど》偶《ぐう》を修理《しゅうり》したりするのに天然《てんねん》のアスファルトが接着剤《せっちゃくざい》として使《つか》われていた。

北海道函館市《ほっかいどうはこだてし》にある縄文時代《じょうもんじだい》の豊崎《とよさき》N《エヌ》遺跡《いせき》で見《み》つかった、土器《どき》に入《はい》ったアスファルトのかたまり。

函館市所蔵

石炭《せきたん》からガスをつくって発電《はつでん》する

石炭《せきたん》を直接燃《ちょくせつも》やすのではなく、石炭《せきたん》をガスに変《か》えて発電《はつでん》する技術《ぎじゅつ》が注目《ちゅうもく》されている。通常《つうじょう》の火力発電《かりょくはつでん》は、石炭《せきたん》を燃《も》やしてつくった蒸気《じょうき》でタービンを回転《かいてん》させるが、石炭《せきたん》ガスを使《つか》った場合《ばあい》は、ガスと蒸気《じょうき》の両方《りょうほう》の力《ちから》で2回発電《かいはつでん》させる。そのため、石炭《せきたん》を直接燃《ちょくせつも》やすよりも効率《こうりつ》よく発電《はつでん》でき、地球温暖化《ちきゅうおんだんか》の原因《げんいん》になる二酸化炭素《にさんかたんそ》の排出量《はいしゅつりょう》も減《へ》らすことができる。

【石炭《せきたん》ガス化複合発電《かふくごうはつでん》のしくみ】

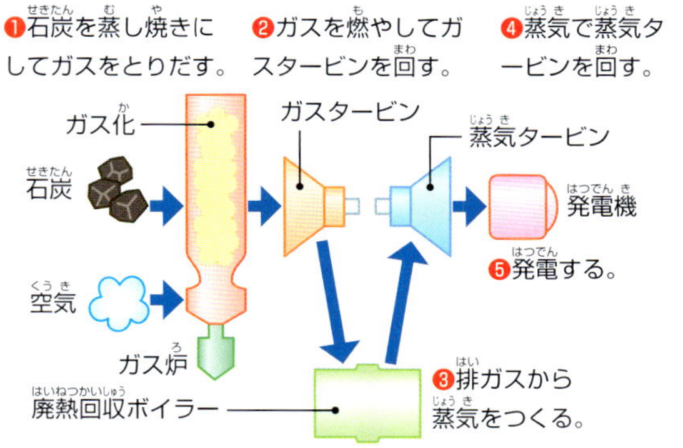

❶石炭《せきたん》を蒸《む》し焼《や》きにしてガスをとりだす。
❷ガスを燃《も》やしてガスタービンを回《まわ》す。
❹蒸気《じょうき》で蒸気《じょうき》タービンを回《まわ》す。
ガス化《か》
石炭《せきたん》
空気《くうき》
ガス炉《ろ》
ガスタービン
蒸気《じょうき》タービン
発電機《はつでんき》
❺発電《はつでん》する。
廃熱回収《はいねつかいしゅう》ボイラー
❸排《はい》ガスから蒸気《じょうき》をつくる。

日本《にほん》でとれる石炭《せきたん》の大半《たいはん》は、6000万《まん》～3000万年前《まんねんまえ》の新生代古第三紀《しんせいだいこだいさんき》のものだ。石炭紀《せきたんき》の地層《ちそう》は少《すく》ない（➡ 139）。

地球《ちきゅう》のいま

富士山《ふじさん》がつくった地形《ちけい》

第《だい》3章《しょう》で見《み》てきた地球《ちきゅう》の活動《かつどう》を、富士山周辺《ふじさんしゅうへん》の地形《ちけい》からくわしく見《み》てみましょう。
富士五湖《ふじごこ》や青木ヶ原樹海《あおきがはらじゅかい》なども、富士山《ふじさん》の噴火活動《ふんかかつどう》で生《う》まれたものです。

数十万年前《すうじゅうまんねんまえ》から噴火《ふんか》をくりかえしてできた

現在《げんざい》の富士山《ふじさん》のもとになった最初《さいしょ》の山《やま》、先小御岳火山《せんこみたけかざん》が数十万年前《すうじゅうまんねんまえ》にできてから、富士山《ふじさん》は何度《なんど》も噴火《ふんか》をくりかえしている。噴火《ふんか》のたびに溶岩《ようがん》や火山灰《かざんばい》（火砕物《かさいぶつ》）が積《つ》み重《かさ》なって、美《うつく》しい山《やま》の形《かたち》をつくり、まわりにさまざまな地形《ちけい》ができた。

【富士五湖《ふじごこ》】

富士山《ふじさん》の北側《きたがわ》にある、山中湖《やまなかこ》、河口湖《かわぐちこ》、西湖《さいこ》、精進湖《しょうじこ》、本栖湖《もとすこ》という５つの湖《みずうみ》。864年《ねん》の貞観大噴火《じょうがんだいふんか》のときに溶岩《ようがん》が流《なが》れこんだことで、現在《げんざい》の姿《すがた》になった。

青木ヶ原樹海《あおきがはらじゅかい》

●精進湖《しょうじこ》（山梨県《やまなしけん》）
もとは「せの海《うみ》」という湖《みずうみ》だったが、貞観大噴火《じょうがんだいふんか》で流《なが》れ出《で》た溶岩《ようがん》で、精進湖《しょうじこ》と西湖《さいこ》に分《わ》かれた。本栖湖《もとすこ》と精進湖《しょうじこ》、西湖《さいこ》は水面《すいめん》の高《たか》さが同《おな》じことから、地下《ちか》でつながっていると考《かんが》えられている。

【豊《ゆた》かなわき水《みず》】

富士山《ふじさん》に降《ふ》った雪《ゆき》や雨《あめ》は地中《ちちゅう》にしみこみ、地下水《ちかすい》となってふもとへ流《なが》れていく。富士山《ふじさん》の表面《ひょうめん》は、水《みず》がしみこみやすい層《そう》でおおわれているからだ（➡153）。そのため、富士山《ふじさん》にはほとんど川《かわ》がない。地下水《ちかすい》は、多《おお》くが標高《ひょうこう》600 m以下《いか》の低《ひく》い場所《ばしょ》でわき出《で》ている。

山梨県《やまなしけん》
河口湖《かわぐちこ》
西湖《さいこ》
精進湖《しょうじこ》
本栖湖《もとすこ》
船津胎内樹型《ふなつたいないじゅけい》
鳴沢氷穴《なるさわひょうけつ》
青木ヶ原樹海《あおきがはらじゅかい》
山中湖《やまなかこ》
1500m
神奈川県《かながわけん》
富士山《ふじさん》
白糸《しらいと》の滝《たき》
1000m
箱根山《はこねやま》
芦ノ湖《あしのこ》
富士川《ふじかわ》
愛鷹山《あしたかやま》
柿田川《かきたがわ》
静岡県《しずおかけん》
駿河湾《するがわん》
狩野川《かのがわ》

富士山《ふじさん》
柿田川《かきたがわ》

●柿田川《かきたがわ》（静岡県《しずおかけん》）
地下水《ちかすい》が標高《ひょうこう》17 mのふもとでわき出《で》た川《かわ》。全長約《ぜんちょうやく》1.2kmの短《みじか》い川《かわ》だが、1日《にち》に約《やく》100万《まん》トンもの地下水《ちかすい》がわき出《で》ているといわれる（➡175）。

●白糸《しらいと》の滝《たき》（静岡県《しずおかけん》）
高《たか》さ約《やく》20m、はば約《やく》200mにわたって糸《いと》をたらしたように見《み》える滝《たき》。川《かわ》のとちゅうにある滝《たき》ではなく、標高約《ひょうこうやく》500mにある地層《ちそう》の境目《さかいめ》から水《みず》が流《なが》れ落《お》ちている。

●青木ヶ原樹海《あおきがはらじゅかい》（山梨県《やまなしけん》）
標高約《ひょうこうやく》1000 mのふもとに広《ひろ》がる森林《しんりん》。貞観大噴火《じょうがんだいふんか》で流《なが》れ出《で》た溶岩《ようがん》は、もとの森《もり》を焼《や》きつくした。その溶岩《ようがん》の上《うえ》に、1000年以上《ねんいじょう》の時間《じかん》をかけて、さまざまな植物《しょくぶつ》が育《そだ》ち、新《あたら》しい原生林《げんせいりん》ができた。

【溶岩《ようがん》が流《なが》れたあと】

富士山《ふじさん》の周辺《しゅうへん》にはトンネルや穴《あな》がたくさんある。溶岩《ようがん》は表面《ひょうめん》から固《かた》まり、その中《なか》をまだ固《かた》まっていない溶岩《ようがん》が流《なが》れたり、ガスが閉《と》じこめられると空洞《くうどう》ができる。木《き》の形《かたち》に溶岩《ようがん》が固《かた》まってできた、溶岩樹《ようがんじゅ》型《けい》という穴《あな》も多《おお》く見《み》られる。

●船津胎内樹型《ふなつたいないじゅけい》（山梨県《やまなしけん》）
溶岩《ようがん》が大木《たいぼく》を飲《の》みこんで固《かた》まると、横《よこ》だおしになった木《き》は焼《や》けてなくなりトンネルができた。溶岩《ようがん》が流《なが》れたあとの模様《もよう》が、人《ひと》の肋骨《ろっこつ》のように見《み》える。

●鳴沢氷穴《なるさわひょうけつ》（山梨県《やまなしけん》）
溶岩《ようがん》が固《かた》まるとき、内部《ないぶ》の熱《あつ》い溶岩《ようがん》やガスがふき出《だ》して縦方向《たてほうこう》にも空洞《くうどう》ができた。天井《てんじょう》からしみ出《だ》した雪《ゆき》どけ水《みず》がこおって、大《おお》きな柱《はしら》ができる。

『子供《こども》の科学《かがく》★サイエンスブックス　まるごと観察《かんさつ》 富士山《ふじさん》』: 誠文堂新光社《せいぶんどうしんこうしゃ》

第《だい》4章《しょう》

地球《ちきゅう》のしくみ

〈気《き》象《しょう》海《かい》洋《よう》編《へん》〉

気流《きりゅう》や海流《かいりゅう》、さまざまな気象現象《きしょうげんしょう》などは、地球《ちきゅう》の表面《ひょうめん》で起《お》きている活動《かつどう》です。地球《ちきゅう》が太陽《たいよう》のエネルギーを受《う》けながら回《まわ》っていること、月《つき》という衛星《えいせい》があること、大気《たいき》と水《みず》におおわれていることなどで、目《め》まぐるしく変化《へんか》していきます。

アメリカ中部《ちゅうぶ》では、毎年約《まいとしやく》800個《こ》もの竜巻《たつまき》が発生《はっせい》し、巨大《きょだい》なものは直径《ちょっけい》 1kmをこえる。

気圧➡166

地球《ちきゅう》をとりまく気体《きたい》の層《そう》

地球《ちきゅう》の大気《たいき》　地球《ちきゅう》などの惑星《わくせい》をおおう気体《きたい》のことを「大気《たいき》」といい、大気《たいき》がある場所《ばしょ》を「大気圏《たいきけん》」といいます。地球上《ちきゅうじょう》に大気《たいき》がないと、生命《せいめい》は誕生《たんじょう》することもなかったでしょう。

大気《たいき》は生命《せいめい》を守《まも》っている

大気《たいき》は、地球《ちきゅう》に重力《じゅうりょく》があるおかげで宇宙空間《うちゅうくうかん》に散《ち》らばらずに、地球《ちきゅう》のまわりをおおっている。そして、生物《せいぶつ》にとって有害《ゆうがい》な紫外線《しがいせん》や高《こう》エネルギーの放射線《ほうしゃせん》「宇宙線《うちゅうせん》」などの、地上《ちじょう》に降《ふ》り注《そそ》ぐ量《りょう》を減《へ》らしている。また、地球《ちきゅう》から宇宙《うちゅう》へ熱《ねつ》がにげるのをおさえている。

4つの層《そう》でできている

大気《たいき》は4つの層《そう》に分《わ》けられていて、それぞれ気温《きおん》の変化《へんか》にちがいがある。いちばん下層《かそう》の「対流圏《たいりゅうけん》」では、高度《こうど》が上《あ》がるほど気温《きおん》が下《さ》がり、マイナス50℃くらいにまでなる。次《つぎ》の「成層圏《せいそうけん》」では、高度《こうど》が上《あ》がるほど気温《きおん》が上《あ》がり、「中間圏《ちゅうかんけん》」は下《さ》がっていく。「熱圏《ねつけん》」では上《あ》がっていき、2000℃にまでなる。大気圏《たいきけん》のさらに上空《じょうくう》には「外気圏《がいきけん》」とよばれる層《そう》がある。

大気《たいき》の層《そう》はうすい

大気圏《たいきけん》の厚《あつ》さはおよそ500kmで、空気《くうき》のほとんどがある対流圏《たいりゅうけん》は、11km前後《ぜんご》の厚《あつ》さだ。地球《ちきゅう》の赤道半径《せきどうはんけい》6378kmと比《くら》べれば、ほんのわずかでしかない。

●地球《ちきゅう》の断面図《だんめんず》

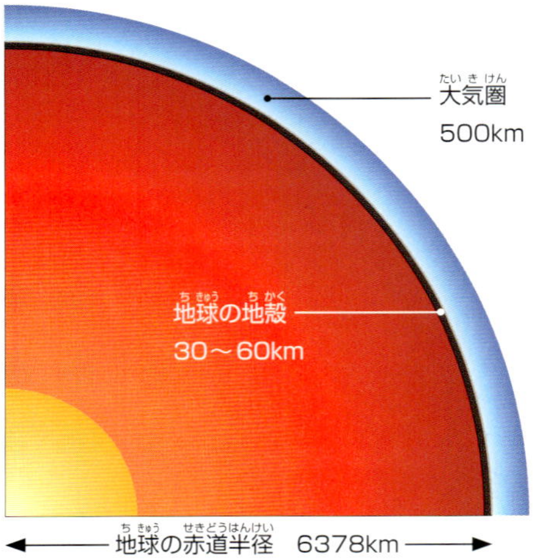
大気圏《たいきけん》
500km
地球《ちきゅう》の地殻《ちかく》
30～60km
地球《ちきゅう》の赤道半径《せきどうはんけい》　6378km

●外気圏《がいきけん》　500km以上《いじょう》

大気圏《たいきけん》の外《そと》。地球《ちきゅう》の重力《じゅうりょく》が弱《よわ》まり、気体《きたい》が宇宙空間《うちゅうくうかん》へ飛《と》び出《だ》してしまう。まったくの真空《しんくう》ではなく、とてもうすい大気《たいき》があるので、ここまでを大気圏《たいきけん》とする考《かんが》え方《かた》もある。

大気圏《たいきけん》

●熱圏《ねつけん》　80～500km

太陽《たいよう》からの電磁波《でんじは》などのために上空《じょうくう》にいくほど気温《きおん》は高《たか》く、数百《すうひゃく》～2000℃にもなる。

●中間圏《ちゅうかんけん》　50～80km

空気《くうき》の成分《せいぶん》が、対流圏《たいりゅうけん》の1万分《まんぶん》の1程度《ていど》しかない。上空《じょうくう》にいくほど気温《きおん》は低《ひく》くなり、マイナス80℃近《ちか》くまで下《さ》がる。

●成層圏《せいそうけん》　11～50km

オゾンという気体《きたい》が集《あつ》まる、オゾン層《そう》がある。これが紫外線《しがいせん》を吸収《きゅうしゅう》して大気《たいき》を暖《あたた》めるため、上空《じょうくう》ほど気温《きおん》が高《たか》くなる。上空《じょうくう》のほうが気温《きおん》が高《たか》いと、対流《たいりゅう》が起《お》こりにくいので、気象現象《きしょうげんしょう》は見《み》られない。

●対流圏《たいりゅうけん》　0～11km

太陽《たいよう》のエネルギーは、大気《たいき》よりも地表《ちひょう》に届《とど》いて吸収《きゅうしゅう》される量《りょう》のほうが多《おお》い。そのため地表近《ちひょうちか》くから暖《あたた》められ、上空《じょうくう》の冷《つめ》たい空気《くうき》と対流《たいりゅう》している。また水蒸気《すいじょうき》をふくんでいて、雲《くも》や雨《あめ》、雷《かみなり》などの気象現象《きしょうげんしょう》は、対流圏《たいりゅうけん》で起《お》こる。

NASA

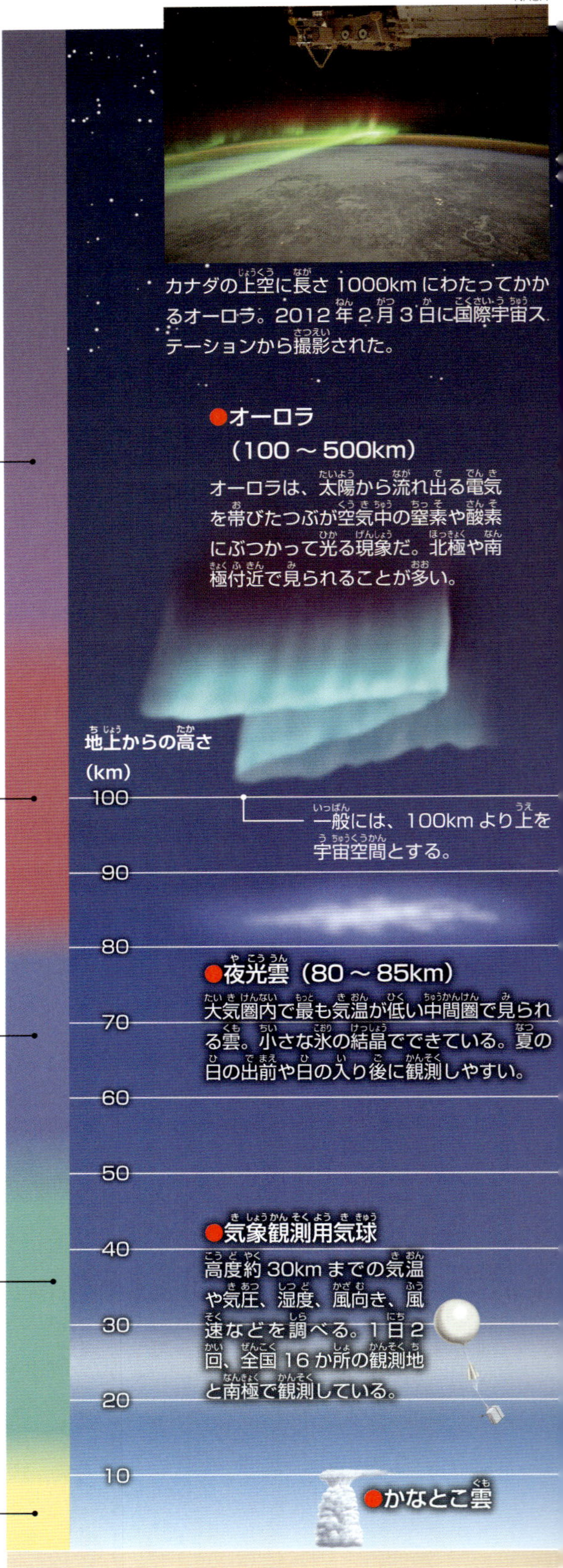
カナダの上空《じょうくう》に長《なが》さ1000kmにわたってかかるオーロラ。2012年《ねん》2月《がつ》3日《か》に国際宇宙《こくさいうちゅう》ステーションから撮影《さつえい》された。
●オーロラ
（100～500km）
オーロラは、太陽《たいよう》から流《なが》れ出《で》る電気《でんき》を帯《お》びたつぶが空気中《くうきちゅう》の窒素《ちっそ》や酸素《さんそ》にぶつかって光《ひか》る現象《げんしょう》だ。北極《ほっきょく》や南《なん》極付近《きょくふきん》で見《み》られることが多《おお》い。
地上《ちじょう》からの高《たか》さ
（km）
100
一般《いっぱん》には、100kmより上《うえ》を宇宙空間《うちゅうくうかん》とする。
90
80
●夜光雲《やこううん》（80～85km）
大気圏内《たいきけんない》で最《もっと》も気温《きおん》が低《ひく》い中間圏《ちゅうかんけん》で見《み》られる雲《くも》。小《ちい》さな氷《こおり》の結晶《けっしょう》でできている。夏《なつ》の日《ひ》の出前《でまえ》や日《ひ》の入《い》り後《ご》に観測《かんそく》しやすい。
70
60
50
●気象観測用気球《きしょうかんそくようききゅう》
40
高度約《こうどやく》30kmまでの気温《きおん》や気圧《きあつ》、湿度《しつど》、風向《かざむ》き、風速《ふうそく》などを調《しら》べる。1日《にち》2回《かい》、全国《ぜんこく》16か所《しょ》の観測地《かんそくち》と南極《なんきょく》で観測《かんそく》している。
30
20
10
●かなとこ雲《ぐも》

『こども大図鑑《だいずかん》　地球《ちきゅう》』：河出書房新社《かわでしょぼうしんしゃ》

【地球《ちきゅう》と宇宙《うちゅう》の境目《さかいめ》はどこ？】

地球《ちきゅう》からはなれるにしたがって、次第《しだい》に大気《たいき》はうすくなっていく。そのためここから宇宙《うちゅう》という高《こう》度《ど》は決《き》まっていない。一般《いっぱん》には、空気《くうき》の濃度《のうど》が低《ひく》くなる 100km より外側《そとがわ》が宇宙《うちゅう》とされている。

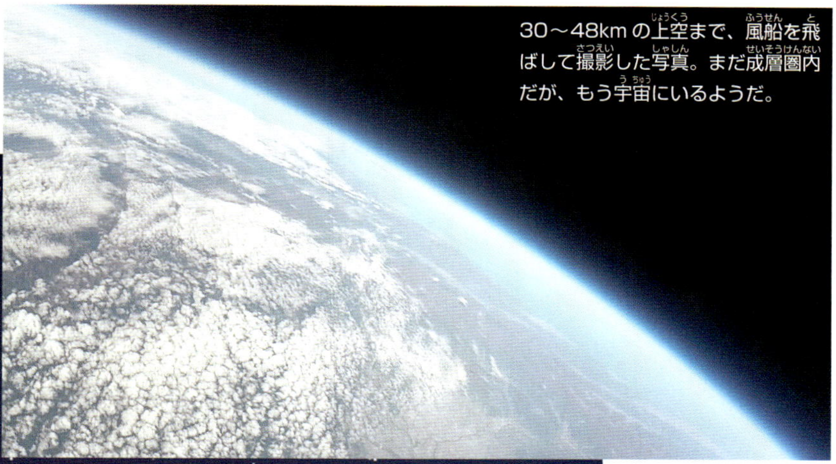

30～48km の上空《じょうくう》まで、風船《ふうせん》を飛《と》ばして撮影《さつえい》した写真《しゃしん》。まだ成層圏内《せいそうけんない》だが、もう宇宙《うちゅう》にいるようだ。

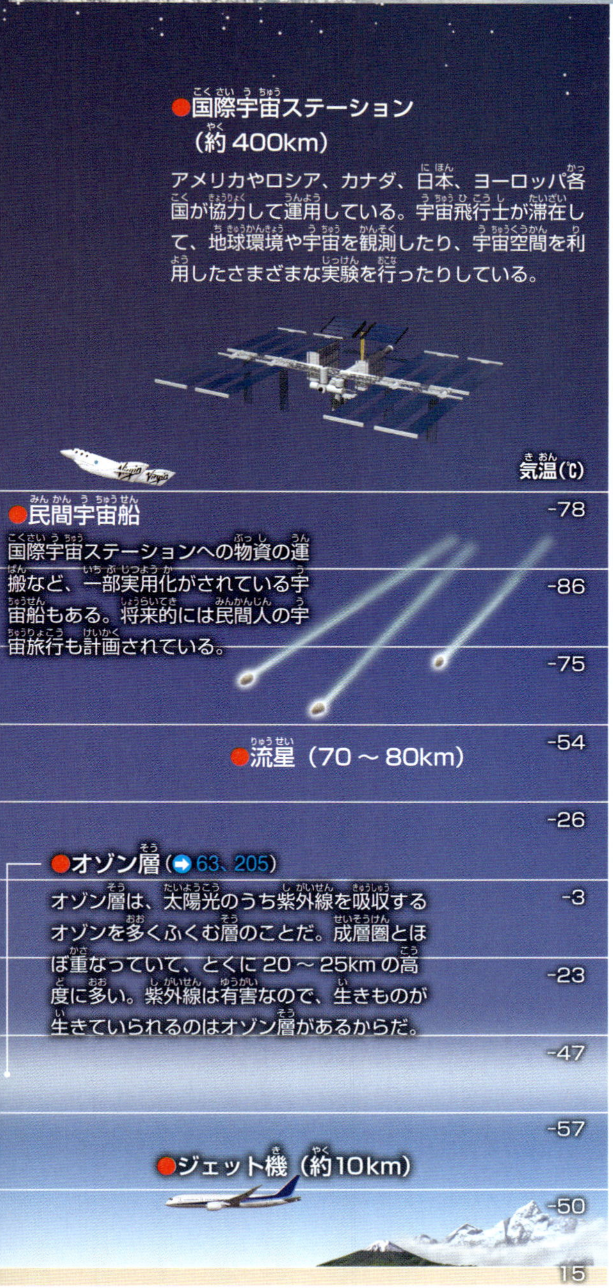

●国際宇宙《こくさいうちゅう》ステーション
（約《やく》400km）
アメリカやロシア、カナダ、日本《にほん》、ヨーロッパ各《かっ》国《こく》が協力《きょうりょく》して運用《うんよう》している。宇宙飛行士《うちゅうひこうし》が滞在《たいざい》して、地球環境《ちきゅうかんきょう》や宇宙《うちゅう》を観測《かんそく》したり、宇宙空間《うちゅうくうかん》を利《り》用《よう》したさまざまな実験《じっけん》を行《おこな》ったりしている。
気温《きおん》(℃)
●民間宇宙船《みんかんうちゅうせん》
国際宇宙《こくさいうちゅう》ステーションへの物資《ぶっし》の運《うん》搬《ぱん》など、一部実用化《いちぶじつようか》がされている宇《う》宙船《ちゅうせん》もある。将来的《しょうらいてき》には民間人《みんかんじん》の宇《う》宙旅行《ちゅうりょこう》も計画《けいかく》されている。
-78
-86
-75
●流星《りゅうせい》（70～80km）
-54
-26
●オゾン層《そう》（➡63、205）
オゾン層《そう》は、太陽光《たいようこう》のうち紫外線《しがいせん》を吸収《きゅうしゅう》するオゾンを多《おお》くふくむ層《そう》のことだ。成層圏《せいそうけん》とほぼ重《かさ》なっていて、とくに 20～25km の高《こう》度《ど》に多《おお》い。紫外線《しがいせん》は有害《ゆうがい》なので、生《い》きものが生《い》きていられるのはオゾン層《そう》があるからだ。
-3
-23
-47
-57
●ジェット機《き》（約《やく》10km）
-50
15

空気《くうき》に入《はい》っている物質《ぶっしつ》

地球《ちきゅう》の大気《たいき》の成分《せいぶん》は、水蒸気《すいじょうき》をのぞくと、中《ちゅう》間圏《かんけん》あたりまで、ほとんど変《か》わらない。この気体《きたい》を「空気《くうき》」という。空気《くうき》は生《い》きものが生《い》きていくのに欠《か》かせない気体《きたい》で、多《おお》い順《じゅん》に窒素《ちっそ》、酸素《さんそ》、アルゴン、二酸化炭素《にさんかたんそ》がふくまれている。

●水蒸気《すいじょうき》をのぞく空気《くうき》の成分《せいぶん》

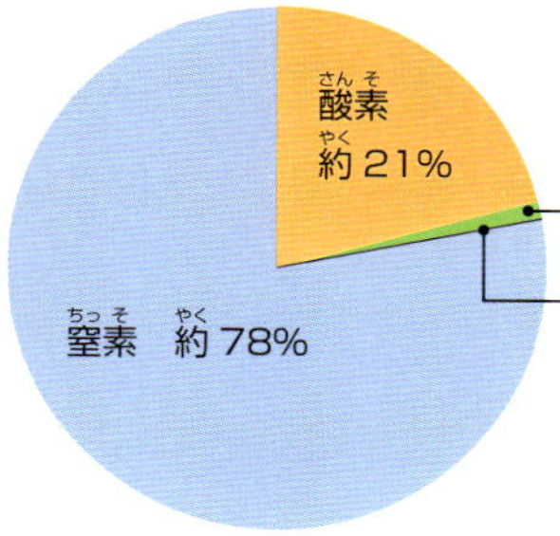

酸素《さんそ》
約《やく》21%
アルゴン　約《やく》1%
窒素《ちっそ》　約《やく》78%
二酸化炭素《にさんかたんそ》
約《やく》0.03%
その他《た》　ネオン、
ヘリウム、メタンなど

【流星《りゅうせい》は星《ほし》？】

実際《じっさい》に光《ひか》っているのは、「流星体《りゅうせいたい》」とよばれる 1mm から 1cm くらいの小《ちい》さなちりだ。秒速《びょうそく》10～70km のスピードで地球《ちきゅう》の大気《たいき》にぶつかると、衝撃《しょうげき》で加熱《かねつ》されて蒸発《じょうはつ》する。その物質《ぶっしつ》が、大気中《たいきちゅう》の成分《せいぶん》と混《ま》じり合《あ》い、明《あか》るく光《ひか》る。

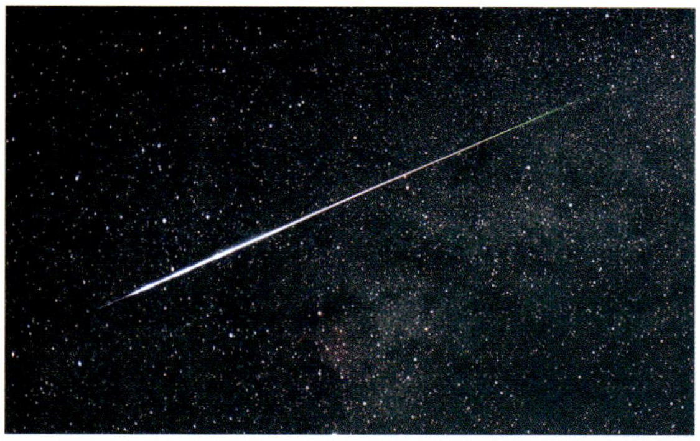

流星《りゅうせい》は中間圏《ちゅうかんけん》に入《はい》ったあたりから発光《はっこう》し始《はじ》める。うすくても大気《たいき》が存在《そんざい》するからだ。

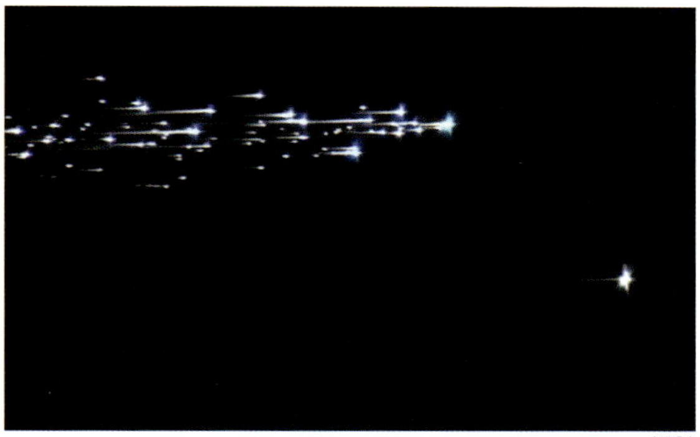

NASA

大気圏《たいきけん》に突入《とつにゅう》した小《しょう》惑星探査機《わくせいたんさき》「はやぶさ」。左上《ひだりうえ》の光《ひかり》は、ばらばらになって燃《も》えつきる本体《ほんたい》。右下《みぎした》の光《ひかり》は小惑星《しょうわくせい》の砂《すな》を収《おさ》めたカプセルで、ぶじ帰還《きかん》した。

【かなとこ雲《ぐも》は対流圏《たいりゅうけん》の証拠《しょうこ》】

夏《なつ》によく見《み》られる、上部《じょうぶ》が横《よこ》に広《ひろ》がった形《かたち》の雲《くも》を「かなとこ雲《ぐも》（➡183）」という。積乱《せきらん》雲《うん》が対流圏《たいりゅうけん》と成層圏《せいそうけん》の境界《きょうかい》まで成長《せいちょう》し、それ以上《いじょう》の高《たか》さにのびることができずに横《よこ》に広《ひろ》がった姿《すがた》だ。

かなとこ雲《ぐも》の上部《じょうぶ》が対流《たいりゅう》圏《けん》のいちばん上《うえ》になる。

国際宇宙《こくさいうちゅう》ステーションでは、酸素《さんそ》と窒素《ちっそ》のボンベを運《はこ》び入《い》れたり、水《みず》から酸素《さんそ》をつくり出《だ》したりして、船内《せんない》を空気《くうき》で満《み》たしている。

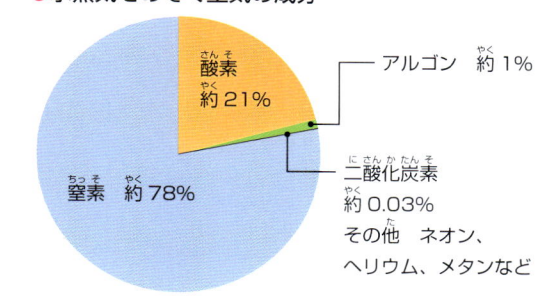

地球の大気➡164　気流➡168

目《め》に見《み》えない空気《くうき》の力《ちから》

気圧《きあつ》

空気《くうき》は目《め》には見《み》えないけれど重《おも》さがあり、わたしたちをおしています。ふだん感《かん》じることはありませんが、空気《くうき》は温度《おんど》や高《たか》さによって、こさや重《おも》さが変《か》わります。

酸素《さんそ》ボンベ

ヒマラヤ山脈《さんみゃく》の最高峰《さいこうほう》、標高《ひょうこう》8848mのエベレスト（チョモランマ）の頂上《ちょうじょう》をめざす登山隊《とざんたい》。酸素《さんそ》ボンベを背負《せお》っている。

高《たか》い場所《ばしょ》では空気《くうき》がうすくなる

標高《ひょうこう》7500mをこえるようなヒマラヤ山脈《さんみゃく》（パキスタン、インド、ネパール、ブータン、中国《ちゅうごく》）の登山《とざん》では、呼吸《こきゅう》をするために酸素《さんそ》ボンベが必要《ひつよう》となる。その高度《こうど》では、人間《にんげん》が活動《かつどう》するのが難《むずか》しくなるほど、空気《くうき》がうすいからだ。高度《こうど》が高《たか》くなればなるほど、空気《くうき》はうすくなる。

空気《くうき》にも重《おも》さがある

地表《ちひょう》にあるものの上《うえ》には、上空《じょうくう》の空気《くうき》の重《おも》さがのっている。高度《こうど》が低《ひく》いところは、高《たか》いところより、同《おな》じ面積《めんせき》に対《たい》してのっている空気《くうき》の量《りょう》が多《おお》い。空気《くうき》の重《おも》さでかかる力《ちから》（圧力《あつりょく》）を「気圧《きあつ》」または「大気圧《たいきあつ》」という。空気《くうき》には圧力《あつりょく》がかかると縮《ちぢ》む性質《せいしつ》があるので、たくさん圧力《あつりょく》がかかる標高《ひょうこう》の低《ひく》いところは空気中《くうきちゅう》の分子《ぶんし》がぎゅっとつまった状態《じょうたい》になる。この状態《じょうたい》を「気圧《きあつ》が高《たか》い」という。

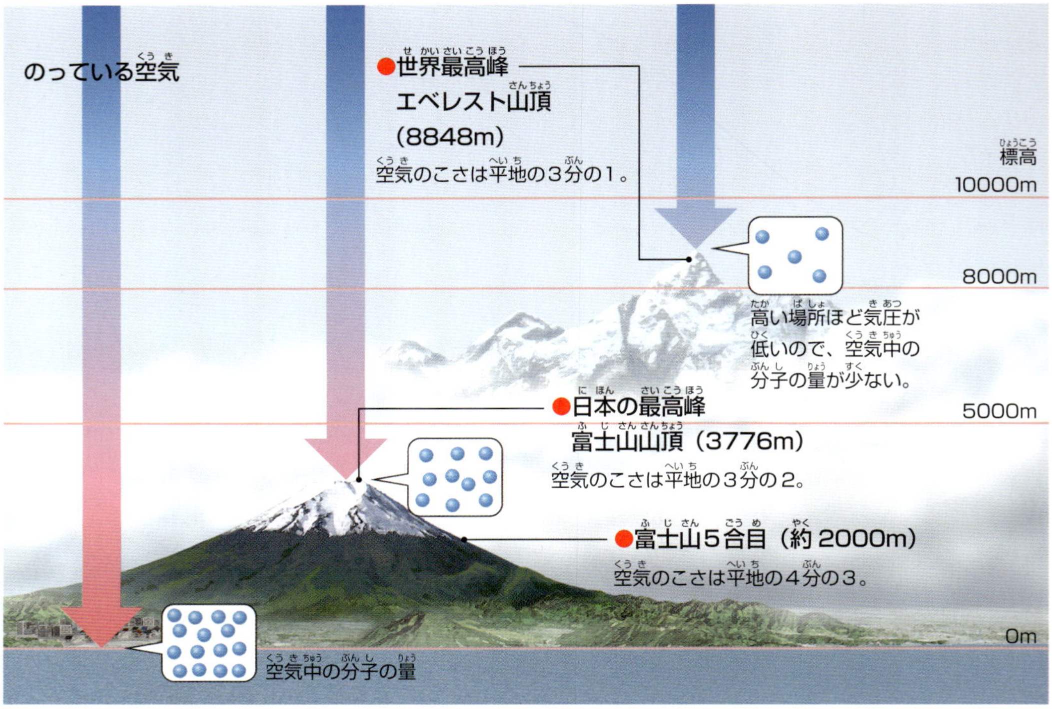
のっている空気《くうき》
●世界最高峰《せかいさいこうほう》
エベレスト山頂《さんちょう》
(8848m)
空気《くうき》のこさは平地《へいち》の3分《ぶん》の1。
標高《ひょうこう》
10000m
8000m
高《たか》い場所《ばしょ》ほど気圧《きあつ》が低《ひく》いので、空気中《くうきちゅう》の分子《ぶんし》の量《りょう》が少《すく》ない。
●日本《にほん》の最高峰《さいこうほう》
富士山山頂《ふじさんさんちょう》（3776m）
5000m
空気《くうき》のこさは平地《へいち》の3分《ぶん》の2。
●富士山《ふじさん》5合目《ごうめ》（約《やく》2000m）
空気《くうき》のこさは平地《へいち》の4分《ぶん》の3。
0m
空気中《くうきちゅう》の分子《ぶんし》の量《りょう》

空気《くうき》は圧力《あつりょく》で縮《ちぢ》むので、同《おな》じ面積《めんせき》でも、空気《くうき》の重《おも》さをたくさん受《う》ける低《ひく》いところのほうが、分子《ぶんし》の量《りょう》が多《おお》くなる。

📖『小学館学習《しょうがくかんがくしゅう》まんがシリーズ　名探偵《めいたんてい》コナン理科《りか》ファイル　空気《くうき》と水《みず》の秘密《ひみつ》』: 小学館《しょうがくかん》

あちこちからおす気圧《きあつ》

空気《くうき》はあらゆる方向《ほうこう》から圧力《あつりょく》をかけている。高《たか》い山《やま》などにスナック菓子《がし》のふくろを持《も》っていくと、ぱんぱんにふくらむ。これは密閉《みっぺい》された菓子《かし》のふくろの中《なか》の気圧《きあつ》は変《か》わらないのに、外《そと》の気圧《きあつ》が低《ひく》くなって、圧力《あつりょく》に差《さ》ができたためだ。

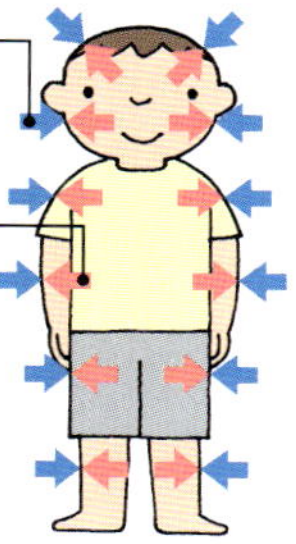
気圧《きあつ》（外《そと》からの圧力《あつりょく》）
体《からだ》の中《なか》からの圧力《あつりょく》

空気中《くうきちゅう》にあるものは、内側《うちがわ》から同《おな》じ大《おお》きさの圧力《あつりょく》でおし返《かえ》しているので、つり合《あ》っている。

●標高《ひょうこう》が高《たか》い場所《ばしょ》

菓子《かし》のふくろはふくらむ。ふくろの中《なか》の空気《くうき》は標高《ひょうこう》が低《ひく》いところの気圧《きあつ》のままなので、ふくろの外《そと》の気圧《きあつ》に比《くら》べて圧力《あつりょく》が強《つよ》く、中《なか》からおし広《ひろ》げている。

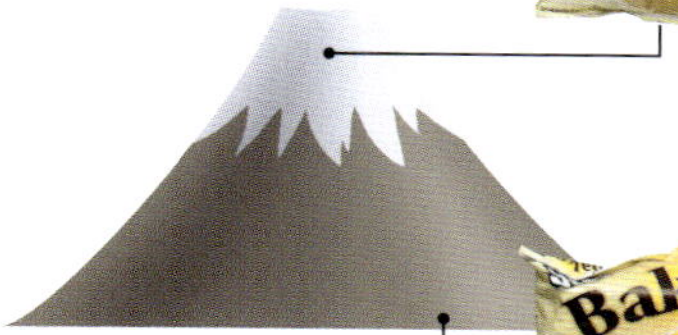

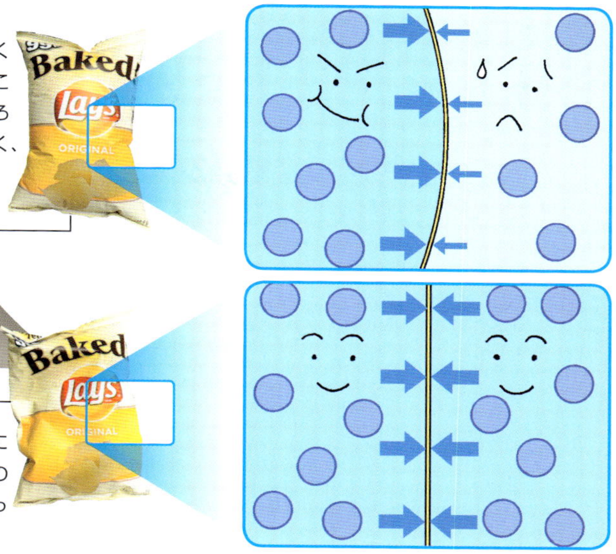

●標高《ひょうこう》が低《ひく》い場所《ばしょ》

菓子《かし》のふくろはふつうの状態《じょうたい》にある。ふくろの中《なか》の気圧《きあつ》と外《そと》の気圧《きあつ》は同《おな》じで、圧力《あつりょく》がつり合《あ》っている。

温度《おんど》で変《か》わる空気《くうき》の重《おも》さ

気体《きたい》には温度《おんど》が高《たか》いとふくらむ性質《せいしつ》がある。温度《おんど》が上《あ》がると、空気《くうき》の分子《ぶんし》の動《うご》きが活発《かっぱつ》になって分子《ぶんし》と分子《ぶんし》の間《あいだ》が広《ひろ》くなるからだ。同《おな》じ体積《たいせき》で比《くら》べると、暖《あたた》かい空気《くうき》のほうが分子《ぶんし》の量《りょう》が減《へ》るので軽《かる》く、冷《つめ》たいと重《おも》い。熱気球《ねつききゅう》はそのしくみを利用《りよう》して、バーナーで気球《ききゅう》の中《なか》の空気《くうき》を暖《あたた》めて、軽《かる》くなった空気《くうき》で浮《う》かび上《あ》がっている。

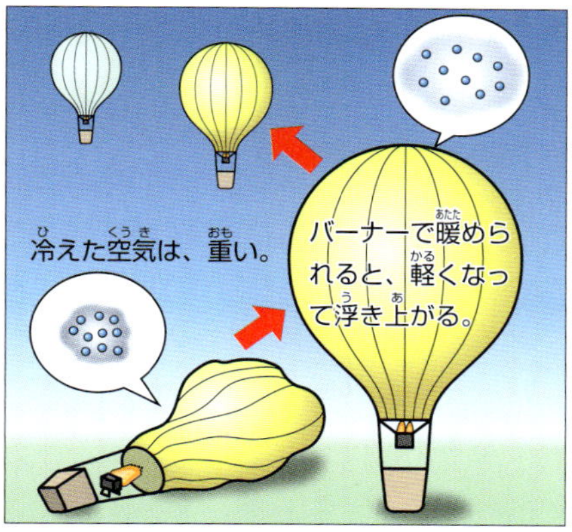
冷《ひ》えた空気《くうき》は、重《おも》い。
バーナーで暖《あたた》められると、軽《かる》くなって浮《う》き上《あ》がる。

熱気球《ねつききゅう》の中《なか》の空気《くうき》をバーナーで暖《あたた》めると、空気《くうき》が広《ひろ》がって気球《ききゅう》がふくらむ。気球《ききゅう》の中《なか》の空気《くうき》は、まわりより軽《かる》いので上昇《じょうしょう》する。

空気《くうき》がうすいと飛《と》びやすい

アメリカのコロラド州《しゅう》デンバーにあるメジャーリーグの野球場《やきゅうじょう》「クアーズ・フィールド」は、標高約《ひょうこうやく》1600m の高地《こうち》にある。高地《こうち》では空気《くうき》がうすいので、空気《くうき》の抵抗《ていこう》が小《ちい》さい。そのため打《う》ったボールがよく飛《と》ぶことで知《し》られている。また、飛行機《ひこうき》が対流《たいりゅう》圏《けん》と成層圏《せいそうけん》（➡ 164）の境目《さかいめ》あたりを飛《と》ぶのも、空気《くうき》の抵抗《ていこう》が少《すく》ないため燃料《ねんりょう》を節約《せつやく》できるのが理由《りゆう》のひとつだ。

クアーズ・フィールドには、マイル・ハイ（1 マイル＝1600m の高《たか》さという意味《いみ》）の別名《べつめい》がある。

ジェット旅客機《りょかくき》は高度《こうど》1 万《まん》m ほどの上空《じょうくう》を飛《と》ぶ。

高地《こうち》トレーニングの効果《こうか》

標高《ひょうこう》 1500 ～ 3000m ほどの地点《ちてん》で行《おこな》うトレーニングを「高地《こうち》トレーニング」という。空気《くうき》がうすい高地《こうち》で運動《うんどう》をすると、少《すく》ない酸素《さんそ》でも体《からだ》を動《うご》かせるように、体中《からだじゅう》に酸素《さんそ》を運《はこ》ぶ血液《けつえき》の中《なか》の赤血球《せっけっきゅう》が増《ふ》える。標高《ひょうこう》の低《ひく》い場所《ばしょ》に下《お》りてきたとき、酸素《さんそ》を取《と》り入《い》れやすい体《からだ》になっているため、運動《うんどう》に有利《ゆうり》になる。

高地《こうち》でトレーニングするランナー。

クアーズ・フィールドは、ボールがよく飛《と》ぶので点《てん》が入《はい》りやすく、球場《きゅうじょう》ができてから 2015 年《ねん》までの 21 年間《ねんかん》で、1 対《たい》 0 の試合《しあい》が 9 試合《しあい》しかない。

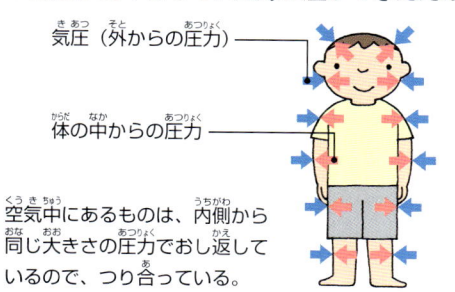

地球の大気 ➡164　気圧 ➡166　雨と雪 ➡180　雷 ➡184　台風のしくみ ➡186

地《ち》球《きゅう》の空《くう》気《き》は動《うご》いている

気流《きりゅう》　空気《くうき》の動《うご》きを「気流《きりゅう》」といいます。地面《じめん》と水平《すいへい》に動《うご》く風《かぜ》のような流《なが》れだけでなく、上空《じょうくう》に向《む》かう気流《きりゅう》や、上空《じょうくう》から地面《じめん》にふきつける気流《きりゅう》もあります。

気《き》流《りゅう》は天《てん》気《き》を変《か》える

上《うえ》に向《む》かう空気《くうき》の流《なが》れを「上昇気流《じょうしょうきりゅう》」、下《した》に向《む》かう空気《くうき》の流《なが》れを「下降気流《かこうきりゅう》」とよぶ。気流《きりゅう》を動《うご》かしているのは太陽《たいよう》のエネルギー（熱《ねつ》）だ。上昇《じょうしょう》したり下降《かこう》したり、水平《すいへい》に動《うご》いたりする気流《きりゅう》が、雨《あめ》や雷《かみなり》、台風《たいふう》など、さまざまな気象現象《きしょうげんしょう》を引《ひ》き起《お》こす。

鳥《とり》のなかには、上昇気流《じょうしょうきりゅう》を利用《りよう》して、はばたかずに高《たか》く飛《と》んだり、遠《とお》くまで移動《いどう》したりするものがいる。南《みなみ》アメリカのアンデス山脈《さんみゃく》に暮《く》らすコンドルは、3000～5000m の高地《こうち》に巣《す》をつくる。広《ひろ》げるとはしからはしまでの長《なが》さが3m をこえる大《おお》きなつばさで、強《つよ》い上昇気流《じょうしょうきりゅう》をつかまえて滑空《かっくう》する。

気《き》圧《あつ》の差《さ》が気《き》流《りゅう》を生《う》む

❶太陽《たいよう》の熱《ねつ》を吸収《きゅうしゅう》した地面《じめん》や海《うみ》の上《うえ》では、暖《あたた》められた空気《くうき》がふくらんで軽《かる》くなり、上昇気流《じょうしょうきりゅう》が生《う》まれる。空気《くうき》が上空《じょうくう》に向《む》かうので、地表《ちひょう》にかかる気圧《きあつ》（➡ 166）は小《ちい》さくなる。これが「低気圧《ていきあつ》」だ。

❷気温《きおん》が低《ひく》い上空《じょうくう》では、空気《くうき》は冷《ひ》やされて縮《ちぢ》み、重《おも》くなる。すると下《した》に向《む》かって流《なが》れる下降気流《かこうきりゅう》になる。空気《くうき》が地表《ちひょう》に向《む》かうので、地表《ちひょう》にかかる気圧《きあつ》が高《たか》くなって、「高気圧《こうきあつ》」になる。

❸また、空気《くうき》は気圧《きあつ》が高《たか》いほうから低《ひく》いほうへ流《なが》れる性質《せいしつ》がある。その流《なが》れが風《かぜ》だ。

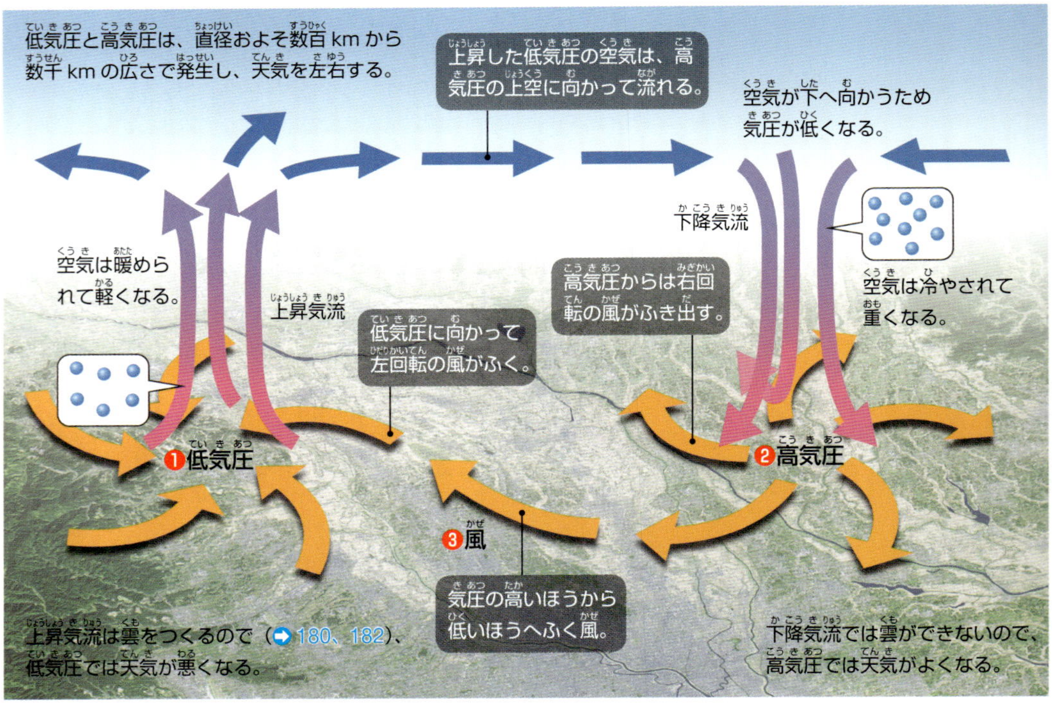
低気圧《ていきあつ》と高気圧《こうきあつ》は、直径《ちょっけい》およそ数百《すうひゃく》km から数千《すうせん》km の広《ひろ》さで発生《はっせい》し、天気《てんき》を左右《さゆう》する。
上昇《じょうしょう》した低気圧《ていきあつ》の空気《くうき》は、高《こう》気圧《きあつ》の上空《じょうくう》に向《む》かって流《なが》れる。
空気《くうき》が下《した》へ向《む》かうため気圧《きあつ》が低《ひく》くなる。
空気《くうき》は暖《あたた》められて軽《かる》くなる。
上昇気流《じょうしょうきりゅう》
下降気流《かこうきりゅう》
高気圧《こうきあつ》からは右回《みぎかい》転《てん》の風《かぜ》がふき出《だ》す。
空気《くうき》は冷《ひ》やされて重《おも》くなる。
低気圧《ていきあつ》に向《む》かって左回転《ひだりかいてん》の風《かぜ》がふく。
❶低気圧《ていきあつ》
❷高気圧《こうきあつ》
❸風《かぜ》
気圧《きあつ》の高《たか》いほうから低《ひく》いほうへふく風《かぜ》。
上昇気流《じょうしょうきりゅう》は雲《くも》をつくるので（➡ 180、182）、低気圧《ていきあつ》では天気《てんき》が悪《わる》くなる。
下降気流《かこうきりゅう》では雲《くも》ができないので、高気圧《こうきあつ》では天気《てんき》がよくなる。

📖『ポプラディア情報館《じょうほうかん》　天気《てんき》と気象《きしょう》』: ポプラ社《しゃ》

地球《ちきゅう》にふく6つの大《おお》きな風《かぜ》

地球《ちきゅう》の対流圏《たいりゅうけん》（➡164）では、太陽《たいよう》のエネルギーを受《う》け、空気《くうき》の対流《たいりゅう》が起《お》こっている。太陽《たいよう》の熱《ねつ》エネルギーを大《おお》きく受《う》ける赤道付近《せきどうふきん》で上昇気流《じょうしょうきりゅう》となり、緯度《いど》20～30度《ど》で下降気流《かこうきりゅう》となって、再《ふたた》び赤道《せきどう》へと流《なが》れようとする。そこに地球《ちきゅう》が自転《じてん》していることで生《しょう》じる「コリオリの力《ちから》」が加《くわ》わるために曲《ま》げられ、6つの大《おお》きな風《かぜ》となって地球《ちきゅう》をめぐっている。

●極偏東風《きょくへんとうふう》

緯度《いど》60度《ど》から北極《ほっきょく》にかけて、東《ひがし》から西《にし》にふく。

●偏西風《へんせいふう》

緯度《いど》30度《ど》から60度《ど》にかけて、西《にし》から東《ひがし》に向《む》かって大《おお》きく左右《さゆう》に曲《ま》がりながらふく。

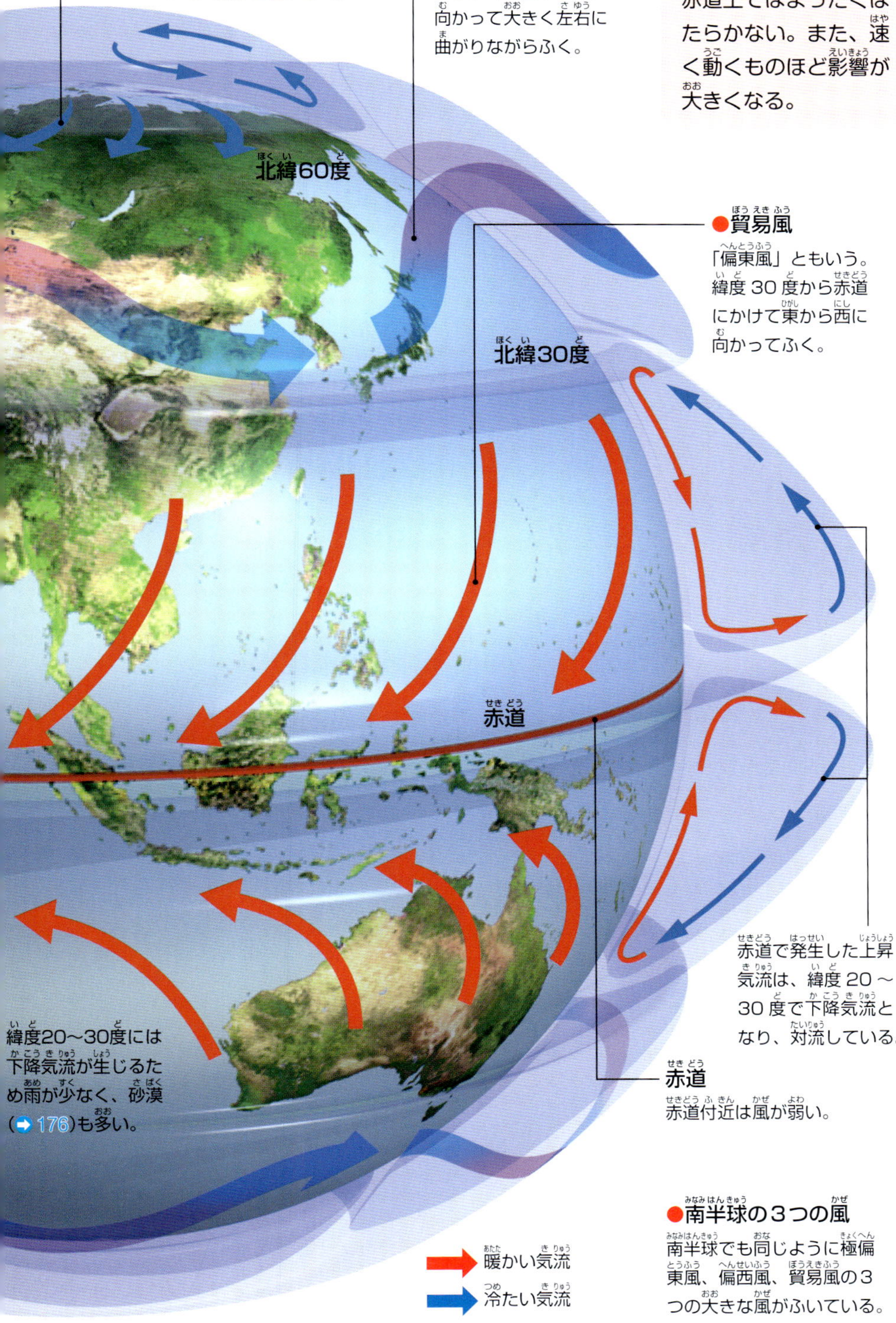
北緯《ほくい》60度《ど》
北緯《ほくい》30度《ど》
赤道《せきどう》
暖《あたた》かい気流《きりゅう》
冷《つめ》たい気流《きりゅう》

●貿易風《ぼうえきふう》

「偏東風《へんとうふう》」ともいう。緯度《いど》30度《ど》から赤道《せきどう》にかけて東《ひがし》から西《にし》に向《む》かってふく。

赤道《せきどう》で発生《はっせい》した上昇《じょうしょう》気流《きりゅう》は、緯度《いど》20～30度《ど》で下降気流《かこうきりゅう》となり、対流《たいりゅう》している。

緯度《いど》20～30度《ど》には下降気流《かこうきりゅう》が生《しょう》じるため雨《あめ》が少《すく》なく、砂漠《さばく》（➡176）も多《おお》い。

●赤道《せきどう》

赤道付近《せきどうふきん》は風《かぜ》が弱《よわ》い。

●南半球《みなみはんきゅう》の3つの風《かぜ》

南半球《みなみはんきゅう》でも同《おな》じように極偏《きょくへん》東風《とうふう》、偏西風《へんせいふう》、貿易風《ぼうえきふう》の3つの大《おお》きな風《かぜ》がふいている。

コリオリの力《ちから》

フランスの物理学者《ぶつりがくしゃ》ガスパール・コリオリが、19世紀はじめに研究《けんきゅう》した、回転《かいてん》するものにはたらく力《ちから》のこと。自転《じてん》する地球《ちきゅう》の上《うえ》で動《うご》くものは、自転《じてん》の影響《えいきょう》を受《う》けるというものだ。コリオリの力《ちから》は、北半球《きたはんきゅう》では進《すす》む方向《ほうこう》に対《たい》して右向《みぎむ》き、南半球《みなみはんきゅう》では左向《ひだりむ》きにはたらく。この力《ちから》は、北極《ほっきょく》や南極《なんきょく》ほど大《おお》きく、赤道上《せきどうじょう》ではまったくはたらかない。また、速《はや》く動《うご》くものほど影響《えいきょう》が大《おお》きくなる。

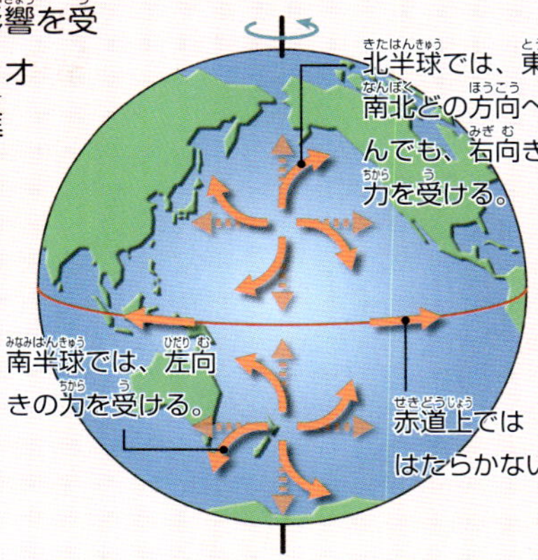
北半球《きたはんきゅう》では、東西《とうざい》南北《なんぼく》どの方向《ほうこう》へ進《すす》んでも、右向《みぎむ》きの力《ちから》を受《う》ける。
南半球《みなみはんきゅう》では、左向《ひだりむ》きの力《ちから》を受《う》ける。
赤道上《せきどうじょう》でははたらかない。

【ジェット気流《きりゅう》と飛行機《ひこうき》】

偏西風《へんせいふう》は高度《こうど》が上《あ》がるほど強《つよ》くなり、対流圏《たいりゅうけん》の上層《じょうそう》の高度《こうど》1万《まん》m付近《ふきん》では、冬《ふゆ》には時速《じそく》350kmもの強風《きょうふう》となることがある。これを「ジェット気流《きりゅう》」とよぶ。飛行機《ひこうき》も高度《こうど》1万《まん》m付近《ふきん》を飛《と》ぶので、東《ひがし》に向《む》かう飛行機《ひこうき》がジェット気流《きりゅう》にのれば、少《すく》ない燃料《ねんりょう》で速《はや》く飛《と》ぶことができる。しかし、西《にし》に向《む》かう飛行機《ひこうき》には、とても強《つよ》い向《む》かい風《かぜ》になり、燃料《ねんりょう》も多《おお》くかかってしまう。

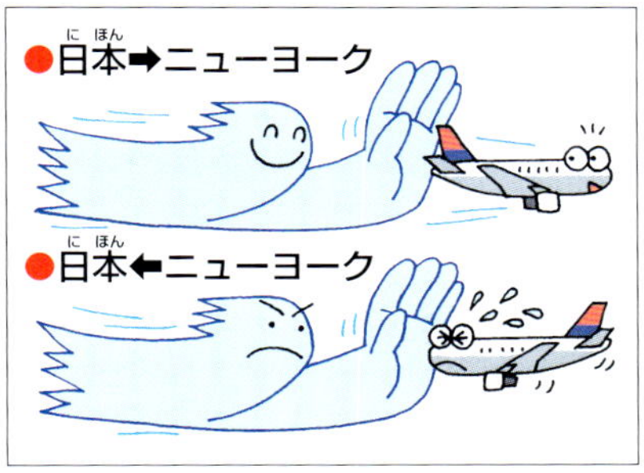
●日本《にほん》➡ニューヨーク
●日本《にほん》⬅ニューヨーク

【日本《にほん》の天気《てんき》は西《にし》から変《か》わる】

天気予報《てんきよほう》を見《み》ると、日本《にほん》の天気《てんき》が、西《にし》の地域《ちいき》からだんだん東《ひがし》に変《か》わっていくことがわかる。日本《にほん》の上空《じょうくう》では、一年中《いちねんじゅう》、偏西風《へんせいふう》が西《にし》から東《ひがし》に向《む》かってふいているからだ。

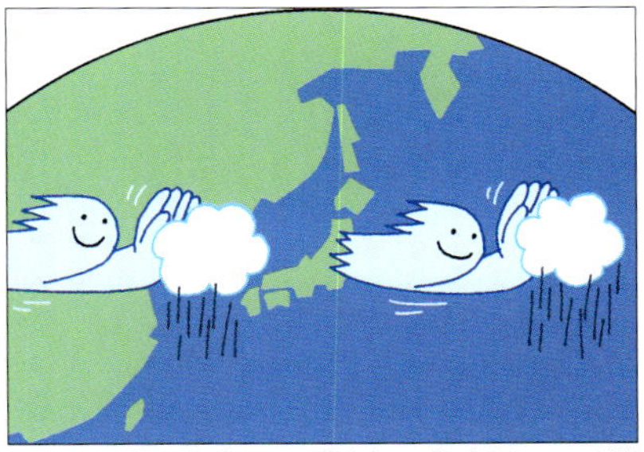

日本《にほん》の西側《にしがわ》で発生《はっせい》した高気圧《こうきあつ》や低気圧《ていきあつ》が、偏西風《へんせいふう》にのって、東《ひがし》へと流《なが》されて移動《いどう》する。

上昇気流《じょうしょうきりゅう》は、風《かぜ》が山《やま》などに当《あ》たったときにも発生《はっせい》する。パラグライダーやハングライダーは、この上昇気流《じょうしょうきりゅう》を利用《りよう》して飛《と》ぶ。

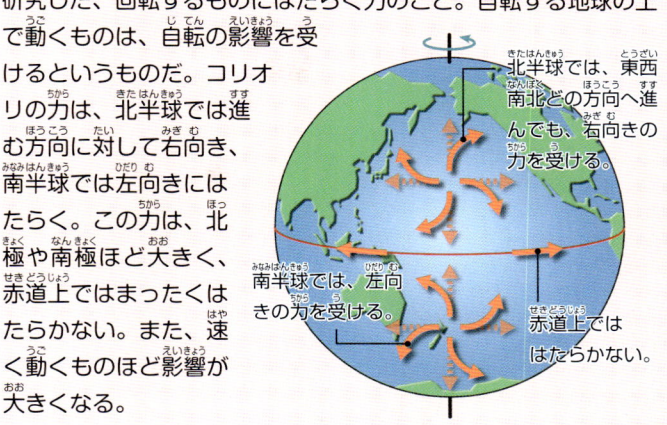

海《うみ》は流《なが》れて地球《ちきゅう》をめぐる

海流《かいりゅう》　海《うみ》にも流《なが》れがあり、それを「海流《かいりゅう》」といいます。海流《かいりゅう》には海《うみ》の表面《ひょうめん》の流《なが》れと海底《かいてい》の流《なが》れがあり、気体《きたい》や熱《ねつ》、栄養《えいよう》をとりこみ、地球上《ちきゅうじょう》をめぐってさまざまなところへ運《はこ》びます。

海流《かいりゅう》とつながる地球《ちきゅう》

海流《かいりゅう》と、地球《ちきゅう》のさまざまな場所《ばしょ》の環境《かんきょう》は影響《えいきょう》し合《あ》っている。そして、海流《かいりゅう》が運《はこ》ぶ栄養《えいよう》をとったり、流《なが》れに乗《の》って移動《いどう》したり、生《い》きものにとっても大事《だいじ》なものだ。

ヤシの実《み》は、海流《かいりゅう》に乗《の》って別《べつ》の場所《ばしょ》にたどりつき、すむ場所《ばしょ》を広《ひろ》げている。

温度《おんど》、風《かぜ》、自転《じてん》が流《なが》れをつくる

水《みず》も空気《くうき》と同《おな》じように、温《あたた》かいところから冷《つめ》たいところへと流《なが》れる。赤道《せきどう》のまわりの海《うみ》は太陽《たいよう》のエネルギーを受《う》けて温《あたた》かく、南極《なんきょく》や北極《ほっきょく》の海《うみ》は冷《つめ》たいので、海水《かいすい》の流《なが》れが生《う》まれる。また、地球《ちきゅう》の自転《じてん》の力《ちから》から生《う》まれる回転《かいてん》する力《ちから》（コリオリの力《ちから》➡169）や、偏西風《へんせいふう》や貿易風《ぼうえきふう》（➡169）といった強《つよ》い風《かぜ》も海流《かいりゅう》をつくる。

●太平洋《たいへいよう》の海流《かいりゅう》

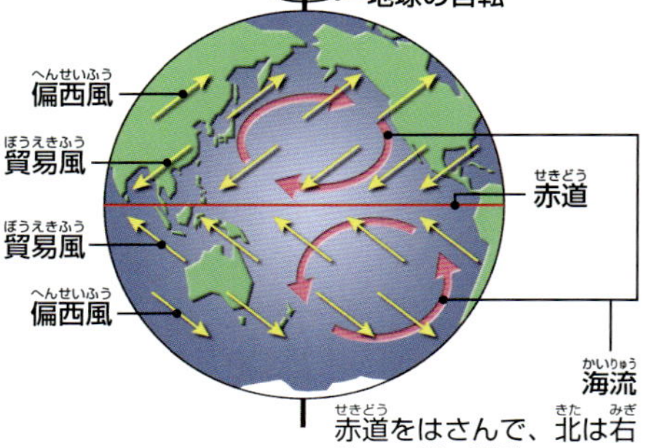
地球《ちきゅう》の自転《じてん》
偏西風《へんせいふう》
貿易風《ぼうえきふう》
赤道《せきどう》
貿易風《ぼうえきふう》
偏西風《へんせいふう》
海流《かいりゅう》

赤道《せきどう》をはさんで、北《きた》は右《みぎ》回《まわ》り、南《みなみ》は左回《ひだりまわ》りになる。

世界《せかい》をめぐる海流《かいりゅう》

海流《かいりゅう》は、潮《しお》の満《み》ち干《ひ》（➡172）とはちがい、一定《いってい》の方向《ほうこう》に流《なが》れていて、赤道《せきどう》を境《さかい》に大《おお》きく循環《じゅんかん》している。海流《かいりゅう》によって運《はこ》ばれた温《あたた》かい海水《かいすい》と冷《つめ》たい海水《かいすい》は気温《きおん》を変化《へんか》させるので、さまざまな気候《きこう》の成《な》り立《た》ちにも関係《かんけい》している（➡176）。

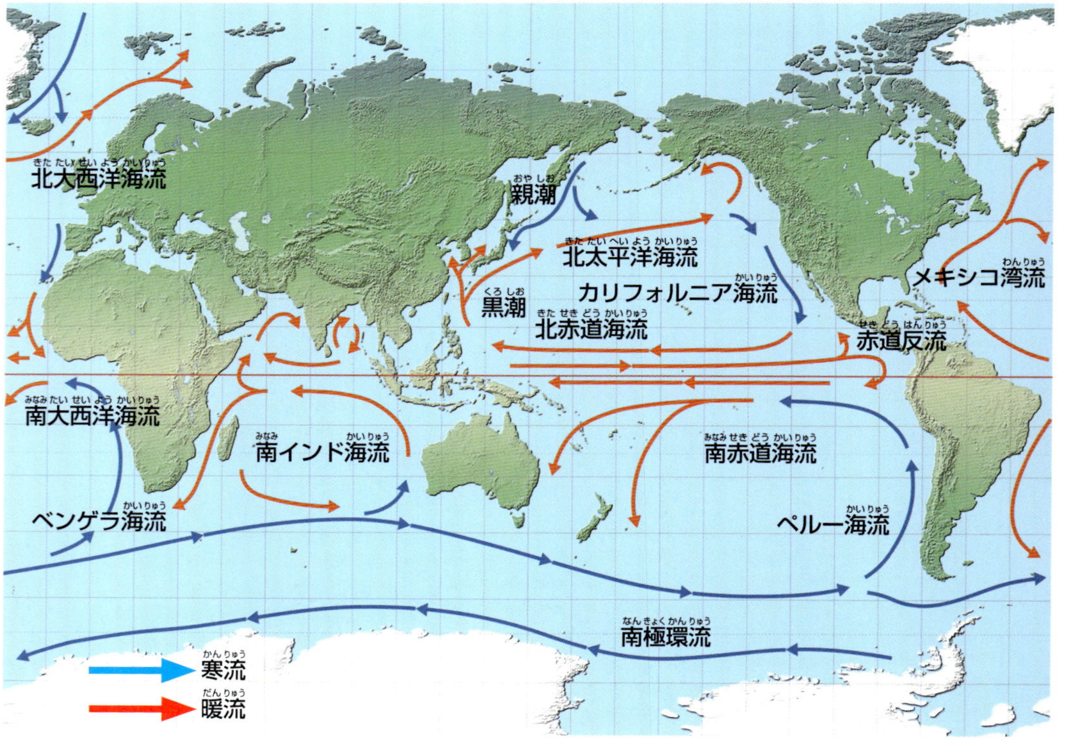
北大西洋海流《きたたいせいようかいりゅう》
親潮《おやしお》
北太平洋海流《きたたいへいようかいりゅう》
カリフォルニア海流《かいりゅう》
メキシコ湾流《わんりゅう》
黒潮《くろしお》
北赤道海流《きたせきどうかいりゅう》
赤道反流《せきどうはんりゅう》
南大西洋海流《みなみたいせいようかいりゅう》
南《みなみ》インド海流《かいりゅう》
南赤道海流《みなみせきどうかいりゅう》
ベンゲラ海流《かいりゅう》
ペルー海流《かいりゅう》
南極環流《なんきょくかんりゅう》
寒流《かんりゅう》
暖流《だんりゅう》

【寒流《かんりゅう》と暖流《だんりゅう》】

海流《かいりゅう》は、おもに赤道付近《せきどうふきん》から極地方《きょくちほう》へ流《なが》れる温《あたた》かい「暖流《だんりゅう》」と、極地方《きょくちほう》から赤道方面《せきどうほうめん》へと流《なが》れる冷《つめ》たい「寒流《かんりゅう》」に分《わ》けられる。寒流《かんりゅう》は暖流《だんりゅう》に比《くら》べて塩分《えんぶん》が低《ひく》く、酸素《さんそ》や栄養《えいよう》が多《おお》い。

『海《うみ》まるごと大研究《だいけんきゅう》（全《ぜん》5巻《かん》）』: 講談社《こうだんしゃ》

海底《かいてい》にも流《なが》れがある

南極《なんきょく》や北大西洋《きたたいせいよう》のグリーンランド近海《きんかい》では、海水《かいすい》が冷《ひ》やされたり、氷《こおり》ができることで海水《かいすい》の塩分《えんぶん》がこくなったりして重《おも》くなり、深《ふか》い海《うみ》の底《そこ》にしずみこむ。そして「深層流《しんそうりゅう》」とよばれる、海底《かいてい》をめぐる海流《かいりゅう》が生《う》まれる。やがて赤道付近《せきどうふきん》で温《あたた》まったり、塩分《えんぶん》がうすくなったりして軽《かる》くなると、太平洋《たいへいよう》やインド洋《よう》で浮《う》かんで、上層部《じょうそうぶ》の流《なが》れとなる。

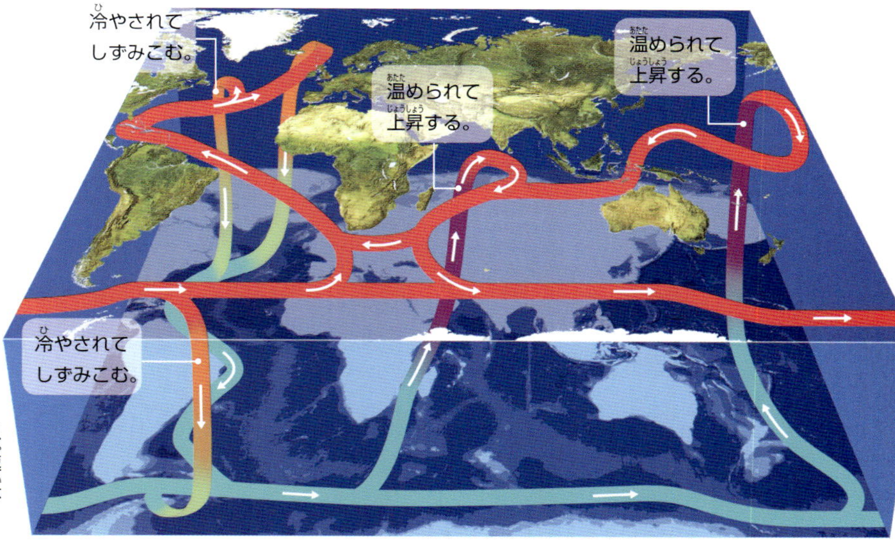
冷《ひ》やされて
しずみこむ。
温《あたた》められて
上昇《じょうしょう》する。
温《あたた》められて
上昇《じょうしょう》する。
冷《ひ》やされて
しずみこむ。

深層流《しんそうりゅう》は数百《すうひゃく》mから3000～4000m以上《いじょう》の深《ふか》さの海《うみ》を1秒間《びょうかん》に1～10cmの速《はや》さで、1000～2000年《ねん》かけて、海全体《うみぜんたい》をゆっくりとめぐっている。

深層流《しんそうりゅう》のはたらき

深層流《しんそうりゅう》は「海洋大循環《かいようだいじゅんかん》」ともよばれる。水《みず》の移動《いどう》はもちろん、赤道周辺《せきどうしゅうへん》の熱《ねつ》を寒《さむ》い地方《ちほう》の海《うみ》に運《はこ》ぶことで、海水温《かいすいおん》や気温《きおん》が極端《きょくたん》に低《ひく》い場所《ばしょ》や高《たか》い場所《ばしょ》を少《すく》なくし、気候《きこう》をおだやかに保《たも》つ役割《やくわり》があるといわれる。また、多《おお》くの栄養《えいよう》やプランクトンを運《はこ》び、生《い》きものを育《そだ》てていて、地球《ちきゅう》の生態系《せいたいけい》とも深《ふか》くかかわっている。

さまざまな海《うみ》の生物《せいぶつ》の食《た》べものとなる動物《どうぶつ》プランクトン、オキアミ。深層流《しんそうりゅう》が運《はこ》ぶ栄養《えいよう》が、世界中《せかいじゅう》の海《うみ》でこうしたプランクトンを育《そだ》てている。

太平洋《たいへいよう》をわたった漂流物《ひょうりゅうぶつ》

2011年《ねん》に起《お》こった東日本大震災《ひがしにほんだいしんさい》では、津波《つなみ》によってさまざまなものが太平洋《たいへいよう》に流《なが》れ出《で》た。そうした漂流《ひょうりゅう》物《ぶつ》の一部《いちぶ》は、北太平洋海流《きたたいへいようかいりゅう》に乗《の》って約《やく》6500kmはなれた北《きた》アメリカの西岸《せいがん》に流《なが》れ着《つ》いている。

2012年《ねん》6月《がつ》、アメリカ北西部《ほくせいぶ》のオレゴン州沿岸《しゅうえんがん》にたどり着《つ》いた浮《う》きさん橋《ばし》。

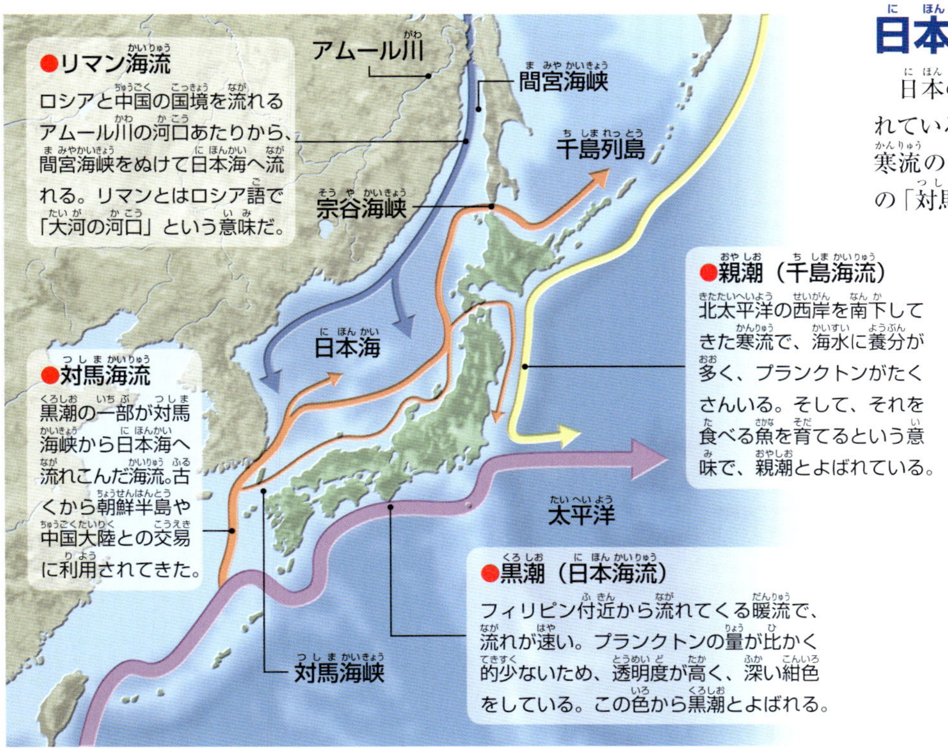
●リマン海流《かいりゅう》
ロシアと中国《ちゅうごく》の国境《こっきょう》を流《なが》れるアムール川《かわ》の河口《かこう》あたりから、間宮海峡《まみやかいきょう》をぬけて日本海《にほんかい》へ流《なが》れる。リマンとはロシア語《ご》で「大河《たいが》の河口《かこう》」という意味《いみ》だ。
アムール川《がわ》
間宮海峡《まみやかいきょう》
千島列島《ちしまれっとう》
宗谷海峡《そうやかいきょう》
日本海《にほんかい》
●対馬海流《つしまかいりゅう》
黒潮《くろしお》の一部《いちぶ》が対馬《つしま》海峡《かいきょう》から日本海《にほんかい》へ流《なが》れこんだ海流《かいりゅう》。古《ふる》くから朝鮮半島《ちょうせんはんとう》や中国大陸《ちゅうごくたいりく》との交易《こうえき》に利用《りよう》されてきた。
●親潮《おやしお》（千島海流《ちしまかいりゅう》）
北太平洋《きたたいへいよう》の西岸《せいがん》を南下《なんか》してきた寒流《かんりゅう》で、海水《かいすい》に養分《ようぶん》が多《おお》く、プランクトンがたくさんいる。そして、それを食《た》べる魚《さかな》を育《そだ》てるという意味《み》で、親潮《おやしお》とよばれている。
太平洋《たいへいよう》
●黒潮《くろしお》（日本海流《にほんかいりゅう》）
フィリピン付近《ふきん》から流《なが》れてくる暖流《だんりゅう》で、流《なが》れが速《はや》い。プランクトンの量《りょう》が比《ひ》かく的少《てきすく》ないため、透明度《とうめいど》が高《たか》く、深《ふか》い紺色《こんいろ》をしている。この色《いろ》から黒潮《くろしお》とよばれる。
対馬海峡《つしまかいきょう》

日本《にほん》をめぐる海流《かいりゅう》

日本《にほん》の周辺《しゅうへん》には、大《おお》きく分《わ》けて4つの海流《かいりゅう》が流《なが》れている。太平洋側《たいへいようがわ》は暖流《だんりゅう》の「黒潮《くろしお》（日本海流《にほんかいりゅう》）」と、寒流《かんりゅう》の「親潮《おやしお》（千島海流《ちしまかいりゅう》）」が、日本海《にほんかい》には、暖流《だんりゅう》の「対馬海流《つしまかいりゅう》」と寒流《かんりゅう》の「リマン海流《かいりゅう》」が流《なが》れている。

【混《ま》じり合《あ》わない海水《かいすい》】

寒流《かんりゅう》と暖流《だんりゅう》のような質《しつ》のちがう海水《かいすい》はほとんど混《ま》じらないので、海流《かいりゅう》の境目《さかいめ》の色《いろ》がちがって見《み》えることもある。

提供／第二管区海上保安本部

黒潮《くろしお》と親潮《おやしお》（宮城県石巻市沖《みやぎけんいしのまきしおき》）。左《ひだり》のこい色《いろ》の海水《かいすい》が黒潮《くろしお》、右《みぎ》のうすい色《いろ》が親潮《おやしお》だ。

海流《かいりゅう》の温度《おんど》が何《なん》℃以下《いか》なら寒流《かんりゅう》といった明確《めいかく》な基準《きじゅん》はなく、まわりの海水温《かいすいおん》より冷《つめ》たいと寒流《かんりゅう》、温《あたた》かいと暖流《だんりゅう》と分《わ》けられる。

月《つき》が潮《しお》を引《ひ》きよせる

潮《しお》の満《み》ち干《ひ》

海《うみ》の水《みず》は1日《にち》にほぼ2回《かい》ずつ、海面《かいめん》が最《もっと》も高《たか》い「満潮《まんちょう》」と最《もっと》も低《ひく》い「干潮《かんちょう》」をくりかえしています。これは、地球《ちきゅう》と月《つき》がたがいに引《ひ》き合《あ》っているために起《お》こります。

海《うみ》の水《みず》は上下《じょうげ》する

フランスの世界遺産《せかいいさん》モン・サン＝ミシェルは、サン・マロ湾《わん》にある修道院《しゅうどういん》を中心《ちゅうしん》とした島《しま》だ。ふだんは海《うみ》に囲《かこ》まれているが、干潮《かんちょう》になると干潟《ひがた》が現《あらわ》れる。以前《いぜん》は橋《はし》がなく、島《しま》にわたれるのは干潮《かんちょう》のときだけだった。

満潮《まんちょう》

干潮《かんちょう》

サン・マロ湾《わん》は、満潮《まんちょう》と干潮《かんちょう》のときの海面《かいめん》の高《たか》さの差《さ》が大《おお》きいことで知《し》られている。その差《さ》は15mにもなる。

潮《しお》の満《み》ち干《ひ》を起《お》こす引力《いんりょく》

満潮《まんちょう》と干潮《かんちょう》は、地球《ちきゅう》と月《つき》が引《ひ》き合《あ》う引力《いんりょく》と、引《ひ》き合《あ》いながら回《まわ》るときに生《う》まれる遠心力《えんしんりょく》によって引《ひ》き起《お》こされる。このように、潮《しお》の満《み》ち干《ひ》を起《お》こす力《ちから》を「潮汐力《ちょうせきりょく》」という。

太陽《たいよう》

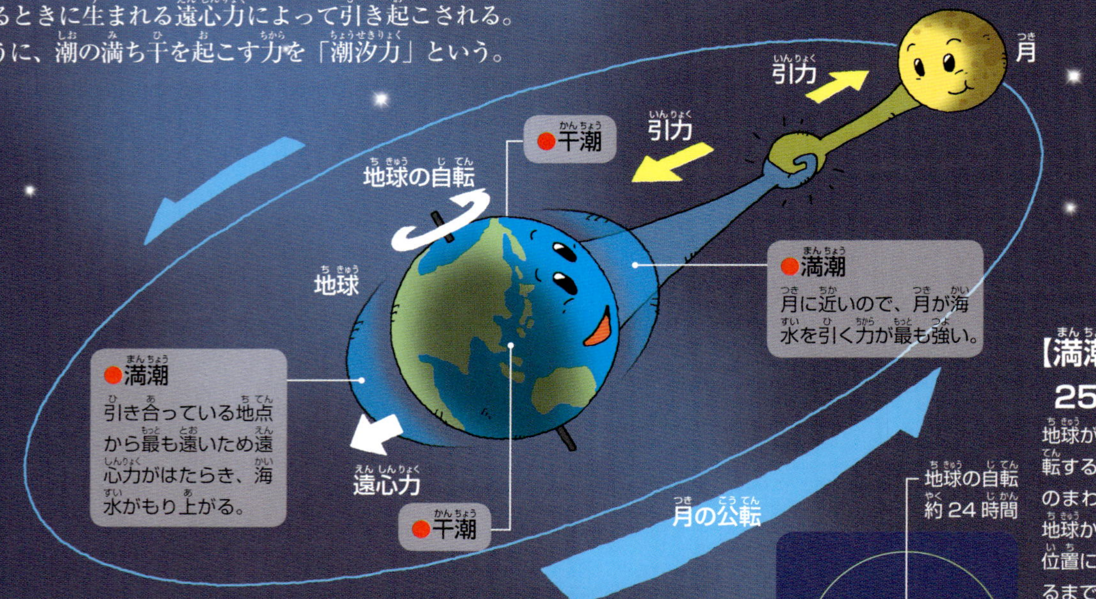
月
引力《いんりょく》
引力《いんりょく》
干潮《かんちょう》
地球《ちきゅう》の自転《じてん》
地球《ちきゅう》
満潮《まんちょう》
月《つき》に近《ちか》いので、月《つき》が海水《かいすい》を引《ひ》く力《ちから》が最《もっと》も強《つよ》い。
満潮《まんちょう》
引《ひ》き合《あ》っている地点《ちてん》から最《もっと》も遠《とお》いため遠心力《えんしんりょく》がはたらき、海水《かいすい》がもり上《あ》がる。
遠心力《えんしんりょく》
干潮《かんちょう》
月《つき》の公転《こうてん》

【満潮《まんちょう》は12時間《じかん》25分《ふん》おき】

地球《ちきゅう》が約《やく》24時間《じかん》で1周自転《しゅうじてん》するあいだに、月《つき》は地球《ちきゅう》のまわりを公転《こうてん》している。地球《ちきゅう》から前《まえ》の日《ひ》とほぼ同《おな》じ位置《いち》に月《つき》が見《み》えるようになるまでには、月《つき》が進《すす》んだぶんの50分《ぶん》よけいにかかり、合計《ごうけい》24時間《じかん》50分《ぷん》になる。潮《しお》の満《み》ち干《ひ》は1日《にち》に2回起《かいお》こるので、満潮《まんちょう》から次《つぎ》の満潮《まんちょう》までは、その半分《はんぶん》の約《やく》12時間《じかん》25分《ふん》になる。

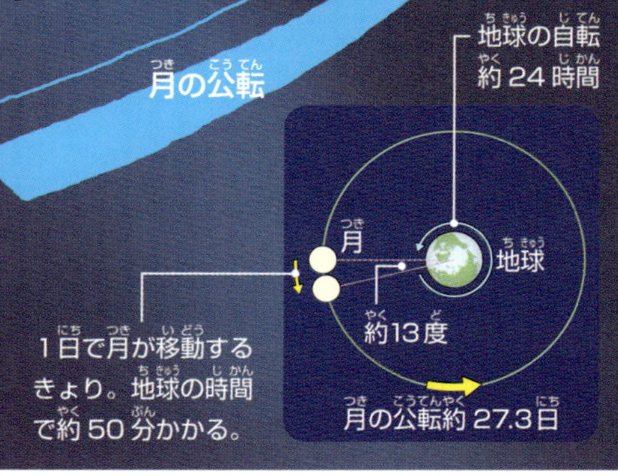
地球《ちきゅう》の自転《じてん》
約《やく》24時間《じかん》
月《つき》
地球《ちきゅう》
約《やく》13度《ど》
1日《にち》で月《つき》が移動《いどう》するきょり。地球《ちきゅう》の時間《じかん》で約《やく》50分《ぷん》かかる。
月《つき》の公転約《こうてんやく》27.3日《にち》

【月《つき》は変形《へんけい》している】

月《つき》は、引力《いんりょく》や遠心力《えんしんりょく》によって変形《へんけい》して、完全《かんぜん》な球《きゅう》ではない。地球《ちきゅう》に引《ひ》っぱられているほうが、ほんの少《すこ》しだが出《で》っぱっている。

海《うみ》と船《ふね》なるほど豆事典《まめじてん》(https://www.kaijipr.or.jp/mamejiten/)：日本海事広報協会《にほんかいじこうほうきょうかい》

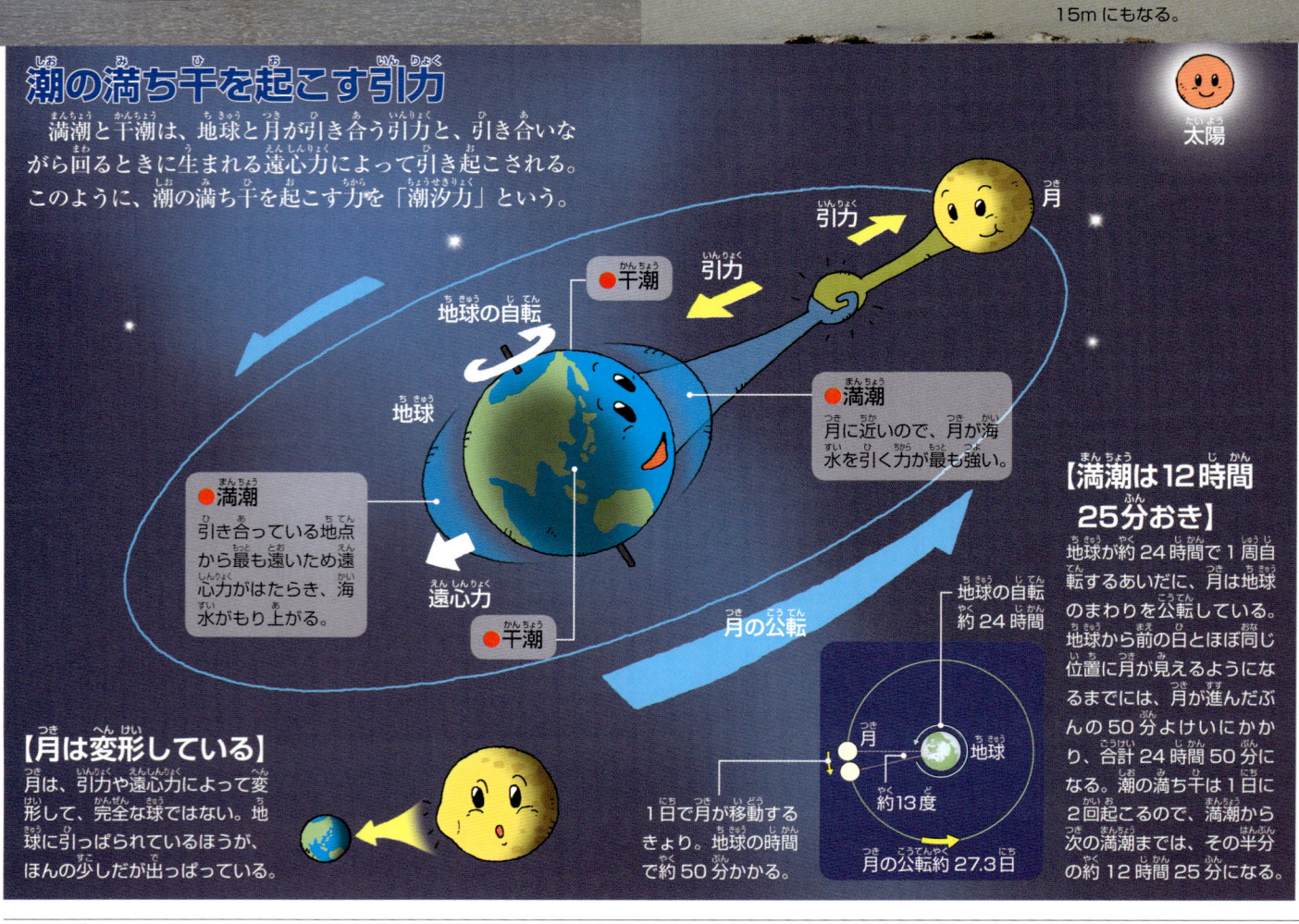

大潮《おおしお》と小潮《こしお》

潮《しお》の満《み》ち干《ひ》には、太陽《たいよう》の引力《いんりょく》も影響《えいきょう》している。太陽《たいよう》と月《つき》と地球《ちきゅう》が一直線上《いっちょくせんじょう》に並《なら》ぶ新月《しんげつ》や満月《まんげつ》のときには、太陽《たいよう》の引力《いんりょく》も加《くわ》わって、満潮《まんちょう》と干潮《かんちょう》の差《さ》が最《もっと》も大《おお》きい「大潮《おおしお》」になる。また、半月《はんげつ》のときには干満《かんまん》の差《さ》が小《ちい》さい「小潮《こしお》」になる。

●新月《しんげつ》のころ

月《つき》と太陽《たいよう》の引力《いんりょく》が合《あ》わさるので、地球《ちきゅう》にかかる引力《いんりょく》が大《おお》きくなり、大潮《おおしお》になる。

●半月《はんげつ》のころ

月《つき》の引力《いんりょく》の方向《ほうこう》に対《たい》して90度《ど》の位置《いち》に太陽《たいよう》があるので、地球《ちきゅう》にかかる月《つき》の引力《いんりょく》は弱《よわ》まり、小潮《こしお》になる。

●満月《まんげつ》のころ

新月《しんげつ》のころと同《おな》じように、地球《ちきゅう》にかかる引力《いんりょく》が大《おお》きくなり、大潮《おおしお》になる。

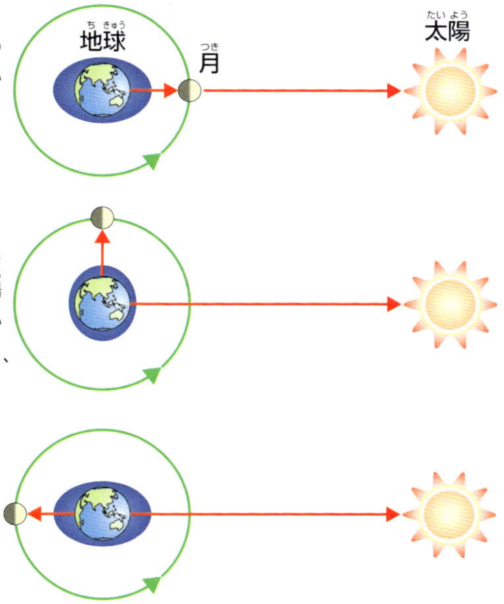

月齢《げつれい》と潮《しお》

月《つき》の見《み》た目《め》が変《か》わっていく「月《つき》の満《み》ち欠《か》け」を知《し》るための目安《めやす》として「月齢《げつれい》」がある。新月《しんげつ》を0として、翌日《よくじつ》が1、翌《よく》よく日《じつ》が2と増《ふ》えていく。海《うみ》が近《ちか》くなくても、月齢《げつれい》で潮《しお》の満《み》ち干《ひ》がわかる。月齢《げつれい》が書《か》かれたカレンダーもある。

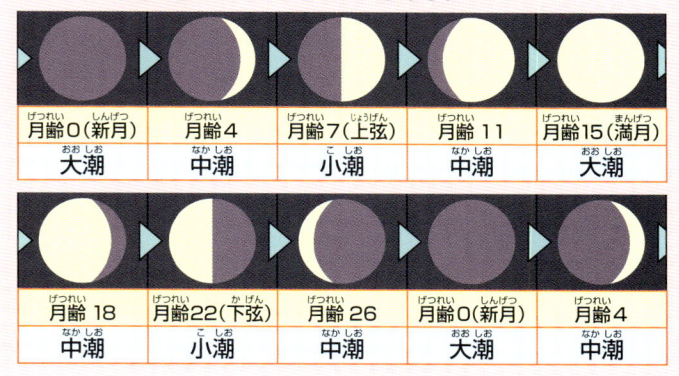

月齢《げつれい》0（新月《しんげつ》）	月齢《げつれい》4	月齢《げつれい》7（上弦《じょうげん》）	月齢《げつれい》 11	月齢《げつれい》15（満月《まんげつ》）
大潮《おおしお》	中潮《なかしお》	小潮《こしお》	中潮《なかしお》	大潮《おおしお》
月齢《げつれい》 18	月齢《げつれい》22（下弦《かげん》）	月齢《げつれい》 26	月齢《げつれい》0（新月《しんげつ》）	月齢《げつれい》4
中潮《なかしお》	小潮《こしお》	中潮《なかしお》	大潮《おおしお》	中潮《なかしお》

潮《しお》の満《み》ち干《ひ》がつくる海《うみ》の流《なが》れ

瀬戸内海《せとないかい》のような内海《うちうみ》では、潮《しお》の満《み》ち干《ひ》で海水《かいすい》がせまい海峡《かいきょう》を通《とお》るときに、強《つよ》い流《なが》れが生《う》まれる。この流《なが》れを「潮流《ちょうりゅう》」という。海流《かいりゅう》はいつも一定《いってい》の方向《ほうこう》に流《なが》れているが、潮流《ちょうりゅう》は、潮《しお》の干満《かんまん》で流《なが》れの方向《ほうこう》がほぼ反対《はんたい》に変《か》わる。

「鳴門海峡《なるとかいきょう》（徳島県《とくしまけん》）のうず潮《しお》」は、激《はげ》しい潮流《ちょうりゅう》によってできる。大潮《おおしお》の際《さい》にはうずの直径《ちょっけい》は、最大《さいだい》で 30m に達《たっ》することもある。

川《かわ》が逆流《ぎゃくりゅう》する「海嘯《かいしょう》」

遠浅《とおあさ》の海岸《かいがん》で、河口《かこう》が三角形《さんかくけい》をした川《かわ》では、満潮《まんちょう》のときに海水《かいすい》が入《はい》りこみ、逆流《ぎゃくりゅう》する「海嘯《かいしょう》」という現象《げんしょう》が起《お》こることがある。海水《かいすい》と川《かわ》の水《みず》が合《あ》わさって、垂直《すいちょく》に立《た》ち上《あ》がるような波《なみ》が立《た》つ。日本《にほん》では小《ちい》さな規模《きぼ》のものが見《み》られる。

アマゾン川《がわ》（ブラジル）の河口《かこう》を逆流《ぎゃくりゅう》する海嘯《かいしょう》「ポロロッカ」。雨季《うき》などで川《かわ》が増水《ぞうすい》していると、河口《かこう》より800km さかのぼることもある。

潮《しお》の満《み》ち干《ひ》を利用《りよう》する生《い》きもの

海《うみ》や海辺《うみべ》に暮《く》らす生《い》きものには、潮《しお》の満《み》ち干《ひ》に合《あ》わせて生活《せいかつ》しているものがいる。サンゴのなかまは、初夏《しょか》から夏《なつ》の大潮《おおしお》の前後《ぜんご》の夜《よる》に産卵《さんらん》する。卵《たまご》は引《ひ》き潮《しお》に乗《の》って広《ひろ》がっていく。

慶良間諸島《けらましょとう》（沖縄県《おきなわけん》）の海《うみ》で産卵《さんらん》するサンゴ。沖縄《おきなわ》では 5～6月《がつ》の大潮《おおしお》の前後《ぜんご》に産卵《さんらん》する。

月《つき》の満《み》ち欠《か》けの周期《しゅうき》は平均《へいきん》 29.5 日《にち》だ。地球《ちきゅう》が太陽《たいよう》のまわりを公転《こうてん》しているため、地球《ちきゅう》が進《すす》んだぶん、公転周期《こうてんしゅうき》より長《なが》くかかる。

気流➡168　海流➡170

陸《りく》と海《うみ》と空《そら》をめぐる水《みず》

水《みず》の循環《じゅんかん》　水《みず》は海《うみ》や川《かわ》、湖《みずうみ》にあるものだけでなく、地下《ちか》にも流《なが》れています。さらに空気中《くうきちゅう》の水蒸気《すいじょうき》や、雲《くも》、雨《あめ》など、さまざまな姿《すがた》になって地球《ちきゅう》をめぐっています。

地球《ちきゅう》をおおう水《みず》の層《そう》

地球《ちきゅう》は「水《みず》の惑星《わくせい》」とよばれる。陸地《りくち》と海《うみ》の表面積《ひょうめんせき》を比《くら》べると、ほぼ3:7で海《うみ》のほうが大《おお》きい。しかし、地球《ちきゅう》の体積《たいせき》に対《たい》する水《みず》のしめる割合《わりあい》は、わずか0.7%しかない。地球《ちきゅう》をおおう水《みず》は、ほんの表面《ひょうめん》だけのもので、貴重《きちょう》な存在《そんざい》なのだ。

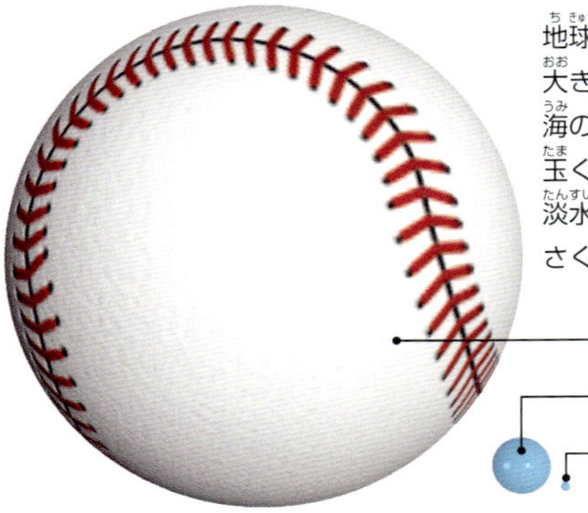

地球《ちきゅう》を野球《やきゅう》ボールの大《おお》きさにたとえると、海《うみ》の水《みず》は、大《おお》きな水《みず》玉《たま》くらいでしかない。淡水《たんすい》だと、さらに小《ちい》さくなる。

少《すく》ない淡水《たんすい》

地球《ちきゅう》の水《みず》のうち、97.5%は海水《かいすい》や塩湖《えんこ》の水《みず》などで、水蒸気《すいじょうき》もふくむ淡水《たんすい》（真水《まみず》）は残《のこ》りの2.5%である。しかも、そのうちの約《やく》68.7%が氷河《ひょうが》や氷山《ひょうざん》の氷《こおり》で、約《やく》30%は地面《じめん》にしみこんだ地下水《ちかすい》だ。地表《ちひょう》にある淡水《たんすい》は、水全体《みずぜんたい》の0.01%しかない。

ほかの天体《てんたい》にも水《みず》はある?

月《つき》の表面《ひょうめん》（➡35）のほか、木星《もくせい》の衛星《えいせい》や土星《どせい》の衛星《えいせい》などでも氷《こおり》の存在《そんざい》が知《し》られていて、その氷《こおり》の下《した》には水《みず》があると考《かんが》えられている。火星《かせい》でも流《なが》れる水《みず》があるといわれている。また彗星《すいせい》は約《やく》80%が氷《こおり》で、残《のこ》りは二酸化炭素《にさんかたんそ》や一酸化炭素《いっさんかたんそ》などだ。

NASA/JPL-Caltech/University of Arizona

火星《かせい》のコプラテス・カズマとよばれるくぼ地《ち》。季節《きせつ》によって現《あらわ》れる黒《くろ》い筋《すじ》は、化合物《かごうぶつ》をふくんだ水《みず》が流《なが》れたあとだと考《かんが》えられている。

●太陽《たいよう》
太陽《たいよう》のエネルギーは地球《ちきゅう》を温《あたた》め、海《うみ》や川《かわ》の水《みず》を蒸発《じょうはつ》させ、上昇気流《じょうしょうきりゅう》や風《かぜ》を起《お》こして水《みず》を循環《じゅんかん》させている。

●飛行機雲《ひこうきぐも》
飛行機《ひこうき》のエンジンから出《で》た水蒸気《すいじょうき》が、上空《じょうくう》の冷《つめ》たい空気《くうき》で冷《ひ》やされたり、つばさの後《うし》ろにうずができ、気圧《きあつ》と気温《きおん》が下《さ》がってまわりの水分《すいぶん》が冷《ひ》やされたりして雲《くも》になったもの。

●海《うみ》に降《ふ》る雨《あめ》
1年間《ねんかん》に平均《へいきん》1100mm。

●干潟《ひがた》
川《かわ》が海《うみ》へ注《そそ》ぎこむ河口《かこう》のあたりで、砂《すな》やどろがたまっている場所《ばしょ》。干潟《ひがた》で暮《く》らす生物《せいぶつ》の多《おお》くは、海《うみ》をよごす窒素《ちっそ》やリンなどの有機物《ゆうきぶつ》を分《ぶん》解《かい》し、海《うみ》の水《みず》をきれいにしている。

●氷河《ひょうが》
氷河《ひょうが》や氷山《ひょうざん》などは、地球《ちきゅう》の水全体《みずぜんたい》の1.74%だが、淡水《たんすい》のなかでは約《やく》68.7%になる。氷河《ひょうが》がとけると、海《うみ》の塩分《えんぶん》が変《か》わり、海水面《かいすいめん》の上昇《じょうしょう》も起《お》こる。

●海《うみ》
地球上《ちきゅうじょう》にある水《みず》のほとんど、96.5%が海《うみ》の水《みず》だ。

スイスのアレッチ氷河《ひょうが》。アルプス山脈《さんみゃく》で最大《さいだい》の氷河《ひょうが》。

『はれるんのお天気教室《てんききょうしつ》』: 東京堂出版《とうきょうどうしゅっぱん》

◎日本《にほん》の気象観測《きしょうかんそく》では、雨《あめ》の量《りょう》は直径《ちょっけい》20cmの雨量計《うりょうけい》にたまった深《ふか》さで計《はか》る。

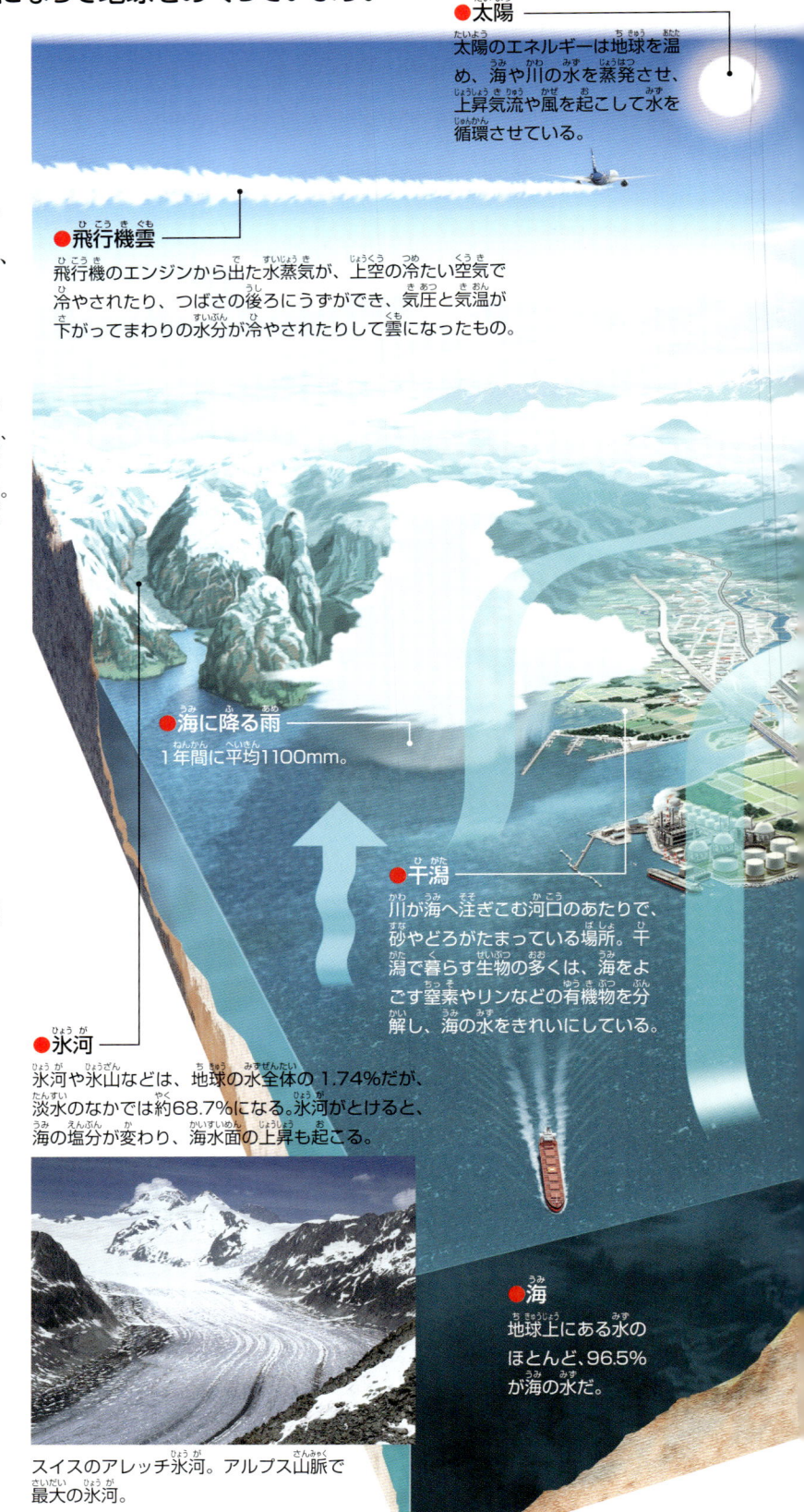

水《みず》の量《りょう》は一定《いってい》

　地球《ちきゅう》の水《みず》は液体《えきたい》や気体《きたい》（水蒸気《すいじょうき》）、固体《こたい》（氷《こおり》）と姿《すがた》を変《か》えて存在《そんざい》しているが、全体《ぜんたい》の量《りょう》は一定《いってい》だ。海《うみ》や川《かわ》の水《みず》は太陽《たいよう》エネルギーを受《う》けて蒸発《じょうはつ》して水蒸気《すいじょうき》になり、雲《くも》をつくり、雨《あめ》となって地上《ちじょう》に降《ふ》り注《そそ》ぐ。その一部《いちぶ》は地下《ちか》にしみこみ、わき水《みず》となって地上《ちじょう》に現《あらわ》れ、川《かわ》を下《くだ》って海《うみ》に流《なが》れこむ。寒《さむ》い地方《ちほう》や高山《こうざん》では氷《こおり》になり、動物《どうぶつ》や植物《しょくぶつ》の体《からだ》にたくわえられるものもある。このような水《みず》の動《うご》きを「水《みず》の循環《じゅんかん》」という。

●森林《しんりん》

地面《じめん》から吸《す》い上《あ》げられた水《みず》は、植物《しょくぶつ》の体《からだ》の中《なか》にしばらくとどまり、雨《あめ》は葉《は》や幹《みき》を伝《つた》ってゆっくりと流《なが》れ落《お》ちる。森林《しんりん》の植物《しょくぶつ》や土《つち》には、急《きゅう》な増水《ぞうすい》をおさえ、洪水《こうずい》を減《へ》らす役割《やくわり》もある。

青森県《あおもりけん》と秋田県《あきたけん》に広《ひろ》がる白神山地《しらかみさんち》のブナの原生林《げんせいりん》。植物《しょくぶつ》や土《つち》の中《なか》に、水《みず》がたくわえられている。

●水蒸気《すいじょうき》
空気中《くうきちゅう》には、目《め》には見《み》えないが水蒸気《すいじょうき》という形《かたち》で水《みず》が存在《そんざい》している。地球《ちきゅう》の水《みず》の約《やく》0.001％が大気中《たいきちゅう》にある。
●川《かわ》や湖《みずうみ》などからの蒸発《じょうはつ》
1年間《ねんかん》に平均《へいきん》480mm。
●雲《くも》と雨《あめ》
上昇気流《じょうしょうきりゅう》によって上空《じょうくう》にもち上《あ》げられた水蒸気《すいじょうき》が、雲《くも》になる（➡180）。雲《くも》からは雨《あめ》や雪《ゆき》が地表《ちひょう》に降《ふ》り注《そそ》ぐ。雲《くも》は、海《うみ》や川《かわ》などの水《みず》が、形《かたち》を変《か》えて空《そら》に運《はこ》ばれたものだ。
●陸上《りくじょう》に降《ふ》る雨《あめ》や雪《ゆき》
1年間《ねんかん》に平均《へいきん》720mm。
●淡水湖《たんすいこ》、ダム湖《こ》など
水全体《みずぜんたい》の0.007％だ。人間《にんげん》はダムによる水力発電《すいりょくはつでん》などでも、水《みず》を利用《りよう》している。
●河川《かせん》
地球《ちきゅう》の表面《ひょうめん》を流《なが》れる。水全体《みずぜんたい》の0.0002％にあたる。
●地下水《ちかすい》
地下《ちか》の深《ふか》い場所《ばしょ》を流《なが》れる。土《つち》の間《あいだ》を1日《にち》に数《すう》cmから数百《すうひゃく》mの速《はや》さで流《なが》れていると考《かんが》えられている。1か所《しょ》にたまっている地下水《ちかすい》もある。地下《ちか》の淡水《たんすい》は水全体《みずぜんたい》の0.76％だ。
●しみこむ水《みず》
地表《ちひょう》に降《ふ》った雨《あめ》は、一部《いちぶ》は川《かわ》などに入《はい》って地表《ちひょう》を流《なが》れ、一部《いちぶ》は地下《ちか》にしみこんでいく。浅《あさ》い場所《ばしょ》では蒸発《じょうはつ》して空気中《くうきちゅう》に移動《いどう》するものもある。土《つち》にふくまれる水《みず》は水《みず》全体《ぜんたい》の0.001％にあたる。
●地下水《ちかすい》の流《なが》れる方向《ほうこう》
●伏流水《ふくりゅうすい》
浅《あさ》い地中《ちちゅう》の、砂《すな》やつぶのあらい土《つち》の層《そう》を流《なが》れる水《みず》。
●海《うみ》からの蒸発《じょうはつ》
1年間《ねんかん》に平均《へいきん》1200mm。

●わき水《みず》

地下水《ちかすい》や伏流水《ふくりゅうすい》が地表《ちひょう》にわき出《で》てきたもの。川《かわ》の源流《げんりゅう》になることもある。

●農耕地《のうこうち》

水田《すいでん》や畑《はたけ》も水《みず》の循環《じゅんかん》の一部《いちぶ》だ。水田《すいでん》には水《みず》が一時的《いちじてき》にとどまり、農業用水路《のうぎょうようすいろ》に流《なが》れこんだり、ゆっくりと土《つち》にしみこんで地下水《ちかすい》に流《なが》れ出《だ》したりする。

砺波平野《となみへいや》（富山県《とやまけん》）の水田《すいでん》。この平野《へいや》は、岐阜県《ぎふけん》から流《なが》れる庄川《しょうがわ》が、山地《さんち》から土砂《どしゃ》を運《はこ》んでつくった豊《ゆた》かな土地《とち》だ。

柿田川《かきたがわ》（静岡県《しずおかけん》）のわき水《みず》。富士山《ふじさん》の雪《ゆき》どけ水《みず》がわき出《で》たものだ。

地球《ちきゅう》に暮《く》らす生《い》きものの体《からだ》は約《やく》60～80％が水分《すいぶん》でできているといわれる。その水《みず》を集《あつ》めると、水全体《みずぜんたい》の0.0001％になる。

気流《きりゅう》➡168　海流《かいりゅう》➡170

気候《きこう》は気流《きりゅう》と海流《かいりゅう》で変《か》わる

世界《せかい》の気候《きこう》　ある地域《ちいき》の天気《てんき》や気温《きおん》、降水量《こうすいりょう》、風《かぜ》といった天気《てんき》のようすを気候《きこう》といいます。地球上《ちきゅうじょう》には、砂漠《さばく》や熱帯雨林《ねったいうりん》など、いろいろな気候《きこう》の場所《ばしょ》があります。

長《なが》い帯《おび》のように広《ひろ》がる「気候帯《きこうたい》」

気温《きおん》と降水量《こうすいりょう》で気候《きこう》の特色《とくしょく》を分《わ》けると帯《おび》のように見《み》えるので、その区分《くぶん》を「気候帯《きこうたい》」という。赤道近《せきどうちか》くは、太陽《たいよう》のエネルギーを多《おお》く浴《あ》びるので気温《きおん》が高《たか》く、緯度《いど》が50度《ど》をこえる地域《ちいき》では、太陽《たいよう》エネルギーの量《りょう》が少《すく》ないため、寒冷《かんれい》になる。その間《あいだ》の緯度《いど》20～30度《ど》には、赤道付近《せきどうふきん》からの上昇気流《じょうしょうきりゅう》が高気圧《こうきあつ》（➡168）となって下降《かこう》し、乾燥《かんそう》した地域《ちいき》が多《おお》い。このように気候帯《きこうたい》は、赤道《せきどう》から極地方《きょくちほう》に向《む》かって、熱帯《ねったい》、乾燥帯《かんそうたい》、温帯《おんたい》、冷帯《れいたい》、寒帯《かんたい》に区切《くぎ》られる。

【気候帯《きこうたい》の区分《くぶん》】

気候帯《きこうたい》は、緯度《いど》のちがいだけでなく、海流《かいりゅう》や地形《ちけい》などを受《う》けてさらに細《こま》かく分《わ》けられる。

●熱帯《ねったい》
- 熱帯雨林気候《ねったいうりんきこう》
- サバナ気候《きこう》（雨季《うき》と乾季《かんき》がある草原《そうげん》）

●乾燥帯《かんそうたい》
- 砂漠気候《さばくきこう》
- ステップ気候《きこう》（一年中乾燥《いちねんじゅうかんそう》した草原《そうげん》）

●温帯《おんたい》
- 温暖湿潤気候《おんだんしつじゅんきこう》
- 温暖冬季少雨気候《おんだんとうきしょううきこう》
- 地中海性気候《ちちゅうかいせいきこう》
- 西岸海洋性気候《せいがんかいようせいきこう》

●冷帯《れいたい》
- 冷帯湿潤気候《れいたいしつじゅんきこう》
- 冷帯冬季少雨気候《れいたいとうきしょううきこう》

●寒帯《かんたい》
- ツンドラ気候《きこう》（樹木《じゅもく》は大《おお》きく育《そだ》たず、コケや地衣類《ちいるい》におおわれる）
- 氷雪気候《ひょうせつきこう》

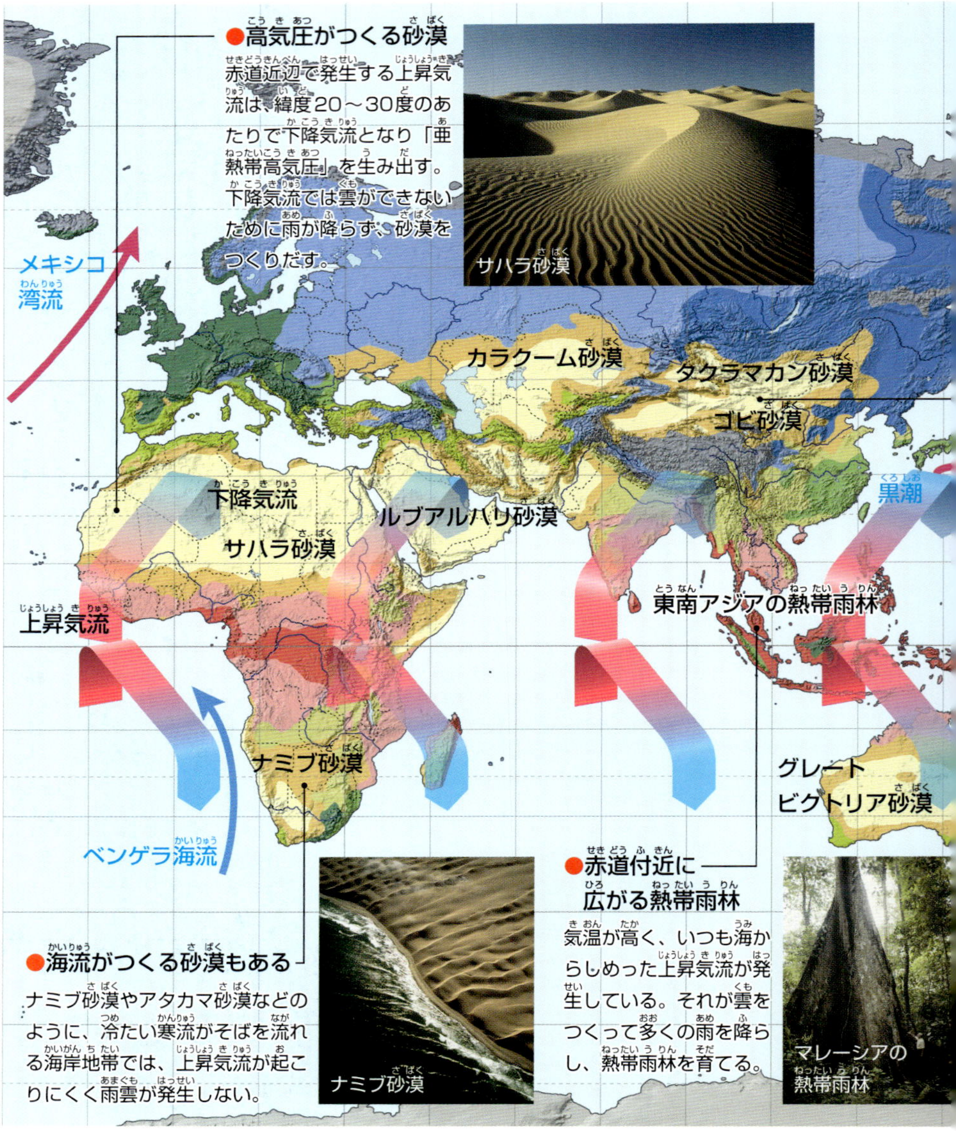
メキシコ湾流《わんりゅう》
カラクーム砂漠《さばく》
タクラマカン砂漠《さばく》
ゴビ砂漠《さばく》
黒潮《くろしお》
下降気流《かこうきりゅう》
ルブアルハリ砂漠《さばく》
サハラ砂漠《さばく》
上昇気流《じょうしょうきりゅう》
東南《とうなん》アジアの熱帯雨林《ねったいうりん》
ナミブ砂漠《さばく》
グレートビクトリア砂漠《さばく》
ベンゲラ海流《かいりゅう》

●高気圧《こうきあつ》がつくる砂漠《さばく》

赤道近辺《せきどうきんぺん》で発生《はっせい》する上昇気流《じょうしょうきりゅう》は、緯度《いど》20～30度《ど》のあたりで下降気流《かこうきりゅう》となり「亜熱帯高気圧《あねったいこうきあつ》」を生《う》み出《だ》す。下降気流《かこうきりゅう》では雲《くも》ができないために雨《あめ》が降《ふ》らず、砂漠《さばく》をつくりだす。

サハラ砂漠《さばく》

●海流《かいりゅう》がつくる砂漠《さばく》もある

ナミブ砂漠《さばく》やアタカマ砂漠《さばく》などのように、冷《つめ》たい寒流《かんりゅう》がそばを流《なが》れる海岸地帯《かいがんちたい》では、上昇気流《じょうしょうきりゅう》が起《お》こりにくく雨雲《あまぐも》が発生《はっせい》しない。

ナミブ砂漠《さばく》

●赤道付近《せきどうふきん》に広《ひろ》がる熱帯雨林《ねったいうりん》

気温《きおん》が高《たか》く、いつも海《うみ》からしめった上昇気流《じょうしょうきりゅう》が発生《はっせい》している。それが雲《くも》をつくって多《おお》くの雨《あめ》を降《ふ》らし、熱帯雨林《ねったいうりん》を育《そだ》てる。

マレーシアの熱帯雨林《ねったいうりん》

雨季《うき》と乾季《かんき》ができるのは、なぜ？

一年《いちねん》のうち、雨《あめ》がよく降《ふ》る「雨季《うき》」と、あまり降《ふ》らない「乾季《かんき》」に分《わ》かれる地域《ちいき》がある。原因《げんいん》のひとつが、地球《ちきゅう》の自転軸《じてんじく》のかたむきだ。地球《ちきゅう》は太陽《たいよう》のまわりを公転《こうてん》しているが、自転軸《じてんじく》のかたむきのため、太陽《たいよう》が垂直《すいちょく》に当《あ》たり上昇気流《じょうしょうきりゅう》が発生《はっせい》しやすい場所《ばしょ》が、季節《きせつ》によって南北《なんぼく》に移動《いどう》する。その季節《きせつ》で雨《あめ》が降《ふ》りやすい場所《ばしょ》は雨季《うき》、乾燥《かんそう》した場所《ばしょ》が乾季《かんき》となる。

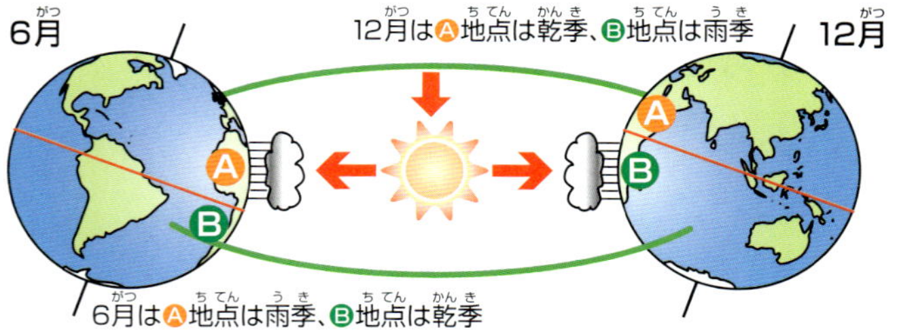
6月《がつ》
12月《がつ》
12月《がつ》はⒶ地点《ちてん》は乾季《かんき》、Ⓑ地点《ちてん》は雨季《うき》
A
B
6月《がつ》はⒶ地点《ちてん》は雨季《うき》、Ⓑ地点《ちてん》は乾季《かんき》

【温暖《おんだん》で雨《あめ》の少《すく》ない地中海《ちちゅうかい》】

地中海《ちちゅうかい》には大《おお》きな海流《かいりゅう》が流《なが》れないため、気温《きおん》が安定《あんてい》して、冬《ふゆ》も大《おお》きく下《さ》がらない。夏《なつ》は乾燥《かんそう》して、晴《は》れの日《ひ》が続《つづ》く。これはサハラ砂漠《さばく》に高気圧《こうきあつ》ができることや、ヒマラヤで発生《はっせい》した上昇気流《じょうしょうきりゅう》が地中海近辺《ちちゅうかいきんぺん》で高気圧《こうきあつ》となることが原因《げんいん》だ。

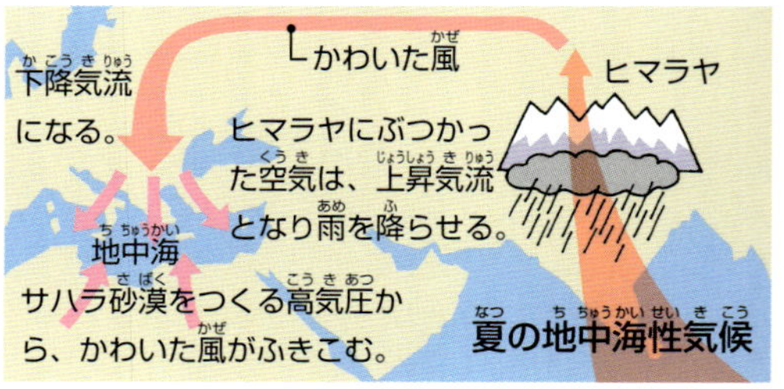
かわいた風《かぜ》
ヒマラヤ
下降気流《かこうきりゅう》になる。
ヒマラヤにぶつかった空気《くうき》は、上昇気流《じょうしょうきりゅう》となり雨《あめ》を降《ふ》らせる。
地中海《ちちゅうかい》
サハラ砂漠《さばく》をつくる高気圧《こうきあつ》から、かわいた風《かぜ》がふきこむ。
夏《なつ》の地中海性気候《ちちゅうかいせいきこう》

📖『気候帯《きこうたい》でみる！ 自然環境《しぜんかんきょう》（全《ぜん》5巻《かん》）』: 少年写真新聞社《しょうねんしゃしんしんぶんしゃ》

海《うみ》の温度《おんど》も気候《きこう》に関係《かんけい》する

海水面《かいすいめん》の温度《おんど》も、赤道近《せきどうちか》くは温《あたた》かく、極地方《きょくちほう》に向《む》かって冷《つめ》たくなる。海流《かいりゅう》には暖《だん》流《りゅう》（地図《ちず》の中《なか》の赤《あか》い矢印《やじるし》）と、寒流《かんりゅう》（地図《ちず》の中《なか》の青《あお》い矢印《やじるし》）があるので、海水面《かいすいめん》の温度《おんど》にも場所《ばしょ》によってちがいがある。暖流《だんりゅう》のメキシコ湾流《わんりゅう》が近《ちか》くを流《なが》れるイギリスは、北海道《ほっかいどう》より北《きた》にあるが、平均気温《へいきんきおん》は北海道《ほっかいどう》より高《たか》い。

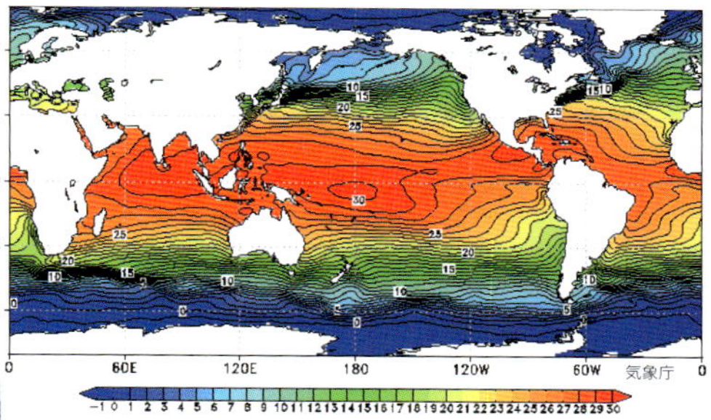

60N
30N
EQ
30S
60S
0
60E
120E
180
120W
60W
0
気象庁
−1 0 1 2 3 4 5 6 7 8 9 10 11 12 13 14 15 16 17 18 19 20 21 22 23 24 25 26 27 28 29 30

海水面《かいすいめん》の温度《おんど》。青《あお》いほうが水温《すいおん》が低《ひく》く、赤《あか》いほうが高《たか》い。同《おな》じ緯度《いど》でも海流《かいりゅう》の温度《おんど》が高《たか》いところ、低《ひく》いところで、気候《きこう》にちがいがみられる。

熱帯雨林《ねったいうりん》や砂漠《さばく》のできる場所《ばしょ》

赤道近《せきどうちか》くには熱帯雨林気候《ねったいうりんきこう》が広《ひろ》がり、その南北《なんぼく》の緯度《いど》20度近《どちか》くに砂漠気候《さばくきこう》がある。これは、赤道《せきどう》で空気《くうき》が暖《あたた》められて気流《きりゅう》ができることと関係《かんけい》している。

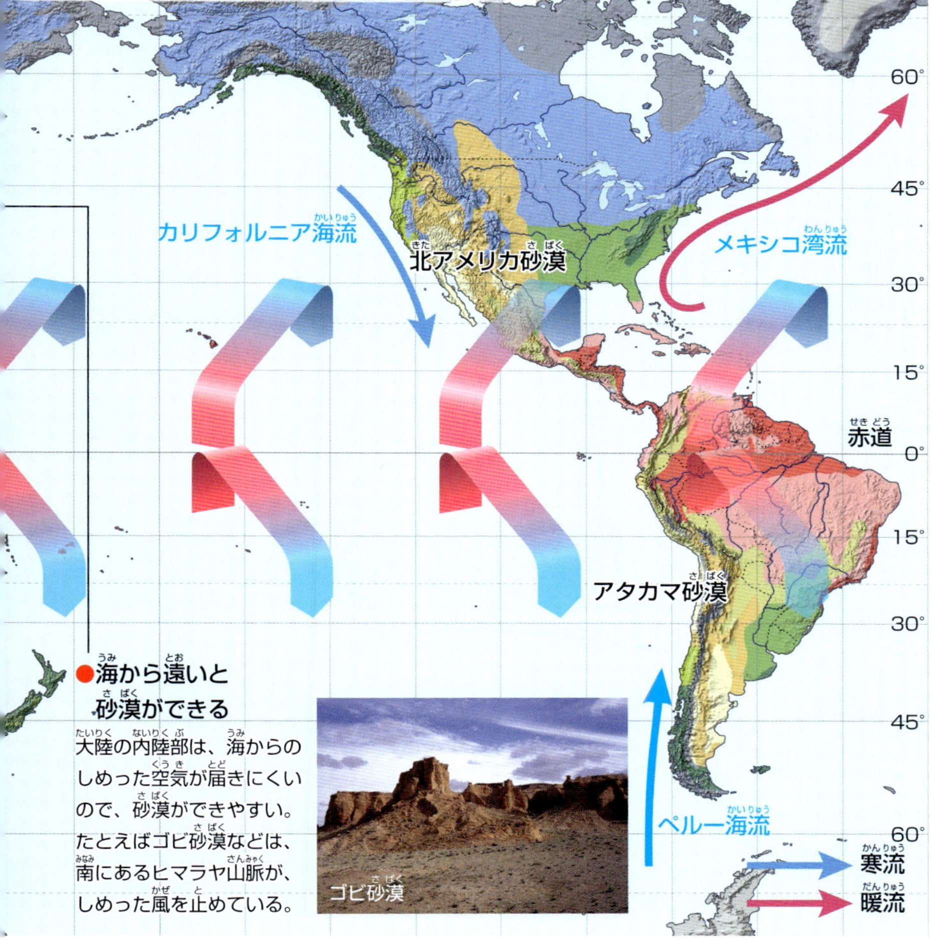

緯度《いど》
75°
60°
45°
30°
15°
赤道《せきどう》
0°
15°
30°
45°
60°
カリフォルニア海流《かいりゅう》
北《きた》アメリカ砂漠《さばく》
メキシコ湾流《わんりゅう》
アタカマ砂漠《さばく》
ペルー海流《かいりゅう》
寒流《かんりゅう》
暖流《だんりゅう》

●海《うみ》から遠《とお》いと砂漠《さばく》ができる

大陸《たいりく》の内陸部《ないりくぶ》は、海《うみ》からのしめった空気《くうき》が届《とど》きにくいので、砂漠《さばく》ができやすい。たとえばゴビ砂漠《さばく》などは、南《みなみ》にあるヒマラヤ山脈《さんみゃく》が、しめった風《かぜ》を止《と》めている。

ゴビ砂漠《さばく》

北極《ほっきょく》よりも寒《さむ》い南極《なんきょく》

北極《ほっきょく》も南極《なんきょく》も、同《おな》じように寒冷《かんれい》な気《き》候《こう》だ。しかし、南極《なんきょく》には大陸《たいりく》があるが、北極《ほっきょく》の氷《こおり》の下《した》は海《うみ》だ。海水《かいすい》には温度《おんど》を一定《いってい》に保《たも》つ力《ちから》があるので、大陸《たいりく》のある南極《なんきょく》よりも、北極《ほっきょく》のほうが気温《きおん》が下《さ》がりにくい。南極大陸《なんきょくたいりく》は標高《ひょうこう》が高《たか》く、まわりには寒流《かんりゅう》がめぐっていて暖流《だんりゅう》が近《ちか》づけないなどの理由《りゆう》で、気温《きおん》が低《ひく》い。

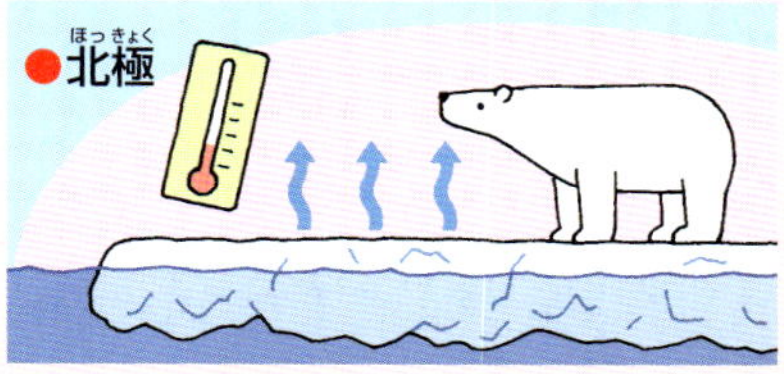

●北極《ほっきょく》

氷《こおり》の下《した》は海《うみ》で、温度《おんど》を保《たも》つので冷《ひ》えにくい。

●南極《なんきょく》

地面《じめん》が冷《ひ》えるので気温《きおん》も下《さ》がる。

【気候《きこう》を利用《りよう》した航海《こうかい》】

大陸《たいりく》は温《あたた》まりやすく冷《ひ》えやすい。海《うみ》は温《あたた》まりにくく冷《ひ》えにくい。そのため夏《なつ》は、温《あたた》かい陸地《りくち》に対《たい》して海《うみ》から風《かぜ》がふく。反対《はんたい》に冬《ふゆ》は、冷《つめ》たい大陸《たいりく》から温《あたた》かい海《うみ》に風《かぜ》がふく。これを「モンスーン（季節風《きせつふう》）」という。インド洋《よう》では古《ふる》くからこの風《かぜ》を利用《りよう》して航《こう》海《かい》が行《おこな》われている。東《ひがし》アジアやインドなど、モンスーンの影響《えいきょう》で海《うみ》からしめった風《かぜ》がふき、夏《なつ》に雨季《うき》となる地域《ちいき》では、モンスーンのもたらす雨《あめ》が農業《のうぎょう》にとってめぐみとなっている。

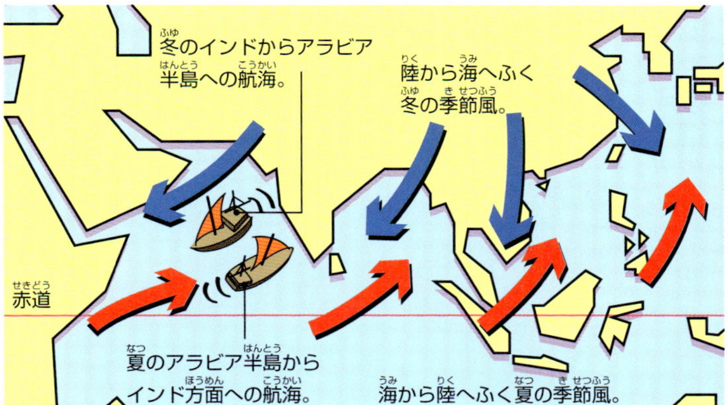

冬《ふゆ》のインドからアラビア半島《はんとう》への航海《こうかい》。
陸《りく》から海《うみ》へふく冬《ふゆ》の季節風《きせつふう》。
赤道《せきどう》
夏《なつ》のアラビア半島《はんとう》からインド方面《ほうめん》への航海《こうかい》。
海《うみ》から陸《りく》へふく夏《なつ》の季節風《きせつふう》。

現在《げんざい》もモンスーンを利用《りよう》して交易《こうえき》をする、アラビア海《かい》の貿易船《ぼうえきせん》。

世界一高《せかいいちたか》い気温《きおん》は、アメリカのデスバレーの砂漠地帯《さばくちたい》で記録《きろく》された56.7℃。世界一低《せかいいちひく》い気温《きおん》は南極大陸東部《なんきょくたいりくとうぶ》の高地《こうち》のマイナス93.2℃だ。

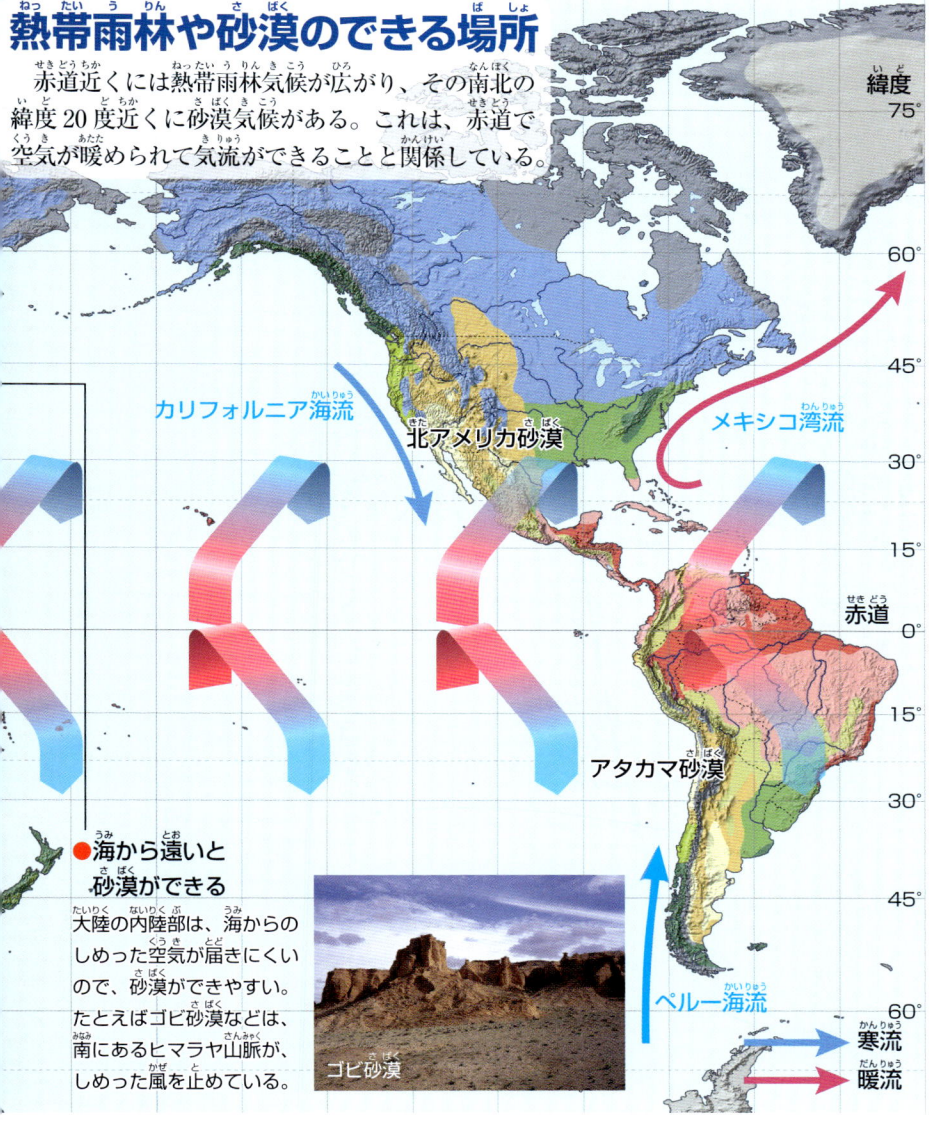

変化《へんか》に富《と》んだ日本《にほん》の季節《きせつ》と天気《てんき》

日本《にほん》の気候《きこう》

日本《にほん》には、はっきりとした4つの季節《きせつ》があり、さまざまな気候《きこう》が見《み》られます。地形《ちけい》や海流《かいりゅう》、空気《くうき》の動《うご》きが、それらをつくり出《だ》しています。

4つの高気圧《こうきあつ》が天気《てんき》を変《か》える

日本《にほん》の周辺《しゅうへん》には空気《くうき》の流《なが》れ、大陸《たいりく》、海流《かいりゅう》などの影響《えいきょう》で4つの大《おお》きな高気圧《こうきあつ》が発生《はっせい》する。それぞれ湿度《しつど》や温度《おんど》など異《こと》なった性質《せいしつ》があり、季《き》節《せつ》によって強《つよ》まったり弱《よわ》まったりすることで、日本《にほん》に四季《しき》の変化《へんか》をもたらし、天気《てんき》も変化《へんか》させている。

下降気流《かこうきりゅう》
冷《つめ》たくかわいた高気圧《こうきあつ》
偏西風《へんせいふう》
冷《つめ》たくしめった高気圧《こうきあつ》
寒流《かんりゅう》
偏西風《へんせいふう》が運《はこ》んでくる。
暖《あたた》かくかわいた高気圧《こうきあつ》
暖《あたた》かくしめった高気圧《こうきあつ》
赤道《せきどう》

シベリア高気圧《こうきあつ》
冬《ふゆ》によく発達《はったつ》し、日本《にほん》に冬《ふゆ》の寒《さむ》さを送《おく》りこむ。シベリアやモンゴルなどの地表《ちひょう》が冷《ひ》やされてできる。

オホーツク海高気圧《かいこうきあつ》
おもに6～7月《がつ》にかけて発《はっ》達《たつ》する。偏西風《へんせいふう》が運《はこ》んできた空気《くうき》がオホーツク海《かい》の寒《かん》流《りゅう》（➡170）で冷《ひ》やされてできる。太平洋側《たいへいようがわ》の冷夏《れいか》の原因《げんいん》となる。

移動性高気圧《いどうせいこうきあつ》
春《はる》や秋《あき》によく現《あらわ》れる。中国南東部《ちゅうごくなんとうぶ》やチベットで生《う》まれ、偏西風《へんせいふう》が運《はこ》んでくる。暖《あたた》かく乾燥《かんそう》している。

太平洋高気圧《たいへいようこうきあつ》
夏《なつ》になると勢《いきお》いが強《つよ》くなって北上《ほくじょう》してくる。赤道《せきどう》近《ちか》くで発生《はっせい》した上昇気流《じょうしょうきりゅう》が、下降気流《かこうきりゅう》となり、発《はっ》生《せい》したもの。

高気圧《こうきあつ》がつくる日本《にほん》の四季《しき》

4つの高気圧《こうきあつ》は時期《じき》によって勢《いきお》いがちがい、現《あらわ》れたり消《き》えたりする。この変化《へんか》と、シベリア高気圧《こうきあつ》やオホーツク海高気圧《かいこうきあつ》からの冷《つめ》たい空気《くうき》「寒気《かんき》」や、太平洋高気圧《たいへいようこうきあつ》や移動性高気圧《いどうせいこうきあつ》がもたらす暖《あたた》かい空気《くうき》「暖気《だんき》」が日本《にほん》の季節《きせつ》を形《かたち》づくっている。

【夏《なつ》】太平洋高気圧《たいへいようこうきあつ》が、しめって暖《あたた》かい空気《くうき》を送《おく》るので蒸《む》し暑《あつ》くなる。真夏《まなつ》になると太平洋高気圧《たいへいようこうきあつ》が日本上空《にほんじょうくう》をおおい、暑《あつ》くてよく晴《は》れた日《ひ》が続《つづ》く。

高
太平洋高気圧《たいへいようこうきあつ》

【冬《ふゆ》】日本《にほん》の西側《にしがわ》のシベリア高気圧《こうきあつ》から、東《ひがし》の海上《かいじょう》で発達《はったつ》した低気圧《ていきあつ》に向《む》かって冷《つめ》たい風《かぜ》がふきつける（➡168）。これが冬《ふゆ》の寒《さむ》さの原因《げんいん》だ。

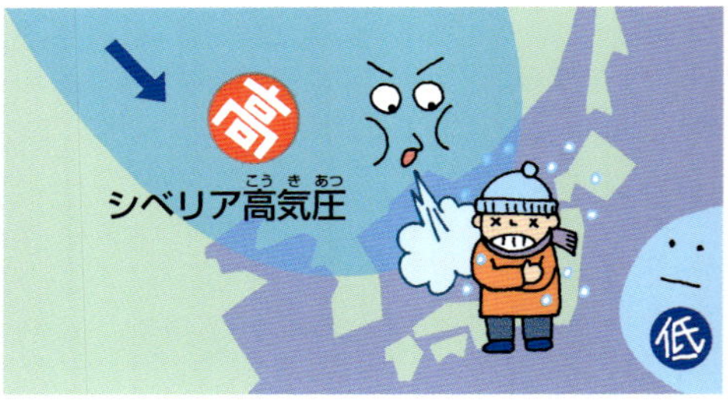
高
シベリア高気圧《こうきあつ》
低

【春《はる》と秋《あき》】日本上空《にほんじょうくう》を、移動性高気圧《いどうせいこうきあつ》と雨《あめ》を降《ふ》らす低《てい》気圧《きあつ》が順番《じゅんばん》に、西《にし》から東《ひがし》へ通《とお》り過《す》ぎる。そのため天気《てんき》が変《か》わりやすい。高気圧《こうきあつ》におおわれて晴《は》れた日《ひ》は、さわやかな天気《てんき》となる。

高
低気圧《ていきあつ》
低
移動性高気圧《いどうせいこうきあつ》
高
低

オホーツク海高気圧《かいこうきあつ》
高
太平洋高気圧《たいへいようこうきあつ》
高

【梅雨《つゆ》】
本州《ほんしゅう》より南《みなみ》の地域《ちいき》では、6月上旬《がつじょうじゅん》から7月上《がつじょう》旬《じゅん》にかけて、長《なが》く雨《あめ》が降《ふ》る「梅雨《つゆ》」がある。オホーツク海高気圧《かいこうきあつ》が発達《はったつ》して寒気《かんき》を運《はこ》び、太平洋高気圧《たいへいようこうきあつ》も発達《はったつ》して暖気《だんき》を送《おく》ってくると、日本《にほん》の上空《じょうくう》でおし合《あ》う形《かたち》になる。暖気《だんき》と寒気《かんき》のバランスがとれて動《うご》かなくなると、長期間《ちょうきかん》雨《あめ》を降《ふ》らせる「梅雨前線《ばいうぜんせん》（➡182）」ができる。

太平洋高気圧《たいへいようこうきあつ》が強《つよ》くなり、オホーツク海高気圧《かいこうきあつ》が弱《よわ》まると、バランスがくずれ、梅雨前線《ばいうぜんせん》が消《き》えて梅雨明《つゆあ》けになる。

『いちばんやさしい　天気《てんき》と気象《きしょう》の事典《じてん》』: 永岡書店《ながおかしょてん》

日本《にほん》の地形《ちけい》と気候《きこう》

日本《にほん》は海《うみ》に囲《かこ》まれ、西《にし》にはユーラシア大陸《たいりく》がある。しかも南北《なんぼく》に長《なが》い形《かたち》をしているため、各地《かくち》の気候《きこう》は変化《へんか》に富《と》んでいる。また、本州《ほんしゅう》の中央《ちゅうおう》に背骨《せぼね》のようにのびる奥羽山脈《おううさんみゃく》や飛騨山脈《ひださんみゃく》、木曽山脈《きそさんみゃく》、赤石山脈《あかいしさんみゃく》などの「脊梁山脈《せきりょうさんみゃく》」が空気《くうき》の流《なが》れを変《か》えて、さまざまな気象現象《きしょうげんしょう》を引《ひ》き起《お》こしている。

【冬《ふゆ》の日本海側《にほんかいがわ》と太平洋側《たいへいようがわ》】

冬《ふゆ》は、日本海側《にほんかいがわ》で大雪《おおゆき》が降《ふ》り、太平洋側《たいへいようがわ》では晴《は》れて乾燥《かんそう》した日《ひ》が続《つづ》く。季節風《きせつふう》（➡177）に乗《の》ってやってきたシベリア高気圧《こうきあつ》からの寒気《かんき》は、脊梁山脈《せきりょうさんみゃく》にぶつかり、上昇気流《じょうしょうきりゅう》となって雪《ゆき》を降《ふ》らす雲《くも》となる。寒気《かんき》は山《やま》をこえると乾燥《かんそう》し、反対側《はんたいがわ》の太平洋側《たいへいようがわ》にふき降《お》りてくる。この風《かぜ》を「おろし」や「だし」とよぶ地域《ちいき》も多《おお》い。

シベリア高気圧《こうきあつ》からの寒気《かんき》
雪《ゆき》を降《ふ》らせる雲《くも》
山地《さんち》が上昇気流《じょうしょうきりゅう》をつくる。
冷《つめ》たい乾燥《かんそう》した風《かぜ》がふく。

【冬《ふゆ》は海《うみ》から遠《とお》いほど寒《さむ》くなる】

北海道《ほっかいどう》は北《きた》に位置《いち》しているため、太陽《たいよう》から受《う》ける熱《ねつ》エネルギー量《りょう》が少《すく》なく、冬《ふゆ》は夜《よる》も長《なが》い。そのため、陸地《りくち》がどんどん冷《ひ》やされて寒《さむ》くなる。海《うみ》は温《あたた》まりにくく冷《さ》めにくいので、海沿《うみぞ》いは気温《きおん》が下《さ》がりにくいが、内陸部《ないりくぶ》はとくに寒《さむ》くなる。

内陸部《ないりくぶ》の旭川市《あさひかわし》は、1902年《ねん》に日本《にほん》で最《もっと》も低《ひく》い気温《きおん》マイナス41℃を記録《きろく》している。

【日本《にほん》の6つの気候区分《きこうくぶん》】

日本《にほん》の気候《きこう》は大《おお》きく6つに分《わ》けられる。気候帯《きこうたい》の区分《くぶん》（➡176）では冷帯《れいたい》にふくまれる「北海道《ほっかいどう》の気候《きこう》」、温帯《おんたい》にふくまれる「日本海側《にほんかいがわ》の気候《きこう》」「太平洋側《たいへいようがわ》の気候《きこう》」「中央高地《ちゅうおうこうち》の気候《きこう》」「瀬戸内《せとうち》の気候《きこう》」「南西諸島《なんせいしょとう》の気候《きこう》」だ。また季節《きせつ》によってふく風《かぜ》もちがい、冬《ふゆ》はシベリア高気《こうき》圧《あつ》から北西《ほくせい》の風《かぜ》がふき、夏《なつ》は太平洋高気圧《たいへいようこうきあつ》から南東《なんとう》の風《かぜ》がふく。これを「季節風《きせつふう》」という。

●日本海側《にほんかいがわ》の気候《きこう》

冬《ふゆ》の季節風《きせつふう》の影響《えいきょう》を受《う》けて雪《ゆき》が多《おお》く、山沿《やまぞ》いの地域《ちいき》は豪雪地帯《ごうせつちたい》となる。夏《なつ》は晴《は》れた日《ひ》が多《おお》く、気温《きおん》も高《たか》い。

●北海道《ほっかいどう》の気候《きこう》

夏《なつ》はすずしく、冬《ふゆ》は寒《さむ》さが厳《きび》しい。一年《いちねん》を通《つう》じて降水量《こうすいりょう》は少《すく》ない。梅雨《つゆ》や台風《たいふう》の影響《えいきょう》が少《すく》なく、からっとした天気《てんき》が多《おお》い。

旭川市《あさひかわし》
冬《ふゆ》の季節風《きせつふう》
奥羽山脈《おううさんみゃく》
飛騨山脈《ひださんみゃく》
野辺山《のべやま》
小豆島《しょうどしま》
大台ヶ原《おおだいがはら》
赤石山脈《あかいしさんみゃく》
木曽山脈《きそさんみゃく》
夏《なつ》の季節風《きせつふう》

●太平洋側《たいへいようがわ》の気候《きこう》

夏《なつ》は、太平洋《たいへいよう》からふきつける暖《あたた》かくしめった季節風《きせつふう》のため、高温多湿《こうおんたしつ》となり雨《あめ》が多《おお》い。冬《ふゆ》は山《やま》をこえてくるかわいた風《かぜ》の影響《えいきょう》で乾燥《かんそう》する。

●中央高地《ちゅうおうこうち》の気候《きこう》

山《やま》に囲《かこ》まれた地形《ちけい》は季節風《きせつふう》の影響《えいきょう》を受《う》けにくいので、一年《いちねん》を通《つう》じて湿度《しつど》が低《ひく》めで、降水量《こうすいりょう》が少《すく》ない。また海《うみ》から遠《とお》いため、夏《なつ》と冬《ふゆ》、昼《ひる》と夜《よる》の気温《きおん》の差《さ》が大《おお》きい。

●瀬戸内《せとうち》の気候《きこう》

夏《なつ》は四国山地《しこくさんち》、冬《ふゆ》は中国山地《ちゅうごくさんち》が季節風《きせつふう》をさえぎるので、一年《いちねん》を通《つう》じて晴《は》れの日《ひ》が多《おお》く、雨《あめ》が少《すく》ない。

●南西諸島《なんせいしょとう》の気候《きこう》

一年《いちねん》を通《つう》じて気温《きおん》が高《たか》く、めったに雪《ゆき》は降《ふ》らない。南《みなみ》からのしめった季節風《きせつふう》を受《う》け、雨《あめ》が降《ふ》りやすく、とくに梅雨《つゆ》や台風《たいふう》の影響《えいきょう》で、降水量《こうすいりょう》が多《おお》い。

【雨《あめ》の多《おお》い大台ヶ原《おおだいがはら》】

奈良県《ならけん》と三重県《みえけん》の県境《けんざかい》にある大台ヶ原《おおだいはら》は年間降水量《ねんかんこうすいりょう》が5000mm（2004年《ねん》）に達《たっ》し、近《ちか》くの大阪市《おおさかし》や奈良市《ならし》の3倍以上《ばいいじょう》になる。紀伊半島《きいはんとう》の南東部《なんとうぶ》に位置《いち》し、夏《なつ》の季節風《きせつふう》に運《はこ》ばれた、太平洋上《たいへいようじょう》のしめった空気《くうき》が次《つぎ》つぎにふきつけてくる。風《かぜ》は山腹《さんぷく》を上《のぼ》る上昇気流《じょうしょうきりゅう》となって雨雲《あまぐも》をつくり、大《おお》つぶの雨《あめ》を降《ふ》らせ続《つづ》ける。

【気候《きこう》に合《あ》った作物《さくもつ》】

日本各地《にほんかくち》で特《とく》ちょうのある気候《きこう》を利用《りよう》して、それぞれに適《てき》した作物《さくもつ》をつくっている。

野辺山高原《のべやまこうげん》（長野県《ながのけん》）などの中央高地《ちゅうおうこうち》では、乾燥《かんそう》してすずしい気候《きこう》に適《てき》したレタスなどがつくられる。

瀬戸内《せとうち》の気候《きこう》にある小豆島《しょうどしま》（香川県《かがわけん》）では、温暖《おんだん》で乾燥《かんそう》した気候《きこう》に向《む》いたオリーブが栽培《さいばい》されている。

雨《あめ》が多《おお》く湿度《しつど》も高《たか》いため、コケも多《おお》く見《み》られる大台ヶ原《おおだいがはら》の森《もり》。

関東平野《かんとうへいや》では、冬《ふゆ》に山《やま》をこえてきた乾燥《かんそう》した冷《つめ》たい北風《きたかぜ》を「空《から》っ風《かぜ》」とよぶ。「遠州《えんしゅう》の空《から》っ風《かぜ》（静岡県《しずおかけん》）」なども同様《どうよう》の風《かぜ》だ。

雨《あめ》と雪《ゆき》は、もとは同《おな》じ水《みず》のつぶ

雨《あめ》と雪《ゆき》

雨《あめ》や雪《ゆき》、ひょうは、空《そら》から降《ふ》ってくる「水《みず》」です。海《うみ》や川《かわ》の水《みず》が蒸発《じょうはつ》して水蒸気《すいじょうき》になり、雲《くも》をつくって再《ふたた》び地上《ちじょう》に降《ふ》るのです。同《おな》じ地球《ちきゅう》をめぐる水《みず》なのに、形《かたち》が変《か》わるのはなぜでしょう?

上昇気流《じょうしょうきりゅう》が雨《あめ》や雪《ゆき》のもとになる

雨《あめ》や雪《ゆき》は、空《そら》に浮《う》かんだ雲《くも》から降《ふ》ってくる。太陽《たいよう》の熱《ねつ》で海水《かいすい》などが温《あたた》められたり、暖《あたた》かい空気《くうき》と冷《つめ》たい空気《くうき》がぶつかったり、低気圧《ていきあつ》（➡168）が発生《はっせい》して空気《くうき》が流《なが》れこんだりすると、上昇気流《じょうしょうきりゅう》が起《お》こる。すると水蒸気《すいじょうき》がもち上《あ》げられ、上空《じょうくう》で冷《ひ》やされて雲《くも》となり、やがて雨《あめ》や雪《ゆき》になって地上《ちじょう》に降《ふ》るのだ。

岐阜県中津川市《ぎふけんなかつがわし》を流《なが》れる付知川《つけちがわ》に降《ふ》る雨《あめ》。

雲《くも》のつくりと雨《あめ》が降《ふ》るしくみ

水蒸気《すいじょうき》は気体《きたい》として空気中《くうきちゅう》にあって、目《め》には見《み》えない。水蒸気《すいじょうき》が上昇気流《じょうしょうきりゅう》で上空《じょうくう》にもち上《あ》げられると、冷《ひ》やされて水《みず》のつぶになり、そのつぶがたくさん集《あつ》まると雲《くも》になる。熱帯《ねったい》や亜熱帯《あねったい》以外《いがい》の上空《じょうくう》はとても寒《さむ》いので、雲《くも》の中《なか》では、水《みず》のつぶはこおって氷《こおり》のつぶ（氷晶《ひょうしょう》）や雪《ゆき》の結晶《けっしょう》になっている。そうした結晶《けっしょう》がくっついて重《おも》くなると、上昇気流《じょうしょうきりゅう》では支《ささ》えきれなくなって落《お》ちてくる。地表《ちひょう》の近《ちか》くは暖《あたた》かいので、氷《こおり》のつぶはとけて雨《あめ》になる。空気中《くうきちゅう》の水蒸気《すいじょうき》の量《りょう》が多《おお》いほど、雨《あめ》が降《ふ》りやすい雲《くも》になる。

【温度《おんど》が下《さ》がると水蒸気《すいじょうき》は水《みず》になる】

水《みず》（液体《えきたい》）は温《あたた》められると水蒸気《すいじょうき》（気体《きたい》）になって、冷《ひ》えると液体《えきたい》にもどる。冷《つめ》たい飲《の》みものを入《い》れたコップにつく水滴《すいてき》や、冬《ふゆ》に窓《まど》ガラスに水滴《すいてき》がつく「結露《けつろ》」が見《み》られるが、コップや窓《まど》ガラスの代《か》わりに、空気中《くうきちゅう》の小《ちい》さなちりに水蒸気《すいじょうき》がつき、水《みず》のつぶになったものが雲《くも》だ。水蒸気《すいじょうき》がつくようなちりがないと、雲《くも》はできない。

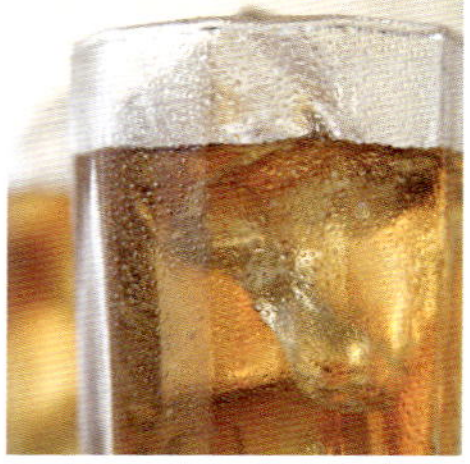

冷《つめ》たいコップについた水滴《すいてき》。

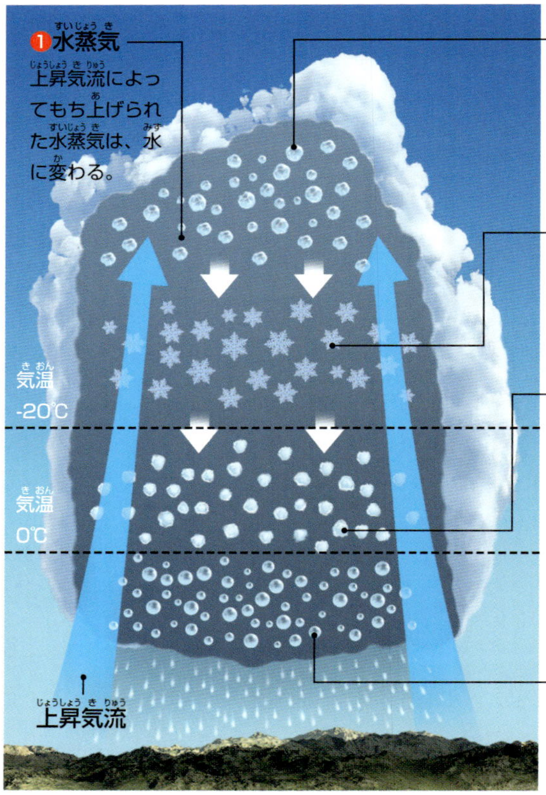
①水蒸気《すいじょうき》
上昇気流《じょうしょうきりゅう》によってもち上《あ》げられた水蒸気《すいじょうき》は、水《みず》に変《か》わる。
気温《きおん》
-20℃
気温《きおん》
0℃
上昇気流《じょうしょうきりゅう》

②水《みず》のつぶと氷晶《ひょうしょう》
雲《くも》の高《たか》い位置《いち》には、水蒸気《すいじょうき》が変化《へんか》した水《みず》のつぶと、それがこおった、とても小《ちい》さな氷《こおり》のつぶ「氷晶《ひょうしょう》」がある。

③雪《ゆき》の結晶《けっしょう》
氷晶《ひょうしょう》はまわりの水蒸気《すいじょうき》を集《あつ》めて大《おお》きくなり、雪《ゆき》の結晶《けっしょう》になる。

④雪《ゆき》やあられ
雪《ゆき》の結晶《けっしょう》が大《おお》きくなると、重《おも》さで落《お》ちていく。雪《ゆき》のまわりに水《みず》のつぶが集《あつ》まってこおり、小《ちい》さな氷《こおり》の「あられ」になる。気温《きおん》が低《ひく》いと、雨《あめ》にならずに雪《ゆき》やあられが降《ふ》る。

⑤水《みず》のつぶ
暖《あたた》かい空気《くうき》の中《なか》を通《とお》るうちに、とけて水《みず》となる。それが雨《あめ》として、地上《ちじょう》に降《ふ》る。

『空《そら》と天気《てんき》のふしぎ 109』: 偕成社《かいせいしゃ》

熱帯《ねったい》のこおらない雲《くも》

熱帯《ねったい》のように暖《あたた》かい場所《ばしょ》では、雨《あめ》の降《ふ》るしくみは日本《にほん》とはちがっている。上空《じょうくう》の気温《きおん》が低《ひく》くならないので、上昇気流《じょうしょうきりゅう》でおし上《あ》げられた水蒸気《すいじょうき》は、水《みず》のつぶにはなるが、こおらない。雲《くも》の中《なか》で、水《みず》のつぶどうしがくっついて、つぶの大《おお》きな雨《あめ》となって落《お》ちてくる。

【雨《あま》つぶの形《かたち》】

降《ふ》ってくる雨《あめ》のつぶは、よく水滴型《すいてきがた》にえがかれるが、じつはまんじゅうのような形《かたち》をしている。

イメージの雨《あま》つぶ

実際《じっさい》の雨《あま》つぶ

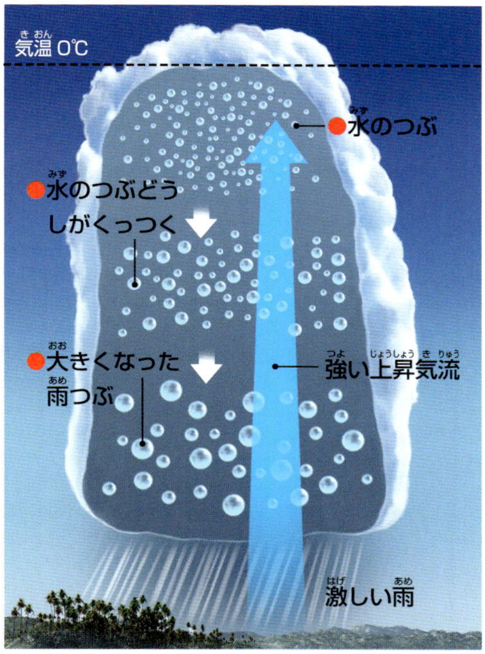

気温《きおん》 0℃
水《みず》のつぶ
水《みず》のつぶどうしがくっつく
大《おお》きくなった雨《あめ》つぶ
強《つよ》い上昇気流《じょうしょうきりゅう》
激《はげ》しい雨《あめ》

雨雲《あまぐも》が黒《くろ》い理由《りゆう》

雲《くも》が白《しろ》く見《み》えるのは、小《ちい》さな水《みず》のつぶが光《ひかり》を反射《はんしゃ》させるからだ。雨雲《あまぐも》の場合《ばあい》は水《みず》のつぶが大《おお》きいので、光《ひかり》を吸収《きゅうしゅう》して黒《くろ》く見《み》える。また厚《あつ》い雲《くも》だと、雲《くも》の底《そこ》まで太陽《たいよう》の光《ひかり》が届《とど》かないので、黒《くろ》く見《み》える。

雪《ゆき》はとけずに降《ふ》ってくる

雪《ゆき》は、雨《あめ》と同《おな》じしくみで降《ふ》る。雲《くも》の中《なか》の雪《ゆき》の結晶《けっしょう》が水蒸気《すいじょうき》を集《あつ》めて大《おお》きく成長《せいちょう》し、寒《さむ》いために結晶《けっしょう》のまま落《お》ちてくる。雪《ゆき》の結晶《けっしょう》は、気温《きおん》と湿度《しつど》のちがいで、六角形《ろっかくけい》のもの、枝《えだ》のようなもの、細長《ほそなが》いものなどさまざまな形《かたち》になる。

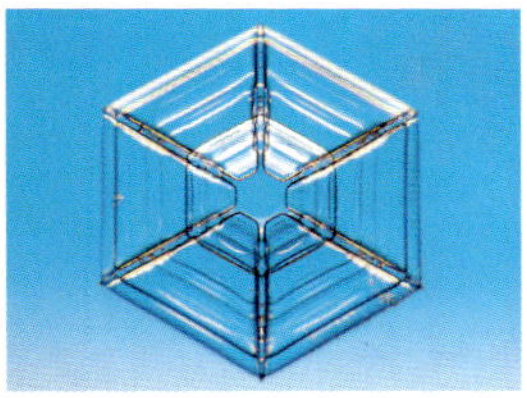

角板状《かくばんじょう》

樹枝状《じゅしじょう》

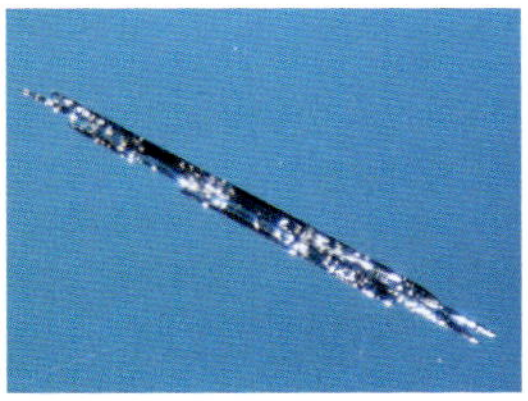

針状《しんじょう》

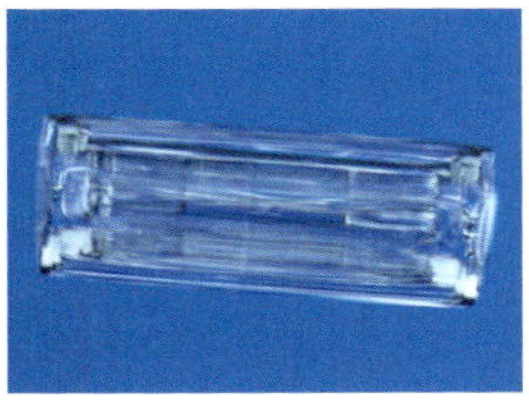

角柱状《かくちゅうじょう》

気温《きおん》と湿度《しつど》で変《か》わる雪《ゆき》の姿《すがた》

雪《ゆき》には、さらさらとした粉雪《こなゆき》や、重《おも》くしめったぼたん雪《ゆき》などがある。この雪質《ゆきしつ》のちがいは、湿度《しつど》や気温《きおん》によるものだ。粉雪《こなゆき》は寒《さむ》くかわいたときに降《ふ》り、反対《はんたい》に空気《くうき》が暖《あたた》かくしめっていると、空気《くうき》の中《なか》で雪《ゆき》の結晶《けっしょう》どうしがくっつき合《あ》って固《かた》まり、重《おも》いぼたん雪《ゆき》となる。乾燥《かんそう》した気候《きこう》の地域《ちいき》では粉雪《こなゆき》が、海沿《うみぞ》いなどしめった気候《きこう》の地域《ちいき》ではぼたん雪《ゆき》が多《おお》い。

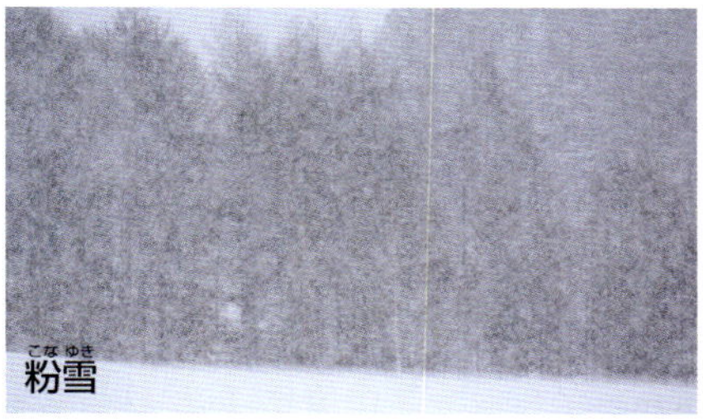

粉雪《こなゆき》

ぼたん雪《ゆき》

夏《なつ》に氷《こおり》が降《ふ》るふしぎ

暑《あつ》い季節《きせつ》に、空《そら》から氷《こおり》のつぶである「氷《こおり》あられ」や「ひょう」が降《ふ》ってくることがある。氷《こおり》あられやひょうは、積乱雲《せきらんうん》の中《なか》で激《はげ》しい上昇気流《じょうしょうきりゅう》が起《お》こるとできる。上昇気《じょうしょうき》流《りゅう》によって、雪《ゆき》の結晶《けっしょう》や氷《こおり》のつぶが上《あ》がったり、下《さ》がったりしていて、なかなか落《お》ちることができずに、いくつかがくっついて大《おお》きくなる。暑《あつ》くしめった季節《きせつ》にひょうが降《ふ》るのは、積乱雲《せきらんうん》が発達《はったつ》しやすいためだ。

直径《ちょっけい》 2cm 以上《いじょう》に成長《せいちょう》した大《おお》きなひょう。

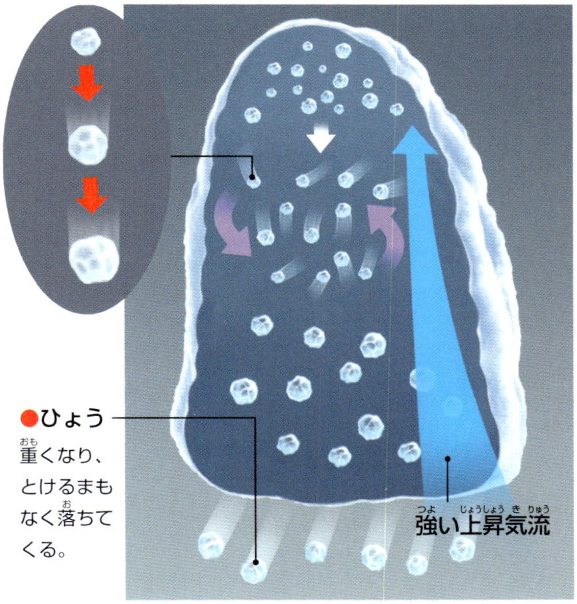

●氷晶《ひょうしょう》の成長《せいちょう》
上昇《じょうしょう》と下降《かこう》をくりかえすうちに、ふつうの氷晶《ひょうしょう》よりも大《おお》きく成長《せいちょう》していく。
●ひょう
重《おも》くなり、とけるまもなく落《お》ちてくる。
強《つよ》い上昇気流《じょうしょうきりゅう》

大《おお》きさ 5mm 未満《みまん》の氷《こおり》のつぶがあられ、5mm 以上《いじょう》がひょうとされる。

気流➡168　日本の気候➡178　雨と雪➡180

「前《ぜん》線《せん》」には雲《くも》ができる

前線《ぜんせん》と天気《てんき》　暖《あたた》かい空気《くうき》のかたまり「暖気《だんき》」と冷《つめ》たい空気《くうき》のかたまり「寒気《かんき》」の境目《さかいめ》が、地表《ちひょう》と交《まじ》わったところを「前線《ぜんせん》」といいます。前線《ぜんせん》ができると、天気《てんき》が急《きゅう》に変《か》わることがあります。

低気圧《ていきあつ》を生《う》み出《だ》し 天気《てんき》を変《か》える

気温《きおん》や湿度《しつど》など、性質《せいしつ》の異《こと》なった空気《くうき》どうしが出合《であ》うと、そこに前線《ぜんせん》ができる。暖気《だんき》と寒気《かんき》（➡178）では、軽《かる》い暖気《だんき》が重《おも》い寒気《かんき》にのり上《あ》げて上昇気流《じょうしょうきりゅう》が発生《はっせい》するので、周辺《しゅうへん》には低気圧《ていきあつ》が発生《はっせい》する。そのため前線付近《ぜんせんふきん》では雲《くも》ができ、気温《きおん》や湿度《しつど》、風《かぜ》の向《む》きや風速《ふうそく》が変化《へんか》したり、雨《あめ》が降《ふ》り出《だ》したりなど、天気《てんき》が急《きゅう》に変化《へんか》する。

温帯低気圧《おんたいていきあつ》のつくり

温帯低気圧《おんたいていきあつ》は、暖気《だんき》と寒気《かんき》の温度差《おんどさ》によって発生《はっせい》する。そのため温《おん》暖前線《だんぜんせん》と寒冷前線《かんれいぜんせん》ができ、北側《きたがわ》の寒気《かんき》が南側《みなみがわ》の暖気《だんき》の下《した》にもぐりこもうとする力《ちから》やコリオリの力《ちから》（➡169）などによって、左回《ひだりまわ》りにうずを巻《ま》く。温帯低気圧《おんたいていきあつ》は発達《はったつ》しながら、偏西風《へんせいふう》によって東《ひがし》へ移動《いどう》し、その移《い》動《どう》とともに地上《ちじょう》では天気《てんき》が変《か》わっていく。ふつう「低気圧《ていきあつ》」という場《ば》合《あい》も温帯低気圧《おんたいていきあつ》のことをさす。

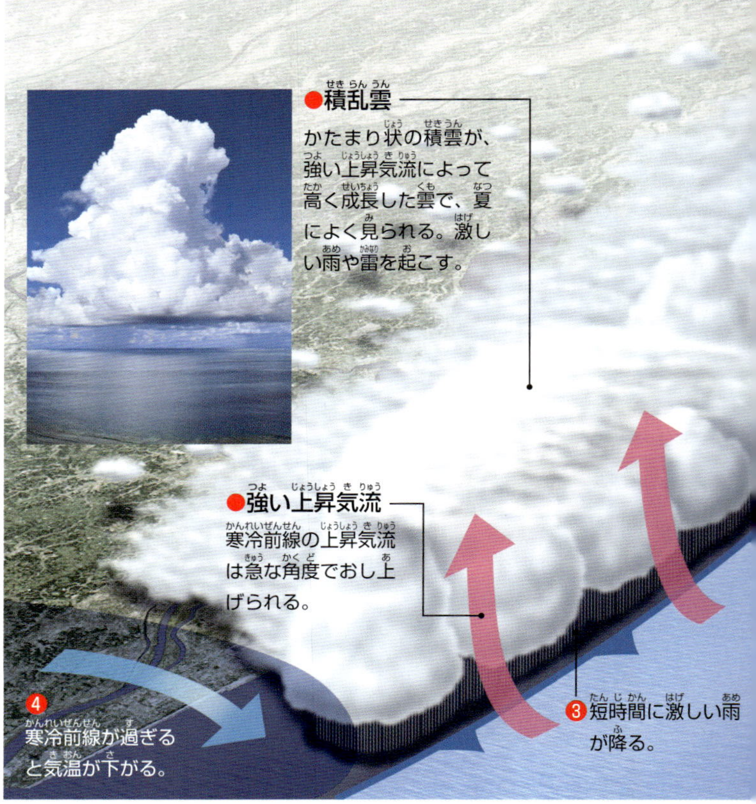
●積乱雲《せきらんうん》
かたまり状《じょう》の積雲《せきうん》が、強《つよ》い上昇気流《じょうしょうきりゅう》によって高《たか》く成長《せいちょう》した雲《くも》で、夏《なつ》によく見《み》られる。激《はげ》しい雨《あめ》や雷《かみなり》を起《お》こす。
●強《つよ》い上昇気流《じょうしょうきりゅう》
寒冷前線《かんれいぜんせん》の上昇気流《じょうしょうきりゅう》は急《きゅう》な角度《かくど》でおし上《あ》げられる。
3 短時間《たんじかん》に激《はげ》しい雨《あめ》が降《ふ》る。
4 寒冷前線《かんれいぜんせん》が過《す》ぎると気温《きおん》が下《さ》がる。

暖気《だんき》と寒気《かんき》がぶつかって 温帯低気圧《おんたいていきあつ》ができる

日本《にほん》は暖気《だんき》を運《はこ》ぶ太平洋《たいへいよう》高気圧《こうきあつ》や移動性高気圧《いどうせいこうきあつ》、寒《かん》気《き》を運《はこ》ぶシベリア高気圧《こうきあつ》、オホーツク海高気圧《かいこうきあつ》に囲《かこ》まれていて、暖気《だんき》と寒気《かんき》が出《で》合《あ》いやすい。ぶつかった暖《だん》気《き》と寒気《かんき》が上昇気流《じょうしょうきりゅう》を生《う》み出《だ》し、「温帯低気圧《おんたいていきあつ》」が発生《はっせい》する。

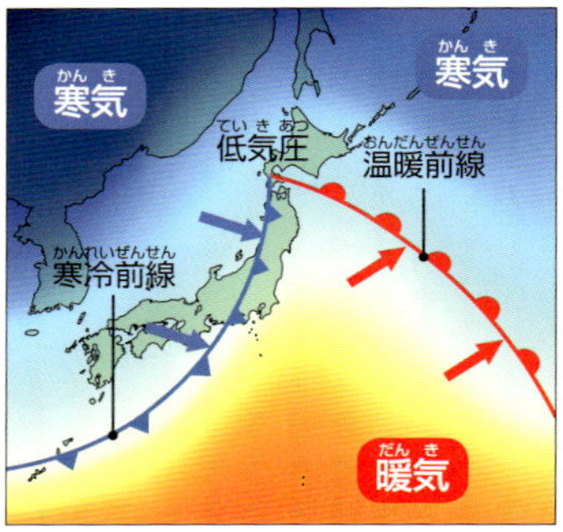
寒気《かんき》
寒気《かんき》
低気圧《ていきあつ》
温暖前線《おんだんぜんせん》
寒冷前線《かんれいぜんせん》
暖気《だんき》

4つの前線《ぜんせん》の形《かたち》

出合《であ》う寒気《かんき》と暖気《だんき》それぞれの強《つよ》さによって、前線《ぜんせん》は4つの種類《しゅるい》に分《わ》けられる。天気図《てんきず》などでは、それぞれ決《き》められた記《き》号《ごう》で表《あらわ》される。

●温暖前線《おんだんぜんせん》

暖気《だんき》が強《つよ》く、寒気《かんき》の上《うえ》になだらかにのり上《あ》げて、ゆるやかな上昇気流《じょうしょうきりゅう》が発生《はっせい》する。さまざまな雲《くも》ができ、前線近《ぜんせんちか》くでは厚《あつ》い乱層雲《らんそううん》が雨《あめ》を降《ふ》らせ、遠《とお》い場《ば》所《しょ》には、うすく細《ほそ》い巻雲《けんうん》ができる。

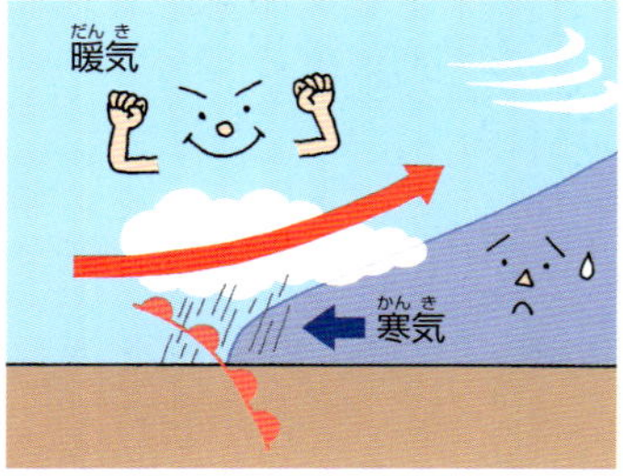
暖気《だんき》
寒気《かんき》

●寒冷前線《かんれいぜんせん》

寒気《かんき》が強《つよ》く、暖気側《だんきがわ》に張《は》り出《だ》して、暖《だん》気《き》の下《した》にもぐりこんでいるため、急激《きゅうげき》におし上《あ》げられた暖気《だんき》は強《つよ》い上昇気流《じょうしょうきりゅう》になる。積乱雲《せきらんうん》ができ、短時間《たんじかん》に強《つよ》い雨《あめ》を降《ふ》らして雷《かみなり》や突風《とっぷう》を起《お》こす。

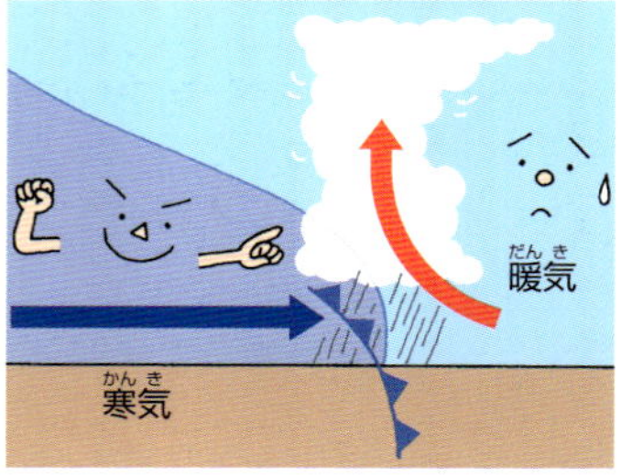
暖気《だんき》
寒気《かんき》

●閉塞前線《へいそくぜんせん》

寒冷前線《かんれいぜんせん》が温暖前線《おんだんぜんせん》に追《お》いつくことがあり、暖気《だんき》は2つの寒気《かんき》にのり上《あ》げる。後《うし》ろの寒気《かんき》の気温《きおん》が前《まえ》の寒気《かんき》より低《ひく》いと寒冷前線《かんれいぜんせん》に、高《たか》いと温暖前線《おんだんぜんせん》に似《に》た天気《てんき》になる。

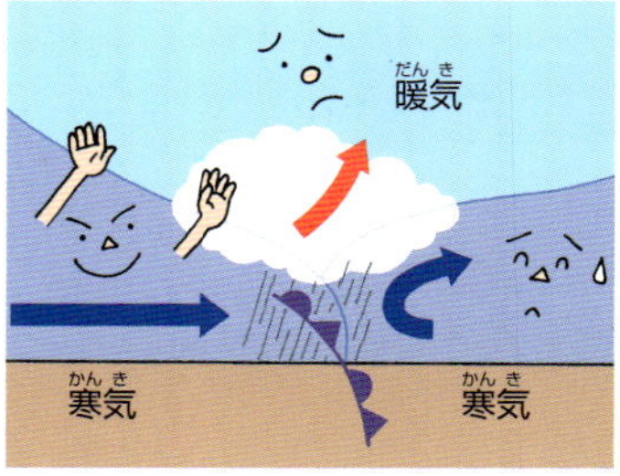
暖気《だんき》
寒気《かんき》
寒気《かんき》

●停滞前線《ていたいぜんせん》

暖気《だんき》と寒気《かんき》の強《つよ》さが同《おな》じくらいで、動《うご》けない状態《じょうたい》にある。長《なが》くとどまって、乱層雲《らんそううん》などが弱《よわ》い雨《あめ》を降《ふ》らし続《つづ》ける。「梅雨前線《ばいうぜんせん》」や「秋雨前線《あきさめぜんせん》」も停滞前線《ていたいぜんせん》にあたる。

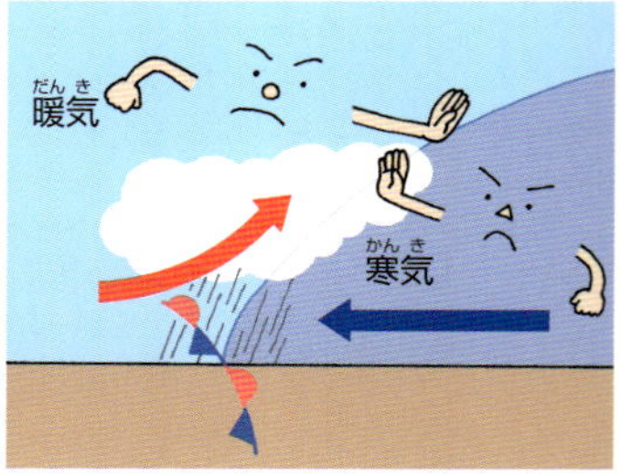
暖気《だんき》
寒気《かんき》

『ドラえもん科学《かがく》ワールド―天気《てんき》と気象《きしょう》の不思議《ふしぎ》―』: 小学館《しょうがくかん》

【前線《ぜんせん》の動《うご》きと天気《てんき》の変化《へんか》】

前線《ぜんせん》の場所《ばしょ》によって、天気《てんき》はさまざまな変化《へんか》を見《み》せる。

❶温暖前線《おんだんぜんせん》は、長時間雨《ちょうじかんあめ》を降《ふ》らせる。
❷温暖前線《おんだんぜんせん》が過《す》ぎると暖《あたた》かくしめった南風《みなみかぜ》がふき、気温《きおん》が上《あ》がる。

❸寒冷前線《かんれいぜんせん》は、短時間《たんじかん》に激《はげ》しい雨《あめ》を降《ふ》らす。
❹寒冷前線《かんれいぜんせん》が通過《つうか》したあとは、冷《つめ》たくかわいた北西《ほくせい》の風《かぜ》がふき、気温《きおん》が下《さ》がる。❶〜❹は図中《ずちゅう》の番号《ばんごう》と対応《たいおう》する。

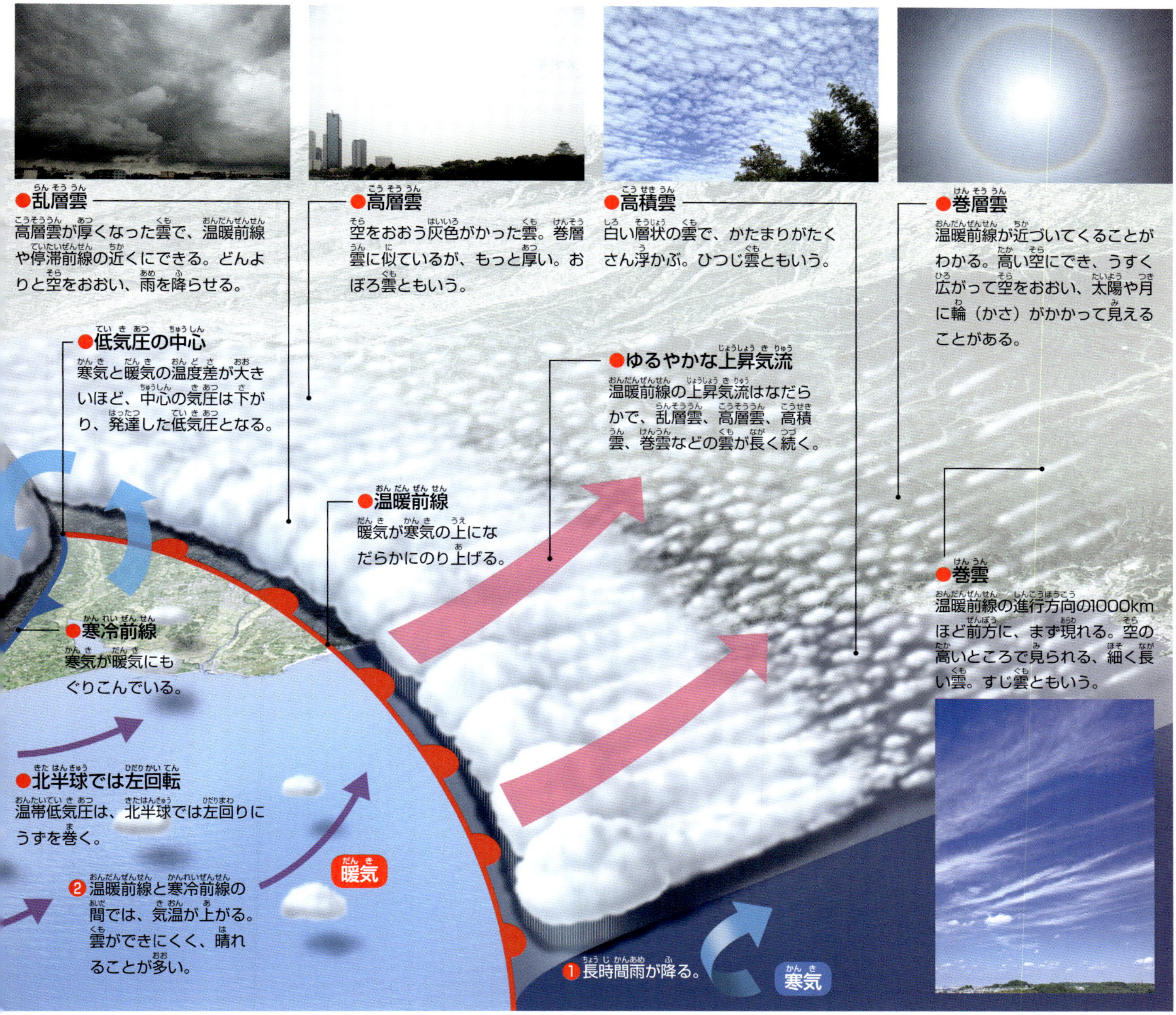

●乱層雲《らんそううん》
高層雲《こうそううん》が厚《あつ》くなった雲《くも》で、温暖前線《おんだんぜんせん》や停滞前線《ていたいぜんせん》の近《ちか》くにできる。どんよりと空《そら》をおおい、雨《あめ》を降《ふ》らせる。
●高層雲《こうそううん》
空《そら》をおおう灰色《はいいろ》がかった雲《くも》。巻層《けんそう》雲《うん》に似《に》ているが、もっと厚《あつ》い。おぼろ雲《ぐも》ともいう。
●高積雲《こうせきうん》
白《しろ》い層状《そうじょう》の雲《くも》で、かたまりがたくさん浮《う》かぶ。ひつじ雲《ぐも》ともいう。
●巻層雲《けんそううん》
温暖前線《おんだんぜんせん》が近《ちか》づいてくることがわかる。高《たか》い空《そら》にでき、うすく広《ひろ》がって空《そら》をおおい、太陽《たいよう》や月《つき》に輪《わ》（かさ）がかかって見《み》えることがある。
●低気圧《ていきあつ》の中心《ちゅうしん》
寒気《かんき》と暖気《だんき》の温度差《おんどさ》が大《おお》きいほど、中心《ちゅうしん》の気圧《きあつ》は下《さ》がり、発達《はったつ》した低気圧《ていきあつ》となる。
●ゆるやかな上昇気流《じょうしょうきりゅう》
温暖前線《おんだんぜんせん》の上昇気流《じょうしょうきりゅう》はなだらかで、乱層雲《らんそううん》、高層雲《こうそううん》、高積《こうせき》雲《うん》、巻雲《けんうん》などの雲《くも》が長《なが》く続《つづ》く。
●温暖前線《おんだんぜんせん》
暖気《だんき》が寒気《かんき》の上《うえ》になだらかにのり上《あ》げる。
●巻雲《けんうん》
温暖前線《おんだんぜんせん》の進行方向《しんこうほうこう》の1000kmほど前方《ぜんぽう》に、まず現《あらわ》れる。空《そら》の高《たか》いところで見《み》られる、細《ほそ》く長《なが》い雲《くも》。すじ雲《ぐも》ともいう。
●寒冷前線《かんれいぜんせん》
寒気《かんき》が暖気《だんき》にもぐりこんでいる。
●北半球《きたはんきゅう》では左回転《ひだりかいてん》
温帯低気圧《おんたいていきあつ》は、北半球《きたはんきゅう》では左回《ひだりまわ》りにうずを巻《ま》く。
❷温暖前線《おんだんぜんせん》と寒冷前線《かんれいぜんせん》の間《あいだ》では、気温《きおん》が上《あ》がる。雲《くも》ができにくく、晴《は》れることが多《おお》い。
暖気《だんき》
❶長時間雨《ちょうじかんあめ》が降《ふ》る。
寒気《かんき》

いろいろな雲《くも》

雲《くも》はできる高《たか》さや形《かたち》により、10種類《しゅるい》の「十種雲形《じっしゅうんけい》」に分類《ぶんるい》される（●のついているもの）。もこもことした、かたまり状《じょう》の雲《くも》を「積雲《せきうん》型《がた》」、横《よこ》に広《ひろ》がる雲《くも》を「層雲型《そううんがた》」といい、「巻《けん》」がつくのは高《たか》い雲《くも》、「高《こう》」がつくのは中層《ちゅうそう》の雲《くも》で、「乱《らん》」がつくのは雨雲《あまぐも》だ。雄大積《ゆうだいせき》雲《うん》や笠雲《かさぐも》、つるし雲《ぐも》など十種雲形《じっしゅうんけい》以外《いがい》の雲《くも》もある。

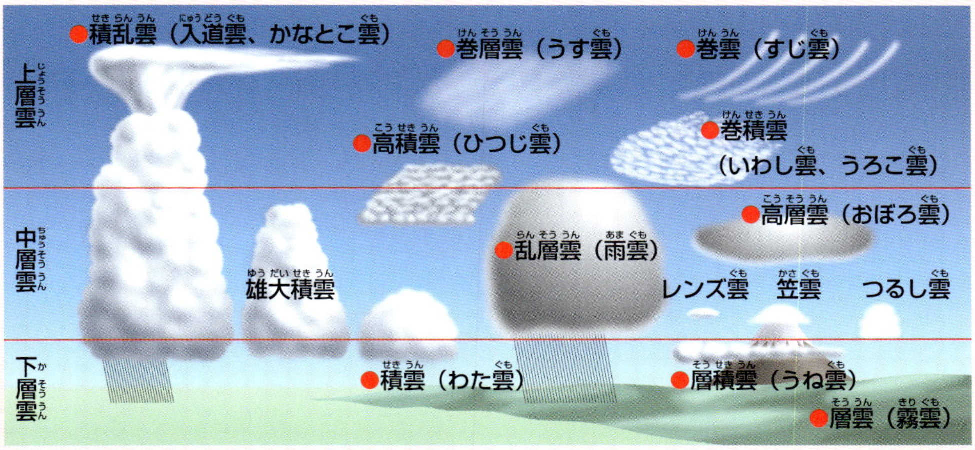

上層雲《じょうそううん》
中層雲《ちゅうそううん》
下層雲《かそううん》
●積乱雲《せきらんうん》（入道雲《にゅうどうぐも》、かなとこ雲《ぐも》）
●巻層雲《けんそううん》（うす雲《ぐも》）
●巻雲《けんうん》（すじ雲《ぐも》）
●高積雲《こうせきうん》（ひつじ雲《ぐも》）
●巻積雲《けんせきうん》（いわし雲《ぐも》、うろこ雲《ぐも》）
●高層雲《こうそううん》（おぼろ雲《ぐも》）
●乱層雲《らんそううん》（雨雲《あまぐも》）
雄大積雲《ゆうだいせきうん》
レンズ雲《ぐも》
笠雲《かさぐも》
つるし雲《ぐも》
●積雲《せきうん》（わた雲《ぐも》）
●層積雲《そうせきうん》（うね雲《ぐも》）
●層雲《そううん》（霧雲《きりぐも》）

十種雲形《じっしゅうんけい》は世界気象機関《せかいきしょうきかん》によって決《き》められた分類《ぶんるい》で、世界共通《せかいきょうつう》で使《つか》われている。

雲《くも》の中《なか》の氷《こおり》が雷《かみなり》を生《う》み出《だ》す

雷《かみなり》

雷《かみなり》は、明《あか》るく激《はげ》しい稲光《いなびかり》と、ゴロゴロという大《おお》きな音《おと》をともないます。とつぜんの光《ひかり》と音《おと》は、雲《くも》の中《なか》で発生《はっせい》した強《つよ》い電気《でんき》が生《う》み出《だ》しているのです。

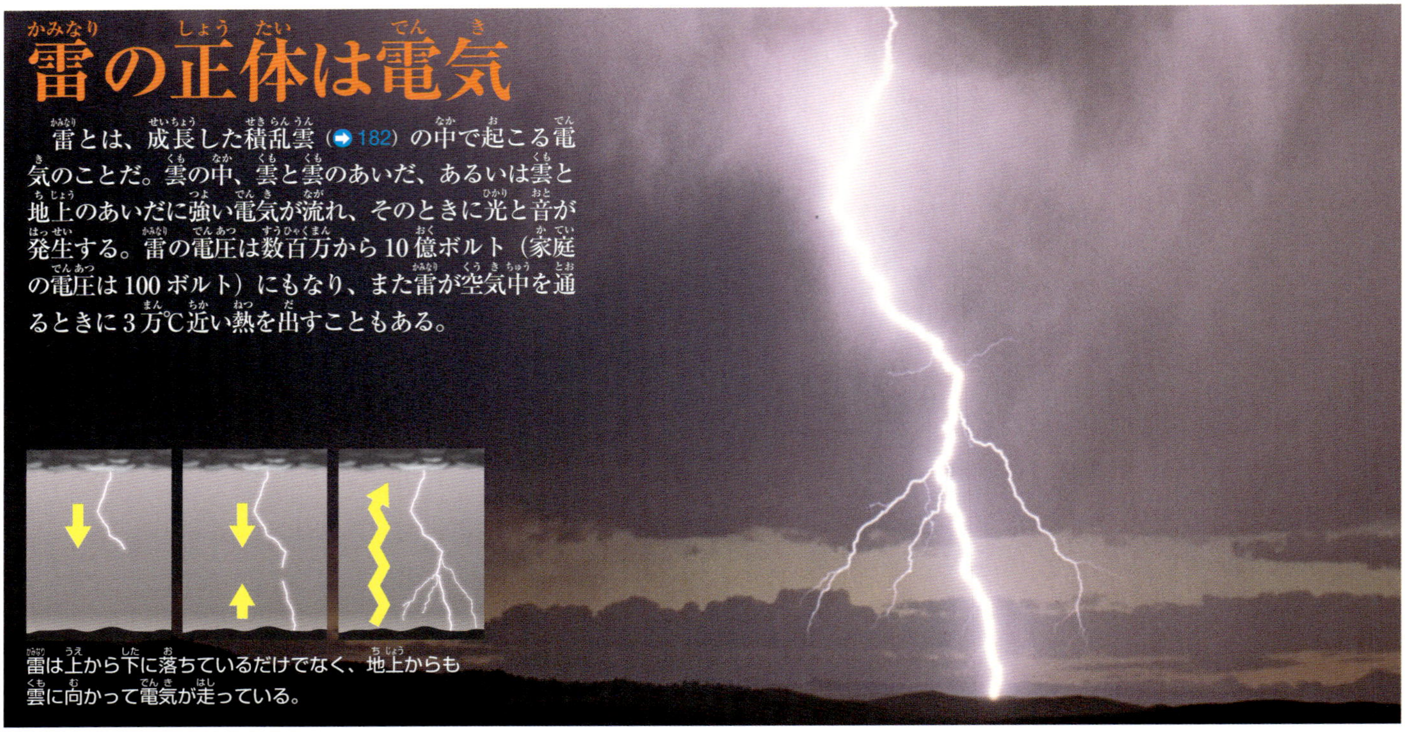

雷《かみなり》の正体《しょうたい》は電気《でんき》

雷《かみなり》とは、成長《せいちょう》した積乱雲《せきらんうん》（➡182）の中《なか》で起《お》こる電気《でんき》のことだ。雲《くも》の中《なか》、雲《くも》と雲《くも》のあいだ、あるいは雲《くも》と地上《ちじょう》のあいだに強《つよ》い電気《でんき》が流《なが》れ、そのときに光《ひかり》と音《おと》が発生《はっせい》する。雷《かみなり》の電圧《でんあつ》は数百万《すうひゃくまん》から10億《おく》ボルト（家庭《かてい》の電圧《でんあつ》は100ボルト）にもなり、また雷《かみなり》が空気中《くうきちゅう》を通《とお》るときに3万《まん》℃近《ちか》い熱《ねつ》を出《だ》すこともある。

雷《かみなり》は上《うえ》から下《した》に落《お》ちているだけでなく、地上《ちじょう》からも雲《くも》に向《む》かって電気《でんき》が走《はし》っている。

いろいろな雷《かみなり》の姿《すがた》

雷《かみなり》を起《お》こす雲《くも》を「雷雲《かみなりぐも》」、雷《かみなり》の光《ひかり》を「稲妻《いなずま》」「稲光《いなびかり》」、音《おと》を「雷鳴《らいめい》」という。雷雲《かみなりぐも》と地上《ちじょう》のあいだに雷《かみなり》が走《はし》ることを「落雷《らくらい》」とよぶ。雷《かみなり》の姿《すがた》はさまざまだ。

●幕電《まくでん》

周囲《しゅうい》が暗《くら》いときなど、雲《くも》の中《なか》で発生《はっせい》した雷《かみなり》が、雲全体《くもぜんたい》を照《て》らして見《み》えることがある。

●青空《あおぞら》の雷《かみなり》

雷雲《かみなりぐも》は急激《きゅうげき》に発達《はったつ》した積乱雲《せきらんうん》なので、雨《あめ》が降《ふ》ることが多《おお》いが、雨《あめ》が降《ふ》らなくても稲妻《いなずま》は走《はし》る。

●避雷針《ひらいしん》に落《お》ちる

避雷針《ひらいしん》は雷《かみなり》の被害《ひがい》を小《ちい》さくするため、高《たか》い位置《いち》で雷《かみなり》を導《みちび》き、電気《でんき》を大地《だいち》に流《なが》すためのものだ。

●冬《ふゆ》の雷《かみなり》（冬季雷《とうきらい》）

冬《ふゆ》に発生《はっせい》する雷《かみなり》は、多《おお》くの場合《ばあい》、上向《うわむ》きに放電《ほうでん》し始《はじ》める。鉄塔《てっとう》などの地上《ちじょう》の高《たか》いところから走《はし》ることが多《おお》い。

●火山雷《かざんらい》

火山《かざん》がふき出《だ》す水蒸気《すいじょうき》、火山灰《かざんばい》、火山岩《かざんがん》などの摩擦《まさつ》で起《お》こる。写真《しゃしん》は、鹿児島県《かごしまけん》の桜島《さくらじま》の噴火《ふんか》で発生《はっせい》した雷《かみなり》。

NASA

●スプライト現象《げんしょう》

落雷《らくらい》を起《お》こしている雲《くも》から、上空《じょうくう》へ向《む》けて電気《でんき》が走《はし》る現象《げんしょう》（赤《あか》い光《ひかり》）。地上《ちじょう》100kmにも達《たっ》する。

はれるんランド（http://www.jma.go.jp/jma/kids/）: 気象庁《きしょうちょう》

かき混《ま》ぜられた空気《くうき》が雷《かみなり》を生《う》む

雷雲《かみなりぐも》の中《なか》は、激《はげ》しい上昇気流《じょうしょうきりゅう》と下降気流《かこうきりゅう》によってかき混《ま》ぜられ、氷晶《ひょうしょう》やあられ（➡180）がぶつかり合《あ》って静電気《せいでんき》が発生《はっせい》している。静電気《せいでんき》は、雷雲《かみなりぐも》の中《なか》でプラスとマイナスに分《わ》かれ、そのあいだで電気《でんき》が流《なが》れる放電《ほうでん》が起《お》こると雷《かみなり》となる。

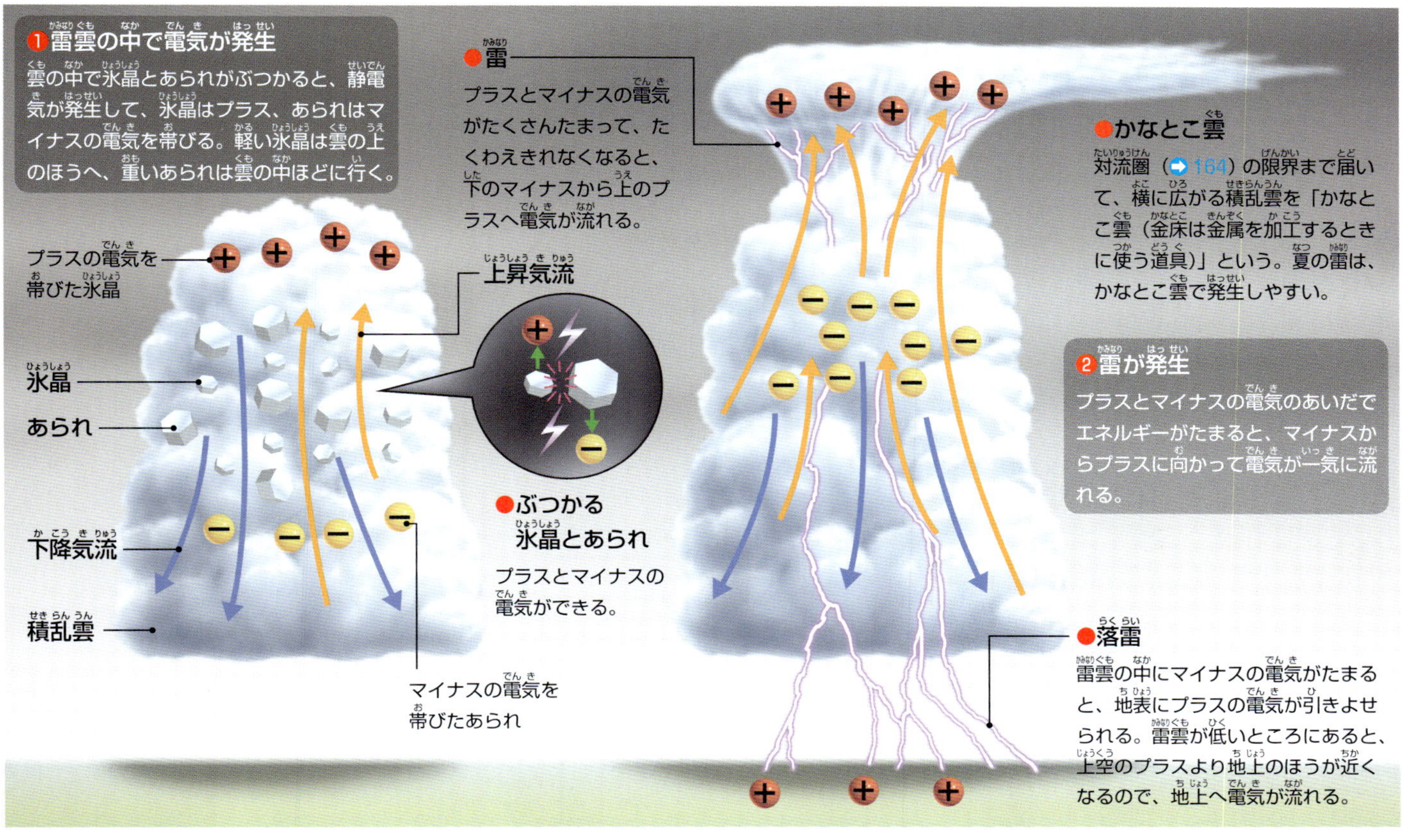

①雷雲《かみなりぐも》の中《なか》で電気《でんき》が発生《はっせい》
雲《くも》の中《なか》で氷晶《ひょうしょう》とあられがぶつかると、静電気《せいでんき》が発生《はっせい》して、氷晶《ひょうしょう》はプラス、あられはマイナスの電気《でんき》を帯《お》びる。軽《かる》い氷晶《ひょうしょう》は雲《くも》の上《うえ》のほうへ、重《おも》いあられは雲《くも》の中《なか》ほどに行《い》く。
●雷《かみなり》
プラスとマイナスの電気《でんき》がたくさんたまって、たくわえきれなくなると、下《した》のマイナスから上《うえ》のプラスへ電気《でんき》が流《なが》れる。
●かなとこ雲《ぐも》
対流圏《たいりゅうけん》（➡164）の限界《げんかい》まで届《とど》いて、横《よこ》に広《ひろ》がる積乱雲《せきらんうん》を「かなとこ雲《ぐも》（金床《かなとこ》は金属《きんぞく》を加工《かこう》するときに使《つか》う道具《どうぐ》）」という。夏《なつ》の雷《かみなり》は、かなとこ雲《ぐも》で発生《はっせい》しやすい。
プラスの電気《でんき》を帯《お》びた氷晶《ひょうしょう》
上昇気流《じょうしょうきりゅう》
氷晶《ひょうしょう》
あられ
②雷《かみなり》が発生《はっせい》
プラスとマイナスの電気《でんき》のあいだでエネルギーがたまると、マイナスからプラスに向《む》かって電気《でんき》が一気《いっき》に流《なが》れる。
●ぶつかる氷晶《ひょうしょう》とあられ
プラスとマイナスの電気《でんき》ができる。
下降気流《かこうきりゅう》
積乱雲《せきらんうん》
マイナスの電気《でんき》を帯《お》びたあられ
●落雷《らくらい》
雷雲《かみなりぐも》の中《なか》にマイナスの電気《でんき》がたまると、地表《ちひょう》にプラスの電気《でんき》が引《ひ》きよせられる。雷雲《かみなりぐも》が低《ひく》いところにあると、上空《じょうくう》のプラスより地上《ちじょう》のほうが近《ちか》くなるので、地上《ちじょう》へ電気《でんき》が流《なが》れる。

冬《ふゆ》にも雷雲《かみなりぐも》はできる

夏《なつ》の雷《かみなり》は、高《たか》い気温《きおん》でできた積乱雲《せきらんうん》から発生《はっせい》しやすく、群馬県《ぐんまけん》や栃木県《とちぎけん》などの内陸部《ないりくぶ》の平地《へいち》でよく起《お》こる。冬《ふゆ》は強《つよ》い寒気《かんき》が大陸《たいりく》からやってきて、日本《にほん》海側《かいがわ》で寒冷前線《かんれいぜんせん》（➡182）ができる。そこに温《あたた》かい対馬海流《つしまかいりゅう》（➡171）から水蒸気《すいじょうき》が供給《きょうきゅう》されるため、前線《ぜんせん》に沿《そ》って積乱雲《せきらんうん》が生《う》まれ、雷雲《かみなりぐも》となる。

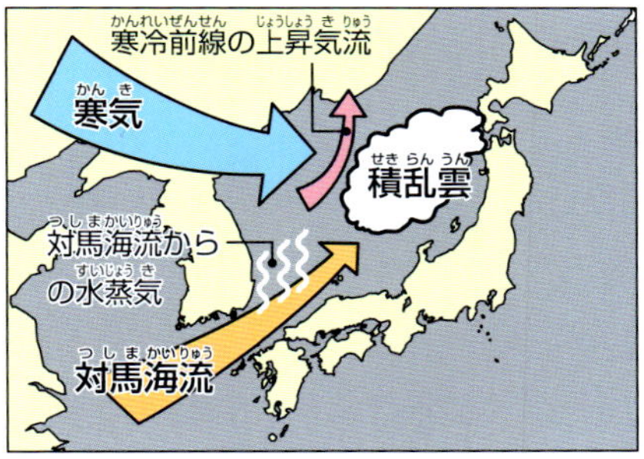

寒冷前線《かんれいぜんせん》の上昇気流《じょうしょうきりゅう》
寒気《かんき》
積乱雲《せきらんうん》
対馬海流《つしまかいりゅう》からの水蒸気《すいじょうき》
対馬海流《つしまかいりゅう》

対馬海流《つしまかいりゅう》からの水蒸気《すいじょうき》により、寒冷前線《かんれいぜんせん》の上昇気流《じょうしょうきりゅう》が積乱雲《せきらんうん》を生《う》む。

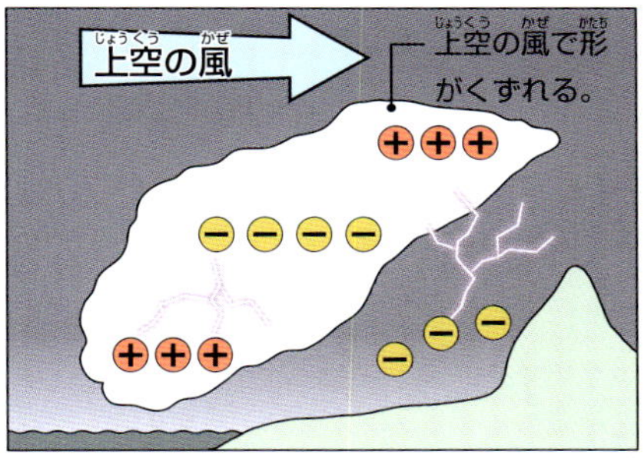

上空《じょうくう》の風《かぜ》
上空《じょうくう》の風《かぜ》で形《かたち》がくずれる。

上空《じょうくう》の風《かぜ》が強《つよ》い冬《ふゆ》は積乱雲《せきらんうん》の上部《じょうぶ》が流《なが》れ、地上《ちじょう》のマイナスから雲《くも》のプラスへと電気《でんき》が流《なが》れる。

音《おと》が出《で》るしくみ

雷《かみなり》が空気中《くうきちゅう》を通《とお》るときに、空気《くうき》がおしのけられること、雷《かみなり》の高熱《こうねつ》で空気《くうき》が暖《あたた》められて急《きゅう》にふくらむことで、空気《くうき》が激《はげ》しくふるえて「ピシッ」「ゴロゴロ」といった音《おと》を出《だ》す。

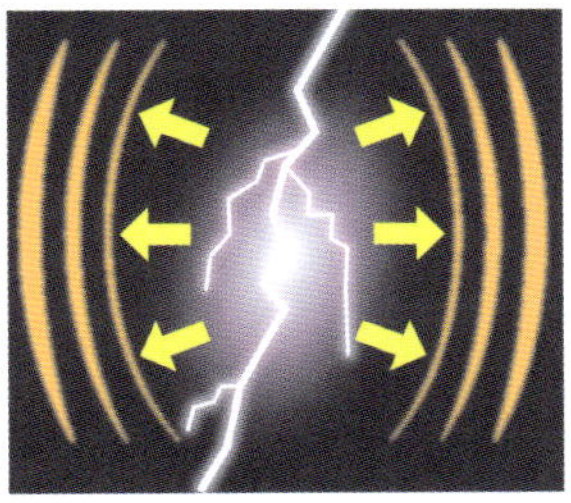

雷《かみなり》の音《おと》は空気《くうき》がふるえる音《おと》だ。

【おくれてくる雷《かみなり》の音《おと》】

雷《かみなり》は光《ひか》ってから時間《じかん》をおいて音《おと》がする。音《おと》は光《ひかり》よりも伝《つた》わるスピードがおそいので、遠《とお》くで発生《はっせい》した雷《かみなり》は、光《ひか》ってから聞《き》こえるまでの時間差《じかんさ》がある。光《ひかり》と音《おと》の時間差《じかんさ》が短《みじか》いほど、雷《かみなり》は近《ちか》い。

ピカッ!
ゴロゴロ

稲妻《いなずま》が見《み》えてから時間《じかん》をおいて聞《き》こえる。

雷《かみなり》の被害《ひがい》

雷《かみなり》は高《たか》い場所《ばしょ》に落《お》ちることが多《おお》いが、開《ひら》けた平地《へいち》などでは、どこにでも落《お》ちる可能性《かのうせい》がある。人間《にんげん》に直接《ちょくせつ》当《あ》たったら命《いのち》にかかわるので、雷雲《かみなりぐも》が近《ちか》づいてきたら建物《たてもの》や自動車《じどうしゃ》、電車《でんしゃ》の中《なか》などににげよう。

雷《かみなり》の高熱《こうねつ》により、木《き》の中《なか》の水分《すいぶん》が沸騰《ふっとう》し、膨張《ぼうちょう》してさけた木《き》。火災《かさい》を引《ひ》き起《お》こすこともある。

日本《にほん》で落雷《らくらい》の日数《にっすう》が最《もっと》も多《おお》いのは石川県金沢市《いしかわけんかなざわし》の 42.4 日《にち》（1981 ～ 2010 年《ねん》の過去《かこ》 30 年間《ねんかん》の平均《へいきん》）。日本海側《にほんかいがわ》で冬《ふゆ》の雷《かみなり》が多《おお》いためだ。

巨大《きょだい》な雲《くも》のうずが台風《たいふう》になる

台風《たいふう》のしくみ

夏《なつ》から秋《あき》にかけて、日本《にほん》の近《ちか》くにやってくる台風《たいふう》。大雨《おおあめ》や強風《きょうふう》をともない、各地《かくち》に被害《ひがい》をもたらします。台風《たいふう》の中《なか》は、いったいどうなっているのでしょう。

A. Gerst/ESA/NASA

宇宙《うちゅう》からも見《み》える台風《たいふう》のうず

台風《たいふう》は、積乱雲《せきらんうん》が集《あつ》まって巨大《きょだい》なうずとなったものだ。地球上《ちきゅうじょう》でも最大規模《さいだいきぼ》の自然現象《しぜんげんしょう》で、宇宙《うちゅう》から見《み》て、ようやく全体像《ぜんたいぞう》がわかるほど。上《うえ》から見《み》ると、うずを巻《ま》いているようすがわかる。

国際宇宙《こくさいうちゅう》ステーションから2014年《ねん》10月《がつ》16日《にち》に撮影《さつえい》されたハリケーン・ゴンザロ。ゴンザロは、このあとバミューダ諸島《しょとう》を直撃《ちょくげき》し、大《おお》きな被害《ひがい》をもたらした。

熱帯《ねったい》の海《うみ》で生《う》まれる

台風《たいふう》は、太陽《たいよう》の熱《ねつ》エネルギーによって発生《はっせい》する。熱帯《ねったい》の暖《あたた》かい海上《かいじょう》で発生《はっせい》した上昇気流《じょうしょうきりゅう》と水蒸気《すいじょうき》が集《あつ》まり、巨大《きょだい》な雲《くも》の群《む》れとなる。中心付近《ちゅうしんふきん》の最大風速《さいだいふうそく》が、秒速約《びょうそくやく》17m をこえるものを台風《たいふう》とよぶ。

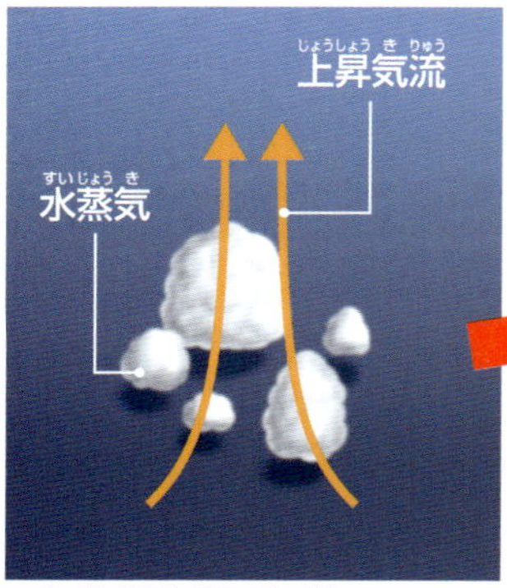

上昇気流《じょうしょうきりゅう》
水蒸気《すいじょうき》

❶熱帯低気圧《ねったいていきあつ》の発生《はっせい》

強《つよ》い日差《ひざ》しで海上《かいじょう》が温《あたた》められ、水蒸《すいじょう》気《き》がたくさん発生《はっせい》する。上昇気流《じょうしょうきりゅう》が起《お》こり熱帯低気圧《ねったいていきあつ》（➡182）となる。

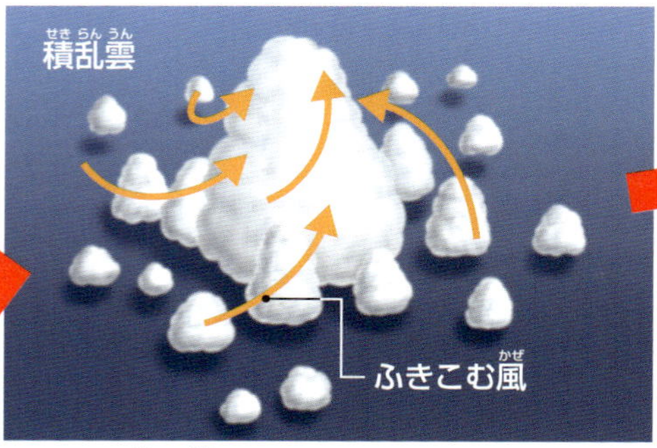

積乱雲《せきらんうん》
ふきこむ風《かぜ》

❷うずを巻《ま》き始《はじ》める

地球《ちきゅう》の自転《じてん》によって、左回《ひだりまわ》り（南半球《みなみはんきゅう》で発生《はっせい》する大型《おおがた》の熱帯低気圧《ねったいていきあつ》は右回《みぎまわ》り）にうずを巻《ま》く。うずの中心《ちゅうしん》に向《む》かって、多《おお》くの水蒸気《すいじょうき》をふくんだ空気《くうき》が流《なが》れこみ、集《あつ》まっていく。雲《くも》は高《たか》く成長《せいちょう》して、積乱雲《せきらんうん》に発達《はったつ》する。

新《あら》たに生《う》まれる水蒸気《すいじょうき》と雲《くも》
ふきこむ風《かぜ》

❸台風《たいふう》に成長《せいちょう》する

水蒸気《すいじょうき》が雲《くも》になるとき、多《おお》くの熱《ねつ》を放出《ほうしゅつ》する。その熱《ねつ》がまわりの空気《くうき》を暖《あたた》めると、上昇気流《じょうしょうきりゅう》は強《つよ》くなり、さらに水蒸気《すいじょうき》を発生《はっせい》させる。 これをくりかえし、大《おお》きなうずへと発達《はったつ》していく。台風《たいふう》は、とても多《おお》くの水蒸気《すいじょうき》をエネルギーとするので、海《うみ》の上《うえ》でないと発《はっ》生《せい》も、成長《せいちょう》もしない。

📖『学研《がっけん》まんが新《しん》ひみつシリーズ　天気《てんき》のひみつ』: 学研《がっけん》

【台風《たいふう》の目《め》】

台風《たいふう》の中《なか》では、風《かぜ》が中心《ちゅうしん》に向《む》かってふきこんでいる。その風《かぜ》が速《はや》ければ速《はや》いほど、外側《そとがわ》へ引《ひ》っぱられる力《ちから》（遠心力《えんしんりょく》）が強《つよ》くなるので、中心《ちゅうしん》にまで風《かぜ》がふきこめない部分《ぶぶん》ができる。これを「台風《たいふう》の目《め》」という。台風《たいふう》の目《め》では、雲《くも》がなく風《かぜ》や雨《あめ》も弱《よわ》まり、晴天《せいてん》になることも多《おお》い。直径《ちょっけい》は 20 ～ 200km になり、ふつう台風《たいふう》の目《め》が小《ちい》さくはっきりしたものほど、台風《たいふう》は強《つよ》くなる。

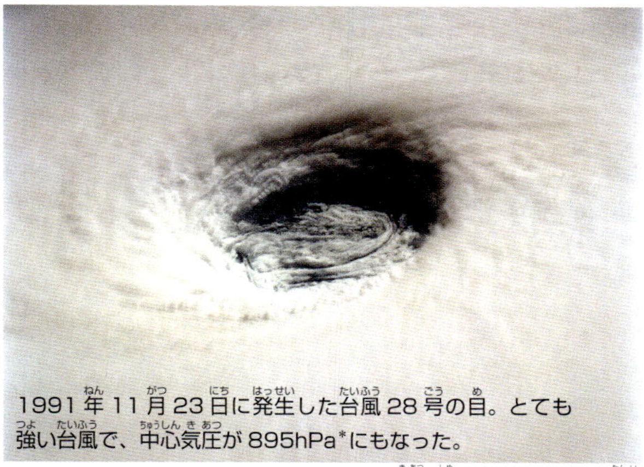

1991 年《ねん》 11 月《がつ》 23 日《にち》に発生《はっせい》した台風《たいふう》 28 号《ごう》の目《め》。とても強《つよ》い台風《たいふう》で、中心気圧《ちゅうしんきあつ》が 895hPa*にもなった。

＊気圧《きあつ》を示《しめ》すヘクトパスカルという単位《たんい》。

台風《たいふう》のできる場所《ばしょ》と世界《せかい》の台風《たいふう》

台風《たいふう》のような大型《おおがた》の熱帯低気圧《ねったいていきあつ》は世界《せかい》の熱帯地域《ねったいちいき》で生《う》まれていて、場所《ばしょ》によって名前《なまえ》が変《か》わる。北西太平洋《ほくせいたいへいよう》で生《う》まれたものを「台風《たいふう》」や「タイフーン」とよび、東経《とうけい》 180 度《ど》より東《ひがし》の北太平洋《きたたいへいよう》や北大西洋《きたたいせいよう》のものを「ハリケーン」、インド洋《よう》や南太平洋《みなみたいへいよう》のものを「サイクロン」とよぶ。世界中《せかいじゅう》で、1 年間《ねんかん》に約《やく》 60 個発生《こはっせい》している。赤道上《せきどうじょう》ではコリオリの力《ちから》（➡ 169）による回転《かいてん》の力《ちから》がはたらかないので、台風《たいふう》は発生《はっせい》しない。

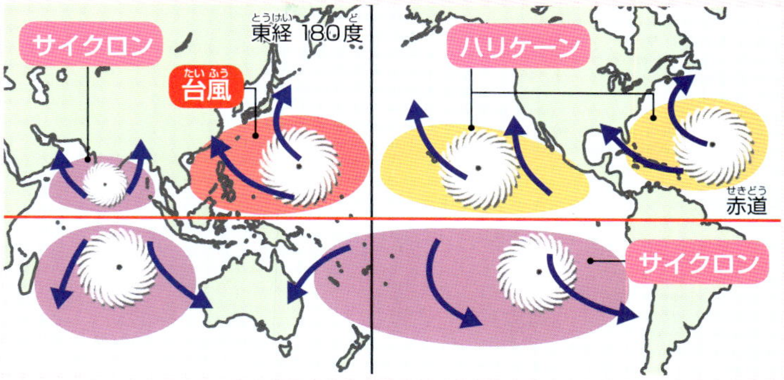
サイクロン
東経《とうけい》 180度《ど》
台風《たいふう》
ハリケーン
赤道《せきどう》
サイクロン

2005 年《ねん》 8 月末《がつまつ》にアメリカ南東部《なんとうぶ》をおそった、ハリケーン・カトリーナの目《め》の中《なか》を飛行《ひこう》中《ちゅう》の写真《しゃしん》。

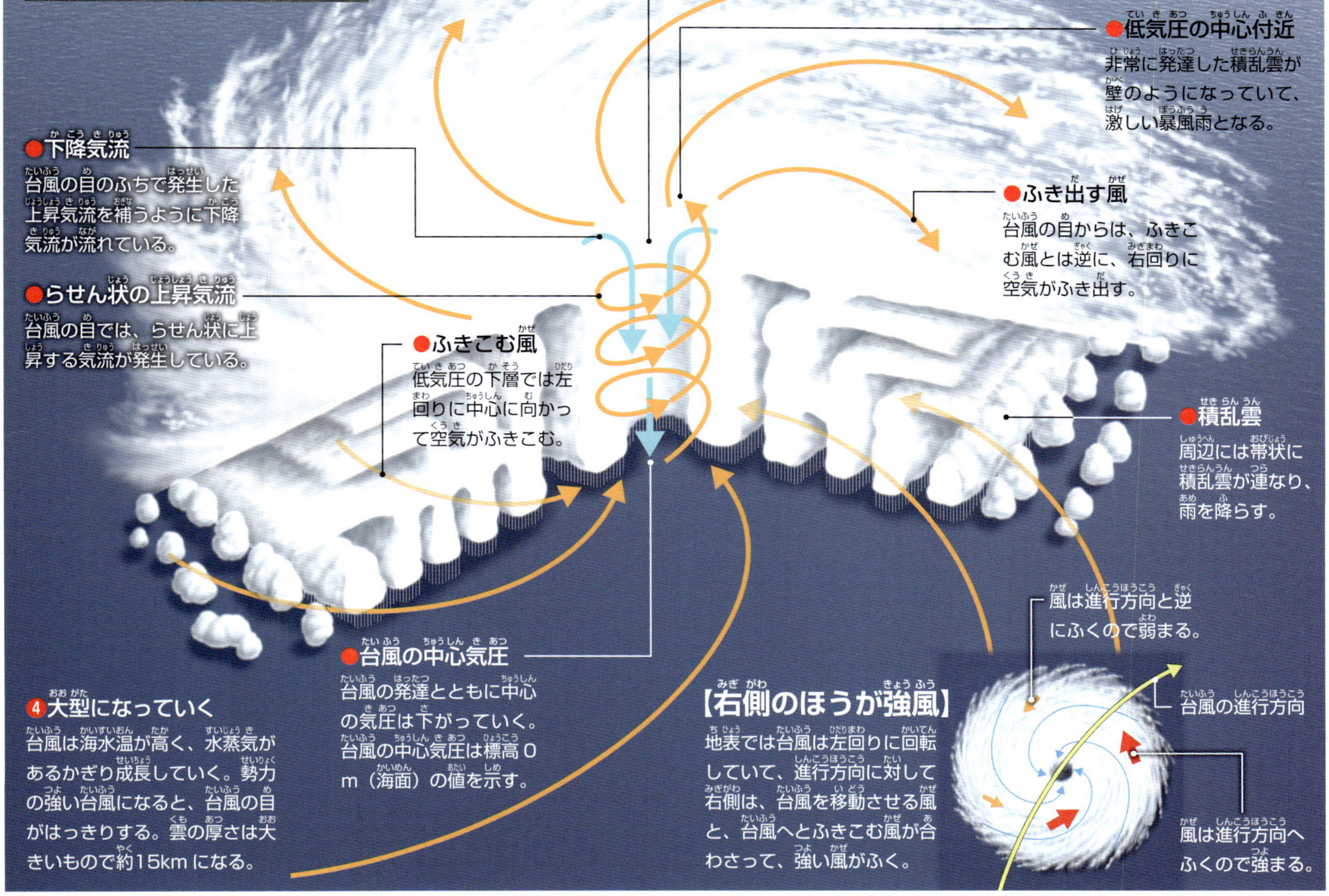
●台風《たいふう》の目《め》
台風《たいふう》の中心《ちゅうしん》にできる、雲《くも》がなく、風《かぜ》も雨《あめ》も弱《よわ》まる部分《ぶぶん》。
●低気圧《ていきあつ》の中心付近《ちゅうしんふきん》
非常《ひじょう》に発達《はったつ》した積乱雲《せきらんうん》が壁《かべ》のようになっていて、激《はげ》しい暴風雨《ぼうふうう》となる。
●ふき出《だ》す風《かぜ》
台風《たいふう》の目《め》からは、ふきこむ風《かぜ》とは逆《ぎゃく》に、右回《みぎまわ》りに空気《くうき》がふき出《だ》す。
●下降気流《かこうきりゅう》
台風《たいふう》の目《め》のふちで発生《はっせい》した上昇気流《じょうしょうきりゅう》を補《おぎな》うように下降《かこう》気流《きりゅう》が流《なが》れている。
●らせん状《じょう》の上昇気流《じょうしょうきりゅう》
台風《たいふう》の目《め》では、らせん状《じょう》に上昇《じょうしょう》する気流《きりゅう》が発生《はっせい》している。
●ふきこむ風《かぜ》
低気圧《ていきあつ》の下層《かそう》では左《ひだり》回《まわ》りに中心《ちゅうしん》に向《む》かって空気《くうき》がふきこむ。
●積乱雲《せきらんうん》
周辺《しゅうへん》には帯状《おびじょう》に積乱雲《せきらんうん》が連《つら》なり、雨《あめ》を降《ふ》らす。
●台風《たいふう》の中心気圧《ちゅうしんきあつ》
台風《たいふう》の発達《はったつ》とともに中心《ちゅうしん》の気圧《きあつ》は下《さ》がっていく。台風《たいふう》の中心気圧《ちゅうしんきあつ》は標高《ひょうこう》 0 m（海面《かいめん》）の値《あたい》を示《しめ》す。
❹大型《おおがた》になっていく
台風《たいふう》は海水温《かいすいおん》が高《たか》く、水蒸気《すいじょうき》があるかぎり成長《せいちょう》していく。勢力《せいりょく》の強《つよ》い台風《たいふう》になると、台風《たいふう》の目《め》がはっきりする。雲《くも》の厚《あつ》さは大《おお》きいもので約《やく》15km になる。
【右側《みぎがわ》のほうが強風《きょうふう》】
地表《ちひょう》では台風《たいふう》は左回《ひだりまわ》りに回転《かいてん》していて、進行方向《しんこうほうこう》に対《たい》して右側《みぎがわ》は、台風《たいふう》を移動《いどう》させる風《かぜ》と、台風《たいふう》へとふきこむ風《かぜ》が合《あ》わさって、強《つよ》い風《かぜ》がふく。
風《かぜ》は進行方向《しんこうほうこう》と逆《ぎゃく》にふくので弱《よわ》まる。
台風《たいふう》の進行方向《しんこうほうこう》
風《かぜ》は進行方向《しんこうほうこう》へふくので強《つよ》まる。

台風《たいふう》には、日本《にほん》をふくむ 14 の国《くに》と地域《ちいき》が提案《ていあん》した 140 の名前《なまえ》を順番《じゅんばん》につける。日本《にほん》が決《き》めた名前《なまえ》には「ヤギ」「ウサギ」などがある。

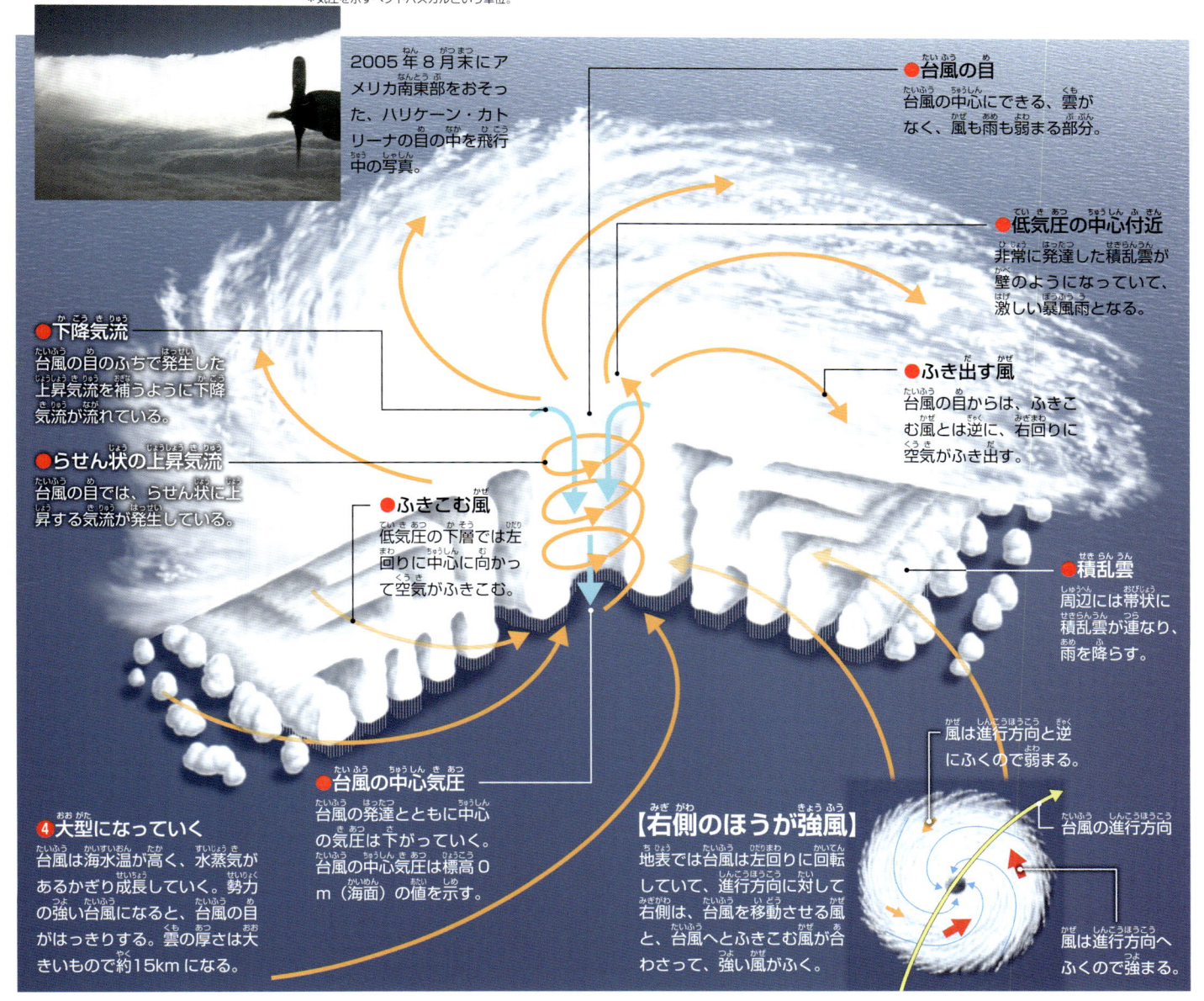

台風《たいふう》が生《う》まれてから消《き》えるまで

台風《たいふう》の一生《いっしょう》　台風《たいふう》は、北《きた》の地方《ちほう》に移動《いどう》したり、大陸《たいりく》に上陸《じょうりく》したりすると勢《いきお》いが弱《よわ》くなり、一生《いっしょう》を終《お》えます。どのように移動《いどう》して、なぜ消《き》えてしまうのか見《み》てみましょう。

赤道《せきどう》の近《ちか》くで生《う》まれ北《きた》に行《い》くと消《き》える

台風《たいふう》のエネルギーは、太陽《たいよう》によって温《あたた》められた海《うみ》からの水蒸気《すいじょうき》と上昇気流《じょうしょうきりゅう》だ。水蒸気《すいじょうき》を取《と》り入《い》れ、大《おお》きく成長《せいちょう》しながら移動《いどう》していく。北《きた》の海《うみ》へ進《すす》むと、水温《すいおん》が低《ひく》いのでエネルギーを多《おお》く受《う》けられなくなり、次第《しだい》に弱《よわ》まる。上陸《じょうりく》するとエネルギーの供給《きょうきゅう》が絶《た》たれる。そうして台風《たいふう》は温帯低気圧《おんたいていきあつ》（➡182）に変《か》わっていく。

日本《にほん》
中国《ちゅうごく》
フィリピン
8月《がつ》14日《か》　太平洋上《たいへいようじょう》に2つの熱帯低気圧《ねったいていきあつ》（➡186）が発生《はっせい》した。大《おお》きな白《しろ》い雲《くも》のかたまりが見《み》える。

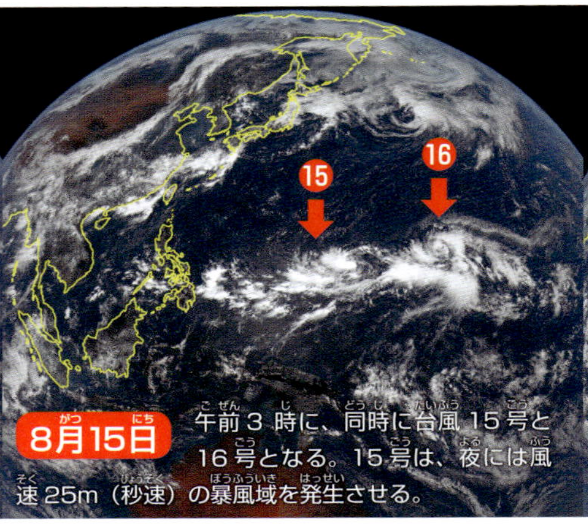
15
16
8月《がつ》15日《にち》　午前《ごぜん》3時《じ》に、同時《どうじ》に台風《たいふう》15号《ごう》と16号《ごう》となる。15号《ごう》は、夜《よる》には風《ふう》速《そく》25m（秒速《びょうそく》）の暴風域《ぼうふういき》を発生《はっせい》させる。

15
16
8月《がつ》16日《にち》　次第《しだい》にうずの形《かたち》がはっきりしてくる。16号《ごう》は、午後《ごご》9時《じ》には最大風速《さいだいふうそく》28m（秒速《びょうそく》）に達《たっ》した。

15
16
8月《がつ》20日《はつか》　北西《ほくせい》へ移動《いどう》を続《つづ》け15号《ごう》はフィリピンのルソン島《とう》に近《ちか》づいていく。フィリピンでは暴風雨警報《ぼうふううけいほう》が発令《はつれい》された。

15
16
8月《がつ》21日《にち》　15号《ごう》はフィリピンの東《ひがし》の海上《かいじょう》で速《そく》度《ど》を落《お》とし、16号《ごう》は北西《ほくせい》に進《すす》みながら日本方面《にほんほうめん》に向《む》かう。

15
16
8月《がつ》22日《にち》　15号《ごう》は沖縄県南西部《おきなわけんなんせいぶ》を暴風《ぼうふう》域《いき》に巻《ま》きこみながら北上《ほくじょう》し、16号《ごう》は小笠原諸島《おがさわらしょとう》に最《もっと》も接近《せっきん》した。

台風《たいふう》の進路《しんろ》が変《か》わる理由《りゆう》

赤道近《せきどうちか》くで発生《はっせい》した台風《たいふう》は、最初《さいしょ》は西向《にしむ》きにふく貿易風《ぼうえきふう》（➡169）に流《なが》されて西《にし》へと進《すす》む。コリオリの力《ちから》や、高気圧《こうきあつ》の右回《みぎまわ》りの風《かぜ》（➡168）によって北上《ほくじょう》すると、今度《こんど》は偏西風《へんせいふう》によって東《ひがし》へと進路《しんろ》を変《か》える。太平洋高気圧《たいへいようこうきあつ》（➡178）の位置《いち》は季節《きせつ》によって変《か》わるので、台風《たいふう》の進路《しんろ》も変《か》わってくる。

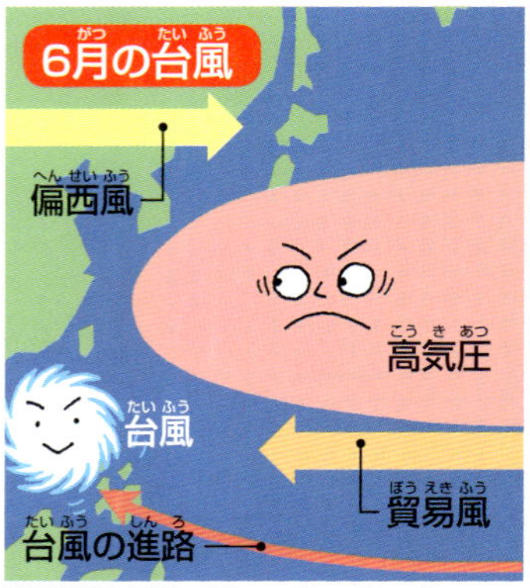
6月《がつ》の台風《たいふう》
偏西風《へんせいふう》
高気圧《こうきあつ》
台風《たいふう》
貿易風《ぼうえきふう》
台風《たいふう》の進路《しんろ》
太平洋高気圧《たいへいようこうきあつ》が大《おお》きく西《にし》へ張《は》り出《だ》しているので、北《きた》へは移動《いどう》できない。

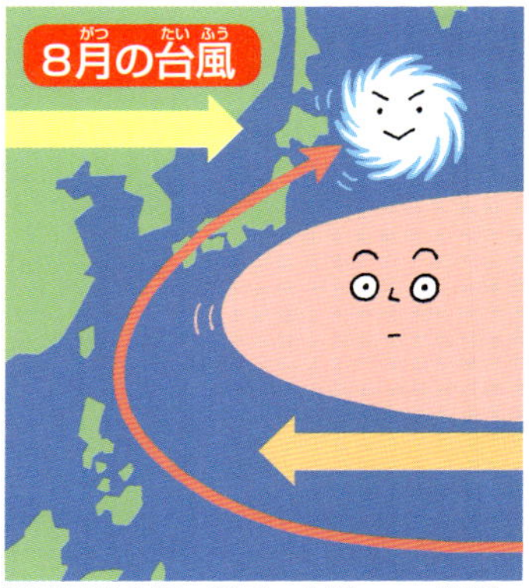
8月《がつ》の台風《たいふう》
太平洋高気圧《たいへいようこうきあつ》が北東《ほくとう》に移動《いどう》する。台風《たいふう》はできたすき間《ま》を北上《ほくじょう》し、偏西風《へんせいふう》におされて曲《ま》がりながら日本《にほん》へ上陸《じょうりく》する。

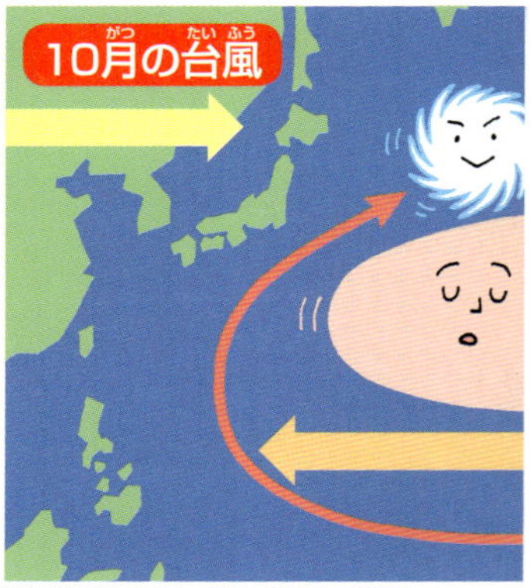
10月《がつ》の台風《たいふう》
太平洋高気圧《たいへいようこうきあつ》が東《ひがし》の海上《かいじょう》へ後退《こうたい》すると、台風《たいふう》は日本《にほん》の東《ひがし》の海上《かいじょう》を移動《いどう》する。

『小学館《しょうがくかん》の図鑑《ずかん》NEO 地球《ちきゅう》』: 小学館《しょうがくかん》

2015年《ねん》の台風《たいふう》15号《ごう》と16号《ごう》

2015年《ねん》8月《がつ》に非常《ひじょう》に大《おお》きく強《つよ》い2つの台風《たいふう》15号《ごう》、16号《ごう》が発生《はっせい》した。15号《ごう》は日本《にほん》に上陸《じょうりく》して、宮崎県《みやざきけん》えびの市《し》で総降水量《そうこうすいりょう》292mmを観測《かんそく》したほか、九州各県《きゅうしゅうかくけん》と山口県《やまぐちけん》に猛烈《もうれつ》な雨《あめ》をもたらした。16号《ごう》は太平洋上《たいへいようじょう》を大《おお》きく東《ひがし》にそれていった。下《した》の写真《しゃしん》は、台風《たいふう》のようすを気象衛星《きしょうえいせい》ひまわり8号《ごう》が1日《にち》ごとに撮影《さつえい》したものだ。台風《たいふう》は発達《はったつ》しながら大《おお》きく曲《ま》がるコースをとって日本《にほん》に近《ちか》づいた。

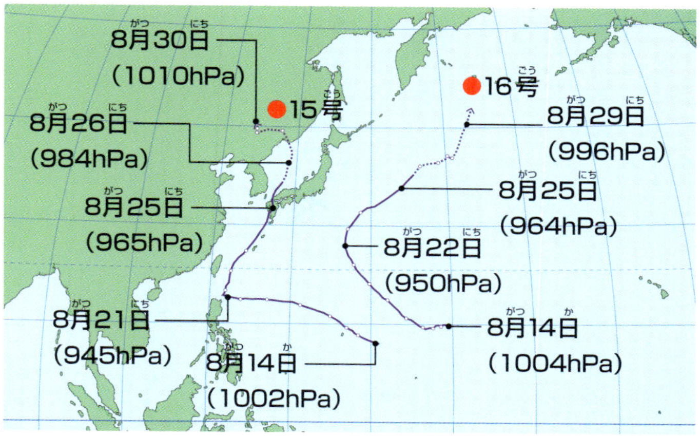

台風《たいふう》15号《ごう》と16号《ごう》の進路《しんろ》を示《しめ》した図《ず》。点線部分《てんせんぶぶん》は温帯低気圧《おんたいていきあつ》になってからの動《うご》きを表《あらわ》す。(　)内《ない》は中心気圧《ちゅうしんきあつ》で、ヘクトパスカル（hpa）という単位《たんい》で示《しめ》している。低《ひく》いほうが勢力《せいりょく》が強《つよ》い(気象庁《きしょうちょう》の台風経路図《たいふうけいろず》より合成《ごうせい》)。

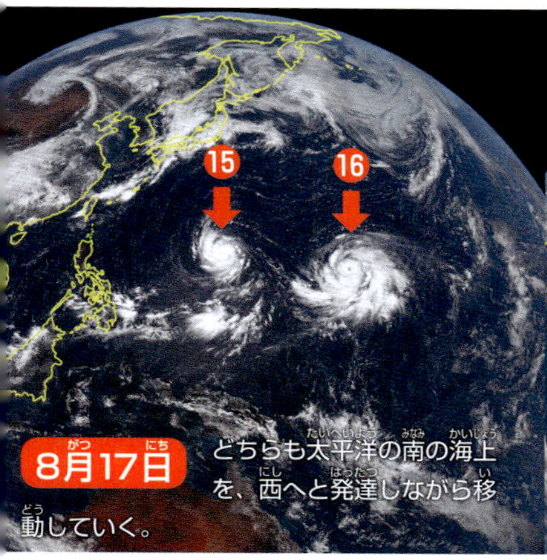

8月《がつ》17日《にち》　どちらも太平洋《たいへいよう》の南《みなみ》の海上《かいじょう》を、西《にし》へと発達《はったつ》しながら移動《いどう》していく。

8月《がつ》18日《にち》　どちらも24時間《じかん》で急《きゅう》に中心《ちゅうしん》の気圧《きあつ》が下《さ》がり、非常《ひじょう》に強《つよ》い台風《たいふう》となる。台風《たいふう》の目《め》もはっきりしている。

8月《がつ》19日《にち》　さらに大《おお》きく発達《はったつ》して、両方《りょうほう》とも北西《ほくせい》へと進路《しんろ》を変《か》えて移動《いどう》する。

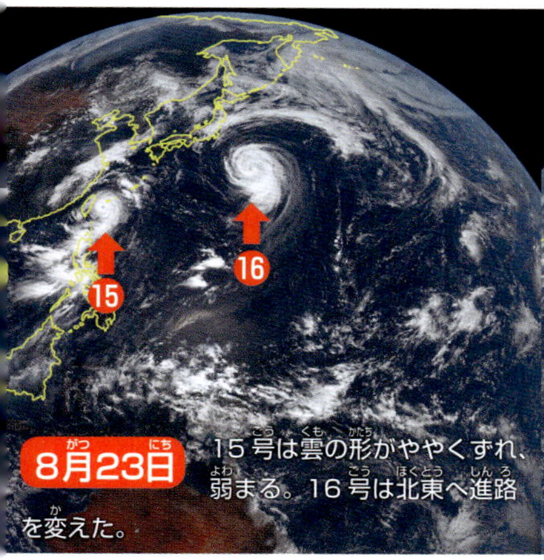

8月《がつ》23日《にち》　15号《ごう》は雲《くも》の形《かたち》がややくずれ、弱《よわ》まる。16号《ごう》は北東《ほくとう》へ進路《しんろ》を変《か》えた。

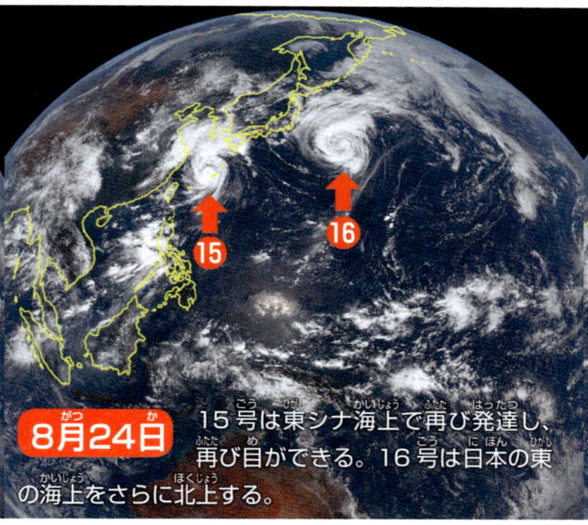

8月《がつ》24日《か》　15号《ごう》は東《ひがし》シナ海上《かいじょう》で再《ふたた》び発達《はったつ》し、再《ふたた》び目《め》ができる。16号《ごう》は日本《にほん》の東《ひがし》の海上《かいじょう》をさらに北上《ほくじょう》する。

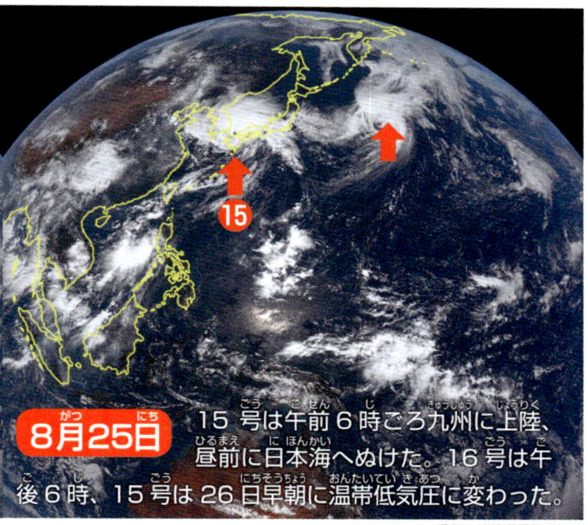

8月《がつ》25日《にち》　15号《ごう》は午前《ごぜん》6時《じ》ごろ九州《きゅうしゅう》に上陸《じょうりく》、昼前《ひるまえ》に日本海《にほんかい》へぬけた。16号《ごう》は午後《ごご》6時《じ》、15号《ごう》は26日早朝《にちそうちょう》に温帯低気圧《おんたいていきあつ》に変《か》わった。

提供／情報通信研究機構

強《つよ》い風《かぜ》を防《ふせ》ぐための沖縄《おきなわ》の知恵《ちえ》

沖縄県《おきなわけん》をはじめ台風《たいふう》がよく上陸《じょうりく》する地方《ちほう》では、被害《ひがい》をなるべくおさえようと、さまざまな工夫《くふう》をしている。

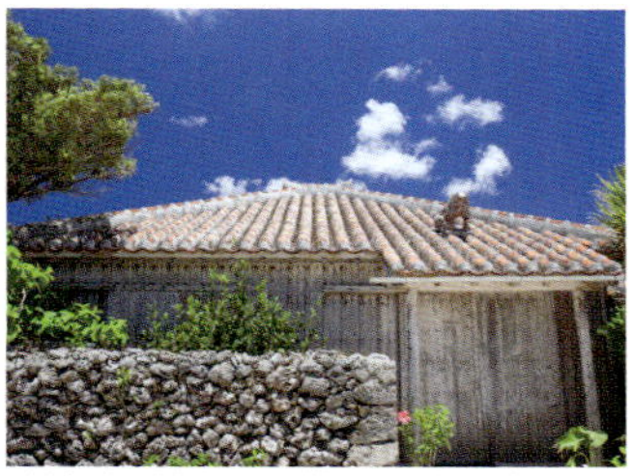

伝統的《でんとうてき》な民家《みんか》は石垣《いしがき》で台風《たいふう》の風《かぜ》を防《ふせ》ぎ、かわらは白《しろ》いしっくいで固《かた》めて、風《かぜ》に飛《と》ばされないように工夫《くふう》している。

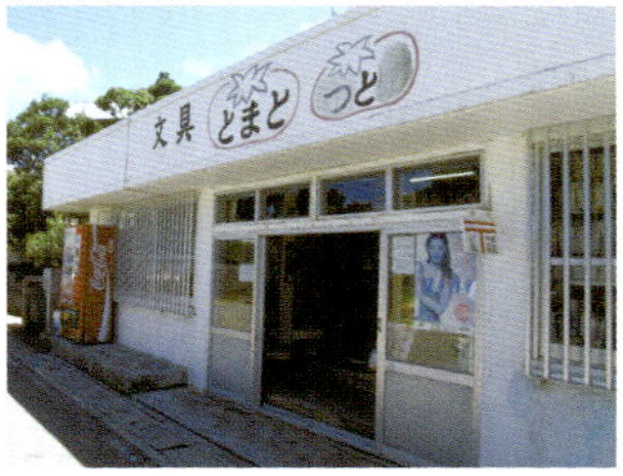

店《みせ》の名前《なまえ》が壁《かべ》に直接書《ちょくせつか》かれている。看板《かんばん》は台風《たいふう》の激《はげ》しい風《かぜ》で飛《と》ばされてしまうためだ。

サンゴへの影響《えいきょう》

台風《たいふう》の通過中《つうかちゅう》は海《うみ》の中《なか》もあれるので、サンゴ礁《しょう》がこわされることもある。しかし、折《お》れたサンゴが遠《とお》い場所《ばしょ》に運《はこ》ばれて増《ふ》えるという、いいこともある。また、台風《たいふう》は海《うみ》の表層《ひょうそう》をかき混《ま》ぜ、海水温《かいすいおん》を下《さ》げ、サンゴが生息《せいそく》しやすい環境《かんきょう》に整《ととの》えてもいる。

台風《たいふう》でこわされたサンゴ礁《しょう》。

海水温《かいすいおん》が上《あ》がりすぎると、共生《きょうせい》する褐虫藻《かっちゅうそう》がいなくなり、サンゴは白《しろ》くなってしまう（白化《はっか》）。

現在《げんざい》では、沖縄《おきなわ》では重《おも》くじょうぶな鉄筋《てっきん》コンクリート製《せい》の家《いえ》が多《おお》い。かわら屋根《やね》はつくらず、平《たい》らな屋上《おくじょう》で風《かぜ》をやりすごすつくりをしている。

竜《りゅう》のように暴《あば》れ回《まわ》る上昇気流《じょうしょうきりゅう》

竜巻《たつまき》

竜巻《たつまき》は、空気《くうき》が激《はげ》しくうずを巻《ま》く現象《げんしょう》です。海《うみ》からの水蒸気《すいじょうき》をエネルギーとする台風《たいふう》とちがい、海上《かいじょう》だけでなく陸地《りくち》でも発生《はっせい》し、自動車《じどうしゃ》や建物《たてもの》などを巻《ま》き上《あ》げることもあります。

竜巻《たつまき》は巨大《きょだい》な空気《くうき》のうず

強《つよ》い上昇気流《じょうしょうきりゅう》でできる積乱雲《せきらんうん》（➡182）から発生《はっせい》する、空気《くうき》のうずが竜巻《たつまき》だ。積乱雲《せきらんうん》の底《そこ》からは「ろうと雲《ぐも》」が地上《ちじょう》に向《む》かってのび、積乱《せきらん》雲《うん》とともに移動《いどう》してうずに近《ちか》いほど猛烈《もうれつ》な風《かぜ》がふく。人《ひと》の住《す》む場所《ばしょ》で発生《はっせい》すると非常《ひじょう》に危険《きけん》だ。日本《にほん》では夏《なつ》に発生《はっせい》することが多《おお》いが、日本《にほん》海側《かいがわ》では、前線《ぜんせん》によって積乱雲《せきらんうん》ができる冬《ふゆ》に多《おお》く見《み》られる。

●積乱雲《せきらんうん》
垂直《すいちょく》に高《たか》くもり上《あ》がり、短時間《たんじかん》に激《はげ》しい雨《あめ》を降《ふ》らし、雷《かみなり》を引《ひ》き起《お》こす。
●ろうと雲《ぐも》
積乱雲《せきらんうん》の底《そこ》から地上《ちじょう》までのびるうずを巻《ま》いた雲《くも》。発生時《はっせいじ》には、上《うえ》から垂《た》れ下《さ》がってくるように見《み》える。大《おお》きいものでは高《たか》さ数百《すうひゃく》mになるものもある。

1961年《ねん》から2015年《ねん》までに、日本《にほん》で発生《はっせい》した竜巻《たつまき》の分布《ぶんぷ》。沿岸部《えんかんぶ》で多《おお》いものの、各地《かくち》で発生《はっせい》している。

2003年《ねん》にアメリカのサウスダコタ州《しゅう》に発生《はっせい》した竜巻《たつまき》。

竜巻《たつまき》が起《お》こるしくみ

地表近《ちひょうちか》くで風《かぜ》がぶつかると、うずができることがある。そこに寒冷前線《かんれいぜんせん》（➡182）や台風《たいふう》によって積乱雲《せきらんうん》ができ、うずがおし上《あ》げられると、積乱雲《せきらんうん》の成長《せいちょう》とともにうずの回転《かいてん》の勢《いきお》いが増《ま》し、竜巻《たつまき》となる。とつぜん発生《はっせい》して短時間《たんじかん》で消《き》えるため、竜巻《たつまき》の発生《はっせい》のしくみはまだわかっていないことが多《おお》い。

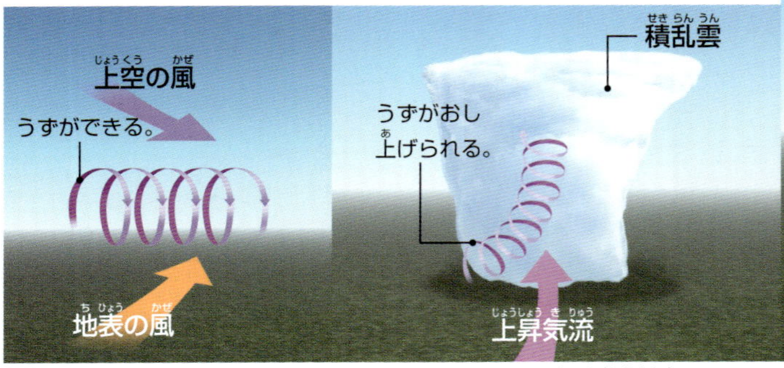
上空《じょうくう》の風《かぜ》
うずができる。
地表《ちひょう》の風《かぜ》
積乱雲《せきらんうん》
うずがおし上《あ》げられる。
上昇気流《じょうしょうきりゅう》

上空《じょうくう》と地表近《ちひょうちか》くで向《む》きがちがう風《かぜ》がふいたとき、空気《くうき》が回転《かいてん》して横向《よこむ》きのうずができる。

うずができたところに強《つよ》い上昇気流《じょうしょうきりゅう》（➡168）が発生《はっせい》して積乱雲《せきらんうん》ができる。うずは積乱雲《せきらんうん》の中《なか》で上昇気流《じょうしょうきりゅう》におし上《あ》げられて立《た》ち上《あ》がっていく。

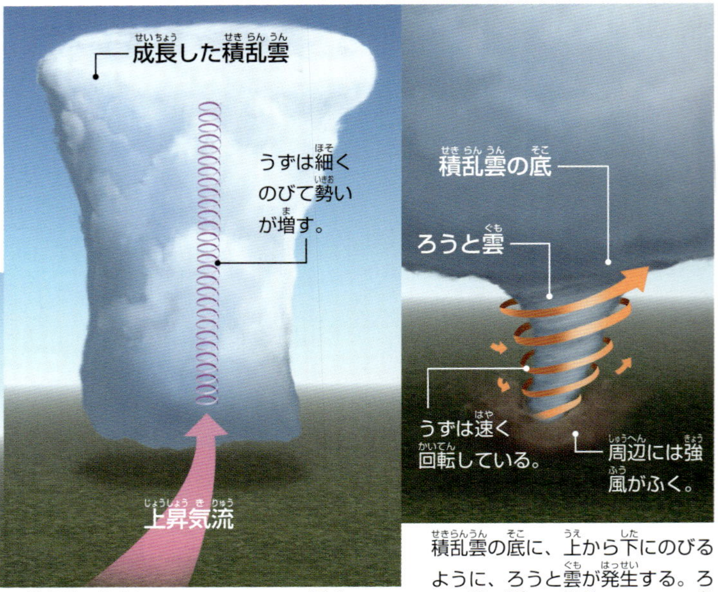
成長《せいちょう》した積乱雲《せきらんうん》
うずは細《ほそ》くのびて勢《いきお》いが増《ま》す。
上昇気流《じょうしょうきりゅう》
積乱雲《せきらんうん》の底《そこ》
ろうと雲《ぐも》
うずは速《はや》く回転《かいてん》している。
周辺《しゅうへん》には強《きょう》風《ふう》がふく。

積乱雲《せきらんうん》が発達《はったつ》するにつれ、うずは縦向《たてむ》きになり、のびて細《ほそ》くなっていく。うずが細《ほそ》くなると回転《かいてん》の勢《いきお》いが増《ま》し、風《かぜ》も強《つよ》くなる。

積乱雲《せきらんうん》の底《そこ》に、上《うえ》から下《した》にのびるように、ろうと雲《ぐも》が発生《はっせい》する。ろうと雲《ぐも》は激《はげ》しく回転《かいてん》していて、地表《ちひょう》のものを巻《ま》き上《あ》げる。周囲《しゅうい》の風《かぜ》も強《つよ》い。

地球のしくみ（気象海洋編）

『科学学習《かがくがくしゅう》まんがクライシス・シリーズ　竜巻《たつまき》のクライシス』: 小学館《しょうがくかん》

竜巻《たつまき》の強《つよ》さ

竜巻《たつまき》はとつぜん起《お》こるため、実際《じっさい》に風速《ふうそく》を計《はか》ることが難《むずか》しい。そのため、竜巻《たつまき》の風《かぜ》の強《つよ》さは建物《たてもの》などの被害《ひがい》から風速《ふうそく》を推測《すいそく》する「藤田《ふじた》スケール」とよばれる基準《きじゅん》で表《あらわ》される。1971年《ねん》にシカゴ大学《だいがく》の教授《きょうじゅ》だった藤田哲也博士《ふじたてつやはかせ》によって考《かんが》えられた基準《きじゅん》で、最《もっと》も弱《よわ》いF0《エフ》から最《もっと》も強《つよ》いF5《エフ》までの6段階《だんかい》がある。日本《にほん》では、2016年《ねん》から、建物《たてもの》など被害《ひがい》を受《う》ける対象《たいしょう》を9種類《しゅるい》から30種類《しゅるい》に増やして、竜巻《たつまき》の強《つよ》さをより細《こま》かく判断《はんだん》できる「日本版改良藤田《にほんばんかいりょうふじた》スケール（JEF《ジェイイーエフ》スケール）」という新《あたら》しい基準《きじゅん》を使用《しよう》している。

【日本版改良藤田《にほんばんかいりょうふじた》スケールによる被害《ひがい》の段階《だんかい》】

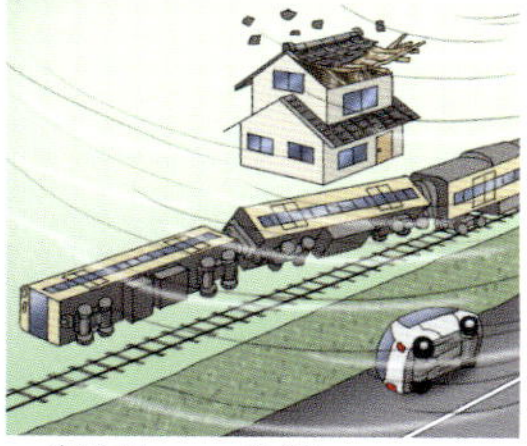

❶JEF《ジェイイーエフ》1の被害《ひがい》

❷JEF《ジェイイーエフ》3の被害《ひがい》

❸JEF《ジェイイーエフ》5の被害《ひがい》

【日本版改良藤田《にほんばんかいりょうふじた》スケール】

階級《かいきゅう》(JEF《ジェイイーエフ》)	風速《ふうそく》(秒速《びょうそく》)	おもな被害《ひがい》の状況《じょうきょう》
0	25～38m	自動販売機《じどうはんばいき》がたおれる、物置《ものおき》が動《うご》いたりたおれたりする、木《き》の枝《えだ》が折《お》れる、など。
1	39～52m	❶木造住宅《もくぞうじゅうたく》のかわらがはがれる、軽自動車《けいじどうしゃ》やコンパクトカーが横転《おうてん》する、走行中《そうこうちゅう》の鉄道車両《てつどうしゃりょう》がひっくり返《かえ》る、など。
2	53～66m	大型《おおがた》の自動車《じどうしゃ》が横転《おうてん》する、コンクリート製《せい》の電柱《でんちゅう》が折《お》れる、木《き》の幹《みき》が折《お》れる、など。
3	67～80m	❷木造住宅《もくぞうじゅうたく》の屋根《やね》や2階部分《かいぶぶん》がこわれる、鉄骨造《てっこつづく》りの倉庫《そうこ》の外壁《がいへき》がこわれる、アスファルトがはがれる、など。
4	81～94m	工場《こうじょう》や倉庫《そうこ》の大《おお》きなひさしがこわれる。
5	95m～	❸鉄骨《てっこつ》プレハブ住宅《じゅうたく》や倉庫《そうこ》がたおれてつぶれる、鉄筋《てっきん》コンクリートのマンションなどのベランダの手《て》すりが風《かぜ》で落《お》ちる。

移動《いどう》で広《ひろ》がる被害《ひがい》

竜巻《たつまき》の猛烈《もうれつ》な風《かぜ》はさまざまなものをふき飛《と》ばし、建物《たてもの》などをこわしてしまう。竜巻《たつまき》を発生《はっせい》させている積乱雲《せきらんうん》が風《かぜ》で動《うご》くと、竜巻《たつまき》もいっしょに移動《いどう》する。発生《はっせい》から消《き》えるまでの時間《じかん》は、数分《すうふん》から数十分《すうじっぷん》ほどだ。竜巻《たつまき》が移動《いどう》する進路《しんろ》とその周辺《しゅうへん》では、広《ひろ》いはんいで被害《ひがい》を受《う》けることがある。

2012年《ねん》5月《がつ》、茨城県《いばらきけん》つくば市《し》で発生《はっせい》した竜巻《たつまき》。移動《いどう》あとに大量《たいりょう》のがれきが残《のこ》り、F3《エフ》（JEF3《ジェイイーエフ》）を記録《きろく》した。

2013年《ねん》9月《がつ》、埼玉県越谷市《さいたまけんこしがやし》で起《お》こった竜巻《たつまき》では、電柱《でんちゅう》が折《お》れ、建物《たてもの》の屋根《やね》が飛《と》ぶ被害《ひがい》が出《で》て、F2《エフ》（JEF2《ジェイイーエフ》）とされた。

巨大積乱雲《きょだいせきらんうん》「スーパーセル」

積乱雲《せきらんうん》はふつう発生《はっせい》から1時間《じかん》ほどで消《き》えてしまう。しかし、数時間《すうじかん》かけて成長《せいちょう》し続《つづ》ける積乱雲《せきらんうん》があり「スーパーセル」とよばれている。スーパーセルは、巨大《きょだい》で雲全体《くもぜんたい》がうずを巻《ま》いているのが特《とく》ちょうで、大《おお》きな竜巻《たつまき》や、列車《れっしゃ》を脱線《だっせん》させるほどの強力《きょうりょく》な下降気流《かこうきりゅう》「ダウンバースト」、雷《かみなり》、ひょう、激《はげ》しい雨《あめ》を引《ひ》き起《お》こす。広大《こうだい》な平地《へいち》で発生《はっせい》しやすく、日本《にほん》でも茨城県《いばらきけん》や北海道《ほっかいどう》などの平野部《へいやぶ》で発生《はっせい》している。

2004年《ねん》6月《がつ》にアメリカのカンザス州《しゅう》で発生《はっせい》したスーパーセル。雲全体《くもぜんたい》がうずを巻《ま》いているようすがよくわかる。

つむじ風《かぜ》は竜巻《たつまき》ではない

「つむじ風《かぜ》」は、晴《は》れた日《ひ》に畑《はたけ》や道路《どうろ》など開《ひら》けた場所《ばしょ》にできる空気《くうき》のうずだ。上昇気流《じょうしょうきりゅう》が発生《はっせい》したところに風《かぜ》がふいて巻《ま》き上《あ》がり、うずを巻《ま》く。竜巻《たつまき》とはちがい、地表付近《ちひょうふきん》で発生《はっせい》し、大《おお》きくても高《たか》さは100m程度《ていど》と、竜巻《たつまき》と比《くら》べてとても小《ちい》さい。「旋風《せんぷう》」や「辻風《つじかぜ》」ともいう。

開《ひら》けたあれ地《ち》で、つむじ風《かぜ》が砂《すな》を巻《ま》き上《あ》げている。

竜巻《たつまき》を見《み》たら、すぐにがんじょうな建物《たてもの》に避難《ひなん》する。ガラスが割《わ》れることがあるので、なるべく窓《まど》からはなれた部屋《へや》の中心《ちゅうしん》ににげこむ。

地球温暖化《ちきゅうおんだんか》➡196

大雨《おおあめ》や猛暑《もうしょ》が増《ふ》えている

異常気象《いじょうきしょう》 今《いま》まではちがった激《はげ》しい大雨《おおあめ》が降《ふ》ったり、いつもの年《とし》よりもずっと暑《あつ》かったり、寒《さむ》かったりすると「異常気象《いじょうきしょう》」とされます。最近《さいきん》はさまざまな異常気象《いじょうきしょう》を見聞《みき》きするようになりました。

30年《ねん》に一度《いちど》の現象《げんしょう》

日本《にほん》の気象庁《きしょうちょう》では本来《ほんらい》、「ある場所《ばしょ》（地域《ちいき》）・ある時期《じき》（週《しゅう》・月《つき》・季節《きせつ》）において30年間《ねんかん》に1回《かい》以《い》下《か》の回数《かいすう》で発生《はっせい》する現象《げんしょう》」を異常気象《いじょうきしょう》としている。また、過去《かこ》30年間《ねんかん》の気候《きこう》の平均的《へいきんてき》な数値《すうち》である「平年《へいねん》」から、大《おお》きくかけはなれていたり、大《おお》きな災害《さいがい》をもたらしたりするような気象《きしょう》も異常気象《いじょうきしょう》とよばれることが多《おお》い。

撮影場所《さつえいばしょ》の上空《じょうくう》には青空《あおぞら》が見《み》えている。

2012年《ねん》8月《がつ》31日《にち》に東京都《とうきょうと》杉並区《すぎなみく》で撮影《さつえい》された「局地的大雨《きょくちてきおおあめ》」。せまいはんいで数十分《すうじっぷん》ほどの短《みじか》い時間《じかん》にたくさんの雨《あめ》が降《ふ》り、「ゲリラ豪雨《ごうう》」ともよばれる。急激《きゅうげき》に発達《はったつ》した積乱雲《せきらんうん》が原因《げんいん》で、いつ降《ふ》るかは予測《よそく》しづらい。

世界《せかい》で異常気象《いじょうきしょう》が起《お》こっている

近年《きんねん》、世界中《せかいじゅう》で、今《いま》までにないような天気《てんき》に見舞《みま》われている。その結果《けっか》、河川《かせん》の水《みず》が大雨《おおあめ》などで増《ふ》えてあふれる「洪水《こうずい》」や、長期間《ちょうきかん》雨《あめ》が降《ふ》らず、地面《じめん》がかわききってしまう「干《かん》ばつ」などの災害《さいがい》が起《お》こって、農作物《のうさくぶつ》の収穫《しゅうかく》ができなくなるなど、わたしたちの生活《せいかつ》や経済《けいざい》に、大《おお》きな被害《ひがい》が出《で》ることもある。

●洪水《こうずい》（フランス　2016年《ねん》6月《がつ》）

首都《しゅと》パリを流《なが》れるセーヌ川《がわ》があふれた。フランスやドイツなどヨーロッパ各地《かくち》で豪雨《ごうう》になり、洪水《こうずい》となった。

●ひょう（ドイツ　2016年《ねん》5月《がつ》）

ドイツのほか、トルコ、チェコなどでも大量《たいりょう》のひょうが降《ふ》り、ヨーロッパ全土《ぜんど》があれた天気《てんき》となった。

●暖冬《だんとう》（スイス　2015年《ねん》12月《がつ》）

過去《かこ》150年《ねん》で最《もっと》も暖《あたた》かな冬《ふゆ》となり、高地《こうち》での月間《げっかん》の平均気温《へいきんきおん》がはじめて0℃をこえた。

●寒波《かんぱ》（日本《にほん》・鹿児島《かごしま》　2016年《ねん》1月《がつ》）

冷《つめ》たい空気《くうき》がおしよせる「寒波《かんぱ》」のため日本海側《にほんかいがわ》で大雪《おおゆき》となり、奄美大島《あまみおおしま》では115年《ねん》ぶりに雪《ゆき》が積《つ》もった。

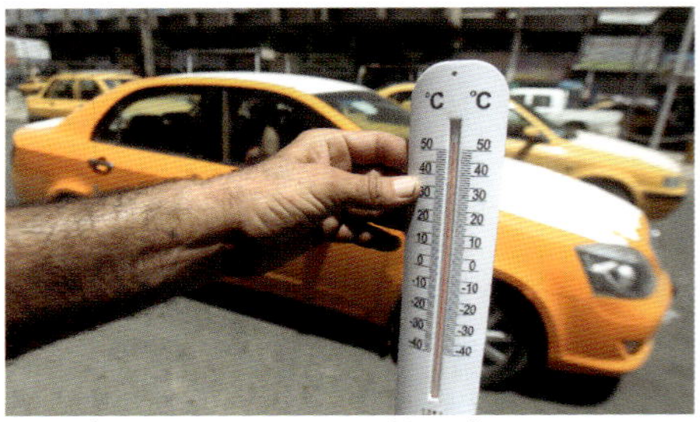

●熱波《ねっぱ》（イラク　2015年《ねん》7月《がつ》）

異常《いじょう》な高温《こうおん》が続《つづ》く「熱波《ねっぱ》」が発生《はっせい》したため、気温《きおん》が52℃をこえた。

『これは異常気象《いじょうきしょう》なのか？（全《ぜん》3巻《かん》）』: 岩崎書店《いわさきしょてん》

猛暑《もうしょ》はなぜ起《お》こる

猛暑《もうしょ》とは激《はげ》しい暑《あつ》さのことで、気象庁《きしょうちょう》では最高気温《さいこうきおん》35℃以上《いじょう》の日《ひ》を「猛暑日《もうしょび》」としている。気象的《きしょうてき》な条件《じょうけん》や地形《ちけい》、人《ひと》の暮《く》らし、地《ち》球《きゅう》の温暖化《おんだんか》（➡196）など、さまざまな原因《げんいん》があると考《かんが》えられている。

【2階建《かいだ》ての高気圧《こうきあつ》】

東南《とうなん》アジア付近《ふきん》で発生《はっせい》したチベット高気圧《こうきあつ》が、いつもの年《とし》よりも東《ひがし》に広《ひろ》がり、日本上空《にほんじょうくう》に張《は》り出《だ》すことがある。暑《あつ》さをもたらす太平洋高気圧《たいへいようこうきあつ》（➡178）の上《うえ》にチベット高気圧《こうきあつ》が乗《の》って「2階建《かいだ》て高気圧《こうきあつ》」になると、下降気流《かこうきりゅう》が強《つよ》まり、地表付近《ちひょうふきん》では猛暑《もうしょ》となる。

●2階建《かいだ》て高気圧《こうきあつ》
チベット高気圧《こうきあつ》
太平洋高気圧《たいへいようこうきあつ》
気圧《きあつ》が上《あ》がると、空気《くうき》は圧縮《あっしゅく》されて熱《あつ》くなる。地表《ちひょう》の空《くう》気《き》が2段階《だんかい》の高気圧《こうきあつ》で強《つよ》くおされ、とても暑《あつ》くなる。

日本一
暑い
江川崎
高知県四万十市江川崎地区《こうちけんしまんとしえかわさきちく》は2013年《ねん》8月《がつ》12日《にち》に、日本《にほん》での最高気温《さいこうきおん》41℃を記録《きろく》した。これも2階建《かいだ》て高気圧《こうきあつ》が原因《げんいん》と考《かんが》えられる。

猛暑《もうしょ》も大雨《おおあめ》も引《ひ》き起《お》こす大都市《だいとし》の熱《ねつ》

「ヒートアイランド」は、大都市《だいとし》の気温《きおん》が周辺《しゅうへん》より高《たか》くなる現象《げんしょう》だ。アスファルトの照《て》り返《かえ》しやエアコンの室外機《しつがいき》から出《で》る熱《ねつ》がたまって起《お》こる。また岐阜県多治見市《ぎふけんたじみし》や埼玉県熊谷市《さいたまけんくまがやし》など、大都市《だいとし》の周辺地域《しゅうへんちいき》では猛暑日《もうしょび》が多《おお》く、最高気温《さいこうきおん》が40℃をこえる日《ひ》もある。これは南東《なんとう》からふく季節風《きせつふう》が、都市《とし》の熱《ねつ》を運《はこ》ぶことなどが原《げん》因《いん》とされている。ヒートアイランドは、熱《ねつ》で積乱雲《せきらんうん》を発生《はっせい》させてゲリラ豪雨《ごうう》を降《ふ》らせるとも考《かんが》えられている。

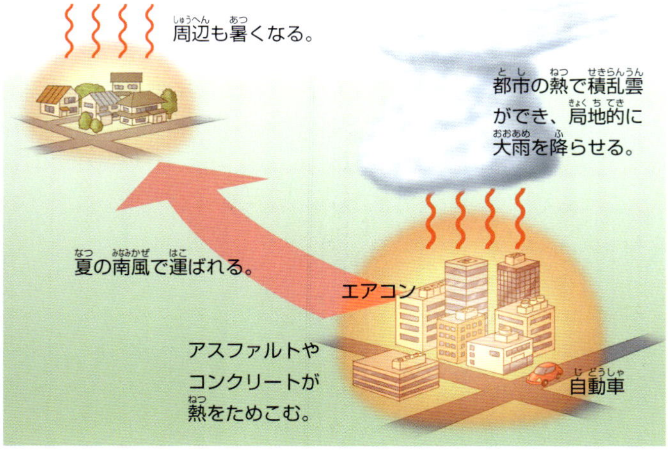
周辺《しゅうへん》も暑《あつ》くなる。
都市《とし》の熱《ねつ》で積乱雲《せきらんうん》ができ、局地的《きょくちてき》に大雨《おおあめ》を降《ふ》らせる。
夏《なつ》の南風《みなみかぜ》で運《はこ》ばれる。
エアコン
アスファルトやコンクリートが熱《ねつ》をためこむ。
自動車《じどうしゃ》

暑《あつ》さをしのぐ工夫《くふう》

猛暑《もうしょ》は熱中症《ねっちゅうしょう》の原因《げんいん》にもなる。そのため気温《きおん》が高《たか》くなりやすい市街地《しがいち》では、水《みず》をきりのようにふき出《だ》すミスト装置《そうち》（写真《しゃしん》左上《ひだりうえ》）などで気温《きおん》を下《さ》げるようにしている。

泌尿器科
西田医院
むさし証券
最高気温《さいこうきおん》が日本一《にほんいち》を記録《きろく》したこともある埼玉県熊谷駅《さいたまけんくまがやえき》前《まえ》のミスト。水《みず》が水蒸気《すいじょうき》に変《か》わるとき、熱《ねつ》が下《さ》がるしくみを利用《りよう》したものだ。

集中豪雨《しゅうちゅうごうう》

同《おな》じような場所《ばしょ》で数時間《すうじかん》にわたって強《つよ》い雨《あめ》がたくさん降《ふ》る「集中豪雨《しゅうちゅうごうう》」は、山間部《さんかんぶ》では土砂《どしゃ》くずれを起《お》こし、平地《へいち》では川《かわ》がはんらんするなどの災害《さいがい》を起《お》こすことがある。大雨《おおあめ》を降《ふ》らす積乱雲《せきらんうん》が、同《おな》じ場所《ばしょ》に次《つぎ》つぎとできることが原因《げんいん》とされている。

2014年《ねん》8月《がつ》の集中豪《しゅうちゅうごう》雨《う》で引《ひ》き起《お》こされた、広《ひろ》島市北部《しましほくぶ》の土砂《どしゃ》くずれ。

●降《ふ》り続《つづ》くようす

2014年《ねん》8月《がつ》19～20日《はつか》にかけて、広島市《ひろしまし》に大雨《おおあめ》をもたらした集中豪《しゅうちゅうごう》雨《う》の、1時間《じかん》ごとの雨《あめ》の量《りょう》の変化《へんか》。赤《あか》い色《いろ》ほど雨《あめ》が多《おお》く、水色《みずいろ》は少《すく》ない。 気象庁《きしょうちょう》

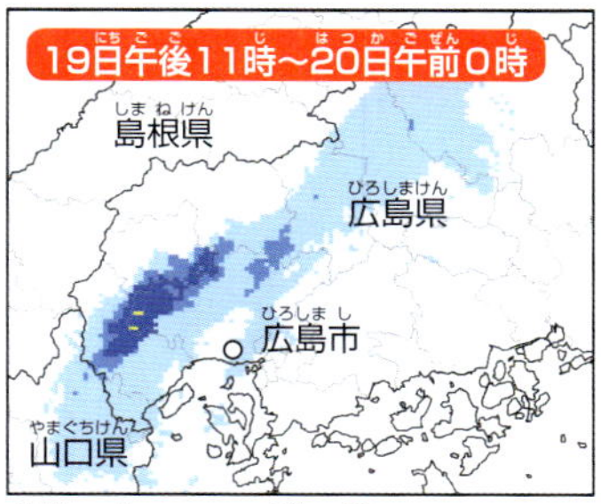
19日午後《にちごご》11時《じ》～20日午前《はつかごぜん》0時《じ》
島根県《しまねけん》
広島県《ひろしまけん》
広島市《ひろしまし》
山口県《やまぐちけん》
午前《ごぜん》0時《じ》は、まだ雨《あめ》は少《すく》ない。

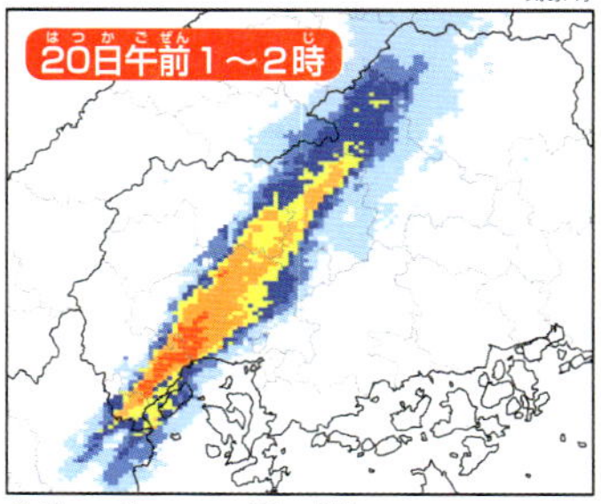
20日午前《はつかごぜん》1～2時《じ》
午前《ごぜん》1時《じ》ごろ、雨《あめ》が激《はげ》しくなった。

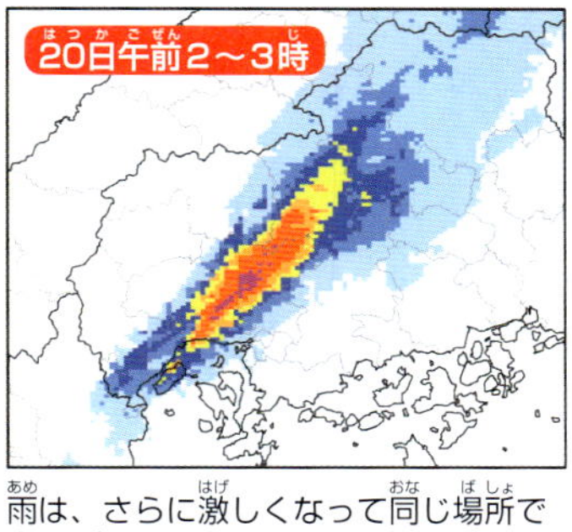
20日午前《はつかごぜん》2～3時《じ》
雨《あめ》は、さらに激《はげ》しくなって同《おな》じ場所《ばしょ》で降《ふ》り続《つづ》いた。

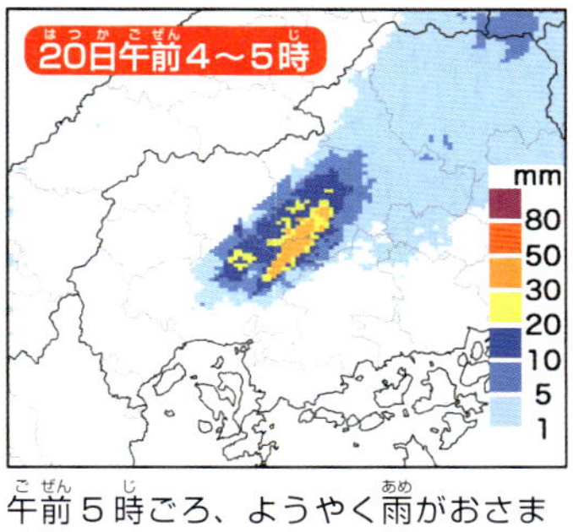
20日午前《はつかごぜん》4～5時《じ》
mm
80
50
30
20
10
5
1
午前《ごぜん》5時《じ》ごろ、ようやく雨《あめ》がおさまってきた。

地球《ちきゅう》の気象《きしょう》はいつも変化《へんか》し続《つづ》けていて、現在《げんざい》の天気《てんき》がほんとうに異常《いじょう》なものかどうかは、長《なが》く観測《かんそく》を続《つづ》けなければわからない。

太平洋《たいへいよう》の異常《いじょう》水温《すいおん》で気象《きしょう》が変化《へんか》

エルニーニョ現象《げんしょう》　「エルニーニョ現象《げんしょう》」は、太平洋《たいへいよう》の赤道近《せきどうちか》くの海水《かいすい》の温度《おんど》が数年《すうねん》に一度《いちど》、上昇《じょうしょう》する現象《げんしょう》です。その際《さい》に、世界中《せかいじゅう》で異常気象《いじょうきしょう》が起《お》こると考《かんが》えられています。

太平洋《たいへいよう》の海面水温《かいめんすいおん》が上昇《じょうしょう》

太平洋《たいへいよう》のペルー沖《おき》で海面《かいめん》の水温《すいおん》がいつもの年《とし》より高《たか》くなり、反対《はんたい》に東南《とうなん》アジアやオーストラリア側《がわ》は低《ひく》くなる状態《じょうたい》が1年《ねん》ほど続《つづ》くことをエルニーニョという。エルニーニョは特別《とくべつ》なことではなく、4～5年《ねん》に一度《いちど》くらいの割合《わりあい》でくりかえされてきた現象《げんしょう》だ。

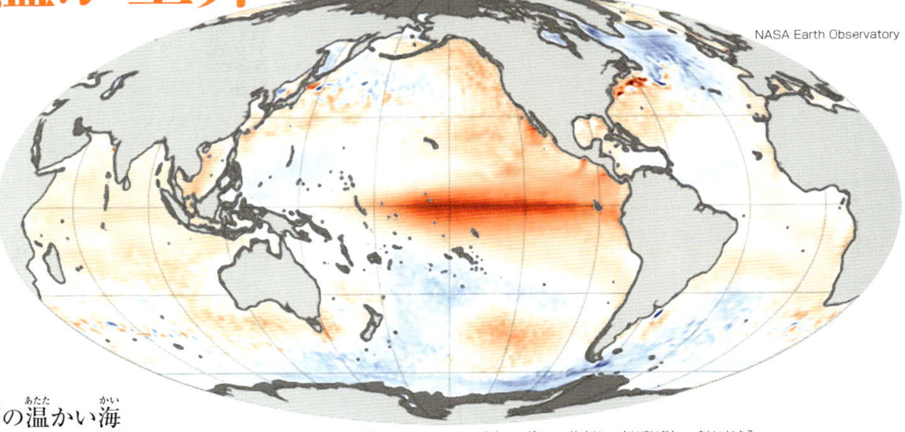
NASA Earth Observatory

エルニーニョが起《お》きた2016年《ねん》1月《がつ》の世界《せかい》の海水温《かいすいおん》。太平洋《たいへいよう》東側《ひがしがわ》の赤道周辺《せきどうしゅうへん》の温度《おんど》が平年《へいねん》より高《たか》くなっている。1981～2010年《ねん》の平均《へいきん》と比《くら》べ、赤《あか》は高《たか》い場所《ばしょ》、青《あお》は低《ひく》い場所《ばしょ》を示《しめ》す。

エルニーニョはなぜ起《お》こる

東《ひがし》から西《にし》へふく貿易風《ぼうえきふう》（➡169）は、海《うみ》の表面《ひょうめん》の温《あたた》かい海水《かいすい》を西《にし》へとおしやっている。しかし貿易風《ぼうえきふう》が弱《よわ》まると、温《あたた》かい海水《かいすい》が太平洋《たいへいよう》の東側《ひがしがわ》にとどまるため、東側《ひがしがわ》の海水《かいすい》の温度《おんど》がいつもより1～5℃上昇《じょうしょう》する。こうしてエルニーニョが発生《はっせい》する。貿易風《ぼうえきふう》がなぜ弱《よわ》まるのかは、まだわかっていない。

【いつもの年《とし》】

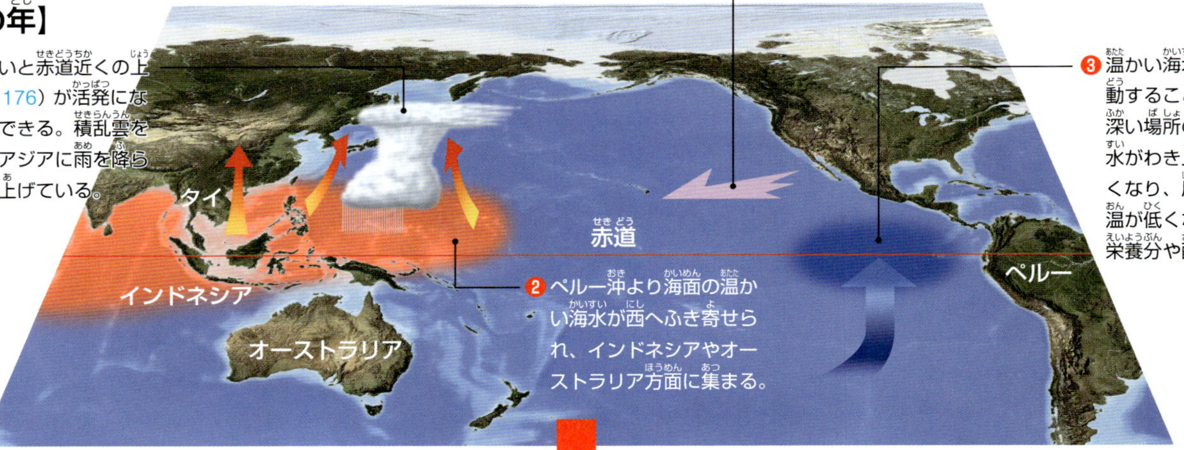
❶東《ひがし》から西《にし》へ強《つよ》い貿易風《ぼうえきふう》がふく。
❹海水温《かいすいおん》が高《たか》いと赤道近《せきどうちか》くの上昇気流《じょうしょうきりゅう》（➡176）が活発《かっぱつ》になり低気圧《ていきあつ》ができる。積乱雲《せきらんうん》を発生《はっせい》させ、アジアに雨《あめ》を降《ふ》らせて湿度《しつど》を上《あ》げている。
❸温《あたた》かい海水《かいすい》が西《にし》へ移動《いどう》することで、海《うみ》の深《ふか》い場所《ばしょ》の冷《つめ》たい海水《かいすい》がわき上《あ》がりやすくなり、周囲《しゅうい》より水温《すいおん》が低《ひく》くなっている。栄養分《えいようぶん》や酸素《さんそ》も多《おお》い。
タイ
赤道《せきどう》
インドネシア
❷ペルー沖《おき》より海面《かいめん》の温《あたた》かい海水《かいすい》が西《にし》へふき寄《よ》せられ、インドネシアやオーストラリア方面《ほうめん》に集《あつ》まる。
ペルー
オーストラリア

【エルニーニョが起《お》こった年《とし》】

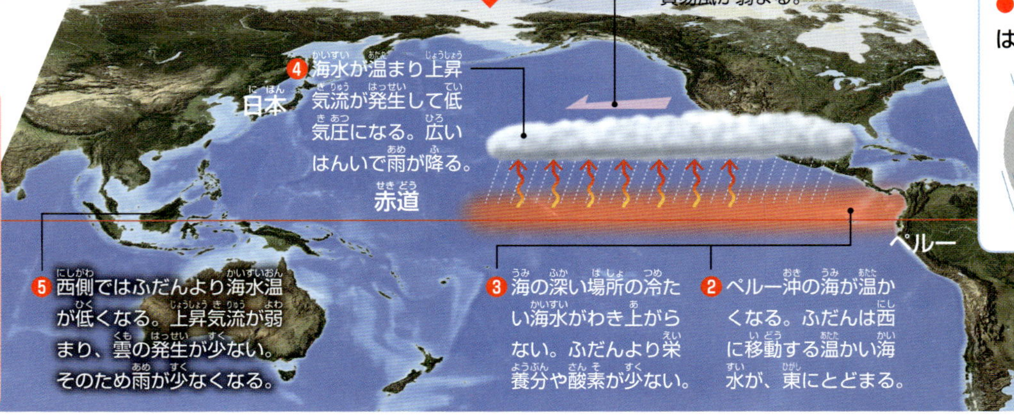
❶東《ひがし》から西《にし》へふく貿易風《ぼうえきふう》が弱《よわ》まる。
❹海水《かいすい》が温《あたた》まり上昇《じょうしょう》気流《きりゅう》が発生《はっせい》して低《てい》気圧《きあつ》になる。広《ひろ》いはんいで雨《あめ》が降《ふ》る。
日本《にほん》
赤道《せきどう》
ペルー
❺西側《にしがわ》ではふだんより海水温《かいすいおん》が低《ひく》くなる。上昇気流《じょうしょうきりゅう》が弱《よわ》まり、雲《くも》の発生《はっせい》が少《すく》ない。そのため雨《あめ》が少《すく》なくなる。
❸海《うみ》の深《ふか》い場所《ばしょ》の冷《つめ》たい海水《かいすい》がわき上《あ》がらない。ふだんより栄《えい》養分《ようぶん》や酸素《さんそ》が少《すく》ない。
❷ペルー沖《おき》の海《うみ》が温《あたた》かくなる。ふだんは西《にし》に移動《いどう》する温《あたた》かい海水《かいすい》が、東《ひがし》にとどまる。

●東南《とうなん》アジアやオーストラリア北部《ほくぶ》では、雨《あめ》が少《すく》なくなる。

●アメリカ大陸《たいりく》では雨《あめ》が多《おお》くなる。

『ドラえもん科学《かがく》ワールド―天気《てんき》と気象《きしょう》の不思議《ふしぎ》―』: 小学館《しょうがくかん》

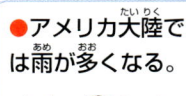

エルニーニョと災害《さいがい》

エルニーニョになると、太平洋《たいへいよう》のアメリカ大陸側《たいりくがわ》では雨《あめ》が多《おお》く降《ふ》ることで洪水《こうずい》が発生《はっせい》する。反対《はんたい》に東南《とうなん》アジアやオーストラリア側《がわ》では雨《あめ》が少《すく》なくなり、干《かん》ばつが起《お》こることがある。また海水《かいすい》の温度《おんど》の変化《へんか》によって空気《くうき》の温度《おんど》も変《か》わるので、太平洋《たいへいよう》の東側《ひがしがわ》は暖《あたた》かくなり西側《にしがわ》はすずしくなる。雨《あめ》と気温《きおん》は農作物《さくぶつ》の収穫《しゅうかく》に大《おお》きくかかわってくるので、被《ひ》害《がい》が出《で》ることも多《おお》い。アメリカの西海岸《にしかいがん》の一《いち》部《ぶ》では、暖《あたた》かくて雨《あめ》が多《おお》くなるので、農作《のうさく》物《ぶつ》がよく育《そだ》つといったよいこともある。

2010年《ねん》1月《がつ》、エルニーニョによる大雨《おおあめ》で洪水《こうずい》に見舞《みま》われたペルー南部《なんぶ》の町《まち》クスコ。

2016年《ねん》3月《がつ》、エルニーニョによる干《かん》ばつで干上《ひあ》がったタイの貯水池《ちょすいち》。村人《むらびと》が井戸《いど》の水《みず》をもらっている。

日本《にほん》で起《お》こること

日本《にほん》では、エルニーニョが発生《はっせい》した年《とし》の夏《なつ》は、雨《あめ》が多《おお》い冷夏《れいか》になり、冬《ふゆ》は暖冬《だんとう》になりやすい。日本《にほん》の天気《てんき》を左右《さゆう》する高気圧《こうきあつ》（➡178）の動《うご》きが変《か》わるためだ。

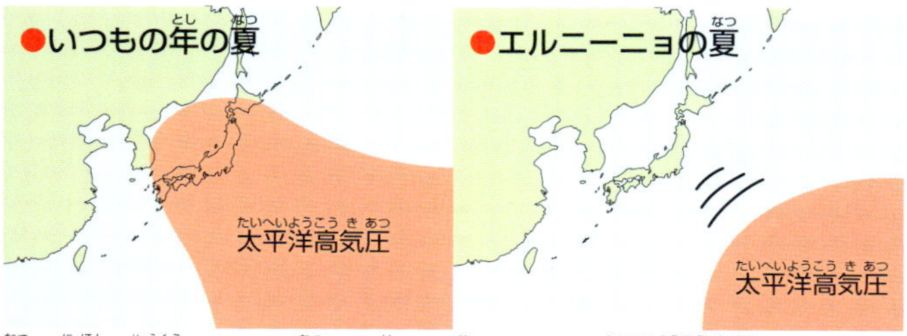
●いつもの年《とし》の夏《なつ》
太平洋高気圧《たいへいようこうきあつ》
●エルニーニョの夏《なつ》
太平洋高気圧《たいへいようこうきあつ》

夏《なつ》に日本《にほん》の上空《じょうくう》をおおい、暑《あつ》さと晴《は》れの日《ひ》をもたらす太平洋高気圧《たいへいようこうきあつ》（➡178）が、赤道付近《せきどうふきん》の温度《おんど》が低《ひく》いことで発達《はったつ》できない。そのため雨《あめ》の多《おお》い冷夏《れいか》となる。

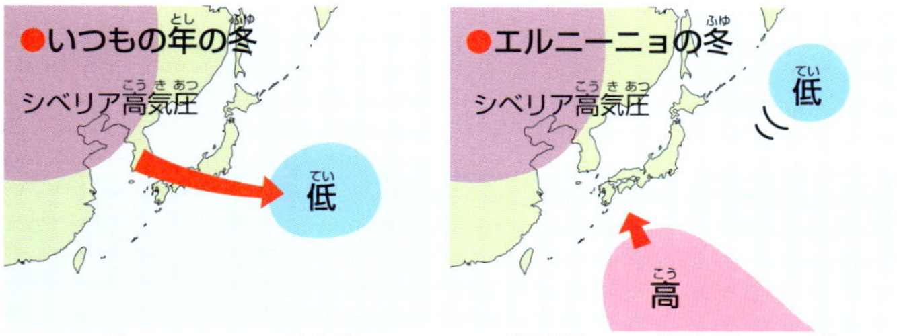
●いつもの年《とし》の冬《ふゆ》
シベリア高気圧《こうきあつ》
低《てい》
●エルニーニョの冬《ふゆ》
シベリア高気圧《こうきあつ》
低《てい》
高《こう》

いつもの年《とし》は、シベリア高気圧《こうきあつ》（➡178）から太平洋《たいへいよう》にある低気圧《ていきあつ》へふく冷《つめ》たい風《かぜ》が、日本《にほん》を寒《さむ》くする。エルニーニョが発生《はっせい》した年《とし》は太平洋《たいへいよう》に高気圧《こうきあつ》が現《あらわ》れ、低気圧《ていきあつ》が近寄《ちかよ》れない。そのため冷《つめ》たい風《かぜ》がふきこまなくなり、暖冬《だんとう》となる。

ラニーニャ現象《げんしょう》

貿易風《ぼうえきふう》がいつもの年《とし》より強《つよ》いと、温《あたた》かい海水《かいすい》がより西《にし》へふき寄《よ》せられる「ラニーニャ現象《げんしょう》」が発生《はっせい》する。数年《すうねん》に一度《いちど》起《お》こっていて、エルニーニョよりも長《なが》く続《つづ》くことが多《おお》い。インドネシアで強《つよ》い上昇《じょうしょう》気流《きりゅう》が発生《はっせい》し、その気流《きりゅう》が下降《かこう》してできる太平洋高気圧《たいへいようこうきあつ》も強《つよ》まる。そのため日本《にほん》は猛暑《もうしょ》になる。

2010年《ねん》10月《がつ》、ラニーニャの影響《えいきょう》で雨季《うき》が長《なが》引《ひ》き、洪水《こうずい》を起《お》こしたタイの町《まち》アユタヤ。同《おな》じタイでも、エルニーニョが発生《はっせい》すると干《かん》ばつに、ラニーニャが発《はっ》生《せい》すると洪水《こうずい》になってしまう。

漁業《ぎょぎょう》にも影響《えいきょう》

イワシ漁《りょう》がさかんなペルーでは、数年《すうねん》に一度《いちど》イワシが不漁《ふりょう》になる。イワシの食《た》べものは、海《うみ》の深《ふか》い層《そう》にある豊富《ほうふ》な栄養分《えいようぶん》が、水面近《すいめんちか》くに上《あ》がってくることで増《ふ》えるプランクトンだ。しかしエルニーニョで海《うみ》の上《うえ》の層《そう》の温度《おんど》が上《あ》がると、栄養分《えいようぶん》が上《あ》がらずプランクトンが増《ふ》えないので、イワシは集《あつ》まらない。そのかわり温《あたた》かい海《うみ》に暮《く》らす暖流《だんりゅう》の魚《さかな》がとれるようになる。この現象《げんしょう》はクリスマスのころに起《お》こるので、ペルーの漁《りょう》師《し》がクリスマスプレゼントと考《かんが》えて「幼子《おさなご》キリスト（エルニーニョ）」と名《な》づけたといわれる。

プランクトン
イワシ
温《あたた》かい海水《かいすい》
冷《つめ》たい海水《かいすい》
冷《つめ》たい海水《かいすい》とともに流《なが》れる栄養分《えいようぶん》。

エルニーニョと温暖化《おんだんか》

地球温暖化《ちきゅうおんだんか》（➡196）が進《すす》むと、エルニーニョやラニーニャで気温《きおん》が上《あ》がる場所《ばしょ》では、より気温《きおん》が高《たか》くなる。天気《てんき》の変化《へんか》が激《はげ》しくなり、嵐《あらし》や長雨《ながあめ》などの現象《げんしょう》が極端《きょくたん》に大《おお》きくなるとする研究《けんきゅう》も発表《はっぴょう》されている。

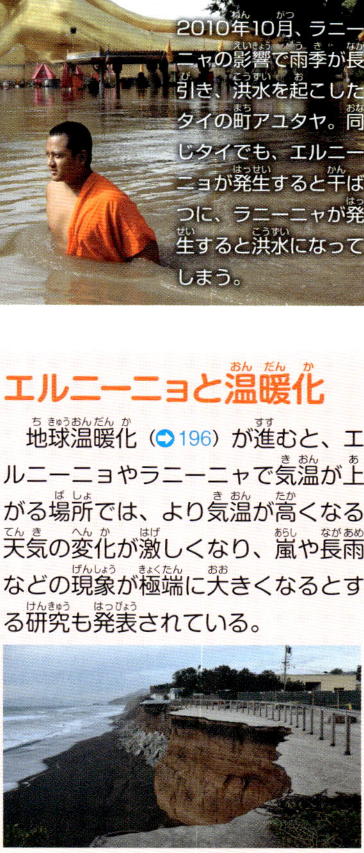

アメリカのカリフォルニア州《しゅう》パシフィカ。エルニーニョが原因《げんいん》の長雨《ながあめ》や強風《きょうふう》で波《なみ》が大《おお》きくなり、海岸《かいがん》がけずられてしまった。

エルニーニョは、ペルーのことばであるスペイン語《ご》で「男《おとこ》の子《こ》」の意味《いみ》もある。ラニーニャは、スペイン語《ご》で「女《おんな》の子《こ》」を意味《いみ》する。

異常気象➡192

気候《きこう》の変化《へんか》が環境《かんきょう》を大《おお》きく変《か》える

地球温暖化《ちきゅうおんだんか》

現在《げんざい》の地球《ちきゅう》は、過去《かこ》 1400年《ねん》で最《もっと》も暖《あたた》かくなっているそうです。気温《きおん》や海水《かいすい》の平均温度《へいきんおんど》が地球規模《ちきゅうきぼ》で長期間《ちょうきかん》にわたって上《あ》がり、氷河《ひょうが》などの氷《こおり》がとける現象《げんしょう》が起《お》こっています。

北極《ほっきょく》の氷《こおり》がとける

ホッキョクグマが暮《く》らす北極《ほっきょく》には大陸《たいりく》がないので、広《ひろ》い氷《こおり》の上《うえ》がおもな活動場所《かつどうばしょ》だ。しかし、地球《ちきゅう》が温暖化《おんだんか》したために北極《ほっきょく》の氷《こおり》がとけて、生存《せいぞん》の危機《きき》にある。「地球温暖化《ちきゅうおんだんか》」は、さまざまな生《い》きものにとっても重大《じゅうだい》な問題《もんだい》をふくんでいる。

夏《なつ》、ノルウェーの北極圏《ほっきょくけん》の島《しま》に暮《く》らすホッキョクグマ。氷《こおり》の上《うえ》から獲物《えもの》のアザラシをねらうので、氷《こおり》がないと狩《か》りができない。地球《ちきゅう》の平均気温《へいきんきおん》が1℃上《あ》がると、さまざまな場所《ばしょ》の氷《こおり》がとけて、海水面《かいすいめん》が2m上《あ》がるといわれている。

地球温暖化《ちきゅうおんだんか》はなぜ起《お》こる？

大気中《たいきちゅう》にある二酸化炭素《にさんかたんそ》やメタン、フロンなどは、熱《ねつ》をためて、再《ふたた》び地球《ちきゅう》の表面《ひょうめん》にもどす性質《せいしつ》がある。そのため「温室効果《おんしつこうか》ガス」とよばれる。地球《ちきゅう》は温室《おんしつ》効果《こうか》ガスのおかげで、温暖《おんだん》で生物《せいぶつ》が生《い》きていける惑《わく》星《せい》となった。しかし1990年代後半《ねんだいこうはん》から温室効果《おんしつこうか》ガスが急《きゅう》に増《ふ》えたことで、大気《たいき》にたまる熱《ねつ》が多《おお》くなり、地球《ちきゅう》が暖《あたた》かくなっている。実際《じっさい》に1880年《ねん》から2012年《ねん》の世界《せかい》の平均気温《へいきんきおん》は0.85℃上《あ》がっている。

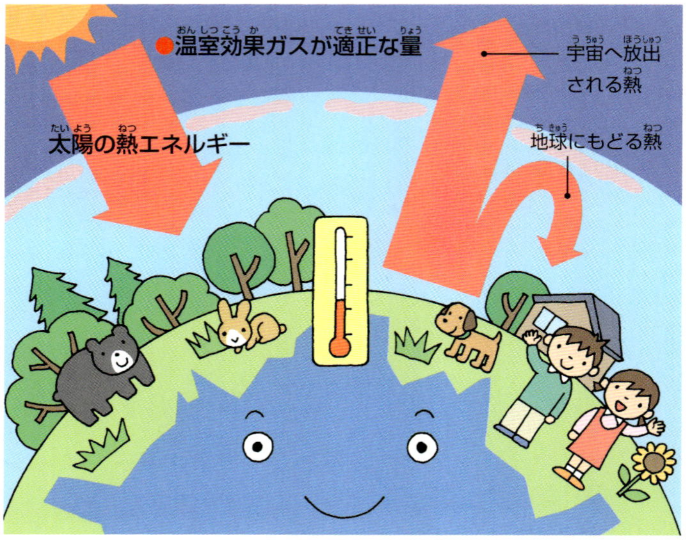
●温室効果《おんしつこうか》ガスが適正《てきせい》な量《りょう》
宇宙《うちゅう》へ放出《ほうしゅつ》される熱《ねつ》
太陽《たいよう》の熱《ねつ》エネルギー
地球《ちきゅう》にもどる熱《ねつ》

●温室効果《おんしつこうか》ガスが増《ふ》えて温暖化《おんだんか》した地球《ちきゅう》
宇宙《うちゅう》へ放出《ほうしゅつ》される熱《ねつ》
太陽《たいよう》の熱《ねつ》エネルギー
地球《ちきゅう》にもどる熱《ねつ》
温室効果《おんしつこうか》ガス（二酸化炭素《にさんかたんそ》、メタン、フロンなど）

楽《たの》しく学《まな》ぼう！　地球温暖化《ちきゅうおんだんか》（http://www.jccca.org/kids/）: 全国地球温暖化防止活動推進《ぜんこくちきゅうおんだんかぼうしかつどうすいしん》センター

増《ふ》え続《つづ》ける温室効果《おんしつこうか》ガス

二酸化炭素《にさんかたんそ》は、人間《にんげん》が石炭《せきたん》や石油《せきゆ》などの「化石燃料《かせきねんりょう》」を燃《も》やすことでたくさん排出《はいしゅつ》される。工業《こうぎょう》などで化石燃料《かせきねんりょう》を使《つか》うようになってきた18世紀《せいき》なかばから増《ふ》え続《つづ》け、とくに1990年代《ねんだい》の後半《こうはん》から急《きゅう》に増《ふ》えた。それに合《あ》わせるように地球《ちきゅう》の温度《おんど》も上《あ》がってきたため、人間《にんげん》の生活《せいかつ》が温暖化《おんだんか》の原因《げんいん》と考《かんが》えられている。

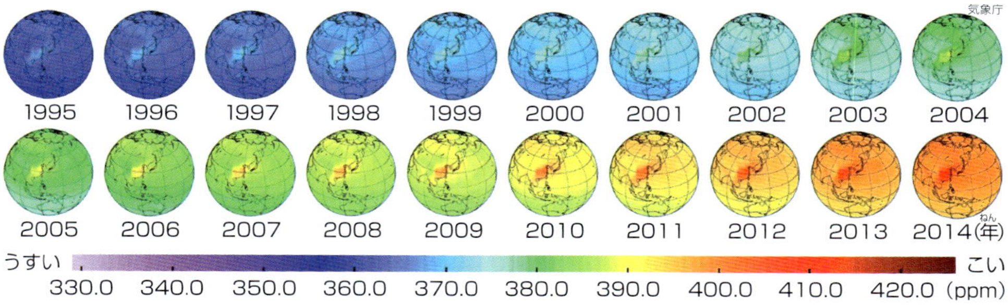
気象庁
1995
1996
1997
1998
1999
2000
2001
2002
2003
2004
2005
2006
2007
2008
2009
2010
2011
2012
2013
2014(年《ねん》)
うすい
こい
330.0
340.0
350.0
360.0
370.0
380.0
390.0
400.0
410.0
420.0 (ppm)

● 1995年《ねん》から2014年《ねん》までの二酸化炭素《にさんかたんそ》の変化《へんか》

日本《にほん》を中心《ちゅうしん》とした、空気中《くうきちゅう》の二酸化炭素《にさんかたんそ》の量《りょう》の変化《へんか》を色《いろ》で表《あらわ》している。1990年代後半《ねんだいこうはん》から増《ふ》え始《はじ》め、2000年代《ねんだい》は中国《ちゅうごく》で、大《おお》きく増《ふ》えている。

氷河《ひょうが》がなくなっていく

氷河《ひょうが》や北極《ほっきょく》、南極《なんきょく》の氷《こおり》は、温暖化《おんだんか》による気温《きおん》の上昇《じょうしょう》と、雪《ゆき》ではなく雨《あめ》が降《ふ》ることで、かなりとけている。地表《ちひょう》の氷《こおり》は太陽《たいよう》の光《ひかり》を反射《はんしゃ》して、熱《ねつ》をためづらくしている。それがとけると温暖化《おんだんか》はますます進《すす》んでしまう。

2002年《ねん》
2011年《ねん》

ノルウェーのブリクスダール氷河《ひょうが》の変化《へんか》。毎年《まいねん》、先端部《せんたんぶ》が数十《すうじゅう》mずつ後退《こうたい》している。

温暖化《おんだんか》なのに滝《たき》がこおる

地球温暖化《ちきゅうおんだんか》が問題《もんだい》になるいっぽう、冬《ふゆ》に猛烈《もうれつ》な寒気《かんき》が続《つづ》けておしよせる「寒波《かんぱ》」という現象《げんしょう》も増《ふ》えている。温暖化《おんだんか》で北極《ほっきょく》の氷《こおり》がとけて上空《じょうくう》の空気《くうき》の流《なが》れが変《か》わり、本来《ほんらい》北極《ほっきょく》にある寒《さむ》さが南《みなみ》に下《さ》がって寒波《かんぱ》になるという説《せつ》もある。温暖化《おんだんか》は気温《きおん》だけでなく、空気《くうき》の流《なが》れも変《か》えている。

2014年《ねん》、アメリカをおそった寒波《かんぱ》の影響《えいきょう》でナイアガラの滝《たき》がこおった。

温暖化《おんだんか》で起《お》こること

本来《ほんらい》は熱帯《ねったい》の海上《かいじょう》でできる台風《たいふう》が、より北《きた》の地域《ちいき》で発生《はっせい》するようになり、しかも海上《かいじょう》の温度《おんど》が高《たか》いため台風《たいふう》のエネルギーが増《ま》して勢力《せいりょく》が強《つよ》くなるといった変化《へんか》も、温暖化《おんだんか》が原因《げんいん》と考《かんが》えられている。天気《てんき》や気候《きこう》が変《か》わることで、生活《せいかつ》にかかわるさまざまな被害《ひがい》が生《しょう》じている。

南太平洋《みなみたいへいよう》の島国《しまぐに》ツバルは、海面《かいめん》が上《あ》がって海《うみ》にしずむ危険《きけん》にある。

●海面《かいめん》の上昇《じょうしょう》

氷河《ひょうが》や氷山《ひょうざん》の氷《こおり》がとけると、とけた水《みず》が海《うみ》に入《はい》るので海面《かいめん》が上昇《じょうしょう》する。標高《ひょうこう》の低《ひく》い土地《とち》は海《うみ》にしずんでしまうこともある。また、海水《かいすい》の濃度《のうど》が淡水《たんすい》でうすまることで重《おも》さが変《か》わり、海流《かいりゅう》も変《か》わってしまう。

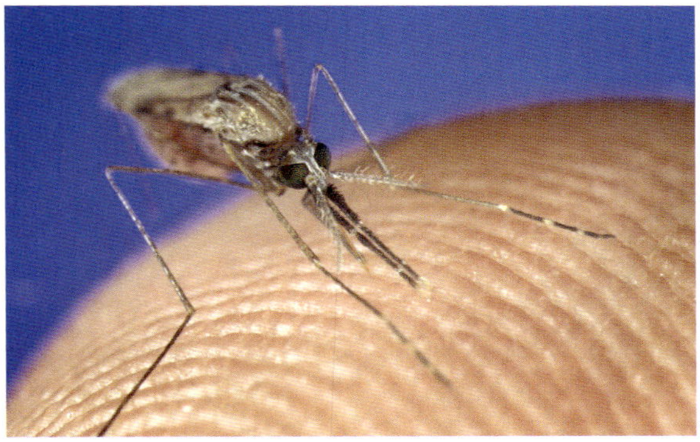

●感染症《かんせんしょう》の増加《ぞうか》

マラリアやデング熱《ねつ》のような感染症《かんせんしょう》は、もともと暖《あたた》かい地方《ちほう》の病気《びょうき》だ。しかし病原菌《びょうげんきん》を運《はこ》ぶカが、北《きた》の地域《ちいき》でも生息《せいそく》できるようになり、病気《びょうき》が広《ひろ》まっている。

マラリアを運《はこ》ぶハマダラカ。幼虫《ようちゅう》が水《みず》の中《なか》で育《そだ》つので、雨《あめ》が多《おお》い環境《かんきょう》を好《この》む。

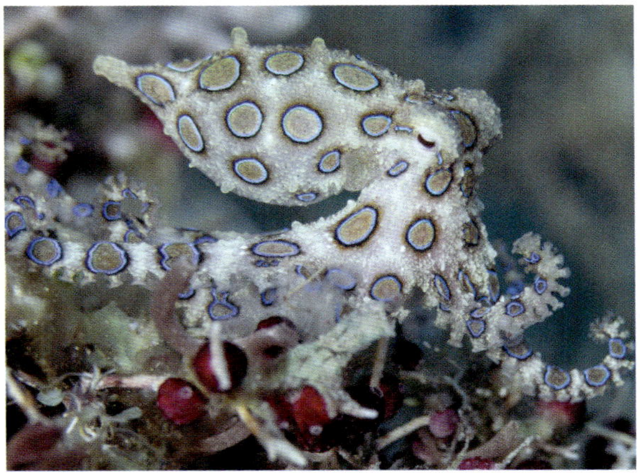

●生態系《せいたいけい》の変化《へんか》

寒《さむ》い場所《ばしょ》で暮《く》らす生《い》きものが、環境《かんきょう》が変《か》わって生活《せいかつ》できなくなったり、暖《あたた》かい地方《ちほう》の生《い》きものが寒《さむ》い地方《ちほう》に進出《しんしゅつ》したりして、本来《ほんらい》の生態系《せいたいけい》が大《おお》きく変《か》わるおそれがある。

おもに熱帯《ねったい》や亜熱帯《あねったい》の海《うみ》で暮《く》らす毒《どく》のあるヒョウモンダコが、日本海《にほんかい》でも見《み》られるようになった。

温室効果《おんしつこうか》ガスがまったくなかったとすると、地球《ちきゅう》の平均気温《へいきんきおん》はマイナス19℃になると考《かんが》えられている。

地球《ちきゅう》のいま

異常《いじょう》な台風《たいふう》が発生《はっせい》する

日本《にほん》は台風《たいふう》が多《おお》く通過《つうか》する場所《ばしょ》です。けれども、これまで経験《けいけん》したことがないくらい強《きょう》力《りょく》な台風《たいふう》が通過《つうか》したり、今《いま》までとはちがった動《うご》きをする台風《たいふう》がめだってきたりしています。

日本《にほん》のまわりを行《い》ったりきたりした2016年《ねん》の台風《たいふう》10号《ごう》

台風《たいふう》は北太平洋《きたたいへいよう》の赤道付近《せきどうふきん》の熱帯《ねったい》の海《うみ》で発生《はっせい》したのち、北上《ほくじょう》して日本列島《にほんれっとう》に近《ちか》づき、その後《ご》、偏西風《へんせいふう》の影響《えいきょう》で北東《ほくとう》へ向《む》きを変《か》えることが多《おお》い（➡188）。しかし、2016年《ねん》8月《がつ》に発生《はっせい》した台風《たいふう》10号《ごう》は、熱帯低気圧《ねったいていきあつ》の状態《じょうたい》で伊豆諸島《いずしょとう》に近《ちか》づき、そのまま四国沖《しこくおき》の方向《ほうこう》へ移動《いどう》した。21日《にち》に台風《たいふう》になったあとは南西諸島《なんせいしょとう》に向《む》けて南下《なんか》したが、U《ユー》ターンをして再《ふた》び関東《かんとう》の南海上《みなみかいじょう》までもどり、そこから北上《ほくじょう》し、東《とう》北地方《ほくちほう》を横切《よこぎ》った。

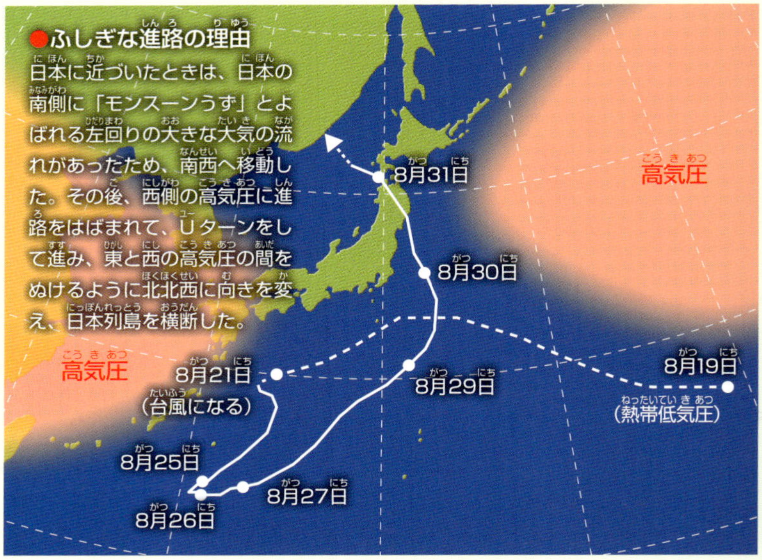
●ふしぎな進路《しんろ》の理由《りゆう》
日本《にほん》に近《ちか》づいたときは、日本《にほん》の南側《みなみがわ》に「モンスーンうず」とよばれる左回《ひだりまわ》りの大《おお》きな大気《たいき》の流《なが》れがあったため、南西《なんせい》へ移動《いどう》した。その後《ご》、西側《にしがわ》の高気圧《こうきあつ》に進《しん》路《ろ》をはばまれて、U《ユー》ターンをして進《すす》み、東《ひがし》と西《にし》の高気圧《こうきあつ》の間《あいだ》をぬけるように北北西《ほくほくせい》に向《む》きを変《か》え、日本列島《にっぽんれっとう》を横断《おうだん》した。
8月《がつ》31日《にち》
高気圧《こうきあつ》
8月《がつ》30日《にち》
高気圧《こうきあつ》
8月《がつ》21日《にち》
（台風《たいふう》になる）
8月《がつ》29日《にち》
8月《がつ》19日《にち》
（熱帯低気圧《ねったいていきあつ》）
8月《がつ》25日《にち》
8月《がつ》27日《にち》
8月《がつ》26日《にち》

北日本《きたにほん》に大《おお》きな被害《ひがい》をもたらした台風《たいふう》

日本列島《にほんれっとう》に近《ちか》づいた台風《たいふう》は、海水温《かいすいおん》が低《ひく》いので水蒸気《すいじょうき》を十分《じゅうぶん》に得《え》ることができず、北日本《きたにほん》に近《ちか》づくころには弱《よわ》まっていたり、温帯低気圧《おんたいていきあつ》に変《か》わってしまうのがふつうだ。しかし、短期間《たんきかん》にまっすぐ北上《ほくじょう》したり、地球温暖化《ちきゅうおんだんか》で海水温《かいすいおん》が上昇《じょうしょう》して強《つよ》い台風《たいふう》が生《う》まれたりすることで、大《おお》きな被害《ひがい》をもたらす台風《たいふう》が北日本《きたにほん》までくることも増《ふ》えてきた。

相次《あいつ》ぐ台風《たいふう》の上陸《じょうりく》によって大《おお》きな被害《ひがい》を受《う》けた農作物《のうさくぶつ》。北海道《ほっかいどう》の農《のう》産物《さんぶつ》は日本《にほん》の家庭《かてい》を支《ささ》えているため、台風《たいふう》の被害《ひがい》は日本全体《にほんぜんたい》の食糧《しょくりょう》問題《もんだい》にもつながる。

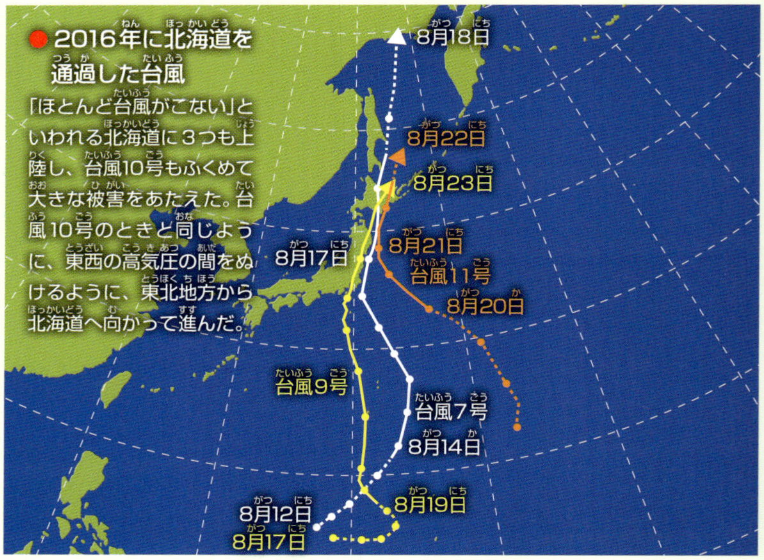
●2016年《ねん》に北海道《ほっかいどう》を通過《つうか》した台風《たいふう》
「ほとんど台風《たいふう》がこない」といわれる北海道《ほっかいどう》に3つも上《じょう》陸《りく》し、台風《たいふう》10号《ごう》もふくめて大《おお》きな被害《ひがい》をあたえた。台《たい》風《ふう》10号《ごう》のときと同《おな》じように、東西《とうざい》の高気圧《こうきあつ》の間《あいだ》をぬけるように、東北地方《とうほくちほう》から北海道《ほっかいどう》へ向《む》かって進《すす》んだ。
8月《がつ》18日《にち》
8月《がつ》22日《にち》
8月《がつ》23日《にち》
8月《がつ》21日《にち》
8月《がつ》17日《にち》
台風《たいふう》11号《ごう》
8月《がつ》20日《か》
台風《たいふう》9号《ごう》
台風《たいふう》7号《ごう》
8月《がつ》14日《か》
8月《がつ》19日《にち》
8月《がつ》12日《にち》
8月《がつ》17日《にち》

「スーパー台風《たいふう》」が増《ふ》えている

アメリカ軍《ぐん》の基準《きじゅん》で、1分間《ぶんかん》の平均《へいきん》で最大風速《さいだいふうそく》67m（秒速《びょうそく》）以上《いじょう》の台風《たいふう》を「スーパー台風《たいふう》」という。日本《にほん》の場合《ばあい》は10分間《ぶんかん》の平均《へいきん》で最大風速《さいだいふうそく》54m以《い》上《じょう》のものを「猛烈《もうれつ》な台風《たいふう》」といい、スーパー台風《たいふう》とほとんど同《おな》じ強《つよ》さといわれている。地球温暖化《ちきゅうおんだんか》によって台風《たいふう》の力《ちから》が強《つよ》くなっていることや、高気《こうき》圧《あつ》や偏西風《へんせいふう》の状態《じょうたい》が変化《へんか》して台風《たいふう》の進路《しんろ》が変《か》わったことなどにより、日本《にほん》に近《ちか》づく「スーパー台《たい》風《ふう》」が多《おお》くなってきている。

2016年《ねん》9月《がつ》14日《か》に台湾南部《たいわんなんぶ》に接近《せっきん》した台風《たいふう》14号《ごう》は、スーパー台風《たいふう》といわれた。中心《ちゅうしん》の気圧《きあつ》は890hPaで、台湾《たいわん》中央気象局《ちゅうおうきしょうきょく》によると、120年《ねん》の観測《かんそく》史上《しじょう》で最大《さいだい》の、最《さい》大風速《だいふうそく》63m、最大《さいだい》瞬間風速《しゅんかんふうそく》85mを記録《きろく》した。

台湾全土《たいわんぜんど》で約《やく》65万世帯《まんせたい》が停電《ていでん》し、大雨《おおあめ》で道《どう》路《ろ》が浸水《しんすい》し、強風《きょうふう》で倒壊《とうかい》した建物《たてもの》もあった。

『お天気博士《てんきはかせ》になろう！4　台風《たいふう》とたつまきの大研究《だいけんきゅう》』：ポプラ社《しゃ》

第《だい》5章《しょう》

地球《ちきゅう》とともに生《い》きるために

国連《こくれん》の予測《よそく》によると、地球《ちきゅう》の人口《じんこう》は 2050 年《ねん》に 97 億人《おくにん》になるそうです。
46 億年《おくねん》の地球《ちきゅう》の歴史《れきし》から見《み》ると、ほんのわずかなあいだしか存在《そんざい》していない人類《じんるい》が、
急激《きゅうげき》に増《ふ》えて環境《かんきょう》を大《おお》きく変《か》えてしまいました。
地球《ちきゅう》と共存《きょうぞん》していく未来《みらい》を考《かんが》えてみましょう。

異常気象➡192　地球温暖化➡196

地球《ち きゅう》は悲鳴《ひ めい》をあげている

地球環境問題《ち きゅう かん きょう もん だい》

空気《くう き》や水《みず》は姿《すがた》を変《か》えながら循環《じゅんかん》し、生《い》きものも食物連鎖《しょくもつれんさ》によってつながっています。しかし、人間《にんげん》がその関係《かんけい》を断《た》ち切《き》ってしまうと、さまざまな問題《もんだい》が出《で》てきます。

さまざまな問題《もんだい》をかかえる地球《ちきゅう》

地球上《ちきゅうじょう》にいるすべての生《い》きものと、それをとりまく環境《かんきょう》は、たがいにかかわり合《あ》ってつり合《あ》いを保《たも》っている。しかし、人間《にんげん》の活動《かつどう》が広《ひろ》がるにつれて、バランスが大《おお》きくくずれてしまっている。わたしたち人間《にんげん》も、この地球上《ちきゅうじょう》で暮《く》らす一員《いちいん》として、対策《たいさく》を考《かんが》えていきたい。

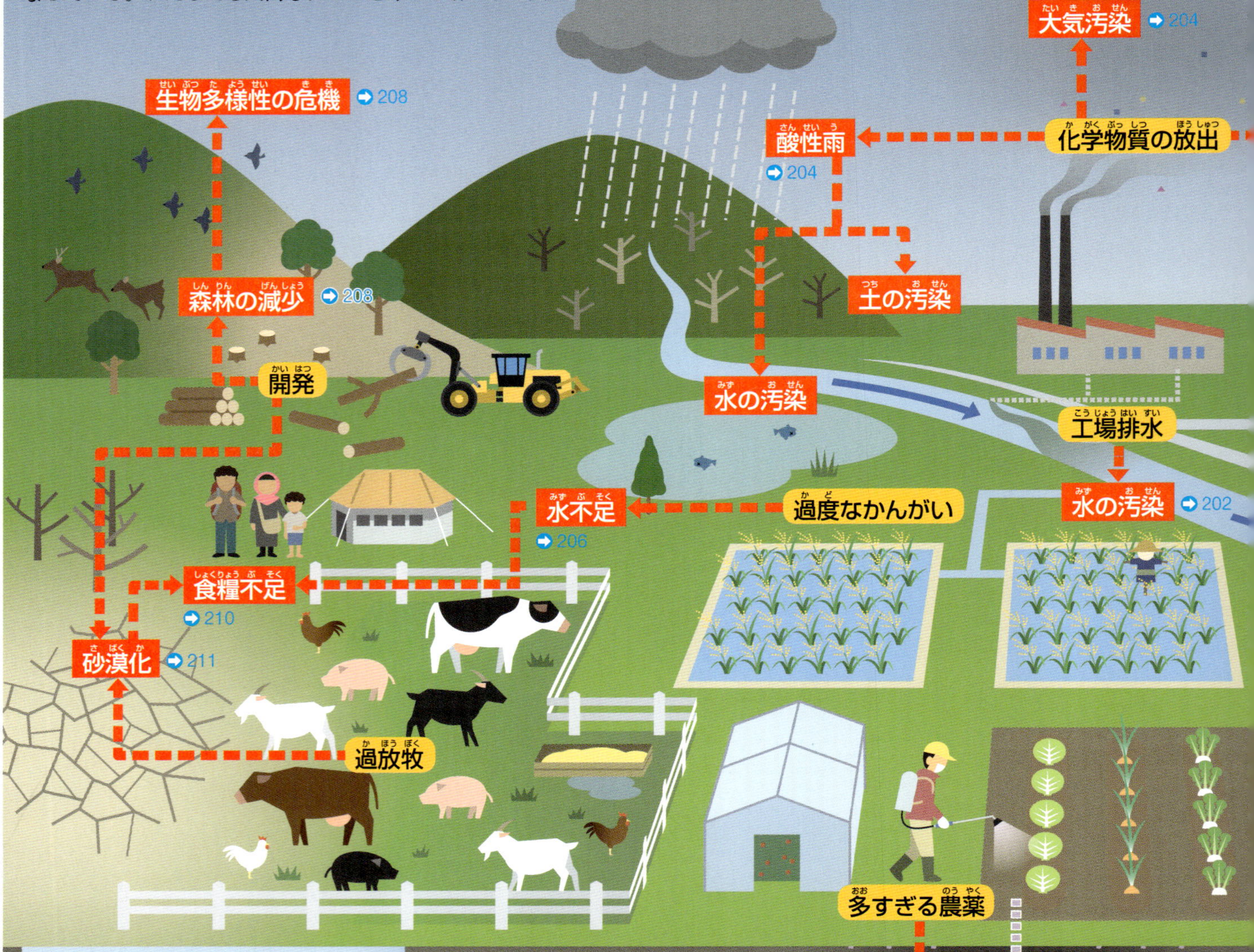
大気汚染《たいきおせん》 ➡204
化学物質《かがくぶっしつ》の放出《ほうしゅつ》
酸性雨《さんせいう》 ➡204
生物多様性《せいぶつたようせい》の危機《きき》 ➡208
土《つち》の汚染《おせん》
森林《しんりん》の減少《げんしょう》 ➡208
開発《かいはつ》
水《みず》の汚染《おせん》
工場排水《こうじょうはいすい》
水不足《みずぶそく》 ➡206
過度《かど》なかんがい
水《みず》の汚染《おせん》 ➡202
食糧不足《しょくりょうぶそく》 ➡210
砂漠化《さばくか》 ➡211
過放牧《かほうぼく》
多《おお》すぎる農薬《のうやく》
土《つち》の汚染《おせん》 ➡202

●モンゴルの放牧《ほうぼく》

たくさんの家畜《かちく》を放牧《ほうぼく》すると、草《くさ》を食《た》べつくしてしまうこともある。新《あたら》しい草《くさ》が生《は》える前《まえ》に、土地《とち》の質《しつ》が悪《わる》くなり、砂漠化《さばくか》が引《ひ》き起《お》こされる。

『世界《せかい》でいちばん貧《まず》しい大統領《だいとうりょう》のスピーチ』：汐文社《ちょうぶんしゃ》

世界《せかい》の人口《じんこう》は70億《おく》人《にん》をこえる

18～19世紀《せいき》に起《お》きた産業革命《さんぎょうかくめい》によって技術《ぎじゅつ》や科学《かがく》が大《おお》きく進歩《しんぽ》して、世界《せかい》の人口《じんこう》は急激《きゅうげき》に増《ふ》えた。人口《じんこう》は今《いま》も増《ふ》え続《つづ》け、2050年《ねん》には97億人《おくにん》になると予測《よそく》されている。人口《じんこう》の増加《ぞうか》により、食糧《しょくりょう》や水《みず》、森林《しんりん》などの資源《しげん》がたりなくなることも問題《もんだい》だ。

TRAVELS

●人《ひと》がひしめくインドのデリー

インドの人口《じんこう》は約《やく》13億《おく》1100万《まん》人《にん》で、デリーには約《やく》1000万人《まんにん》が住《す》む。人口《じんこう》が都市《とし》に集中《しゅうちゅう》すると、多《おお》くの二酸化炭素《にさんかたんそ》やごみなどが出《で》て環境《かんきょう》にあたえる影響《えいきょう》も大《おお》きくなる。

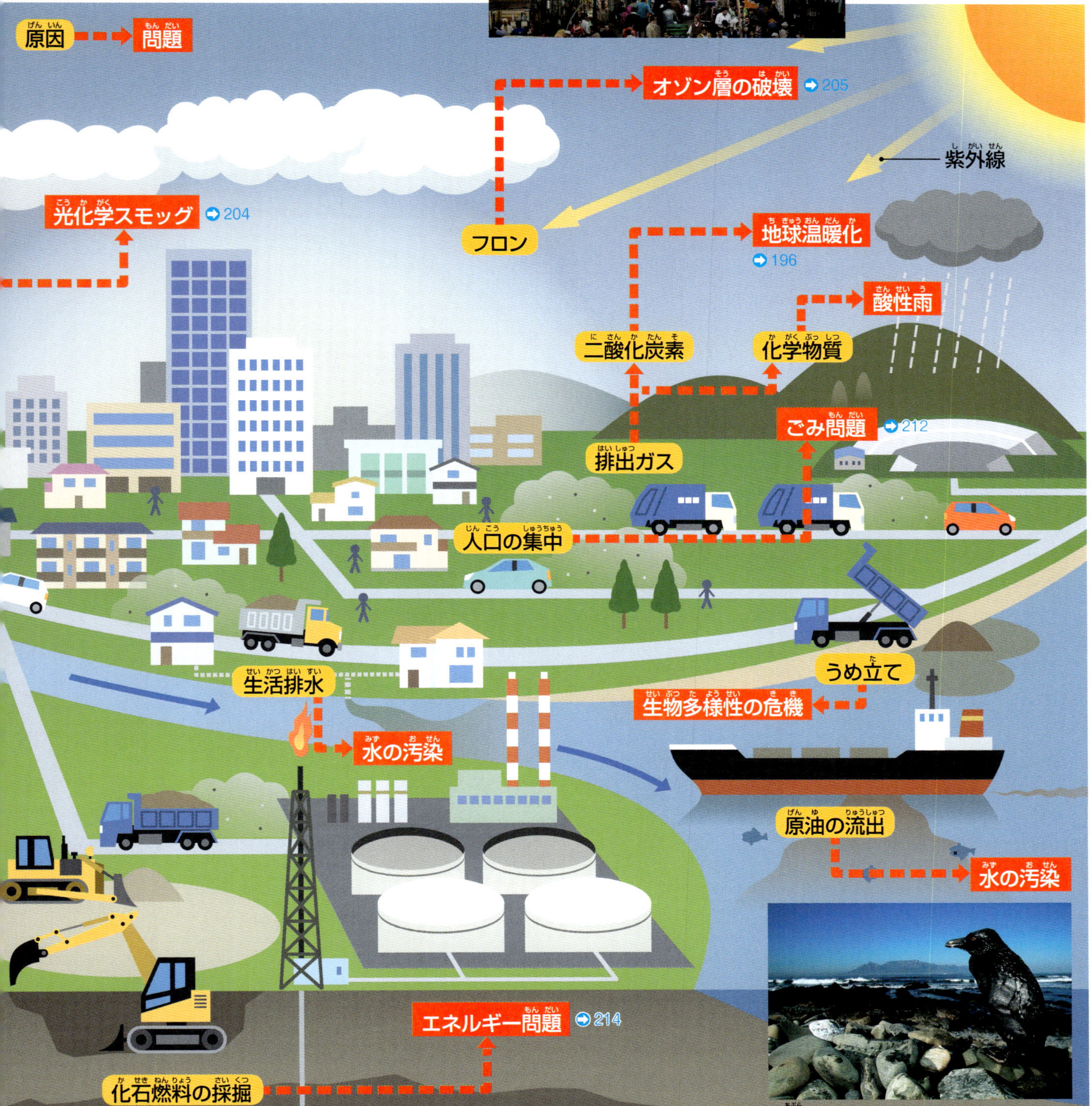
原因《げんいん》
問題《もんだい》
オゾン層《そう》の破壊《はかい》 205
紫外線《しがいせん》
光化学《こうかがく》スモッグ 204
フロン
地球温暖化《ちきゅうおんだんか》 196
酸性雨《さんせいう》
二酸化炭素《にさんかたんそ》
化学物質《かがくぶっしつ》
ごみ問題《もんだい》 212
排出《はいしゅつ》ガス
人口《じんこう》の集中《しゅうちゅう》
うめ立《た》て
生活排水《せいかつはいすい》
生物多様性《せいぶつたようせい》の危機《きき》
水《みず》の汚染《おせん》
原油《げんゆ》の流出《りゅうしゅつ》
水《みず》の汚染《おせん》
エネルギー問題《もんだい》 214
化石燃料《かせきねんりょう》の採掘《さいくつ》

●油《あぶら》でよごれたペンギン

船《ふね》の事故《じこ》で油《あぶら》が海《うみ》に流《なが》れ出《で》たため、油《あぶら》まみれになってしまった。体温《たいおん》がうばわれたり、飲《の》んでしまったりして多《おお》くの生《い》きものが死《し》んでしまう。

地球《ちきゅう》の環境《かんきょう》について話《はな》し合《あ》うため、1995年《ねん》から国連気候変動枠組条約締約国会議《こくれんきこうへんどうわくぐみじょうやくていやくこくかいぎ》（COP《コップ》）が毎年開《まいとしひら》かれている。

わたしたちの生活《せいかつ》と環境《かんきょう》への影響《えいきょう》

汚染物質《おせんぶっしつ》

水《みず》や土《つち》の中《なか》の微生物《びせいぶつ》、動植物《どうしょくぶつ》など、自然《しぜん》には有害《ゆうがい》な物質《ぶっしつ》を分解《ぶんかい》する力《ちから》があります。しかし、あまりにも量《りょう》が多《おお》いと、自然《しぜん》がもつ分解能力《ぶんかいのうりょく》をこえてしまいます。

よごれた川《かわ》がよみがえる！

首都圏《しゅとけん》を流《なが》れる多摩川《たまがわ》は、古《ふる》くから人《ひと》びとの生活用水《せいかつようすい》として利用《りよう》されてきた。しかし1960年《ねん》ごろから水質《すいしつ》が悪化《あっか》し、1970年《ねん》には飲《の》み水《みず》としての使用《しよう》が禁止《きんし》された。おもな原因《げんいん》は、家庭《かてい》から出《で》る合成洗剤《ごうせいせんざい》をふくんだ排水《はいすい》だった。排水《はいすい》の規制《きせい》や下水道《げすいどう》の整備《せいび》が進《すす》み、現在《げんざい》はたくさんのアユが泳《およ》ぐほど回復《かいふく》した。

●きれいな川《かわ》にすむアユ

2012年《ねん》の多摩川《たまがわ》。川《かわ》がよごれたことで姿《すがた》を消《け》したが、水質《すいしつ》の改善《かいぜん》とともに多《おお》くのアユが川《かわ》にもどってきた。

●川《かわ》に浮《う》かぶあわ

1970年代《ねんだい》の多摩川《たまがわ》。東京都《とうきょうと》と神奈川県《かながわけん》の境《さかい》を流《なが》れる場所《ばしょ》があり住宅地《じゅうたくち》が多《おお》いため、生活排水《せいかつはいすい》が大量《たいりょう》に流《なが》れこんでいた。

【川《かわ》がきれいになった理由《りゆう》】

下水道《げすいどう》の整備《せいび》が進《すす》んだことで、多摩川《たまがわ》の水質《すいしつ》は大《おお》きく改善《かいぜん》した。東京都《とうきょうと》の下水道普及率《げすいどうふきゅうりつ》は、1970年《ねん》には48%だったが現在《げんざい》は99%以上《いじょう》になり、家庭《かてい》や工場《こうじょう》からの排水《はいすい》が直接《ちょくせつ》、川《かわ》へ流《なが》れこむことがほとんどなくなった。

●下水処理場《げすいしょりじょう》

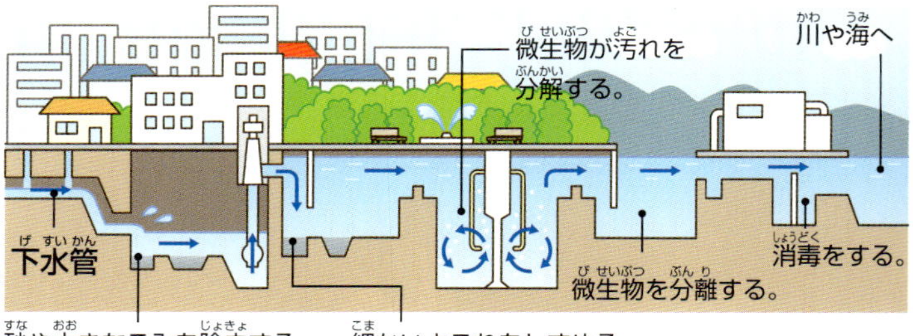
微生物《びせいぶつ》が汚《よご》れを分解《ぶんかい》する。
川《かわ》や海《うみ》へ
下水管《げすいかん》
消毒《しょうどく》をする。
微生物《びせいぶつ》を分離《ぶんり》する。
砂《すな》や大《おお》きなごみを除去《じょきょ》する。
細《こま》かいよごれをしずめる。

地球環境問題《ちきゅうかんきょうもんだい》のはじまり

日本《にほん》で最初《さいしょ》に環境汚染《かんきょうおせん》が問題《もんだい》になったのは、1890年《ねん》ごろに栃木県《とちぎけん》で起《お》こった足尾銅山鉱毒事件《あしおどうざんこうどくじけん》といわれている。鉱山《こうざん》でとれた鉱石《こうせき》から銅《どう》をとりだすときに、鉱毒《こうどく》（銅《どう》イオンなど）とよばれる有害物質《ゆうがいぶっしつ》が出《で》る。これをそのまま川《かわ》へ流《なが》していたことで、魚《さかな》が死《し》んで、農作物《のうさくぶつ》がかれた。さらに1960年代《ねんだい》ごろ、工場《こうじょう》などから出《で》る汚染物質《おせんぶっしつ》が人《ひと》びとの健康《けんこう》を害《がい》する公害問題《こうがいもんだい》が日本各《にほんかく》地《ち》で起《お》こり、地球環境問題《ちきゅうかんきょうもんだい》への関心《かんしん》が高《たか》まった。

●マスクをする警官《けいかん》（イギリス）

世界《せかい》では、18世紀後半《せいきこうはん》のイギリスの産業《さんぎょう》革命《かくめい》で、石炭《せきたん》の使用《しよう》が増《ふ》えたことで環境《かんきょう》汚染《おせん》が問題《もんだい》になった。石炭《せきたん》を燃《も》やして出《で》たけむりにより発生《はっせい》したスモッグが町中《まちじゅう》をおおい、死者《ししゃ》が出《で》るほどだった。

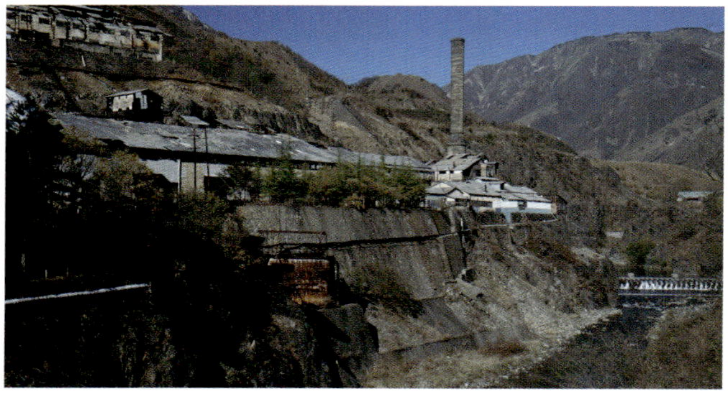

●現在《げんざい》の足尾銅山《あしおどうざん》

工場《こうじょう》から出《で》るけむりにも鉱毒《こうどく》（二酸化《にさんか》硫黄《いおう》）がふくまれていたため、近《ちか》くの山《やま》やまは木《き》がかれて草《くさ》も生《は》えなくなった。1973年《ねん》に閉山《へいざん》となったが、現在《げんざい》でも草木《くさき》が生《は》えないままの山《やま》はだが広《ひろ》がる土地《とち》が多《おお》い。土砂災害《どしゃさいがい》の心配《しんぱい》もあり、対策《たいさく》が続《つづ》けられている。

📖『すっきりわかる！ くらしの中《なか》の化学物質大事典《かがくぶっしつだいじてん》』：くもん出版《しゅっぱん》

便利《べんり》なものが汚染物質《おせんぶっしつ》に変《か》わる

もとは無害《むがい》なものでも、使《つか》い方《かた》をまちがえたり、そのまま自然《しぜん》に捨《す》てたり燃《も》やしたりすると、有害《ゆうがい》になることがある。

【化学物質《かがくぶっしつ》】

化学反応《かがくはんのう》で人工的《じんこうてき》につくられた物質《ぶっしつ》で、いろいろな性質《せいしつ》を利用《りよう》して、薬《くすり》や生活用品《せいかつようひん》などがつくられている。

●身《み》のまわりの化学物質《かがくぶっしつ》

接着剤《せっちゃくざい》や塗料《とりょう》、殺虫剤《さっちゅうざい》などは、閉《し》め切《き》った部屋《へや》で使《つか》うと頭痛《ずつう》や気分《きぶん》が悪《わる》くなることがある。化学物質《かがくぶっしつ》の毒性《どくせい》が強《つよ》いと、がんになりやすくなったり、障害《しょうがい》のある子《こ》どもが生《う》まれたりするなど、大《おお》きな被害《ひがい》が出《で》てしまう。

合成洗剤《ごうせいせんざい》
洗剤
クリーナー
ガソリン、灯油《とうゆ》
農薬《のうやく》、殺虫剤《さっちゅうざい》
殺虫剤
○○キラー
プラスチック
○○スーパーマーケット
のり、接着剤《せっちゃくざい》
接着剤
化粧品《けしょうひん》、塗料《とりょう》
スプレーラッカー
ペイント

【重金属《じゅうきんぞく》】

鉄《てつ》や鉛《なまり》、水銀《すいぎん》などの金属《きんぞく》のことで、古《ふる》くから道具《どうぐ》や塗料《とりょう》として利用《りよう》されてきた。足尾銅山鉱毒事件《あしおどうざんこうどくじけん》の原因《げんいん》となった銅《どう》もふくまれる。体内《たいない》にとりこまれると、分解《ぶんかい》されずに内臓《ないぞう》などにたまっていき、中毒《ちゅうどく》を起《お》こす。

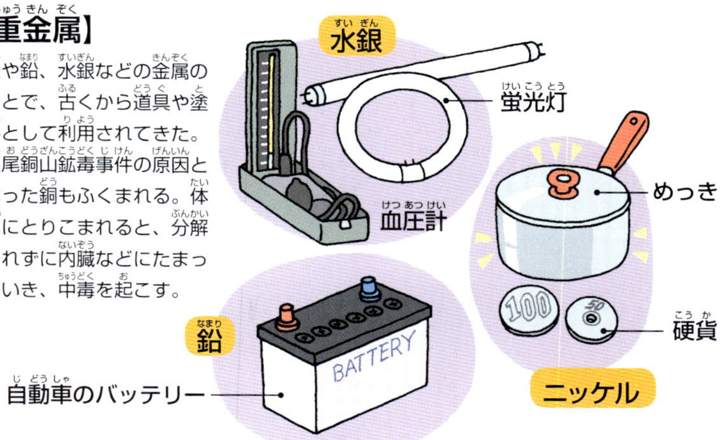

水銀《すいぎん》
蛍光灯《けいこうとう》
めっき
血圧計《けつあつけい》
鉛《なまり》
BATTERY
硬貨《こうか》
自動車《じどうしゃ》のバッテリー
ニッケル

●生物濃縮《せいぶつのうしゅく》

海《うみ》や川《かわ》に流《なが》れ出《で》た汚染《おせん》物質《ぶっしつ》は、生《い》きものの食《しょく》物連鎖《もつれんさ》（➡21）の中《なか》でどんどんこくなって、体《からだ》の中《なか》にたまっていく。汚《お》染《せん》された魚《さかな》を人間《にんげん》が食《た》べたことで、大《おお》きな問《もん》題《だい》になったこともある。

汚染物質《おせんぶっしつ》が混《ま》ざった排水《はいすい》
プランクトン
エビ
小魚《こざかな》
高《こう》
魚《さかな》
濃度《のうど》

【放射性物質《ほうしゃせいぶっしつ》】

原子力発電《げんしりょくはつでん》で、燃料《ねんりょう》になるウランやプルトニウム、エネルギーを発生《はっせい》するときに出《で》るヨウ素《そ》131やセシウム137などは、放射線《ほうしゃせん》を出《だ》す性質《せいしつ》（放射能《ほうしゃのう》）があるので放射性物質《ほうしゃせいぶっしつ》という。放射《ほうしゃ》線《せん》が体《からだ》の中《なか》の細胞《さいぼう》を傷《きず》つけると、がんになる危険性《きけんせい》が高《たか》くなる。

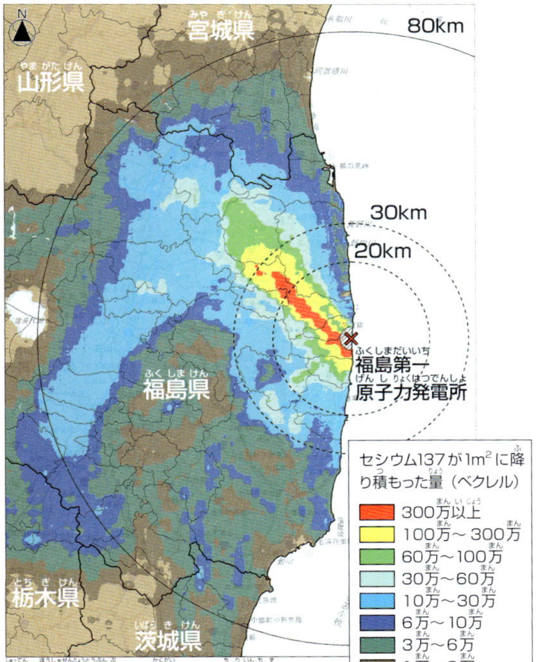

宮城県《みやぎけん》
山形県《やまがたけん》
80km
30km
20km
福島第一《ふくしまだいいち》
原子力発電所《げんしりょくはつでんしょ》
福島県《ふくしまけん》
栃木県《とちぎけん》
茨城県《いばらきけん》
セシウム137が1m²に降《ふ》り積《つ》もった量《りょう》（ベクレル）
300万以上《まんいじょう》
100万《まん》～300万《まん》
60万《まん》～100万《まん》
30万《まん》～60万《まん》
10万《まん》～30万《まん》
6万《まん》～10万《まん》
3万《まん》～6万《まん》
1万《まん》～3万《まん》
1万以下《まんいか》
測定結果《そくていけっか》が得《え》られていない範囲《はんい》
背景《はいけい》：電子国土《でんしこくど》

出典《しゅってん》：放射線量等分布《ほうしゃせんりょうとうぶんぷ》マップ拡大《かくだい》サイト／地理院地図《ちりいんちず》

●福島第一原子力発電所《ふくしまだいいちげんしりょくはつでんしょ》の放射性物質《ほうしゃせいぶっしつ》が運《はこ》ばれた範囲《はんい》（2012年《ねん》5月《がつ》31日時点《にちじてん》）

発電所《はつでんしょ》から出《で》た放射性物質《ほうしゃせいぶっしつ》は風《かぜ》に乗《の》って飛《と》ばされ、雨《あめ》といっしょに地面《じめん》に落《お》ちて積《つ》もった。

出典:東京電力ホールディングス（2011年3月15日撮影）

●福島第一原子力発電所《ふくしまだいいちげんしりょくはつでんしょ》の事故《じこ》

2011年《ねん》に起《お》きた東北地方太平洋沖地震《とうほくちほうたいへいようおきじしん》による津波《つなみ》が原因《げんいん》で、放射性物質《ほうしゃせいぶっしつ》が大量《たいりょう》にもれ出《だ》してしまった。

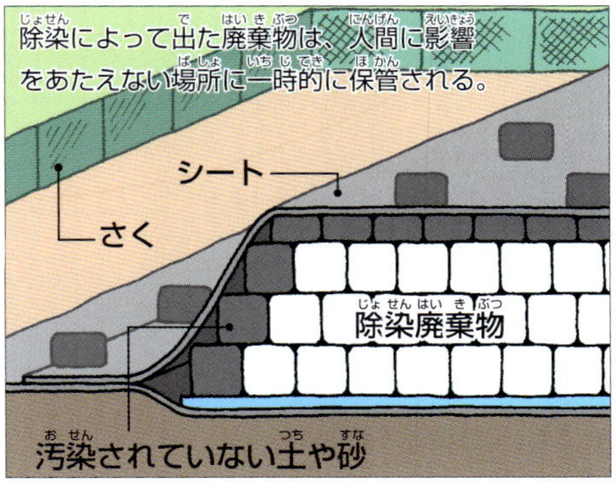

除染《じょせん》によって出《で》た廃棄物《はいきぶつ》は、人間《にんげん》に影響《えいきょう》をあたえない場所《ばしょ》に一時的《いちじてき》に保管《ほかん》される。
シート
さく
除染廃棄物《じょせんはいきぶつ》
汚染《おせん》されていない土《つち》や砂《すな》

●除染廃棄物《じょせんはいきぶつ》の保管《ほかん》

放射性物質《ほうしゃせいぶっしつ》が大量《たいりょう》に放出《ほうしゅつ》された場合《ばあい》、汚染《おせん》された土《つち》や植物《しょくぶつ》を取《と》りのぞく除染作業《じょせんさぎょう》が必要《ひつよう》だ。放射線《ほうしゃせん》が出《で》なくなるまでには時間《じかん》がかかる。たとえばセシウム137ならば、放射能《ほうしゃのう》が半分《はんぶん》になるのに30年《ねん》かかる。大量《たいりょう》の廃棄物《はいきぶつ》を処分《しょぶん》する場所《ばしょ》はまだ決《き》まっていないため、仮置場《かりおきば》に一時保管《いちじほかん》される。

👁スモッグとは、スモーク（けむり）とフォグ（霧《きり》）を合《あ》わせてできたことばだ。目《め》やのどなどを刺激《しげき》し、健康被害《けんこうひがい》をおよぼす。

地球の大気➡164　汚染物質➡202

よごれた空気《くうき》は国境《こっきょう》をこえる

汚染《おせん》の拡散《かくさん》

地球《ちきゅう》をとりまく大気《たいき》（➡164）に汚染物質《おせんぶっしつ》が排出《はいしゅつ》されると、よごれた空気《くうき》がほかの国《くに》にも広《ひろ》がります。雨《あめ》に混《ま》じったりオゾン層《そう》をこわしたりと、地球規模《ちきゅうきぼ》の問題《もんだい》になっています。

風《かぜ》に乗《の》って遠《とお》くまで運《はこ》ばれる

空気《くうき》をよごす代表的《だいひょうてき》な物質《ぶっしつ》は、窒素酸化物《ちっそさんかぶつ》と硫黄酸化物《いおうさんかぶつ》だ。これらは石油《せきゆ》や石炭《せきたん》などの化石燃料《かせきねんりょう》（➡160）を燃《も》やすと発生《はっせい》し、工場《こうじょう》のけむりや自動車《じどうしゃ》の排出《はいしゅつ》ガスに多《おお》くふくまれる。空気中《くうきちゅう》で化学反応《かがくはんのう》を起《お》こし、酸性雨《さんせいう》や光化学《こうかがく》スモッグなどの発生原因《はっせいげんいん》となる。

●化学物質《かがくぶっしつ》をふくんだ雨《あめ》でかれた森《もり》（チェコ）

品質《ひんしつ》が悪《わる》い石炭《せきたん》を火力発電《かりょくはつでん》で使《つか》い続《つづ》け、大量《たいりょう》の硫黄酸化物《いおうさんかぶつ》が発生《はっせい》して酸性雨《さんせいう》が降《ふ》った。土《つち》にしみこむことで、木《き》の生長《せいちょう》がさまたげられて、かれてしまう。

●黒《くろ》くかすんで見《み》える都市《とし》（アメリカ）

ロサンゼルスなどでは、自動車《じどうしゃ》や工場《こうじょう》の排出《はいしゅつ》ガスが原因《げんいん》で、日差《ひざ》しが強《つよ》く気温《きおん》が高《たか》い夏《なつ》に光化学《こうかがく》スモッグが発生《はっせい》する。

【酸性雨《さんせいう》】

汚染物質《おせんぶっしつ》が雲《くも》の中《なか》で、金属《きんぞく》もとかすほどの硝酸《しょうさん》や硫酸《りゅうさん》に変《か》わり、強《つよ》い酸性《さんせい》の雨《あめ》が降《ふ》る。木《き》をからし、湖《みずうみ》や川《かわ》に流《なが》れこむと水中《すいちゅう》の生態系《せいたいけい》をこわす。銅像《どうぞう》やコンクリートがとけてしまうこともあり、歴史的《れきしてき》な建造物《けんぞうぶつ》への被害《ひがい》もある。

【光化学《こうかがく》スモッグ】

窒素酸化物《ちっそさんかぶつ》などが、太陽《たいよう》からの強《つよ》い紫外線《しがいせん》によって化学反応《かがくはんのう》を起《お》こして、光化学《こうかがく》オキシダントという有害物質《ゆうがいぶっしつ》がつくられる。これによって発生《はっせい》するスモッグ（➡203）のこと。濃度《のうど》が高《たか》いと、目《め》やのどをいためる。

『オゾンホールのなぞ 大気汚染《たいきおせん》がわかる本《ほん》』：童心社《どうしんしゃ》

空気中《くうきちゅう》に浮《う》かぶ小《ちい》さなつぶ

おもに中国《ちゅうごく》から飛《と》んでくる黄砂《こうさ》やPM2.5《ピーエム》のようすが、天気予報《てんきよほう》でも発表《はっぴょう》されるようになった。PM2.5《ピーエム》とは、石炭《せきたん》による火力発電《かりょくはつでん》や自動車《じどうしゃ》の排出《はいしゅつ》ガスが原因《げんいん》で発生《はっせい》する、直径《ちょっけい》2.5μm（マイクロメートル＝1mmの1000分《ぶん》の1）以下《いか》の細《こま》かいつぶ状《じょう》の汚染物質《おせんぶっしつ》だ。

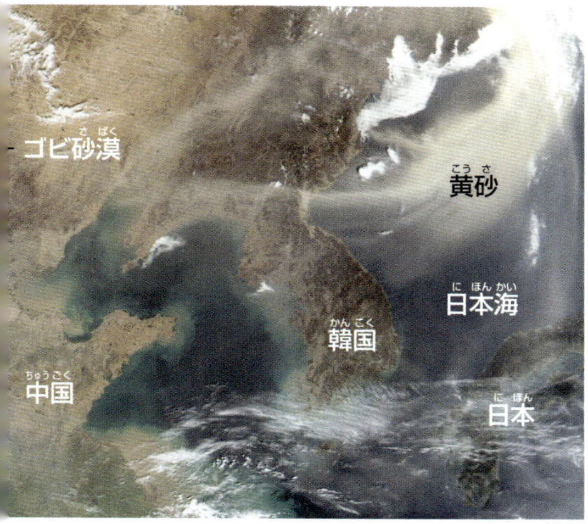
ゴビ砂漠《さばく》
黄砂《こうさ》
日本海《にほんかい》
韓国《かんこく》
中国《ちゅうごく》
日本《にほん》
NASA

●大陸《たいりく》から飛《と》んでくる黄砂《こうさ》（2002年《ねん》4月1日《がつついたち》）

中国《ちゅうごく》とモンゴルにまたがるゴビ砂漠《さばく》などから日本《にほん》に飛《と》んでくるあいだに、空気中《くうきちゅう》の汚染物《おせんぶっ》質《しつ》が砂《すな》についてしまう可能性《かのうせい》がある。森林《しんりん》の減少《げんしょう》（➡208）や砂漠《さばく》化《か》（➡211）により被《ひ》害《がい》が大《おお》きくなっている。

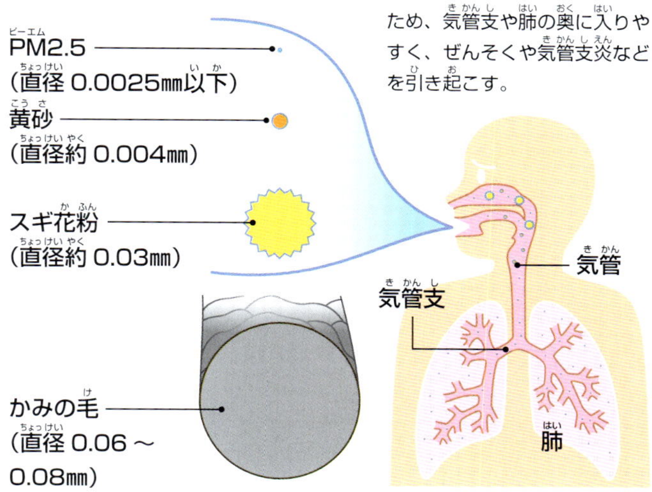
PM2.5《ピーエム》
（直径《ちょっけい》0.0025㎜以下《いか》）
黄砂《こうさ》
（直径約《ちょっけいやく》0.004㎜）
スギ花粉《かふん》
（直径約《ちょっけいやく》0.03㎜）
かみの毛《け》
（直径《ちょっけい》0.06～0.08㎜）
気管《きかん》
気管支《きかんし》
肺《はい》

●肺《はい》の奥《おく》まで入《はい》りこむつぶ

黄砂《こうさ》やPM2.5《ピーエム》はとても小《ちい》さいため、気管支《きかんし》や肺《はい》の奥《おく》に入《はい》りやすく、ぜんそくや気管支炎《きかんしえん》などを引《ひ》き起《お》こす。

●2015年《ねん》10月《がつ》9日《か》のオゾンホール

オゾン層《そう》は地球全体《ちきゅうぜんたい》でうすくなっている。強《つよ》い偏西風《へんせいふう》などが原因《げんいん》で、とくに南極上空《なんきょくじょうくう》の減少《げんしょう》が激《はげ》しい。まるでオゾン層《そう》に穴《あな》（ホール）があいたような状態《じょうたい》だ。

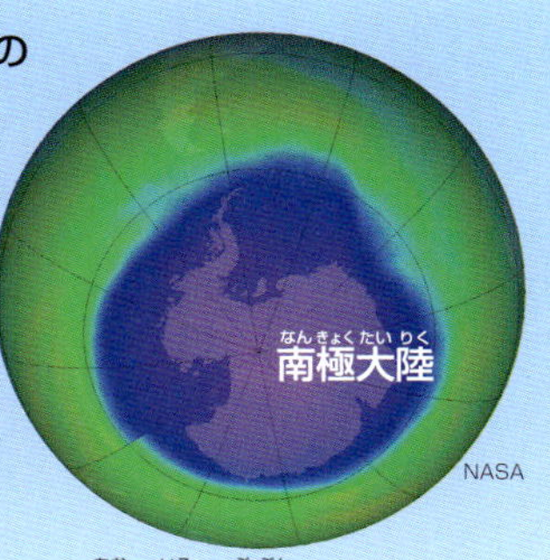
南極大陸《なんきょくたいりく》
NASA

青《あお》い色《いろ》の部分《ぶぶん》はオゾン層《そう》がうすいところ。

オゾン層《そう》
紫外線《しがいせん》
フロン

【オゾン層《そう》の破壊《はかい》】

オゾン層《そう》（➡164）は、太陽《たいよう》から届《とど》く有害《ゆうがい》な紫外線《しがいせん》を吸収《きゅうしゅう》し、地球《ちきゅう》の生命《せいめい》を守《まも》ってくれている。しかし、エアコンや冷蔵庫《れいぞうこ》の冷却《れいきゃく》、スプレーなどに使《つか》われてきたフロンによって分解《ぶんかい》され、こわれてしまった。現在《げんざい》は生産《せいさん》が中止《ちゅうし》されつつあるが、フロンはオゾン層《そう》に達《たっ》するまで10～20年《ねん》かかるので、過去《かこ》につくられたフロンが今《いま》もオゾン層《そう》をこわしている。

●ぼうしをかぶる子《こ》ども（オーストラリア）

南極《なんきょく》のオゾンホールは、オーストラリアにまで広《ひろ》がることがある。そのためオーストラリアの子《こ》どもたちは、紫外線《しがいせん》よけの布《ぬの》がついたぼうしをかぶっている。

空気《くうき》をよごさないために

大気汚染《たいきおせん》の原因《げんいん》のひとつである、自動車《じどうしゃ》の排出《はいしゅつ》ガスを少《すく》なくするためには、電車《でんしゃ》やバスなどの公共交通機関《こうきょうこうつうきかん》の利用《りよう》や、環境《かんきょう》に影響《えいきょう》をあたえにくい自動車《じどうしゃ》を選《えら》ぶことが対策《たいさく》になる。また日本《にほん》では、1968年《ねん》に「大気汚染防止法《たいきおせんぼうしほう》」が制定《せいてい》され、工場《こうじょう》から出《で》るけむりにふくまれる汚《お》染物質《せんぶっしつ》の量《りょう》を規制《きせい》している。

【排出《はいしゅつ》ガスの規制《きせい》】

自動車《じどうしゃ》の排出《はいしゅつ》ガスには、二酸化炭素《にさんかたんそ》や窒素酸化物《ちっそさんかぶつ》など、多《おお》くの汚染物質《おせんぶっしつ》がふくまれている。排出《はいしゅつ》ガスをきれいにする工夫《くふう》や電気《でんき》で動《うご》く自動車《じどうしゃ》の利用《りよう》が進《すす》められている。

ディーゼルエンジンのしくみ

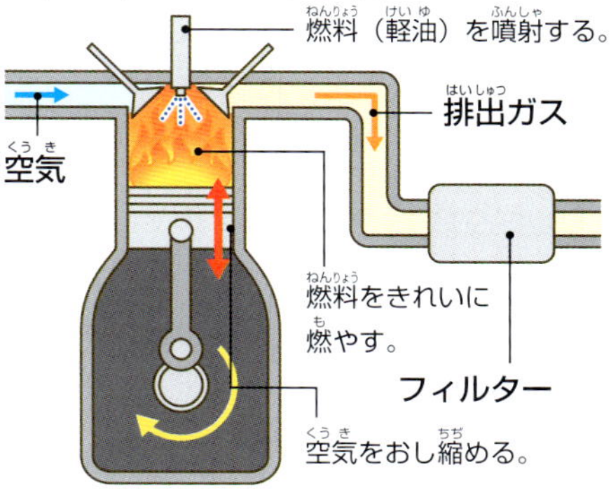
燃料《ねんりょう》（軽油《けいゆ》）を噴射《ふんしゃ》する。
排出《はいしゅつ》ガス
空気《くうき》
燃料《ねんりょう》をきれいに燃《も》やす。
フィルター
空気《くうき》をおし縮《ちぢ》める。

●クリーンディーゼル車《しゃ》

ディーゼル車《しゃ》は窒素酸化物《ちっそさんかぶつ》やすすを多《おお》く排出《はいしゅつ》するため、環境《かんきょう》に悪《わる》い自動車《じどうしゃ》とされてきた。しかし、燃費《ねんぴ》がよく二酸化炭素《にさんかたんそ》の排出《はいしゅつ》が少《すく》ないという利点《りてん》もある。そこで、汚染物質《おせんぶっしつ》をとりのぞくフィルターや燃料《ねんりょう》をきれいに燃《も》やす技術《ぎじゅつ》の開発《かいはつ》により誕生《たんじょう》した「クリーンディーゼル車《しゃ》」が注目《ちゅうもく》されている。

●燃料電池自動車《ねんりょうでんちじどうしゃ》

水素《すいそ》と酸素《さんそ》を化学反応《かがくはんのう》させて起《お》こす電気《でんき》で走《はし》る自動車《じどうしゃ》。二酸化炭素《にさんかたんそ》や窒素《ちっそ》酸化物《さんかぶつ》はまったく排出《はいしゅつ》されず、出《で》るのは水《みず》だけだ。

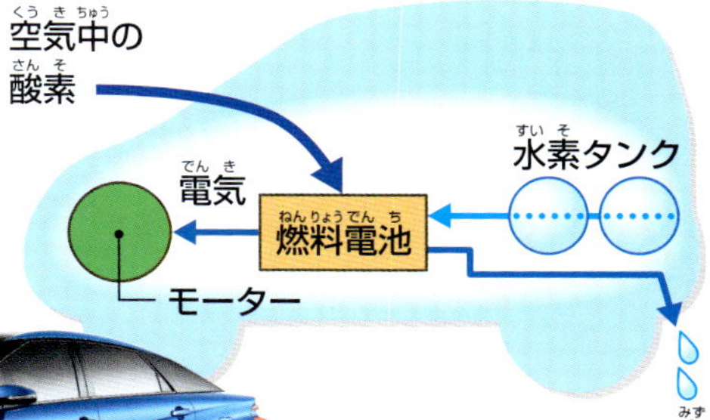
空気中《くうきちゅう》の酸素《さんそ》
水素《すいそ》タンク
電気《でんき》
燃料電池《ねんりょうでんち》
モーター
水《みず》

写真《しゃしん》はトヨタ自動車《じどうしゃ》の燃料《ねんりょう》電池自動車《でんちじどうしゃ》「MIRAI《ミライ》」。

大気中《たいきちゅう》に排出《はいしゅつ》されるフロンは減《へ》っているが、オゾン層《そう》が回復《かいふく》し、オゾンホールがなくなるのは21世紀後半《せいきこうはん》になると予測《よそく》されている。

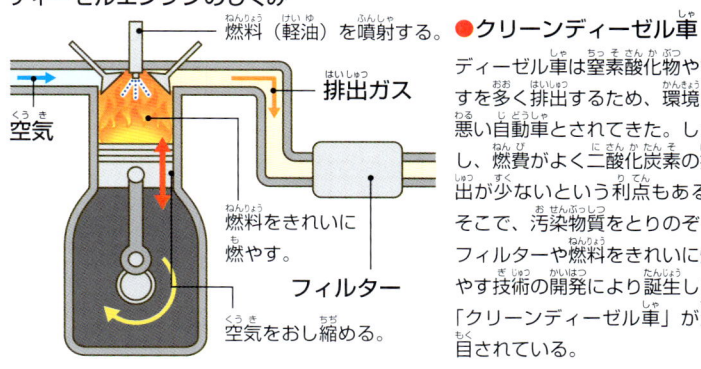

生《い》きるために欠《か》かせない水《みず》

水問題《みずもんだい》　飲《の》み水《みず》や農業《のうぎょう》、衛生《えいせい》のためなど、人間《にんげん》のあらゆる営《いとな》みに水《みず》が必要《ひつよう》です。しかし、乾燥地《かんそうち》でじゅうぶんな量《りょう》の水《みず》が手《て》に入《はい》らない人《ひと》や、よごれた水《みず》を使《つか》うしかない人《ひと》も大勢《おおぜい》います。

水《みず》をめぐって争《あらそ》いが起《お》きる

複数《ふくすう》の国《くに》をまたいで流《なが》れる川《かわ》では、上流《じょうりゅう》と下流《かりゅう》の国《くに》で水《みず》の取《と》り合《あ》いが発生《はっせい》することがある。上流《じょうりゅう》の国《くに》が川《かわ》へ汚染物質《おせんぶっしつ》（➡203）を流《なが》したり、ダムをつくって水《みず》をたくさんためたりすると、下流《かりゅう》の国《くに》に大《おお》きな影響《えいきょう》をあたえてしまう。

●アタチュルクダム

トルコがシリアとの国境近《こっきょうちか》くにつくったダム。大量《たいりょう》の水《みず》をユーフラテス川《がわ》から引《ひ》いて、綿花《めんか》の栽培《さいばい》をしている。

●川沿《かわぞ》いの畑《はたけ》

国土《こくど》の多《おお》くを砂漠《さばく》がしめるシリアでは、川《かわ》は貴重《きちょう》な水源《すいげん》だ。川《かわ》から水《みず》を引《ひ》くかんがい農業《のうぎょう》がさかんに行《おこな》われている。

【ユーフラテス川《がわ》】

トルコからシリアを通《とお》ってイラクに流《なが》れる川《かわ》。上流《じょうりゅう》のトルコがダムをつくったことで、下流《かりゅう》のシリアやイラクでは水不足《みずぶそく》が起《お》こった。

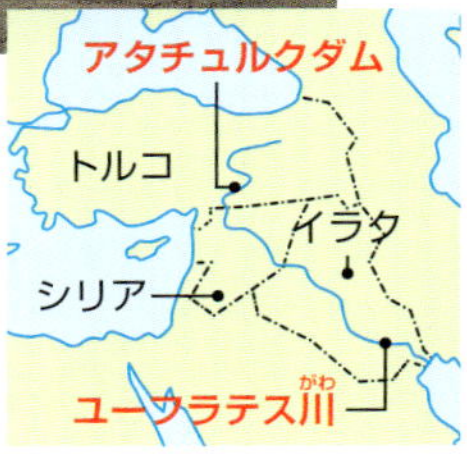
アタチュルクダム
トルコ
イラク
シリア
ユーフラテス川《がわ》

●かんがい農業《のうぎょう》

田畑《たはた》に川《かわ》や地下《ちか》から水《みず》を引《ひ》いて行《おこな》う農業《のうぎょう》。乾燥地《かんそうち》でも栽培《さいばい》が可能《かのう》になるが、過度《かど》なかんがいによる水不足《みずぶそく》や塩害《えんがい》も問題《もんだい》になっている。

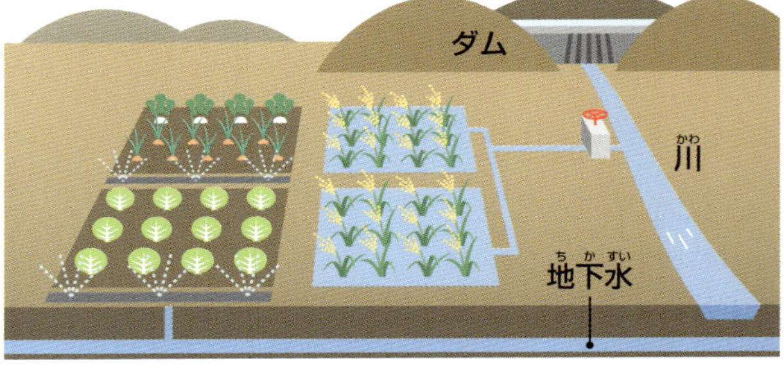
ダム
川《かわ》
地下水《ちかすい》

農業《のうぎょう》にいちばん多《おお》く使《つか》われている

世界《せかい》で使《つか》われている水《みず》の約《やく》7割《わり》が農業用《のうぎょうよう》だ。米《こめ》や野菜《やさい》などを育《そだ》てるだけではなく、家畜《かちく》の飲《の》み水《みず》やえさの植物《しょくぶつ》を育《そだ》てるときに使《つか》う水《みず》もふくまれる。水《みず》がなければ食《た》べものがつくれないため、水不足《みずぶそく》は食糧問題《しょくりょうもんだい》（➡210）にも大《おお》きくかかわっている。

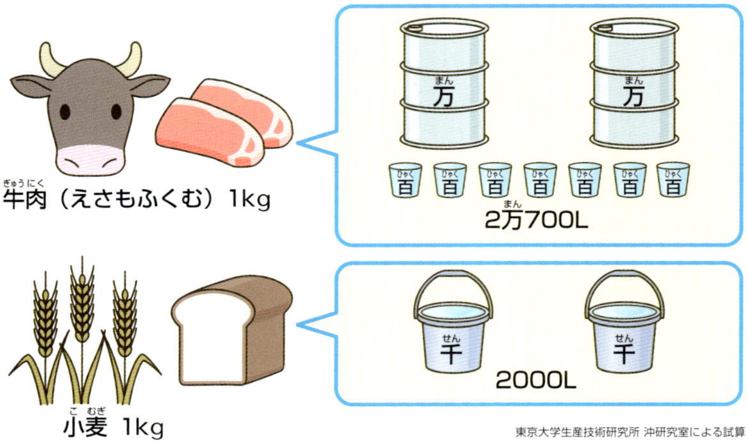
万《まん》
万《まん》
百《ひゃく》
百《ひゃく》
百《ひゃく》
百《ひゃく》
百《ひゃく》
百《ひゃく》
百《ひゃく》
牛肉《ぎゅうにく》（えさもふくむ）1kg
2万《まん》700L
千《せん》
千《せん》
小麦《こむぎ》 1kg
2000L

東京大学生産技術研究所 沖研究室による試算

わずか50年《ねん》で干上《ひあ》がった湖《みずうみ》

中央《ちゅうおう》アジアのアラル海《かい》は、1960年代《ねんだい》まで世界《せかい》4位《い》の面積《めんせき》をもつ湖《みずうみ》だった。しかし、アラル海《かい》へ流《なが》れこむ川《かわ》の流域《りゅういき》で、かんがい農業《のうぎょう》による綿花《めんか》の栽培《さいばい》が多《おお》く行《おこな》われた結果《けっか》、湖《みずうみ》の水位《すいい》は下《さ》がり、ほぼ干上《ひあ》がってしまった。

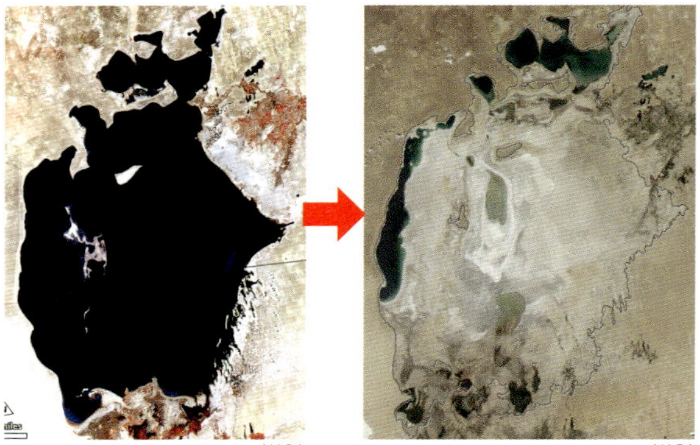

1977年《ねん》　NASA　→　2015年《ねん》　NASA

『100年後《ねんご》の水《みず》を守《まも》る』：文研出版《ぶんけんしゅっぱん》

5人《にん》にひとりは安全《あんぜん》な水《みず》が飲《の》めない

貧《まず》しい国《くに》では、浄水施設《じょうすいしせつ》の建設《けんせつ》や下水道《げすいどう》の整備《せいび》をするお金《かね》がないため、水道《すいどう》ではなく川《かわ》や湖《みずうみ》などから直接《ちょくせつ》水《みず》をくんでいる。よごれた水《みず》によって病気《びょうき》になって死《し》んでしまう子《こ》どもが、世界全体《せかいぜんたい》で毎年《まいとし》150万人《まんにん》以上《いじょう》いるといわれる。

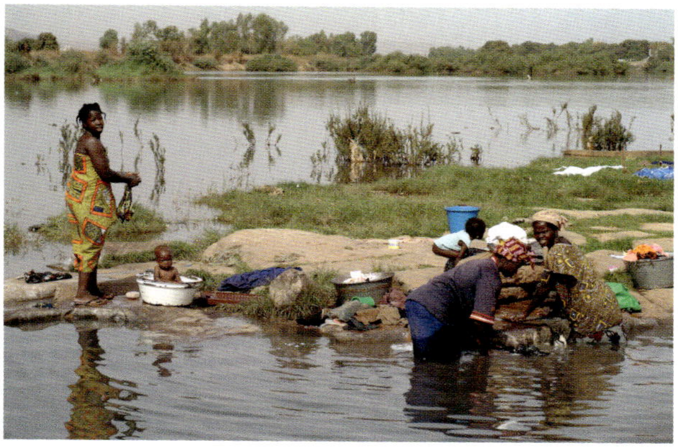

●川《かわ》の水《みず》が生活用水《せいかつようすい》（マリ）
飲《の》み水《みず》をくむ川《かわ》は、洗濯《せんたく》やトイレなどにも使《つか》っていたり、工場《こうじょう》の汚染物質《おせんぶっしつ》がそのまま流《なが》されたりしている。

●水《みず》を運《はこ》ぶ子《こ》どもたち（アンゴラ）
水《みず》くみは女性《じょせい》や子《こ》どもの仕事《しごと》だ。水《みず》くみ場《ば》まで１時間《じかん》以上歩《いじょうある》かなければいけない場合《ばあい》もある。学校《がっこう》へ通《かよ》う時間《じかん》がなくなり、教育《きょういく》を受《う》ける機会《きかい》がうばわれる。

海水《かいすい》を淡水《たんすい》に変《か》える日本《にほん》の技術《ぎじゅつ》

これまでは海水《かいすい》を蒸発《じょうはつ》させて淡水《たんすい》をつくっていたが、この方法《ほうほう》は大量《たいりょう》の石油《せきゆ》を燃《も》やすためお金《かね》がかかり、さらに二《に》酸化炭素《さんかたんそ》の排出《はいしゅつ》が問題《もんだい》だった。日本《にほん》の企業《きぎょう》がつくった、海《かい》水《すい》から塩類《えんるい》をとりのぞく合成樹脂《ごうせいじゅし》の「膜《まく》」は、蒸発《じょうはつ》させるよりも安《やす》く淡水《たんすい》がつくれるため注目《ちゅうもく》されている。

●淡水《たんすい》にするしくみ
海水《かいすい》と淡水《たんすい》を、塩類《えんるい》を通《とお》さない膜《まく》で区切《くぎ》る。そして、海水側《かいすいがわ》に圧力《あつりょく》をかけると、水《みず》の分子《ぶんし》だけが膜《まく》を通《とお》って淡水側《たんすいがわ》へ移動《いどう》する。

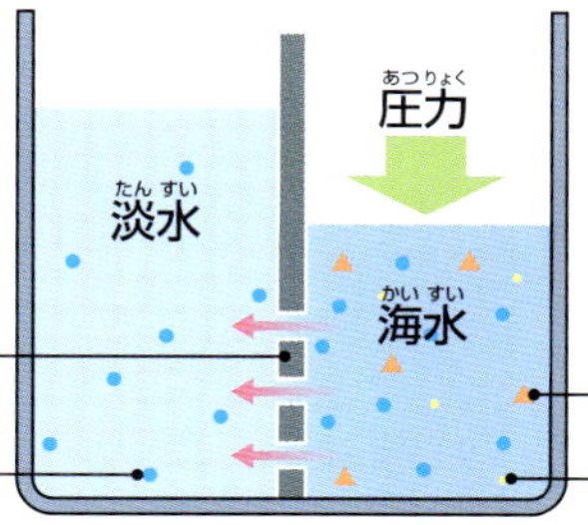

圧力《あつりょく》
淡水《たんすい》
海水《かいすい》
水分子《みずぶんし》だけを通《とお》す膜《まく》
水分子《みずぶんし》
塩類《えんるい》
不純物《ふじゅんぶつ》など

提供：三菱重工業

●淡水化施設《たんすいかしせつ》（サウジアラビア）
海《うみ》から引《ひ》きこんだ水《みず》を、左《ひだり》のイラストのような膜《まく》に通《とお》して淡水《たんすい》にしている。1日《にち》に19万《まん》2000トンもの淡水《たんすい》をつくることができる。

水《みず》のリサイクル

日本《にほん》のように山《やま》から海《うみ》までのきょりが短《みじか》く川《かわ》の流《なが》れが速《はや》い場合《ばあい》、降《ふ》った雨《あめ》はすぐに海《うみ》へ流《なが》れてしまい、水不足《みずぶそく》が起《お》こる。また、コンクリートでおおわれている地面《じめん》が多《おお》い都市《とし》では、地下《ちか》へ雨水《あまみず》がしみこまないために、洪水《こうずい》が起《お》きやすい。そこで、雨水《あまみず》をためて再利用《さいりよう》すれば、水不足《みずぶそく》と災害《さいがい》が解消《かいしょう》される。

●シンガポールの貯水池《ちょすいち》
国土《こくど》がせまく川《かわ》が少《すく》ないため、国内《こくない》で使《つか》う水《みず》の多《おお》くをマレーシアから輸入《ゆにゅう》してきた。そこで、貯水池《ちょすいち》をつくって雨《あま》水《みず》をためたり、下水《げすい》をきれいにした再《さい》生水《せいすい》をつくったりして、水《みず》の自給率《じきゅうりつ》を上《あ》げている。

屋根《やね》に降《ふ》った雨《あめ》を地下《ちか》へ送《おく》る。
地下《ちか》に1000トンの水《みず》がためられる。

●東京都墨田区《とうきょうとすみだく》の国技館《こくぎかん》
大相撲《おおずもう》が行《おこな》われる両国国技館《りょうごくこくぎかん》では、雨水《あまみず》をきれいにして再利用《さいりよう》している。トイレなど館内《かんない》で使《つか》う水《みず》の７割《わり》をまかなっている。

日本《にほん》は多《おお》くの食糧《しょくりょう》を輸入《ゆにゅう》している。その食糧《しょくりょう》を生産《せいさん》するためには大量《たいりょう》の水《みず》が使《つか》われているため、間接的《かんせつてき》に水《みず》をたくさん輸入《ゆにゅう》していることになる。

地球《ちきゅう》の環境《かんきょう》を守《まも》っている森林《しんりん》

森林《しんりん》の減少《げんしょう》

地球《ちきゅう》の陸地面積《りくちめんせき》の約《やく》3割《わり》は森林《しんりん》です。水《みず》をたくわえ、酸素《さんそ》をつくり、生《い》きものの暮《く》らしを支《ささ》えています。建築材《けんちくざい》や紙《かみ》の原料《げんりょう》など、身《み》のまわりには木材《もくざい》からできているものが多《おお》くあります。

森《もり》が姿《すがた》を変《か》えている

燃料《ねんりょう》や建築用《けんちくよう》の木材《もくざい》を切《き》ったり、農地《のうち》や住宅地《じゅうたくち》にするための開発《かいはつ》が行《おこな》われたりなど、地球《ちきゅう》の森林面積《しんりんめんせき》は毎年減少《まいとしげんしょう》している。とくに輸出《ゆしゅつ》用《よう》の作物《さくもつ》を育《そだ》てる大規模《だいきぼ》な農園《のうえん》の建設《けんせつ》や、違法《いほう》な切《き》り出《だ》しなどは、深刻《しんこく》な問題《もんだい》だ。

●毎日口《まいにちくち》にするパーム油《ゆ》

多《おお》くの加工食品《かこうしょくひん》に使《つか》われるパーム油《ゆ》は、おもにインドネシアとマレーシアで生産《せいさん》され、世界《せかい》で最《もっと》も生産量《せいさんりょう》が多《おお》い植物《しょくぶつ》油《ゆ》だ。食用《しょくよう》のほかに石《せっ》けんの原料《げんりょう》にもなっている。

●広大《こうだい》なアブラヤシ畑《ばたけ》（マレーシア）

広大《こうだい》な熱帯林《ねったいりん》が切《き》り開《ひら》かれて、新《あら》たにアブラヤシが植《う》えられている。アブラヤシからとれるパーム油《ゆ》は、外国《がいこく》へ売《う》るための商品《しょうひん》だ。緑《みどり》が多《おお》いように見《み》えるが、生態系《せいたいけい》を支《ささ》えているわけではない。

熱帯林《ねったいりん》の減少《げんしょう》がとくに激《はげ》しい

森林《しんりん》は、気候区分《きこうくぶん》（➡176）によって熱帯林《ねったいりん》、温帯林《おんたいりん》、寒帯林《かんたいりん》に大《おお》きく分《わ》けられ、熱帯林《ねったいりん》は、アフリカや東南《とうなん》アジア、南《みなみ》アメリカの赤道周辺《せきどうしゅうへん》に広《ひろ》がる。農地《のうち》へ変《か》えられたり、いきすぎた焼畑耕作《やきはたこうさく》などで、森林《しんりん》が減少《げんしょう》したり弱《よわ》ったりしてしまうことが大《おお》きな問題《もんだい》になっている。

●焼畑耕作《やきはたこうさく》

森林《しんりん》を焼《や》いてできた灰《はい》を肥料《ひりょう》にして耕作《こうさく》し、3～5年《ねん》で土地《とち》の養分《ようぶん》がなくなると、別《べつ》の場所《ばしょ》に移動《いどう》する。焼畑耕作《やきはたこうさく》をした土地《とち》は、20～30年休《ねんやす》ませると、また作物《さくもつ》が育《そだ》てられるようになるが、休《やす》む期間《きかん》が短《みじか》いと、土地《とち》の回復力《かいふくりょく》が失《うしな》われる。

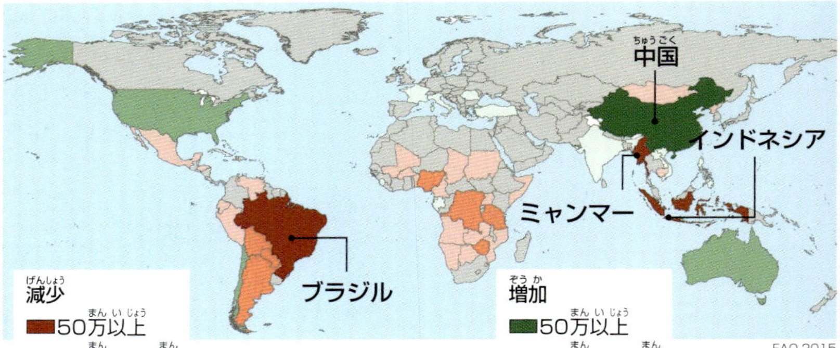
中国《ちゅうごく》
インドネシア
ミャンマー
ブラジル
減少《げんしょう》
50万以上《まんいじょう》
25万《まん》～50万《まん》
5万《まん》～25万《まん》
増加《ぞうか》
50万以上《まんいじょう》
25万《まん》～50万《まん》
5万《まん》～25万《まん》
（単位《たんい》：ヘクタール）
FAO.2015

● 2010 ～ 15 年《ねん》の国別《くにべつ》の森林面積《しんりんめんせき》の変化《へんか》

植林《しょくりん》が進《すす》む中国《ちゅうごく》の温帯林《おんたいりん》では、森林《しんりん》の面積《めんせき》が増《ふ》えている。だが、熱帯林《ねったいりん》が広《ひろ》がるブラジルや東南《とうなん》アジアの国《くに》ぐには大《おお》きく減《へ》っている。熱帯林《ねったいりん》は動植物《どうしょくぶつ》の種類《しゅるい》が多《おお》いため、生物《せいぶつ》多様性《たようせい》（さまざまな生《い》きものの生活《せいかつ》と環境《かんきょう》が複雑《ふくざつ》で豊《ゆた》かなこと）も失《うしな》われつつある。

木《き》がなくなると、地面《じめん》に直接雨《ちょくせつあめ》が降《ふ》り注《そそ》ぎ、土《つち》が流《なが》れ出《で》る。

腐葉土《ふようど》

落《お》ち葉《ば》や枝《えだ》などが分《ぶん》解《かい》されてできる、養《よう》分《ぶん》の多《おお》い土《つち》。

●熱帯林《ねったいりん》は再生《さいせい》が難《むずか》しい

気温《きおん》や湿度《しつど》が高《たか》いため、地面《じめん》に落《お》ちた葉《は》や生《い》きもののふんの分《ぶん》解《かい》が早《はや》く、腐葉土《ふようど》の層《そう》がうすい。木《き》が切《き》られてしまうと、大量《たいりょう》の雨《あめ》によってかんたんに養分《ようぶん》の高《たか》い土《つち》が流《なが》されてしまい、植物《しょくぶつ》の生《は》えない土地《とち》になってしまう。

地球とともに生きるために

『ゾウの森《もり》とポテトチップス』：そうえん社《しゃ》

森《もり》の大切《たいせつ》なはたらき

森林《しんりん》には地球環境《ちきゅうかんきょう》を支《ささ》えるさまざまな役割《やくわり》がある。森林《しんりん》が減《へ》るとそのはたらきが失《うしな》われ、土砂《どしゃ》くずれや洪水《こうずい》などの大規模《だいきぼ》な災害《さいがい》、地球温暖化《ちきゅうおんだんか》や異常気象《いじょうきしょう》が起《お》こりやすくなってしまう。

●タイで起《お》こった洪水《こうずい》（2011年《ねん》）

異常気象《いじょうきしょう》や大型《おおがた》の台風《たいふう》の上陸《じょうりく》などにより大雨《おおあめ》が続《つづ》き、首都《しゅと》バンコクや工業地帯《こうぎょうちたい》を大洪水《だいこうずい》がおそった。森林《しんりん》が減《へ》って、水《みず》をためる力《ちから》が失《うしな》われたのも原因《げんいん》のひとつとされる。

二酸化炭素《にさんかたんそ》を吸収《きゅうしゅう》して酸素《さんそ》を出《だ》したり、雨水《あまみず》を地下《ちか》にためたり、栄養《えいよう》の多《おお》い土《つち》をつくったりなど、森林《しんりん》は地球全体《ちきゅうぜんたい》にとって大切《たいせつ》な役割《やくわり》をはたしている。

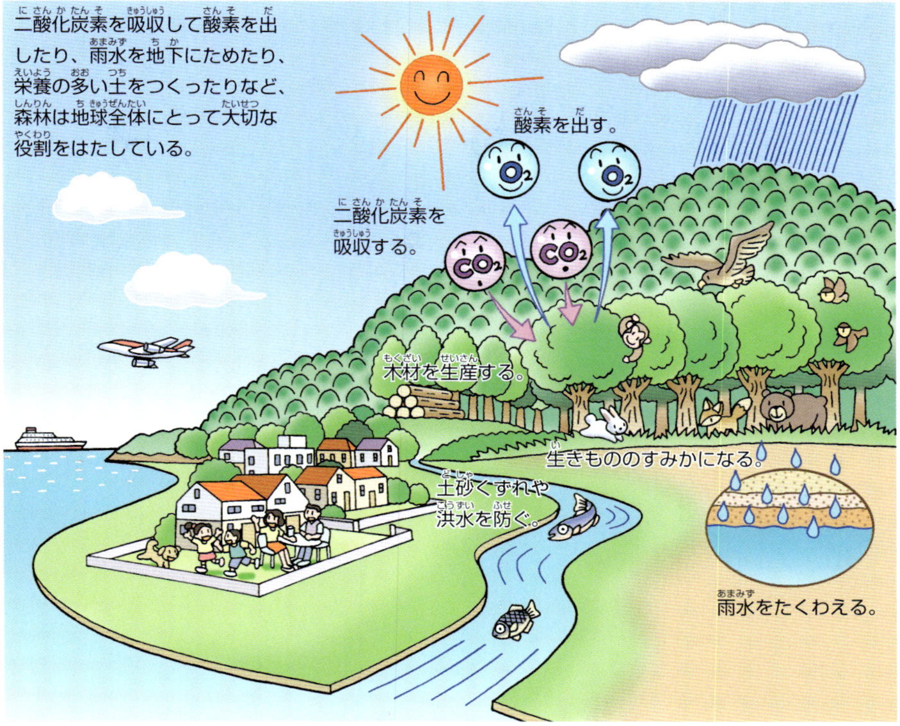
酸素《さんそ》を出《だ》す。
二酸化炭素《にさんかたんそ》を吸収《きゅうしゅう》する。
木材《もくざい》を生産《せいさん》する。
生《い》きもののすみかになる。
土砂《どしゃ》くずれや洪水《こうずい》を防《ふせ》ぐ。
雨水《あまみず》をたくわえる。

森《もり》を守《まも》るために

勝手《かって》に木《き》を切《き》ったり焼畑耕作《やきはたこうさく》をしたりすることをとりしまり、森林《しんりん》を守《まも》ると同時《どうじ》に、森《もり》を育《そだ》て管理《かんり》していくことが大切《たいせつ》だ。ただ木《き》を植《う》えるだけではなく、人《ひと》が手入《てい》れをすることで、健康《けんこう》で持続可能《じぞくかのう》な森林《しんりん》がつくられる。

森《もり》を育《そだ》てる

●植林《しょくりん》

木《き》を切《き》ったあとに苗木《なえぎ》を植《う》える。

●下草刈《したくさか》り

苗木《なえぎ》の生長《せいちょう》をさまたげる雑草《ざっそう》をとりのぞく。

●間伐《かんばつ》

地面《じめん》に日光《にっこう》が差《さ》しこむように、木《き》の数《かず》を減《へ》らす。養分《ようぶん》の高《たか》い土《つち》がつくられ、木《き》も健康的《けんこうてき》に生長《せいちょう》する。

●伐採《ばっさい》

じゅうぶんな大《おお》きさに育《そだ》った木《き》を切《き》ること。スギの場合《ばあい》は植林《しょくりん》してから50年《ねん》ほどで伐採《ばっさい》の時期《じき》になる。太《ふと》く大《おお》きな木《き》に育《そだ》てる場合《ばあい》は、100年《ねん》ほどかかることもある。

nepia
FSC

正《ただ》しく管理《かんり》された森林《しんりん》から切《き》り出《だ》された木材《もくざい》を使《つか》っていると認《みと》められた製品《せいひん》には「FSC《エフエスシー》マーク」がついている。

間伐《かんばつ》で切《き》られた木《き》から、割《わ》りばしや紙製品《かみせいひん》などがつくられている。これらの製品《せいひん》にはマーク（右《みぎ》）がつけられる。

国産《こくさん》の割《わ》りばしは、間伐材《かんばつざい》や建築用材木《けんちくようざいもく》の端材《はざい》からつくられている。使《つか》い捨《す》てで環境《かんきょう》に悪《わる》いイメージがあるが、じつは木材《もくざい》を有効活用《ゆうこうかつよう》している。

水問題➡206　森林の減少➡208

飢《う》えのない世界《せかい》をめざして

食糧問題《しょくりょうもんだい》

世界《せかい》では9人《にん》にひとりが栄養不足《えいようぶそく》で苦《くる》しんでいます。開発途上国《かいはつとじょうこく》を中心《ちゅうしん》に、穀物《こくもつ》を育《そだ》てられなかったり、お金《かね》がなかったり、さまざまな理由《りゆう》で食《た》べものを得《え》られない人《ひと》がいるのです。

学校給食《がっこうきゅうしょく》が子《こ》どもたちを救《すく》う

WFP《ダブリューエフピー》国連世界食糧計画《こくれんせかいしょくりょうけいかく》では、食《た》べものに困《こま》っている国《くに》へ食糧《しょくりょう》を配給《はいきゅう》している。その活動《かつどう》のひとつが学校給食《がっこうきゅうしょく》で、子《こ》どもたちの空腹《くうふく》が満《み》たされ、集中《しゅうちゅう》して勉強《べんきょう》することができる。また、子《こ》どもが家族《かぞく》のために働《はたら》いていたり、女《おんな》の子《こ》は家《いえ》にいるべきだと考《かんが》えたりする国《くに》では、学校《がっこう》へ通《かよ》えないことも多《おお》い。学校給食《がっこうきゅうしょく》は、そんな子《こ》どもたちが学校《がっこう》へ通《かよ》うきっかけにもなっている。

©WFP/Rein Skullerud

カップの中《なか》に入《はい》っているのは、トウモロコシと大豆《だいず》のおかゆ。生《い》きるために必要《ひつよう》な栄養《えいよう》を得《え》ることができる。

●給食《きゅうしょく》を受《う》け取《と》るザンビアの子《こ》どもたち

読《よ》み書《か》きや計算《けいさん》ができるようになれば、貧《まず》しさからぬけ出《だ》せる可能性《かのうせい》が広《ひろ》がる。学校給食《がっこうきゅうしょく》は、子《こ》どもの健康《けんこう》と未来《みらい》を守《まも》る役割《やくわり》がある。

©WFP/Marcus Prior

©WFP/Habib Rahman

●持《も》ち帰《かえ》り食糧《しょくりょう》

アフガニスタンでは決《き》められた日数以上登校《にっすういじょうとうこう》すれば、家族全員分《かぞくぜんいんぶん》の米《こめ》や油《あぶら》などが受《う》け取《と》れる制度《せいど》もある。

食糧不足《しょくりょうぶそく》の原因《げんいん》はさまざま

開発途上国《かいはつとじょうこく》のなかには、作物《さくもつ》が育《そだ》ちにくい環境《かんきょう》の国《くに》が多《おお》い。干《かん》ばつなどの自然災害《しぜんさいがい》が起《お》きると、土地《とち》があれてしまい、貴重《きちょう》な栄養源《えいようげん》となる穀物《こくもつ》ができなくなってしまう。また、戦争《せんそう》や貧困《ひんこん》も食糧《しょくりょう》を安定《あんてい》して手《て》に入《い》れられない原因《げんいん》となっている。

【戦争《せんそう》】

戦争《せんそう》が起《お》きると、農作物《のうさくぶつ》を育《そだ》てている人《ひと》も兵士《へいし》として集《あつ》められる。また、戦《たたか》いに巻《ま》きこまれて畑《はたけ》や家畜《かちく》を失《うしな》うこともある。こうして食糧《しょくりょう》が手《て》に入《はい》りにくくなる。

写真：Mika Tanimoto/JICA

●難民《なんみん》キャンプで暮《く》らす人《ひと》びと

アフガニスタンでは、20年以上続《ねんいじょうつづ》いた内戦《ないせん》と干《かん》ばつの影響《えいきょう》で、3人《にん》にひとりが栄養不足《えいようぶそく》だ。テントで生活《せいかつ》する人《ひと》や仕事《しごと》のない人《ひと》が多《おお》い。

【輸出用作物《ゆしゅつようさくもつ》の栽培《さいばい》】

開発途上国《かいはつとじょうこく》では、植民地時代《しょくみんちじだい》にヨーロッパの国《くに》ぐにによって、大規模《だいきぼ》な農園《のうえん》がつくられ、コーヒーやカカオ、ピーナッツなど、決《き》まった作物《さくもつ》だけを育《そだ》てて輸出《ゆしゅつ》してきた。一度植《いちどう》えてしまうと、かんたんには畑《はたけ》にもどせないため、自分《じぶん》たちが食《た》べるための穀物《こくもつ》はつくれなくなる。

●コーヒー農園《のうえん》

ケニアではコーヒーや茶《ちゃ》の栽培《さいばい》がさかんで、多《おお》くを輸出《ゆしゅつ》している。決《き》まった作物《さくもつ》だけを輸出《ゆしゅつ》していると、価格《かかく》が下《さ》がったときに、収入《しゅうにゅう》が大《おお》きく減《へ》ってしまう。また、賃金《ちんぎん》が安《やす》いため、高《たか》い税金《ぜいきん》がかかって穀物《こくもつ》の値段《ねだん》が上《あ》がると、買《か》えなくなることもある。

『飢餓《きが》と貧困《ひんこん》 食《た》べられない子《こ》どもたち』: 絵本塾出版《えほんじゅくしゅっぱん》

開発途上国《かいはつとじょうこく》でのとりくみ

　食糧不足《しょくりょうぶそく》で困《こま》っている国《くに》には、食《た》べものをわたすだけではなく、自分《じぶん》たちで作物《さくもつ》が育《そだ》てられるように、さまざまな機関《きかん》が技術協力《ぎじゅつきょうりょく》を行《おこな》っている。一時的《いちじてき》な手助《てだす》けではなく、飢《う》えや貧困《ひんこん》を根本《こんぽん》から解決《かいけつ》するためだ。

アフガニスタン
サハラ砂漠《さばく》
サヘル地域《ちいき》
ウガンダ
ブルキナファソ
砂漠《さばく》

砂漠《さばく》のまわりには乾燥《かんそう》地帯《ちたい》が広《ひろ》がり、過放牧《かほうぼく》や木《き》の切《き》りすぎなどで砂漠化《さばくか》が進《すす》んでいる。国連機関《こくれんきかん》や非政府組織《ひせいふそしき》（NGO《エヌジーオー》）などの協力《きょうりょく》により、食糧《しょくりょう》の生産《せいさん》や農《のう》地《ち》の回復《かいふく》に成功《せいこう》している国《くに》も多《おお》い。

ブルキナファソ

サハラ砂漠《さばく》の南《みなみ》にある国《くに》。土地《とち》を休《やす》ませずに作物《さくもつ》を育《そだ》てたり、木《き》を切《き》りすぎたりして、土地《とち》があれてしまった。日本《にほん》のNGO《エヌジーオー》団体《だんたい》「緑《みどり》のサヘル」は、砂漠化《さばくか》が進《すす》むサヘル地域《ちいき》で、農業技術《のうぎょうぎじゅつ》の指導《しどう》や植林活動《しょくりんかつどう》を行《おこな》っている。

石《いし》でつくった堤防《ていぼう》
石《いし》のまわりにたまった水《みず》により、植物《しょくぶつ》が生《は》えてくる。

●畑《はたけ》に穴《あな》を掘《ほ》る

掘《ほ》った穴《あな》には雨水《あまみず》がたまり、そこに肥料《ひりょう》を入《い》れると安定《あんてい》して作物《さくもつ》が育《そだ》つ。さらに雨《あめ》で土《つち》が流《なが》れ出《で》るのを防《ふせ》ぐため、畑《はたけ》に石《いし》を並《なら》べて堤防《ていぼう》をつくる。土地《とち》の保水力《ほすいりょく》が上《あ》がり、雨量《うりょう》が不安定《ふあんてい》な地域《ちいき》でも作物《さくもつ》を育《そだ》てることができる。

４か月後《げつご》

●生長《せいちょう》した作物《さくもつ》

雨水《あまみず》がしみこまないほどかたくなっていた土地《とち》に、トウモロコシが育《そだ》った。

ウガンダ

アフリカの食糧問題《しょくりょうもんだい》にとりくむ国際研究機関《こくさいけんきゅうきかん》「アフリカ稲《いね》センター」は、乾燥地帯《かんそうちたい》でも育《そだ》てられる米《こめ》を開発《かいはつ》した。日本《にほん》の国際協力機構《こくさいきょうりょくきこう》（JICA《ジャイカ》）は、この米《こめ》をアフリカに広《ひろ》めるため、アフリカのなかでも農業《のうぎょう》がさかんなウガンダを中心《ちゅうしん》に、稲作《いなさく》の指導《しどう》を行《おこな》っている。

写真：Koji Sato/JICA

●ネリカ米《まい》

アフリカでもともと栽培《さいばい》されていたアフリカ米《まい》は、乾燥《かんそう》に強《つよ》く、少《すく》ない栄養《えいよう》でも育《そだ》つが、収穫量《しゅうかくりょう》が少《すく》なかった。ネリカ米《まい》は、収穫量《しゅうかくりょう》の多《おお》いアジア米《まい》とかけ合《あ》わせたもので、乾燥地《かんそうち》に強《つよ》く、短《みじか》い期間《きかん》で２～３倍《ばい》とれる。

アフガニスタン

乾燥地帯《かんそうちたい》にあるため、作物《さくもつ》を育《そだ》てるには川《かわ》や地下水《ちかすい》などから水《みず》を引《ひ》く、かんがい施設《しせつ》が必要《ひつよう》だ。日本《にほん》のNGO《エヌジーオー》団体《だんたい》「ペシャワール会《かい》」は、農業用水路《のうぎょうようすいろ》の整備《せいび》や建設指導《けんせつしどう》を行《おこな》っている。アフガニスタンの川《かわ》は流《なが》れが急《きゅう》で水《みず》をせき止《と》めるのが難《むずか》しいが、同《おな》じように流《なが》れが急《きゅう》な日本《にほん》の技術《ぎじゅつ》が生《い》かされている。

●水路《すいろ》の建設《けんせつ》

戦争《せんそう》でこわされたり、干《かん》ばつによって干上《ひあ》がってしまったりした水路《すいろ》を修理《しゅうり》して、再《ふたた》び農業《のうぎょう》ができるようになった。

開発途上国《かいはつとじょうこく》の作物《さくもつ》や製品《せいひん》を、生産者《せいさんしゃ》の働《はたら》きに見合《みあ》った価格《かかく》で輸入《ゆにゅう》することを、フェアトレード（公正《こうせい》な貿易《ぼうえき》）という。

ごみを出《だ》すのはもったいない

ごみ問題《もんだい》　人口《じんこう》が増《ふ》えるにつれて、ごみの量《りょう》が増《ふ》えています。燃《も》やすと、二酸化炭素《にさんかたんそ》や化学物質《かがくぶっしつ》が発生《はっせい》し、地球《ちきゅう》の環境《かんきょう》をよごします。むだを減《へ》らし、資源《しげん》を大切《たいせつ》にする工夫《くふう》を考《かんが》えましょう。

毎日大量《まいにちたいりょう》に捨《す》てられている

日本《にほん》の家庭《かてい》や会社《かいしゃ》、店《みせ》からは1年間《ねんかん》で4000万《まん》トン以上《いじょう》のごみが出《で》ている。これはひとりあたり1日平均約《にちへいきんやく》1kgにもなる。大量《たいりょう》のごみを燃《も》やせば多《おお》くの二酸化炭素《にさんかたんそ》が出《で》て、地球温暖化《ちきゅうおんだんか》（➡196）の原因《げんいん》にもなる。また、きちんとした焼却施設《しょうきゃくしせつ》で燃《も》やさないと、有害《ゆうがい》な化学物質《かがくぶっしつ》（➡203）が発生《はっせい》することもある。

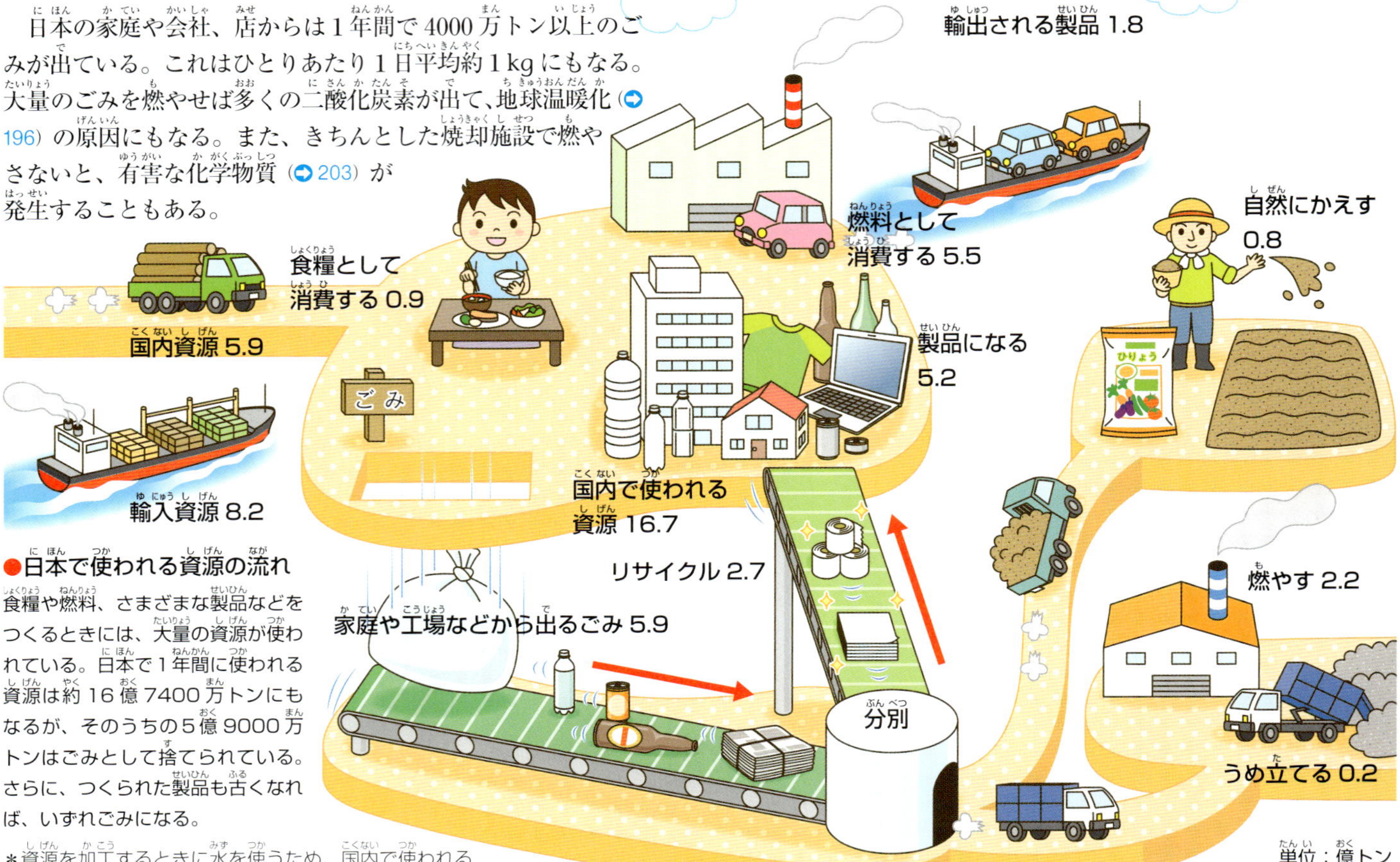

輸出《ゆしゅつ》される製品《せいひん》1.8
燃料《ねんりょう》として消費《しょうひ》する5.5
自然《しぜん》にかえす0.8
食糧《しょくりょう》として消費《しょうひ》する0.9
国内資源《こくないしげん》5.9
製品《せいひん》になる5.2
ごみ
ひりょう
輸入資源《ゆにゅうしげん》8.2
国内《こくない》で使《つか》われる資源《しげん》16.7
リサイクル2.7
燃《も》やす2.2
家庭《かてい》や工場《こうじょう》などから出《で》るごみ5.9
分別《ぶんべつ》
うめ立《た》てる0.2
単位《たんい》：億《おく》トン

●日本《にほん》で使《つか》われる資源《しげん》の流《なが》れ

食糧《しょくりょう》や燃料《ねんりょう》、さまざまな製品《せいひん》などをつくるときには、大量《たいりょう》の資源《しげん》が使《つか》われている。日本《にほん》で1年間《ねんかん》に使《つか》われる資源《しげん》は約《やく》16億《おく》7400万《まん》トンにもなるが、そのうちの5億《おく》9000万《まん》トンはごみとして捨《す》てられている。さらに、つくられた製品《せいひん》も古《ふる》くなれば、いずれごみになる。

＊資源《しげん》を加工《かこう》するときに水《みず》を使《つか》うため、国内《こくない》で使《つか》われる資源《しげん》の量《りょう》よりも消費《しょうひ》する量《りょう》や出《で》ていく資源《しげん》の量《りょう》のほうが多《おお》くなる。

『平成《へいせい》28年版環境白書《ねんばんかんきょうはくしょ》』より

【捨《す》てるごみにも限度《げんど》がある】

ごみを燃《も》やしてできた灰《はい》や燃《も》えないごみは、山《やま》や海《うみ》などにつくられた最終処分場《さいしゅうしょぶんじょう》に捨《す》てられる。日本《にほん》の最終処分場《さいしゅうしょぶんじょう》は20年後《ねんご》にはいっぱいになるといわれている。

東京都環境局

●ごみをうめ立《た》てるようす

燃《も》えないごみは細《こま》かくくだき、燃《も》えるごみは灰《はい》にしてうめる。上《うえ》に土《つち》をかぶせて、においや虫《むし》などが発生《はっせい》するのを防《ふせ》ぐ。

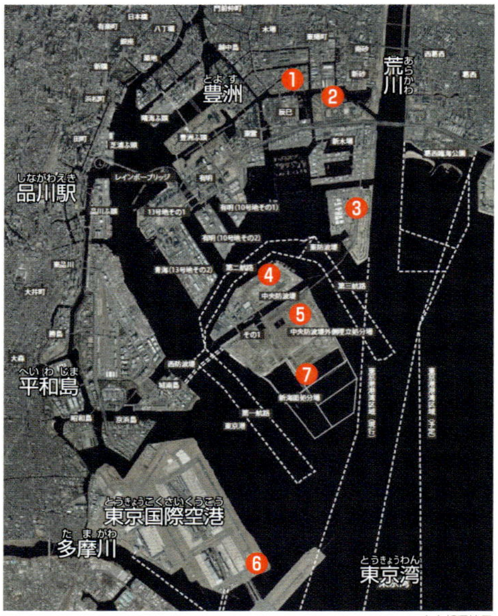

豊洲《とよす》
荒川《あらかわ》
品川駅《しながわえき》
平和島《へいわじま》
東京国際空港《とうきょうこくさいくうこう》
多摩川《たまがわ》
東京湾《とうきょうわん》
1
2
3
4
5
6
7

東京都環境局

●東京湾《とうきょうわん》のうめ立《た》て地《ち》

1900年《ねん》ごろからごみのうめ立《た》てが始《はじ》まり、1970年代《ねんだい》には大規模《だいきぼ》な拡張工事《かくちょうこうじ》が行《おこな》われた。いちばん新《あたら》しい新海面処分場《しんかいめんしょぶんじょう》（7）が最後《さいご》のうめ立《た》て地《ち》で、東京湾《とうきょうわん》ではこれ以上広《いじょうひろ》げることはできない。

ごみ処分場《しょぶんじょう》の移《うつ》り変《か》わり
（うめ立《た》て期間《きかん》／面積《めんせき》）

1. 1927～1962年《ねん》／36万《まん》4000m²
2. 1957～1966年《ねん》／45万《まん》m²
3. 1965～1974年《ねん》／71万《まん》2000m²
4. 1973～1986年《ねん》／78万《まん》m²
5. 1977年《ねん》～うめ立《た》て中《ちゅう》／199万《まん》m²
6. 1984～1991年《ねん》／12万《まん》4000m²
7. 1998年《ねん》～うめ立《た》て中《ちゅう》／319万《まん》m²

『落語《らくご》でわかる江戸《えど》のくらし3　江戸《えど》のリサイクルと科学技術《かがくぎじゅつ》』：学研教育出版《がっけんきょういくしゅっぱん》

ごみを減《へ》らす「3R《スリーアール》」

ごみを出《だ》さずにくりかえし使《つか》って、資源《しげん》を再利用《さいりよう》することで地球環境《ちきゅうかんきょう》に負担《ふたん》をかけない社会《しゃかい》を「循環型社会《じゅんかんがたしゃかい》」という。「3R《スリーアール》」は、リデュース（ごみを出《だ》さない）、リユース（くりかえし使《つか》う）、リサイクル（原料《げんりょう》として再利用《さいりよう》する）の3つの頭文字《かしらもじ》だ。

食品《しょくひん》ロスをなくそう！

売《う》れ残《のこ》りや食《た》べ残《のこ》し、期限切《きげんぎ》れの食品《しょくひん》など、捨《す》てられてしまう食品《しょくひん》を「食品《しょくひん》ロス」とよぶ。まだ食《た》べられる食品《しょくひん》を集《あつ》めて、有効《ゆうこう》に活用《かつよう》する「フードバンク」という活動《かつどう》が行《おこな》われている。

NPO《エヌピーオー》法人《ほうじん》「セカンドハーベスト・ジャパン」では、企業《きぎょう》や家庭《かてい》から余《あま》っている食品《しょくひん》を集《あつ》めて、福祉施設《ふくししせつ》や生活《せいかつ》に困《こま》っている人《ひと》などに届《とど》けている。

Photo by Natsuki Yasuda / studio AFTERMODE

リデュース

新《あら》たな資源《しげん》の利用《りよう》をおさえるため、使《つか》い捨《す》てをやめたり、余分《よぶん》なものは買《か》わないようにしたりすること。

●マイバッグやマイボトル

レジぶくろの使用《しよう》をやめて、マイバッグを使《つか》ったり、ペットボトル飲料《いんりょう》や紙《かみ》コップを使《つか》わず水《すい》とうを持《も》ち歩《ある》くようにする。

●必要《ひつよう》なものだけを買《か》う

食《た》べものを必要以上《ひつよういじょう》に買《か》いすぎると、余《あま》ってしまって処分《しょぶん》することが多《おお》くなってしまう。

リユース

サイズが合《あ》わなくなった洋服《ようふく》を着《き》られる人《ひと》にあげるなど、いらなくなったものをすぐに捨《す》てずに、くりかえし使《つか》う工夫《くふう》をすること。

●くりかえし使《つか》えるびん

日本《にほん》ガラスびん協会《きょうかい》が認定《にんてい》したびんには「リターナブル（再利《さいり》用可能《ようかのう》）びんマーク」がついている。マークがあるびんは、回収《かいしゅう》してきれいに洗《あら》い、再《ふたた》び使《つか》う。

リターナブルびんマーク

リサイクル

原料《げんりょう》として再利用《さいりよう》すること。製品《せいひん》の素材《そざい》を見分《みわ》けるために、下《した》のようなマークがある。

紙

紙《かみ》でできたおかしの箱《はこ》や紙《かみ》ぶくろ、包装紙《ほうそうし》など。

紙パック

内側《うちがわ》にアルミがはられていない、牛乳《ぎゅうにゅう》やジュースなどの紙《かみ》パック。

段《だん》ボール

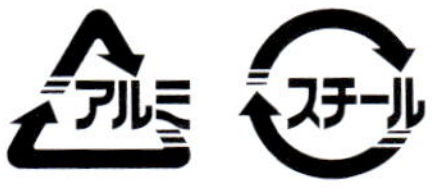
アルミ
スチール

それぞれ、アルミニウムと鉄《てつ》（スチール）でできた缶《かん》につけられる。

プラ

洗剤《せんざい》のボトルやおかしのふくろなど、プラスチック製《せい》の容器《ようき》や包装《ほうそう》。

●ペットボトルのリサイクル

回収《かいしゅう》したペットボトルは、細《こま》かくくだかれてプラスチック製品《せいひん》や新《あたら》しいペットボトルの原料《げんりょう》になる。くだいたペットボトルをとかしてできた糸状《いとじょう》のせんいで、衣類《いるい》もつくられている。

ペットボトルのマーク

1
PET

ペットボトルからつくられた製品《せいひん》

ごみのない社会《しゃかい》だった日本《にっぽん》

江戸時代《えどじだい》には、こわれたものを修理《しゅうり》したり、不要《ふよう》なものを集《あつ》めて売《う》ったりする商売《しょうばい》が多《おお》く、ごみをできるだけ出《だ》さない「循環型社会《じゅんかんがたしゃかい》」だった。

●瀬戸物《せともの》の焼《や》きつぎ

割《わ》れた茶《ちゃ》わんなどは、ガラスの粉末《ふんまつ》をつけて焼《や》き直《なお》して修理《しゅうり》した。

焼《や》きつぎした部分《ぶぶん》

着古《きふる》した着物《きもの》

→ 仕立《した》て直《なお》す →

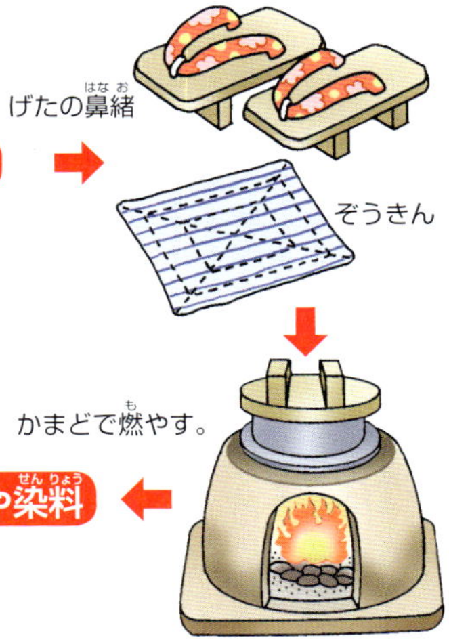
げたの鼻緒《はなお》
ぞうきん
かまどで燃《も》やす。

← 肥料《ひりょう》や染料《せんりょう》

【着物《きもの》の再利用《さいりよう》】

布《ぬの》は高価《こうか》だったので、着《き》られなくなった着《き》物《もの》は糸《いと》をほどいて、ほかの衣類《いるい》に仕立《した》て直《なお》したり、ぞうきんやおむつなどにした。さらに使《つか》い古《ふる》した布《ぬの》は、かまどで燃料《ねんりょう》として燃《も》やして、その灰《はい》は、畑《はたけ》にまく肥料《ひりょう》や、布《ぬの》を染《そ》める原料《げんりょう》にもした。

江戸時代《えどじだい》はものを修理《しゅうり》する職人《しょくにん》が多《おお》かった。ちょうちんを張《は》りかえる、なべの穴《あな》をふさぐ、げたの歯《は》を交換《こうかん》するなどして、直《なお》して使《つか》い続《つづ》けた。

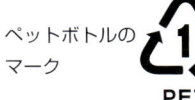

化石燃料➡160　再生可能エネルギー➡216

地球上《ちきゅうじょう》の限《かぎ》りある資源《しげん》

エネルギー資源《しげん》

わたしたちは、食糧《しょくりょう》や水《みず》、エネルギーなど、地球《ちきゅう》からあらゆるものを得《え》ています。人間《にんげん》の活動《かつどう》が広《ひろ》がるにつれ消費量《しょうひりょう》が増《ふ》え、資源《しげん》は使《つか》いつくされようとしています。

たくさんの資源《しげん》を使《つか》う先進国《せんしんこく》

地球《ちきゅう》の夜《よる》の姿《すがた》を見《み》ると、とても明《あか》るい場所《ばしょ》がある。この多《おお》くは電気《でんき》による明《あ》かりだ。日本《にほん》やアメリカ、ヨーロッパなど、先進国《せんしんこく》はとくに明《あか》るい。電気《でんき》を生《う》み出《だ》すために、石炭《せきたん》や石油《せきゆ》、天然《てんねん》ガスなどのエネルギー資源《しげん》を大量《たいりょう》に消費《しょうひ》している。

●人工衛星《じんこうえいせい》から見《み》た夜《よる》の地球《ちきゅう》

夜《よる》のようすをつなぎ合《あ》わせた画像《がぞう》。人間《にんげん》の活動《かつどう》のようすが、光《ひかり》となって表《あらわ》されている。

NASA/GSFC

エネルギーの消費量《しょうひりょう》は増《ふ》えている

人類《じんるい》が火《ひ》を使《つか》い始《はじ》めてから現在《げんざい》まで、生活《せいかつ》や産業《さんぎょう》を支《ささ》えるためにさまざまなエネルギー資源《しげん》を利用《りよう》してきた。現在《げんざい》のエネルギー資源《しげん》の中心《ちゅうしん》である、石油《せきゆ》や石炭《せきたん》、天然《てんねん》ガスなどの化石燃料《かせきねんりょう》（➡160）は、大昔《おおむかし》の動植物《どうしょくぶつ》の死《し》がいが長《なが》い時間《じかん》かかって変化《へんか》してできたもので、使《つか》い続《つづ》ければいつかはなくなってしまう。

●蒸気機関《じょうききかん》を使《つか》ったイギリスの紡績工場《ぼうせきこうじょう》（1834年《ねん》）

水《みず》を熱《ねっ》して発生《はっせい》した水蒸気《すいじょうき》の力《ちから》を利用《りよう》する蒸気機関《じょうききかん》は、糸《いと》をつくる紡績工場《ぼうせきこうじょう》、人《ひと》や物《もの》を運《はこ》ぶ機関車《きかんしゃ》などに利用《りよう》され、社会《しゃかい》は大《おお》きく発展《はってん》した。同時《どうじ》に多《おお》くの石炭《せきたん》を消費《しょうひ》するようになった。

エネルギー資源《しげん》の種類《しゅるい》と消費量《しょうひりょう》の移《うつ》り変《か》わり

火《ひ》を調理《ちょうり》や暖房《だんぼう》などに使《つか》うようになった人間《にんげん》は、水《みず》、風《かぜ》といった自然《しぜん》の力《ちから》や家畜《かちく》の力《ちから》を利用《りよう》して農耕《のうこう》を始《はじ》めた。18～19世紀《せいき》の産業革命《さんぎょうかくめい》によって工業中心《こうぎょうちゅうしん》の社会《しゃかい》になると、石炭《せきたん》や石油《せきゆ》がエネルギー資源《しげん》の中心《ちゅうしん》になって、消費量《しょうひりょう》は急激《きゅうげき》に増《ふ》え、現在《げんざい》も増加《ぞうか》が続《つづ》いている。

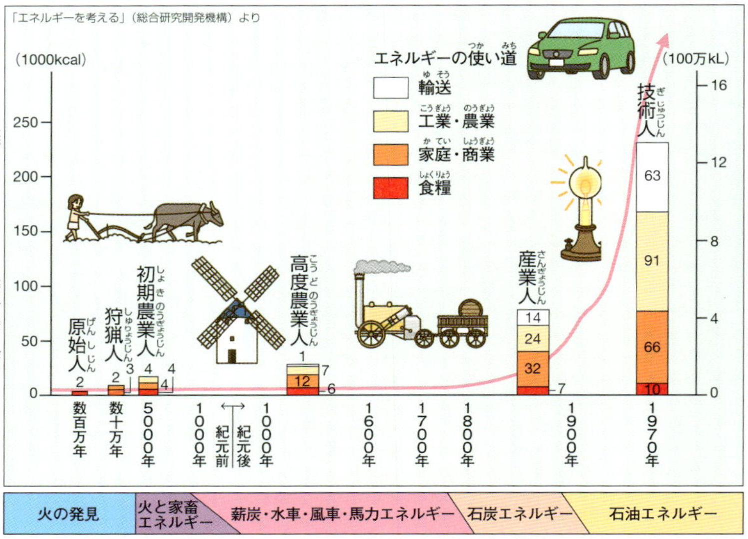
「エネルギーを考える」（総合研究開発機構）より
（1000kcal）
1日《にち》ひとりあたりの消費量《しょうひりょう》（棒《ぼう》グラフ）
（100万kL）
1日《にち》の石油換算消費量《せきゆかんさんしょうひりょう》（折《お》れ線《せん》グラフ）
エネルギーの使《つか》い道《みち》
輸送《ゆそう》
工業《こうぎょう》・農業《のうぎょう》
家庭《かてい》・商業《しょうぎょう》
食糧《しょくりょう》
原始人《げんしじん》
狩猟人《しゅりょうじん》
初期農業人《しょきのうぎょうじん》
高度農業人《こうどのうぎょうじん》
産業人《さんぎょうじん》
技術人《ぎじゅつじん》
0
50
100
150
200
250
0
4
8
12
16
2
2
3
4
4
4
1
7
12
6
14
24
32
7
63
91
66
10
数百万年
数十万年
5000年
1000年
紀元前
紀元後
1000年
1600年
1700年
1800年
1900年
1970年
火の発見
火と家畜エネルギー
薪炭・水車・風車・馬力エネルギー
石炭エネルギー
石油エネルギー

〈エネルギーの種類《しゅるい》〉 **原始人《げんしじん》**：食糧《しょくりょう》のみに使用《しよう》。 **狩猟人《しゅりょうじん》**：暖房《だんぼう》と料理《りょうり》に使用《しよう》。 **初期《しょき》農業人《のうぎょうじん》**：農耕《のうこう》や牧畜《ぼくちく》を始《はじ》める。 **高度農業人《こうどのうぎょうじん》**：石炭《せきたん》や水力《すいりょく》、風力《ふうりょく》を使《つか》い、輸送《ゆそう》に家畜《かちく》を利用《りよう》。 **産業人《さんぎょうじん》**：蒸気機関《じょうききかん》を使用《しよう》。 **技術人《ぎじゅつじん》**：石油《せきゆ》や電力《でんりょく》を使用《しよう》。

📖『かぎりあるエネルギー資源《しげん》』：文研出版《ぶんけんしゅっぱん》

新《あたら》しい資源《しげん》の開発《かいはつ》

石油《せきゆ》や石炭《せきたん》、天然《てんねん》ガスは無限《むげん》に存在《そんざい》するわけではないので、新《あたら》しいエネルギー資源《しげん》が必要《ひつよう》だ。これまでとりだすことが難《むずか》しいとされてきた、ほかの化石燃料《かせきねんりょう》の採掘《さいくつ》に期待《きたい》が集《あつ》まっている。

メタンハイドレート

天然《てんねん》ガスの主成分《しゅせいぶん》であるメタンと、水《みず》からなる物質《ぶっしつ》。海底《かいてい》や永久凍土《えいきゅうとうど》の中《なか》にある。資源《しげん》が少《すく》ない日本《にほん》の近海《きんかい》にもあることが確認《かくにん》されていて、深海底《しんかいてい》からのとりだし方《かた》などの研究《けんきゅう》が進《すす》められている。

シャーベット状《じょう》で氷《こおり》のような見《み》た目《め》。火《ひ》をつけると燃《も》えるため「燃《も》える氷《こおり》」ともよばれる。燃《も》やしたときに出《で》る二酸化炭素《にさんかたんそ》の量《りょう》は、石油《せきゆ》や石炭《せきたん》よりも少《すく》なく、燃《も》えつきると水《みず》が残《のこ》る。

シェールガス

地下《ちか》2000～3000m のシェール層《そう》に閉《と》じこめられている天然《てんねん》ガス。シェールとは粘土《ねんど》が固《かた》まってできた板状《いたじょう》の岩《いわ》で、頁岩《けつがん》ともよばれる。シェールからガスをとりだすのは難《むずか》しいとされていたが、2000年代《ねんだい》にアメリカで新《あたら》しい技術《ぎじゅつ》が開発《かいはつ》され、採掘《さいくつ》が成功《せいこう》した。

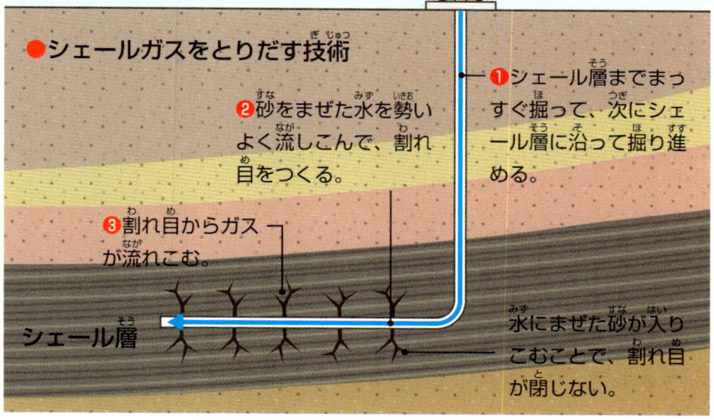
●シェールガスをとりだす技術《ぎじゅつ》
❶シェール層《そう》までまっすぐ掘《ほ》って、次《つぎ》にシェール層《そう》に沿《そ》って掘《ほ》り進《すす》める。
❷砂《すな》をまぜた水《みず》を勢《いきお》いよく流《なが》しこんで、割《わ》れ目《め》をつくる。
❸割《わ》れ目《め》からガスが流《なが》れこむ。
シェール層《そう》
水《みず》にまぜた砂《すな》が入《はい》りこむことで、割《わ》れ目《め》が閉《と》じない。

水素《すいそ》エネルギー社会《しゃかい》へ

化石燃料《かせきねんりょう》に代《か》わるエネルギー資源《しげん》として、水素《すいそ》の活用《かつよう》が進《すす》められている。すでに、燃料電池自動車《ねんりょうでんちじどうしゃ》（➡ 205）や家庭用燃料電池《かていようねんりょうでんち》が実用化《じつようか》されている。水素《すいそ》を利用《りよう》した発電《はつでん》では、二酸化炭素《にさんかたんそ》が発生《はっせい》しない。さらに、水素《すいそ》は地球《ちきゅう》に大量《たいりょう》にあり、さまざまな物質《ぶっしつ》からとりだせるので、なくなる心配《しんぱい》もない。

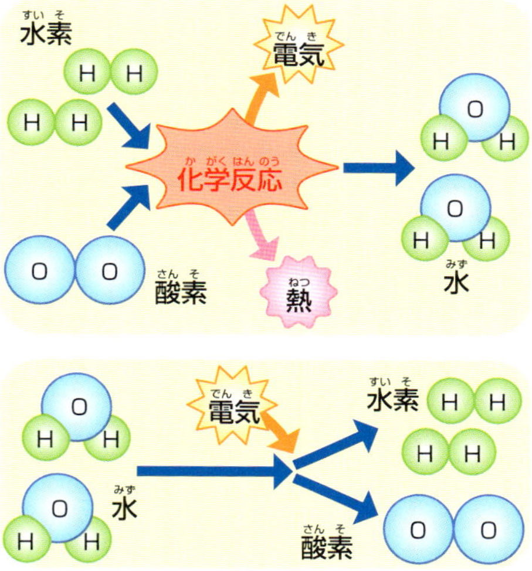
水素《すいそ》
H H
H H
電気《でんき》
化学反応《かがくはんのう》
O O
酸素《さんそ》
熱《ねつ》
O
H H
O
H H
水《みず》
O
H H
O
H H
水《みず》
電気《でんき》
水素《すいそ》
H H
H H
酸素《さんそ》
O O

●燃料電池《ねんりょうでんち》のしくみ

水素《すいそ》と酸素《さんそ》を化学反応《かがくはんのう》させると、水《みず》ができる。そのときに発生《はっせい》する電気《でんき》と熱《ねつ》を利用《りよう》している。反対《はんたい》に水《みず》に電気《でんき》を通《とお》すと、水素《すいそ》と酸素《さんそ》に分解《ぶんかい》される。水《みず》から水素《すいそ》をつくり出《だ》すためには大量《たいりょう》の電気《でんき》が必要《ひつよう》だ。そこで、風力《ふうりょく》や太陽光《たいようこう》などの再生可能《さいせいかのう》エネルギーの利用《りよう》も考《かんが》えられている。

家庭用燃料電池《かていようねんりょうでんち》

家庭《かてい》で使《つか》われている都市《とし》ガスや LP《エルピー》 ガスに水《みず》を加《くわ》えて、水素《すいそ》をとりだすことができる。電力会社《でんりょくがいしゃ》から買《か》う電力《でんりょく》を節約《せつやく》でき、発電《はつでん》で発生《はっせい》した熱《ねつ》は、ふろや暖房《だんぼう》に利用《りよう》できる。

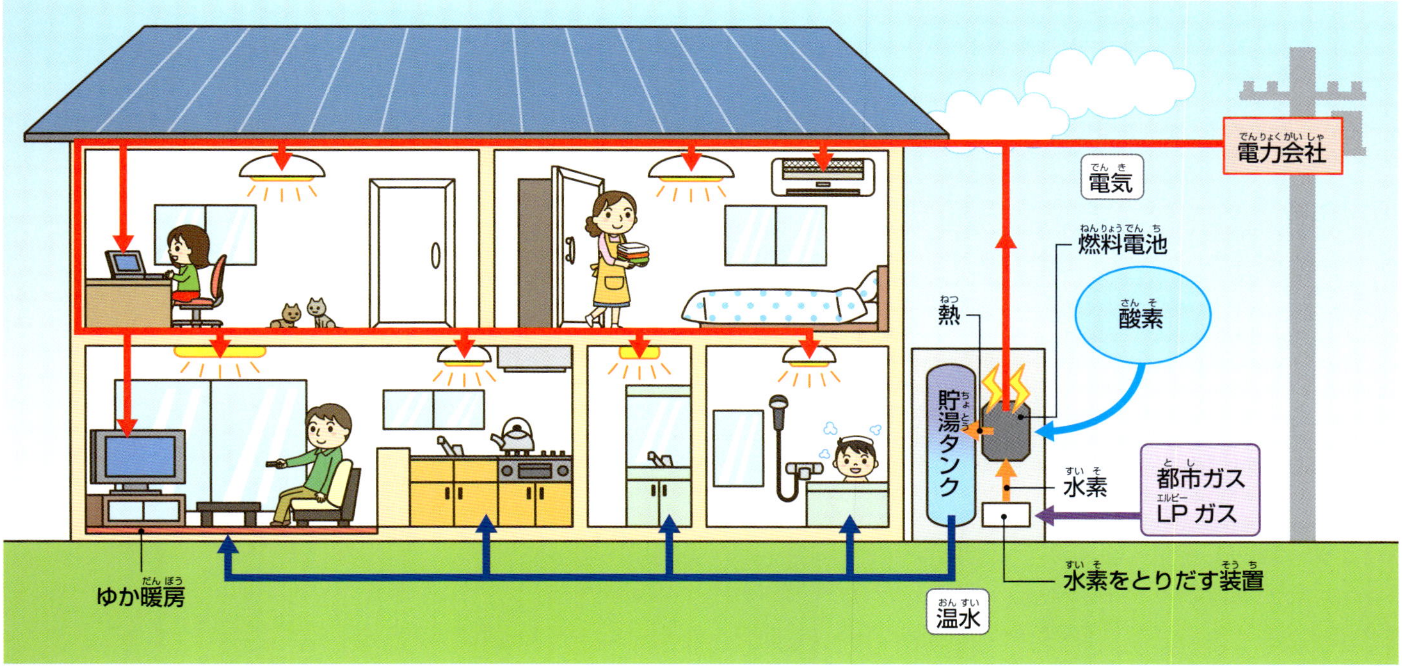
電力会社《でんりょくがいしゃ》
電気《でんき》
燃料電池《ねんりょうでんち》
熱《ねつ》
酸素《さんそ》
貯湯《ちょとう》タンク
水素《すいそ》
都市《とし》ガス
LP《エルピー》 ガス
ゆか暖房《だんぼう》
水素《すいそ》をとりだす装置《そうち》
温水《おんすい》

👁都市《とし》ガスや LP《エルピー》 ガスから水素《すいそ》をとりだすときには、二酸化炭素《にさんかたんそ》が発生《はっせい》してしまう。そのため、水《みず》から効率的《こうりつてき》に生産《せいさん》できるよう研究《けんきゅう》が進《すす》められている。

自然《しぜん》の力《ちから》を使《つか》って暮《く》らす

再生可能《さいせいかのう》エネルギー　石油《せきゆ》や石炭《せきたん》といった化石燃料《かせきねんりょう》（→160）に代《か》わるエネルギーの開発《かいはつ》が進《すす》んでいます。最大《さいだい》の利点《りてん》は、ほとんど空気《くうき》をよごさず、なくなる心配《しんぱい》もないことです。

くりかえし使《つか》えて地球《ちきゅう》にやさしい

太陽《たいよう》の光《ひかり》や熱《ねつ》、風《かぜ》のような自然《しぜん》の力《ちから》を利用《りよう》してつくるエネルギーは、地球温暖化《ちきゅうおんだんか》（→196）の原因《げんいん》になる二酸化炭素《にさんかたんそ》をほとんど出《だ》さない。また、化石燃料《かせきねんりょう》とはちがい、使《つか》ってもなくなることがなく、何度《なんど》もくりかえし使《つか》い続《つづ》けることができるので、「再生可能《さいせいかのう》エネルギー」とよばれる。

古《ふる》くから使《つか》われてきた風《かぜ》の力《ちから》

風車《ふうしゃ》で水《みず》をくみ上《あ》げたり、ほで船《ふね》を動《うご》かしたりなどに、人《ひと》は昔《むかし》から風《かぜ》の力《ちから》を利用《りよう》してきた。現在《げんざい》は、風《かぜ》の力《ちから》で発電機《はつでんき》を回《まわ》して電気《でんき》をつくる「風力発電《ふうりょくはつでん》」に利用《りよう》している。陸上《りくじょう》よりも海上《かいじょう》のほうが、強《つよ》い風《かぜ》が安定《あんてい》してふくため、最近《さいきん》は洋上風力発電《ようじょうふうりょくはつでん》が注目《ちゅうもく》されている。

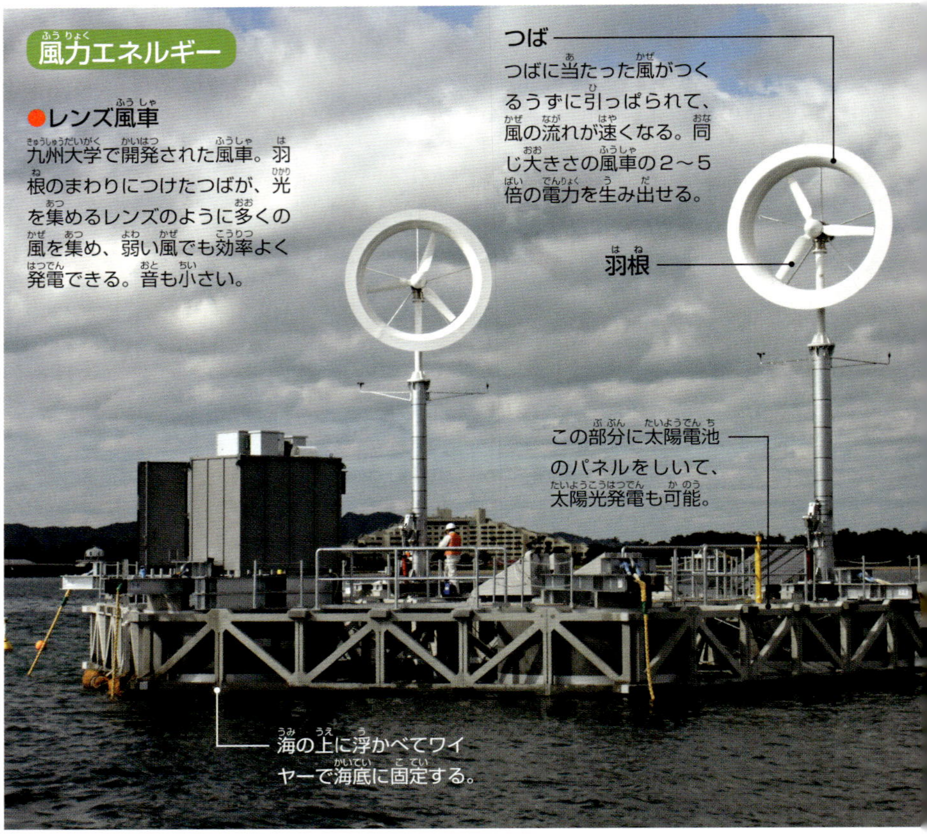
風力《ふうりょく》エネルギー
●レンズ風車《ふうしゃ》
九州大学《きゅうしゅうだいがく》で開発《かいはつ》された風車《ふうしゃ》。羽《は》根《ね》のまわりにつけたつばが、光《ひかり》を集《あつ》めるレンズのように多《おお》くの風《かぜ》を集《あつ》め、弱《よわ》い風《かぜ》でも効率《こうりつ》よく発電《はつでん》できる。音《おと》も小《ちい》さい。
つば
つばに当《あ》たった風《かぜ》がつくるうずに引《ひ》っぱられて、風《かぜ》の流《なが》れが速《はや》くなる。同《おな》じ大《おお》きさの風車《ふうしゃ》の2～5倍《ばい》の電力《でんりょく》を生《う》み出《だ》せる。
羽根《はね》
この部分《ぶぶん》に太陽電池《たいようでんち》のパネルをしいて、太陽光発電《たいようこうはつでん》も可能《かのう》。
海《うみ》の上《うえ》に浮《う》かべてワイヤーで海底《かいてい》に固定《こてい》する。

太陽《たいよう》エネルギー
タワーの高《たか》さは約《やく》150m。

●太陽熱発電《たいようねつはつでん》

アメリカのモハベ砂漠《さばく》にあるアイバンパ発電所《はつでんしょ》。17万枚以上《まんまいいじょう》の鏡《かがみ》で太陽《たいよう》の熱《ねつ》を反射《はんしゃ》して、14万世帯以上《まんせたいいじょう》の電力《でんりょく》を発電《はつでん》する。

太陽《たいよう》から届《とど》く光《ひかり》と熱《ねつ》

太陽《たいよう》エネルギーの利用《りよう》には、太陽電池《たいようでんち》を用《もち》いる「太陽光発電《たいようこうはつでん》」のほか、太陽《たいよう》の熱《ねつ》を利用《りよう》した「太陽熱発電《たいようねつはつでん》」もある。砂漠《さばく》などの日射量《にっしゃりょう》が多《おお》い場所《ばしょ》では、大規模《だいきぼ》な発電《はつでん》が可能《かのう》だ。

●太陽熱発電《たいようねつはつでん》（タワー型《がた》）のしくみ

鏡《かがみ》で太陽《たいよう》の光《ひかり》を反射《はんしゃ》してタワーの先《さき》に集《あつ》め、その熱《ねつ》で水《みず》を温《あたた》めて蒸気《じょうき》に変《か》える。蒸気《じょうき》で発電機《はつでんき》のタービンを回《まわ》して電気《でんき》をつくる。

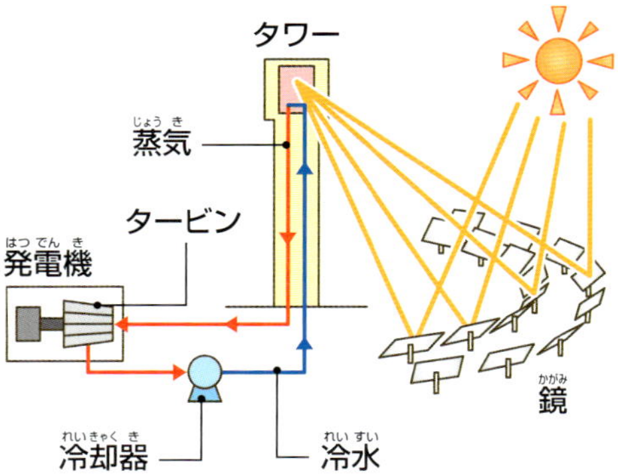
タワー
蒸気《じょうき》
タービン
発電機《はつでんき》
冷却器《れいきゃくき》
冷水《れいすい》
鏡《かがみ》

地球《ちきゅう》の内部《ないぶ》で生《う》まれる熱《ねつ》

地中《ちちゅう》のマグマ（→146）の熱《ねつ》を利用《りよう》する。地《ち》下深《かふか》くからとりだした蒸気《じょうき》や熱水《ねっすい》で発電《はつでん》する。天候《てんこう》や時間《じかん》に左右《さゆう》されることがなく、安定的《あんていてき》にエネルギーを得《え》ることができる。

地熱《ちねつ》エネルギー
発電所《はつでんしょ》
温泉《おんせん》

●地熱発電《ちねつはつでん》

アイスランドのスバルツエンギ発電所《はつでんしょ》。地中《ちちゅう》からとりだした蒸気《じょうき》と熱水《ねっすい》のうち、蒸気《じょうき》を発電《はつでん》に、熱水《ねっすい》は温泉《おんせん》に利用《りよう》されている。

『風《かぜ》の島《しま》へようこそ　くりかえしつかえるエネルギー』: 福音館書店《ふくいんかんしょてん》

これから注目《ちゅうもく》！ 海《うみ》のエネルギー

海面《かいめん》と深海《しんかい》の温度差《おんどさ》や波《なみ》の力《ちから》、潮《しお》の満《み》ち干《ひ》など、海《うみ》の力《ちから》を利用《りよう》する。まだ実験段階《じっけんだんかい》のものが多《おお》いが、潮汐発電《ちょうせきはつでん》は実用化《じつようか》されている。海《うみ》に囲《かこ》まれた日本《にほん》では、波《なみ》の上下《じょうげ》の動《うご》きを利用《りよう》した波力発電《はりょくはつでん》が開発《かいはつ》されつつある。

海洋《かいよう》エネルギー
●潮汐発電《ちょうせきはつでん》
フランスのランス潮汐発電所《ちょうせきはつでんしょ》。ランス川《かわ》の河口《かこう》に、約《やく》750m の堤防《ていぼう》がつくられた。約《やく》160万世帯分《まんせたいぶん》もの電力《でんりょく》を発電《はつでん》する。

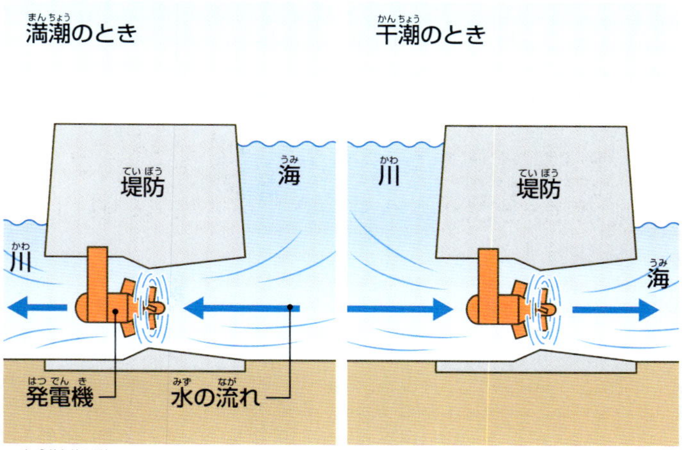
満潮《まんちょう》のとき
干潮《かんちょう》のとき
堤防《ていぼう》
海《うみ》
川《かわ》
川《かわ》
堤防《ていぼう》
海《うみ》
発電機《はつでんき》
水《みず》の流《なが》れ
●潮汐発電《ちょうせきはつでん》のしくみ
満潮《まんちょう》のときは海面《かいめん》が高《たか》くなり、干潮《かんちょう》のときは低《ひく》くなる。この高《こう》低差《ていさ》から発生《はっせい》する水《みず》の流《なが》れを利用《りよう》して発電機《はつでんき》を回《まわ》す。水《みず》の流《なが》れを利用《りよう》しているので、水力《すいりょく》エネルギーであるともいえる。

じゃまな雪《ゆき》や氷《こおり》も利用《りよう》できる

冬《ふゆ》のあいだに降《ふ》った雪《ゆき》や、冷《つめ》たい外気《がいき》でこおらせた氷《こおり》を利用《りよう》するエネルギー。農作物《のうさくぶつ》の冷蔵《れいぞう》や、建物《たてもの》の冷房《れいぼう》に使《つか》われる。

雪氷熱《せっぴょうねつ》エネルギー

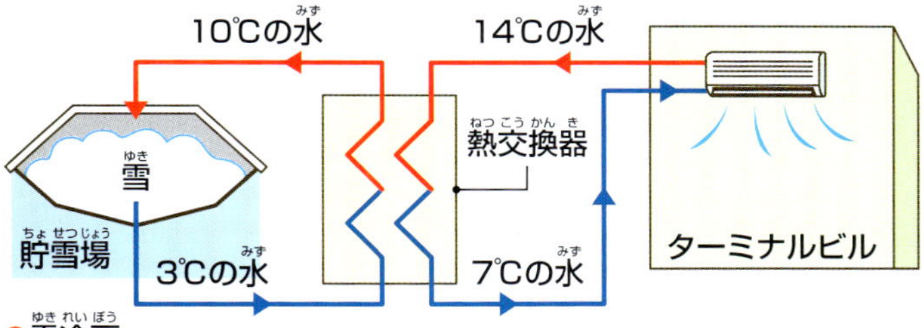
10℃の水《みず》
14℃の水《みず》
雪《ゆき》
熱交換器《ねつこうかんき》
貯雪場《ちょせつじょう》
3℃の水《みず》
7℃の水《みず》
ターミナルビル
●雪冷房《ゆきれいぼう》
北海道《ほっかいどう》の新千歳空港《しんちとせくうこう》では、駐機場《ちゅうきじょう》に積《つ》もった雪《ゆき》を集《あつ》めて保管《ほかん》する。雪《ゆき》どけ水《みず》は熱交換器《ねつこうかんき》を通《とお》り、ターミナルビルの冷房《れいぼう》に使《つか》って温《あたた》かくなった水《みず》を冷《ひ》やす。冷《ひ》やされた水《みず》は再《ふたた》び冷房《れいぼう》に利用《りよう》される。

捨《す》てられるものを生《い》かす

バイオマスとは動植物《どうしょくぶつ》から生《う》まれた生物資源《せいぶつしげん》のことで、動物《どうぶつ》のふんや生《なま》ごみ、木《き》くずなどを利用《りよう》する。バイオマスを燃《も》やし、水《みず》を熱《ねっ》してできた蒸気《じょうき》で発電機《はつでんき》を動《うご》かす。燃《も》やすと二酸化炭素《にさんかたんそ》が発生《はっせい》するが、植物《しょくぶつ》が生長《せいちょう》するときに二酸化炭素《にさんかたんそ》をとりこんでいるため、空気中《くうきちゅう》の二酸化炭素《にさんかたんそ》は差《さ》し引《ひ》きゼロになる。この考《かんが》え方《かた》を「カーボンニュートラル（炭素《たんそ》の中立《ちゅうりつ》）」という。

バイオマスエネルギー
●バイオガス発電《はつでん》
岩手県葛巻町《いわてけんくずまきまち》のバイオガスプラント。牛《うし》のふんと生《なま》ごみを発酵《はっこう》させ、メタンや二酸化炭素《にさんかたんそ》などのバイオガスをとりだす。そのガスを燃《も》やして電気《でんき》や熱《ねつ》をつくる。1日《にち》でおよそ牛《うし》200頭分《とうぶん》のふんが使《つか》われている。

再生可能《さいせいかのう》エネルギーで自給自足《じきゅうじそく》する島《しま》

デンマークのサムソ島《とう》は、面積《めんせき》が沖縄島《おきなわじま》の約《やく》10分《ぶん》の1の小《ちい》さな島《しま》だ。1998年《ねん》から地球温暖化対策《ちきゅうおんだんかたいさく》にとりくみ、10年《ねん》かけて必要《ひつよう》な電力《でんりょく》のすべてを再生可能《さいせいかのう》エネルギーでまかなうことに成功《せいこう》した。本土《ほんど》と島《しま》を結《むす》ぶフェリーや自動車《じどうしゃ》の燃料《ねんりょう》にはまだ石油《せきゆ》が使《つか》われているが、2030年《ねん》までに化石燃料《かせきねんりょう》の使用《しよう》をゼロにするという目標《もくひょう》をたてている。

Samso Energy Academy

陸上風車《りくじょうふうしゃ》

Samso Energy Academy

LOKALVARME
麦《むぎ》わら

風力発電《ふうりょくはつでん》や太陽光発電《たいようこうはつでん》で、島内《とうない》の電力《でんりょく》をすべてまかなっている。島《しま》には陸上風車《りくじょうふうしゃ》が15基《き》、洋上風車《ようじょうふうしゃ》が10基《き》あり、生《う》み出《だ》す電力《でんりょく》は島内《とうない》で使《つか》う量《りょう》よりも多《おお》いため、デンマーク本土《ほんど》へ売《う》っているほどだ。

麦《むぎ》わらや木《き》くずを燃《も》やして、暖房《だんぼう》や給湯《きゅうとう》のための熱《ねつ》を供給《きょうきゅう》している。

水力発電《すいりょくはつでん》も再生可能《さいせいかのう》エネルギーだが、大規模《だいきぼ》なダムの建設《けんせつ》は山《やま》を切《き》りくずしたり、生《い》きものの行《い》き来《き》をさまたげたりするなどの問題点《もんだいてん》もある。

さくいん

●さくいんの使《つか》い方《かた》

この本《ほん》に出《で》てくる重要《じゅうよう》なことがらや名前《なまえ》などを、五十音順《ごじゅうおんじゅん》に並《なら》べてあります。調《しら》べたいことがらを探《さが》し、その数字《すうじ》のページを見《み》てみましょう。各項目《かくこうもく》で学習《がくしゅう》することがらは、太《ふと》い数字《すうじ》で示《しめ》しました。

協力者一覧

（　）内はページ数を表す。

●総とびら
［写真］PPS 通信社
●〈口絵〉(6-12)
［写真］アマナイメージズ、PPS 通信社

●第 1 章とびら
［写真］PPS 通信社
●〔地球の形と大きさ〕わたしたちの地球は、こんな天体 (14-15)
［写真］アフロ
［図版］池下章裕
●〔太陽系と地球〕太陽のまわりを回る 8 つの惑星 (16-17)
［写真］NASA、アフロ、アマナイメージズ
［図版］池下章裕
●〔太陽のしくみ〕太陽はあらゆる生命の源 (18-19)
［写真］東京大学宇宙線研究所 神岡宇宙素粒子研究施設、アフロ、フォトライブラリー
［図版］池下章裕、松本剛
●〔太陽のエネルギー〕太陽からもらう、生きるための力 (20-21)
［写真］アフロ
［図版］あさいとおる
●〔地球の内部〕地球の中心は 6000℃の高温 (22-23)
［写真］海洋開発研究機構、アフロ
［図版］飛田敏、松本剛
●〔プレート〕地球の表面は動き続けている (24-25)
［写真］アフロ、PPS 通信社
［図版］おたざわゆみ、飛田敏、ジェオ
●〔地磁気〕地球は大きな磁石 (26-27)
［写真］アフロ
［図版］飛田敏、松本剛
●〈地球のいま〉生命の誕生に必要なこと (28)
［写真］NASA
［図版］池下章裕、倉本ヒデキ

●第 2 章とびら
［写真］PPS 通信社
●〔地球の誕生〕地球は宇宙のちりが集まってできた (32-33)
［写真］JAXA、NASA、PPS 通信社
［図版］木下真一郎
●〔月の誕生〕地球のただひとつの衛星 (34-35)
［写真］JAXA、NASA、アフロ
［図版］木下真一郎、松本剛
●〈特集〉月にも「海」や「山」がある !? (36-37)
［写真］沼澤茂美、JAXA/NHK、NASA/GSFC/Arizona State University
［図版］松本剛
●〔マグマの海〕煮えたぎる海と、どしゃぶりの雨 (38-39)
［写真］Richard Siemnens, University of Alberta/PPS 通信社、NASA
［図版］木下真一郎、倉本ヒデキ
●〔生命の誕生〕地球に最初の「生命」が生まれた (40-41)
［写真］海洋開発研究機構、アフロ
［図版］木下真一郎、倉本ヒデキ
●〔シアノバクテリア〕地球の大気に酸素ができた (42-43)
［写真］神奈川県立 生命の星・地球博物館、アマナイメージズ
［図版］木下真一郎、倉本ヒデキ
●〈特集〉最も小さな命「細胞」が生物をつくる (44-45)
［写真］アフロ
［図版］上村一樹、倉本ヒデキ
●〈特集〉オスとメスで子孫を残すしくみ (46-47)
［写真］アフロ、アマナイメージズ
［図版］上村一樹、倉本ヒデキ
●〔全球凍結〕地球が真っ白にこおりついた (48-49)
［写真］アフロ
［図版］池下章裕、倉本ヒデキ
●〔真核生物〕酸素からエネルギーをつくる (50-51)
［写真］アフロ
［図版］池下章裕、上村一樹、木下真一郎、倉本ヒデキ
●〔エディアカラ生物群〕ふしぎな姿の生きものが現れる (54-55)
［写真］JTB フォト、PPS 通信社
［図版］おたざわゆみ、月本佳代美、マカベアキオ
●〔目〕生きものに「目」ができた (56-57)
［写真］アマナイメージズ
［図版］おたざわゆみ、月本佳代美、マカベアキオ
●〈特集〉背骨は強くじょうぶな体の軸 (58-59)
［写真］アフロ、アマナイメージズ、PPS 通信社
［図版］小堀文彦
●〔海の中の生存競争〕さまざまな進化を競う生きもの (60-61)
［写真］神奈川県立 生命の星・地球博物館、アフロ、ロイヤルオンタリオ博物館 / PPS 通信社、PPS 通信社
［図版］おたざわゆみ、小堀文彦、月本佳代美、マカベアキオ
●〔植物の上陸〕植物が陸地に現れた (62-63)
［写真］アフロ、PPS 通信社、フォトライブラリー
［図版］おさとみ麻美、おたざわゆみ、マカベアキオ
●〔あご〕あごができた魚たちが栄える (64-65)
［写真］アフロ、PPS 通信社
［図版］小堀文彦、月本佳代美、マカベアキオ
●〔両生類〕背骨のある生きものも陸に上がった (66-67)
［写真］アマナイメージズ、PPS 通信社
［図版］おたざわゆみ、加藤愛一
●〈特集〉陸上の環境に合わせて変化していく体 (68-69)
［写真］アフロ
［図版］今井桂三
●〔巨大シダの森林〕高さ 40m のシダの森が広がる (70-71)
［写真］アフロ、アマナイメージズ、PPS 通信社
［図版］おさとみ麻美、おたざわゆみ、マカベアキオ
●〔はね〕空を飛ぶ昆虫が現れる (72-73)
［写真］アフロ、アマナイメージズ、PPS 通信社
［図版］加藤愛一、小堀文彦
●〈特集〉地球史上、最大の大陸「パンゲア」(74-75)
［写真］アフロ、PPS 通信社
［図版］おたざわゆみ、飛田敏
●〔単弓類・は虫類〕ほ乳類の遠い祖先が現れた (76-77)
［写真］PPS 通信社、フォトライブラリー
［図版］加藤愛一、小堀文彦、マカベアキオ
●〔ペルム紀大量絶滅〕最大の絶滅が起こる (78-79)
［写真］美祢市化石館、PPS 通信社
［図版］今井桂三、おたざわゆみ、マカベアキオ
●〔恐竜・ほ乳類〕最初の恐竜が登場した (80-81)
［図版］おたざわゆみ、小堀文彦、古沢博司、マカベアキオ
●〔恐竜の巨大化〕全長 30m にもなる恐竜が出現 (82-83)
［図版］小堀文彦、古沢博司、マカベアキオ
●〔鳥類〕現代まで生き残る恐竜「鳥」(84-85)
［写真］PPS 通信社
［図版］小堀文彦、古沢博司
●〔翼竜と海生は虫類〕空でも海でも、は虫類が栄えた (86-87)
［写真］国立科学博物館、長崎市教育委員会 / 福井県立恐竜博物館、PPS 通信社
［図版］古沢博司、山本匠、PPS 通信社
●〔恐竜の王国〕地球の各地で栄える恐竜 (88-89)
［写真］福井県立恐竜博物館
［図版］小堀文彦、古沢博司、マカベアキオ
●〔被子植物〕花びらのある花をさかせる植物 (90-91)
［写真］アフロ、アマナイメージズ、PPS 通信社、フォトライブラリー
［図版］おさとみ麻美、倉本ヒデキ
●〈特集〉植物と動物は、もちつもたれつ (92-93)
［写真］東樹宏和、アマナイメージズ
［図版］小堀文彦、松本剛
●〔大型肉食恐竜〕最強の肉食恐竜が現れた (94-95)
［写真］長崎市教育委員会 / 福井県立恐竜博物館、アフロ
［図版］古沢博司、マカベアキオ
●〔恐竜の絶滅〕恐竜をほろぼした巨大隕石 (96-97)
［写真］川村信人、PPS 通信社
［図版］おたざわゆみ、小堀文彦
●〈特集〉絶滅後に新しい時代が始まる (98-99)
［写真］群馬県立自然史博物館
［図版］小堀文彦、古沢博司
●〔ほ乳類の繁栄〕ほ乳類がさまざまに進化する (102-103)
［図版］今井桂三、小堀文彦、マカベアキオ
●〈特集〉おなかの中で子どもを育てる (104-105)

［写真］アマナイメージズ、オアシス
［図版］今崎和広、おたざわゆみ
●〔霊長類〕リスのような姿だった最初のサル（106-107）
［写真］アマナイメージズ、PPS 通信社、フォトライブラリー
［図版］伊藤丙雄、小堀文彦
●〔ウマの進化〕草原とともに進化したウマ（108-109）
［写真］佐賀県教育庁、PPS 通信社、フォトライブラリー
［図版］今井桂三
●〔海生ほ乳類〕海に進出したほ乳類（110-111）
［写真］安友康博 / オフィス ジオパレオント（デスモスチルス、パレオパラドキシア）、PPS 通信社
［図版］伊藤丙雄、小堀文彦、林美江、マカベアキオ
●〈特集〉「他人の空似」は暮らし方がつくる（112-113）
［写真］アマナイメージズ、PPS 通信社
［図版］服部雅人
●〔人類の進化〕ヒトのなかまはたくさんいた（114-115）
［写真］諏訪元、DEPT. ANATOMY, DOKKYO MED. UNIV. http://1kai.dokkyomed.ac.jp/mammal/、アマナイメージズ、PPS 通信社
［図版］今崎和広
●〈特集〉まっすぐに立ち、2 本の足で歩くヒト（116-117）
［写真］アフロ
［図版］今崎和広、松本剛
●〈特集〉発達した脳をもつヒト（118-119）
［写真］京都大学霊長類研究所、アマナイメージズ
［図版］今崎和広、松本剛
●〔初期猿人と猿人〕歩く準備は森の中で始まった（120-121）
［写真］Tim D. White 2009,humanoriginsphotos.com/ PPS 通信社、PPS 通信社
［図版］おさとみ麻美、タナカデザイン
●〔原人〕アフリカを出た原人（122-123）
［写真］Kenneth Garrett/PPS 通信社、PPS 通信社
［図版］おさとみ麻美、倉本ヒデキ、ジェオ
●〔旧人〕高い知能をもつネアンデルタール人（124-125）
［写真］João Zilhão, ICREA/University of Barcelona/ PPS 通信社、PPS 通信社
［図版］おさとみ麻美、倉本ヒデキ
●〔新人〕ヒトが世界中に広がる（126-127）
［写真］NHK 出版、沖縄県立博物館・美術館、Image courtesy of Tübingen University / PPS 通信社、Philip Quirk / Wildlight / PPS 通信社、University of Bergen/PPS 通信社、PPS 通信社
［図版］今井桂三、ジェオ、タナカデザイン
●〔第 6 の絶滅〕大型の動物が姿を消した（128-129）
［写真］PPS 通信社
［図版］今井桂三
●〈地球のいま〉体に残る進化の歴史（130）
［写真］NASA、アマナイメージズ、PPS 通信社
［図版］倉本ヒデキ

●第 3 章とびら
［写真］PPS 通信社
●〔プレートの移動〕ハワイが日本に近づいている（132-133）
［写真］NASA/GSFC、PPS 通信社
［図版］今崎和広、おたざわゆみ、マカベアキオ
●〔海底地形〕海の中にも山や谷がある（134-135）
［図版］おたざわゆみ、マカベアキオ
●〔山のでき方〕さまざまな地形ができるまで（136-137）
［写真］アフロ、アマナイメージズ、時事通信フォト、PPS 通信社
［図版］おたざわゆみ
●〔日本列島の成り立ち〕伊豆半島がぶつかって富士山ができた（138-139）
［写真］アマナイメージズ
［図版］おたざわゆみ
●〔海溝型地震〕プレートの境で起きる地震（140-141）
［写真］PPS 通信社
［図版］今崎和広、おたざわゆみ、ジェオ
●〔内陸型地震〕断層のずれによって起きる地震（142-143）
［写真］共同通信社／アマナイメージズ、時事通信フォト、JTB フォト
［図版］今崎和広、おたざわゆみ、マカベアキオ
●〔災害監視〕地震や火山の活動を調べる（144-145）
［写真］海洋開発研究機構、PPS 通信社
［図版］おたざわゆみ、マカベアキオ
［協力］海洋開発研究機構
●〔地震と火山活動〕地震と火山はつながっている（146-147）
［写真］アフロ、アマナイメージズ、PPS 通信社
［図版］ジェオ、マカベアキオ
●〔噴火〕地下のエネルギーがふき出す（148-149）
［写真］海上保安庁、JTB フォト、時事通信フォト、PPS 通信社
［図版］おたざわゆみ、ジェオ、マカベアキオ
●〔噴火と地形〕火山の噴火でつくられる地形（150-151）
［写真］海上保安庁、アフロ、アマナイメージズ、PPS 通信社
［図版］おたざわゆみ
●〔火山の利用〕火山がもたらすめぐみ（152-153）
［写真］アフロ、アマナイメージズ、時事通信フォト、PPS 通信社
［図版］おたざわゆみ
●〔岩石の種類〕火山から生まれる岩石（154-155）
［写真］神奈川県立 生命の星・地球博物館、アフロ、アマナイメージズ、フォトライブラリー、PPS 通信社
［図版］倉本ヒデキ
●〔岩石のでき方〕岩石は姿を変えて生まれ変わる（156-157）
［写真］神奈川県立 生命の星・地球博物館、アフロ、アマナイメージズ、JTB フォト、PPS 通信社、フォトライブラリー
［図版］今崎和広、倉本ヒデキ
●〔地層と化石〕化石は大昔からのメッセージ（158-159）
［写真］アマナイメージズ、JTB フォト、PPS 通信社
［図版］おたざわゆみ
●〔化石燃料〕石油や石炭も化石の一種（158-159）
［写真］函館市、アフロ、PPS 通信社
［図版］おたざわゆみ
●〈地球のいま〉富士山がつくった地形（162）
［写真］NASA、アフロ、アマナイメージズ
［図版］松本剛

●第 4 章とびら
［写真］アフロ
●〔地球の大気〕地球をとりまく気体の層（164-165）
［写真］NASA、アフロ、アマナイメージズ、PPS 通信社
［図版］マカベアキオ、松本剛
●〔気圧〕目に見えない空気の力（166-167）
［写真］アマナイメージズ、時事通信フォト、PPS 通信社
［図版］マカベアキオ、松本剛
●〔気流〕地球の空気は動いている（168-169）
［写真］アフロ
［図版］マカベアキオ、松本剛
●〔海流〕海は流れて地球をめぐる（170-171）
［写真］第二管区海上保安本部、アフロ、アマナイメージズ、Oregon Parks and Recreation/AP/ アフロ
［図版］マカベアキオ
●〔潮の満ち干〕月が潮を引き寄せる（172-173）
［写真］アマナイメージズ、JTB フォト、PPS 通信社
［図版］マカベアキオ、本橋靖昭
●〔水の循環〕陸と海と空をめぐる水（174-175）
［写真］NASA/JPL-Caltech/University of Arizona、アマナイメージズ、アフロ
［図版］マカベアキオ、水野哲也
●〔世界の気候〕気候は気流と海流で変わる（176-177）
［写真］アフロ、アマナイメージズ、PPS 通信社
［図版］マカベアキオ、松本剛、気象庁
●〔日本の気候〕変化に富んだ日本の季節と天気（178-179）
［写真］アマナイメージズ、JTB フォト
［図版］マカベアキオ、松本剛
●〔雨と雪〕雨と雪は、もとは同じ水のつぶ（180-181）
［写真］アフロ、アマナイメージズ
［図版］柏崎義明、マカベアキオ、松本剛
●〔前線と天気〕「前線」には雲ができる（182-183）
［写真］アフロ、アマナイメージズ
［図版］マカベアキオ、松本剛
●〔雷〕雲の中の氷が雷を生みだす（184-185）
［写真］NASA、アフロ、PPS 通信社
［図版］マカベアキオ、松本剛
●〔台風のしくみ〕巨大な雲のうずが台風になる（186-187）
［写真］Alexander Gerst/ESA/NASA、PPS 通信社
［図版］マカベアキオ
●〔台風の一生〕台風が生まれてから消えるまで（188-189）
［写真］情報通信研究機構、アフロ、PPS 通信社
［図版］マカベアキオ、松本剛
●〔竜巻〕竜のように暴れ回る上昇気流（190-191）
［写真］アフロ、アマナイメージズ、PPS 通信社
［図版］柏崎義明、マカベアキオ
●〔異常気象〕大雨や猛暑が増えている（192-193）
［写真］朝日新聞社 / 時事通信フォト、アフロ、時事通信フォト、PPS 通信社
［図版］マカベアキオ、松本剛、気象庁
●〔エルニーニョ〕太平洋の異常水温で気象が変化（194-195）
［写真］時事通信フォト
［図版］NASA Earth Observatory、マカベアキオ、松本剛
●〔地球温暖化〕気候の変化が環境を大きく変える（196-197）
［写真］アフロ、アマナイメージズ
［図版］松本剛、気象庁
●〈地球のいま〉異常な台風が発生する（198）
［写真］気象庁、NASA、アフロ
［図版］木下真一郎

●第 5 章とびら
［写真］アマナイメージズ
●〔地球環境問題〕地球は悲鳴をあげている（200-201）
［写真］アフロ、PPS 通信社
［図版］倉本ヒデキ
●〔汚染物質〕わたしたちの生活と環境への影響（202-203）
［写真］国土交通省、京浜河川事務所、東京電力ホールディングス、文部科学省、アマナイメージズ、PPS 通信社
［図版］おたざわゆみ、松本剛
●〔汚染の拡散〕よごれた空気は国境をこえる（204-205）
［写真］トヨタ自動車、NASA、アマナイメージズ、PPS 通信社
［図版］おたざわゆみ、林よしえ
●〔水問題〕生きるために欠かせない水（206-207）
［写真］NASA、三菱重工業、PPS 通信社、PIXTA
［図版］おたざわゆみ、倉本ヒデキ
●〔森林の減少〕地球の環境を守っている森林（208-209）
［写真］FSC ジャパン、王子ネピア、間伐材マーク事務局、国連食糧農業機関、セブン&アイ・ホールディングス、PPS 通信社
［図版］高橋正輝、林よしえ
●〔食糧問題〕飢えのない世界をめざして（210-211）
［写真］JICA、WFP 国連世界食糧計画、ペシャワール会、緑のサヘル、PPS 通信社
［図版］おたざわゆみ
●〔ごみ問題〕ごみを出すのはもったいない（212-213）
［写真］新宿区文化観光課（払方町遺跡発掘調査報告書）、セカンド・ハーベスト・ジャパン、東京都環境局、びん再使用ネットワーク事務局
［図版］おたざわゆみ、高橋正輝
●〔エネルギー資源〕地球上の限りある資源（214-215）
［写真］NASA、PPS 通信社
［図版］おたざわゆみ、ジェオ
●〔再生可能エネルギー〕自然の力を使って暮らす（216-217）
［写真］岩手県葛巻町、九州大学応用力学研究所、Samso Energy Academy、PPS 通信社
［図版］おたざわゆみ

●監修
神奈川県立 生命の星·地球博物館
〔動物〕 広谷浩子
〔古生物〕 大島光春
樽 創
田口公則
〔地球環境〕 平田大二
新井田秀一
山下浩之
笠間友博
石浜佐栄子

●装幀・本文デザイン
杉山伸一

●表紙クラフト
塩浦信太郎

●表紙撮影
糸井康友

●校閲
加藤真文（小学館出版クォリティーセンター）
佐藤 治（小学館クリエイティブ）

●編集
髙成 浩　秋窪俊郎（小学館）
市村珠里　尾和みゆき　宗形 康（小学館クリエイティブ）
池田菜津美　泉田賢吾　川嶋隆義　小葉竹由美　宮村美帆　山田智子

●制作
池田 靖（小学館）

●資材
浦城朋子（小学館）

●制作企画
長島顕治（小学館）

●宣伝
綾部千恵（小学館）

●販売
北森 碧（小学館）

キッズペディア 地球館
生命の星のひみつ

ISBN978-4-09-221120-9
NDC031

2016年11月29日　初版第1刷発行

発行者／柏原順太
発行所／小学館　〒101-8001　東京都千代田区一ツ橋2-3-1
（電話）編集 03-3230-5449　販売 03-5281-3555
印刷所／図書印刷株式会社
製本所／牧製本印刷株式会社

この本《ほん》で紹介《しょうかい》している生物《せいぶつ》のつながり

現在《げんざい》、地球《ちきゅう》にいる生《い》きものたちは、何十億年《なんじゅうおくねん》という長《なが》い時間《じかん》をかけて現《あらわ》れてきました。生《い》きものたちは、祖先《そせん》から少《すこ》しずつ姿《すがた》や性質《せいしつ》を変《か》えながら、今《いま》の生《い》きものになりました。そのつながりを見《み》ていきましょう。

祖先《そせん》

真核生物《しんかくせいぶつ》（➡45）

細胞《さいぼう》の中《なか》にある核《かく》（DNA《ディーエヌエー》）が膜《まく》でおおわれている生《い》きもの。

動物細胞《どうぶつさいぼう》の例《れい》

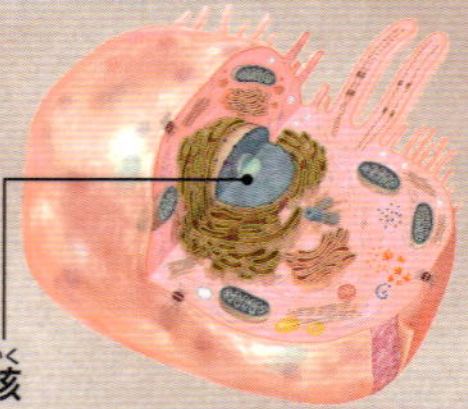

核《かく》
中《なか》にはDNA《ディーエヌエー》が入《はい》っている。

古細菌《こさいきん》

海底《かいてい》の熱水噴出孔《ねっすいふんしゅつこう》（➡40）にいる超好熱菌《ちょうこうねつきん》など。

原核生物《げんかくせいぶつ》（➡45）

細胞《さいぼう》の中《なか》のDNA《ディーエヌエー》がむき出《だ》しの生《い》きもの。古細菌《こさいきん》と細菌《さいきん》があるが、この2つのグループには直接《ちょくせつ》のつながりはない。

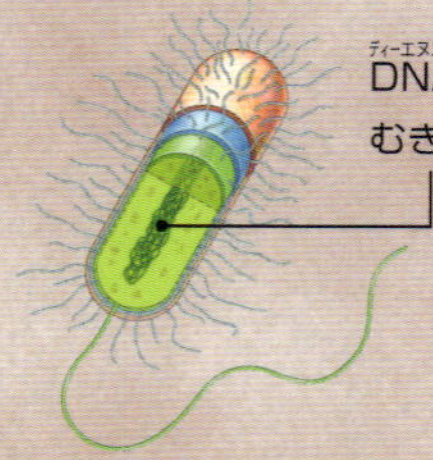

DNA《ディーエヌエー》はむき出《だ》し。

細菌《さいきん》（バクテリア）

（➡42、59）

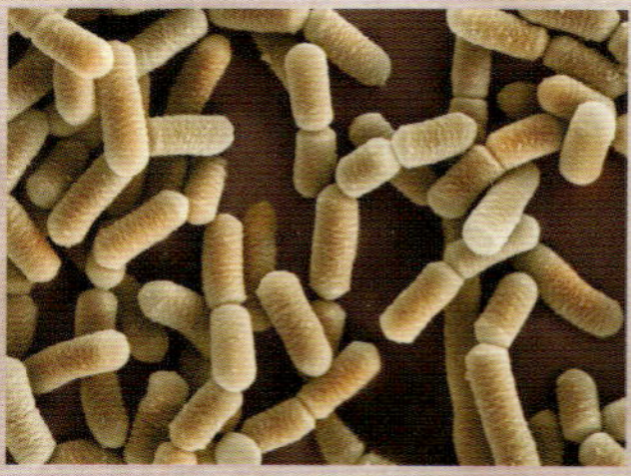

細菌《さいきん》の一種《いっしゅ》の乳酸菌《にゅうさんきん》。細菌《さいきん》はどれも単細胞《たんさいぼう》で、単純《たんじゅん》な形《かたち》をしているものが多《おお》い。

ストロマトライト。細菌《さいきん》の一種《いっしゅ》であるシアノバクテリア（➡43）の死《し》がいが、固《かた》まってできた岩石《がんせき》。シアノバクテリアなどが光合成《こうごうせい》をすることで、地球《ちきゅう》に酸素《さんそ》ができた。

ミドリムシ（➡44）

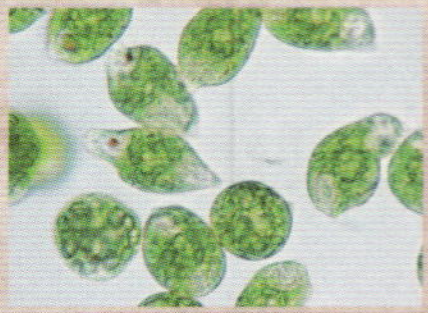

ミドリムシ

ゾウリムシ

放散虫《ほうさんちゅう》
（殻《から》のある単細胞生物《たんさいぼうせいぶつ》）

褐藻《かっそう》

アメーバ（➡44）、**変形菌《へんけいきん》**

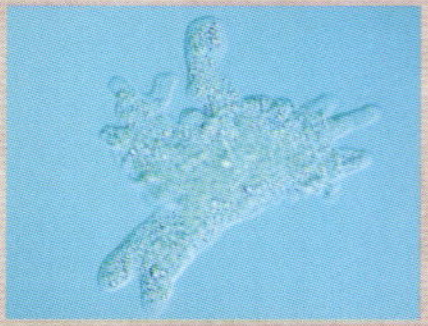

アメーバ

紅藻《こうそう》

緑藻《りょくそう》

陸上植物《りくじょうしょくぶつ》

コケ（➡63）
陸上《りくじょう》に進出《しんしゅつ》。

ゼニゴケ

シダ（➡70）
維管束《いかんそく》ができる。

ワラビ

裸子植物《らししょくぶつ》
（➡71）
花《はな》をさかせ、種子《しゅし》をつくる。

マツ

被子植物《ひししょくぶつ》
（➡90）
花《はな》びらのある花《はな》をさかせる。

タンポポ

菌類《きんるい》（➡59）

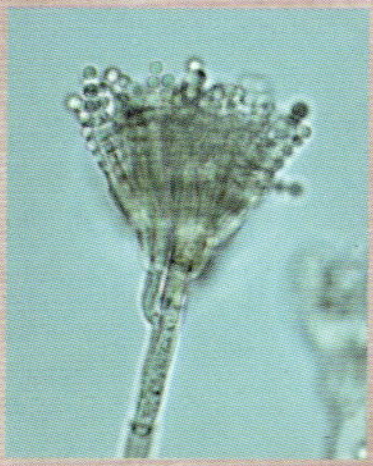

菌類《きんるい》の一種《いっしゅ》のアオカビ。

動物《どうぶつ》

無脊椎動物《むせきついどうぶつ》（➡58）

ハルキゲニア
（有爪動物《ゆうそうどうぶつ》）

※ 実際《じっさい》には30以上《いじょう》の無脊椎動物《むせきついどうぶつ》のグループがあるが、ここでは代表的《だいひょうてき》なものを示《しめ》す。

海綿動物《かいめんどうぶつ》

刺胞動物《しほうどうぶつ》

腕足動物《わんそくどうぶつ》

軟体動物《なんたいどうぶつ》

マダコ

環形動物《かんけいどうぶつ》

有爪動物《ゆうそうどうぶつ》

節足動物《せっそくどうぶつ》

ミツバチ

棘皮動物《きょくひどうぶつ》

脊椎動物《せきついどうぶつ》（➡58）
（脊索動物《せきさくどうぶつ》）

背骨《せぼね》をもつ。

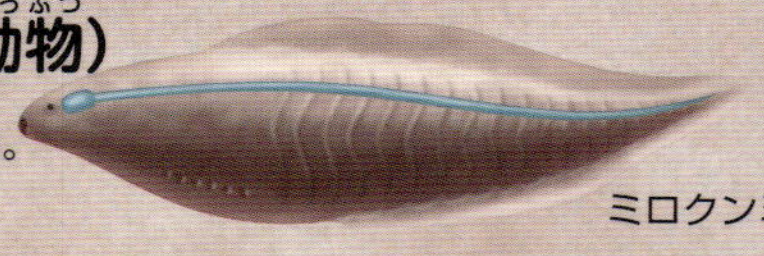

ミロクンミンギア

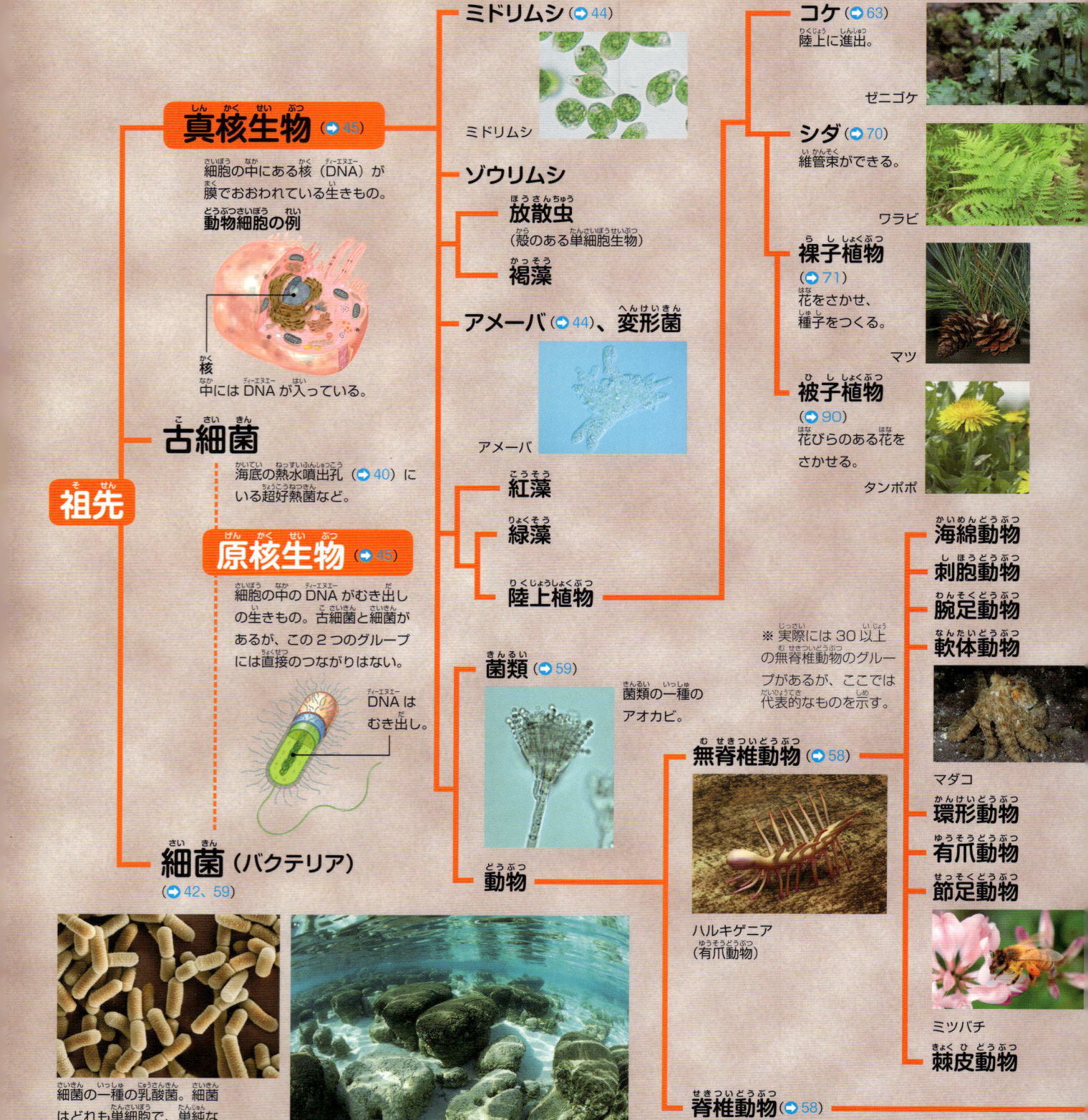